NON !

LOUIS XVII

N'EST PAS MORT AU TEMPLE.

Louis

Signature du Dauphin au Temple, d'après Cléry, valet de chambre
de Louis XVI.

Charles Louis
Duc de. N.

Signature de Naundorff au bas de lettres adressées à sa famille dans
les premières années de sa résidence en Prusse.

BRUXELLES. — TYP. DE J. VANBUGGENHOUDT,
Rue de Schaerbeek, 12.

NON!

LOUIS XVII

N'EST PAS MORT AU TEMPLE.

RÉFUTATION DE L'OUVRAGE DE M. A. DE BEAUCHESNE,

LOUIS XVII

SA VIE, SON AGONIE, SA MORT,

PAR

M. LE Cte GRUAU DE LA BARRE,

PRÉCÉDÉE

D'UN AVANT-PROPOS DE L'ÉDITEUR.

BRUXELLES & LEIPZIG.

ÉMILE FLATAU ancienne maison MAYER & FLATAU.

—

1858

à

Monsieur Van Buren,

avocat à Rotterdam.

AVANT-PROPOS.

Qu'il soit permis à l'éditeur du présent ouvrage de soumettre au public quelques observations préliminaires, qui serviront de réponse à une réflexion qui lui été faite à l'annonce de ce livre et qui nécessairement se répétera.

« Qu'est-ce que cela me fait, que Louis XVII ne soit pas mort au Temple; l'histoire l'y a fait mourir, il est bien mort!! »

Voilà ce que l'on a dit, ce que, sans doute, l'on dira encore.

Ma réponse est celle-ci :

Lorsqu'un de mes amis vint me proposer de me charger de cette publication : « Comment, m'écriai-je, un nouvel écrit sur la vie et la mort de Louis XVII! le livre de M. de Beauchesne, qui a eu un si grand retentissement, n'a-t-il donc pas tranché définitivement la question?

Mon ami repartit : « L'auteur du manuscrit est à Bruxelles, allons le voir ; vous l'entendrez. Vous vous exclamerez après, — si vous voulez. »

Poussé par un sentiment de curiosité et désireux de connaître quelques détails sur la vie de Naundorff, j'acceptai la proposition qui m'était faite et je fus mis en rapport avec M. le comte Gruau de la Barre.

Dès le premier entretien que nous eûmes, il me fut facile de reconnaître la profonde conviction de l'auteur, que le duc de Normandie avait survécu à sa prison du Temple. Vingt-deux années d'un dévouement constant à la personne de Naundorff et à sa famille, après le décès du père, avaient donné à M. de la Barre la certitude inébranlable du fait qu'il affirmait. Il m'offrit de me communiquer plusieurs ouvrages qu'il avait publiés (1), qui devaient, disait-il, m'édifier complétement sur l'état de la question, et faire

(1) *Intrigues dévoilées*, 4 vol. in-8°, 1846-48.
En politique point de justice, 1 vol. in-8°, 1851.

naître dans mon esprit tout au moins un grand doute.

J'ai lu ces ouvrages, je les ai soumis à d'autres personnes qui les ont parcourus, comme moi, avec une grande attention, et nous fûmes forcés de convenir que, malgré toutes les publications relatives à l'orphelin du Temple, malgré les affirmations des plus grands historiens, malgré les procès contre les faux Dauphins, qui ont tant occupé l'Europe, ce point mystérieux de l'histoire contemporaine restait encore à décider.

Voici, au surplus, une notice que M. de la Barre me donna à lire afin que je me fisse une idée de l'historique de cette cause; je la produis textuellement, la regardant comme une introduction utile à la publication.

« Le 21 janvier 1793, jour fatal à la France et à l'Europe par la consommation du martyre de Louis XVI sous la hache révolutionnaire, Charles-Louis, duc de Normandie, né le 27 mars 1785, et nommé Louis-Charles après la mort de son frère aîné, premier Dauphin, fut reconnu officiellement comme Louis XVII par les Bourbons, les armées royales vendéennes, par celle des princes, et par les gouvernements étrangers. Il était alors prisonnier dans la tour du Temple avec son Auguste mère, sa vertueuse tante, et Marie-Thérèse, sa sœur.

Cette royauté légitime ne se prolongea ostensiblement pour l'histoire que jusqu'au 8 juin 1795, époque où un acte de décès, illégal dans la forme et insignifiant quant au fond, fait mourir le monarque captif, sur la déclaration de Lasne, agent salarié de la Convention, et sur celle d'un Rémi Bigot, qui ne se fait pas connaître autrement qu'en se qualifiant ridiculement ami de l'enfant-roi. Mais, dans la vérité, Louis XVII, évadé du Temple, a vécu pendant cinquante ans encore, et sa vie ne s'est éteinte, sous la réprobation de tous les pouvoirs politiques, que dans la ville de Delft, royaume des Pays-Bas, le 10 août 1845. La pierre qui recouvre sa tombe et les registres de la régence de cette ville transmettront à la postérité la mémoire du dernier roi légitime de France, mort proscrit durant un demi-siècle d'iniquités politiques; car le gouvernement hollandais, qui s'est convaincu de l'origine royale du décédé, a laissé enregistrer ses droits et qualités dans l'acte mortuaire qui constate le décès réel de l'orphelin du Temple.

La délivrance du prince ne put s'effectuer qu'après la mort d'un enfant substitué à sa place et le jour même où un cercueil, qui ne contenait pas le corps du décédé, fut porté de la tour du Temple et enterré dans un cimetière de Paris.

Le duc de Normandie demeura quelque temps caché dans Paris chez des amis sûrs; mais comme déjà on murmurait dans le public que ce n'était pas le prince qu'on avait enterré, le gouvernement fit enlever le cercueil, qui fut placé ailleurs, afin qu'on ne pût pas le retrouver en cas de recherches. Les libérateurs du royal enfant, de leur côté, appréhendant qu'il ne vînt à être découvert, l'éloignèrent de la capitale, et le firent partir, déguisé, pour la Vendée, où il fut reçu dans le château d'un ami dévoué. En même temps, dans le but de tromper la Convention, on fit parcourir diverses routes de France par plusieurs faux Dauphins, pour assurer la retraite du véritable. La dame qui soignait le prince était de la Suisse allemande; il passait pour son fils : elle l'instruisit dans la langue allemande, et ce fut le seul langage qu'il parla avec elle. Néanmoins, malgré le secret profond dont son asile était entouré, il fut trahi, enlevé et reconduit en prison. Le marquis de Briges, un de ses protecteurs, entretenait une correspondance avec Joséphine de Beauharnais, qui, secondée par Barras, les généraux Hoche, de Frotté et Pichegru, avaient été ses libérateurs du Temple. Joséphine le fit encore évader de sa nouvelle prison.

Les amis du prince, après avoir fait partir pour l'Amérique un enfant de son âge pour tromper les persécuteurs du royal fugitif, le conduisirent en Italie, — où il fut protégé secrètement par le pape Pie VI. — La dame allemande, dont le mari avait été assassiné le 10 août 1792, s'était remariée avec un horloger suisse, et tous deux allèrent rejoindre le prince en Italie. Pour son amusement, et comme moyen d'occupation dans sa solitude, il y apprit quelque peu de l'horlogerie avec le mari de sa mère adoptive.

La tranquillité des infortunés reclus fut troublée par une horrible trahison, à l'époque où l'Italie tomba au pouvoir de l'armée républicaine. Ils se virent forcés de prendre brusquement la fuite et se réfugièrent sur un bâtiment qui devait les conduire en Angleterre. Mais le capitaine était vendu aux ennemis du fils de Louis XVI. Les amis qui l'avaient accompagné furent sacrifiés à la haine qu'on lui portait; il fut pris sur mer, reconduit en France, n'ayant plus d'autre protecteur que le comte de Montmorin, qui seul échappa à ses persécuteurs et secrètement ne le perdait pas de vue.

Débarqué en France, il y fut réemprisonné. On voulut le contraindre à se faire moine. Dans cette dernière prison, on lui fit subir une atroce opération pour le défigurer. Sa détention dura jusque vers la fin de 1803. Ce fut encore à Joséphine qu'il dut sa délivrance, par Fouché qui trahissait et Joséphine et le royal orphelin.

En 1804, le général Pichegru fut envoyé au comte de Provence pour s'entendre avec lui dans les intérêts de son neveu et pupille; ce prince, tout entier à sa dévorante ambition, révéla l'asile de l'orphelin, son roi, aux puissants ennemis de sa race. Obligé de fuir de nouveau la persécution qui l'atteignait partout, Louis XVII et Montmorin, son chevaleresque compagnon, dirigèrent leurs pas vers Ettenheim, pour se réunir au duc d'Enghien, qui connaissait l'existence du Dauphin et s'était noblement dévoué à la défense de ses droits légitimes. Les émissaires de la haute police de France suivaient leurs traces; le comte de Montmorin ayant un moment quitté le prince pour aller aux informations, entre Strasbourg et Ettenheim, Son Altesse royale fut arrêtée pendant son absence, et conduite à la forteresse de Strasbourg, où on la tint au secret le plus rigoureux. Bientôt, placé dans une chaise de poste, sous l'escorte de la gendarmerie, le fils de Louis XVI fut conduit dans un cachot. Il y resta pendant quatre ans sans voir le jour, sans que personne lui adressât jamais la parole, nourri au pain et à l'eau.

Vers la fin de 1808, Napoléon ayant résolu de divorcer d'avec Joséphine et de convoler à de secondes noces, l'impératrice, qui avait oublié son royal protégé, s'en souvint alors, et lui fit rendre une dernière fois la liberté. Aux environs du printemps de 1809, Montmorin et lui arrivèrent à Francfort sur le Mein. Ils prirent quelques jours de repos dans cette ville. Le prince avait vingt-quatre ans. Ils se rendirent ensuite au quartier général des troupes commandées par le duc de Brunswick, qui leur donna des lettres de recommandation pour la Prusse.

Dans leur route, les deux voyageurs furent arrêtés comme espions et conduits près du commandant d'un corps franc qui occupait les environs du lieu où ils se trouvaient; ils s'en firent aisément reconnaître en lui remettant une lettre du duc de Brunswick. Attaqué par l'ennemi, on fit partir le prince et Montmorin sous un escorte de cavalerie; mais ils furent surpris par un fort corps de troupes. Le fidèle Montmorin tomba frappé d'un coup de sabre qui lui fendit la tête, et le prince aussi, en se défendant bravement, fut blessé, terrassé et fait prisonnier. Il avait perdu connaissance, il se trouva dans un hôpital. Bien heureusement, et bien providentiellement, on lui avait laissé sa redingote, dans le collet de laquelle étaient cousus les documents qui établissaient ses droits et qualités de fils de Louis XVI.

Le prince fut transféré de l'hôpital, sur la frontière de France, dans la forteresse de Wesel. Tous les prisonniers étaient dirigés vers Toulon, pour y être confondus avec les galériens, par ordre de Napoléon, lorsque le royal captif, retombé malade, fut abandonné au milieu d'un village, et de là transporté à l'hôpital de la ville voisine. Il y rencontra un convalescent nommé Friedrichs, ou Frédéric, hussard du corps de Schill; tous deux parvinrent à s'évader. Frédéric, qui laissait souvent seul son compagnon pour aller chercher des provisions, fut arrêté par la gendarmerie dans une de ses maraudes, et le malheureux prince, après des vicissitudes inouïes, arriva vers la fin de 1810 à Berlin, muni d'un passe-port sous le nom de Karl Wilhem Naundorff, que lui avait remis un voyageur bienveillant pour lui faciliter l'entrée à Berlin.

Il espérait vivre en Prusse tranquille et ignoré; mais une nouvelle série de poignantes infortunes était reservée à ce mort politique, dès qu'il voudrait reprendre sa place au milieu des vivants. Il était sans ressources, et il ne devait pas songer à aller rejoindre sa famille; car sa sœur, informée de son existence, avait déjà commencé à le méconnaître, et il savait, à n'en pouvoir douter, que Louis XVIII était son plus implacable ennemi. Il se détermina donc à exercer l'état d'horloger: bien que ne le connaissant que très-imparfaitement. Toutefois, la police de Berlin allait le forcer par des exigences légales à révéler son origine. Le magistrat de la ville lui fit connaître que, pour être horloger, il était nécessaire qu'il fût reçu bourgeois. N'ayant pas les papiers qui sont requis en pareille circonstance, il se vit contraint de confier le secret de sa naissance à M. Le Coq, directeur général de la police du royaume, et il justifia de son identité avec le fils de Louis XVI en lui communiquant une déclaration écrite et signée par le roi et la reine, au Temple, scellée du cachet de son père, dans laquelle étaient consignés les signes particuliers que le Dauphin portait sur son corps.

Convaincu que cet étranger était véritablement ce qu'il disait être, M. Le Coq demanda la remise de ses papiers afin de les soumettre à Sa Majesté et de prendre ses ordres. Le prince refusait de s'en dessaisir; mais sa déplorable situation ne lui permettait pas de suivre les conseils de la prudence : il dut se résigner à livrer l'avenir de son sort au gouvernement prussien. M. de Hardenberg, premier ministre, consulté par M. Le Coq, garda la déclaration du roi et de la reine de France. Le directeur général de la police informa le royal orphelin qu'il était impossible de le laisser résider à Berlin ; qu'il y aurait trop de danger pour lui et pour le gouvernement à l'y tolérer ; que le magistrat n'avait pas le droit de le dispenser de produire les justifications prescrites par la loi pour sa nomination de bourgeois. Dès lors il lui recommanda de garder le plus strict incognito, lui promit son assistance s'il fixait son domicile dans une autre ville, et s'engagea à lever les difficultés qui s'opposeraient, là comme ailleurs, à ce que la régence l'admît au nombre des bourgeois. Le prince reçut peu de temps après une patente d'horloger sous le nom de Karl Wilhelm Naundorff. Celui du passeport fut celui donné au prince. En 1812, *sur un seul certificat de M. Le Coq*, il fut reçu, comme Naundorff, bourgeois de la ville de Spandau.

Les événements de 1814 et de 1815 survinrent. Lorsque le prince eut entrevu la chute de Napoléon, il avait écrit à M. Le Coq et au ministre, M. de Hardenberg, pour se concerter avec eux sur la conduite qu'il devait tenir dans des circonstances aussi graves. Il ne reçut point de réponse. La Prusse étant redevenue libre, il écrivit au roi de Prusse, aux empereurs de Russie et d'Autriche, pour leur notifier son existence et sa ferme volonté de rentrer dans l'exercice de ses droits légitimes ; il s'adressa de nouveau à M. de Hardenberg et au directeur général de la police, à l'effet d'obtenir au moins la restitution des papiers : personne ne lui répondit. Il comprit amèrement la cause de ce silence, en apprenant l'avénement au trône de Louis XVIII. Il écrivit à sa sœur, Mme la duchesse d'Angoulême, pour se faire reconnaître d'elle : la fille de Louis XVI ne daigna pas lui répondre.

En 1816, le roi-horloger envoya à Paris un ex-officier de l'armée impériale, Marassin, chargé de papiers qu'il devait remettre à Mme la duchesse d'Augoulême, lesquels établissaient de la manière la plus positive que le bourgeois de Spandau Naundorff était son frère. L'envoyé de Louis XVII ayant disparu, on lui a substitué Mathurin Bruneau, dont l'ignoble procès est suffisamment connu.

En 1818, le prince écrivit au duc de Berry en lui envoyant une déclaration précise dans l'intérêt de l'avenir de ses enfants, et le prévint que, si sa famille persistait à le méconnaître par un coupable silence, il avait pris la résolution de se marier, et de vivre désormais ignoré du monde entier, sous le nom de Naundorff. Ne recevant point de réponse, il se maria le 18 octobre de cette même année. Il est officiellement attesté, par les autorités prussiennes, qu'il se maria *sans produire son acte de naissance*.

Devenu père d'une fille en 1819, le duc de Normandie la nomma *Amélie*, en souvenir du voyage de Varennes ; et il écrivit à cette occasion à sa sœur une lettre que le fils seul de Louis XVI pouvait écrire.

Père, il sentit que le nom de ses aïeux appartenait à ses enfants, et qu'il ne lui était plus permis de se taire ; il fit une dernière tentative auprès du duc de Berry, et reçut enfin une réponse magnanime de la part de ce noble prince, qui lui disait : « Ou je vous ferai remonter sur le trône de vos pères, ou j'y perdrai la vie ! » Peu de jours après cette réponse, le duc de Berry fut assassiné par Louvel.

En 1821, le royal horloger de Spandau alla habiter Brandebourg, où il acheta une maison. Le 26 février 1822, il y fut reçu bourgeois ; il avait alors deux enfants : Jeanne-Amélie, et Charles-Édouard, né aussi à Spandau. Il se disposait à partir pour la France en 1823. La salle de spectacle de Brandebourg, qui touchait presque immédiatement à sa maison, est incendiée : ce fatal événement fut cause de sa ruine. On l'accusa d'avoir mis le feu méchamment au théâtre ; il n'eut pas de peine à se justifier d'une aussi étrange accusation. L'autorité exigea de lui la promesse formelle de ne pas quitter les États prussiens, et principalement la ville, sans une autorisation spéciale. Menace lui fut faite de le faire arrêter sur-le-champ s'il violait son engagement.

En 1824, il écrivit à Louis XVIII une lettre accusatrice, en l'informant qu'il était déterminé à se rendre en France pour se faire reconnaître par la nation. Peu de temps après il alla à Berlin pour y accompagner un ami presque aveugle qui désirait consulter un docteur oculiste. Pendant son absence, on organise contre lui une accusation de fabrication et d'émission de fausse monnaie. A peine est-il de retour, qu'un conseiller de justice, escorté d'hommes de la police, envahit son domicile, fait une minutieuse perquisition dans toute la maison, sans lui en dire le motif, ne trouve rien, ne constate rien, l'arrête et le fait écrouer dans la maison de justice. C'est alors qu'on lui déclara qu'il était accusé d'avoir mis en circulation de faux écus de Prusse.

Dans cette procédure, pendant laquelle le prince fut tenu au secret le plus rigoureux, il est constaté qu'on n'a pu lui assigner *ni un lieu de naissance, ni une famille quelconque.* Le ministre Rochow, en 1836, a certifié le même fait. Pressé de questions par le juge d'instruction, qui lui reprochait insolemment de ne pas vouloir faire connaître sa famille et les antécédents de sa vie avant son arrivée à Berlin, Naundorff se vit alors contraint de faire la déclaration qu'il était *prince natif;* il exigea qu'on en dressât procès-verbal et réclama son renvoi devant la justice immédiate de Sa Majesté.

La procédure se termina par une sentence qui décida :
« Bien que les indices qui s'élèvent contre l'accusé Charles-Guil-
« laume Naundorff ne soient pas suffisants pour le condamner, une

« condamnation devient nécessaire dans ce cas, parce qu'il s'est con-
« duit pendant le cours du procès comme un menteur impudent, se
« disant prince natif, *et laissant supposer qu'il appartient à l'auguste
« famille des Bourbons.* »

M. le baron de Seckendorff, inspecteur général de la maison de détention où le royal prisonnier fut renfermé jusqu'en 1828, époque de sa libération, ne tarda pas à découvrir qu'il était victime d'une machination politique ; il devint son ami dévoué, et plus tard, par ses écrits, il n'a pas craint de manifester son intime conviction que l'infortuné reclus était véritablement le fils de Louis XVI.

La liberté du duc de Normandie ne fut pour lui qu'une nouvelle source de chagrins. Il reçut l'ordre de quitter immédiatement la ville de Brandebourg ; on l'exilait en Silésie : il se retira à Crossen. S'étant adressé au bourgmestre de la ville pour obtenir la permission de s'y établir, sur la remise de ses deux lettres de bourgeoisie, il obtint sans difficulté l'autorisation sollicitée. M. Pezold, syndic et commissaire royal de la justice, avait été chargé de le surveiller comme un homme dangereux. Ce magistrat jurisconsulte était un homme de bien par excellence, d'une grande énergie de caractère, peu susceptible de se laisser impressionner par de fausses apparences, judicieux observateur du cœur humain. Il sut bientôt discerner que la vie de l'horloger cachait un grand mystère et qu'il y avait de profondes douleurs dans son modeste ménage. Ayant gagné la confiance de l'horloger par des bienfaits d'une délicatesse exquise, il fut initié aux secrets de ses lamentables infortunes, et convaincu de son identité royale par la communication de papiers qui ne laissaient pas de doute à cet égard : il se dévoua dès lors à la défense de ses droits légitimes.

En 1829, le prince devint père d'une fille qu'il nomma Marie-Antoinette. C'était un culte de souvenir qu'il rendait à la mémoire de la reine de France, son auguste mère, dont la seule pensée remplissait son cœur d'une angoisse indicible. Il écrivit à Charles X qui ne lui répondit pas.

M. Pezold écrivit à Sa Majesté le roi de Prusse et à Charles X pour qu'on lui traçât la conduite qu'il devait tenir dans les intérêts de son royal client. Il écrivit aussi à Mme la duchesse d'Angoulême, qui, le 16 juin 1829, lui fit répondre qu'elle ne voulait nullement se mêler de cette affaire.

La révolution de 1830 arrivée, M. Pezold sollicita du gouvernement prussien la révision des actes de la procédure de Brandebourg ; il alla lui-même à Berlin remettre aux ambassadeurs des diverses puissances des écrits du prince, par lesquels il réclamait justice. Il adressa une lettre directe au roi des Français, le prévenant qu'il allait porter ses réclamations en faveur du fils de Louis XVI devant la chambre des pairs et devant celle des députés. En effet, vers la fin de 1831, une pétition fut adressée aux deux chambres ; et la cause de Louis XVII fut mise à la connaissance du public par des insertions dans des journaux allemands, qui, répétées par ceux de France, fixèrent l'attention de M. Albouys, magistrat démissionnaire de Cahors. Celui-ci écrivit à M. Pezold, et c'est par lui que le prince, à son retour en France, se mit en rapport avec les anciens serviteurs de la cour de Louis XVI, qui le reconnurent pour le fils de leurs anciens maîtres.

Dans cette même année 1831, par un ordre de Sa Majesté prussienne, les actes de la procédure criminelle de Brandebourg furent mis à la disposition de M. Pezold. Le 16 mars 1832, M. Pezold meurt subitement. M. Lauriscus, son successeur, continue de s'occuper des affaires du prince ; un mois ne s'est pas écoulé, qu'il meurt aussi subitement. Tous les papiers du prince sont saisis et passent dans les mains de la police de Prusse.

Le *Correspondant impartial*, gazette de Hambourg, publie que « l'hor-« loger de Crossen, qui se dit Louis XVII, est le fils d'un chaudronnier. »

Le prince écrit au directeur du journal pour le sommer de faire connaître le nom du chaudronnier qu'on lui donne pour père. On lui répond que le chargé d'affaires du gouvernement français s'oppose à ce qu'on donne suite à sa réclamation. En France, on met en scène *le faux Dauphin Richemont*. Le prince tente une dernière fois d'amener une réconciliation avec sa famille exilée ; il écrit dans ce sens, à Charles X et à la duchesse d'Angoulême. Peu de jours après cette démarche, il reçoit une lettre anonyme qui l'informe que le roi de Prusse a signé l'ordre de l'enfermer dans une forteresse ; il quitte secrètement la Prusse, après avoir écrit à M. Albouys qu'il se rendait à Paris. Il y arrive le 26 mai 1833.

Le palais du roi légitime de France, indigent, était un mauvais cabaret tenu par une honnête femme du peuple, qui lui donnait gratuitement l'hospitalité, lorsqu'il en fut retiré par la belle-sœur de M. Albouys. Ce fut dans ces circonstances, si peu favorables à ses prétentions royales, que le fils de Louis XVI fut reconnu *par madame de Rambaud*, attachée au service du Dauphin depuis le jour de sa naissance jusqu'au 10 août 1792, *par M. Marco de Saint-Hilaire*, huissier ordinaire de la chambre du roi Louis XVI, *par Mme Marco de Saint-Hilaire*, anciennement attachée à madame Victoire, tante du roi.

Madame de Rambaud et madame de Marco de Saint-Hilaire informèrent par écrit madame la duchesse d'Angoulême de la certitude qu'elles avaient de l'existence de son frère.

Vinrent ensuite la reconnaissance de *madame Forbin de Janson*, ancienne dame de la cour, attachée à la personne de Marie-Antoinette, de *M. le comte de la Roche-Aymond*, pair de France, de *M. de Joly*, dernier ministre de la justice de Louis XVI, de *M. le marquis de la Feuillade des anciens princes d'Aubusson*, de *M. Bremond*, secrétaire particulier du roi Louis XVI, de *madame la marquise de Braglio Solari*, anciennement attachée au service de S. M. Marie-Antoinette et de la princesse de Lamballe; enfin, d'une foule d'autres témoins, dont plusieurs avaient connu au Temple le Dauphin.

Au mois de janvier 1834, M. Morel de Saint-Didier est envoyé à Prague pour obtenir de madame la duchesse d'Angoulême qu'elle consente à avoir un entretien avec le prétendant. La fille de Louis XVI refuse de voir celui qui se dit son frère, et réclame de nouveaux éclaircissements.

Pendant que le commissaire du prince était à Prague, donnant à l'orpheline du Temple les preuves certaines de l'existence de son frère, le 27 janvier, à huit heures du soir, sur la place du Carrousel, deux hommes poignardaient le duc de Normandie; une médaille d'argent transpercée arrêta à une demi-ligne du cœur un coup de poignard qui devait donner la mort immédiate.

Le 25 juillet 1834, M. Morel de Saint-Didier est de nouveau envoyé auprès de Marie-Thérèse pour renouveler la demande d'une entrevue en faveur de son royal mandant. Madame la duchesse d'Angoulême persiste dans son premier refus. Madame de Rambaud accompagnait ce fidèle serviteur du prince; elle sollicite une audience de Madame, pour lui certifier verbalement son intime conviction que Naundorff est son frère; madame la duchesse d'Angoulême ne veut pas la recevoir, et la police la chasse de Prague, comme une intrigante.

Le jeune Thomas rédigeait un journal, *la Justice*, payé par les amis du prince, qui portait tous les jours à la connaissance du public les faits et témoignages concernant le fils de Louis XVI. Le 9 octobre 1835, Thomas dénonce le prince comme imposteur, affirmant par acte d'huissier qu'il a reçu des renseignements, directement tirés de l'ambassade prussienne, desquels il résulte que le prétendu duc de Normandie n'est, en réalité, que le sieur Naundorff, fils d'un horloger prussien existant encore.

Le 13 du même mois, le prince assigne le dénonciateur devant le tribunal de police correctionnelle pour qu'il ait à justifier son affirmation, ou se voir condamné comme calomniateur. Le 23 février 1836, Thomas est condamné ; le prince obtient une justification complète.

Le 13 juin 1836, Charles-Guillaume Naundorff assigne devant la première chambre du tribunal civil de Paris madame la duchesse d'Angoulême, M. le duc d'Angoulême et le comte d'Artois, — Charles X, — pour qu'il soit, contradictoirement avec eux, déclaré être le fils du roi Louis XVI et de la reine Marie-Antoinette.

Le 15, on arrête le demandeur *sous l'unique prétexte* qu'il est étranger ; on saisit ses papiers, et on le conduit au dépôt de la préfecture de police, où on le détient prisonnier, sans lui faire subir aucun interrogatoire. Le 3 juillet suivant, l'auguste méconnu se pourvoit devant le conseil d'État pour faire annuler sa détention arbitraire. Ce fut Me Crémieux qui défendit les droits de l'opprimé. Le 14, le conseil d'État se déclare sans droit à l'effet de faire rentrer un ministre prévaricateur dans la légalité, et décide que les actes contre lesquels le pourvoi est dirigé, appartiennent à la haute police du royaume.

Le 16 juillet, le duc de Normandie était conduit à Calais dans un coupé de diligence, entre deux gendarmes, et là, il fut embarqué pour l'Angleterre.

Le prince fit imprimer à Londres l'*Abrégé des infortunes du Dauphin*. Deux cent soixante-six exemplaires de cet ouvrage, envoyés en France, ont été saisis par ordre du ministère.

Dès que le prince eut été chassé de France, on instruisit contre lui une procédure en escroquerie, parce que, disait le juge instructeur, il se qualifiait mensongèrement fils de Louis XVI. Les témoins entendus établirent d'une manière si péremptoire la légitimité des droits de l'inculpé, que par ordre supérieur l'instruction fut arrêtée.

Le duc de Normandie avait présenté en 1835 une pétition à la chambre des députés ; la chambre passa à l'ordre du jour.

Le 10 janvier 1837, une nouvelle pétition du prince fut soumise à la chambre des députés et à celle des pairs, dans laquelle il demandait qu'on rappelât le gouvernement dans les voies de la légalité, en l'obligeant de laisser rentrer en France le pétitionnaire afin qu'il y suivît son procès commencé. La chambre des pairs ne s'en occupa pas ; quant aux représentants du peuple, ils sanctionnèrent l'arbitraire du gouvernement de juillet, restaurateur de la charte qui devait être une vérité, en adoptant ces conclusions du rapporteur :

« Le sieur Charles-Louis, se disant duc de Normandie, à Londres,
« se plaint de ce qu'il aurait été arbitrairement expulsé de France, et

« il demande à y rentrer. Le pétitionnaire à exercé pendant plusieurs
« années la profession d'horloger en Prusse; il n'est venu en France
« qu'animé de mauvaises intentions : le gouvernement, en l'éloignant,
« a fait preuve à la fois de modération et de sagesse; la commission
« propose de passer sur la pétition à l'ordre du jour. — Adopté. »

Des élections générales ayant amené une nouvelle chambre des
députés, le royal proscrit lui présenta une dernière pétition, le 21 janvier 1838. Cette pétition a aussi été déposée et enregistrée au secrétariat de la chambre des pairs. Messieurs de la pairie l'ont dédaigneusement mise de côté; et si le rapport en a été fait à la chambre des
députés, on l'aura fait dans un moment où la salle était déserte; car
plusieurs membres, convaincus de l'origine royale du réclamant,
avaient promis de la soutenir. Vingt-cinq exemplaires en avaient été
adressés à autant de députés. Les ministres, par dépêche télégraphique,
transmirent l'ordre de les saisir à la frontière, et aucun des vingt-cinq
députés ne l'a reçue.

La famille du prince vivait à Dresde, sous la protection tacite du
gouvernement; mais les influences de la France et de la Prusse l'ont
fait expulser de Saxe. Elle alla habiter la Suisse et vint rejoindre le
prince à Londres dans les derniers mois de 1838. Le 16 novembre, un
nommé Désiré Roussel, à huit heures et demie du soir, dans le jardin
de la maison occupée par le prince, lui tira deux coups de pistolet
chargés chacun de deux balles. Sans un mouvement brusque que fit
la royale victime, sa mort eût été instantanée; car la bouche des deux
canons posait sur sa poitrine, deux balles entrèrent dans le bras
gauche.

Une nouvelle diffamation répandue par la presse prit un caractère
officiel le 9 juillet 1839 : le gouvernement français la fit circuler sous la
signature du conseiller d'État directeur Dejean, pour le ministre de
l'intérieur, et par son autorisation, dans une lettre adressée à l'un des
complices de l'imposteur Richemont. Elle est énoncée en ces termes :

« Vous avez désiré obtenir quelques renseignements sur la moralité,
« les antécédents et la position sociale du sieur Naundorff (Charles-
Guillaume) qui cherche à se faire passer pour le fils de Louis XVI.

« Voici en substance ceux qui existent dans mon ministère. Ils ont
« été communiqués officiellement par le gouvernement prussien à
« M. le ministre des affaires étrangères.

« Naundorff est signalé comme issu d'une famille de juifs établie dans
« la Prusse polonaise.... »

Cette burlesque invention de l'ingénieuse politique du ministère de

France fut démentie officiellement par le gouvernement prussien.
Le rédacteur du *Capitole* la reproduisit les 29 mars, 15 et 23 juin 1840,
en ajoutant de son chef :

« Dans le but de favoriser une sale intrigue et d'augmenter le
« nombre des dupes qui la propagent à l'aide de leurs noms ou de
« leurs bourses, des publications mensuelles continuent à entretenir
« Paris et les provinces des aventures incroyables du nommé Charles-
« Guillaume Naundorff.

« Cet homme, qui se qualifie impudemment de fils de Louis XVI,
« n'est autre qu'un horloger prussien juif, venu pour la première fois
« en France en 1833, ne sachant pas un mot de français.... »

La maladresse des calomniateurs fit briller d'un nouvel éclat la vérité
qu'ils ne pouvaient combattre que par le mensonge ; elle donna lieu à
un procès en diffamation contre le gérant du journal, dont les résultats
furent immenses en faveur du prince. Quelques passages d'une lettre
de Me Jules Favre vont les faire ressortir. Le 31 janvier 1841, il écrivit
au royal opprimé :

MONSIEUR LE DUC,

« J'ai reçu des mains de votre excellent ami, M. Gruau de la Barre,
« la lettre que vous m'avez fait l'honneur de m'écrire. Je vous remercie
« des bons sentiments que vous voulez bien me témoigner; vous ne
« devez pas douter un instant de mon zèle à servir vos intérêts. Je me
« suis sur ce point expliqué avec une franchise qui pour moi était un
« impérieux devoir; j'ai de bonne heure appris à désirer comme un
« bienfait un gouvernement où tout serait fait pour le peuple et par le
« peuple. Je crois que le grand mouvement révolutionnaire de 89 se
« continue et précipite les nations, la France en particulier, loin du
« régime monarchique du dernier siècle. Avec ces sympathies, je ne
« saurais ni souhaiter ni servir une restauration bourbonnienne; mais
« vous m'avez demandé mon faible appui pour obtenir ce que tout
« citoyen a le droit de réclamer, un nom, un état civil, une famille.
« J'ai compris de combien d'amertumes votre vie de proscription a été
« abreuvée; je l'ai senti surtout en étant admis dans l'intérieur de
« votre intéressante et noble famille, et je vous ai sincèrement promis
« d'aider de tout mon pouvoir vos efforts pour faire triompher la vérité.
« C'est à quoi M. de la Barre et moi nous ne cessons de travailler.
« Une pareille œuvre, environnée de difficultés énormes suscitées

« par la politique et le discrédit où les préjugés ont fait tomber votre
« cause, exige une grande circonspection, et je ne pense pas que jus-
« qu'ici nous ayons fait fausse route. Lorsque M. Gruau de la Barre est
« venu en appeler à mon dévouement, il s'agissait d'attirer l'attention
« publique par un exposé de votre situation. Le procès en diffamation
« nous en fournissait une occasion, nous l'avons saisie ; de plus, nous
« devions contraindre les magistrats à se décider dans l'*instruction*
« *criminelle commencée contre vous pour usurpation de titres et escro-*
« *querie* ; il était de la plus haute importance de les conduire à une solu-
« tion : défavorable, elle nous permettait de plaider votre cause devant
« le tribunal correctionnel ; favorable, elle devenait un argument de
« plus pour vous. Nous avons réussi. *L'ordonnance a été rendue, elle a*
« *reconnu que vous n'aviez commis aucun délit, par conséquent qu'il n'y*
« *avait pas eu usurpation de votre part lorsque vous vous étiez qualifié*
« *de fils de Louis XVI...*

« M. Gruau de la Barre a fait un premier pas immense en publiant
« le mémoire qu'il a répandu dans le public. Ce mémoire a été lu et
« apprécié : excellent dans toutes ses parties, c'est une parfaite prépa-
« ration à nos entreprises ultérieures ; il sera notre point de départ
« pour nos attaques nouvelles...

« Je vous prie, monsieur le duc, de croire aux sentiments de respec-
« tueux dévouement de votre serviteur,

« JULES FAVRE. »

Le 29 mai 1844, les ennemis du prince tentèrent de le faire périr par
le feu. Le *Sun* et le *British-Queen* des 15 et 20 juin rendirent compte de
cet horrible attentat. On lit dans ces feuilles :

« Pendant que S. A. R. était absente, des agents soldés par ses
« ennemis politiques et déguisés, après avoir corrompu une servante,
« s'introduisirent frauduleusement dans sa maison ; mais ils ne réus-
« sirent qu'imparfaitement dans leurs projets diaboliques. Le prince
« travaillant toujours secrètement, ces misérables ne purent obtenir
« aucun renseignement ; seulement, ils parvinrent à pénétrer dans son
« laboratoire.... Le jour suivant, le prince, revenu de la Cité, travaillait
« à ajuster une pièce de mécanique, lorsque le feu éclata soudainement
« dans un coin de l'atelier. Les matières inflammables avaient évidem-
« ment été cachées, pendant son absence, dans un tas de combustibles.
« A l'instant même, tout l'appartement fut en feu.... Une enquête est

« commencée, et l'on dit que la justice a déjà l'œil sur certains individus
« connus pour avoir conspiré antérieurement contre l'infortuné fils de
« Louis XVI.... »

Le 8 mars 1842, le *Morning Advertiser* signalait ainsi un nouvel
incendie dans l'atelier reconstruit du prince :

« Hier matin, vers une heure et demie, information fut donnée à
« l'établissement des pompiers que le feu venait de se déclarer à
« *Minerva-House*, résidence du duc de Normandie, dans un bâtiment
« nouveau détaché de la maison principale et servant d'atelier pour la
« confection de projectiles de guerre.... Après des efforts considéra-
« bles, on parvint à se rendre maître du feu, mais non pas avant que
« le bâtiment et tout ce qu'il contenait n'eussent été entièrement dé-
« truits par les flammes. »

Les persécutions contre le prince le suivirent jusque sur le seuil de sa
tombe. La possibilité qu'il entrevoyait de pouvoir assurer un sort
indépendant à sa famille par la vente d'une partie d'inventions de
guerre qu'il avait découvertes par son génie, le détermina, au mois
de janvier 1845, à entreprendre un voyage qui l'obligeait à traverser la
Hollande. A son débarquement à Rotterdam, des hommes de la police
vinrent aussitôt prier le prince de leur remettre son passe-port. « Je n'en
ai point, » répondit S. A. R., « je suis attaché au service du colonel
« Butts. » — « Le colonel est le serviteur et vous êtes le maître, »
reprit-on: « vous avez un passe-port sous le nom de Bourbon, et vous
« êtes le duc de Normandie. Nous avons l'ordre de vous arrêter, veuillez
« nous suivre au bureau de la police. »

Pour plus de sécurité, le prince voyageait incognito. Il s'était fait
inscrire dans le passe-port d'un officier anglais, son ami, qui l'accompagnait, et lui-même avait pris un passe-port sous son nom de Bourbon,
dont il ne devait se servir qu'au lieu de sa destination. Il avait donc été
trahi par le consul hollandais qui avait délivré les passe-ports. Il se vit
obligé de se soumettre. On lui prit son passe-port, et l'on plaça un agent
de police à la porte extérieure de l'hôtel où il était descendu : défense
lui était faite de sortir de la ville sans autorisation. Le surveillant montait la garde le jour et la nuit, et suivait le prince partout où il allait.
Cet arbitraire du pouvoir dura pendant quinze jours environ. M. Van
Buren, avocat à Rotterdam, réclama en faveur du royal étranger, avec
autant d'énergie que de désintéresssement, contre les mesures illégales
attentatoires à sa liberté. Mais tous ces efforts furent infructueux pour
obtenir la restitution du passe-port. Le directeur de la police et le ministre de la justice déclarèrent formellement qu'ils ne le remettraient

qu'autant que le duc de Normandie consentirait à repartir immédiatement pour Londres ; on offrit même de lui payer ses frais de retour.

Dans de pareilles circonstances, continuer sa route eût été aller au-
devant de nouvelles persécutions ; le prince prit le parti de fixer sa résidence en Hollande. Le gouvernement lui devint loyalement ami. Il
venait de passer un traité avantageux avec les ministres de la guerre, de
la marine et des colonies, quand une maladie qui débuta par de vio-
lentes coliques l'alita. Deux médecins militaires furent adjoints au médecin civil qui le soignait, et envoyaient régulièrement leur bulletin au
ministre de la guerre. Sa famille désolée vint le rejoindre. Le 10 du
mois d'août 1845, le fils de Louis XVI avait fini son douloureux pèleri-
nage sur cette terre. Une larme du chevaleresque et à jamais regrettable
Guillaume II honora la mémoire du royal décédé. On lit sur la pierre
de son sépulcre :

« ICI REPOSE LOUIS XVII,

**« Roi de France et de Navarre (Charles-Louis, duc de Normandie),
« né à Versailles le 27 mars 1785 ;**

« Décédé à Delft, le 10 août 1845. »

Que le lecteur décide maintenant, après avoir lu le
travail consciencieux que j'ai cru devoir faire précéder
de cette courte introduction, si l'auteur a eu raison
d'écrire en tête :

NON ! LOUIS XVII N'EST PAS MORT AU TEMPLE.

Si l'ouvrage que nous publions ne tranche pas définitivement une question fort controversée, il contri-
buera du moins à l'éclaircissement d'un point, certes,
bien intéressant de l'histoire contemporaine.

Bruxelles, ce 21 juillet 1857.

L'Éditeur.

NOTA.

Au moment où se terminait l'impression de cette partie de l'ouvrage, l'éditeur a reçu la communication suivante :

Une dame de la province de Gueldre, qui appartient à la première noblesse du royaume, ayant lu les *Intrigues dévoilées*, fut frappée de ces paroles attribuées à M. de Rochow, ministre prussien :

« Je ne voudrais pas affirmer que Naundorff n'est pas le dauphin ; « mais je ne voudrais pas qu'il fût reconnu, parce que sa reconnais- « sance serait le déshonneur de toutes les têtes couronnées de « l'Europe. »

Cette dame se rencontra avec le ministre à Aix-la-Chapelle, et lui demanda s'il était vrai qu'il eut tenu ce langage.

« C'est très-vrai, lui répondit l'Excellence, et il y a encore bien d'autres « choses de vraies. »

M. le général baron Wahuys Van Burgst, qui tient ce renseignement de la dame même, le jugeant d'une haute importance dans la cause du duc de Normandie, l'a communiqué à l'auteur des *Intrigues dévoilées*, en l'autorisant à le publier. Il est plus que probable que la dame de Gueldre aura parlé de son entrevue avec le ministre prussien à d'autres personnes, et que quelques lecteurs de l'ouvrage se rappelleront alors l'aveu très-significatif de M. de Rochow.

NON!
LOUIS XVII
N'EST PAS MORT AU TEMPLE.

I

Vous me demandez, Monsieur, si je connais l'ouvrage de M. de Beauchesne sur Louis XVII, publié en 1852, dans lequel il fait mourir le Dauphin au Temple, en dépit des autorités nombreuses et décisives qui démontrent irrésistiblement le contraire. Dans le cas où je ne l'aurais pas lu, vous m'offrez de me le procurer, afin que je le réfute, dites-vous ; et vous ne concevez pas qu'un écrivain se respecte assez peu pour oser vouloir redonner de l'importance à des faussetés historiques que le plus commun bon sens n'accepte plus aujourd'hui, et que l'ignorance ou la mauvaise foi peut seule s'efforcer d'entretenir.

Je connais cette merveille de l'historien fabuliste, qui prend pour des réalités les chimères de son imagination, et les mensonges dont il a composé son insipide roman intitulé :

Louis XVII, sa vie, son agonie, sa mort.

Je m'explique par conséquent votre désir de voir, par une réfutation, honorer la mémoire outragée du royal proscrit, auquel vous

avez consacré votre dévouement, quand les oppressions de la politique lui barrant sa route dans votre pays, vous concourûtes, avec
autant d'énergie que de noblesse d'âme, à le défendre contre l'arbitraire de la diplomatie. La mort de votre auguste client vous a fait
reporter toutes vos sympathies vers sa famille ; et, depuis dix ans
que nous habitons la Hollande, vous n'avez laissé échapper aucune
occasion de nous en donner des preuves efficaces. Souffrez que je
saisisse cette circonstance de vous témoigner publiquement ma
haute admiration pour votre généreuse sollicitude à l'égard d'illustres étrangers qui n'ont pu vous intéresser que par leurs malheurs,
et combien je me sens heureux lorsque, au milieu de l'indifférence
générale et du froid égoïsme qui font que chacun détourne la tête
des souffrances qui ne l'atteignent pas, pour ne songer qu'à soi, je
rencontre un de ces caractères distingués qui conçoivent si chrétien-
nement les devoirs de l'hospitalité et les droits de l'infortune réclamant un appui. Honneur donc à vous, digne émule du vénérable
Pezold, commissaire de justice de Crossen, qui avez pensé, comme
lui, que la cause d'un étranger persécuté appartenait à votre profession. Vous aussi, vous l'avez étudiée avec une loyale et patiente
persévérance ; vous vous êtes convaincu de la validité des réclamations du duc de Normandie, et vous associant encore aux Briquet,
aux Crémieux, aux Jules Favre, aux Laurens-Rabier, jurisconsultes
français, rares exceptions d'hommes probes et consciencieux dans
une société qui ne comprend plus l'héroïsme des sentiments et des
grandes actions, vous avez avec eux, par un hommage constant,
rendu au culte de la vérité que le monde repousse, flétri les lâches
détracteurs du fils de Louis XVI, à la honte des Bourbons, de la
France, et des princes ses frères de toutes les monarchies.

Laissez-moi le dire, à vous, de même qu'à ceux qui vous ont
précédé dans cette courageuse mission, vos efforts et les leurs à
combattre un mensonge demi-séculaire, en faveur d'illustres oppri-
més, leur ont apporté de bien douces consolations dans leur existence délaissée, et vous ont acquis à tous les bénédictions de l'infortune qui accompagneront désormais vos noms liés honorablement
à la mémoire de Louis XVII. L'histoire les enregistrera à côté de

celui du juste glorifié; car il viendra un temps où la justice éternelle commandera la justice à la terre, et alors apparaîtra, dans toute sa hideuse noirceur, l'œuvre des écrivains du mensonge, qui, au lieu de rechercher comme vous et de proclamer le bon droit diffamé, ont bassement adulé l'opinion publique que vous avez affrontée en soufffletant avec moi ses apologistes.

Ce n'est pas pour vous, Monsieur, je le sais bien, c'est pour le public indignement abusé, que vous voudriez me voir réfuter M. de Beauchesne. Qui mieux que vous, en effet, a pu se convaincre que Louis XVII n'est pas mort au Temple, puisque les documents les plus authentiques qui l'attestent ont passé sous vos yeux? C'est un fait que ne mettent plus en doute ceux qui ont lu les écrits que j'ai publiés en Angleterre, en France et dans ce pays-ci; car ils sont appuyés de pièces justificatives, de témoignages concluants, inattaquables, tous concordant entre eux, confirmatifs les uns des autres, depuis 1795 jusqu'à ce jour; tous sanctionnant, dans les moindres détails, les communications qui ont été faites par *le faux Prussien Naundorff*, invinciblement identifié avec le royal orphelin du Temple.

Vous n'ignorez pas non plus qu'en Hollande et en Allemagne, où l'on ne repousse pas, comme en France, systématiquement et de mauvaise foi une vérité historique qui déplaît, mes publications ont été accueillies et lues avec la sympathie qu'inspirent de grandes infortunes imméritées, l'indignation qu'excitent l'abus du pouvoir, la sécheresse et les pressions de l'égoïsme. Tous ceux qui n'abjurent pas le sens commun, qui ne déprécient pas les attestations de la probité pour croire à toutes les billevesées qu'enfante l'esprit de parti, et que propage la niaise crédulité ou la sotte ignorance; tous ceux-là reconnaissent que le fils de Louis XVI a survécu aux angoisses de sa captivité du Temple pour traverser, dans une vie de langueur et de proscription, cinquante années de plus de haines publiques et de brutales illégalités.

Ne croyez donc pas qu'il soit besoin de nouveaux éclaircissements pour mettre en évidence un événement historique mille fois authentiquement justifié depuis le retour du prince en France, et que ne prennent même plus la peine de dissimuler, dans leurs relations privées, les hypocrites dénégateurs d'une origine royale qu'il est seulement convenu par eux de ne jamais confesser officiellement et de désavouer par des écrits menteurs, afin de faire maintenir en public, avec une apparence de bonne foi, la réprobation dont la politique a frappé la famille incommode du duc de Normandie.

On pourrait considérer le monde comme composé de quatre sortes de publics. Il y a le public honnête homme, ami de la vérité sans considération, qui n'est point en désaccord avec nous; l'histoire de Louis XVII s'y lit avec intérêt, recommandée par un brillant cortége de noms honorables. Il y a le public qui boit, mange et digère, sans prendre la peine de penser. Celui-ci ne s'occupe pas de nous; il ne lit que les livres qui l'amusent; toute lecture sérieuse le fatigue. Des deux autres publics, l'un gouverne, et le second obéit aux impulsions du premier, que constituent les puissances politiques et religieuses, auxquelles il faut ajouter les meneurs de factions dynastiques, qui ne seront bientôt plus qu'un vain retentissement de prétentions surannées, accueillies par le ridicule et le dégoût, quand le peuple comprendra qu'elles se font de l'imposture un moyen de parvenir. Mais ces deux publics ont été tout-puissants, pour écraser l'héritier de la monarchie française, qu'ils avaient déclaré prescrit, c'est-à-dire, qui, dépossédé pendant plus de trente ans de ses droits d'homme vivant, ne pouvait plus revendiquer son nom et son individualité enterrés dans la tour du Temple. Ceux-là, — je veux parler des pouvoirs et des chefs de faction — n'ont pas besoin de lumières pour croire au duc de Normandie, décédé à Delft en 1845, ils pourraient en fournir eux-mêmes; ce n'est pas par ignorance qu'ils continuent à abuser ceux qu'ils trompent et qui se laissent aveuglément tromper, c'est avec un calcul bien réfléchi de perfidie et de machiavélisme. Aussi, quoi qu'on dise, quoi qu'on écrive, on ne les amènera point à changer de manière d'agir ni de langage. On ne recule pas en politique; on avance toujours de plus en plus dans la mauvaise voie qu'on a prise. Vous ne voyez point de princes, de ministres, d'hommes d'État se donner tort pour leur conduite passée en se montrant équitables envers les victimes de leurs prévarications ! Malheur à qui les gêne ! Et comme leur influence domine tous les intérêts, ils bouchent les oreilles et ferment les yeux de ceux que l'amour de soi traîne à leur suite. Je suis encore à chercher un écrivain qui ait eu la loyale énergie de ne pas copier servilement ceux qui ont travesti l'histoire au sujet du Dauphin. Les prôneurs hypocrites du principe de légitimité forment une classe à part, plus hostile à la famille du duc de Normandie que toutes les autres. La raison et l'équité n'ont point d'empire sur leur esprit contre les prescriptions des notabilités du parti. Leur pensée leur vient de là, et comme une troupe de moutons, ils marchent tous à la suite les uns des autres : l'un bêle, ils bêlent tous. Vous aurez beau mettre la lumière sous leurs yeux, ils les fermeront pour ne pas voir, et vous diront effrontément : éclairez-nous donc, il fait nuit.

En vous présentant ces considérations, Monsieur, j'ai voulu vous prémunir contre les illusions d'un espoir décevant qui vous portait peut-être à envisager une réfutation de M. de Beauchesne comme pouvant améliorer le sort des augustes affligés. Je n'en attends pas un aussi heureux résultat. Mais, sous d'autres rapports, je suis de votre avis ; elle a un côté d'utilité incontestable, pour que la mauvaise foi ne puisse pas se prévaloir d'un silence qui tournerait au préjudice de la majestueuse vérité qu'on tente d'anéantir. Eh bien, puisque les dénégateurs de Louis XVII n'ont pas eu le bon esprit de se taire, et qu'ils se sont avisés, en 1852, de recommencer leurs intrigues pour égarer de nouveau la religion publique, avant de m'occuper spécialement de M. de Beauchesne, je veux mettre quelque peu à découvert le conseil secret des consciences politiques.

II

Vous concevez bien, M. l'avocat, que la vérité ne sort point du mensonge et qu'on ne peut la combattre par la vérité. Ainsi, vous vous expliquez parfaitement que la politique de tous les partis ait démenti et démente toujours par l'imposture l'origine royale si puissamment démontrée ; mais comme un masque cache les traits du visage sans en détruire la beauté, qui devient d'autant plus frappante, le masque ôté, que celui-ci était plus grotesque, il en est de même de la répulsion de Louis XVII, que chaque mensonge de ses antagonistes identifie d'une manière plus éclatante avec Charles-Guillaume Naundorff. Un des hauts fonctionnaires de ce pays-ci, se trouvant avec le chargé d'affaires de la république française de 1848 à la Haye, lui demanda :

— Que pensez-vous de l'histoire du duc de Normandie?

— Imposture ! lui répond le ministre avec un ton de superbe suffisance.

— Avez-vous lu *les Intrigues dévoilées?*

— A quoi bon?

— Lisez-les, et vous tiendrez un tout autre langage. Le témoignage d'un écrivain désintéressé mérite, ce me semble, d'être pris en sérieuse considération, d'autant plus qu'il est appuyé de faits et de documents si concluants, qu'on ne peut méconnaître dans la personne de Naundorff l'infortuné fils de Louis XVI.

— Oh! je rends justice à la loyauté de l'auteur de cet ouvrage ; mais il a été trompé, et il cherche de bonne foi à faire partager aux autres ses illusions.

Trompé !!! A moins que d'être gens à courte vue, ceux qui parlent de la sorte se mentent à eux-mêmes ; car si Dieu avait permis que tous les témoignages de certitude réunis pour attester une vérité à la raison qu'il a mise en nous pussent tromper, en ce qui touche l'existence et l'identité du fils de Louis XVI, il n'y aurait plus de vérité certaine sur cette terre que les douleurs physiques et les dissolutions sociales qui pervertissent l'humanité.

Ainsi, nous voyons un ministre de France, qui dit ne pas connaître l'affaire du duc de Normandie, la traiter d'imposture, accuser sottement d'erreur ceux qui ont étudié la cause dans les éléments naturels de conviction, unique guide d'un jugement consciencieux, et qui soutiennent la vérité acquise selon les règles d'une lumineuse appréciation, d'après les principes d'une saine logique, seuls capables d'éclairer le discernement de l'homme de droiture! Si l'on disait à ce grand homme d'État, qui prenait pour la lumière les ténèbres de son esprit, qu'il est un malhonnête homme, il s'offenserait; et malgré sa clairvoyance, il ne voit pas qu'il se fait calomniateur d'une famille opprimée, par son jugement aveugle qui est l'équivalent d'une iniquité voulue au préjudice du bon droit.

Le docteur Éverard, médecin à la cour des Pays-Bas, disait en même temps au personnage qui m'a raconté cet acte d'ingénuité diplomatique, qu'il était certain de l'identité de Naundorff avec le fils de Louis XVI; qu'il possédait devers lui une preuve de cette vérité dont il ne pouvait pas faire la révélation, mais qui lui en donnait la plus sûre garantie.

Quels singuliers contrastes dans la physionomie humaine, selon le point de vue où on la regarde!

La publication des *Intrigues dévoilées*, vous le savez, eut un grand retentissement dans la presse journaliste d'Allemagne et dans votre pays. Il n'est pas un lecteur judicieux qui n'ait puisé dans cet ouvrage la conviction irrésistible que le fils de Louis XVI n'était pas mort au Temple; qu'il avait survécu dans l'horloger de Spandau, Brandebourg et Crossen. Tous les oppresseurs du juste diffamé, petits et grands, nobles et roturiers, hommes privés et gens d'État, gouvernés et gouvernants, ont accepté en silence la flétrissure de vérités qu'ils n'ont pu démentir, et ils ont alors plus que jamais recommencé leurs sourdes menées pour ébranler la foi des esprits faibles, et comprimer les élans de la sympathie efficace en faveur des enfants du duc de Normandie, héritiers de la haine qu'on portait à leur père, des oppressions et des calomnies dont on a désolé sa lamentable existence. On continue à vouloir faire maintenir les préventions attentatoires au repos de l'innocence, et les plus incrédules pour la vérité mise en évidence croient aux plus absurdes mensonges, propagés par la niaise opinion publique, quand ils tendent à jeter du décri sur les royaux méconnus.

D'autres étroites intelligences veulent bien ne pas voir en Naundorff un imposteur, tout en lui refusant la qualification qu'il s'attribuait.

Le *Journal de la Haye* du 5 septembre 1845 rapportait un récit, inséré dans l'*Illustration* de Paris, sur le duc de Normandie, dont la trivialité, l'invention et le sot persifflage étaient le moindre défaut; ce fut vous-même, rappelez-vous-le, qui me transmîtes ce journal, en m'invitant à ne pas laisser passer le mensonge sans y répondre. Vous ne réfléchissiez pas que presque toujours la presse journaliste refusa de publier nos réclamations, qui eussent détruit l'influence des calomnies, la plupart du temps débitées par ordre. La diffamation d'ailleurs contre le prince le transforma de tant de manières différentes, ses contradicteurs ayant chacun leur mode de dénégation, qu'il devenait impraticable de répliquer à toutes les conceptions du mensonge, autrement que par nos écrits publiés, dont on se gardait bien de dire un mot.

Revenons au récit du correspondant de l'*Illustration*. On y mêlait perfidement le faux avec le vrai, en dénaturant tous les faits historiques et en donnant une couleur ridicule à ceux dont on ne pouvait contester la décisive importance. *L'imposteur Richemont* y trouvait tout naturellement sa place, et sur la foi de MM. Hébert, ex-directeur des postes de l'armée d'Italie, et Radet, général de gendarmerie, *l'homme de la police* devait être effectivement le fils de Louis XVI.

C'était une réponse à l'acte de décès de l'infortuné prince, qui lui conserve ses titres et qualités de fils de France, sans opposition de la part de votre gouvernement, qui, ayant son ambassadeur à Paris à même d'être bien informé, n'a pas cru convenable de contester la déclaration des signataires de l'acte.

L'éditeur du *Journal de la Haye* faisait précéder sa citation des réflexions suivantes :

« Nous avons donné dernièrement une note publiée par les journaux, et ainsi conçue :

« Le soi-disant duc de Normandie, *forcé de quitter l'Angleterre,* s'était retiré à Delft ; il y est mort le 10 août : il était âgé de soixante ans au moins. *Sa ressemblance avec le roi Louis XVI était grande,* et pouvait expliquer l'obstination de quelques personnes à le prendre pour le Dauphin, mort au Temple. *Lui-même paraissait croire de bonne foi à son identité.*

Telle est aussi la logique et spirituelle conclusion de deux cent dix-sept pages écrites sur, pour et contre Louis XVII, dans le cinquième volume des *Mémoires* de M. Sosthène de Larochefoucault, où il dit :

« Qu'après s'être acquitté bien et au delà de tout ce qu'il pouvait devoir à la recherche de la vérité, à l'infortune, à l'erreur, et à son profond dévouement pour la famille royale, il ne voulait plus intervenir en quoi que ce fût dans les affaires de ce *malheureux qui, définitivement, lui semblait plutôt trompé que trompeur !* »

Voilà, M. le jurisconsulte, d'étranges logiciens qui s'expliquent — ce qui est incompatible avec le bon sens — comment un homme sain d'esprit, et d'esprit supérieur, tel que l'était le duc de Normandie, aurait pu, de bonne foi, croire qu'il a fait le voyage de Varennes avec la famille royale ; qu'il a été enfermé pendant trois ans dans la tour du Temple, — dont il a fait de mémoire, avec la plus rigoureuse exactitude, une minutieuse description ; — croire qu'il en est sorti, — dans des circonstances expliquées par lui, confirmées par de nombreux témoignages ; — croire qu'il a été de nouveau réincarcéré ; qu'il a gémi pendant quatre ans dans un cachot ; qu'il a été conduit au quartier général de l'armée de Brunswick, et que, arrivé en Prusse, il a remis au directeur général de la police du royaume des papiers, signés du roi et de la reine de France, attestant qu'il était le Dauphin, — ce dont nous avons la preuve positive ; — comment, de bonne foi, il a pu se croire l'une des victimes royales dans les drames tragiques de la révolution française, et avoir participé aux faits dont il a fidèlement rappelé les détails à sept anciens serviteurs de la monarchie, qui l'ont reconnu pour le fils des royaux martyrs ; comment !... Je pourrais multiplier à l'infini les considérations qui repoussent l'idée de bonne foi avec l'erreur, si elle n'était pas inadmissible, puisqu'une évidence de cinquante années, par tous les genres de démonstrations, sanctionne les communications du prince. Pour moi, plus conséquent que ceux qui s'expliquent l'impossible et ne croient pas au possible justifié, je déclare que si l'on peut me prouver que le duc de Normandie est mort au Temple, et que ce n'était pas l'infortuné personnage dont nous vénérons la mémoire, je signerai de mon nom qu'il était le plus grand fourbe de cette terre.

J'en finis avec le journaliste de la Haye. Lorsque j'annonçai l'intention de publier *les Intrigues dévoilées*, quelqu'un, haut placé, me ménagea une entrevue avec le rédacteur de cette feuille, dans l'espoir qu'il reproduirait l'ouvrage par feuilletons. Mais M.... me fit observer que, comme son journal était semi-officiel, il ne pouvait prendre aucun engagement *sans permission*. La permission lui fut refusée. Il paraît qu'elle ne lui manqua pas pour imprimer le mensonge.

Quant au rédacteur de l'*Illustration*, je lui dois la justice de dire que, quelque temps après, il publia dans trois de ses numéros un feuilleton du *Journal de Francfort*, qui rétablissait la vérité historique en vengeant le duc de Normandie des outrages du folliculaire. Cette réfutation est due à la plume d'un gentilhomme allemand qu'avait révolté l'impudence de l'auteur de l'article mensonger. Le journaliste de la Haye n'a pas eu la noblesse d'âme d'imiter le loyal exemple de son confrère de l'*Illustration*.

Enfin, à propos des *Intrigues dévoilées*, une grande dame qui occupait un des premiers postes d'honneur à la cour de Guillaume III, et qui m'a fait la faveur de m'accorder une audience, me disait : « Il y a des faits graves et très-importants dans l'ouvrage que vous avez publié : je l'ai lu ; mais nous ne pouvons pas croire à la culpabilité de la duchesse d'Angoulême. »

Étrange manière de raisonner ! on conteste un fait pleinement jus-

tifié pour n'en pas admettre les conséquences, comme s'il était rare,
et dans les gouvernements et dans le monde, que de grands crimes
fussent masqués sous les dehors trompeurs d'affectations de vertu !

Qu'on explique donc alors ces faits importants autrement que
par l'existence du fils de Louis XVI. En saine logique comme en
politique, il n'y a point d'action sans motif, point d'effet qui ne soit
la conséquence d'un principe moteur, d'un intérêt avoué, ou que
cache une dissimulation honteuse de le dévoiler. Or, je ne sache
pas que le génie du mal, revêtu de tous les costumes, depuis l'habit bourgeois jusqu'à la tiare pontificale et le diadème royal, ait
torturé une vie demi-séculaire pour la jouissance gratuite de se
repaître des convulsions de la victime palpitante sous les étreintes
des plus horribles souffrances. Nier le fils de Louis XVI, c'est pourtant accuser l'humanité de barbarie envers Naundorff pour le seul
plaisir de la brutalité ; tous les pouvoirs européens de flagrants
dénis de justice à son égard, dans l'unique but de se déshonorer ;
les gens religieux, d'hypocrisie, pour insulter sacrilègement par
leur conduite envers lui au divin précepte d'amour, de droiture et
de vérité ! Nos maladroits contradicteurs n'ont pas, je le présume,
envisagé la question sous ce point de vue moral.

Quant à la duchesse d'Angoulême, elle n'a jamais douté de l'existence de son frère. Après sa sortie du Temple, elle l'a apprise à
Vienne de la bouche d'un des libérateurs du Dauphin : elle lui a
été confirmée à Mittau ; mais, dominée par le machiavélisme du
comte de Provence, qui lui fit épouser le duc d'Angoulême afin de
lui insinuer l'ambition de devenir reine un jour ; mêlée depuis à l'op-
pressive politique des proscripteurs du roi légitime de France,
s'étant approprié la fortune du royal orphelin, cette sœur dénaturée avait pris, dès le principe, et a maintenu sacrilègement la détermination fixe de méconnaître son compagnon de captivité, par
orgueil, par cupidité, parce qu'il était son seigneur, l'héritier de la
monarchie. Coupable en 1814, elle a continué de l'être pendant la
fausse restauration et après, n'ayant jamais eu le courage d'avouer
et de réparer la criminalité de sa conduite envers un prince que la
Prusse et l'Autriche persistaient à méconnaître.

III

Fouillons maintenant, Monsieur, dans la conscience des légitimistes : vous allez voir que pour décrier une vérité déplaisante qu'on ne saurait nier sensément, il n'est pas de sortes d'inepties qui n'aient cours, sous le patronage des classes supérieures, et qui ne soient répétées par les subalternes de la faction politique.

Un fait insignifiant par lui-même, en raison de la mince importance de l'individu qu'il concerne, vient à l'appui de cette observation. Un général vendéen, le comte de la Rochejacquelein, qui a couru le monde pour chercher Louis XVII, et qui probablement le cherche encore, me disait à Londres, dans une conférence que j'eus avec lui : « Mme la duchesse d'Angoulême m'a donné sa parole d'honneur que son frère est mort au Temple. » Cette parole royale n'empêche pas le noble Vendéen d'avoir la conviction du contraire. Aux considérations les plus puissantes que je faisais valoir pour l'engager à voir le proscrit Naundorff, à étudier sa cause, à examiner les preuves qu'il donnait à l'appui de sa prétention d'origine royale, et que j'offrais de lui communiquer, il me répondit que Naundorff ne pouvait pas être le Dauphin, *parce qu'il parlait mal français*.

Eh bien, cette lumineuse objection a fait fortune. La plèbe du parti de Henri V la redit avec ce ton de suffisance qui dénote le plus haut degré de la sottise. M. Nijgh, éditeur des *Intrigues dévoilées*, s'imaginant que les *légitimistes* étaient les défenseurs naturels du fils de Louis XVI, écrivit à un sieur Dentu, libraire à Paris, afin de lui proposer d'être son correspondant pour la vente de l'ouvrage en France. La publicité que je donne à la réponse est la seule manière de le châtier dignement. Elle offre en même temps une juste idée des basses manœuvres de nos détracteurs.

« Paris, 5 décembre 1846.

Monsieur,

« J'ai reçu la lettre que vous m'avez fait l'honneur de m'adresser, et j'ai lu le premier numéro des *Intrigues*, qui était joint à l'envoi de votre lettre.

« *Personne* ici ne croit à l'existence du malheureux fils de Louis XVI, et de tous les imposteurs qui se sont dits Louis XVII, *le sieur Naundorff*, horloger, ci-devant à Paris, est un de ceux qui, *par son baragouinage allemand*, a fait le moins de prosélytes. L'infortuné Dauphin avait environ dix ans lors de sa mort ou de son évasion du Temple, si vous le préférez, et, à cet âge, on a parfaitement l'accent de son pays. Votre ouvrage contient des imputations outrageantes contre Louis XVIII et Charles X, dont je révère la mémoire, et des injures grossières contre la duchesse d'Angoulême ; je ne puis être le dépositaire d'un ouvrage de cette nature.

« Si vous faites cette publication à votre compte, *je vous engage à réfléchir avant de la terminer;* car, à mon avis, *vous en serez pour vos frais.* Si elle est pour le compte d'auteur, *faites-vous payer exactement; car je suppose dans cette affaire une intrigue, à moins qu'il y ait sottise.*

« J'ai l'honneur...

Signé : Dentu. »

Le sieur Dentu, en donnant son coup de pied d'âne à l'auguste majesté terrassée par les crimes de ceux dont il révère la mémoire, a bien mérité de ses nobles patrons et s'est rendu digne de devenir le libraire privilégié du nouvel usurpateur en perspective.

Quant à moi, Monsieur, j'avais la simplicité de croire que la difficulté du prince à parler sa langue maternelle en 1833, ainsi que j'en ai expliqué la cause dans ma réplique judiciaire, était un argument de plus en sa faveur, décisif et irrésistible, par la reconnaissance de ceux qui connurent le Dauphin dans l'intimité à la cour de Louis XVI, et de ceux qui l'ont connu au Temple, à moins que de supposer à Naundorff le miraculeux pouvoir de se transfigurer en fils de Louis XVI.

Je me figurais enfin qu'un Allemand, s'il n'eût été fou, ne se fût jamais avisé un instant de jouer le rôle dangereux d'un prince de France avec une lueur d'espoir de succès; que le gouvernement l'eût fait taire en publiant son origine prussienne; qu'il n'eût pas provoqué devant la magistrature française une lutte contradictoire avec la maison de Bourbon pour lui prouver qu'il était le fils aîné de cette race royale, et surtout je ne comprenais pas qu'une pareille œuvre de folie pût avoir fait une seule dupe parmi des gens raisonnables. Je ne m'expliquais donc les témoignages si péremptoires en sa faveur, des personnages les plus marquants de France et de l'étranger, seuls juges compétents, que comme une sanction de la vérité méconnue. Je rangeais alors l'objection dans la classe des absurdités qui tiennent presque de la démence.

Eh bien! savant jurisconsulte, s'il en est chez vous comme en France où, suivant un dicton de palais, la chose jugée passe pour vérité, c'est moi qui n'aurais pas le sens commun. Dans le jugement de première instance, rendu à Paris en 1851, contre la famille royale de Breda, le tribunal de la Seine, accueillant avec une sorte d'ironie la réclamation judiciaire des enfants du duc de Normandie, a élevé à la hauteur d'un considérant de son jugement le reproche fait à Naundorff de parler mal français; d'où s'ensuit la conséquence légale que le Dauphin est mort au Temple et que Naundorff ne peut pas l'être.

Cette *savante* décision des premiers juges, convenez-en, prouve le contraire de ce qu'ils décident. Puisqu'ils n'ont pas une raison sensée pour valider l'acte de décès de 1795; c'est que cet acte n'établit pas en fait ni en droit la mort au Temple de l'orphelin royal. Elle prouve aussi que ces graves magistrats, oubliant qu'ils doivent rendre la justice aux plaideurs, et non des services à la puissance politique, ont pensé que cette cause était tellement vouée au discrédit par les pouvoirs supérieurs et les factions de toutes les nuances qu'ils pouvaient, sans se couvrir de ridicule et de blâme, repousser la plus légitime des actions, et la plus solidement justifiée, par la seule autorité de commérages populaires!

IV

Tout ce que je vous raconte là, Monsieur, est un avant-propos qui n'est pas sans valeur comme préliminaire à ma discussion avec M. de Beauchesne. Écoutez donc encore:

Un écrivain distingué de Saxe, le docteur Schmerbauch, fut invité à écrire contre le duc de Normandie par Mme la comtesse de Bouillé, ambassadrice de la cour de Prague auprès de lui, lorsque la famille du prince résidait à Dresde. Croyant Naundorff un imposteur, il accepta la proposition. Mais une communication que lui fit faire la duchesse d'Angoulême, dont il découvrit la fausseté et la perfidie, lui ouvrit les yeux; il fut convaincu que l'homme qu'on voulait perdre et diffamer était le frère de la fille de Louis XVI. Il repoussa alors avec indignation l'odieux d'une complicité incompatible avec son caractère honorable et ses sentiments de probité; il devint au contraire un des plus chaleureux apologistes du prince. Je l'ai vu il y a environ deux ans, peu de temps après le décès de la duchesse d'Angoulême; il m'a rapporté qu'elle avait été vivement pressée, à son lit de mort, de reconnaître son frère, et de restituer à ses neveux et nièces, sinon tout, au moins une part de la fortune dont elle avait spolié leur père, mais que des conseils impies l'ont détournée de satisfaire à ce devoir impérieux de sa conscience, de sorte qu'elle est morte comme elle avait vécu, criminellement; sans réhabiliter la mémoire diffamée de Louis XVII, renié par elle, sans rendre aux enfants du fils de Louis XVI la position sociale qui leur appartient, sans réparer les désastreuses conséquences de l'état d'abaissement auquel les a réduits sa barbare conduite envers son frère et roi légitime, enrichissant le duc de Bordeaux du patrimoine des orphelins; et sa vie et sa mort, saintes selon le monde, n'ont été devant Dieu qu'une hypocrite piété !

Ce renseignement doit être vrai car un de mes amis, M. Schuecking, ancien rédacteur de la *Gazette de Cologne*, m'a écrit le 29 du mois de novembre 1853 :

« Madame Schuecking a parlé à Darmstadt de vos affaires. Une
« dame de la haute aristocratie lui a raconté que, se trouvant un
« jour au château de Neuburg, près de Heidelberg, elle avait fait la
« connaissance de plusieurs familles de légitimistes qui lui dirent
« qu'il était bien connu que Naundorff était le Dauphin, mais que,
« n'ayant pas été élevé comme prince, on n'avait pu le produire
« comme tel et comme Bourbon.

« Ces mêmes légitimistes ont ajouté que la duchesse d'Angou-
« lème avait été malheureuse pendant toute sa vie, à cause de cette
« affaire mélancolique et triste, et qu'elle n'avait pas pu mourir en
« paix. »

Si elle n'a pu mourir en paix, elle ne put pas non plus vivre en paix avec sa conscience, dont il nous est attesté que les remords ont troublé son sommeil ; car elle a été entendue par la duchesse de D..., une nuit, s'écriant avec agitation et sanglots : « Mon frère ! « mon pauvre frère ! » Et elle a dit à la comtesse de G..., qui la sollicitait de ne pas méconnaître plus longtemps son frère, « que la « Prusse s'opposait à ce qu'elle le reconnût. » Cette impitoyable sœur avait placé sous des noms supposés l'immense fortune qu'elle dissimula de son vivant, et acheté la terre seigneuriale de Frohsdorf sous le nom du fils du duc de Blacas, pour les mettre à l'abri d'une saisie judiciaire. Vous connaissez le chiffre de cette fortune. Relisez la lettre que lui a écrite M. Bremond, noble et vénérable relique de la cour de Louis XVI, et dans laquelle il lui disait :

« Enfin, Madame, je remplis le devoir que Dieu m'impose envers
« vous, en vous déclarant qu'*à ma connaissance la cour d'Autriche*
« *a la preuve authentique de l'enlèvement de l'Orphelin du Temple.*
« *Je sais encore d'une manière positive, que ceux qui ont eu le*
« *bonheur de le délivrer l'ont conduit à Rome, où il a été pa-*
« *ternellement accueilli par le saint-père Pie VI,* dont il a

« un document écrit en latin, dans lequel il est parlé de lui,
« et signé *Pius Sextus*. Il n'existe donc personne qui puisse
« vous donner des informations véridiques et contraires à ce que
« j'ai l'honneur de vous faire savoir. *Mon honorable ami, feu*
« *M. le marquis de Monciel* (ancien ministre de l'intérieur sous
« Louis XVI), *dont la copie du testament vous sera remise, a sou-*
« *vent gémi devant moi des illusions de V. A. R. Plusieurs fois il*
« *était sur le point d'aller vous demander une audience particu-*
« *lière pour vous faire connaître l'existence de votre auguste frère.*
« *Cet honorable ami est mort dans mes bras de douleur de la ca-*
« *tastrophe de 1830, et regrettant de n'avoir pu remplir son*
« *devoir en vous enlevant la cataracte dont on avait couvert vos*
« *yeux.*

« Je crois que plusieurs de vos serviteurs, trompés eux-mêmes
« par le Prince qu'ils avaient le malheur de servir, ont pu vous
« faire partager leurs erreurs; mais pour vous mettre en mesure
« de juger, j'ajoute le fait suivant : Un d'entre eux, le duc de Blacas,
« a reçu des mains de M. de Monciel le trésor de la couronne qu'il
« avait sauvé des mains des factieux, *pour le conserver à l'autorité*
« *du roi légitime.*

« Ce trésor, valeur réelle, était de *trois cents millions*. Il fut
« converti en neuf millions de rentes placés dans les fonds étran-
« gers, de préférence aux fonds français. J'ai su en 1820, de mon
« ami, M. d'André, qu'à sa connaissance, il n'existait plus que sept
« millions de rentes du trésor. Depuis cette époque, il n'y a pas eu
« lieu sans doute de le diminuer.

« Ce trésor, Madame, appartient au roi légitime, et ce roi légi-
« time que vous embrasserez un jour avec bonheur, c'est votre au-
« guste frère le duc de Normandie.

« Mais d'après la vérité, que je vous déclare devant Dieu, il ne
« vous est plus permis de vous en servir contre lui. Que vos con-
« seillers ne se fassent pas illusion ; ce sont eux qui sont respon-
« sables devant Dieu et devant leur roi légitime de l'emploi que vous
« en ferez.

« Mon devoir est rempli, Madame. Pour récompense de mes ser-

« vices envers le roi-martyr et envers toute sa famille, je n'ai jamais
« voulu accepter que le portrait de S. A. R. Monsieur, *qu'il me*
« *donna en* 1820.

« A l'âge de 78 ans, où je suis parvenu, je n'ai plus rien à rece-
« voir de personne sur la terre ; mais je dois me préparer à paraître
« devant Dieu, qui du moins ne me fera pas le reproche de vous
« avoir caché la vérité. »

Je transcris encore ce passage de la déposition judiciaire de
M. Bremond :

« ...... La prétendue Restauration ne fut qu'une transaction sur
« les crimes. Le comte de Provence, chef des conjurés contre son
« frère Louis XVI, pour trôner à sa place, régna sous le nom de
« Louis XVIII, quoique bien informé que son neveu Louis XVII
« vivait sur le territoire prussien ; il crut pouvoir s'en délivrer par
« de ténébreuses persécutions...

« Louis XVIII, dans un *document écrit et signé de sa main, fit*
« *un récit de la vie de son neveu le duc de Normandie, et il fit un*
« *devoir à son frère de le reconnaître et de le proclamer roi de*
« *France. Ce papier extraordinaire fut fermé dans une cassette*
« *anglaise à double fond, qui était placée dans son cabinet, et dont*
« *une dame, autre que la dame de qualité, avait la faveur de tout*
« *voir à son gre. Une personne* qui s'occupait alors de l'Orphelin du
« Temple pour le produire sur la scène, et à qui cette dame avait
« déjà procuré des pièces importantes pour de l'argent, reçut de sa
« part, en 1820, la confidence du secret déposé et l'offre de lui con-
« fier la cassette de minuit à minuit, moyennant la somme de cent
« mille francs, déposée et acquise en remettant la cassette. Cette
« personne en parla au comte d'Artois, qui accepta l'offre, sous la
« réserve de la soumettre à un grand magistrat qui avait sa con-
« fiance, et qui, s'il l'approuvait, recevrait la cassette et en ferait
« l'examen : le magistrat n'approuva pas, et motiva son refus, mal-
« gré les avantages de connaître les résolutions prises pour prépa-
« rer les moyens de les déjouer.

« *En* 1824, *la même personne voyant Louis XVIII près de mou-*
« *rir, fit une visite à M. Franchet, lui raconta l'histoire de la cas*

« *sette de 1820, l'invita à vérifier lui-même si elle était toujours à*
« *sa place, à en rendre compte à* Monsieur, *et à prendre ses ordres ;*
« *elle existait, fut gardée à vue, et au moment de la mort, elle fut*
« *remise à M. de Villèle et à deux autres ministres pour en faire*
« *l'examen.* Si je suis bien informé, *les trois ministres furent*
« *d'accord de proclamer le duc de Normandie ;* mais ils crurent
« devoir consulter *le cardinal de Latil, qui,* feignant de ne voir
« qu'une fable dans le récit de Louis XVIII, décida que Charles X
« devait être proclamé dans l'instant, en lui laissant le soin de juger
« cette affaire. Cet avis fut suivi ; et si je suis bien informé encore,
« Charles X examina réellement l'affaire, *se convainquit de la vé-*
« *rité,* et il eut la faiblesse de céder à de faux intérêts dynastiqnes.
« Il se fit sacrer, et après le plus beau des triomphes militaires, il
« fut précipité de son trône à coups de pierres. »

M. Bremond fit connaître au prince, par la lettre suivante, le
nom des personnes qu'il n'avait pas jugé à propos de désigner
devant la justice :

       « MON CHER PRINCE,

« ...... En 1820, je fus informé de bonne source que Louis XVIII
« avait dans son cabinet une cassette anglaise à double fond, et
« dans laquelle étaient renfermés sa propre histoire écrite de sa
« main, celle de ses relations avec Martin, ainsi qu'une note sur
« *Louis XVII,* telle que M. de Cazes l'avait trouvée dans les papiers
« de Robespierre, saisis chez Courtois, et le devoir qu'il imposait à
« son frère de le rétablir sur le trône.
« A cette époque, j'avais rédigé un mémoire en votre faveur pour
« *Monsieur.* Je fus détourné de le présenter, parce qu'il n'était
« pas appuyé de preuves suffisantes et que, dans tous les cas,
« j'eusse échoué en me perdant. J'eus recours au moyen de la cas-
« sette. On demandait une somme considérable pour l'enlever et
« me la confier pendant vingt-quatre heures. Je sollicitai une au-
« dience de *Monsieur,* et je lui exposai si heureusement le danger
« de sa position, et les besoins qu'il avait de connaître les plans de

« son frère, pour les déjouer s'ils étaient contraires à ses intérêts,
« qu'il accepta ma proposition en m'imposant le devoir de consul-
« ter M. le président SEGUIER, sans l'approbation duquel il ne se
« permettrait pas un tel acte. Je réclamai un second pour cette con-
« férence, et le fils du COMTE D'ESCARS fut nommé. Nous nous
« rendîmes chez M. Seguier. J'exposai les graves motifs qui exi-
« geaient le déplacement de la cassette pendant vingt-quatre heures,
« pour connaître les plans du maître et prendre des mesures en
« conséquence en faveur de *Monsieur*. M. Seguier approuva les
« motifs, mais désapprouva les moyens. L'affaire manqua. Mais
« à mon voyage de 1824, *Monsieur* me donna un travail à suivre
« avec *M. Franchet, directeur de la police*. J'en profitai, et je lui
« racontai l'histoire de la cassette de 1820. Je le priai de vérifier
« dans la journée si elle existait toujours dans le cabinet, et alors
« de prendre les mesures nécessaires pour que personne ne pût
« s'en emparer. Le lendemain, *M. Franchet m'assura que la cas-*
« *sette que je lui avais désignée existait*, et qu'il avait pris les
« mesures convenables. Le jour de la mort de Louis XVIII, il m'as-
« sura l'avoir portée au nouveau roi...

1857.   « BREMOND. »

Ce fait du testament de Louis XVIII et de sa reconnaissance de
Louis XVII se trouve confirmé dans une lettre que M. Bérard de
Pontlieue m'a écrite le 21 mai 1851, à l'occasion du procès. Entre
autres renseignements communiqués, il me dit :

« .... J'ai vu aussi différents membres du Comité légitimiste
« *pour la recherche de Louis XVII*, dont faisaient partie M. Tha-
« rin, évêque de Strasbourg, monseigneur de Nancy, M. l'abbé Per-
« rault, secrétaire de la grande aumônerie de France. Ce dernier
« m'a affirmé tenir d'un des grands officiers de la couronne devant
« qui le fait s'était passé, qu'à la mort de Louis XVIII, son secré-
« taire avait été ouvert, qu'on y avait trouvé une liasse de papiers
« intitulée : *affaire de Louis XVII ;* que M. de Villèle avait mis
« cette liasse sous sa redingote et défendu qu'il en fût fait mention

« au procès-verbal ; que cette liasse fut remise fidèlement par **M.** de
« Villèle à Charles **X.**

« J'ai vu plusieurs fois *le général de la Rochejacquelein*, qui m'a
« déclaré avoir des preuves personnelles de la sortie du Dauphin
« du Temple ; que c'était un fait hors de doute.

« **M.** de la Roche-Aymon, pair de France, m'a affirmé la même
« chose... »

Pour vous mettre à même de juger la moralité politique du parti
qui se dit légitimiste, je vous citerai en outre une lettre de **M.** le
comte Duwalès, qui écrivait à un des amis du prince, en 1835 :

« Je m'empresse de répondre à votre lettre et à celle que le
prince a daigné m'écrire. Je regrette bien de ne l'avoir pas reçue
plus tôt ; je me serais rendu auprès de lui, malgré les affaires qui
me retiennent ici. Je suis sensible à la confiance que mes sentiments
bien sincères ont pu lui inspirer. Hélas ! je voudrais de tout mon
cœur que l'occasion se présentât de les lui prouver de toute autre
manière que par mes vœux et mes désirs. Mais les difficultés sont
grandes, parce qu'on n'a rien négligé pour les rendre presque insurmontables. Il est évident que la divine Providence, dont les décrets
sont immuables, veut encore laisser le bandeau sur les yeux des
indifférents, qu'on a bien de la peine à émouvoir. Ce fatal égoïsme
et cette apathique insouciance sont portés à un tel point, que, malgré toutes les preuves à l'appui et les faits les plus probables sur
une réalité non contestée, il est bien difficile de persuader surtout
cette classe désignée par le prince, bien justement, sous la qualification de haute noblesse. *Il s'en trouve parmi elle de bien coupables*
en province, et plus encore dans la capitale. C'est cette classe ambi-
tieuse et maladroite qui, *en simulant de ne rien savoir de la vérité*
sur ce qui se passe depuis quarante ans, paralyse les démarches de
ceux qui travaillent à éclairer une autre classe innocente et plus
nombreuse, très-disposée à croire...

« Il existe plusieurs causes qui empêchent que la vérité ne
vienne à éclairer la grande majorité des Français sur leurs véritables intérêts. D'abord, les révolutionnaires... Ils sont circonvenus
par une poignée de meneurs... Parmi eux, il s'en trouve beaucoup

qui n'ignorent pas l'existence réelle d'un prétendant légitime ; mais, s'ils en conviennent parfois, ce n'est jamais vis-à-vis du peuple qu'ils abusent dans un sens contraire à la vérité...

« Nous avons, parmi l'ancienne noblesse, beaucoup d'individus et même de familles entières qui se sont fourvoyées, et par ce fait déshonorées. Ceux-là, ne trouvant pas leur fortune assez brillante, ont voulu l'augmenter par toutes les chances qui se sont présentées depuis un demi-siècle; et c'est positivement depuis l'époque qu'on appelle la Restauration, que nombre d'individus, appartenant à la noblesse, ont mis tout sentiment d'honneur et de fidélité de côté. Les uns, peu instruits de ce qui se passait, n'ont consulté que leur intérêt personnel; les autres, mus par l'ambition, ont suivi la route que Louis XVIII leur avait tracée et si bien indiquée *en montant sur un trône usurpé.*

« Il ne faut pas se dissimuler qu'*une grande partie de cette noblesse, qu'on appelle de cour, n'a jamais douté de l'existence du fils du roi martyr ; j'en ai la conviction au sujet de plusieurs de ma connaissance...*

« *Depuis* 1816, je n'ai pas déguisé à plusieurs ma façon de penser, toutes les fois que l'occasion s'est présentée, et que j'ai souvent provoquée. Cela a nui à mon avancement. On me retira le commandement d'un régiment que j'avais formé, parce que, m'étant prononcé assez clairement, on me trouva dangereux, ou l'on craignit mon influence, et je fus mis de côté. Nul doute que si le fils de Louis XVI, lorsque je l'aurais reconnu pour réel et bien véritable, fût venu me trouver, moi, et *bien d'autres colonels* de ma trempe, *qui savaient comme moi qu'il en existait un légitime,* nous l'eussions conduit aux Tuileries, où *il y avait dans la garde royale bon nombre d'aussi bien instruits que moi,* et nous l'eussions fait reconnaître pour notre roi légitime, en dépit de l'usurpateur qui aurait déguerpi. Une circonstance que je ne vous raconterai pas ici, parce que ce serait trop long, m'en a donné la conviction. Les troupes de la garde royale, de service aux Tuileries, en furent les témoins, ainsi que tous les étrangers qui s'y trouvaient...

« Que le prince ne soit point étonné de l'indifférence qui règne dans les esprits, parce que *tous les moyens les plus subtils ont été mis en jeu pour entretenir l'erreur et le doute sur tel ou tel individu qui se présentait.* Cette conduite de *l'astucieux usurpateur* a tellement prévalu, qu'on déverse à tort et à travers le ridicule sur ceux qui soutiennent le contraire ; et comme il se rencontre à chaque pas beaucoup de gens timides et faibles de caractère, ils n'osent convenir d'un fait qu'ils croient très-probable dans leur âme et conscience.

« Une autre cause forme obstacle et se présente naturellement comme la plus grande difficulté à persuader les honnêtes gens. Ils disent : s'il est vrai que le fils de Louis XVI existe, comment se fait-il que Mme la duchesse d'Angoulême ne s'empresse pas de reconnaître son frère, et qu'elle ne prenne pas les moyens d'y parvenir? Comment Charles X, ce pieux chevalier français, et le duc d'Angoulême ne le reconnaissent-ils pas?

« Mon respect pour la fille du roi-martyr m'oblige à me renfermer dans une seule réponse. Il n'est pas étonnant que, d'après les moyens qu'on a pris pour susciter des intrigants qu'on a fait paraître en temps, elle ne craigne qu'on veuille la tromper et qu'elle se tienne toujours sur ses gardes. *Mais on s'étonne que, par rapport à celui qui se présente aujourd'hui avec des preuves telles, qu'elles doivent satisfaire un homme sensé et impartial,* elle mette tant de persévérance et d'entêtement à ne pas prendre les moyens qu'on lui a indiqués pour s'assurer de son identité.

« Quant à Charles X et son fils, je puis répondre d'une manière plus péremptoire. Je connaissais parfaitement monseigneur le duc d'Angoulême. Je lui ai rendu des services assez signalés pour avoir pu le bien juger. Son esprit assez étroit fut facilement tourné par Louis XVIII, en 1816. Lors des événements de 1830, entouré à Compiègne de près de 14,000 hommes et de plusieurs généraux qui le suppliaient de leur donner des ordres, répondant, avec un pieux maréchal, que dans vingt-quatre heures il serait rentré à Paris, il ne voulut obtempérer à aucune de leurs propositions, et, de guerre lasse, allongé sur le gazon, il se lève et leur répond :

« C'est fini ! il faut s'en aller. *Vous êtes destinés à être gouvernés « par un plus grand monarque.* »

« Il prit aussitôt la route de Cherbourg. »

M. Rémy de Versailles. a logé chez lui *Marassin*, l'homme envoyé de Prusse en 1815 par le prince à sa sœur pour lui remettre des papiers qui constataient que le bourgeois de Spandau
était son frère. C'est chez lui qu'il a été arrêté par l'ordre du préfet
de police *de Cazes*. Dans les explications que lui a données le duc
de Normandie, il s'est convaincu que c'est le prince effectivement
qui avait fait partir cet émissaire pour la France, avec la mission de
se faire passer pour Louis XVII, jusqu'au moment où, comparais-
sant en justice, il révélerait la vérité. Il est également à la connaissance de ce témoin que l'homme affublé du nom de *Mathurin Bruneau* fut un individu *substitué à Marassin*. Dans une attestation
écrite qu'il a remise au prince, il raconte :

« Que se trouvant un jour au château de Saint-Cloud, quelque
« temps après l'arrestation du courageux missionnaire, il vit entrer
« le *duc de Berry* qui dit à Charles X : « Eh bien ! mon père,
« il paraît qu'au lieu d'un vieux roi nous allons en avoir un
« jeune? » Le *comte d'Artois* reçut fort mal ces paroles et lui
répondit : « *Va-t-en, imbécile que tu es !* »

Je regrette que les bornes restreintes d'une réfutation spéciale,
pour laquelle je ne dois pas m'écarter du terrain où nous place
M. de Beauchesne, que le besoin de ne pas trop détourner l'attention
du but que je me propose, me contraignent d'abréger ce préambule.
Pourtant, je veux vous dire encore que, dans une autre lettre, M. le
comte Duwalès déclare :

« C'est en 1816, — époque où Marassin avait accompli dignement son mandat périlleux en s'immolant pour son bienfaiteur ;
c'est alors — qu'a commencé le drame où le matérialiste comte de
Provence remplit le premier rôle. Je me disposais à me rendre à
Rouen, où une foule de personnes se rendaient pour tâcher de voir
le personnage mystérieux qui y était détenu, passant pour le fils de
Louis XVI...

« Peu de temps après, je fus obligé de partir pour aller rejoindre mon régiment. *Depuis cette époque jusqu'en 1820*, j'ai rencontré beaucoup de sympathie chez un grand nombre de personnes

qui partageaient ma conviction sur l'existence du Dauphin. *Dans toute la Provence, depuis Toulon jusqu'à Marseille et Arles, c'était une opinion générale.*

« En 1820, avant l'assassinat du duc de Berry, un rassemblement avait été organisé pour soutenir cet excellent prince, qui voulait opérer un mouvement pour faire reconnaître et proclamor le roi légitime. *J'étais entré dans cette noble conspiration avec plusieurs autres colonels* qui devaient soutenir ce mouvement. *L'assassinat du prince* fit tout contremander.. »

Vous savez que le duc de Normandie avait écrit au duc de Berry et que ce loyal prince lui répondit qu'il ferait tous ses efforts pour le replacer sur son trône. Il a tenu héroïquement sa parole ; mais l'usurpateur veillait et agissait pour conserver la couronne que les gouvernements coalisés avaient mise sur sa criminelle tête. La cause de cet assassinat n'est plus mystérieuse depuis les révélations faites par le fils de Louis XVI, et dont la rigoureuse vérité m'est attestée par des témoignages et des documents historiques que je me suis procurés. Ce n'est pas ici le lieu de les produire ; mais le fait est trop majeur pour que je n'en cite pas quelques-uns. Voici un récit de M. Lafont-d'Aussonne, dans ses lettres anecdotiques, qui ne sera pas lu sans intérêt. Il écrivait à M. le marquis de Latour, en 1820, en lui rendant compte d'une scène violente entre le duc de Berry et Louis XVIII, dont M. le duc de la Châtre avait été témoin :

« ... Je m'en vais vous confier aujourd'hui ce que je tiens de M. le duc de la Châtre lui-même, premier gentilhomme de la chambre en exercice ; il ne raconte rien qu'il n'ait vu... »

La scène dont il est question eut lieu dans les intérêts du duc de Normandie, et non par rapport au prince Eugène, ainsi que le duc l'allègue, par une dissimulation que commandait sa position à la cour de l'usurpateur ; nous en avons la preuve irrécusable. Le narrateur raconte donc :

« ... Le duc de Berry, dans l'impétuosité de son âme juste et sensible, pénétre dans les Tuileries malgré les défenses du roi. Introduit dans la chambre à coucher par le consentement d'un premier officier de service, il vint à reprocher à son oncle l'excès de ce qu'il appelait sa perfidie et sa trahison. Louis-Stanislas déconcerté ne trouvait pas facilement une réponse. Enfin, se croyant en danger personnel devant le pétulant jeune homme, il appela vivement ses officiers et tous les serviteurs de la chambre, qui ne vinrent pas. L'orage ne faisant que grossir, les reproches succédant aux reproches, la désobéissance aux impérieux commandements, le roi jeta son bourdon d'or à la tête du prince, qui, supplié par le duc de la Châtre, sortit enfin de l'appartement.

« Le lendemain jeudi, par hasard ou autrement, son cheval rapide reçut deux coups de feu sur le Carrousel, entre minuit et une heure...

« Quand la nouvelle de l'événement si tragique parvint au château, les valets de chambre allaient mettre le roi dans son lit. Le premier gentilhomme, consterné, s'approcha pour lui dire avec émotion : « Sire, M. le duc de Berry vient d'être assassiné à l'Opéra. » « — « A l'Opéra, » dit le monarque *sans altération,* « cela n'est « pas possible : on n'assassine point ainsi un prince à l'Opéra. » — « Ah! mon Dieu! » reprit le duc de la Châtre, « la nouvelle n'est « que trop vraie, sire. M. le comte d'Artois part à l'instant même « pour se rendre auprès de son malheureux fils; M. de Maillé l'ac- « compagne; Madame et son époux s'y rendent de leur côté. » — « Je ne crois pas un mot de tout cela, dit le roi; la police de Paris « est trop bien faite pour qu'un tel attentat pût avoir lieu. *Que* « *l'on me couche! Allons! allons! Je devrais déjà être couché!* »

« Une pareille obstination révoltait M. de la Châtre; mais *il réfléchit bientôt que douter en occasion pareille n'était nullement douter.* Le roi fut placé méthodiquement dans son petit lit portatif, et les valets se retirèrent, en se regardant tout étonnés.

« Au bout d'une demi-heure, un courrier de Madame étant venu pour le roi, le premier gentilhomme s'approcha de sa personne, et le *vit qui feignait de ronfler.* « Sire, » lui dit-il, « sire, » en le mouvant par-dessus les draps, « Madame vous fait dire que notre « prince est au plus mal et qu'il vous demande. » Le sommeilleur rusé ronflait toujours, et il le fallait agiter et tourmenter pour en

avoir réponse. « Qu'on me laisse, » s'écria-t-il : « une semblable
« nouvelle n'est qu'une embûche. On me veut, parmi les ténèbres,
« attirer hors de mon palais. La Châtre, je vous défends de conti-
« nuer sur ce ton-là, ou bien votre fidélité va m'être suspecte. » Et
il se rendormit, à sa manière, bien entendu.

« Trois courriers vinrent l'un sur l'autre ; le roi ne voulut rien
écouter. Enfin, le jour commençant à paraître, plusieurs officiers
entrèrent dans cette chambre, et ce fut à qui blâmerait le roi. Il souleva sa tête alors et dit : « Que l'on m'habille... La Châtre, donnez
des ordres pour les voitures et pour ma garde. J'irai donc ; *puis-*
qu'on ne doute plus du fait. »

« Arrivé à l'Opéra, dans la petite chambre du mourant, il s'approcha de la victime, qui parut le revoir avec plaisir, et lui adresser
des recommandations pleines de bonté et des adieux qu'il ne méritait guère.

« Dès le minuit suivant, les quatre maréchaux d'arrivée, y compris le duc de Bellune, maréchal de service, se sont fait annoncer
chez le roi... Ils ont donné leur démission, déclarant que si, malgré
leur zèle et leur fidélité, de tels attentats pouvaient se commettre,
c'était à la police seule à répondre de la famille royale et du palais.

« Le roi, tout saisi, s'est récrié d'abord sur l'excès d'une pareille
démarche. Mais, réfléchissant bientôt à l'indignation des siens et à
l'opinion de l'Europe entière, il a consenti à délaisser *son ministre*
qu'il aime, afin de conserver ses majors généraux et l'opinion.

« L'assassin se nomme Louvel. Il garde un profond silence ; *il*
se croit soutenu. On lui avait promis trois millions, dont il n'aura
touché que les arrhes... »

On lit dans les *Mémoires tirés des archives de la police de*
Paris, par J. Peuchet ; t. VI, p. 125, 126 :

« Le crime de Louvel mit la police au désespoir ; de ce jour funeste, elle n'eut plus de repos. La cour voulait trouver des complices ; *elle savait leur existence,* et *chez nous* on s'efforçait de
fermer les yeux *sur les traces évidentes* par où l'on pouvait arriver
jusqu'à eux. Il fallait faire montre de vigilance, rechercher avec
soin, *en apparence,* et redouter *en réalité* de trouver les coupables.

Ce double jeu fut joué tant que le crédit de quelqu'un de fort connu, mais que je ne puis nommer, survécut à sa disgrâce ; et pendant ce temps, *on fit si bien disparaître les moindres indices accusateurs, que l'on ne put renouer un fil rompu si adroitement.* C'était chose plaisante que la frayeur de certains visages, lorsque tout à coup un faible rayon de lumière semblait atteindre et percer les ombres dont ils s'enveloppaient. »

M. Froment, ex-chef de brigade du cabinet particulier du préfet, a aussi écrit dans *la Police dévoilée depuis la Restauration :*

« La police fut accusée, dans le temps, d'avoir favorisé en quelque sorte Louvel pour commettre son crime, en ce que les précautions de surveillance, en usage chaque fois que le roi ou les princes se rendent au spectale, n'avaient pas reçu leur exécution. On ne peut se dissimuler qu'il y eut de la négligence de la part du chef suprême de la police et de ses agents, le soir de l'assassinat du duc de Berry. Le sieur Joly, officier de paix, était de service à l'Opéra ; au lieu d'être à son poste, il passait son temps dans le café, au moment où le prince fut poignardé par Louvel... »

Cette négligence est d'autant plus significative, que le préfet de police, le ministre de Cazes et Louis XVIII, avaient reçu des communications précises qui donnaient la certitude qu'un attentat se préparait contre la vie du duc de Berry, et que ceux qui firent ces communications ne furent pas entendus par la justice après l'assassinat consommé. « M. de Cazes, » dit dans ses *Mémoires* la femme de qualité, favorite du roi, « tomba pour ne plus se relever ; le pied, suivant l'expression souvent citée, lui ayant glissé dans le sang du duc de Berry. »

M. Labreli de Fontaines, bibliothécaire de S. A. R. Mme la duchesse douairière d'Orléans, a publié en 1831 deux brochures pour révéler l'existence du duc de Normandie ; j'en extrais ce passage :

« Je terminerai par la révélation d'une discussion qui eut lieu en
« 1819 entre Louis XVIII et le duc de Berry. Il s'agissait du fils
« de Louis XVI, pour lequel le duc de Berry réclamait des secours
« une possession d'état.

« Eh bien ! lui dit son oncle, quand vous aurez fait arriver au
« trône ce misérable bâtard, y arriverez-vous ?

« — Eh ! que m'importe le trône ? lui répondit le duc de Berry ;
« justice avant tout, mon oncle. »

« Cette scène eut pour auditeur un illustre personnage en ce
« moment à Paris. Le duc de Berry tomba frappé sous le fer d'un
« assassin... »

La discussion entre Louis XVIII et le duc de Berry eut lieu à la
suite de la lettre que le prince avait écrite de Prusse à son cousin ;
elle m'a été attestée par plusieurs personnes, entre autres par
M. Marcoux, de Versailles, qui m'a remis la déclaration suivante :

« Je soussigné, Jean-Jacques Marcoux, ancien huissier de la cha-
« pelle du roi, atteste que M. Pétel, ancien avoué, parent d'un des
« huissiers du cabinet du roi Louis XVIII, m'a fait le récit sui-
« vant :

« Peu de temps avant l'assassinat du duc de Berry, ce prince se
« présenta fort agité pour parler au roi, et au moment d'entrer dans
« le cabinet, il dit aux huissiers : « Laissez-moi. » Alors ils fer-
« mèrent la première porte, et le prince poussa la seconde un peu
« fort, de sorte qu'elle revint sur elle-même et resta entre-bâillée
« La voix du prince s'éleva très-haut ; ils écoutèrent et entendirent
« dire au roi :

« — Je viens de répondre à mon cousin.

« — Quel cousin ?

« — Le duc de Normandie.

« — Le roi avec véhémence : « Il est mort. »

« — Non, il n'est pas mort : voilà sa lettre.

« — S'il n'est pas mort, il est mort civilement. Ne savez-vous
« pas qu'après moi vous êtes appelé à régner ?

« Le duc de Berry répondit : « Sire, la justice plutôt qu'une
« couronne !

« Le roi, d'un ton violent, lui intima l'ordre de sortir sur-le-
« champ.

« L'huissier, mon parent, en rentrant chez lui dit : « Le duc de
« Berry est perdu... rappelez-vous qu'il est perdu ! » et ses parents

« lui demandèrent pourquoi. Pressé par eux, il raconta ce qui
« précède.

« En foi de quoi, j'ai signé à Paris le 15 mai 1851.

« MARCOUX. »

La déclaration du comte Duwalès qui précède, monsieur, fut indirectement confirmée dans le procès criminel par deux témoins. On rapporta que Giroux, gendarme, avait dit, le 9 février :

« Tout cela ne va guère bien ; d'ici à peu de jours, il y aura de grands changements dans la famille royale.»

Un nommé Renard, écrivain à Versailles, déposa aussi qu'il avait entendu dire, le 6 février :

« Il va y avoir de grands changements ; le mois de février ne se passera pas sans que nous ne voyions du nouveau... *Louis XVII sera proclamé!!!*

Comment le nom de Louis XVII serait-il venu là, à propos de l'assassinat du prince, s'il n'avait pas été prononcé auparavant? Or, puisqu'il a été prononcé, cette seule circonstance prouve que des gens bien informés savaient que le fils de Louis XVI n'était pas mort au Temple. Quant à la cause de l'assassinat du duc de Berry, j'en dis assez pour faire envisager qu'elle doit être attribuée à la sublime résolution prise par le duc de replacer son cousin sur le trône ; il l'avait manifestée en écrivant au duc de Normandie : « *Ou vous rentrerez dans vos droits, ou j'y perdrai la vie.* » Ce fut donc pour prévenir l'exécution de cet héroïque dessein que la victime royale fut immolée. Le procureur général Bellard, dans son réquisitoire, disait même à l'occasion des propos rapportés :

« Le soussigné a cru à la perversité des opinions de Renard ; il a cru au plaisir avec lequel il avait recueilli les mauvaises inspirations de *quelques agitateurs en chef*, qui, sans rien confier précisément à leurs créatures, allaient parmi elles, *semant les nouvelles* D'UN COUP PROCHAIN , pour lequel ils jugeaient beau qu'elles se tinssent prêtes... »

Voilà des faits, monsieur le jurisconsulte, dont la certitude eût été acquise à la justice, si elle avait voulu juger la cause justement; et combien d'autres, groupés dans les écrits publiés, rendent plus que ridicules les écrivains qui, tels que M. de Beauchesne, inventant l'histoire au lieu de la raconter, sous le patronage de la politique et des chefs de faction, entretiennent l'erreur publique au préjudice des droits sacrés d'une famille cruellement opprimée. Ce dernier jouit en paix de son triomphe d'imposture, s'imaginant sans doute qu'il a tué la vérité d'un coup de pied de Lasne et de Gomin, comme nous le verrons bientôt, et que la famille royale de Bréda, qui seule représente la branche aînée des Bourbons, courbe honteusement la tête sous les anathèmes de la sottise. Qu'il se désabuse; ma réplique (1) va donner un autre cours à la célébrité dont il jouit et un nouveau démenti à la parole d'honneur de la duchesse d'Angoulême, dont abritent leur félonie ceux qui n'y croient pas plus que vous et moi. Au surplus, vous n'ignorez point ce que valent les paroles de gens intéressés à nier l'existence du fils de Louis XVI, postérieurement à 1795.

Un des hommes les plus marquants de la diplomatie moderne, un ambassadeur qui habita l'Angleterre pendant les neuf années de séjour qu'y fit le duc de Normandie, — vous vous le rappelez, monsieur — se trouvait avec vous, en 1846, sur un bateau à vapeur qui se rendait d'Allemagne à Rotterdam. Vous abordâtes ce grand personnage et lui demandâtes son sentiment sur la personne du duc de Normandie, décédée à Delft et inscrite dans les qualités de fils de France sur les registres de décès de la régence. Il vous répondit qu'il ignorait absolument de qui vous vouliez lui parler. Instruit de tous les détails de l'histoire merveilleuse du Dauphin, vous offrites bénévolement à l'Excellence de lui communiquer vos lumières sur ce sujet intéressant; elle fit semblant d'accepter avec empressement

(1) Cette réfutation aurait déjà paru depuis longtemps, sans l'état déplorable auquel les spoliateurs de l'héritage du fils de Louis XVI, et l'iniquité des gouvernements ont réduit ses infortunés descendants; et si j'avais rencontré un éditeur aussi facile pour le vrai, qu'il s'en est trouvé un pour le faux. Mais, MM. Plon, qui font probablement de la politique dans leur commerce, n'ont pas daigné répondre à une lettre que je leur ai écrite, afin de leur proposer de s'entendre avec moi pour l'impression de mon manuscrit.

votre proposition bienveillante et vous assigna un rendez-vous à La Haye. Vous me fîtes part de cette rencontre et de votre espoir qu'elle pût avoir des suites avantageuses pour la famille du prince. Que vous répondis-je? Que vous aviez grand tort d'ajouter foi aux paroles d'un diplomate, sur la question relative au royal Orphelin du Temple; que ce sont des hommes à double face, qui ont un langage de circonstance, et dont la première loi est de dissimuler une vérité répudiée par la politique; que cet illustre étranger en savait plus que nous sur le compte de Louis XVII; qu'il avait fait l'ignorant dans la crainte de se trahir, car le prince et moi nous lui avions adressé plusieurs communications pour son gouvernement, dans l'intérêt de la royale famille méconnue. Vous voulûtes vous assurer par vous-même de la franchise ou de la dissimulation du noble voyageur; vous allâtes au rendez-vous convenu et vous ne fûtes pas reçu! Eh bien! le jugement que je portai dans cette circonstance se trouva confirmé, quelques jours plus tard, par une lettre que m'écrivit d'Allemagne un gentilhomme des plus honorables, le docteur de Caro, qui me disait :

« Il n'y a que peu de jours qu'une très-grande dame me parlait « du duc de Normandie. Son mari, occupant à Londres une grande « place diplomatique étrangère à l'époque où l'auguste proscrit « habitait Camberwell, *lui avait assuré qu'il le croyait ce qu'il* « *disait être*. Ce mari vit encore, et dans une haute position. C'est « une grandissime autorité. »

Cette grandissime autorité, Monsieur, est votre personnage, *le prince Esterhazy*. Il reste donc bien démontré que la mauvaise foi se métamorphose sous toutes les formes possibles d'hypocrisie, et que quiconque élève la voix contre une identité royale manifeste, est, ou un ignorant, ou un individu intéressé à nier. Cette feinte ignorance de l'Excellence princière est le mot d'ordre des salons légitimistes; M. de Beauchesne en a fait une histoire. Occupons-nous de lui.

V

M. de Beauchesne s'est posé notre contradicteur en écrivant dans l'année 1852 une histoire de Louis XVII qui le fait mourir en 1795. Cet écrivain a dû, pour la satisfaction des consciences légitimistes et pour le repos de la sienne, ne pas craindre d'envisager et de discuter les autorités qui le démentent, afin de démontrer clairement qu'il croit à la mort du Dauphin au Temple et qu'il ne soutient point complaisamment une opinion erronée.

« Il a voulu, » dit-il, « élever un monument à la mémoire de Louis XVII. » Ce serait une œuvre digne des plus grands éloges si sa publication avait pour base la vérité. Mais il a fait comme tous les historiens qui l'ont précédé depuis 1795 ; il a mis ses répugnances à la place de l'histoire et donné pour véritable un mensonge politique qu'il avait un intérêt de parti à reproduire ; quoique le monde sensé, bien informé, n'y croie plus aujourd'hui ; de sorte qu'en feignant de vouloir honorer les malheurs du fils de Louis XVI, il a pris sa place au rang des diffamateurs de son roi légitime.

Bien loin d'écrire l'histoire du Dauphin, l'auteur n'a pas même écrit une histoire ; car il ne fait que republier des détails généralement connus sur les temps calamiteux de notre première révolution, dénaturés par beaucoup d'erreurs, et des faussetés surtout, en ce qui regarde l'Orphelin du Temple. Je dis des faussetés ; je pourrais ajouter : *en pleine connaissance de cause ;* parce que M. de Beauchesne n'a pu ignorer ce qui se rattache à l'existence du personnage qui, arrivé de Prusse en France en 1833, et décédé à Delft en 1845, n'a laissé de doute sur son origine royale dans l'esprit de personne un peu au courant des affaires publiques. Les sommités du parti mensongèrement qualifié légitimiste, ont résolu de rendre au duc de Bordeaux un culte d'imposture et de dissimulation : voilà pourquoi l'on voit se continuer, à l'égard de la famille du duc de Normandie, le système de fourberie organisé contre le père pour décrier sa cause et calomnier sa personne. Vous allez apprendre, Monsieur, à connaître les pitoyables menées de tous ces publicistes, de tous ces souteneurs de la faction chambordiste, fondue, nous dit-on, dans celle orléaniste, qui écrivent une histoire en mettant de côté les principaux éléments qui la constituent, pour verser des pleurs hypocrites sur une tombe où ne furent point les cendres royales qu'ils semblent vouloir entourer de leur dérisoire vénération. Ils ferment les yeux pour ne pas voir la lumière qui éclaire leur félonie, et, du fond des ténèbres où ils se cachent, ils font sonner toutes les trompettes de Frohsdorf, afin d'amasser autour d'eux la foule des simples et crédules, et de se faire, comme de vrais charlatans, un cortège de dupes et de claqueurs !

N'est-il pas effectivement étrange, que les écrivrains dits légitimistes n'aient songé à rendre hommage à la mémoire de Louis XVII, qu'ils soutiennent mort dans la prison du Temple, que depuis que la révélation de son existence a occupé sérieusement l'attention publique? Avant le retour du prince en France, ils se donnaient bien de garde de prononcer son nom. Ils auraient craint de le réveiller dans le cercueil politique où les gouvernements le tenaient enseveli. Mais aussitôt qu'il en est sorti de lui-même avec la manifestation non équivoque de son individualité, ils ont creusé plus profondément le sépulcre menteur, afin de l'y réenterrer encore tout vivant, en se composant une figure bouleversée de pleurs et de désolation. Pendant quarante ans, ils avaient oublié de gémir sur le sort du dernier Dauphin; à son souvenir, ils ne s'étaient pas senti une larme dans les yeux, pas une tristesse dans le cœur, pas un regret à lui donner ! Et voilà que soudainement leur douleur si longtemps concentrée fait une étourdissante explosion; elle déborde, leur âme ne saurait plus la contenir; ils en assourdissent le monde jusqu'à satiété; ils l'éparpillent dans toutes les feuilles monarchiques ! La pensée de ses infortunes du Temple, dont la réminiscence ne leur est revenue qu'à partir de 1833, les bouleverse et les suffoque ! Alors ils ont écrit de chaleureuses lamentations sur sa cruelle destinée. Il y a eu dans la

Gazette, la *Quotidienne* et la *Mode*, un concours de sanglots funèbres qui redoublaient au fur et à mesure qu'il devenait évident
que Louis XVII n'était pas mort.

Eh bien, toutes ces pages larmoyantes sur le Dauphin qui se
révélait et leur disait à tous : « Voyez-moi, étudiez-moi, interro-
gez-moi, et consolez-vous, je suis le prince dont vous déplorez la
mort si amèrement ; » tout ce vacarme d'acerbes regrets, donnés
aux mânes d'un roi qu'ils savaient plein de vie, n'avait d'autre but
que d'en imposer à la crédule ignorance, aux simples d'esprit, qui
sont en grande majorité, et de leur faire dire à tous :

« Naundorff est un imposteur, car l'Orphelin du Temple est
véritablement décédé dans sa prison en 1795. Voyez comme ils le
pleurent !... Si ce fait n'était pas vrai, est-ce que la duchesse d'Angoulême, cette sainte des légitimistes, aurait l'abominable impiété
de méconnaître son frère, de le laisser vivre dans la misère avec
ses enfants, tandis qu'elle dépense fastueusement la fortune qui
leur appartiendrait? Est-ce que M. de Châteaubriand, *le roi des
intelligences*, aurait écrit son *Oraison funèbre* en 1858? Est-ce que
M. Berryer, *l'homme-puissance* de la légitimité, ne serait pas son
plus énergique soutien ? Est-ce-que des évêques, le pape lui-même,
et tant d'autres personnages que le monde vénère et que la religion
glorifie ; est-ce que tous ceux qui se font les guides de nos consciences ;
est-ce que les ministres des rois, et les monarques jaloux du respect des peuples et ayant le sentiment de leur propre dignité, in-
sulteraient d'une manière aussi scandaleuse le fils de Louis XVI,
survivant à ses tortures de la tour du Temple? Est-ce qu'ils se
feraient une risée de la vénération qu'on doit aux morts, prosti-
tuant par des démonstrations hypocrites tout ce qu'il y a de noble,
de saint et de sacré aux yeux des gens de bien? Non, cela n'est pas
possible ; nous ne pouvons pas croire à tant de bassesse. Décidé-
ment, Louis XVII est mort, et tous les témoignages dignes de foi
qui attestent le contraire ne sont que de misérables impostures. »

Je viens de vous indiquer, Monsieur, le mobile secret de l'*Histoire de Louis XVII*, par M. de Beauchesne. C'est la réponse du
comte de Chambord, par les complaisants de son parti, aux écrits

que nous avons publiés, à l'appel que nous avons fait à son honneur de venir, contradictoirement avec les enfants du duc de Normandie, prouver en justice qu'il était un honnête homme et qu'il pouvait démontrer la mort du Dauphin au Temple, autrement que par de fausses allégations dont M. de Beauchesne s'est fait le dernier éditeur avec aussi peu de discernement que ses prédécesseurs.

La publication des *Intrigues dévoilées,* qui propageait en Allemagne et ailleurs la vérité déplaisante à M. le comte de Chambord, répandait la terreur dans son entourage. On avisa : il fut décidé, je présume, que ces messieurs devaient avoir la parole les derniers et qu'on garderait le silence sur les faits relatifs à Naundorff, qui produisaient tant de convictions à la croyance en son identité royale. Mais pris au dépourvu, nos contradicteurs n'avaient pas une histoire de Louis XVII, prête pour l'impression, à opposer sur-le-champ à la nôtre. M. de Beauchesne, qui se sacrifiait pour la gloire de son parti, eut alors l'ingénieuse idée d'informer le public de ses intentions par la lettre suivante, que publia, le 27 septembre 1850, l'*Opinion publique,* journal dévoué à la cour de Henri V futur, qui se vante de vouloir être Henri IV second, en usurpant la fortune et les droits de ses aînés !

« Nous publions la lettre suivante, que nous adresse M. de Beau-
« chesne. Elle renferme des détails pleins d'intérêt. »

« Bade (grand-duché), 24 septembre 1850.

« MONSIEUR LE RÉDACTEUR,

« Les mystères qui ont environné la fin si tragique du Dauphin, fils de Louis XVI, ont ouvert le champ à bien des conjectures. On s'est demandé si ce malheureux prince était réellement mort dans sa prison du Temple.

N'aurait-il pas plutôt été sauvé par la substitution d'un autre enfant et la complicité de quelque gardien ?

« *Il paraît que pour beaucoup de personnes le doute à cet égard serait encore permis aujourd'hui ; et si j'en crois les bruits qui m'arrivent de quelques départements voisins du Rhin, ce doute aurait atteint même des personnes très-haut placées dans la société.*

« *Le seul moyen de clore le débat, c'est d'apporter à l'histoire les documents authentiques et officiels qu'elle attend encore.*

« Or, ces documents, je les ai entre les mains ; *je les gardais dans l'ombre avec une piété silencieuse, ne sachant pas que de nouvelles prétentions viendraient leur donner un intérêt nouveau.* En présence de l'erreur qui se propage et s'accrédite, c'est un devoir pour ceux qui savent la vérité, de publier la vérité ; ce devoir, je le remplirai incessamment.

« *Vingt ans de travaux et d'investigations, que rien n'a pu lasser, m'ont mis en rapport avec la plupart des personnes auxquelles le hasard de leur position ou les obligations de leur charge avaient ouvert les portes du Temple.* J'ai particulièrement connu *les deux gardiens qui ont soigné le royal enfant, l'ont accompagné au cimetière et vu déposer dans la fosse.* Ces deux hommes m'ont tout raconté, jour par jour et heure par heure. Comme preuve de mes relations avec eux, j'ajouterai qu'ils m'ont institué leur légataire pour tout ce qui se rattache au Temple, de sorte que je possède aujourd'hui, indépendamment *des ouvrages les plus irrécusables, les quelques reliques qui rappellent l'agonie du prince* et la captivité de sa sœur.

« Mon livre sera donc moins une histoire qu'un journal. Je n'ai fait pour ainsi dire qu'écrire *sous la dictée de témoins oculaires,* souvent acteurs de ce lamentable drame, *si peu connu encore,* et, *ce qui est pire, mal connu.*

« *En vous adressant cette lettre, M. le Rédacteur, j'ai voulu seulement prendre acte de cette déclaration, afin de prémunir l'opinion contre de fâcheux égarements que la crédulité accepte et que le charlatanisme a trop souvent exploités.*

« Agréez, etc.

« A. DE BEAUCHESNE. »

VI

A la lecture de cette lettre dont le ton tranchant et d'une apparente bonne foi me laissait entrevoir une discussion loyale, je me suis réjoui de rencontrer enfin un adversaire qui ne déserterait pas le véritable champ de bataille et qui osait nous regarder en face.

M. de Beauchesne promettait de fournir *des documents officiels que l'histoire attend encore pour clore le débat et pour ramener de leurs fâcheux égarements les personnes, très-haut placées dans la société, qui croient que le Dauphin a été sauvé par la substitution d'un autre enfant et la complicité d'un* GARDIEN. *Ses témoignages les plus irrécusables, qui rappellent l'agonie du jeune prince,* devraient nécessairement détruire la cause des sensations produites dans les départements voisins du Rhin, c'est-à-dire, *les témoignages, irrécusables aussi,* d'après lesquels nous avons prouvé *la réalité de la substitution,* opérée *par la complicité du gardien Laurent.*

M. de Beauchesne, qui nous accuse indirectement de charlatanisme, s'est mis dans le cas de mériter qu'on lui renvoie l'épithète. Il a complétement oublié l'engagement qu'il prenait, ou plutôt il jetait effrontément de la poudre aux yeux du public, comptant pouvoir, à l'aide des journaux de son parti, exploiter fructueusement, dans le sens des idées chambordistes, l'intelligence de ceux qui croient sur de vaines paroles, en dépit du bon sens. Mais il aura manqué complétement son but ; car moi aussi, auteur d'une histoire de Louis XVII, toute différente de la sienne, je veux clore le débat en éclairant les ténèbres dont s'enveloppent perfidement les écrivains du comte de Chambord.

Cet ouvrage néanmoins, m'assure-t-on, a produit une grande sensation dans le public. Eh ! sans doute ! M. de Beauchesne a écrit pour accréditer un mensonge historique que tous les partis politiques, tous les gouvernements, toutes les diplomaties ont intérêt à maintenir ; il n'est donc pas étonnant qu'avec d'aussi puissants et d'aussi nombreux complices, son nom soit grandement vanté, admiré, que sa composition ait du retentissement, et qu'elle soit mise en vogue par tous ceux qui ne veulent pas permettre à Louis XVII d'avoir vécu pendant que deux de ses oncles et Louis-Philippe ont occupé le trône de ses pères.

D'aussi bruyants suffrages donnent des lecteurs à l'historien complaisant qui inscrit son nom à côté de ceux de tous les propagateurs du mensonge ; et comme presque toutes les personnes qui le lisent en France, où nos écrits peu répandus ne sont pas en faveur, ne savent du Dauphin que ce que la mauvaise foi glorifiée leur en dit, il s'ensuit que l'imposture prospère, et que ceux-là mêmes qui la rejetteraient avec indignation, s'ils pouvaient la suspecter, lui donnent du crédit. L'opinion publique n'est qu'un composé bizarre de tous les travers de l'esprit humain, le résumé de toutes les mauvaises passions individuelles, l'écho de tous les égoïsmes. Aux yeux des masses qui la constituent et l'entretiennent, ce n'est ni la vérité ni le bon sens qui font le mérite d'un ouvrage ; c'est le plus ou moins de servilisme, de la part d'un écrivain, à caresser les préjugés, les antipathies, à propager les erreurs qui gouvernent le monde, les scandales qui occupent ses loisirs. Dans la question historique relative à l'Orphelin du Temple, M. de Beauchesne s'est inspiré de cette opinion publique ; il en reçoit les encens : rien là que de très-naturel. Mais la logique des faits et la lumière de la raison vont détruire le prestige ; et quiconque voudra prendre la peine de lire les explications qui vont suivre, dira de l'*Histoire de Louis XVII, sa vie, son agonie, sa mort,* par M. de Beauchesne : « Ce sont des mots, du bruit, et rien de plus. »

VII

Voici, Monsieur, comment l'auteur débute dans son introduction:

« Louis de France, dix-septième du nom, n'a vécu que dix ans deux mois et douze jours... Peu de paroles sembleraient devoir suffire au récit de sa vie...

« Mais sa vie, si brève par les jours, est si longue par les tourments, qu'il nous a fallu quelque temps et beaucoup de courage pour la tracer...

« C'est là une de ces existences de martyr les plus dignes d'une respectueuse pitié par leurs misères, et les plus curieuses par *les mystères mêmes de leur mort*. Aussi, nous ne saurions dire le charme triste et douloureux que nous avons trouvé à parcourir ce *labyrinthe où* la vérité était près de l'erreur, et d'où nous n'avons pu sortir qu'en rattachant avec soin les fils à demi brisés de mille souvenirs et en recourant *à toutes les lumières* qui pouvaient y descendre encore pour nous éclairer. Nous avons compris au commencement de nos recherches, comment il se faisait que l'opinion publique n'eût jamais été bien définitivement fixée sur ce point imperceptible en apparence, et pourtant considérable, de la mort d'un enfant. La France et l'Europe n'ont assisté que de loin au drame de la tour du Temple; elles n'en ont point vu toutes les scènes; elles n'en ont appris le lamentable dénoûment que de manière à pouvoir presque en douter encore. Devant ce voile qui a enveloppé la fin tragique du fils de Louis XVI, on ne s'étonne plus de s'entendre dire avec la chaleur d'une profonde conviction, que la jeune victime est sortie vivante de sa prison. On accorde bien qu'un enfant est réellement mort au Temple; mais on ajoute que si c'était le rejeton de nos rois, nul ne pourrait l'affirmer, *que les médecins ont constaté sa mort, mais non son identité* ...

« Il était naturel, après cela, que des imposteurs se crussent autorisés à se poser, à la face du monde, comme les héritiers d'un nom saint et glorieux. Indépendamment de quelques prétentions éphémères dont les tribunaux n'ont pas eu à s'occuper, nous avons vu depuis le commencement de ce siècle apparaître *quatre candidatures sérieuses* qui tour à tour ont vivement excité l'attention publique. Hervagault, Mathurin Bruneau, *Naundorff*, Richemont, tous hommes d'une nature différente, ont tour à tour joué le même rôle avec tant de constance, de candeur apparente, de fermeté et d'audace, qu'ils sont parvenus à gagner quelques consciences et à en troubler un grand nombre. Ce qui est incroyable est toujours ce qui séduit le plus la crédulité. La vraisemblance est peu de chose pour les hommes, et l'imagination, affriandée par l'extraordinaire, a pour ainsi dire besoin d'être étonnée pour croire. Pour nous, il nous a fallu aussi nous mettre en garde contre nos propres désirs, contre l'instinct de notre nature qui nous entraîne vers les régions du merveilleux. Il eût été de notre goût de laisser planer un poétique mystère sur les débris du Temple; mais *nous avons examiné de trop près toutes les circonstances* de cet effroyable épisode pour que la poésie ne dût pas céder le pas à une triste et funèbre réalité. Né au sein de l'orage que depuis plus d'un siècle tant de causes diverses avaient amoncelé sur la tête de sa race et sur son pays, l'enfant dont nous avons entrepris d'écrire la vie, était destiné à voir son père et sa mère payer la dette des fautes du passé, et à disparaître lui-même dans la tempête après eux, afin sans doute que l'innocence marchât à côté de la vertu parmi les victimes de la révolution. *Cette conviction a pour moi le caractère d'une certitude authentiquement démontrée.* Malheur à moi, si mon esprit, *en possession de la vérité laissait mentir ma plume!*

« *Je n'ai épargné ni soins, ni recherches, ni études pour arriver à cette vérité. J'ai remonté à la source de tous les faits déjà connus; je me suis mis en relation avec toutes les personnes encore vivantes, auxquelles le hasard de leur position ou les devoirs de leur charge avaient ouvert les portes du Temple; j'ai eu beaucoup de renseignements à recueillir, beaucoup d'erreurs à rectifier. J'ai particulièrement connu Lasne et Gomin, ces deux derniers gar-*

diens de la Tour, entre les bras desquels Louis XVII est mort. Ce ne sont donc pas les traditions recueillies par les enfants de la bouche de leurs pères, que nous avons consultées, mais bien les souvenirs mêmes des témoins oculaires, souvenirs religieusement conservés, malgré les années, dans leur mémoire et dans leur cœur...

« *Je me trouve donc en position d'exposer, après une enquête personnelle, et avec certitude, la moindre circonstance des événements que je raconte. J'apporterai dans mon récit la plus exacte impartialité, m'abstenant de rien hasarder de douteux... Je me suis mis également en garde contre la crédulité complaisante, qui admet tout sans preuve, et l'incrédulité prévenue, qui rejette tout sans examen...*

« *Mes mains restent pleines de documents officiels, presque tous inédits, et qui viendraient au besoin confirmer la plus scrupuleuse exactitude de mon récit. Ceux que je reproduis suffiront, je l'espère, au lecteur; il y trouvera, comme nous, avec sa conscience, des inductions infaillibles, des témoignages positifs, des garanties irrécusables. Il verra quel poids peuvent avoir quelques erreurs grossières et inexpliquées auprès des documents irréfragables que nous leur opposons; et il pensera, je l'espère aussi, que nous apportons à l'histoire, non-seulement la certitude, mais encore la preuve matérielle, authentique, que le Dauphin de France, fils de Louis XVI, est bien réellement mort au Temple...* »

<h1 style="text-align:center">VIII</h1>

Après un exposé aussi pompeux, des paroles aussi redondantes, on doit s'attendre à des communications d'un bien haut intérêt. Devant un débat aussi prétentieux, tout, pour ainsi dire, est remis en question. On croit avoir rêvé un Louis XVII qui n'a jamais

existé, jusqu'à ce qu'on ait parcouru l'ouvrage ainsi analysé, puisque les témoignages si concluants, les faits si décisifs qui démontrent l'évasion du Dauphin du Temple, et l'identité de Naundorff
avec le Dauphin sont qualifiés *quelques erreurs grossières et
inexpliquées* auprès *des documents irrécusables* qu'on annonce
comme de nature à établir *la preuve matérielle, authentique que
le Dauphin de France, fils de Louis XVI, est bien réellement mort
au Temple.*

Eh bien, j'ai lu l'ouvrage, et je me demande si M. de Beauchesne
ne rêvait pas lui-même, si son intelligence ne sommeillait point,
quand il a écrit ce que nous venons de lire. Le lecteur pensera
comme moi tout à l'heure.

M. de Beauchesne parle de quatre candidatures sérieuses qui
ont tour à tour *vivement excité l'attention publique* et troublé un
grand nombre de consciences. Ce langage prouve, en dépit de ses
emphatiques protestations, qu'il n'a pas étudié la question, qu'il
traite et résout avec une simplicité de confiance qui fait vraiment
pitié. Où prend-il donc ses quatre candidatures sérieuses? La vérité
n'en admet qu'une, *celle de Naundorff*. Hervagault, Bruneau, Richemont, ainsi que je l'ai établi dans les *Intrigues dévoilées*, sont un
seul faux Dauphin en trois personnes, confondues dans celle de
l'agent salarié de toutes les polices depuis 1795, et dont l'ancien
préfet de police Gisquet a écrit, en désignant *Richemont :*

« *C'était un adroit coquin, hypocrite fieffé, jouant avec habileté
« le rôle qu'il s'attribuait, pour jeter la division dans le pays, s'en-
« richir de la libéralité de ses dupes, et gagner les fonds secrets*
« DE LA PUISSANCE QUELCONQUE DONT IL FUT L'INSTRUMENT; » puissance
régulatrice de ses actes et de ses écrits, qu'on nomme *Fouché*
et qui s'appela de Cazes et Thiers après lui.

L'instrument du mensonge, sous ses trois pseudonymes et sous
trois gouvernements, a été condamné par la justice comme fourbe,
et nous n'avons jamais vu cette trinité de personnes, faux Dauphins,
ni comme Hervagault, ni comme Mathurin Bruneau, ni comme Richemont, chercher à se faire reconnaître en offrant de se soumettre
à l'examen des Bourbons, à l'investigation des anciens serviteurs

de la cour de Louis XVI, à l'appréciation des tribunaux ; ils n'ont pas provoqué eux-mêmes une publicité judiciaire ; s'ils ont été poursuivis, l'action occulte de la haute police, en les affichant avec éclat, n'avait pour but évident, aux époques des trois condamnations signalées, que d'attirer l'attention publique du côté de l'imposture singeant la vérité, afin de parer aux inconvénients de laisser se former une opinion véridique en faveur du véritable Dauphin.

Voilà ce que l'étude raisonnée de l'histoire apprend aux esprits clairvoyants.

Un rôle de faux Dauphin ne s'improvise pas ; il exige une longue étude et dans la pratique des moyens de séduction acquis par l'habitude, ainsi que l'assistance de la police. L'imitation d'un personnage historique de l'importance d'un roi, réclame un acteur habilement dressé, pour qu'il ne soit pas sifflé à son début, et des conditions toutes particulières d'existence. Une fois formé, on le métamorphose dans ses moyens de mystifier le public ; mais on ne le change pas. Hervagault, Bruneau et Richemont ont induit en erreur des gens distingués, d'une crédulité irréfléchie, parce que, n'étant qu'un, on a employé sous ces trois noms les mêmes ressources de déception ; parce que les menées ténébreuses du mensonge ne furent aperçues qu'à l'arrivée de *Naundorff* en France, en 1833, quand ce personnage mystérieux, bourgeois des villes de Spandau, Brandebourg, Crossen, en revendiquant officiellement devant tous les pouvoirs du gouvernement français les droits civils et la qualité de fils de Louis XVI, démasqua l'imposture, fit voir clairement aux plus aveugles que les intrigues de faux Dauphins n'étaient qu'une copie burlesque d'un Dauphin réel, dont la politique cachait l'existence, qu'elle s'efforçait de ridiculiser avant qu'il se manifestât en public, et que la facilité avec laquelle la fourberie avait pu, jusque-là, faire des dupes, était la démonstration non équivoque qu'un monde bien informé ne croyait pas à la mort du Dauphin au Temple, d'après l'acte de décès de 1795.

M. de Beauchesne a donc manqué de tact et de discernement en assimilant à des jongleries qui n'ont jamais eu de consistance, même problématique, devant la plus commune raison, la seule candidature sérieuse qui se soit soutenue et justifiée avec des caractères de certitude telle, que la lumière du soleil n'est pas plus éblouissante.

Et pourtant, le nom de *Naundorff* n'est plus prononcé dans un ouvrage de près de mille pages! C'est là tout ce que nous en dit l'écrivain, qui a la prétention d'écrire l'histoire de Louis XVII, *en affirmant qu'il a remonté à la source de tous les faits déjà connus!* Le croyez-vous? Pas plus que moi, j'en suis sûr. Et s'il était vrai que les panégyristes de cet historien d'un genre à part trouvassent son livre admirable, comme histoire véridique, selon l'appréciation qu'ils en donnent, j'aurais une bien pauvre idée de l'intelligence humaine de notre époque.

Cette affectation de passer sous silence des faits nombreux concernant *Naundorff*, et de la plus haute portée politique, parvenus à la connaissance du monde entier par vingt ans d'une notoriété publique incontestable, ne dénote-t-elle pas visiblement que les histoires de Louis XVII, venues après la nôtre, ne sont que des ouvrages de parti, des compilations d'impostures?

Un auteur a bien le droit, sans doute, de tirer des faits omis par M. de Beauchesne d'autres conséquences que celles que nous en tirons, s'il le peut sensément; mais il doit le récit fidèle de toutes les phases de cette affaire, si prodigieuse, qu'elle est devenue européenne et se lie aux intérêts de moralité de tous les gouvernements depuis plus de cinquante ans. Ce n'est pas à lui de juger la question en la dépouillant des éléments qui la constituent; c'est au bon sens public, à la conscience du genre humain, instruits du pour et du contre, qu'il appartient de rendre une sentence sans appel.

« Pour la vérité de l'histoire, » a dit bien judicieusement Voltaire, « rien n'est à négliger. Il faut consulter, si l'on peut, les rois et les valets de chambre. »

Avant d'écrire une histoire de Louis XVII, comme écrivain probe et consciencieux, M. de Beauchesne aurait dû consulter la vie entière de Naundorff, pendant toute laquelle il n'a cessé de se dire fils de Louis XVI, et qui l'identifie avec cet infortuné prince. Mais pendant « les vingt ans de travaux et d'investigations qui « n'ont pu le lasser, » il a jugé beaucoup plus convenable de ne se mettre en rapport qu'avec des imposteurs et de dissimuler tous les faits, documents et témoignages qui établissent leur imposture ; car il n'a pas consulté *l'Abrégé des infortunes du Dauphin*, dicté par lui-même, qui reporte, jusqu'en deçà de 1789, l'époque, d'où pour un historien qui cherche la vérité, les investigations devaient commencer ; il n'a pas consulté les vingt et quelques années du séjour de Naundorff en Prusse, avec les incidents majeurs qui l'y ont accompagné, et surtout les constants et généreux efforts du commissaire de justice Pezold, de Crossen, pour le faire reconnaître par son gouvernement comme prince de France ;

Il n'a pas consulté la signature de Naundorff, qui, à son arrivée en Prusse, était identiquement la même que celle du Dauphin au Temple ; tous les signes qu'il portait sur le corps et qui existaient sur celui du Dauphin, sa ressemblance avec Louis XVI et Marie-Antoinette ; la ressemblance de ses enfants avec les membres de la famille des Bourbons, et notamment celle de leur figure d'enfant avec les portraits du Dauphin enfant ;

Il n'a pas consulté les anciens serviteurs de la cour de Louis XVI, qui ont reconnu Naundorff pour le Dauphin, ni les témoignages de ceux qui ont été convaincus, par des indications qui ne pouvaient pas les induire en erreur, qu'il était véritablement l'orphelin royal qu'ils avaient vu au Temple ;

Il n'a pas consulté les rapports officiels de Naundorff, dans ses noms et qualités de fils de Louis XVI, pendant et après la Restauration, avec la famille des Bourbons et les gouvernements étrangers, qui n'ont pu lui assigner une origine contraire à celle royale, si complétement justifiée au tribunal de la raison la plus sévère, et qu'ils ont sanctionnée par leurs moyens mis en œuvre pour la faire méconnaître ;

Il n'a pas consulté les circonstances du procès de Mathurin Bruneau, qui, bien loin d'avoir joué son rôle avec une candeur apparente, s'est conduit comme un homme vil, chargé de représenter le Dauphin en ridicule et grossier bouffon ;

Il n'a pas consulté les causes de l'assassinat du duc de Berry, que j'ai signalées ;

Il n'a pas consulté les trois années de résidence de Naundorff à Paris, pendant lesquelles la certitude de son identité avec le frère de la duchesse d'Angoulême a suscité contre lui l'espionnage des légitimistes, leurs trahisons et les intrigues entretenues à Prague, qu'on ne peut désavouer, en lisant les mémoires du vicomte Sosthène de Larochefoucauld ;

Il n'a pas consulté les ministres de Louis-Philippe, qui ont déshonoré son gouvernement par leurs dénis de justice, leurs infractions aux lois, leurs persécutions et leurs diffamations officielles, à l'égard du personnage qu'ils ont chassé de France, dès qu'il eut fait un appel loyal à la magistrature française en sommant judiciairement la duchesse d'Angoulême, le duc d'Angoulême et Charles X de lui contester, devant le tribunal, le droit qu'il avait et voulait y faire reconnaître, de s'attribuer les noms et qualités de fils de Louis XVI ;

Il n'a pas consulté la menteuse procédure en escroquerie, intentée contre Naundorff, parce qu'il s'intitulait faussement fils de Louis XVI, et terminée par une ordonnance de *non-lieu*, qui lui reconnaît implicitement le droit de se qualifier ainsi , puisqu'on n'a pas osé le déclarer coupable, dans la crainte qu'il ne vînt se faire juger ;

Il n'a pas consulté la plainte en diffamation portée en 1840, par le duc de Normandie et par moi, contre le gérant du *Capitole*, la plaidoirie de Me Jules Favre et le mémoire judiciaire que j'ai publié à cette occasion et adressé à la magistrature, au barreau, aux principales sommités de la capitale, aux fonctionnaires de la diplomatie étrangère et à la noblesse du faubourg Saint-Germain ;

Il n'a pas consulté le sang versé par des assassins politiques pour détruire des témoins et des témoignages décisifs en faveur du prétendant ; le poignard, les balles, le feu, par lesquels, en attentant à sa vie, on a cherché à étouffer sa voix trop puissamment, trop démonstrativement accusatrice contre ses proscripteurs couronnés ;

Il n'a pas consulté les *Intrigues dévoilées*, ouvrage que j'ai publié en Hollande, de 1846 à 1848, et qui contient la véritable histoire du fils de Louis XVI, depuis son évasion du Temple jusqu'à sa mort; mais néanmoins il n'a point ignoré cette publication, à l'occasion de laquelle il a fait écrire, je le suppose, ce qui a donné lieu à la lettre suivante, adressée d'Amsterdam à M. Nijgh, mon éditeur :

« ... Je viens de lire l'annonce ci-jointe dans le *Journal d'Amsterdam*, et je ne crois pas vous desservir en vous l'envoyant avant votre départ pour Delft.

« On sait qu'il a paru chez M. Nijgh, à Rotterdam, une *Histoire de la vie de Louis XVII*, fils du roi de France Louis XVI et de Marie-Antoinette, d'après laquelle cet infortuné roi doit être mort à Delft depuis peu de temps. Une gazette française rapporte qu'il en existe une autre, écrite par *un auteur correct* et poétique, particulièrement attaché à la branche aînée des Bourbons, et dont il a fait lecture dernièrement à Calsruhe, devant un petit cercle de personnes haut placées tant par leur naissance que par leurs capacités. Cet ouvrage qui, au rapport du correspondant français, met à découvert de la manière la plus évidente les illusions d'une foule de prétendants, va sans doute bientôt paraître. »

M. de Beauchesne n'a pas consulté l'instance introduite en 1850 contre Mme la duchesse d'Angoulême, M. le duc de Bordeaux et Mme la duchesse de Parme, en annulation de l'acte du prétendu décès du Dauphin, et dont je reproduis les conclusions, qui furent si éloquemment justifiées par les plaidoiries de notre énergique défenseur, ainsi que par les documents authentiques et *originaux* mis sous les yeux du tribunal, lesquels constatent avec une évidence manifeste le bien fondé des prétentions réclamées, et que les juges n'ont pas même voulu lire.

Voici donc comment fut posée la question soumise à l'investigation de la justice, tant dans l'assignation signifiée aux défendeurs, que dans les conclusions subsidiaires déposées au nom des demandeurs :

« L'an mil huit cent cinquante, le 29 août, à la requête de : 1° Mme Jeanne-Amélie, majeure, 2° et M. Charles-Édouard, majeur demeurant à Bréda, (province du Brabant septentrional,

royaume des Pays-Bas), tous deux inscrits dans leur acte de naissance comme enfants de M. Charles-Guillaume Naundorff, horloger, et de dame Jeanne-Frédérique Einert, son épouse, demeurant
à Spandau (Prusse), 3° et de dame Jeanne-Frédérique Einert, veuve
de M. Charles-Guillaume Naundorff, admis sous ce nom parmi les
bourgeois de Spandau, Brandebourg et Crossen (royaume de
Prusse), par ordonnance et mandement de pur mouvement du roi
de Prusse, avec dispense de fournir les pièces, titres et attestations
exigés en pareil cas par les lois du pays, ayant exercé dans ces différentes villes la profession d'horloger mécanicien, lequel est décédé à Delft (Hollande) le 10 août 1845, et inscrit sur les registres de
décès sous les noms de Charles-Louis de Bourbon, duc de Normandie, autrefois connu sous le nom de Charles-Guillaume Naundorff,
né au château de Versailles (France,) le 27 mars 1785, fils de feu
Louis de Bourbon, alors roi de France, sous le nom de Louis XVI,
et de Marie-Antoinette-Joseph-Jeanne, archiduchesse d'Autriche,
son épouse, tous deux morts à Paris ; ladite dame agissant tant en
son nom que comme tutrice légale de ses enfants mineurs issus de
son mariage avec Charles-Guillaume Naundorff, demeurant ensemble à Bréda, savoir : 1° Marie-Antoinette, 2° Louis-Charles,
3° Charles-Edmond, 4° Augusta-Maria-Thérésa, tous les quatre inscrits dans leur acte de naissance comme enfants dudit sieur
Charles-Guillaume Naundorff et de dame Jeanne-Frédérique Einert, son épouse ; 5° Adalbert, 6° Ange-Emmanuel, tous deux
inscrits dans leur acte de naissance comme enfants de Charles-
Louis de Bourbon, duc de Normandie et de dame Jeanne-Frédérique Einert, son épouse, lesdits majeurs et mineurs héritiers sous
bénéfice d'inventaire de feu leur père sus-nommé, suivant acte
dressé à La Haye, enregistré ; ladite dame autorisée à procéder près
le tribunal civil de première instance de la Seine, aux fins ci-après,
par délibération du conseil de famille de ses enfants mineurs, suivant procès-verbal daté de La Haye, du 20 avril 1849, enregistré ;

« Pour lesquels domicile est élu à Paris, rue Coquillière, n° 27,
en l'étude de M° Laurens-Rabier, avoué de première instance de la

Seine, lequel est constitué et occupera pour eux sur la présente assignation et ses suites :

« J'ai, A. Jacquin, huissier soussigné, donné assignation à : 1° Mme Marie-Thérèse-Charlotte de France, veuve de M. Louis-Antoine de France, duc d'Angoulême ; ladite dame appelée aujourd'hui comtesse de Marnes, fille de Louis XVI et de dame Marie-Antoinette-Joseph-Jeanne susnommés ; dite dame comtesse de Marnes, domiciliée au château de Frohsdorff, près la ville de Wienerneustadt, situé sur la frontière hongroise (Autriche), au parquet de M. le procureur de la république près le tribunal civil de première instance de la Seine, sis au palais de justice à Paris ;

« 2° M. Henri-Dieudonné d'Artois, duc de Bordeaux, se faisant aujourd'hui appeler comte de Chambord, fils de Charles-Ferdinand d'Artois, duc de Berry, et de Louise-Ferdinande de Naples, son épouse, ledit comte de Chambord, petit-neveu de Louis XVI, également domicilié au château de Frohsdorff, au parquet de M. le procureur de la république près le tribunal civil de première instance de la Seine, sis au palais de justice à Paris ;

« 3° Et dame Louise-Marie-Thérèse d'Artois, fille de M. le duc et de Mme la duchesse de Berry, épouse du duc Charles-Louis de Parme, et son mari pour la régularité de la procédure ; ladite dame petite-nièce de Louis XVI, demeurant avec sondit mari en la ville de Parme (Italie), au parquet de M. le procureur de la république près le tribunal civil de la Seine,

« A comparaitre d'hui à quatre mois francs, délai de la loi (art. 73, c. pr. civ.), à l'audience et par-devant MM. les président et juges composant la première chambre du tribunal civil de première instance de la Seine séant au palais de justice à Paris, 10 heures du matin, pour :

« Attendu que l'époux et père des requérants n'était autre, ainsi qu'il en sera justifié, en cas de dénis, tant par titres que par témoins, que Charles-Louis ou Louis-Charles, duc de Normandie, né à Versailles (Seine et Oise), le 27 mars 1785, du mariage de Louis XVI, alors roi de France, et de Marie-Antoinette-Joseph-Jeanne d'Autriche ;

« Attendu que vainement opposerait-on aux requérants un prétendu acte de l'état civil constatant le décès du Dauphin duc de
Normandie, arrivé au Temple le 8 juin 1795 ; qu'il sera établi que
cet acte ne saurait s'appliquer au Dauphin duc de Normandie ;

« Attendu que les requérants rapportent à l'appui de leurs prétentions un grand nombre d'indices et de faits dès à présent constants qui démontrent la véritable filiation de leur époux et père ;
que c'est dès lors le cas, à supposer que la preuve par eux faite ne
soit pas parfaitement concluante, d'ordonner qu'il y sera ajouté par
enquête ou tout autre moyen de découvrir la vérité :

« Voir dire et ordonner que l'acte du prétendu décès du duc de
Normandie, dressé le 24 prairial an iii (12 juin 1795), sera considéré comme nul et non avenu ; que mention de cette nullité sera faite
par la transcription en marge dudit acte du jugement à intervenir ;

« En conséquence, ordonner que les requérants seront reconnus
veuve et enfants légitimes de Charles-Louis duc de Normandie, et
admis à jouir de tous les droits civils qui lui appartenaient ;

« Sous la réserve par eux d'exercer ces droits devant telle juri-
diction compétente qu'il appartiendra ;

« A ce qu'ils n'en ignorent, et je leur ai, étant et parlant comme
dit est, laissé à chacun copie du présent.

« La présente assignation a été régularisée au parquet du procureur de la république à Paris, le même jour 29 août. »

Dans les conclusions subsidiaires, prises par les demandeurs, il
était dit :

« Il plaira au tribunal :

« Dans le cas où contre toute attente, en l'absence des défendeurs, *dont l'abstention équivaut à un acquiescement à la demande,*
il ne croirait pas devoir adjuger dès à présent les conclusions de
l'exploit introductif de l'instance du ministère de Jacquin, huissier
à Paris, du 29 août 1850, enregistré ;

« Donner acte aux demandeurs de ce qu'*ils posent en fait, arti-
culent et offrent de prouver tant par titres que par témoins:*

« Que le prince Charles-Louis ou Louis-Charles, duc de Normandie, leur père et époux, né à Versailles (Seine et Oise), le

27 mars 1785, du mariage de Louis-Auguste, roi de France et de Navarre, et de Marie-Antoinette-Joseph-Jeanne, archiduchesse d'Autriche, reine de France et de Navarre, son épouse, n'est point décédé dans la prison du Temple à Paris, ainsi qu'on prétend l'établir par un acte de décès, dressé en ladite ville le 12 juin 1795, lequel est ainsi conçu :

« Acte de décès de Louis-Charles Capet, du 20 de ce mois (8 juin), 3 heures après-midi, âgé de dix ans deux mois, natif de Versailles, département de Seine et Oise, domicilié aux tours du Temple, section du Temple ;

« Fils de Louis Capet, dernier roi des Français, et de Marie-Antoinette-Joséphine-Jeanne d'Autriche ;

« Sur la déclaration faite à la maison commune par Étienne Lasne, âgé de 39 ans, gardien du Temple, domicilié à Paris, rue et section des Droits de l'Homme, n° 48 :

« Le déclarant a dit être voisin ;

« Et par :

« Remi Bigot, employé, domicilié à Paris, vieille rue du Temple, n° 61.

« Le déclarant a dit être ami ;

« Vu le certificat de Dusser, commissaire de police de ladite section, du 22 de ce mois (10 juin),

« Signé : Lasne, Bigot, et Robin, officier public ; »

« Que cet acte est nul dans la forme et non valable quant au fond, pour constater le décès du Dauphin ;

« Qu'en effet cet acte ne satisfait point aux prescriptions de la loi d'alors, régulatrice des formalités requises pour la validité des actes de l'état civil ; qu'*il n'a point été signé de la sœur du prince toujours détenue dans la prison du Temple, ni du commissaire de section en exercice au jour du décès*, et qu'il n'a été rédigé que sur la déclaration de deux individus obscurs qui, évidemment ne connaissant pas le Dauphin, n'ont pu certifier son identité avec l'enfant décédé ;

« Que le Prince au contraire, au moyen de la substitution d'un enfant à sa place, a été délivré de la prison du Temple par des amis dévoués, avec l'assistance de plusieurs membres influents du gouvernement qui succéda au 9 thermidor ; et que préalablement à ladite évasion, un traité secret passé avec les Vendéens, dans la personne du général Charette, contenait la clause formelle que le fils de Louis XVI serait rendu à la liberté ;

« Que par des considérations majeures nées des circonstances de l'époque, ou par l'effet de combinaisons de la part des hommes du gouvernement, la délivrance du Prince, loin de se faire ostensiblement, aux termes du traité, a été masquée politiquement par le faux acte de décès précité ;

« Que des recherches ont été ordonnées sur tous les points de la France, ultérieurement au 8 juin 1795, à l'effet de ressaisir le Dauphin évadé, et que plusieurs enfants arrêtés, sous prétexte qu'ils étaient l'Orphelin royal, après que l'erreur eut été constatée officiellement, ont été remis en liberté ;

« Que l'on trouve au *Moniteur*, à une date également postérieure à celle de l'acte de décès, plusieurs assertions, dont l'une à la date du 13 juillet, lesquelles démontraient qu'évidemment les directeurs du *Moniteur* savaient que Louis XVII n'était pas mort ; que plusieurs manifestes aussi émanés des chefs vendéens proclamaient cette certitude ;

« Que les frères de Louis XVI, qui n'étaient pas en France à cette époque, et notamment le comte de Provence, savaient pertinemment l'évasion du Temple de leur neveu ; car le dernier, décédé roi sous le nom de Louis XVIII, *s'est dit* et *agit* comme régent de France, longtemps après qu'une déclaration de sa part avait notifié son avènement au trône, aux Français, à l'armée de Condé et aux gouvernements étrangers ;

« Que les puissances étrangères, non plus, n'ont jamais douté de l'évasion du Temple du fils de Louis XVI, évasion, d'ailleurs, qui avait acquis en France et même en Europe un caractère de notoriété publique qui s'est perpétuée jusqu'à ce jour ;

« Que la duchesse d'Angoulème, par sa conduite et ses paroles, a prouvé qu'elle ne croyait pas et qu'elle ne croit pas encore à la mort de son frère au Temple ;

« Que cette vérité de l'évasion résulte aussi de témoignages historiques irrécusables, d'actes diplomatiques et d'aveux formels, tant de ministres étrangers et autres personnages politiques que de la part de Louis XVIII, depuis 1814;

« Que c'est par le fait connu de l'existence du fils de Louis XVI, que sous la Restauration aucun service funèbre n'a été institué pour célébrer l'époque du 8 juin 1795, parce que les Bourbons et la cour de Rome n'ignoraient pas qu'il était toujours existant; que c'est là le motif aussi pour lequel, tandis que le gouvernement de Louis XVIII faisait faire des recherches simulées dans les cimetières de Paris sous le vain prétexte de retrouver les restes du Dauphin, Louis XVIII, Charles X et la duchesse d'Angoulême refusèrent de recevoir de la famille Pelletan le cœur de l'enfant décédé au Temple le 8 juin de l'année précitée, et que le docteur Pelletan, l'un de ceux qui firent l'autopsie du corps de cet enfant, avait religieusement conservé comme étant pour lui le cœur du fils de Louis XVI;

« Que l'on ne peut autrement que par la certitude d'une croyance commune à l'évasion, s'expliquer la facilité avec laquelle plusieurs fourbes ont, depuis 1795, abusé la foi publique en usurpant les noms et qualités du fils de Louis XVI, tels que Hervagault sous le Directoire, Mathurin Bruneau sous Louis XVIII, et *Richemont* sous Louis XVIII, sous Charles X, sous Louis-Philippe et même encore sous le gouvernement actuel, et que ce rôle ne pouvait être que l'imitation d'une vérité travestie, que les pouvoirs politiques qui soutenaient et accréditaient ces imposteurs étaient intéressés à méconnaître;

« Qu'enfin et indépendamment d'autres faits constants non relatés ici, qui démontrent l'évidence de la fausseté de l'acte de décès attaqué, des médailles ont été frappées par ordre en souvenir des principaux événements révolutionnaires, dont quatre constatent la date de la mort de Louis XVI, de la reine de France, de Madame Elisabeth et de Philippe-Égalité; tandis que deux autres, consacrées au fils et à la fille de Louis XVI, énoncent positivement la délivrance du Dauphin, à la date du jour assigné mensongèrement à son décès, par ces mots textuels :

« *Redevenu libre le 8 juin 1795.* »

« En second lieu ;

« Que le fils de Louis XVI, évadé du Temple, n'était autre que le
père et époux des requérants, décédé à Delft (Hollande), le 10 août
1845, suivant acte de décès ainsi concu :

« L'an 1845, le 10 août, est décédé Charles-Louis de Bourbon,
« duc de Normandie (Louis XVII), ayant été connu sous les noms
« de Charles-Guillaume Naundorff, né au château de Versailles, en
« France, le 27 mars 1785, et, par conséquent, âgé de plus de
« soixante ans, demeurant en cette ville, fils de feu Sa Majesté
« Louis XVI, roi de France, et de Son Altesse impériale et royale
« Marie-Antoinette, archiduchesse d'Autriche, reine de France,
« morts tous deux à Paris, époux de Madame la duchesse de Nor-
« mandie, née Jeanne Einert, demeurant ici ;
« Délivré par extrait, par nous Henri Van Berkel, bourgmestre,
« officier de l'état civil de la ville de Delft, aujourd'hui 25 août 1845.

« Signé : Van Berkel, bourgmestre. »

« Que le susnommé, depuis l'année 1810 jusqu'à l'époque de
son retour en France (1833), a vécu en Prusse, masqué sous le nom
de Charles-Guillaume Naundorff, qui lui fut imposé par le gouvernement, et sous lequel il a exercé la profession d'horloger dans les
villes de Spandau, Brandebourg et Crossen ;
« Que requis par M. Lecoq, directeur général de la police du
royaume, de se faire recevoir bourgeois pour exercer légalement sa
profession, il se vit contraint de lui révéler son origine royale et
d'en établir la justification par la remise de papiers qui la constataient, lesquels étaient signés du roi et de la reine de France ; que
par suite de cette révélation pleinement justifiée aux yeux du magistrat prussien, il fut reçu bourgeois de la ville de Spandau, par ordre
du gouvernement, quoique étranger non naturalisé, et avec dispense
de produire les pièces *impérieusement* requises en pareille circonstance, et notamment son *acte de naissance;* que ce fut enfin sur
un seul certificat de M. Lecoq que son admission eut lieu sous le

nom imposé de Charles-Guillaume Naundorff, et qu'il s'est marié en 1818, également *sans représenter son acte de naissance*;

« Qu'il a constamment élevé et maintenu sa prétention d'être fils de Louis XVI; et qu'aussitôt que les événements politiques lui permirent de sortir de son *incognito* obligé, il réclama du gouvernement prussien la restitution de ses papiers, fit connaître officiellement aux autres cabinets de l'Europe, ainsi qu'aux divers membres de la famille royale de France, notamment depuis 1814, son origine royale, et ne cessa, jusqu'au jour de son décès, de solliciter sa reconnaissance, et de demander sa réintégration dans ses droits et qualités civils de fils de Louis XVI;

« Que c'est par suite des demandes de justice qu'il a incessamment adressées aux pouvoirs compétents pour être jugé, qu'il a éprouvé en Prusse et en France tous les genres de persécutions imaginables;

« Que son identité avec le fils de Louis XVI est résultée de sa ressemblance et de la ressemblance de ses enfants avec les divers membres de la famille royale de France, ainsi que des signes particuliers qu'il portait sur son corps et qu'on savait exister sur celui du Dauphin;

« Que cette identité a, de plus, été reconnue et attestée de la manière la plus positive par de nombreux témoignages, et spécialement par d'anciens serviteurs du roi et de la reine à la cour de France, qui avaient connu le Dauphin avant son incarcération du 10 août 1792, tels que :

« Madame de Rambaud, attachée au service du Dauphin, duc de Normandie, depuis le jour de sa naissance jusqu'au 10 août 1792;

« Madame Marco de Saint-Hilaire, anciennement attachée à Madame Victoire de France, tante du roi Louis XVI;

« M. Marco de Saint-Hilaire, ancien huissier ordinaire de la chambre de Louis XVI;

M. de Joly, dernier ministre de la justice, qui avait accompagné la famille royale jusque dans la loge du logographe, où il resta pendant toute la journée;

« M. Bremond, secrétaire particulier du roi Louis XVI, dès le commencement de 1788 jusqu'au 10 août 1792;

« M. le marquis de la Feuillade des anciens princes d'Aubusson;

« Madame la marquise de Broglio Solari, anciennement attachée au service de Sa Majesté Marie-Antoinette et de la princesse de Lamballe;

« Personnages, dont plusieurs croyaient le Dauphin mort au Temple, qui, tous étrangers aux partis politiques, vivaient dans une honorable retraite, et ont appuyé leur reconnaissance sur des faits d'une évidence telle qu'elle ne peut tromper la raison;

« Que le père et époux des requérants a épuisé, de son vivant, tous les moyens de faire examiner le mérite de ses droits, soit auprès des membres de la famille de Louis XVI, son père, soit auprès des souverains de l'Europe, soit auprès des chambres françaises, soit plus directement auprès des tribunaux civils de la Seine, et que ce n'est que par suite de violences exercées contre lui, ou de dénis de justice, qu'il n'a pu faire examiner judiciairement ses prétentions;

« Qu'en effet, le 9 octobre 1855, un sieur Thomas lui fit signifier par huissier qu'il avait reçu des renseignements, directement tirés de l'ambassade prussienne, desquels il résultait que le prétendu duc de Normandie n'était, en réalité, que le sieur Naundorff, fils d'un horloger prussien existant encore;

« Que ledit individu Thomas fut cité devant le tribunal pour rendre compte de sa dénonciation calomnieuse, et que le 23 février 1856, le duc de Normandie, par la décision du tribunal, obtint une imposante justification;

« Que le 13 juin 1856, le père et époux des requérants porta une demande directe en réclamation d'état devant le tribunal civil contre sa sœur Madame la duchesse d'Angoulème, contre le duc d'Angoulème et contre le comte d'Artois;

« Que, contrairement à toutes les lois, le 15 du même mois, il fut arrêté à son domicile, par ordre du gouvernement, sous le vain prétexte qu'il était étranger, que ses papiers furent saisis, qu'il fut déposé au dépôt de la préfecture de police sans être interrogé, et qu'on l'y maintint malgré son recours au conseil d'État contre son illégale détention, et les démarches les plus instantes auprès du roi des Français et des ministres chargés de faire respecter la liberté individuelle ; qu'enfin le 16 juillet 1836, il fut conduit par la gendarmerie jusqu'à Calais, et là, embarqué pour l'Angleterre ; que nonobstant son bannissement, il se proposait de conduire à fin son action en réclamation d'état, mais qu'il en fut empêché par les illégalités du gouvernement français, qui fit saisir aux frontières l'*Abrégé de l'histoire des infortunes du Dauphin*, document judiciaire qu'il produisait à l'appui de son instance judiciaire, et par le refus des officiers ministériels de l'assister pour donner suite à sa demande ;

« Qu'aussitôt après l'avoir expulsé violemment du territoire français, le gouvernement fit intenter contre lui une inculpation d'escroquerie commise au moyen des faux noms et fausses qualités de Charles-Louis de Bourbon, duc de Normandie, fils de Louis XVI, dont, disait-on, dans la procédure, le sieur Naundorff se prévalait sans droit ;

« Qu'une première pétition, présentée aux chambres après l'expulsion, pour appeler l'attention des pairs et des députés sur ces excès de pouvoir, a été écartée par un ordre du jour calomnieux contre le pétitionnaire ;

« Que, postérieurement à ce nouveau déni de justice, des élections générales ayant amené une nouvelle chambre des députés, le Prince lui présenta une nouvelle pétition, le 21 janvier 1838, par laquelle il demandait son rappel en France à l'effet d'y suivre son procès civil, ou de s'y faire juger criminellement, ou sur les chefs de l'instruction correctionnelle perfidement instruite contre lui absent ;

« Que cette pétition fut enregistrée au secrétariat de la chambre et classée sous le numéro 565, mais qu'aucun rapport n'en fut fait, et que, préalablement, des exemplaires de cette pétition, adressés par lui à vingt-six députés, avaient été saisis à la frontière par ordre exprès du gouvernement français ;

« Qu'enfin le 9 juillet 1839 un écrit intitulé : *Ministère de l'in-*

térieur, direction de la police générale du royaume, et signé pour le ministre et par son autorisation, le conseiller d'État directeur Dejean, énonçait que de renseignements communiqués officiellement par le gouvernement prussien à M. le ministre des affaires étrangères, il résultait que Charles-Guillaume Naundorff était issu d'une famille de juifs établie dans la Prusse polonaise;

« Que cette calomnie ayant été reproduite dans un journal intitulé *le Capitole,* le 26 mars 1840, et dans des numéros ultérieurs dudit journal, l'éditeur fut cité devant le tribunal de police correctionnelle pour répondre de sa diffamation, à la requête du duc de Normandie et de M. Gruau de la Barre, son conseil, également diffamé;

« Que sur l'appel de la cause, le ministère public en requit la remise indéfinie, en y opposant la procédure en escroquerie commencée dans l'année 1837;

« Mais que le tribunal ayant ordonné qu'elle fût mise à fin dans un bref délai, ce fut alors que la chambre du conseil décida qu'il n'y avait pas lieu à suivre pour le délit d'escroquerie imputé à M. Naundorff;

« Que cette décision n'ayant été rendue que sur l'audition de nombreux témoins, la question d'identité se trouve ainsi indirectement résolue, puisqu'il est vrai qu'on n'a pu soutenir contre M. Naundorff l'accusation judiciaire portée contre lui, qu'il se qualifiait sans droit Charles-Louis duc de Normandie, fils de Louis XVI;

« En un mot, que son identité a été confessée par des ministres prussiens, d'après des communications qui, bien que n'étant pas officielles, n'en doivent pas avoir moins de force devant la justice;

« Déclarer les faits ci-dessus articulés pertinents et admissibles;

« Autoriser, en conséquence, les demandeurs à en faire la preuve en la manière ordinaire et accoutumée;

« Sous toute réserve de tous autres faits tendant à établir ladite identité;

« Et vous ferez justice. »

M. de Beauchesne n'a pas consulté non plus le bizarre jugement rendu dans cette cause majeure, évidemment sous l'influence des pressions politiques, en dépit du bon sens, au mépris de la loi, des faits constants, des témoignages et des autorités qu'on respecte ordinairement en justice;

Ni la réplique judiciaire intitulée : *En politique, point de justice*, où les conclusions du ministère public, la décision des juges et les affirmations de *Lasne* et de *Gomin* sont appréciées à leur juste valeur, c'est-à-dire, comme autant d'arguments de plus en faveur de la vérité combattue par le mensonge;

Enfin, M. de Beauchesne n'a pas consulté les motifs de conviction, hautement confessés par deux membres des plus distingués du barreau de Paris, l'éminent avocat M⁰ Jules Favre, alors représentant du peuple, et M⁰ E. Laurens-Rabier, avoué, qui, avec un dévouement sublime à la vérité, ont soutenu devant le tribunal, contre leurs opinions politiques, les droits incontestables de leurs clients à se dire héritiers du fils de Louis XVI, masqué sous le nom de Naundorff. Croit-il donc que des jurisconsultes d'un caractère aussi élevé, d'un mérite supérieur reconnu, eussent compromis leur réputation, la considération dont ils jouissent, en appuyant de leur nom et de leur talent des prétentions ridicules, des erreurs grossières, une famille d'imposteurs? La question qu'il tranche d'un ton si dogmatique, contre le jugement de milliers d'intelligences qui valent la sienne; contre des témoignages plus compétents que son opinion personnelle, MM. Jules Favre et Laurens-Rabier l'avaient étudiée autrement qu'en légitimistes; ils l'avaient approfondie avec la maturité d'une raison éclairée, avec le discernement d'un esprit habitué à fouiller dans les consciences pour y chercher le vrai ou le faux, avec la sagacité d'hommes de loi, qu'une grande expérience des affaires tient en garde contre la tromperie, avec le sentiment du respect qu'ils se doivent, et de la dignité d'une profession dont l'honneur, la justice, la vérité et le désintéressement sont la règle de conduite de ceux qui savent comme eux la comprendre et la pratiquer.

Quand j'ai fait appel aux lumières de ces messieurs, M. l'avocat, ils étaient comme vous; ils ne me connaissaient pas. Tous les deux

partageaient l'erreur commune ; ils croyaient que le Dauphin était
mort dans sa prison du Temple. Ils ne m'ont pas demandé, — à
l'imitation d'un avocat légitimiste à qui l'on proposait de se charger de la défense des intérêts du fils de Louis XVI : — Avez-vous
soixante mille francs à déposer avec le dossier? Non, car je me pré-
sentais chez eux les mains vides, n'ayant à leur offrir pour honoraires que la reconnaissance, monnaie qui n'a pas cours au palais.

Lorsque j'allai prier Mᵉ Jules Favre de plaider pour le duc de
Normandie et pour moi, il s'agissait d'attaquer le gérant du *Capitole*, qui, dans son journal, qualifiait précisément de sale intrigue
la prétention de Naundorff à la qualité de fils de Louis XVI, et les
efforts de ses partisans à en établir la légitimité. Il faut convenir
que ce début ne prévenait guère en ma faveur : je n'avais pas d'autre recommandation auprès de lui que mon dévouement au malheur.
Il me répondit avec autant de générosité que de noblesse d'âme :
« Si vous pouvez me convaincre que vous n'êtes pas dans une ho-
« norable illusion, comptez sur moi. » Mᵉ Jules Favre a consacré
tous ses soins à l'examen de la cause, et ce ne fut pas un travail
d'un jour, car il ne croyait pas possible que le Dauphin ne fût pas
mort au Temple. Il ne voulut pas se former une opinion avant
d'avoir vu et interrogé le prétendant. Or, comme les portes de la
France étaient fermées au duc de Normandie, il ne pouvait aller
lui-même chez son avocat; ce fut donc l'avocat qui alla chez son
client.

Cette admirable conduite ne vous étonnera pas, vous, Monsieur,
qui êtes notre Jules Favre de Hollande. Votre illustre confrère de
France fit le voyage de Paris à Londres, tout exprès pour venir
s'éclairer sur le mérite d'une origine royale qui, si elle était vraie,
lui ferait prendre l'engagement de la soutenir en face du monde
par la puissance de sa parole. Il passa huit jours avec le prince et
sa famille, se convainquit de la vérité, et deux fois il l'a proclamée
devant les tribunaux, à Paris, en 1840 et 1851. Aujourd'hui encore, si nous donnions suite à l'appel que nous avons interjeté du
jugement de première instance, il plaiderait avec le même désintéressement que par le passé — car il n'a jamais reçu d'honoraires — que

Naundorff était véritablement le fils de Louis XVI, malgré « les do-
« cuments authentiques, officiels, malgré les témoignages irrécu-
« sables apportés à l'histoire » par M. de Beauchesne; qui lui
donnent, *à lui*, « la preuve matérielle que le Dauphin de France,
« fils de Louis XVI, est bien réellement mort au Temple. »

Je veux aussi vous dire quelques mots de la manière dont j'ai
acquis à notre cause Me E. Laurens-Rabier. Ce fut dans les derniers
jours du mois d'août 1850. Me Jules Favre était disposé à défendre
les droits méconnus de la famille du duc de Normandie; mais pour
introduire une instance civile nous avions besoin d'un avoué.
J'avais essayé de vaines tentatives auprès de plusieurs, en les faisant sonder par quelques personnes de bonne volonté; il y eut de
tous côtés refus énergiques. Je me voyais désespéré, sur le point
de revenir à Bréda, contraint de renoncer à saisir la justice des
réclamations de la famille du royal Orphelin du Temple, quand la
Providence m'inspira la pensée d'aller voir un ancien condisciple de
l'école de droit, que j'avais perdu de vue depuis quinze ans. Je
savais qu'il occupait un haut emploi dans la justice; il m'accueillit
comme une vieille connaissance qu'on aime à retrouver avec amé-
nité. « Ne connaîtriez-vous point, lui dis-je, au barreau, parmi les
avoués, un de ces hommes rares, sur qui la justice et la vérité ont
seules de l'empire, d'une grande générosité de cœur, sans préjugés,
impartial, qui n'accepte pas une cause inique pour de l'argent,
mais aussi qui ne repousserait pas une cause équitable, quoique
les clients fussent pauvres et hors d'état de le dédommager de ses
peines? » « Je ne connais que Laurens-Rabier, me répondit-il, qui
soit d'un caractère aussi honorable. » Il me donna son adresse, et
je me rendis aussitôt à son cabinet. Il n'était pas revenu du palais.
J'épuisais ma dernière ressource; je ressentais une vive émotion et
ne me dissimulais pas le peu de chances que j'avais, dans la pénible condition où était la famille du prince, de déterminer un avoué,
d'abord à se charger de leur cause, et ensuite à s'en charger sans
que je déposasse au moins l'argent nécessaire pour les frais indispensables de la procédure. C'est pourtant, Monsieur, ce que j'ob-
tins de cet homme de bien, dont je ne prononce jamais le nom sans

ressentir à l'âme une sensation délicieuse. Je l'attendais, fort triste, dans un coin de son étude ; il rentre, je le suis dans son cabinet. Comme je m'en doutais, dès que j'eus prononcé le nom du fils de Louis XVI, sauvé du Temple, un sourire ironique accueille mes paroles ; il me regarde fixement, pour s'assurer qu'il n'a pas un fou devant lui, et me répond : « A moi ! me faire accroire que Louis XVII n'est pas mort au Temple ! allons donc ! vous ne le pensez pas ? » « Ce n'est que trop vrai, lui répliquai-je, il est mort en Hollande et y a laissé une famille bien malheureuse, que le monde rejette, parce que la politique la méconnaît. » — « Tenez, reprit-il avec le même sang-froid glacial, je viens à l'instant même de lire au palais une feuille du *Charivari*, qui se moque bel et bien des prétentions des faux Dauphins. » — « C'est possible ; mais cela ne prouve pas qu'il n'y en a pas eu un de véritable. Ainsi, vous ne voulez pas m'entendre ? — « Eh ! comment voulez-vous que je vous entende sur un sujet pareil, à la veille des vacations, où je suis surchargé d'occupations ? En supposant que vous ne soyez pas dans l'erreur, un mois ne suffirait pas, consacré à l'examen de cette singulière affaire. » Je le saluais pour me retirer, quand tout à coup sa physionomie change et il m'assigne un rendez-vous pour écouter mes explications. Il m'a avoué plus tard, qu'observant attentivement les traits de mon visage, il y avait remarqué une si profonde expression de chagrin, qu'il en fut frappé, et pensa soudainement : « Ce n'est point là un homme abusé par une croyance formée à la légère. Sa conviction me laisse entrevoir une de ces lamentables vérités que le monde ridiculise et qui n'en est que plus sacrée, qui mérite examen : je l'écouterai ! »

Comme Me Jules Favre, Me Laurens-Rabier a employé huit jours pour venir à Bréda, près de la famille du prince, éclairer sa religion en prenant communication des documents, devant lesquels son incrédulité a été terrassée à tel point, que Me Jules Favre, en plaidant la cause, dit, pour faire comprendre combien la conviction de son confrère était inébranlable, « qu'il était en quelque sorte plus Louis XVII que Louis XVII lui-même. » J'ajoute que Me Laurens-Rabier a payé de ses propres deniers tous les frais de première instance et conduit l'affaire jusqu'en cour d'appel sans qu'il ait reçu de nous un centime.

Ainsi, ce sont deux jurisconsultes d'une pareille trempe, dont l'opinion fait autorité pour ceux qui les connaissent, que M. de Beauchesne, par la suffisance de son langage, accuse indirectement de n'avoir pas le sens commun, parce que *Lasne* et *Gomin* lui ont dit « qu'ils ont vu expirer le Dauphin dans leurs bras, qu'ils l'ont « enseveli, qu'ils l'ont accompagné au cimetière et vu déposer dans « la fosse; » car CE SONT-LA, en rigoureuse vérité, LES SEULS et prodigieux *documents authentiques, officiels et irrécusables*, qu'il s'est imaginé apporter à l'histoire; quoique déjà M. de Saint-Gervais, en 1851, ait publié un ouvrage sous le titre de : *Preuves authentiques de la mort du jeune fils de Louis XVI*, et quoique ces preuves authentiques fussent exactement les mêmes que *celles apportées à l'histoire* par M. de Beauchesne, quoique Lasne et Gomin aient aussi, depuis bien des années, donné en justice les témoignages qu'il présente en 1852, avec une confiance si ingénue, comme nouvellement appris.

Voyons donc les choses comme elles sont : M. de Beauchesne se trompe et trompe ses lecteurs quand il affirme « *qu'il a remonté à* « *la source de tous les faits déjà connus,* » puisqu'il ne dit pas un mot de ceux que je viens de signaler. Il a consulté les valets, j'en conviens; mais *son enquête* n'est pas sortie des antichambres, et, pour la vérité de l'histoire, il a négligé les recherches qui, seules, peuvent donner « *une conviction avec le caractère d'une certitude* « *authentiquement démontrée.* » Qu'il ne se vante donc plus « *de* « *s'être mis en garde contre l'incrédulité prévenue qui rejette tout* « *sans examen!* » Il a omis dans ses investigations l'essentiel pour ne s'attacher qu'à des puérilités, à des fables, à la déclaration de deux agents salariés du pouvoir, non moins suspects, non moins indignes de foi que ceux sous l'autorité desquels a été confectionné l'acte ridicule qui constate le décès du roi légitime de France.

Cet historien, en passant sous silence tous les documents, toutes les attestations, tous les faits qui le contredisent et le gênent, n'a par conséquent pas écrit l'histoire de Louis XVII. Dans l'instance de 1851, M. le substitut Dupré-Lasalle a du moins eu la franchise de nous dire, avec ou sans sa conscience de magistrat : « *Je n'y crois « pas.* » C'était aussi les réfuter d'une manière assez leste. Mais, que voulez-vous répondre à un homme qui n'a pas la foi? Si la conviction se forme par l'intelligence, la foi ne se commande pas. Eh bien, moi de même : je dis à M. de Beauchesne que je ne crois pas à *ses témoignages les plus irrécusables.* Toutefois, comme je ne veux pas parler en insensé, je vais expliquer pourquoi je n'y crois pas.

IX

M. de Beauchesne n'a pas même soupçonné que la question relative à *l'évasion* était la première à examiner, car il ne s'en occupe pas. Et pourtant, aujourd'hui, quiconque a étudié avec intelligence l'histoire de la révolution française, les mémoires d'auteurs contemporains qui n'ont pas déguisé la vérité; quiconque a lu le *Moniteur* de 1795, connu les manifestes du général Charette, du comte de Puisaye, les négociations secrètes de plusieurs membres de la Convention avec les chefs vendéens, la cause mystérieuse des morts tragiques du général de Frotté, du général Pichegru, du duc d'Enghien; quiconque a su les communications de Joséphine à l'empereur Alexandre, en 1814, suivies de sa mort presque subite ; quiconque a été informé d'une clause secrète du traité de Paris, du refus de la cour de Rome de permettre les prières des morts pour Louis XVII, des raisons qui ont empêché Louis XVIII de se faire sacrer; quiconque sait que le cœur de l'enfant mort au Temple, conservé par le docteur Pelletan, a été repoussé avec mépris par la duchesse d'Angoulême; quiconque n'ignore pas pourquoi Louis XVIII a comblé de ses faveurs plusieurs conventionnels régicides, la sœur de Robespierre, pourquoi il s'est vu contraint, en 1815, de nommer ministre, et ensuite ambassadeur, l'exécrable

Fouché ; pourquoi il a fait jouir de ses bienfaits Drouet, l'auteur de l'arrestation de la famille royale à Varennes ; quiconque a vu clair au fond des machinations politiques en France et à l'étranger, depuis l'époque du faux décès du Dauphin ; quiconque, en un mot, a examiné avec la perspicacité d'une conscience droite et l'intelligence d'un esprit non prévenu la question relative à l'existence du Dauphin, postérieurement au 8 juin 1795, celui-là dira qu'il s'est convaincu, que le prisonnier royal n'est pas mort au Temple, par une démonstration d'autorités irréfragables, toutes confirmatives les unes des autres, dès 1795 jusqu'à nos jours.

Je ne reproduis point ici, monsieur l'avocat, les nombreux témoignages privés que vous avez lus, qui attestent cette vérité, parce que ce sont des documents dont je ne me prévaus pas contre M. de Beauchesne pour accuser son ignorance historique. Mais si sa grande intelligence daigne s'abaisser jusqu'à lire l'*Écrit d'un croyant au duc de Normandie*, je vais lui citer des ouvrages qu'il aurait pu connaître aussi bien que moi, et que je me suis procurés, pour interroger l'histoire, après avoir connu toutes les communications du prince, afin de rechercher en quoi il était d'accord ou en désaccord avec les mémoires historiques. Je ne m'occupe que de l'évasion.

M. de Beauchesne a écrit à la page 243 de son second volume :

« La Vendée inquiétait le sommeil des dictateurs. Quelques membres modérés de la Convention, *dont les mains étaient pures du sang de Louis XVI*, furent chargés d'entamer des négociations avec les chefs de l'armée catholique et royale. Charette, au bout de ses ressources, manquant des munitions de guerre les plus nécessaires, accepta avec empressement les ouvertures des comités de la Convention. On conclut un armistice.

« *On assura même que plusieurs clauses restées secrètes traitaient de la remise du jeune roi aux armées de la Vendée et de la Bretagne.* On devine avec quelle vivacité ces propositions furent combattues dans les comités. On cria de toutes parts à la contre-révolution. La faction qui avait écrasé Robespierre, mieux éclairée sur la véritable situation des Vendéens et des chouans, *ne s'engagea point à leur remettre l'héritier de la couronne, et n'eut, quoi qu'on en ait dit,* aucune relation sérieuse avec le baron de Cormartin, major général de l'armée catholique et royale de Bretagne, chargé de venir chercher à Paris les enfants de Louis XVI. »

C'était-là une erreur manifeste : le traité est un fait historique incontestable, et nul ne saurait disconvenir que la première condition à exiger par le général de Charette, des délégués de la Convention, fut et dut être la liberté du fils de Louis XVI, pour qui les Vendéens se battaient. Charette avait écrit au comte de Provence :

« ..... Je traite avec la Convention, dite nationale..... Mon roi et le vôtre est prisonnier des bourreaux de son père, qui peuvent devenir les siens : sa vie sacrée est perpétuellement menacée ; tout est donc permis, tout est donc légitime pour le rendre à la liberté. Eh bien, cette liberté, *je l'ai obtenue.* Une convention secrète entre les commissaires du pouvoir exécutif et moi, convention dont je mettrai l'original sous vos yeux, décide du sort de Sa Majesté. On remettra la personne du roi aux commissaires que j'enverrai à Paris ; *on consent* à ce qu'il revienne parmi nous..... Il me semble inutile de discuter sur le mérite apparent du traité que je viens de signer, de s'inquiéter s'il compromet ou non la monarchie ; si je suis, moi qui le dicte, à blamer ou à louer ; il ne faut voir que le motif qui le détermine..... on me donne toutes les assurances possibles de la fidélité qu'on mettra à remplir la grande condition..... *Un profond mystère,* impénétrable aux agents de l'Autriche, de l'Angleterre et aux partisans de la branche d'Orléans, doit couvrir ce que je dépose en pleine confiance dans le sein de Votre Altesse royale. Vous devez me comprendre ; il est des traîtres partout ; il y en a même dans l'intimité de votre auguste frère.

« La Jaunais, ce 20 février 1795. »

Cette lettre, rapportée par plusieurs écrivains, est notamment reproduite dans le sixième volume des Mémoires de Louis XVIII, qui l'accompagne de réflexions qu'il termine en disant :

« Je savais par Charette qu'un article secret de son traité avec les commissaires de la Convention nationale *assurait* à Louis XVII sa liberté ; mais j'ajouterai que j'ignorais jusqu'à quel point je devais ajouter foi à ce fait.....

« En conséquence, dès que je sus cette nouvelle, j'écrivis à Paris aux agents de diverses classes que j'y entretenais, pour m'informer de ce qu'eux-mêmes pouvaient en savoir. Tous, à l'exception d'un seul, membre de la Convention nationale, ne comprirent pas ce que je leur disais. Je ne m'étais pas, il est vrai, expliqué très-clairement par prudence. Quant au membre de la Convention (Boissy d'Anglas), il me répondit en ces termes :

« Charette ne vous a pas trompé, mais lui le sera. Il est *vrai*
« *qu'il a été convenu que le jeune Prince serait mis hors du Temple.*
« Ruelle et Richard n'ont fait, en s'y engageant, qu'exécuter les
« instructions du comité de salut public. Sont-ils de moitié dans ce
« mystère d'iniquité, ou abusés eux-mêmes ? Je l'ignore ; on ne peut
« pénétrer trop avant dans la conscience d'un homme. Au reste,
« *cette partie de la convention est tenue ici dans un profond silence ;*
« on a paru surpris que je fusse si bien informé.

« Déjà, on a tenu divers conseils ; on s'est réuni en plusieurs
« endroits, afin de décider ce qu'il convenait de faire, si on nierait,
« si on couperait court à l'intrigue..... Tout est à craindre..... *J'ai*
« *quelque raison de croire que ce qui se machine vous mène à la*
« *couronne de France.* »

Dans les Mémoires tirés des archives de la police de Paris, Peuchet nous dit :

« M. le général Beaufort de Thorigny, qui a commandé dans la Vendée les armées de la république, était persuadé que le 20 prairial an III (le 8 juin 1795) S. M. Louis XVII existait encore ; et il citait pour preuve une lettre qu'il avait reçue *dans l'intervalle du* 10 *au* 15 *juin* du conventionnel *Sieyès*, qui lui enjoignait de reprendre les hostilités, sans attendre le terme d'un armistice précédemment conclu ; car, *si on ne devance ce terme, écrivait Sieyès, nous serons obligés, conformément aux conventions, de remettre le jeune Capet aux chefs royalistes.*

« Je n'ai pas vu cette lettre, que M. le général Beaufort conservait, assurait-il, dans ses papiers, et dont il a parlé à toutes les personnes qui sont allées le visiter dans la prison de Corbeilles, où il est décédé, il y a peu de temps.

« Au reste, peu de temps avant la mort de Louis XVII, il y eut en effet un armistice pendant lequel le chevalier de Charette et ses compagnons d'armes négocièrent, avec les commissaires des comités de la Convention, un traité qui fut accepté par le comité de salut public, et par lequel ce comité s'était engagé, vis-à-vis des chefs vendéens, à leur remettre l'héritier de la couronne et son auguste sœur avant le 15 juin pour tout délai.....

« Au surplus, que S. M. Louis XVII fût vivante ou non après le 8 juin 1795, on ne saurait en inférer qu'il soit existant aujourd'hui (1816). »

Mais M. de Beauchesne, oubliant ce qu'il a écrit à la page 243, rectifie lui-même son erreur à la page 416, où il est écrit :

« *Charette*, COMME NOUS L'AVONS DIT, *avait signé*, le 17 janvier, dans le petit château de la Jaunais, près de Nantes, *un traité dont les clauses secrètes stipulaient la remise entre ses mains du jeune roi et de la princesse sa sœur.* Le gouvernement républicain avait feint d'acquiescer à ces conditions, *en demandant seulement que la remise des enfants de Louis XVI ne fût effectuée que le 13 juin 1795.* »

Ce point de l'histoire, irrévocablement fixé avec M. de Beauchesne, fait comprendre que c'est par une évasion et un faux acte de décès que la clause secrète a été exécutée. Le général Charette va lui-même nous confirmer que le Dauphin a été ainsi rendu à la liberté.

Le comte de Puisaye dit, dans une proclamation au peuple français, dont je possède un exemplaire imprimé du temps de la république :

« Joseph, comte de Puisaye, lieutenant-général des armées du « roi, commandant en chef de l'armée catholique et royale de Bre-« tagne, en vertu des pouvoir à lui donnés par *Monsieur, régent* « *de France.*

« FRANÇAIS !

« ...,. Pourquoi cet intéressant et auguste rejeton de tant de « rois, le fils de ce malheureux monarque, qui, croyant se confier

« à l'amour de son peuple, s'est précipité lui-même dans les bras
« de ses assassins, n'est-il pas proclamé roi, rendu au trône de ses
« ancêtres, et environné de ses gardiens et conseils que la nature
« et la loi lui désignent..... Soyez les libérateurs d'un jeune prince
« prêt à récompenser vos services. Il est glorieux de recevoir le
« prix de la valeur des mains d'un roi qu'on a rétabli dans ses
« droits.....

« Au quartier-général de Carnac, le 30 juin 1795.

« PUISAYE. »

Ce document constate bien positivement l'existence du Dauphin
vingt-deux jours après son prétendu décès, et qu'à cette époque
aussi le comte de Provence n'était connu aux armées royales que
dans sa qualité de régent. Cette évidence est palpable.

Dans une proclamation du général Charette, en forme de discours
à son armée lorsque, influencée, *à la fin de l'année* 1795, par les
agents du directoire, elle se disposait à mettre bas les armes et à
accepter les indemnités qu'on lui offrait, voici les passages qui
concernent le fils de Louis XVI :

« ..... Que parlez-vous d'intérêt et de profit ?..... Ne vous sou-
« vient-il plus du serment par lequel vous avez enchaîné vos destins
« à ceux de votre roi ?..... Allez, lâches et perfides soldats ; allez,
« déserteurs d'une cause si belle que vous déshonorez. Abandonnez
« aux caprices du sort et à l'instabilité des événements ce royal Or-
« phelin que vous jurâtes de défendre ; ou plutôt, emmenez-le captif
« au milieu de vous, conduisez-le aux meurtriers de son père ;
« soyez sans pitié pour son âge, pour ses grâces, pour sa faiblesse
« et pour ses revers. Lorsque vous serez en présence de vos nou-
« veaux maîtres, devenez dignes d'eux, en faisant tomber à leurs
« pieds la tête innocente de votre roi.....

« *Je ne serais point étonné que* sous peu de jours *le Fils* trop
» malheureux *de l'infortuné Louis XVI fût arraché*, malgré moi,
« *de son asile*, et livré à ses persécuteurs. Pauvre enfant ! quelle

« destinée est la tienne! Le ciel t'a-t-il formé dans un instant de
« colère? Et ce n'est que des plus lugubres fils qu'est ourdie la
« trame de tes jours! Tu naquis au milieu des tempêtes, tu fus
« abreuvé des larmes maternelles autant que du lait de ta nourrice.
« Ton berceau, comme celui de Moïse, fut exposé sur le fleuve
« ensanglanté de la révolution. On te précipita dans un cachot que
« les vertus de ton père, l'amour de son épouse, la tendresse de ta
« sœur, la sagesse de ta tante, tes grâces naïves, ont embelli en peu
« de mois. Un martyre douloureux, mais sacré, dévora ta famille.
« Unique et débile rejeton de ce grand arbre tranché par le glaive,
« tu n'as recueilli de tous qu'un héritage de malheur, et pour y
« mettre le comble, *à peine soustrait à la férocité de tes bourreaux,*
« tu vas devenir victime de la trahison de tes défenseurs, plus
« féroces qu'eux. Eh quoi! *tu retomberais sous la puissance des*
« *tyrans!* Quoi! tu serais replongé dans cette fosse aux lions où la
« vengeance te laisserait, jusqu'à ce qu'elle osât se nourrir de ton
« sang. Non! non! tant qu'un souffle de vie animera mon exis-
« tence, la tienne est assurée; tant que je jouirai de la liberté, *tu*
« *garderas la tienne;* ma vie est à toi comme elle le fut à ton père;
« mon sang a coulé et coulera encore pour te défendre. Mon bras
« s'usera pour te sauver.

« CHARETTE. »

Ce document, comme vous le voyez, nous met le Dauphin sous
les yeux, hors du Temple, dans un asile secret, protégé par Charette. Si le témoignage de l'honneur et de la sincérité, qui fait la foi
commune, n'est pas une chimère; si les règles de certitude n'ont
pas été inventées par des puissances de ténèbres pour bouleverser
toutes nos idées d'intelligence, et nous obliger à ne croire qu'aux
accidents qui frappent nos sens personnels, l'homme raisonnable
ne doutera pas plus du discours de Charette que de tous les autres
faits qui attestent la délivrance de l'Orphelin du Temple, dont il est
une péremptoire confirmation.

Cette pièce a été signée par tous les chefs et officiers de l'armée
royale de la Vendée, envoyée à celle de Normandie et du Maine, et

conservée avec soin par un officier existant en 1840, qui en était porteur. La préfecture de police de Paris en possédait un exemplaire, qui doit y être encore, si on ne l'en a pas fait disparaître. C'est sur l'original que le baron Tardif, qui a été secrétaire général de cette préfecture, a copié le texte que je donne, et que M. Bourbon-Leblanc, jurisconsulte à Paris, tient lui-même de M. le baron Tardif.

Léonard Gallois, dans l'*Histoire de France*, par Anquetil, continuée jusqu'en 1840, fait remarquer que « *l'identité du décédé avec le Fils de Louis XVI n'a été attestée que par le dire* des commissaires qui ont présenté le cadavre aux médecins. »

L'*Histoire populaire de la révolution française*, par Cabet, et l'*Histoire de la révolution française, de l'empire et de la restauration*, par Burette et Ulysse Ladet, constatent l'opinion répandue, après l'acte de décès de 1795, *que le Dauphin était sorti du Temple par le moyen d'une substitution d'un autre enfant à sa place.*

On lit dans l'*Histoire secrète du Directoire* — Paris, 1832 : — « ..... Mourut-il, ce roi qui n'a régné que dans les fers? Un procès-verbal l'annonce imparfaitement, et j'y remarque avec surprise les mots consignés par les gens de l'art, dont l'un avait soigné Louis XVII dans sa dernière maladie : On nous a représenté un cadavre qu'on nous a dit être..... » Il paraît étrange que ces messieurs n'aient pas affirmé *l'identité* de ces restes glacés avec le prince.

— Richer-Serisy, en interrompant : « Il y a beaucoup à dire sur ce point. J'ai assisté, il y a peu de temps, à une fouille nocturne faite au cimetière Sainte-Élisabeth, et entreprise dans le but d'arracher à cette terre obscure un cadavre sacré; on n'a rien trouvé dans la fosse, pas même les débris de ce corps *qu'on avait dit être.....* »

« La marquise d'Esparbès poussa une exclamation de joie et d'horreur : je l'imitai, et nombre d'années après, causant avec Cambacérès de ce fait que je lui rapportais, il me dit :

— « *Mon opinion est que le fils de Louis XVI n'est pas mort au Temple.....*

— « Mais, répondis-je, sur quoi fondez-vous votre opinion?

— « *Sur ce que je sais*, me répliqua-t-il froidement, et sur ce que je ne dirai point.

— « Pourquoi? Les temps ont changé.

— « Non pas au moins les hommes. »

« Cambacérès termina là sa demi-révélation. Il fut inébranlable à mes instances. Je fus donc peu étonné, lorsque le chirurgien *Pelletan* me raconta à son tour qu'ayant voulu faire, après 1814, l'hommage à la famille royale *du cœur de Louis XVII*, qu'il avait extrait du corps en faisant l'ouverture, et soigneusement conservé dans de l'esprit-de-vin, elle avait refusé ce cadeau cher et douloureux, avec une persistance singulière dont elle ne se départit pas. Qu'est donc devenu ce prince? »

Le *Journal du Commerce*, du 3 décembre 1832, en rendant compte de l'ouvrage indiqué, s'exprimait ainsi :

« Au chapitre II commence l'intérêt historique. C'est là que se développe une série de révélations importantes..... Il s'agit du jeune Louis XVII; *il paraît certain* qu'on a trompé le public sur la véritable époque et sur le lieu de sa mort. Cambacérès en convenait.....

« On sera porté à croire qu'il y eut là-dedans un grand mystère, et que ce conventionnel y était initié, si l'on se rappelle les ménagements dont les Bourbons, rentrés, usèrent envers ce régicide, et l'empressement avec lequel ils firent séquestrer ses papiers après sa mort.

« Cette saisie illégale, qui dépouilla momentanément les héritiers de l'archichancelier de leurs titres de famille, eut pour objet d'y faire le triage des papiers qui pouvaient découvrir ces mystères royaux. »

Ouvrez, Monsieur, les *Mémoires de Napoléon*; à la page 211 du tome premier, vous lirez :

« Ce n'est point qu'au moment de la mort de Louis XVII un autre bruit ne se soit propagé : *on prétendit que le Dauphin avait été enlevé de sa prison, du consentement des comités; qu'un autre enfant, mis à sa place*, avait été promptement sacrifié, victime d'une politique odieuse, *afin que l'on pût nier la remise du roi de France à ses serviteurs*, et, bien que la parole eût été tenue, en annuler l'effet par le bruit de cette mort.

« *Joséphine*, dès l'époque de notre mariage, *me parut convaincue* de l'exactitude de ce second récit ; elle se croyait très-avant dans cette intrigue, et m'en parla avec bonne foi, me désignant à qui le prince avait été remis, en quel lieu on le cachait, et en quel temps on le ferait reparaître. Je levais les épaules, et, dans ce récit, je ne pouvais voir que la simplicité d'une femme crédule. Plus tard, je voulus savoir ce qu'il en était réellement.

« Je me fis d'abord représenter le procès-verbal des hommes de l'art ; je fus surpris de cette phrase : « *On nous a représenté un « corps qu'on nous a dit être celui du fils de Capet ;* » ce qui ne voulait pas dire positivement que c'était celui du Dauphin : *d'ailleurs, aucune autre pièce ne constatait l'identité.....*

« Je fis faire des fouilles au cimetière de Sainte-Élisabeth, au lieu indiqué de la sépulture du cadavre..... *La bière, encore assez bien conservée, ayant été ouverte en présence de Fouché et de Savary,* SE TROUVA VIDE ! »

Touchard-Lafosse, contemporain des événements qu'il raconte dans ses *Souvenirs d'un demi-siècle*, explique très-bien la pensée machiavélique qui, de la part des conventionnels complices de l'évasion du Dauphin, présida à sa conservation masquée par un faux acte de décès. Il s'énonce de la sorte :

« Un événement sur lequel on n'est point encore fixé, après quarante ans de doute, vint s'intercaler entre la révolution du 1ᵉʳ prairial et celle du 13 vendémiaire. Je veux parler de la mort de Louis-Charles de France, fils du dernier roi, enfant à peine parvenu à sa dixième année, que les royalistes avaient élevé sur un trône imaginaire, sous le nom de Louis XVII... Si l'on considère qu'il mourut au moment même où l'on préparait dans les ports d'Angleterre cette expédition de Quiberon, dont le but, hautement proclamé, était la restauration du trône des Bourbons.....

« Si l'on interprète froidement et sans esprit de parti *toutes les circonstances mystérieuses de cet événement*, l'on ne sera pas tenté de chercher parmi les notabilités républicaines de l'époque une main qui ait avancé le terme de cette innocente vie. Il serait fort étrange que les jacobins, qui avaient épargné le captif du Temple lorsqu'ils étaient tout-puissants, l'eussent frappé après leur chute... *Si Louis-Charles de Bourbon périt au Temple*, s'il mourut de mort violente, et ces deux faits sont controversés..... il est aisé de voir que la mort ou *la disparition du Dauphin* ne pouvait servir en rien la révolution..... Dans le projet formé d'une restauration immédiate de la monarchie, projet dont les débuts étaient combinés d'avance, *le jeune captif n'était pas même nommé; on eût dit qu'on le consi-dérait comme mort. L'intérêt que sa mort devait servir était ail-leurs....* : il y était entreprenant, ébranlé pour marcher vers une restauration, et *cet intérêt* avait pour véhicule trop peu d'héroïsme et trop d'ambition *pour se contenter des honneurs satellites d'une régence.....*

« Ce qu'il y a d'incontestablement historique, c'est la maladie du jeune prince et *la mort subite des deux médecins qui l'ont soigné...* Quant au procès-verbal des médecins auxquels on présenta le corps, *qu'on leur dit être celui de* Louis-Charles de Bourbon, ouvrez le *Moniteur*, vous trouverez cette pièce, et si vous y remarquez des traces de la conviction de ces savants, c'est que vous serez doué d'une bonne foi bien confiante.

« Après cela, *les résultats de l'évasion équivalaient à ceux de la mort : un roi que l'intrigue a découronné est toujours un imposteur, lorsqu'il n'a pour juge que la puissance intéressée à le déclarer tel.*

« Je m'arrête en ce moment sur ce sujet; je réserve pour une autre époque de mes *Souvenirs* quelques réflexions, assez convain-cantes, ce me semble, se rattachant à un procès encore à juger au tribunal de l'opinion. »

Madame la comtesse d'Adhémar, autrefois dame du palais de la reine, et dont le mari avait été ambassadeur, appela l'attention du public sur la fourberie du comité de salut public, par ces paroles imposantes extraites des *Souvenirs* sur Marie-Antoinette :

« La naissance d'un fils donna à la reine l'influence qu'elle devait avoir. Le roi, charmé de revivre dans un Dauphin, en montra une tendre satisfaction à Marie-Antoinette : elle fut plus vive encore, lorsque la reine mit au monde un autre prince, que l'on qualifia de duc de Normandie ; malheureux enfant dont le règne s'est écoulé dans un cachot, *où toutefois il n'a pas trouvé la mort.*

« Certes, je ne veux en aucune manière multiplier les chances qui s'offriront à des imposteurs ; mais en écrivant ceci *au mois de mai 1799, je certifie, sur mon âme et conscience, être positivement sûre que Sa Majesté Louis XVII n'a point péri dans la prison du Temple.* PROMIS AUX VENDÉENS, ON LE LEUR A REMIS fidèlement ; mais en même temps, par une politique infernale, et pour enlever tout prix à ce gage précieux, *on a répandu la nouvelle de sa mort.....* Lorsque j'arriverai à ce moment fatal de notre histoire, *je me charge de réunir en un faisceau les preuves victorieuses de ce que j'avance;* mais, je le répète, je ne m'engage pas à dire ce que le Prince est devenu. Je l'ignore. *Le seul Cambacérès,* homme de la révolution, pourrait compléter mon récit ; car là-dessus, il *en sait* beaucoup plus que moi. »

Le rédacteur de *l'Univers,* le 6 juillet 1850, constate non-seulement l'évasion, mais encore la publicité de l'évasion, mise à l'ordre du jour des armées vendéennes, et tout naturellement des autres troupes royales, par ces paroles :

« Ce qui est plus grave, c'est qu'on trouve dans les actes de la
« Convention un décret qui ordonne de poursuivre sur toutes les
« routes de France le fils de Capet. A cette même époque, Cha-
« rette, s'adressant à son armée sous les murs des Sables d'Olonne,
« lui dit :

« Voulez-vous donc laisser périr l'Enfant miraculeusement sauvé
« du Temple, comme ont péri ses augustes parents? »

« Dans la Vendée, on croyait donc que l'enlèvement du Dauphin
« de la prison du Temple avait été heureusement consommé. »

Louis XVIII nous apprend dans ses Mémoires qu'il avait investi le comte de Précy de pleins pouvoirs très-étendus, dont le mandataire se servit pour opérer une insurrection dans le Lyonnais. D'après la publicité de l'existence du Dauphin, donnée en France dans les comités royalistes, le comte de Provence ne pouvait agir avec les purs légitimistes qu'en qualité de régent. Cette considération nous explique ce que nous trouvons à la date du 6 messidor an III (24 juin 1795), dans le journal officiel du gouvernement. Chénier disait à la Convention dans un rapport :

« Une association de scélérats, ligués pour le meurtre, s'est orga-
« nisée à Lyon. Cette compagnie, mêlant les idées religieuses au
« massacre, le cri de royalisme aux mots de justice et d'humanité,
« se fait appeler compagnie de Jésus.....

« Et qui pourrait nier encore que le but de ces associations cou-
« pables ne soit la ruine de la république et le rétablissement du
« despotisme royal..... quand le comité de sûreté générale, sans
« compter *une foule de pièces que la prudence ne permet pas de*
« *divulguer encore, tient entre* ses mains le *cachet qui doit servir*
« *de ralliement* aux prétendus fidèles de Lyon; quand l'individu
« qui a gravé le cachet et celui qui l'a commandé sont actuelle-
« ment dans les prisons; quand le nom de *Précy*, déjà proclamé,
« déjà chanté dans les lieux publics de cette opulente commune,
« est gravé sur le cachet *avec le nom de Louis XVII.....* »

Le 22 messidor an III (10 juillet 1795), Chazal, représentant du peuple, délégué de la Convention, donna l'ordre de faire mettre en liberté *Morin de Guérivière,* arrêté comme étant le Dauphin. *La Quotidienne* du 6 novembre 1823 confirmait ce fait par ces paroles :

« Le sieur Morin a eu l'honneur de mettre sous les yeux de Son
« Altesse royale une pièce qui atteste qu'à l'époque où courut le
« bruit de l'enlèvement de Louis XVII au Temple, il fut arrêté
« comme soupçonné d'être l'auguste enfant. »

Que l'on fouille *dans les archives du tribunal d'Angoulême,* on y trouvera *une décision judiciaire* (si toutefois elle n'a pas été supprimée à dessein), qui, longtemps après le prétendu décès du Dauphin, ordonne qu'un enfant, arrêté comme tel, soit rendu à la liberté, *attendu qu'il avait été justifié qu'il n'était pas* le Dauphin.

Le Moniteur, lui-même, livrait à la publicité et à la connaissance de tous le rapport de la séance de la Convention du 18 thermidor an III, dans laquelle on ne déguisait pas l'évasion, ni les vains efforts du gouvernement à l'effet de ressaisir le Dauphin. Voici l'article du journal du 23 thermidor (10 août 1795), dans lequel il est dit :

« Un des secrétaires donne lecture d'une lettre par laquelle le « citoyen Treillard, homme de loi, dénonce les membres de la com- « pagnie de Jésus, et une estampe qui court, dit-il, dans Lyon.

« Cette estampe représente un cénotaphe à côté duquel est un « arbrisseau, dont les branches et les feuillages couvrent le monu- « ment. Au pied de cet arbrisseau est un serpent, qui lève la tête « et qui semble vouloir piquer quelque chose. A la simple vue de « cette gravure tout paraît innocent ; mais si l'on fait attention au « fond blanc dans les deux côtés du cénotaphe et au-dessus des « branches de l'arbre ou arbrisseau, on remarque très-distincte- « ment les figures de Louis XVI, de Marie-Antoinette, du fils et « de la fille de Capet. Le serpent m'a été annoncé comme représen- « tant *la Convention nationale, qui, dit-on, voudrait et ne peut* « *atteindre le petit Capet.* »

Dans les Mémoires de l'impératrice Joséphine, on lit que M. le général *de Frotté,* dont la mort fut si tragique, avait réclamé la cou-ronne pour le Dauphin Louis XVII ; l'auteur s'exprime ainsi :

« Bonaparte, parvenu au consulat, s'occupa d'abord de pacifier « entièrement la Vendée. Beaucoup de royalistes finirent par se « rendre. M. de Frotté voulut imposer des conditions plus dures : « *il prétendait que le malheureux fils de Louis XVI, le dernier* « *Dauphin, existait.* Il réclama pour ce jeune prince la couronne « de France. *C'en fut assez* pour le faire rayer sur-le-champ de la « liste qui proclamait l'amnistie. Le premier consul lui en écrivit « en ces termes :

« Général, votre tête est aliénée ; tout prouve aujourd'hui que le « jeune Louis XVII est mort au Temple ; *d'ailleurs, et dans tous* « *les cas,* vous ne seriez jamais excusable devant Dieu et devant les « hommes d'éterniser cette guerre civile. Vos officiers sont prêts à « l'abandonner, et je vous engage à imiter leur exemple. »

« Lorsque ceux qui se disaient les amis de M. de Frotté le pres- « saient d'accepter l'amnistie que lui offrait encore une fois le pre- « mier consul : — Laissez-moi, leur dit cet intrépide Vendéen, je ne

« veux faire ni la guerre avec vous, ni la paix avec Bonaparte. —
« Cette courageuse résistance fut, en effet, comme le signal du dé-
« chaînement de ses ennemis.

« Je ne peux m'empêcher de rappeler ici les propres paroles du
« premier consul, à la nouvelle qu'il reçut de la mort de cet homme
« courageux. « La cour de Mittau, dit-il, vient de faire une grande
« perte; car avec quelques généraux d'un mérite aussi distingué, le
« Prétendant aurait pu espérer de se voir un jour rappelé sur le
« trône de France; mais ne pouvant gagner les Vendéens pour
« servir ma cause, je dois les affaiblir, les décourager, *et faire périr*
« *ceux d'entre eux* qui refuseraient de poser les armes. Je plains
« M. de Frotté; j'aurais été glorieux de le compter dans mes rangs ;
« *cependant, si je lui eusse fait grâce*, il aurait pu devenir dange-
« reux *pour l'un comme pour l'autre parti :* le plus sage dans cette
« circonstance était *de s'en défaire.* »

Au moment de la publication de l'édition anglaise *de l'Abrégé
des infortunes du Dauphin*, le journal *le Times* imprima un article
qui lui attira de la part de M. le baron de Thierry la lettre ci-
dessous :

« A M. L'ÉDITEUR DU *Times*,

« Dans votre feuille d'hier se trouve un long article concernant
les *infortunes du Dauphin*. Quelque étranges que soient ces détails
et l'existence du fils de Louis XVI pour ceux qui connaissent l'histoire des premières années du prince ; cependant, il y a de fortes
raisons pour croire à la réalité des documents rapportés par le duc de
Normandie, dans la publication dont vous entretenez vos lecteurs.

« *Un* des principaux agents qui se sont employés pour arracher
le Dauphin de la prison du Temple *fut le comte de Frotté,* général
vendéen, à la famille duquel *je suis allié*, ma sœur ayant épousé
son frère. J'ai eu, par conséquent, les moyens de m'assurer que le
comte de Frotté a été *le principal instrument de l'évasion du Dauphin et de sa fuite dans la Vendée,* où, quelque temps après, il
organisa la guerre si célèbre dans l'histoire de France.

« Napoléon, premier consul, voulant rétablir la paix, *négocia* sur ce point avec le comte de Frotté, et lui *déclara* que si le général mettait bas les armes, et rendait ainsi la tranquillité à cette portion de pays, *il lui accordait un sauf-conduit* pour aller résider où bon lui semblerait. Cette proposition fut agréée par M. de Frotté, qui choisit Paris pour lieu de résidence. *Sur sa route vers cette ville, néanmoins, en approchant de Verneuil, avec son sauf-conduit à la main, le général fut brusquement arrêté, puis barbarement et traitreusement fusillé.* Je défie qui que ce soit de contredire ce fait. Maintenant, pourquoi le chef du pouvoir d'alors en France commit-il un acte si contraire au droit des gens, à la justice et à l'humanité, si ce n'est parce que le général de Frotté connaissait le lieu où le Dauphin était caché, et parce qu'il importait à la police de Bonaparte de détruire le moindre vestige d'une existence si dangereuse pour l'exécution de ses desseins ?....

« Londres, 4 décembre 1838.

« Baron T. DE THIERRY.

« 4, Cleveland square Saint-James. »

Vous savez, monsieur, que les principaux libérateurs du prince, *Joséphine, Hoche, Pichegru* et *de Frotté,* firent buriner un cachet dont furent scellés les procès-verbaux et documents constatant son évasion du Temple.

Les quatre noms que je viens de tracer sont gravés sur ce cachet, que possédait le duc de Normandie; vous l'avez vu, il se lie aux renseignements historiques qui établissent que ces personnages ont concouru à la délivrance du fils de Louis XVI; et ces renseignements sont aussi la sanction du cachet et des explications que nous en a données le prince. Reportez-vous maintenant aux derniers jours du consulat. L'illustre général *Pichegru* a été vendu au futur empereur, qui le tient à sa merci sous les verrous. La nuit, à une heure, quatre mameloucks, à la tête desquels étaient quatre estafiers de la haute police, sont introduits dans le cachot où repose l'infortuné. Des assassins en chef dirigent l'œuvre de sang qu'ils ont mission d'accomplir et les bourreaux. L'un de ces derniers lui tient les mains, l'autre les jambes, un troisième le bâillonne, et le quatrième l'étrangle. Ainsi périt le vainqueur de la Hollande, qui tenait de sa main valeureuse le sceptre de la monarchie légitime, fermement résolu de combattre les oppresseurs de la France et de faire proclamer roi le fils de Louis XVI.

Entrez ensuite sous les voûtes ténébreuses du donjon de Vincennes; on y assassine traîtreusement le duc d'Enghien, que le premier Bonaparte a fait enlever d'Ettenheim par la force armée, et fusiller dans les fossés du château, au milieu de la nuit, pour *s'en défaire*, parce qu'il était l'énergique soutien du roi Louis XVII et qu'un vaste plan de contre-révolution était organisé pour le replacer sur le trône. Tel était le but de la conspiration de Georges Cadoudal. Descendez dans un des cachots de la Bastille de 1804, vous y verrez l'Orphelin du Temple, pour qui la magnanime et bonne Joséphine a obtenu grâce de la vie. Elle l'en fait sortir secrètement en 1808.

Si l'on parcourt *l'Empire ou dix ans sous Napoléon*, par un ancien chambellan, Paris, tome III, 1836, ouvrage attribué à M. de Canisy, on y trouve ce passage remarquable au sujet d'un entretien confidentiel de Joséphine avec Bonaparte :

« Il courut dans le temps un bruit assez singulier : on dit qu'au *moment de sa dernière séparation*, Joséphine sollicita de son époux une conversation secrète..... Napoléon n'en répéta rien; Joséphine garda le même silence. Une fois pourtant, ses enfants la pressent de leur dévoiler ce mystère.....

« J'ai promis de ne jamais révéler, sans le consentement de Bonaparte, ce que vous souhaitez de savoir, leur répondit-elle; contentez-vous d'apprendre que, *dans un moment décisif*, j'ai été assez heureuse pour donner à l'empereur un dernier gage de mon amour, en le *prévenant d'un fait* qui, plus longtemps ignoré de lui, aurait pu avoir, plus tard, une influence funeste sur sa destinée. *Mes enfants, les morts ne reposent pas tous dans les tombeaux.* »

Ce mort, qui ne reposait pas dans le tombeau creusé pour lui par la politique, c'est le duc de Normandie, auquel vous avez été heureux et fier de rendre d'éminents services en 1845. Arrivons à la Restauration.

La mort étrange de Joséphine, avant le traité de Paris, qui conférait la couronne au comte de Provence, les suppositions auxquelles elle a donné lieu, sont un des incidents qui se lient à la révélation de l'existence de Louis XVII, en 1814.

M Lafont d'Aussonne nous apprend, dans ses *Lettres anecdotiques*, qu'à Londres, en 1815, on assurait « que l'impératrice « Joséphine était morte empoisonnée, et que ce crime, on l'attri- « buait effrontément aux princes rétablis. » La personne qui lui donnait cette assurance était, à ce qu'il paraît, bien informée. L'histoire véridique ne laisse pas de doute quant au fait de l'empoisonnement, et il a été certifié à un de mes amis d'Allemagne, le docteur de Caro, par le médecin de l'empereur Alexandre.

En 1814, l'épouse répudiée de Napoléon, voyant la destinée impériale irrévocablement accomplie, éleva la voix en faveur de son roi légitime, et ne voulut pas être témoin de l'usurpation du comte de Provence, sans faire valoir devant les monarques coalisés les droits imprescriptibles du roi Louis XVII, reconnu antérieurement par eux tous. L'impératrice, qui avait été à même d'apprécier la magnanimité de l'empereur de Russie, sa grandeur d'âme, son désintéressement dans la question débattue, savait parfaitement que si l'empereur était mis en position de soutenir avec conviction les droits de l'Orphelin royal, il aurait l'autorité de le faire reconnaître. En se confiant à un traître, elle paralysa en même temps l'effet de ses courageux efforts. Déjà antérieurement, Louis XVIII l'a raconté, « *elle entretenait une correspondance active avec le* « *Czar, et il craignait quelque caprice chevaleresque de la part* « *d'Alexandre.* »

L'auteur des *Mémoires d'une femme de qualité* a publié un ouvrage intitulé : *Extraits des mémoires de Talleyrand-Périgord, ancien évêque d'Autun*, où la vérité, quant au fond, a été racontée, mais dénaturée à dessein dans les détails. Je ne transcrirai que les passages rigoureusement vrais, par rapport à l'Impératrice.

« Le 2 avril 1814...., rapporte M. Talleyrand, à deux heures du matin on me réveilla ; j'avais donné l'ordre que mon sommeil ne fût pas respecté, *tant je craignais une fausse démarche.*

« Qu'est-ce ?

— Un messager de Joséphine.

— Elle a peur, la pauvre femme, je n'ai point pensé à elle.

« C'était un parent de cette auguste dame ; il m'apportait une révélation étrange ; la voici :

« Joséphine venait, comme veuve du vicomte Alexandre de Beauharnais, d'épouser le général Bonaparte. Celui-ci était à peine à la tête de l'armée d'Italie, en 1796, lorsqu'une dame, amie de la nouvelle mariée, lui conta que Louis XVII, détenu à la prison du Temple, en avait été enlevé positivement au jour même où, comme défunt, on l'ensevelissait. »

Joséphine le savait pertinemment, puisqu'elle était un des principaux personnages qui avaient opéré la délivrance du Dauphin. On a coordonné la vérité avec le mensonge, dans la crainte de trop éclairer le public, et pour fixer son attention sur l'imposteur Richemont, renseigné dans le sens des mensonges que j'omets.

« Toutes les preuves possibles, celles écrites surtout de ce fait, furent mises sous les yeux de Madame Bonaparte. On voulait, par elle, gagner son mari......

« Joséphine en écrivit à son mari, qui la fit outre-quereller par ses frères, Joseph et Louis..... Plus tard, Napoléon, devenu premier consul, s'étant rappelé la chose, se fit dire par sa femme le nom de la dame entremetteuse ; il l'envoya chercher. Elle était morte depuis un mois, mais son fils vivait ; il répondit à l'attente de Bonaparte, et remit dans ses mains les papiers montrés auparavant à Joséphine, et dont sa mère ne s'était plus dessaisie. De plus, ce monsieur, sorti d'une des plus illustres familles du département de Paris, instruit des détails de l'affaire, la révéla complétement au premier consul ; *il en résulta pour celui-ci une rapide et superbissime fortune, que son nom seul et sa position ne suffisaient pas à expliquer,* et qui, depuis, a eu des vicissitudes, sans jamais redescendre pourtant. Aujourd'hui même (1859), et plus que jamais, son étoile se ravive ; tout me prouve que le secret mystérieux est pour lui un bon talisman ; que M. le baron de R.....t passe sa vie à le redouter, il fera bien. A bon entendeur, salut.

« A entendre Joséphine, Napoléon, dès ce jour-là, obtint la preuve entière et irréfragable de l'existence de Louis XVII ; il en recueillit de toutes parts des lumières, si bien que souvent il disait dans son interrègne : « Quand je voudrai, je semerai la discorde « dans la famille du prétendant. »

« *1814 venu, Joséphine avait reçu de Napoléon l'ordre exprès de me communiquer ce que je rapporte.* Il envoyait un double, certifié conforme par lui, des actes, titres, pièces, documents, en un mot, tout, hors les originaux, et les originaux seuls étaient nécessaires ; car comment s'embarquer dans une affaire aussi capitale sur la foi d'écrits sans valeur : je ne m'y arrêtai pas un moment ; je ne vis là qu'une des mille roueries dont Fouché avait donné le modèle, et je congédiai l'honnête parent de Joséphine, *en lui recommandant un secret dont la divulgation exposerait sa vie.* Lui, qui en comprenait l'importance, a tenu parole, et, tant qu'il a vécu, n'en a soufflé mot ; aussi, *sa réserve* lui a toujours valu une position fort agréable et quelque argent comptant.

« Je ne perdis pas une heure pour faire à *S. M. Louis XVIII* le récit de la bizarrerie de cet incident, dont je ne parlai ni à *l'empereur de Russie*, ni au roi de Prusse. *Le premier, à la suite de la seconde visite qu'il fit à la Malmaison, me parut instruit de ce fait bizarre :* il me demanda ce que j'en pensais.

« Je battis la campagne d'abord afin de prendre conseil avec ma diplomatie ; puis, affermi sur mes étriers :

« L'empereur sait qu'en temps de guerre et envers les ennemis toutes ruses sont bonnes. »

— Une ruse...., je ne vois pas pourquoi Joséphine voudrait.....

— Et si Bonaparte veut par là diviser les royalistes, si la guerre civile vient à s'allumer entre eux, lui, ne profitera-t-il pas de leur querelle ?

— Soit ; *mais si Louis XVII existe ?*

— Eh bien, qu'il paraisse, l'heure est favorable : ses juges naturels (les monarques alliés) sont assemblés ; qu'il réclame ses droits avec ses titres, alors on le reconnaîtra ; mais si un prétendant apparaît sans preuves, ou si les preuves nous sont communiquées *sans la présence du prétendant,* la prudence diplomatique veut qu'on se refuse à donner dans le panneau. »

« L'empereur, ne me paraissant revenu qu'à demi, me dit :

« — Vous avez raison, il faut que Joséphine me fasse connaître le lieu où se cache le fils de Louis XVI ; Napoléon doit le savoir.

« — Tout me prouve qu'il lui sera plus facile de réunir çà et là des documents que de vous procurer la vue du jeune roi ; en attendant, poursuivons la restauration de la monarchie, les monarques ne feront pas faute pour la diriger.

« L'empereur me crut sur parole, je n'allai pas à la Malmaison, *et Joséphine s'avisa de se laisser mourir tout à coup d'une esquinancie fâcheuse ; dès lors, il ne fut plus parlé de Louis XVII.* »

Cette femme héroïque ne se borna pas au message envoyé à M. de Talleyrand ; elle fit encore une vaine tentative auprès d'un homme sur les sentiments duquel elle croyait pouvoir compter ; mais il craignit de s'exposer à compromettre sa fortune publique, en demandant justice pour le roi de France. On l'a vu peu de temps après, siégeant à la Chambre des pairs, étouffer sous la toge les remords que cause toujours une faiblesse coupable. C'est lui-même qui nous raconte l'appel fait par Joséphine à son loyal concours, dans la circonstance décisive d'où dépendait l'avenir de Louis XVII, et son refus de s'associer à une noble mais périlleuse entreprise.

« Il y avait plusieurs jours, dit-il, dans les *Mémoires et souvenirs d'un pair de France,* que je n'avais vu l'impératrice Joséphine à laquelle j'étais demeuré fidèle malgré les événements, lorsque, le 24 avril, je reçus une lettre d'elle par l'entremise du comte B....., attaché à sa personne par les nœuds du sang. Elle me priait de venir le lendemain déjeuner à la Malmaison, où elle avait à m'entretenir des choses qu'elle ne voulait pas confier au papier. Je répondis que je serais exact au rendez-vous.....

« J'arrivai le lendemain ; j'arrivai à ce séjour d'une splendeur qui achevait de disparaître. Une garde nombreuse et française ne l'environnait plus. Il n'y avait plus là qu'un piquet de cosaques envoyé par *l'empereur Alexandre dont la conduite envers Joséphine fut admirable. Il ne cessa point d'aller la voir en grande cérémonie...*

« Joséphine m'attendait, elle était seule. Mes yeux se remplirent de larmes, et je ne craindrai pas de dire qu'un mouvement spontané me fit tomber à ses pieds..... La conversation continua sur ce ton quelques minutes; enfin, elle tourna sur des objets plus sérieux. Le premier point des deux que nous traitâmes était d'une telle importance, il était pour amener de si étranges résultats, que je reculai devant la mission dont Joséphine voulait me charger; je suppliai l'Impératrice de renoncer à ce qu'elle prétendait entreprendre à cet égard; je tâchai de lui faire concevoir le péril qui résulterait pour elle *d'une révélation pour le moins imprudente, et dont les suites devenaient incalculables;* je ne lui cachai pas que ma perte était assurée, dans le cas où je la seconderais. La véhémence avec laquelle je lui parlai, lui arracha *un sourire mélancolique, mais ne la détermina pas à suivre mon conseil;* elle se contenta de me répondre :

« Je sens, en effet, que j'ai eu tort de chercher à vous placer
« dans une position aussi pénible; votre dévouement pour moi ne
« peut aller jusqu'à me seconder dans une affaire qui, au fait,
« n'est pas la mienne, et dont je pourrais ne pas me mêler, sans
« pour cela faire tort à aucun de ma maison. »

« Lorsqu'elle m'eut parlé ainsi, je redoublai la vivacité de mes instances, *me flattant de l'amener à brûler les documents qu'elle me montra, et qui contenaient des secrets capables de bouleverser l'Europe, si jamais ils étaient mis au jour.* Ce fut en vain.

« *Ma résolution est prise, me dit-elle, j'en parlerai à l'empereur*
« *Alexandre; il est juste, et, sans doute, puisqu'il veut que chaque*
« *chose soit mise en son rang, il prendra* les intérêts d'un MALHEU-
« REUX JEUNE HOMME. »

« Je ne fis plus d'objection; Joséphine agit comme elle me l'avait annoncé, *elle révéla ce qu'elle aurait dû taire... Sa mort, presque subite,* qui arriva peu de temps après, ensevelit à jamais dans de profondes ténèbres la connaissance d'un cas fort singulier, et *délivra d'un témoin redoutable.* »

La mort inattendue de Joséphine arriva le 29 mai 1814. La dame de qualité, à ce sujet, nous dit « qu'on murmura certains « mots d'*un personnage sur qui elle pouvait faire des révélations* « *dangereuses.* »

Ce personnage n'est plus douteux que pour M. Beauchesne et ceux qui ne connaissent pas mieux l'histoire que lui. Nous venons de lire que des révélations dangereuses avaient été faites. L'empereur Alexandre, dont la noble conduite, en France, lui a conquis l'admiration de tous, avait reçu ces révélations dans les visites qu'il fit à la Malmaison.

Le comte de Provence s'efforça d'acheter le silence de Joséphine par des faveurs inouïes dont il offrit de combler Eugène, et qui ne s'expliquent que par le secret de l'existence de Louis XVII, connu de l'Impératrice et de la reine Hortense, la mère de l'empereur des Français.

« Sur la gracieuse invitation du roi, rapporte M. Lafont-d'Aussonne, Joséphine se transporta un jour au château des Tuileries... :
— Madame, lui dit le monarque, en l'apercevant, ne parlons pas des injustices que chacun de nous a souffertes ;... je désire faire le bonheur de votre fils que vous chérissez, et votre bon esprit va m'aider en ce grand ouvrage... Je veux qu'il devienne *le premier favori d'un roi légitime ;* dites-lui, s'il vous plaît, madame, que je lui offre le bâton de maréchal de France, le cordon bleu, le gouvernement d'une vaste province et un riche apanage, convenu entre lui, vous et moi.

« De retour à la Malmaison, elle crut réjouir son fils en lui apprenant le succès inouï de son voyage... Eugène fut inflexible et refusa tout... En apprenant ce fâcheux résultat, le roi offrit l'épée de connétable... »

Sur le témoignage du duc de la Châtre, l'auteur des *Lettres anecdotiques* assure qu'il aurait été arrangé, entre la reine Hortense et Louis XVIII, que son frère Eugène occuperait le trône après lui. Quoi qu'il en soit de ce fait incroyable, il paraît certain que l'usurpateur espérait prévenir *les révélations* de Joséphine en attachant Eugène à son gouvernement ; car nous lisons encore dans *les Chroniques des Tuileries,* par Touchard-Lafosse :

« .... Le vice-roi d'Italie étant arrivé à la Malmaison dans les premiers jours de mai, fut fort étonné d'apprendre qu'il avait obtenu, sans l'avoir sollicitée, une audience de Louis XVIII. Il s'y rendit... Ah ! je suis charmée de vous voir, M. le maréchal, dit Sa Majesté de l'air le plus affable.

« Le prince, surpris, s'arrêta tout court, et regarda autour de lui, ne prévoyant pas à qui Louis XVIII adressait la parole... Sa Majesté reprit avec un sourire mêlé de grâce et de finesse :

« C'est vous, M. de Beauharnais, qui êtes maréchal de France ; c'est un titre qu'il nous est fort agréable de vous conférer... »

Le vice-roi rejeta l'offre royale avec une noble fierté, et laissa le monarque honteux d'avoir reçu de lui une leçon de dignité.

Lisez actuellement, monsieur, la *Révélation sur l'existence de Louis XVII*, duc de Normandie, par M. Labreli de Fontaine, dont j'ai déjà parlé. Il rapporte le discours de Charette, dont j'ai cité quelques passages ; en outre, il écrit :

« ..... Il faut le dire enfin, Louis XVII, ou, comme on le voudra,
« le duc de Normandie n'a pas cessé de vivre ; j'en ai l'assurance,
« et ce secret, que des circonstances ne me permettaient pas de
« révéler, je puis le divulguer aujourd'hui avec bonheur, sans
« redouter du présent les effets d'une indiscrétion trop tardive...
« *J'ai à ma disposition des pièces authentiques qui déposent de son*
« *existence ;* pièces qu'au besoin, si j'y étais contraint, je n'hési-
« terais pas à rendre publiques, au risque de ceux qu'elles peuvent
« compromettre aujourd'hui...

« La section de police du Comité de sûreté générale délégua deux
« représentants du peuple pour constater les moindres particula-
« rités de l'évasion qui fut tenue secrète autant qu'elle pouvait
« l'être. L'un des représentants vivait encore il y a trois ans ; il m'a
« souvent raconté les particularités de l'évasion du duc de Nor-
« mandie...

« Personne mieux que *Fouché* n'a pu être à même de certifier
« l'évasion du Temple de Louis XVII ; il *a eu entre les mains les*
« *documents authentiques qui constatent cet événement. Bonaparte*
« *lui-même n'en fait aucun doute...*

« L'évasion de cet infortuné prince fut pour le comte de Pro-
« vence une nouvelle fatale tout imprévue. En relation avec les
« principaux acteurs de la Convention, il leur conseilla d'entamer
« une négociation avec Charette, dont l'effet serait d'amener une
« pacification générale, sous certaines conditions, et particulière-
« ment celle de la remise de Louis XVII, comme ôtage, avec pro-
« messe de le rendre à la paix générale, soit à l'empereur d'Alle-
« magne, soit au roi d'Espagne. Cet avis ayant été adopté, un
« émissaire fut envoyé à Charette, qui répondit à la Convention :
« Qu'il acceptait l'armistice aux conditions requises, à l'exception
« de celle qui tendait à réintégrer aux mains du gouvernement fran-
« çais le fils de Louis XVI, attendu qu'elle était hors de ses inten-
« tions et de ses facultés, puisque, depuis sept jours, Louis XVII
« avait cessé d'être à sa disposition... »

« Après le départ de Napoléon pour l'île d'Elbe, la bonne Joséphine
« s'adressa à l'empereur Alexandre, et lui découvrit l'existence du
« fils de Louis XVI..., le pria de ne point se prononcer définitive-
« ment avant d'en avoir reçu des nouvelles positivement. Alexandre,
« touché des vertus et de la généreuse démarche de cette excellente
« princesse, lui promit de faire ses efforts pour que tout restât en
« France dans un état provisoire, jusqu'à ce qu'on eût découvert
« le fils de Louis XVI, à qui il ferait rendre la justice qui lui était
« légitimement due. Quelque secrète qu'ait été la conférence ci-
« dessus, il paraît qu'il en transpira quelque chose, car, peu de
« jours après, Joséphine mourut presque subitement, et l'Europe
« entière (chose étonnante) nomma l'auteur de ce décès prématuré.

« Le premier article du traité secret de Paris, en 1814, explique
« de quelle manière l'Europe avait permis au comte de Provence de
« venir occuper le trône de France. Cet article porte en substance
« que :

« Bien que les hautes puissances contractantes souveraines alliées
« n'aient pas la certitude matérielle de la mort du fils de Louis XVI,
« la situation de l'Europe et leurs intérêts politiques exigent qu'elles
« placent à la tête du pouvoir en France Louis Xavier, comte de
« Provence, sous le titre de roi ostensiblement, mais *n'étant de*

« *fait dans leurs transactions secrètes que régent du royaume, pour*
« *les deux années qui vont suivre*, se réservant pendant ce laps de
« temps d'acquérir toute certitude sur un fait qui déterminera
« ultérieurement quel doit être le souverain régnant sur la France...»

« Je pourrais citer ici bien d'autres faits qui établissent que le
« fils de Louis XVI n'est pas mort au Temple, et qu'il n'eut jamais
« d'ennemi plus intéressé à accréditer le contraire, que le comte
« de Provence, usurpateur de son trône... »

« Étant à Venise en 1812, un ancien sénateur vénitien, *il signor
Érizzo*, me fit lire *une proclamation du comte de Provence*, datée
de Vérone, *du 14 octobre 1797*, dans laquelle il prenait *seulement*
le titre de *régent du royaume*.

« Les chefs du Clergé savaient à quoi s'en tenir. Ils n'ignoraient
point qu'il existait *dans les archives de Rome des actes et documents
qui déposaient de l'évasion du fils de Louis XVI*. Aussi le haut
Clergé refusa-t-il constamment de célébrer un service mortuaire et
anniversaire à la mémoire de Louis XVII.

« Cependant, Louis XVIII, croyant que le résultat du procès de
Rouen avait suffisamment éclairé la question, dépêcha l'un des
gentilshommes de la chambre vers les deux grands vicaires admi-
nistrant le siége vacant de Notre-Dame, pour les inviter verbalement, et sans lettre de jussion, à célébrer un service pour l'âme de
Louis XVII.

« Ces deux ecclésiastiques dirent au messager que, ne pouvant
répondre sur une telle invitation qu'à Sa Majesté elle-même, et
verbalement, ils sollicitaient du roi une audience particulière. Elle
leur fut accordée, et les deux grands vicaires ne purent que rappeler au comte de Provence les obstacles insurmontables que *les
défenses expresses de la cour de Rome* mettaient au désir qu'ils
auraient eu de se rendre à l'invitation de S. M.

« Cette opposition contraria vivement le comte de Provence. Il
n'ignorait pas que le Saint-Siége a à sa disposition *tous les titres qui
établissaient son usurpation*, et il ne put jamais pardonner au comte
d'Artois, son frère, d'avoir négligé de s'en emparer, dans une circonstance qui aurait été bien propice... lorsqu'il accorda aux car-

dinaux romains, retenus en France par les ordres de Napoléon, la permission de remporter à Rome les archives du Saint-Siége, parmi lesquelles se trouvaient *les documents qui déposaient sur l'existence du duc de Normandie...*

« Un jeune homme, entré récemment dans les ordres, et fils d'un personnage qui avait puissamment contribué à adoucir le sort des cardinaux restés en France, fut d'abord député vers la cour de Rome, mais sans succès... *Le comte de Blacas,* nouveau messager, ne fut pas plus heureux que celui qui l'avait précédé, et tout ce qu'il obtint, fut l'assurance qu'on lui délivrerait *les copies légalisées des actes* qu'il réclamait ; mais de quoi pouvaient-elles servir au comte de Provence, si ce n'était à prouver toute son infamie ? C'était à la destruction des originaux qu'il fallait arriver...

« La fin presque subite de l'intéressante Joséphine *le lendemain du jour où elle avait touché l'empereur Alexandre en faveur du duc de Normandie,* a été attribuée aux effets vénéneux *d'un bouquet qui, ce jour-là même, lui avait été envoyé de la part du comte de Provence...*

« Une autre princesse intercéda auprès d'Alexandre pour qu'il n'abandonnât pas la cause du fils de Louis XVI, et en reçut l'assurance qu'il veillerait aux intérêts de cet infortuné, et se hâterait d'y engager ses alliés aussitôt qu'on en aurait des nouvelles certaines...

. « Les clauses secrètes du traité de 1814 sont la conséquence des sublimes résolutions du grand Alexandre.

« Il paraît certain que le refus de la duchesse d'Angoulême de déclarer que son frère est vivant, tient à la crainte qu'elle a de partager avec lui les revenus des biens particuliers de leur père commun et d'être forcée de lui tenir compte de l'héritage de leur tante Christine, sœur de leur mère. Voilà l'explication de l'énigme et la vraie cause qui a fait repousser ce prince infortuné. »

L'éditeur du *Court Journal* de Londres, du 24 mars 1832, écrivait :

« Le mystère de la disparition de Louis XVII et son sort ultérieur sont des faits à éclaircir. En vérité, la croyance dans son existence a été entretenue par Louis XVIII lui-même ; autrement, il ne se serait pas qualifié lui-même *régent de France, dans une proclamation que nous avons vue, datée de Vérone, 14 octobre 1797. Les puissances alliées non plus n'avaient pas la certitude, en 1814, que Louis XVII fût mort* et qu'il ne viendrait pas plus tard faire valoir ses droits à la couronne de France, *car elles ont commencé la rédaction du traité secret de Paris de cette année par cette clause extraordinaire :...* Nous la connaissons.

« Véritablement, si le neveu fût mort au Temple, comme on l'a prétendu, l'oncle se serait-il nommé régent, *deux* ans après, et, *vingt* ans après, n'aurait-il pas été proclamé roi de France par ses alliés? Il est aussi généralement connu que les hauts dignitaires de l'Église gallicane *ont formellement refusé* de célébrer un service anniversaire en commémoration de la mort de Louis XVII, quoique *la famille royale* ait à plusieurs reprises *insisté* pour l'obtenir. »

Enfin, on lit encore dans *les Lettres anecdotiques et politiques*, par M. Lafont d'Aussonne :

« juillet 1815.

« A M. LE MARQUIS DE LATOUR,

« ..... Vous vous ressouvenez, monsieur, que, dès la bataille de Paris, M. le comte d'Artois vint prendre les rênes du gouvernement, en qualité de lieutenant général du royaume. A cette époque de désordre, les cardinaux romains se trouvaient dispersés dans notre Champagne, où, sévèrement dépouillés de leurs insignes écarlates, on les nommait, d'après Bonaparte, les cardinaux noirs.

« Ces cardinaux noirs, affranchis tout à coup par le sort des armes, s'empressèrent de se réunir dans la capitale, et s'adressant au chef très-accessible de l'État, ils lui apprirent que Napoléon, lorsqu'il avait fait violence au Souverain Pontife, son consécrateur, s'était emparé des archives romaines, lesquelles étaient maintenant déposées à l'hôtel Soubise du Marais.

« Dans l'ensemble confus de nos archives, ajoutèrent les cardinaux, il existe un dépôt sacré, que le profanateur ignore sans doute, et qui, par cela même est demeuré intact : ce dépôt, *c'est la chapelle de canonisation*. Le bienheureux, dont l'apothéose était en instance au Vatican depuis nombre d'années, est renfermé, suivant l'usage, dans le cercueil d'argent. Tristement délaissé parmi les magasins de l'hôtel Soubise, ce vénérable cénotaphe implore notre assistance. Nous vous prions, excellent prince, de rendre au Souverain Pontife ces faibles reliques ; elles ont intercédé peut-être pour vous et les Romains.

« M. le comte d'Artois, naturellement bon et religieux, promit aux exilés de les satisfaire, et dès le lendemain on mit à leur disposition tout ce qu'ils réclamaient. *Le corps du bienheureux,* déposé dans une voiture soigneusement fermée, est mis en route.

« Cependant, on avait informé Louis XVIII de ces circonstances ; à peine arrivé aux Tuileries, il querella son frère sur son administration des deux mois, et il lui reprocha instamment ses condescendances nombreuses pour le pape. — Qu'aviez-vous besoin de lui redonner sitôt ses archives, dit-il ? Qu'aviez-vous besoin de lui remettre en mains sa chapelle de canonisation et toute sa boutique ?... J'avais mes projets, moi, et vous m'avez démuni inconsidérément : je vais faire courir après le saint ; il faut que cette chose-là, du moins, nous demeure.

« Les cardinaux, informés de ce qui allait avoir lieu, dépêchèrent aussitôt des courriers extraordinaires. Messieurs du convoi firent prendre la poste, et les gendarmes français n'arrivèrent qu'au moment où le corbillard venait de s'embarquer.

« Un mois après cette esclandre impie, un envoyé de Rome vint annoncer à notre roi que, *selon bien des apparences, le jeune Dauphin, son neveu, pourrait être du monde,* et que, s'il en allait de la sorte, le Souverain Pontife priait le monarque de ne point se faire sacrer.

« Nous avons trouvé, dit l'ambassadeur, dans nos archives restituées par la France, *un papier fort essentiel, une allocution du grand pape Pie VI,* mort à Grenoble. Cette allocution, adressée au sacré collége trois jours avant l'enlèvement sacrilége de Pie VI, *indique le jeune Louis-Charles, duc de Normandie, comme retiré*

*dans le Bocage, et l'y représente comme jouissant d'une parfaite
santé.*

« Où est cette allocution, Monsieur ! s'écria le roi. — « La voilà,
Sire, dit l'envoyé d'Italie ; elle est signée du feu pape et revêtue du
sceau de l'État.—Ce n'est là qu'une expédition, observa le prince ;
je n'ajoute foi qu'aux originaux. — Les archives des souverains,
reprit l'ambassadeur, ne se déplacent que par violence ; les nôtres
ont beaucoup trop voyagé. — J'enverrai donc quelqu'un sur les
lieux, reprit le monarque ;... mais c'est une mauvaise difficulté
qu'on veut mé faire à Rome. »

Voilà, Monsieur, des témoignages historiques, dont doit compte
au public l'écrivain consciencieux qui écrit l'histoire de Louis XVII,
car ils en font essentiellement partie. Devant ces documents, émanés de tant de sources différentes, publiés à tant d'époques diverses,
tous indépendants les uns des autres, et qui établissent bien manifestement que le Dauphin n'est pas mort au Temple, on se demande,
avec un sentiment qui n'est pas celui de la surprise, comment
M. de Beauchesne peut avoir eu la bonhomie de croire que deux
anciens geôliers du gouvernement révolutionnaire étaient incapables
de mensonge ; comment, en les supposant même de bonne foi dans
leurs affirmations, si puissamment contredites, un esprit droit voudrait s'en contenter, et regarder Lasne et Gomin comme seuls compétents pour décider l'immense question qui a remué toutes les
diplomaties pendant deux générations et occupé tous les gouvernements ; eux, préposés à la garde d'un enfant qu'on leur dit être le
Dauphin, sans qu'ils eussent la capacité de reconnaître la vérité ou
la fausseté de cette déclaration.

C'est pourtant par une crédulité aussi complaisante qu'il range
dans la classe des erreurs grossières les autorités que vous venez de
lire, les nombreuses attestations de l'honneur et de la plus constante
probité, que je ne relate point, dont vous avez été à même d'apprécier le mérite incontestable, et que les écrits propagateurs de la
vérité ont fait si souvent connaître par la presse. Et il a l'inconcevable hardiesse de nous dire que sa conviction a pour lui *le caractère d'une certitude authentiquement démontrée*, qu'il s'est mis

en garde contre *l'incrédulité prévenue qui rejette tout sans examen.*

Voici, pour éclairer sa religion, un dernier fait devant lequel seul s'évanouissent toutes les impostures qu'on lui a débitées sur le compte du Dauphin au Temple :

Louis XVIII, dans sa fuite précipitée en quittant les Tuileries, au retour de l'empereur, oublia dans sa chambre des médailles que, comme comte de Provence, il avait fait frapper pendant la révolution. Napoléon en fit dresser un inventaire, et les médailles devinrent la possession du général Foy. Le docteur de Caro nous en a procuré des copies. Ces médailles furent destinées à consacrer le souvenir des victimes royales immolées et de celles qui ont survécu, — le fils et la fille de Louis XVI. — Je me borne à donner la description des deux dernières :

« Cinquième médaille. — Image du Dauphin et de sa sœur. Autour on lit : Louis-Charles et Marie-Thérèse-Charlotte, enfants de Louis XVI.

« Au revers, on voit une toile qui semble cacher quelque chose ; au-dessous on lit : *Quand sera-t-elle levée ?*

« Sixième médaille.—Image du Dauphin. Autour on lit : Louis, second fils de Louis XVI, né le 27 mars 1785. Au-dessous : Loos. Au revers, on voit la toile de la médaille précédente relevée, et le Temps ou le Génie de l'histoire qui écrit sur le marbre : REDEVENU LIBRE LE 8 JUIN 1795. »

X

M. de Beauchesne assure « qu'il s'est mis en rapport avec *toutes les personnes* encore vivantes auxquelles les portes du Temple avaient été ouvertes, et qu'il a remonté à la source de tous les faits déjà connus. »

La seconde partie de l'affirmation est complétement faussé. Quant
à la première, M. de Beauchesne commet une grave erreur, sinon
plus, parce que le prince a retrouvé en France des personnes qui
l'avaient vu au Temple, et qui l'ont reconnu à des indications telles,
qu'elles ne pouvaient pas les tromper. Je lui en désignerai deux,
dont il parle aux pages 283 et 341 de son premier voulume : « la
sentinelle placée au bout de l'allée des marronniers et le tailleur de
pierres qui plaça des verrous à la porte de l'antichambre du roi. »

Mais les deux faits qui les concernent ont été travestis, comme
tout ce qui passe sous la plume de l'écrivain. Le prince en avait
donné la révélation dans les communications qu'il fit à Paris à ceux
qui venaient l'examiner ; et le témoignage de ces personnes est venu
confirmer l'exactitude des souvenirs de Naundorff, s'identifiant avec
le Dauphin à leurs yeux. M. de Beauchesne ne devrait pas l'ignorer,
s'il avait recherché la vérité pour la découvrir, et non le mensonge
pour étouffer la vérité. Comment, s'occupant d'écrire l'histoire du
Dauphin, n'a-t-il pas su au moins ce que tout le monde a appris par
les journaux, et notamment les détails du procès de 1851, que
la *Gazette des tribunaux* et le *Droit* ont reproduits avec une fidélité
qui fait honneur aux rédacteurs de ces feuilles. Je suis même en
droit de me prévaloir contre lui du point de vue sous lequel il envi-
sage la question, en la simplifiant, dérisoirement, au point d'en
faire dépendre la solution des paroles de Lasne et de Gomin. Il est
plus instruit qu'il ne veut le laisser voir, de la véritable histoire du
duc de Normandie ; car il a redonné, presque mot pour mot, les
étranges conclusions de M. Dupré-Lassale, qui n'a pas su répondre
par un argument raisonnable à la lumineuse et substantielle plaidoirie de M⁰ Jules Favre. Il s'en est approprié les pensées, l'esprit
de mauvaise foi et l'ignorance complète du sujet.

Vous n'êtes pas sans avoir remarqué, Monsieur, avec un profond
sentiment de dégoût, combien l'imposture a pris à tâche de défigurer
la cause du fils de Louis XVI, afin d'enlever au personnage qui
s'est identifié manifestement avec lui, la démonstration infaillible de
son origine royale.

Quant à moi, qui ai aussi écrit une histoire de Louis XVII, je ne me suis pas borné à interroger les personnes vivantes ; j'ai encore consulté les morts. Parmi les vivants, *Bulot, le ferblantier du Temple,* a reconnu Naundorff pour le Dauphin, en 1855, de même que l'amiral Sydney Smith, qui fut incarcéré dans la chambre témoin des douleurs de la grande et trop malheureuse reine Marie-Antoinette. J'ai appris avec certitude que la femme Simon avait eu personnellement la connaissance que le Dauphin était sorti vivant du Temple, qu'elle en avait informé la duchesse d'Angoulême, et qu'on la fait enfermer comme folle pour lui fermer la bouche. J'ai appris avec certitude que Jacques Moniac, premier confiseur à la cour de Louis XVI, que Fournier, surnommé l'Américain, que le président du directoire Barras, que le conventionnel Reverchon, que le conventionnel Auguis, que le conventionnel Châtelain de l'Yonne, et son frère, garde national de service au Temple quelques jours après l'évasion du Dauphin, que le conventionnel Courtois, que le conventionnel sergent Marceau, pensionné de Louis-Philippe sans cause apparente, et mort à Nice il y a quelques années ; j'ai acquis la certitude que ces personnes, et beaucoup d'autres nommées dans les écrits que j'ai publiés, avaient attesté de la manière la plus formelle qu'elles savaient indubitablement que le Dauphin n'était pas mort au Temple.

L'auteur de *la Vie et de la mort de Louis XVII,* malgré ses protestations consciencieuses et ses longues veilles passées à étudier et écrire une histoire qu'il ne connaît pas, feint en même temps de n'avoir pas soupçonné l'existence de ces témoignages. Croyez donc à la probité politique !

M. de Beauchesne déclare que « ses mains restent pleines de « documents officiels, presque tous inédits, qui viendraient au « besoin confirmer l'exactitude de son récit. » Voilà des paroles tout à fait insignifiantes. Dans un sujet aussi grave, qui tient à la question historique de la plus haute portée, et que décident contre lui des écrivains, des personnages nombreux, dont le talent et la probité ne sont pas équivoques, dire qu'on a en main une foule de documents prouvant la mort du Dauphin au Temple, et ne pas les produire, c'est laisser croire qu'on n'en a pas, c'est jeter de la poudre aux yeux du public pour l'aveugler. Madame la duchesse d'Angoulême aussi, ne sachant que répondre à M. Morel de Saint-Didier, ambassadeur de son frère auprès d'elle, lui déclara brusquement qu'elle possédait des preuves certaines de sa mort au Temple, mais fatalement, pour l'honneur de sa mémoire, avant de mourir, elle a oublié de nous les faire connaître !

Pourquoi? C'est que madame la duchesse d'Angoulême, fatiguée d'indications trop précises pour sa conscience, en repoussait l'importunité par des mensonges, car elle a avoué bien des fois qu'elle n'avait jamais eu la certitude de la mort de son frère au Temple ; et c'était là la vérité, parce qu'elle n'a pas su autrement que le public la mort de l'enfant substitué au Dauphin. M. de Beauchesne lui-même le reconnaît par ces paroles (tome II, page 376) :

« Hors de la tour du Temple, tout le monde apprit l'évènement. *Une seule personne ne le sut pas*, et c'était dans l'intérieur de la tour ; il était réservé à *Madame royale* d'apprendre en même temps la mort de sa mère, de sa tante et de son *frère*. Celui-ci gisait inanimé à deux pas d'elle, *dans la chambre même au-dessous de la sienne, et sa sœur l'ignorait !*

— Page 415. — « *Madame ne savait rien* des événements qui lui avaient enlevé la plus chère partie de sa famille. Le jeune frère, dont les derniers soupirs n'étaient point parvenus jusqu'à elle, était souvent l'objet de ses questions.

Page 426. — *Elle croyait son frère encore malade.* »

Or, la croyance commune était erronée, et M. le vicomte Sosthène de Larochefoucauld en a fait l'aveu au prince royal de Prusse dans une lettre qu'il lui écrivit en 1833, citée à la page 118 du cinquième volume de ses Mémoires, où il écrit :

« Parfois on a cru, en France, que le fils de l'infortuné Louis XVI avait été soustrait à la rage de ses bourreaux. *Depuis cette époque, comme alors, sa mort n'a point paru assez authentiquement prouvée pour que la conscience scrupuleuse de Louis XVIII ait consenti à ce qu'il en fût fait mention lors de la translation dans les tombes de Saint-Denis des dépouilles mortelles de la famille royale...* »

Que pensez-vous, Monsieur, de la *conscience scrupuleuse* de

Louis XVIII, et de celle des légitimistes qui, après ces paroles de M. de Larochefoucauld, ont fait écrire dans la *Gazette de France* :

« Vous ne savez peut-être pas de quoi se compose le *prie-Dieu de la sainte duchesse d'Angoulême*, j'allais dire son calvaire. C'est une mauvaise escabelle de bois, *sur laquelle la prisonnière du Temple a vu souffrir, languir et* MOURIR, *son frère Louis XVII !* »

M. de Beauchesne s'est créé un tel système d'aveuglement, qu'il ne tient pas même compte du témoignage des meneurs de son parti, qui ne croient pas à la mort du Dauphin au Temple. A-t-il été conduit par une ignorance invincible à reproduire un mensonge historique non équivoque aujourd'hui ? Je ne puis le penser, et j'ose soutenir qu'il a craint de regarder en face la vérité, parce que la vérité n'était ni dans son cœur, ni dans sa volonté, qu'il n'a cherché ni à s'éclairer, ni à éclairer le public, malgré l'apparente sincérité qu'il feint d'apporter dans son récit, et dont se sont impressionnées les personnes dupes encore de belles paroles, qui ne connaissent pas, dans cette affaire, les éléments d'après lesquels doit se former leur conviction, selon le sens des véritables documents historiques.

Quand on va au fond de la conscience de l'homme politique qui a arboré une couleur qu'il ne veut à aucun prix changer, il y a beaucoup à rabattre des magnifiques protestations de loyauté et de désintéressement dont on masque une arrière-pensée, et qui, spécialement dans l'amour qu'on dit avoir eu pour le fils de Louis XVI, jurent avec les actions.

Si M. de Beauchesne était un écrivain impartial, ami de la vérité, et de la seule vérité, quelle qu'en dût être la conséquence pour son comte de Chambord, il ne reculerait pas devant un examen approfondi des faits qu'il a passés sous silence, et sur lesquels un noble personnage d'Angleterre a appelé son attention.

M. Perceval, l'auteur de la traduction et de la publication en anglais de *l'Abrégé des infortunes du Dauphin*, — publié à Londres en 1856, et saisi en France par le gouvernement de Louis-Philippe, — lui a écrit pour lui faire remarquer que *Lasne* et *Gomin*, dans des dépositions assermentées devant M. Zangiacomi, juge d'instruction à Paris, disent *le contraire* de ce qu'il leur fait attester ; il lui recommandait donc de lire ma *réplique judiciaire*. — *En politique, point de justice,* — qui réfute complétement, dans moins de deux pages, les déraisonnables conclusions de M. Dupré la Salle, substitut du procureur de la dernière république, et dont M. de Beauchesne nous a donné une seconde édition, en forme d'histoire, aussi bien que le burlesque jugement du tribunal contre les héritiers du duc de Normandie.

Un historien jaloux de rectifier une erreur capitale qu'il aurait pu commettre involontairement, et qui prend le caractère de calomnie contre une famille malheureuse et respectable à tous égards, se fût empressé de s'assurer s'il s'était en effet trompé dans ses affirmations. Loin de là ! la réponse de M. de Beauchesne témoigne une sorte de mauvaise humeur, exprimée par ces paroles :

« Je ne sais pas qui a pu dire ou faire dire à Lasne que le « Dauphin ne lui a parlé qu'une seule fois : lui-même m'a « rapporté toutes les paroles que j'ai mises dans la bouche de « l'enfant. »

Qu'importent les raisons qui ont pu déterminer Lasne à mentir, s'il a menti ? Son témoignage, loin d'infirmer la vérité qu'il nie, en devient, par une conséquence forcée, la plus irrésistible confirmation.

Eh bien, malgré le peu de succès qu'a eu la lettre d'un des hommes les plus estimables d'Angleterre, qui fut dans son pays l'ami dévoué du royal proscrit, j'offre à M. de Beauchesne de lui communiquer tous les éléments de conviction qui doivent diriger les cœurs droits et les esprits impartiaux, dont mes mains sont pleines aussi, mais que *je n'ai pas gardés dans l'ombre avec une piété silencieuse,* depuis vingt et un ans que je défends contre toutes les mauvaises passions de la terre, les droits les plus sacrés, hypocritement méconnus par les pharisiens du monde actuel. Du moins, il pourra assurer avec vérité, dans une seconde édition de son ouvrage, « qu'il a remonté à la source de tous les faits déjà « connus. »

XI

Toutes les histoires de la révolution, Monsieur, ont enregistré une foule d'erreurs et de faussetés, qu'un écrivain judicieux se garde bien d'accréditer, en donnant pour certain ce que le simple bon sens ne peut admettre. J'en ai reconnu beaucoup, en comparant entre eux une foule d'écrivains, surtout depuis que j'ai reçu les communications du duc de Normandie, qui m'ont appris à lire dans nos temps révolutionnaires et dans les subséquents.

Le rôle de l'historien n'est pas d'accueillir avec une facile crédulité tous les récits qu'on lui fait, tous les bavardages qu'il entend, des traditions dérisoires, des rapports qui contrarient les idées qu'on doit se faire des temps, des lieux, des personnes, de toutes les circonstances auxquelles ils se réfèrent. Celui qui ne sait pas démêler le vrai du faux, qui confère de l'importance à des faits moralement impossibles, à des relations fabuleuses, à des propos que la raison désavoue, celui-là ne doit pas se mêler d'écrire l'histoire, car il prend pour la réalité des chimères, des inventions de gens qui se jouent de sa crédulité et ne méritent aucune créance. Ce reproche, je l'adresse à M. de Beauchesne.

Le mensonge historique fondamental, et le seul important à relever, est celui qui fait mourir le Dauphin au Temple. Mais il est d'autres détails dont cet écrivain nous garantit inconsidérément la certitude, sur l'autorité plus que contestable de ses témoins, et qu'il n'est pas inutile de faire remarquer, parce qu'ils dénotent, de sa part, une propension, une légèreté à tout croire, sans discernement et sans examen, qui ôtent toute force à sa manière de penser. En effet, nous voyons, introduits dans son histoire, du romanesque, même invraisemblable, de fades imaginations dues à des individus qui, ayant survécu aux horreurs révolutionnaires, ont cru pouvoir, par leurs faussetés, effacer des œuvres ignominieuses peut-être de leur passé, ou se donner de l'importance auprès de ceux qui les consultaient, en racontant des choses ridiculement absurdes dont ils disent avoir été témoins, il y a cinquante ans, et des actions méritoires qu'ils s'attribuent.

Quand un écrivain met son intelligence au-dessus de celle des autres, en faisant mépris de témoignages dignes des respects de tout le monde honnête et raisonnable, celui de la bouche duquel sont sorties ces paroles flatteuses : « Malheur à moi, si mon esprit, en possession de la vérité, laissait mentir ma plume ! » cet historien, prétendu réformateur des égarements des autres, aurait dû, au moins, montrer plus de perspicacité dans le choix qu'il a fait des matériaux dont il a composé son *Histoire de Louis XVII*. De sa part, il ne peut pas y avoir de petites erreurs, puisqu'il a la présomption de vouloir corriger autrui.

Après l'horrible jour du 21 janvier 1795, quand une douleur incommensurable et que la pensée de l'homme ne peut approfondir froidement, avait envahi le cœur brisé de l'inconsolable veuve royale; quand la vie de cette reine, tombée au plus bas degré de la désolation, ne fut plus qu'une poignante agonie, jusqu'au jour de son supplice, il représente la majestueuse Marie-Antoinette, le 1er mars 1793, devant un piano, dirigeant la voix de son fils, qui chantait une romance, et le jeu de sa fille qui accompagnait le Dauphin; comme si la supposition qu'un pareil fait fût possible, n'était pas un sacrilége outrage à la plus immense de toutes les angoisses, la profanation d'un deuil si navrant, qu'il se réflète sur l'âme qui s'en retrace une imparfaite image. Ouvrez le deuxième volume, aux pages 16 et 17, et vous y lirez :

« Lepitre et Toulan avaient changé leur rôle d'espionnage et de barbarie en une mission de paix et de charité. Lorsque le temps vint où la reine put s'occuper de l'objet de sa douleur, sinon avec un sentiment moins profond, du moins avec un peu plus de calme et de résignation, M. Lepitre conçut l'idée de lui offrir quelques consolations puisées à la source même de ses peines : il lui présenta, le jeudi 7 février, un chant funèbre qu'il avait composé sur la mort de son royal époux, et que Mme Cléry, habile virtuose sur le clavevecin et la harpe, avait mis en musique. Il reprit son service au Temple le 1er mars, trois semaines après avoir fait hommage de son ouvrage à la famille royale ; il en reçut la récompense qui lui allait le mieux au cœur : la reine le fit entrer *dans la chambre de Madame Élisabeth*, où le jeune prince chanta la romance que sa sœur accompagna. « Nos larmes coulèrent, dit Lepitre, et nous gardâmes un morne silence. Mais qui pourra peindre le spectacle que j'avais sous les yeux : la fille de Louis à son clavecin, son auguste mère assise auprès d'elle, tenant son fils dans ses bras et les yeux mouillés de pleurs, dirigeant avec peine le jeu et la voix de ses enfants ; Madame Élisabeth debout à côté de sa sœur et mêlant ses soupirs aux tristes accents de son auguste neveu? »

J'en appelle au cœur de toutes les femmes vertueuses contre une fable aussi inconvenante, dont on flétrit la mémoire de Marie-Antoinette. Cette musique et ces chants, cinq semaines après le sacrifice sanglant de Louis XVI, d'un époux, d'un frère et d'un père adoré, ne sont pas vrais : d'abord, parce qu'ils ne peuvent pas l'être ; ensuite, parce qu'il n'y eut jamais de piano dans la chambre des princesses au Temple. Le duc de Normandie me l'a affirmé, et je m'en suis convaincu en parcourant, aux archives nationales, l'inventaire du mobilier laissé à la disposition des royaux prisonniers ; les bourreaux de la famille royale, bien loin de chercher à adoucir l'amertume des jours de sa détention, ne se sont étudiés, au contraire, qu'à l'abreuver d'affronts et d'ennuis de toutes sortes. Jamais l'incomparable reine de France n'a méconnu la majesté de ses souffrances. La douleur, qui entra avec elle dans la tour du Temple, n'eut point de distractions, point d'intermittences. Le 21 janvier fut pour elle un jour sans lendemain ; la vivacité des regrets donnés à son royal époux, une coupe d'amertume dont s'abreuva chaque heure de son existence, jusqu'au moment où la couronne du martyre s'éleva aussi pour elle, au-dessus du couteau de la guillotine qui consomma son immolation.

La même indécence se reproduit à la page 83 ; l'historien fabuliste fait toucher du piano par la reine et Madame Élisabeth, lorsqu'une douleur de plus broyait le cœur agonisant de ces deux royales victimes de la barbarie humaine ! le fils avait été arraché aux embrassements de sa mère.

« Simon, dit M. de Beauchesne, dans un moment de largesse ou de calcul, fit don à son élève d'une guimbarde, instrument des petits Savoyards. « Ta louve de mère et la chienne de tante *jouent du clavecin;* il faut que tu les accompagnes avec la guimbarde. Quel beau tintamarre que cela va faire ! « L'enfant sentit qu'il y avait de l'ironie dans ce cadeau, il ne voulut pas mettre une insulte dans son amusement ; il repoussa la guimbarde et déclara qu'il n'en jouerait pas. »

Vous, ami fidèle et constant, qui savez apprécier le dévouement au malheur, puisque vous en donnez l'exemple, vous ne croirez pas plus que moi à ces paroles du crédule écrivain, que nous lisons aux pages 248, 249, 307, 308 et 309 du premier volume :

« Madame la duchesse d'Angoulême avait conservé quelque doute sur les dispositions du valet de chambre de son frère, lors de son entrée au Temple. Elle s'était persuadé qu'il avait d'abord été à la Tour *un agent de la révolution.* Son respect pour le testament vénéré du roi-martyr l'empêchait de s'exprimer publiquement sur le compte de Cléry; mais ses idées, si bien arrêtées sur les hommes et sur les choses, étaient inflexibles à cet égard.

« En faisant ici mention des sentiments de la princesse sur les motifs qui avaient déterminé l'entrée de ce serviteur à la Tour, *j'obéis à ma conscience de narrateur;* mais je m'empresse d'ajouter, pour être juste, que, dans tous les cas, le spectacle des vertus et des souffrances qu'il eut sous les yeux avait converti *l'envoyé de la Commune..* Marie-Thérèse elle-même a, dans ses écrits, parlé de lui de manière à faire croire que d'anciennes préventions s'étaient effacées.....

« Le vendredi, 26 octobre, pendant le dîner de la famille royale, un municipal entra, accompagné d'un greffier et d'un huissier, tous deux en costume, et suivi de six gendarmes le sabre au poing.

« Pendant que l'on venait chercher le roi, sa famille, saisie de terreur, se leva. Louis XVI demanda ce qu'on lui voulait; mais le municipal, sans répondre, appela Cléry dans une autre chambre:

les gendarmes suivirent, et le greffier lui ayant lu un mandat d'arrêt, on se saisit de lui pour le traduire au tribunal... il fut acquitté... Le président chargea quatre municipaux, présents au jugement, de reconduire Cléry au Temple ; il était minuit. Cléry arriva au moment où le roi venait de se coucher, et il lui fut permis de lui annoncer son retour. La royale famille avait pris un vif intérêt à son sort. *C'est de cette époque que Marie-Thérèse fait dater les bons services de Cléry ;* elle a quelquefois raconté qu'en rentrant à la tour, il s'expliqua loyalement devant le roi ; que les exhortations de Madame Élisabeth, les chagrins de la reine et la bonté de Louis XVI l'avaient profondément touché, et que, depuis, il fut non-seulement fidèle, mais dévoué. »

Que Madame la duchesse d'Angoulême, qui a renié son frère, se soit montrée ingrate envers le bon Cléry en faisant planer des soupçons injurieux sur la plus héroïque des fidélités, il n'y a là, assurément, rien qui m'étonne ; la fille de Louis XVI a perdu le droit d'être crue dans les paroles accusatrices sorties de sa bouche ; mais qu'un historien légitimiste ait manqué de tact, en croyant sa conscience de narrateur obligée, d'après le témoignage de Marie-Thérèse, de donner l'importance d'un caractère historique à des insinuations calomnieuses contre Cléry, qu'immortalise à jamais le testament de Louis XVI, et que sa conduite sublime envers ses maîtres captifs rend aussi inséparable, dans tous les cœurs bien nés, de la mémoire du roi-martyr, que l'est le nom du grand Sully de celui du bon Henri IV, voilà ce que je ne comprends point. Mais le nom de Cléry reste pur de ces perfides insinuations. Louis XVI et le fils de Louis XVI lui ont fait, dans l'histoire, une page glorieuse qui survivra à tous les siècles. Tous ceux qui ont su lire dans l'âme magnanime de ce loyal serviteur, s'uniront de sentiment avec l'orphelin du Temple, qui, touché de l'attachement de Cléry, dans un des tristes jours de sa royale captivité au Temple, s'écria, en en retraçant le douloureux souvenir :

« Oh ! mon cher Cléry, pourrai-je jamais oublier et ton courage
« et ta fidélité ! Pourrai-je jamais oublier que ce jour-là tu me pris
« dans tes bras en sanglotant, et que, lorsque tu vins à me presser

« contre ton cœur, les larmes que je te vis répandre faillirent me
« suffoquer à mon tour, tant j'étais ému de ton émotion, tant
« j'aurais voulu que mes caresses pussent se confondre avec tes
« caresses ! Que ne te dois-je pas, ô mon fidèle ami, pour tant de
« dévouement prodigué à mes parents, pour tant d'outrages sup-
« portés pour nous ! Hélas ! si tu n'es plus, au moins ai-je cette
« consolation de croire que, lorsque Dieu te jugea digne de te rap-
« peler à lui, c'est qu'il te réservait une place à côté de mon père,
« là où il n'existe plus ni rang, ni privilége, là où rois et sujets
« sont égaux ! »

M. de Beauchesne prétend ensuite que, « quelques jours *avant
la mort de la reine*, qui eut lieu le 16 octobre 1793 — *n'oublions
pas cette date*, — sur la demande de la femme Simon, les membres
du Conseil, *pour les amusements de son mari*, firent apporter du
garde-meuble un billard *dans une des salles de la Tour*, « qui devait
devenir, *pour l'enfant prisonnier*, l'occasion de courtes récréations
et de souffrances nouvelles. » Lisons cet épisode de son histoire romanesque. — 168. —

« Quelques jours avant la mort de la reine, il s'était passé au
Temple un fait qui avait encore aigri l'humeur, déjà si irascible, de
Simon. Quoique sa bile s'épanchât ordinairement sur une seule tête,
sa femme, pourtant, n'était pas sans en souffrir. Les membres du
Conseil, ses collègues, n'étaient point sans s'en apercevoir eux-
mèmes, bien qu'ils ne remplissent dans la Tour qu'à tour de rôle
les fonctions de commissaires. La femme Simon avait donc dit à
ceux-ci : « Mon mari ne sait que faire : voilà trois mois d'emprisonnement avec ce louveteau ; il ne doit point sortir, il n'a pas à travailler, il ne peut jouer ; il en deviendra malade si cela dure. »

« *Il y avait un billard* dans une des salles du palais du Temple,
quand le ci-devant Capet d'Artois y logeait. Nous vous demandons
la permission *de faire apporter dans la Tour ce vieux billard*, qu'on
a relégué au garde-meuble du Temple, quand le tyran est venu demeurer ici. » L'idée de la femme Simon parut ingénieuse aux municipaux, qui virent tout d'abord le parti que, dans leur désœuvrement
personnel, ils pourraient en tirer pour eux-mêmes. Un d'entre eux

cependant, plus circonspect, craignait que la mesure adoptée par eux ne fût désapprouvée le lendemain par leurs successeurs. — 169. —

« Ils en profiteront à leur tour, réplique la femme Simon ; il faut bien que la patrie fasse quelque chose pour les citoyens qui font tout pour elle. » Ces paroles dites, la cause était gagnée. *Le billard fut apporté et dressé dans une des salles de la Tour, qu'on fit, à cette occasion, tapisser d'un papier neuf.* Parmi les commissaires, il y en avait un petit nombre qui témoignaient à l'enfant quelque intérêt et *se plaisaient à jouer avec lui* et à lui enseigner à pousser les billes ; un d'eux surtout, Barelle, maçon de son métier, homme simple et sans éducation, mais d'un cœur bienveillant, s'amusait à distraire l'enfant dont la triste destinée lui faisait pitié. Ses collègues avaient fini par le plaisanter à ce sujet ; et comme c'était un homme sans conséquence et dont on prisait assez peu la capacité, les membres de la commission lui disaient, en le raillant, dès qu'il arrivait au Temple : « Allons, Barelle, va voir ton bon ami. » Barelle ne se le faisait pas dire deux fois ; et l'enfant sensible à des marques d'affection auxquelles il était si peu habitué, le recevait toujours avec une joie nouvelle. Barelle lui avait rendu un service inestimable : *il avait obtenu quelquefois qu'on laissât entrer dans la salle du billard, où se tenait le Dauphin, la fille de la blanchisseuse du Temple,* quand elle apportait du linge à la Tour. — 170. — Cette jeune enfant avait huit ans, et *c'étaient, entre le petit roi captif et la fille de la blanchisseuse, de longues parties de jeu autour du billard.* Que l'on y songe, depuis ses promenades chez Mme de Leyde, le fils de Louis XVI n'avait pas joué avec un enfant de son âge ! Aussi avait-il un véritable attachement pour le bon Barelle, qui s'occupait de lui faire plaisir, quand tous ceux qui l'entouraient prenaient à tâche de lui faire de la peine. Il calculait d'avance l'époque où devait revenir ce commissaire exceptionnel, et il en prévenait Simon. *Un jour, l'enfant obtint de son maître la permission de conserver un poulet pour Barelle,* qui, d'après son calcul, devait revenir ce jour-là ; mais il y eut un retard, et le commissaire ne vint au Temple que deux jours après. Dès qu'il entra, *le jeune prince courut au-devant de lui et lui offrit le poulet.* Barelle fit quelques difficultés pour l'accepter. Témoin de ce débat, *Simon dit au municipal : « Allons, prends-le; il y a deux jours qu'il te le garde. »* En même temps, il enveloppa le poulet dans une feuille de papier et Barelle le mit dans sa poche, en disant au fils de Louis XVI : « *Va, mon petit, je voudrais bien pouvoir t'emporter comme cela dans mon autre poche et te tirer d'ici.* »

— 171. — « Le plus souvent, quand l'enfant entrait dans la salle de billard, il devenait l'objet de la risée et des vexations de chacun des geôliers et des municipaux. Sous prétexte de lui montrer à jouer, tous voulaient s'emparer de lui, lui faire essuyer leurs plaisanteries et leurs quolibets. Il ne pouvait échapper à leurs jeux grossiers et à la fantaisie qu'ils avaient de le prendre dans leurs bras, de le balloter dans un nuage de fumée de pipe, et de se le renvoyer ainsi de distance, et de bras en bras, pour y être secoué et suffoqué. Oui, il a tout à souffrir; il a à recevoir en plein visage les bouffées de tabac et de vin, et jusqu'aux crachats des fumeurs ivres.

« Les choses en vinrent à ce point, que le commandant de la force armée du poste du Temple, La Bazanerie, Charpentier et Coru, l'économe, crurent devoir rendre compte de ce qui se passait au conseil de la Commune; et le billard, démonté, alla reprendre sa place dans le garde-meuble. »

Ne vous attristez pas, Monsieur, en voyant le Dauphin privé des récréations qu'il se procurait au billard avec le tendre Barelle et sa bonne amie, la fille de la blanchisseuse, par l'aimable sollicitude de Simon, que M. de Beauchesne me ferait presque admirer.

— 180. — « L'infortune de cet être innocent, *la dégradation de son éminente nature*, ne manquèrent pas, toutefois, d'inspirer quelque pitié et de provoquer quelques réclamations, même dans l'enceinte du Temple. Quelques employés, entre autres Gourlet, l'un des porte-clefs, et le fidèle Meunier, qui, par le zèle qu'il apportait dans ses fonctions, avait obtenu la bienveillance du farouche démagogue, tentèrent la difficile et périlleuse entreprise de venir en aide au petit martyr.

« Il y avait dans le garde-meuble du Temple une cage organisée, dont les ressorts mettaient en jeu un serin artificiel. L'oiseau était fixé au milieu de la cage, sur un bâton, et ne quittait point la place ; mais le rouage qui lui donnait le mouvement, le faisait battre des ailes, déployer la queue, agiter la tête, et, ce qui était bien autrement merveilleux, *chanter la* **MARCHE DU ROI.**

« Meunier et Gourlet *engagèrent Simon à demander au conseil du Temple ce jouet pour le jeune prisonnier*, mais ils n'ignoraient pas que le consentement même de Simon était plus difficile à obtenir que celui des municipaux —181.—

« Cependant, la curiosité aidant, le maître *ne repoussa point pour son élève une distraction dont il devait lui-même avoir sa part*, et il fit la démarche proposée ; démarche qui eut un plein succès, les commissaires de service se trouvant être ce jour-là tout à fait modérés, pour des représentants de la Commune. *La cage,* tirée de la poussière du garde-meuble et *réparée par un horloger-mécanicien, fut apportée. Le magique volatile plut extrêmement au jeune Charles*, qui, au premier aspect, *le prit pour un serin des Canaries : son enthousiasme augmenta quand il vit que c'était un chef-d'œuvre de l'art;* mais son plaisir fut moins grand, si son étonnement fut plus vif, et *bientôt il ne vit plus qu'avec indifférence ce petit oiseau qu'il avait cru d'abord vivant, prisonnier et malheureux comme lui,* et qui n'était que l'insensible rival du flûteur de Vaucanson. *C'est qu'il ne retrouvait plus en lui ce caractère précieux d'une créature capable de souffrance et de plaisir, qui met en contact la vie et qui rappelle l'homme* — de huit ans— à l'homme, suivant la belle expression de Térence.

« Le bon Meunier courut les environs du Temple, cherchant *des serins privés pour amuser le Dauphin* — 182 — car c'était encore sous ce vieux nom royal que toute la bourgeoisie de Paris désignait par habitude le fils du roi décapité. La voix de Meunier fut entendue dans quelques maisons qui lui avaient été indiquées et qui mirent avec le plus vif empressement leur volière à sa disposition. *Il revint avec dix ou douze serins, tous plus apprivoisés et plus charmants les uns que les autres.* Leur vivacité et leur gazouillement jetèrent une grande animation dans le sombre appartement où, du fond de sa cage, l'imperturbable automate récitait *son éternel refrain de la marche du roi.* «*Ceux-ci, du moins, sont de vrais oiseaux!*» *s'écria l'enfant avec joie,* et il les prit et les baisa les uns après les autres. Dans le nombre, il en remarqua un plus privé, je dois dire plus prévenant, plus affectueux, qui, au moindre appel, venait se percher sur son doigt et paraissait recevoir ses caresses avec plaisir. L'enfant le prit en affection; il s'en occupait beaucoup, il lui donnait à manger des grains de millet dans sa main, et pour mieux le suivre de l'œil lorsqu'il s'envolait vers les autres, il lui attacha à la patte une faveur rose. Mais, à un autre signalement, il lui était tout aussi facile de le reconnaître : il lui suffisait de l'appeler pour qu'il vînt à l'instant même voltiger sur sa tête, s'abattre sur son épaule, et de là se poser sur son doigt. *Cette douce distraction, qu'avait acceptée et autorisée on ne sait comment la miraculeuse condescendance de Simon,* hélas ! elle ne fut point de longue durée. Ce frêle échafaudage de consolation et de plaisir devait bientôt s'écrouler dans une visite d'inspection que les commissaires de service firent *le* 29 *Frimaire an II* (19 *décembre* 1793). —183— Au moment où ils entraient, *le séditieux automate fredonnait son refrain coupable,* et le favori du prince répondait par un brillant ramage à ces chants factices. Il n'en fallait pas davantage pour dévouer à la proscription l'oiseau de bois et son complice. La faveur nouée à la patte du serin fut regardée aussi comme une aggravation du crime.

« Que signifient, s'écria l'un des municipaux, *ce chant factieux* et ce ruban rose ornant comme une décoration un oiseau privilégié? Cela sent l'aristocratie et dénote une distinction que les républicains ne sauraient tolérer. » Ce disant, il avait saisi le pauvre petit volatile et lui avait enlevé ses insignes. Rejeté violemment dans le vide, le serin avait déployé ses ailes et amorti le choc que cet élan forcé lui fit recevoir contre la muraille; il tomba, mais il se releva aussitôt et se mêla, avec un chant plaintif, à la bande gazouillante. L'enfant, plein d'effroi, ne perdit point de vue son ami ailé, et jeta un cri à sa chute; mais il ne fit aucune réclamation, sachant bien qu'il ne lui restait qu'à subir cette nouvelle rigueur, dont Simon avait cette fois laissé l'initiative à ses collègues du dehors. Croira-t-on qu'un rapport fut fait sur cet amusement illicite, qu'interdirent immédiatement les mandataires de la Commune ? Tous les oiseaux, vrais ou faux, furent compris dans l'arrêt de condamnation. »

Vous venez de lire, Monsieur, sur la captivité du Dauphin au Temple, des détails dont plusieurs ne sont pas nouveaux. En 1835, le rédacteur du journal *la Justice* envoya au prince un ouvrage dans lequel on donnait comme certain ce que M. de Beauchesne donne comme authentique, et il le priait de lui dire si le récit de l'écrivain était conforme à la vérité. L'auguste orphelin royal n'avait rien oublié : j'ai sa réponse sous les yeux.

« Voici mon opinion, écrivait-il, sur ce barbouilleur d'histoire
« et ses semblables : la préface de cette œuvre indigne en indique
« assez visiblement le but. Je puis déclarer hautement que Simon
« et sa femme ont été moins cruels que cet empoisonneur de la
« vérité. Son ouvrage est composé de quelques vérités entremêlées
« de mensonges aussi grossiers que l'hypocrisie de l'auteur, qui
« aurait bien voulu la faire passer, sous le règne de Louis XVIII,
« pour le sentiment d'un cœur royaliste... »

A la suite de ces réflexions qui ont un grand à-propos de circonstance, le prince nie que le Dauphin ait eu, ainsi que le rapportait l'auteur, *des fleurs à cultiver sur le donjon et des serins chantant* dans sa prison.

Voilà des paroles qui font autorité pour vous et pour moi, de même que tout ce que le prince nous a raconté du temps de son emprisonnement au Temple. Mais nous n'avions pas besoin de son puissant témoignage pour croire, avec les personnes bien instruites de la véritable histoire révolutionnaire de France, que le cordonnier Simon, le démagogue furibond, la boue faite homme, a dit M. de Châteaubriand, que le brutal tyran du fils du roi, qui n'eut que des pensées et des actes d'atroce barbarie à son égard, à tous les instants du jour et presque de la nuit, que ce patriote frénétique ne s'est point prêté aux moyens de distraire et d'amuser l'infortunée victime royale soumise à sa grossière surveillance, et de laquelle il

disait : « Le louveteau était appris pour être insolent, je saurai le
« mater ; tant pis s'il en crève ! je n'en réponds pas. »

Tout ce que raconte M. de Beauchesne au sujet du billard, de
la petite fille de la blanchisseuse, du poulet, des paroles de Simon,
de celles de Barelle, *du serin artificiel qui chantait la Marche du
roi,* des serins vivants, tout cela est faux, parce que tout cela était
incompatible avec l'ignoble caractère de Simon, *sans culotte* solide,
qu'appréciaient Marat et Robespierre, ses deux parrains politiques,
dit M. de Beauchesne, qui l'avaient indiqué au choix du conseil
général de la Commune.

Tout cela est faux, parce que tout cela répugne aux idées qu'on
doit se faire, selon la vérité, de la dure captivité du prince, dont
son bourreau fut bien loin de songer à adoucir l'amertume par de
semblables égards, égards qui n'eussent pas été sans danger pour
ceux qui auraient eu l'inclination de les avoir, et dont quelques-uns
des survivants aux horreurs révolutionnaires ont cherché à se faire
un mérite par le mensonge, quand il pouvait leur être profitable.

M. de Beauchesne déclare avoir vu une facture du marchand de
papier, qui indique des fournitures faites pour tapisser la salle de
billard. Je ne nie pas la salle de billard ; je sais qu'il y en avait une.
Je veux même être libéral envers le narrateur et je lui déclare avoir
copié aux archives nationales un arrêté de la commission du Temple, du vingt-cinquième jour du premier mois de l'an second de la
République française—16 octobre 1793,—*jour de la mort de la
reine.* — portant :

« .... Sur le réquisitoire du procureur de la Commune, le
conseil général arrête que *le billard de la Tour sera enlevé...* »

La date de cet arrêté ne permet pas d'admettre des jeux qui,
suivant le récit, ont évidemment duré *plus que quelques jours* et
se sont prolongés après celui de la mort de la reine. Si le billard
eût été enlevé pour les motifs que donne l'écrivain, le conseil général aurait bien certainement manifesté son improbation de la conduite très-répréhensible des commissaires et de Simon. La mesure
prise au sujet du billard *qui était dans la Tour,* est facile à comprendre ; mais, dans tous les cas, ni l'arrêté, ni la facture, dont

le crédule M. de Beauchesne ne fait point connaître la date et la teneur, ne prouvent que le prince ait quitté sa chambre de reclusion pour venir jouer dans la salle du billard, et que Simon, contre les règlements sévères de la prison du Temple, lui eût permis de s'y tenir, en compagnie de gens qui ne devaient avoir aucune communication avec les prisonniers royaux, en dehors de leur service. M. de Beauchesne — 33 — cite lui-même un arrêté du conseil général de la municipalité de Paris, du 1er avril 1793, qui, sous peine d'arrestation immédiate, « enjoint *aux commissaires du con-* « *seil, de service au Temple, de ne tenir aucune conversation* « *familière avec les personnes détenues,* » et décide « *qu'aucun* « *employé,* au service du Temple, *ne pourra entrer dans la Tour.* »

Il en existait un autre, antérieur à celui-ci, arrêtant :

« *Qu'aucun officier de la garde nationale* ne pourra entrer dans l'appartement du ci-devant roi et des princesses, ni les entretenir pour quelque raison que ce soit; que M. le *commandant général et l'adjudant général de service pourront seuls* les accompagner à la promenade; et que, « en conséquence, *il n'entrera dans la Tour* que l'officier commandant le corps de garde intérieur, et *seulement pour son service, sans se permettre aucune communication avec la famille ci-devant royale.* »

Comment donc, devant un ordre aussi formel, qu'on n'eût pas enfreint impunément, justifier les scènes de la salle de billard, l'entrée de la fille de la blanchisseuse dans la Tour, ses jeux et ses familiarités avec le Dauphin ?

On lit —126-127 : — «Un jour, c'était le 19 août, Simon, mécontent de la manière dont l'enfant royal obéissait à ses ordres, faillit par un coup de serviette lui arracher un œil. Entré sur ces entrefaites, M. Lebœuf dit à Simon, d'une voix ferme : « N'avez-vous pas de honte de maltraiter ainsi un enfant ? Vous outre-passez vos ordres ; ce serait calomnier le gouvernement que de le croire complice de vos brutalités. » Simon ne répondit pas; mais le trait lui resta dans le cœur. Il savait bien, lui, que ce n'était pas calomnier le gouvernement. Il lui porta ses plaintes. Lebœuf fut dénoncé au conseil général. Peu de jours après, le procureur de la Commune invita le conseil « *à purger de son sein tous les amis des rois et des reines, et à les faire mettre en arrestation, dès le soir même.* Il accusa Lebœuf de s'être conduit d'une manière basse et vile, dans le service du Temple, *et de n'y avoir eu jamais le caractère républicain ;* il lui reprocha surtout d'avoir réprimandé le *patriote Simon,* chargé de l'éducation du fils Capet, et d'avoir trouvé mauvais qu'il l'élevât comme un sans-culotte. Il demanda, comme mesure générale, « *qu'on éloignât sur-le-champ tous les membres du conseil convaincus de modérantisme.* » Lebœuf et plusieurs de ses collègues furent arrêtés, et l'*épuration* fut ordonnée par le conseil général de la Commune *le 5 septembre 1793.* »

Est-il admissible, je le demande au plus commun bon sens, que *Barelle* ait pu dire au Dauphin, sans faire froncer le sourcil patriote du démocrate Simon, sans choquer ses oreilles républicaines : « Va, mon pauvre petit, *je voudrais bien pouvoir t'emporter dans* « *ma poche, et te tirer d'ici !* »

Des faits fabuleux se sont passés *du mois d'octobre 1793 au 17 décembre suivant.*

Eh bien, nous lisons,—139,—dans un arrêté de la municipalité de Paris, rendu le 22 septembre 1793 :

« Le conseil, considérant que *la plus grande économie* doit « régner et être observée, arrête… *A compter de ce jour, l'usage de* « *la volaille, pour toute table, sera supprimé.* »

Comment se fait-il donc que le Dauphin ait eu un poulet à offrir à Barelle ?

M. de Beauchesne se dément lui-même en écrivant à la page 260 :

« La catastrophe du 9 thermidor n'avait apporté aucune modification au régime alimentaire des prisonniers ; on en était toujours à observer strictement à cet égard l'arrêté du 22 septembre 1793 : un plat de légumes à déjeuner ; un potage, un bouilli et un autre plat à dîner, et deux plats à souper. Le *vœu de la poule au pot,* que formait Henri IV, pour le dernier de ses sujets, ne devait point se réaliser pour le dernier de ses enfants. »

Quant au serin artificiel qui *chantait la Marche du roi,* et qui

aurait nécessité des réparations, d'après une ordonnance de payement produite — 181 — *pour la somme de trois cents livres*, il
faut nécessairement que M. de Beauchesne l'ait introduit en rêvant
dans la prison du prince ! Quoi ! un arrêté commande les plus
strictes économies, et l'on aurait fait une pareille dépense pour
procurer un amusement à l'enfant royal ! Et encore, quel amusement ! un oiseau *qui chante la Marche du roi !* et Simon, que l'historien représente auparavant comme contraignant le Dauphin par
des jurements, par des menaces, par d'horribles violences, à chanter *la Marseillaise, la Carmagnole, des chansons régicides*, ce
montagnard fougueux aurait lui-même, *sans autorisation*, fait réparer la cage, afin de fournir des délassements au prisonnier ! Il faut
aussi rêver pour le croire.

Mais ce qu'il y a de plus extraordinairement bizarre dans la
puérile confiance de l'historien, c'est que le serin factieux fut chassé
du Temple, selon lui, le 29 *frimaire an II* — 19 décembre 1793 —
et que l'ordonnance de payement qu'il cite, pour les réparations
faites à la cage, est ainsi conçue :

« Je prie les citoyens commissaires de la trésorerie nationale de
faire payer au citoyen Bourdier, horloger-mécanicien, la somme de
trois cents livres, montant de son mémoire réglé, *pour réparations
faites* à une cage au Temple, *en nivôse dernier*, suivant ledit mémoire et l'arrêté de la somme du 22 de ce mois.....

« A Paris, le 26 ventôse de l'an II de la république, —
16 mars 1794 —...

« LE MINISTRE DE L'INTÉRIEUR. »

Vous le voyez, Monsieur, les réparations ont été faites après que
l'oiseau aurait été chassé du Temple car *frimaire finissait le
20 décembre* 1792, et *nivôse commençait au 21 décembre* 1793 ;
de sorte que la pièce dont se prévaut l'écrivain pour colorer son
mensonge historique, en démontre l'évidence.

M. de Beauchesne contredit encore ces fables insipides par ce qu'il dit de la conduite de Simon, à une époque antérieure à celle où il reporte l'impossible bienveillance du protégé de Marat.

88. — « A dater de ce jour, juillet 1793, le maître redoubla de sévérité envers le disciple. L'âge, l'innocence, la gentillesse du prisonnier ne pouvaient désarmer l'inflexibilité du geôlier.... »

93. — « Le lendemain du jour où on lui avait enlevé son fils, la reine, informée que du moins il ne devait pas quitter la Tour, avait demandé qu'on lui portât ses livres de travail, ses cahiers et *ses joujoux*. Ses cahiers furent jetés pêle-mêle dans un coin, ses livres servirent à allumer la pipe de Simon, *et ses joujoux, cassés ou devenus incomplets, restèrent dans la poussière...* »

94. — « Avec les hymnes révolutionnaires, les refrains patriotiques, les plaisanteries sanguinaires, et les beaux juremens à la mode, *c'était autant qu'il en fallait pour occuper les heures de récréation du petit Capet.* »

123. — « Août 1793. — De jour en jour, Simon devenait plus dur et plus cruel envers lui... L'esclave était en lutte continuelle avec le despote... »

124. — « Simon a été dans la Tour du Temple l'agent sincère, le représentant exact des conventionnels montagnards. Il s'était trop bien pénétré de leurs idées pour ne pas les traduire fidèlement dans tous ses actes.

« Après le départ de la reine, il redoubla d'étude et de talent dans son art de dépravation. Il changea le genre de vie de son royal pensionnaire ; *il ne lui laissa faire que peu d'exercice ; il abrégea le temps de ses récréations dans le jardin,* et supprima totalement sa promenade sur la Tour. Ce nouveau régime eut une funeste influence sur la santé et sur le moral de l'enfant... »

125. — « Une forte fièvre le prit, et tint le malade quatre jours au lit. Cependant, il revint à la santé, c'est-à-dire, aux *mauvais traitements....*

« Les commissaires, qui n'applaudissaient pas hautement à la conduite de Simon, n'osaient pas du moins le désapprouver... »

126. — « Ils avaient vu dresser la guillotine, et ils se taisaient. »

Ce *Barelle*, dont la tête fût tombée sous la hache révolutionnaire du régime de terreur, s'il eût eu l'imprudente audace de se rendre suspect en exprimant devant Simon le désir de voir le fils de Louis XVI délivré de sa prison ; ce municipal — 133 — dit M. de Beauchesne, « en septembre, porta avec courage quelques observations au maître acariâtre, revêtues de la forme de conseils polis et caressants. Ces observations furent fort mal reçues ; il est des tempéraments hargneux que les plus douces paroles ne font qu'irriter. Le maître répondit : « Je sais ce que je fais et ce que j'ai à faire ; à ma place, vous iriez peut-être plus vite. »

134. — « Était-ce l'indiscrétion involontaire d'un complice qui se trahit ? Quoi qu'il en soit, *l'intervention de Barelle n'eut d'autre effet que de rendre plus dure la captivité du jeune Louis, et plus irascible encore le farouche caractère de son gardien, dont* — 135 — *les conseils imprudents de Barelle avaient allumé les rancunes amères et les susceptibilités colériques.* »

Ce serait donc le mois suivant que *Barelle* aurait tenu les propos antirépublicains qu'on lui attribue, que Simon et les commissaires se fussent oubliés au point d'enfreindre des lois de sang pour procurer des amusements au fils du roi et de la reine ! C'est impossible. Et encore, dans ce moment même, M. de Beauchesne représente l'infortunée victime de la férocité d'un monstre à figure humaine, comme tombée dans un état presque complet de prostration morale et physique. Il avait dit — 145 — :

« Le jeune Louis était bien changé. L'insouciance de son âge avait entièrement disparu ; l'émotion ne passait plus comme un souffle de vie sur sa physionomie, qui restait calme et impassible. *Il ne se laissait plus distraire.* »

Ensuite il ajoute — 180 — :

« Voyant que chacune de ses actions ou de ses paroles lui attirait un blâme, ou une ironie, ou des coups, il se tenait coi, à peine osait-il répondre oui ou non à la plus simple question. Il était comme un muet, il était comme un sourd ; il doutait de sa vie passée, il doutait de lui-même ; il se demandait s'il n'était pas justement esclave, et si le jacobin Simon n'était pas son maître légitime. C'est ainsi que, n'ayant plus de prétexte même pour infliger des châtiments, l'instituteur, attardé dans sa marche par un bon vouloir aveugle, contrarié dans son but par une soumission mécanique, *était obligé d'inventer des occasions de brutalités*, et que, ne pouvant punir, *il était réduit à assassiner.* »

En définitive, quand M. de Beauchesne dit son dernier mot sur la nature abjecte de Simon, il s'écrie, avec une juste appréciation du caractère de l'impitoyable geôlier — 195 — :

« Oui, Simon fut toujours inflexible et égal dans sa conduite. Toute l'activité des facultés de cet homme, comprimée par la vie prisonnière qu'il menait, s'épanchait en humeur aigre et brutale sur ce malheureux enfant qu'elle mettait à la torture. C'était pour lui un passe-temps dont il se faisait une tâche, un besoin dont il se faisait un devoir; jamais il ne quittait son poste de colère et de vengeance. Il était là, jour et nuit, occupé à tuer lentement une créature innocente et frêle. Après l'avoir torturée pendant tout le jour, il se couchait avec la ferme résolution de recommencer le lendemain, et le lendemain, il essayait un autre supplice sur la même victime; puis il se rendormait et prenait des forces, pour recommencer de nouveau. Tel fut cet homme pendant sa courte et si longue tyrannie, qui s'est trouvé capable de s'isoler avec l'engagement pris envers les hommes et envers lui-même, et tenu envers lui-même comme envers eux, de se faire un jeu des larmes d'un enfant, un plaisir de ses chagrins, une jouissance de ses cris, un besoin de ses terreurs, un devoir de sa dégradation; de lui sucer le meilleur de son sang sans l'épuiser, n'achevant jamais le meurtre, mais le recommençant toujours! Oui, cet homme-là s'est trouvé pour couronner cette époque de crimes par un crime plus grand encore. Bourreau soudoyé, il n'avait pas conçu ce forfait qui dépasse les plus hideux écarts du cœur humain; *mais il l'exécuta pendant près de sept mois* avec un zèle et un sang-froid qui étonnèrent même ceux qui l'avaient ordonné. »

Et c'est cet homme d'une organisation si malfaisante, que M. de Beauchesne nous montre susceptible de faire trève pendant plus de deux mois à sa féroce perversité, à son sans-culottisme, pour procurer d'agréables distractions au jeune martyr, et entre autres délassements, un oiseau qui chantait *la Marche du roi!*

Je le répète M. de Beauchesne nous a donné ses songes pour des réalités.

Vous savez, Monsieur, que l'excès des souffrances endurées par le Dauphin lui fit prendre l'énergique et inébranlable résolution d'un silence et d'une inattention absolue aux hommes qui lui adressaient la parole et aux choses qui se passaient autour de lui. Les historiens bien informés quant au fait, mais trompés sur l'époque précise où s'accomplit, dans toute sa rigueur, cette imperturbable manière d'agir, en ont fixé la date au 6 octobre 1793. M. de Beauchesne dit à ce sujet — 299 — :

« Des commissaires civils interrogés sur l'époque d'où datait le silence opiniâtre du prince et son immobilité systématique, dirent que c'était depuis le 6 octobre 1793..... Cela n'était pas rigoureusement exact. *Si pourtant dès cette époque* sa physionomie était devenue plus sérieuse, son maintien plus triste et plus sombre, ses réponses plus réservées et plus brèves, il n'avait pas du moins perdu toute parole, et *ce n'est*, comme nous l'avons dit, *qu'après le règne de Simon, et sous l'oppression solitaire et cachée des municipaux, que la victime*, révoltée de tant d'outrages, *avait résolu de ne plus rien répondre.* »

Eh bien, *c'est dans ce même mois d'octobre, jusqu'au* 19 *décembre suivant*, que M. de Beauchesne place ses faits romanesques, dont l'état moral du prince, tel qu'il le dépeint, concourt à démontrer le néant.

Voilà par quelle introduction nous sommes conduits aux in-
« ductions infaillibles, aux témoignages positifs, aux garanties
« irrécusables, aux documents irréfragables, qui apportent à l'his-
« toire, non-seulement la certitude, mais encore la preuve maté-
« rielle, authentique, que le Dauphin de France, fils de Louis XVI;
« est bien réellement mort au Temple. »

M. de Beauchesne a écrit : « Ce qui est incroyable est toujours ce qui séduit le plus la crédulité ; la vraisemblance est peu de chose pour les hommes, et l'imagination, affriandée par l'extraordinaire, a pour ainsi dire besoin d'être étonnée pour croire. »

C'est pour ce motif qu'il a composé une histoire de Louis XVII incroyable et invraisemblable, afin sans doute de se donner des lecteurs et de tirer un bon profit de sa publication. Il va continuer d'étonner à chaque page de son récit ultérieur. Mais ce qui vous étonnera bien davantage, ce que sa haute intelligence n'a pas prévu, et ce qui empêchera les gens crédules, sur la simplicité desquels il a spéculé, de croire à l'incroyable, c'est qu'il ait l'ingénue confiance de prendre la parole des acteurs et témoins oculaires dont il reproduit les commérages, pour preuve authentique de ce qu'ils lui ont dit; pour les documents officiels, irréfragables, infaillibles, que, dans sa superbe suffisance, il s'était vanté d'apporter à l'histoire. Si les éléments de certitude qui satisfont son esprit et sa conscience devaient être la règle de croyance commune, oh! alors, malheur! mille fois malheur! il n'y aurait plus de vérité stable sur la terre, car la langue de l'homme, dit l'Écriture, « est pleine d'un venin « mortel, un monde d'iniquité. »

XII

Avant de nous mettre en présence du Dauphin avec ses trois derniers gardiens, et pour bien faire ressortir les divagations historiques de M. de Beauchesne, il convient d'expliquer comment s'est opérée la délivrance du fils de Louis XVI, selon le récit qu'il en donne, après *une description de la tour du Temple*, due toute entière à ses souvenirs; car elle a été écrite sous sa dictée sans désemparer; et pour ceux qui l'ont lue, elle a une bien autre signification, dans la bouche du *soi-disant prussien Naundorff*, que *sous la plume copiste* de M. de Beauchesne. C'est le prince qui raconte :

« Après l'éloignement de Simon et de sa femme, je fus enfermé « seul dans la chambre autrefois occupée par Cléry. Cette chambre « était alors tout à fait transformée en prison... les fenêtres étaient « tellement closes, que je ne voyais pas clair...

« On a dit qu'on avait fait au travers de la seule porte qui fût
« disponible un tour pour y déposer mes aliments : cette assertion
« est inexacte. Il existait à la vérité un guichet, mais on ne l'ouvrait
« que lorsqu'on m'appelait pour s'assurer que j'étais encore là. La
« porte dans laquelle était ce guichet servait autrefois d'entrée à la
« chambre de mon père, et c'est par là qu'entraient mes geôliers
« pour m'apporter journellement deux fois ma nourriture. Depuis
« cette translation, ce n'étaient plus des voix humaines que j'en-
« tendais ; c'étaient des hurlements de bêtes farouches qui me
« criaient presque à chaque instant : « Capet, louveteau, race de
« vipères, viens que je te voie ! » Pendant la nuit même, et à peine
« étais-je endormi, un nouveau Cerbère ouvrait le guichet et me
« forçait de paraître devant lui. Fatigué de ces tourments, *je résolus
« de me faire tuer plutôt que de répondre.*

« Le contenu de ma prison était moi, mon lit, une chaise, une
« table de bois carrée et oblongue ; au-dessous, une cruche d'eau,
« et un bois de lit seulement, qui avait servi à Cléry. Dans ce dé-
« plorable état, personne ne songeait à me fournir du linge ni
« d'autres vêtements ; et bientôt, rongé par la vermine et presque
« suffoqué par l'infection de ma prison, je tombai réellement malade.
« Mes geôliers et deux municipaux entrèrent avec d'autres personnes
« que je ne connaissais pas, et que j'ai pensé être des médecins,
« car ils m'interrogèrent, me prièrent de leur parler et de leur
« dire ce que je désirais. Je ne leur fis point de réponse : j'avais
« bien des raisons de garder le silence... Tout enfant que j'étais,
« j'avais le sentiment de mes souffrances, plus fort peut-être que
« n'auraient pu l'avoir des personnes beaucoup plus âgées que moi.
« Aussi ma langue était comme paralysée lorsque je voyais quel-
« qu'un des êtres préposés à ma garde. On m'envoya enfin un garde-
« malade, qui, en se présentant chez moi, accompagné de plusieurs
« municipaux, me questionna beaucoup. Je le traitai comme les
« autres et ne lui répondis pas. *Mais bientôt celui-là me fit nettoyer
« par une femme qui m'est inconnue;* ce qui me procura de grands
« soulagements ; on me donna du linge et un habit grisâtre ; mon
« lit fut arrangé et fourni de linge blanc ; ma chambre fut purifiée,

« et les punaises qui me tourmentaient considérablement furent
« détruites; enfin, pour me donner de la lumière, on enleva un abat-
« jour qui l'obstruait.

« A cette époque, des amis avaient formé le projet de me soustraire
« à mes bourreaux ; on ne tarda pas à en comprendre l'impossibilité.
« Un seul chemin conduisait à moi, et cette unique issue était si
« soigneusement gardée, qu'on n'eût pas fait entrer ou sortir une
« souris sans être aperçu.

« La tourelle où était l'escalier avait une seule porte, près de la-
« quelle jour et nuit s'exerçait une stricte surveillance, en dedans
« comme en dehors. Quiconque arrivait pour pénétrer dans la Tour
« était conduit pour être fouillé devant le Conseil municipal logé
« au rez-de-chaussée; au sortir de la Tour, même investigation par
« ce Conseil, dont on ne pouvait pas dépasser la porte, parce qu'un
« factionnaire y était constamment en faction, et que l'escalier qui
« correspondait à tous les autres étages communiquait également
« avec le rez-de-chaussée, seule pièce occupée par les hommes de
« la municipalité. La consigne était d'y conduire tout le monde sans
« exception. Le corps de garde se tenait au premier étage, qui, sans
« être divisé, composait une seule pièce voûtée comme celle du rez-
« de-chaussée. Lorsque la sentinelle du premier suspectait quel-
« qu'un de ceux qui sortaient de la Tour, elle avait l'ordre, de
« même que pour ceux qui entraient, de les amener devant le Con-
« seil, lequel faisait reconduire tout individu jusqu'en dehors de la
« Tour par un ou deux municipaux. Cette rigoureuse surveillance
« avait été prescrite, parce que le projet de mon enlèvement s'était
« divulgué.....

« Par conséquent, comme il était impossible de me faire évader,
« on résolut de me cacher dans la Tour même, pour faire croire à
« mes persécuteurs que j'étais sauvé. La pensée était audacieuse;
« toutefois, c'était le seul moyen de faciliter l'enlèvement qu'on avait
« concerté. Rien n'était plus praticable que de me faire disparaître
« pour le moment. En sortant de chez moi, personne n'escortait
« ceux qui descendaient jusqu'au premier les objets dont je m'étais
« servi. Mes amis étaient donc bien convaincus qu'on pouvait me

« transporter plus haut sans aucun risque d'être découvert. En effet,
« quoique ma sœur fût enfermée au troisième, elle n'avait à cette
« époque ni sentinelle ni municipaux pour sa garde. L'expédient
« laissait entrevoir des chances presque certaines de succès. Alors
« un jour mes protecteurs me firent avaler une dose d'opium que je
« pris pour une médecine ; et bientôt je me trouvai moitié éveillé,
« moitié endormi. Dans cet état, je vis un enfant qu'on me substitua
« dans mon lit, et moi je fus couché au fond de la corbeille dans
« laquelle cet enfant avait été caché sous mon lit. J'entrevoyais
« comme si c'eût été un rêve pour moi, que l'enfant n'était autre
« qu'un mannequin dont le masque représentait très-naturellement
« ma figure. Cette supercherie se passait au moment où la garde fut
« changée ; celle qui la remplaça se contenta de visiter l'enfant, afin
« de certifier ma présence, et il lui suffit de voir un être dormant
« dont le visage était le mien : *mon silence habituel* contribua encore
« à fortifier l'erreur de mes nouveaux Argus. Cependant, j'avais entiè-
« rement perdu connaissance, et lorsque je repris mes sens, je me
« trouvai enfermé dans une grande pièce qui m'était tout à fait
« étrangère : c'était le quatrième étage de la Tour. De vieux meu-
« bles de toute espèce encombraient cet étage, au milieu desquels on
« m'avait disposé un gîte qui communiquait avec un cabinet pris dans
« une tourelle, où l'on m'avait mis de quoi vivre. Toute autre issue
« était barricadée. Avant de m'y cacher, un de mes amis, (Laurent)
« m'avait fait comprendre de quelle manière je serais sauvé, sous
« les conditions de supporter toutes les peines imaginables sans
« me plaindre, ajoutant qu'un seul mouvement imprudent entraî-
« nerait ma perte et celle de mes bienfaiteurs ; et *il insista surtout*
« *pour que,* quand *je* serais caché, je ne demandasse pas le moindre
« secours, et *conservasse toujours le rôle d'un véritable muet.*

« *Laurent* était envoyé par Mme de *Beauharnais*, sous l'autorité
« de *Barras*, pour adoucir mes peines et préparer les moyens de
« me sauver. Il était créole comme *Joséphine*, que j'avais connue
« dans mon enfance jusqu'au dernier jour de notre résidence aux
« Tuileries. Son époux, M. de Beauharnais, était en liaison avec
« nos ennemis, et ce fut à cette circonstance que Joséphine sa

« femme dut d'être protégée et sauvée par *Barras,* qu'elle mit dans
« mes intérêts, et qu'elle détermina à l'assister pour opérer ma
« délivrance. *Laurent* ne me connaissait pas alors. *Je ne dirai*
« *point ici ce qui lui valut ma confiance tout entière.*

« A mon réveil, je me rappelai les recommandations de mon ami,
« et je pris la ferme détermination de mourir plutôt que de les en-
« freindre. Je voyais mon premier sauveur de temps en temps, la
« nuit, lorsqu'il m'apportait ce dont j'avais besoin. Le soir même,
« le mannequin fut découvert ; mais le gouvernement d'alors trouva
« bon de tenir secrète *mon évasion qu'il croyait consommée.* Mes
« amis, de leur côté, pour mieux tromper les sanguinaires tyrans,
« *avaient fait partir un enfant sous mon nom, dirigé, je crois, vers*
« *Strasbourg.* Ils avaient même accrédité l'opinion et fait donner
« avis aux gouvernants *que c'était bien moi qu'on dirigeait ainsi*
« *sur cette ligne.* Enfin le pouvoir, à l'effet de masquer entièrement
« la vérité, mit à la place du mannequin *un enfant de mon âge*
« *réellement muet,* et doubla la garde ordinaire, pour accroître la
« croyance que c'était bien moi encore. Ce surcroît de précautions
« empêcha mes amis de consommer l'exécution de leur projet tel
« qu'ils l'avaient concerté. Je restai donc dans ce maudit trou, où
« j'étais comme enterré tout vivant.

« J'avais à cette époque environ neuf ans et demi, et déjà accou-
« tumé à la dureté par mes longues souffrances, *je fis peu de cas*
« *du froid que je ressentais, car ce fut pendant l'hiver qu'on me*
« *claquemura au quatrième étage.* Mes amis avaient su s'en procurer
« les clefs pour préparer auparavant ce qui était nécessaire à mon
« séjour. Personne ne pouvait soupçonner que j'étais là : cette
« pièce ne s'ouvrait jamais. Si quelqu'un s'y fût introduit, on n'au-
« rait pas pu me voir, et l'ami qui me visitait ne parvenait jusqu'à
« moi qu'en marchant à quatre pattes. S'il éprouvait des obstacles,
« je demeurais tranquille comme un malheureux au fond de mon
« oubliette...

« Le gouvernement révolutionnaire, par suite de sa position poli-
« tique, avait jugé convenable de ne pas laisser divulguer l'état des
« choses ; conséquemment, il avait remplacé le mannequin *par un*

« *enfant muet*. Malgré cette ruse, et comme il existait bien des gens
« qui avaient parfaitement connu le véritable Dauphin, *on donna*
« *l'ordre de ne laisser entrer aucune des personnes qui avaient*
« *cette connaissance, afin d'éviter toute possibilité d'être trahi*. Pour
« vérifier l'existence du prétendu Dauphin, on envoyait seulement
« *des individus qui étaient dans le secret, ou d'autres qui ne me*
« *connaissaient pas*. Je ne puis me rendre compte comment, en dépit
« de toutes ces précautions, le bruit s'est sourdement répandu que
« le véritable Dauphin n'était plus dans la Tour. De telles indiscré-
« tions effrayèrent les agitateurs, et l'on décida de faire mourir l'enfant
« muet. A cet effet, on mêlait à ses aliments des substances qui le
« rendaient malade, et afin de détourner le soupçon d'un assassinat,
« **M.** *Desault* fut introduit, non pour le guérir, mais pour feindre
« l'humanité. M. Desault visita l'enfant, et vit bientôt qu'on lui
« avait donné une espèce de poison ; il fit préparer un contre-
« poison par son ami *Choppart, pharmacien, en lui déclarant que*
« *l'enfant qu'il soignait n'était pas le fils de Louis XVI, qu'il avait*
« *connu auparavant*. La révélation de M. Desault se répéta : les
« meurtriers de ma famille, pleins d'effroi, voyant que la vie du
« muet se prolongeait au travers de leurs tentatives d'empoisonne-
« ment, *lui substituèrent un enfant rachitique, tiré d'un des hôpi-*
« *taux* de Paris. Cette mesure les rassurait encore sur l'appréhen-
« sion qu'ils avaient que par accident on ne vînt à s'apercevoir que
« *le muet* l'était réellement, et pour se soustraire à de nouvelles
« trahisons, ils firent *empoisonner Desault et Choppart*. Les soins
« donnés au dernier substitué le furent par des médecins qui,
« n'ayant jamais vu ni le véritable Dauphin, ni l'enfant malade,
« crurent naturellement que c'était moi qu'ils soignaient... *Des*
« *motifs impérieux contraignirent le gouvernement à accélérer la*
« *fin de cette victime infortunée*. Elle mourut, m'a-t-on dit,
« le 8 juin 1795 ; et après l'autopsie son cadavre fut déposé dans
« une caisse pour être ensuite enterré. Cette caisse ainsi que le
« cadavre furent placés dans la chambre habitée autrefois par mon
« père. Pendant cette opération, j'avais reçu une forte dose d'opium.
« On me *mit dans le cerceuil* d'où l'on retira l'enfant autopsié, et le

« tout fut effectué presque à la même heure où l'on venait chercher
« le cercueil pour le transporter au cimetière. A peine l'enfant mort
« fut-il caché au *quatrième étage*, lieu où j'étais, que mes amis,
« instruits de ce qui se passait, chargèrent dans une voiture le cer-
« cueil qui me renfermait. Certes, ceux qui ne savaient rien crurent
« qu'on allait m'enterrer. Mais la voiture était préparée. En allant
« au cimetière, *on me mit dans la caisse au fond de la voiture, dans*
« *un coffre qu'on y avait pratiqué*, et pour laisser au cercueil la
« même pesanteur, on le remplit de vieilles paperasses qu'on retira
« du coffre. Dès que le cercueil fut enfoui dans la fosse, mes amis
« rentrèrent avec moi dans Paris..... Très-heureusement, cette opé-
« ration se fit rapidement ; car à peine avais-je été mis en sûreté
« que le mystère de tout fut dévoilé. Mais malgré les efforts de mes
« persécuteurs à me ressaisir, j'étais sauvé et bien caché. Déjà le
« public à cette même époque répétait que ce n'était pas moi qui
« avais été enterré. Ces propos intimidèrent le gouvernement, qui
« donna l'ordre à ses agents *de déterrer le cercueil*, de le clouer for-
« tement et de *l'enterrer ailleurs*, afin qu'on ne pût le trouver en
« cas de recherches. Nonobstant ces mesures, partout on fit des
« investigations sous divers prétextes..... Mes amis, pour donner
« le change à mes ennemis, *firent partir* avec ses parents, *sous mon*
« *nom, un enfant*, natif de Versailles.... »

Avant de continuer le récit du prince, Monsieur, je reproduis ici
deux faits racontés par M. de Beauchesne et dénaturés. Il a écrit
dans son premier volume, pages 283 et 341 :

« Une autre sentinelle, placée au bout de l'allée de marronniers
qui servait de préau, jeune homme d'une figure intéressante, exprimait par ses regards le désir de donner quelques renseignements à
la famille royale. Madame Élisabeth, dans un second tour de promenade, s'approcha de lui pour voir s'il lui parlerait. Soit crainte, soit
respect, il ne l'osa point ; mais quelques larmes brillèrent dans ses
yeux, et il indiqua par un signe qu'il avait déposé à peu de distance
un papier dans les décombres. Cléry se mit à la recherche de ce papier, en feignant de choisir des palets pour le prince royal ; mais les
municipaux le firent retirer, et lui défendirent d'approcher désor-

mais des sentinelles. Les intentions de ce jeune homme sont demeurées un mystère.

« Un tailleur de pierres était occupé à faire des trous à la porte de l'antichambre du roi, pour y placer d'énormes verrous ; le jeune prince, pendant que cet ouvrier déjeunait, s'amusait avec ses outils, Louis XVI prit des mains de son fils le ciseau et le marteau, pour lui montrer comment il fallait s'y prendre ; il s'en servit pendant quelques instants. Le maçon, attendri de voir ainsi le roi à l'ouvrage : »

— Quand vous sortirez d'ici, lui dit-il, vous pourrez dire que vous avez travaillé vous-même à votre prison. »

« Ah ! répondit le roi, quand et comment en sortirai-je ? » A peine avait-il achevé ces mots, que le Dauphin, tout ému, se précipita dans ses bras en versant des larmes. Son père laissa tomber le marteau et le ciseau, et rentrant dans sa chambre, il s'y promena à grands pas. »

La sentinelle et le maçon existaient lors du retour du prince à Paris ; l'un et l'autre l'ont vu et reconnu par des échanges de souvenirs qui ont été pour le royal orphelin, comme pour eux, la preuve certaine qu'ils s'étaient rencontrés au Temple, nous avons leur témoignage écrit.

« Nous étions encore enfermés dans la petite Tour, m'a rapporté « S. A. R., lorsque nous descendîmes un jour nous promener dans « le jardin. Un jeune factionnaire placé au bout de l'allée, au fond « du jardin, nous faisait comprendre par signes qu'il était un de « nos amis ; on l'avait mis là, pour nous empêcher d'aller plus « loin. Ce factionnaire avait l'air d'être encore bien jeune, et malgré « ses vingt-huit ou vingt-neuf ans, on lui en aurait donné dix-huit. « C'était une femme déguisée, dont le mari avait été assassiné « le 10 août. »

Ce fut *ce factionnaire*, qui laissa mystérieusement tomber un papier. L'enfant royal jouait alors à la balle. Comme une consigne sévère limitait l'espace qu'il ne devait pas dépasser, pour se donner le prétexte de le franchir, il avait lancé sa balle jusqu'aux pieds du factionnaire, et ramassé le papier en la relevant ; puis ensuite, craignant d'être fouillé, il le cacha dans le creux d'un arbre, sans jamais trouver l'opportunité de le reprendre.

Vous voyez, Monsieur, que ce fait dont parle M. de Beauchesne est infidèlement raconté. Il en est de même de celui qui concerne le maçon. C'est de lui que le prince a dit :

« Tandis que j'étais encore enfermé avec mon père et Cléry, des
« amis dévoués s'étaient entendus pour enlever, la nuit, moi et mon
« père, pendant que des hommes fidèles eussent monté la garde. La
« Providence a voulu que ce projet fût trahi, et pour en prévenir
« l'exécution, mes bourreaux ordonnèrent qu'un verrou fût placé
« dans l'intérieur de l'antichambre, où deux municipaux couchaient
« la nuit enfermés avec nous. C'était un moyen sûr d'éviter toute
« surprise, puisqu'ils étaient obligés d'aller ouvrir eux-mêmes à
« quiconque demandait l'entrée de l'antichambre. Afin de fixer ce
« verrou, on envoya un jour deux ouvriers pratiquer deux trous
« dans le mur ; un d'eux, pendant le déjeuner, s'approcha de mon
« père avec lequel j'étais dans l'antichambre, et lui fit des signes :
« nous n'étions que tous les trois, lorsqu'il remit *trois* rouleaux ;
« c'était de l'or dont nous avions besoin en ce moment. L'ouvrier
« voulait encore parler et confier d'autres communications à mon
« père, mais il fut rappelé ; mon père pensant être découvert déposa
« les rouleaux sur moi et fit sortir l'ouvrier de chez nous. La crainte
« était mal fondée. Quelques jours plus tard mon père me chargea
« de remettre un de ces rouleaux entre les mains de ma bonne
« tante. L'homme qui les avait apportés se nommait J. P. (Joseph
« Paulin). Cet homme de bien avait reçu de mon père une lettre
« pour nos amis du dehors. Et par sa conduite il s'était acquis une
« haute confiance : aussi fut-il chargé plus tard d'entreprendre
« mon enlèvement, pour lequel des hommes très-haut placés dans
« le gouvernement révolutionnaire avaient reçu de très-fortes
« sommes de la part d'un puissant personnage. J. P. se présenta
« et il reçut non pas moi, mais *le muet à ma place.* D'après les
« ordres qui lui furent donnés, il mena l'enfant sauvé entre les
« mains de Mme Joséphine Beauharnais, qui devint impératrice des
« Français. Cette dernière en voyant l'enfant s'écria : « Malheureux !

« qu'avez-vous fait? Vous avez livré par cette erreur le fils de
« Louis XVI aux assassins de son père. » Joséphine avait bien
« connu auparavant le véritable Dauphin ainsi que l'enfant muet;
« car c'était elle qui l'avait procuré à Barras lorsqu'il fut substitué
« au mannequin. *Le malheureux muet était donc sorti au lieu de
« moi*, et moi, je languissais encore dans la Tour. Remarquez bien
« qu'on avait trompé le personnage important qui avait fourni l'ar-
« gent destiné à mon évasion. Ainsi, la translation du muet n'était
« pas l'œuvre de mes amis, et cette circonstance explique les paroles
« de Mme de Beauharnais : « Malheureux! qu'avez-vous fait? » Elle
« croyait, pour le moment, que l'entreprise avait été trahie, que,
« reporté dans le lieu d'où j'avais été enlevé, ma perte devenait
« désormais assurée, et que Barras avait employé cette supercherie
« pour se tirer d'embarras. *Elle ignorait alors que l'enfant muet
« avait été remplacé par un autre très-malade.* »

Joseph Paulin est mort à Rouen en 1839. Ce témoin valait bien
la peine d'être recherché et interrogé, n'est-ce pas, Monsieur, si
M. de Beauchesne avait voulu écrire une histoire pour la vérité, et
non pour les imaginations affriandées qui veulent de l'incroyable?
Mais il a fait comme le juge d'instruction en 1837 et 1840, comme
le substitut du procureur de la république, dans ses conclusions,
en 1851, comme le tribunal dans son jugement, comme tous ceux
qui refusent de reconnaître une origine royale répudiée par la politique; il s'est attaché à ne donner de l'importance qu'aux témoins
du mensonge, en jetant de côté, comme une chose de rebut, les
témoignages que sanctionnent l'honneur, la probité, la religion, tous
les éléments de certitude qui guident la conscience de l'honnête
homme. Eh bien! puisqu'il a eu l'imprévoyance de nous parler du
maçon à qui les portes du Temple ont été ouvertes, sans croire sa
délicatesse d'historien obligée à le comprendre dans son enquête
personnelle, il est bon qu'il sache ce qu'il aurait appris de lui, s'il
avait jugé dignes de son attention les paroles d'un homme incapable
d'imposture.

Voici la narration de Paulin, dictée par lui-même :

« Je venais de quitter le service et de me démettre du grade de

« sous-officier que j'avais dans l'armée, lorsque en 1792, M. de
« Toulon, qui connaissait depuis longtemps mes opinions, et avec
« lequel j'avais quelques relations de famille, me fit entrer dans
« une association royaliste où l'on s'occupait des moyens de
« sauver Louis XVI, alors enfermé au Temple.....

« Les membres de l'association, réunis dans l'hôtel Caumartin,
« rue de Savoie, me demandèrent si je voulais me charger d'une
« mission qui consistait à pénétrer au Temple et à remettre entre
« les mains du Roi des lettres et de l'argent. J'acceptai cette mis-
« sion et me mis aussitôt en devoir de la remplir. Je savais que
« l'on faisait des travaux de maçonnerie dans l'appartement même
« que le roi occupait au Temple ; je pris le costume de manœuvre
« et fus me placer au lieu où je savais que le maçon chargé des
« travaux dont je viens de parler, avait coutume de prendre des
« ouvriers. Je ne tardai effectivement pas à être employé. Comme
« je contrefaisais l'imbécile, on ne se méfiait pas de moi. C'est de
« moi que Cléry veut parler dans ses Mémoires. Introduit au Temple
« sous le costume de maçon, je pus à l'aide de ce déguisement par-
« venir à m'approcher du roi martyr. Je vis... le séraphique
« Louis XVI, que je pleurerai jusqu'au dernier de mes jours...
« Suffoqué par mes larmes... je ne pouvais lui parler : « Mon
« ami, » me dit ce bon roi, « ne vous affligez pas, et souvenez-vous
« que nous devons nous soumettre avec résignation aux tribulations
« que le ciel nous envoie. » Le roi me tendit la main ; touché de
« cet excès de bonté, je me reculai, et fléchissant le genou : « Sire,
« lui dis-je, je jure !..... » Mais le roi m'interrompant : « Non,
« non, mon ami, ne jurez pas, c'est imprudent... » Le roi était
« très-agité ; il allait et venait dans la chambre, et disait en joignant
« les mains et les levant au ciel : « Mais, mes enfants ! mes pauvres
« enfants ! que vont-ils devenir ? Mon Dieu ! avancez l'heure du
« supplice. »

« Je promis au roi de veiller sur son fils et de lui consacrer
» toute mon existence.

« Le roi me confia plusieurs lettres, et des instructions écrites
« pour son fils, en me recommandant de ne m'en dessaisir que

« quand je pourrais les remettre directement aux personnes qu'elles
« concernaient.

« Outre les papiers dont on m'avait chargé pour Louis XVI,
« j'avais à lui remettre une somme de quarante mille francs que
« nous avions rassemblée ; j'en portais une partie sur moi, *l'autre*
« *était cachée dans mes outils de maçon....* Tout à coup, au moment
« où je me hâtais de livrer cet argent au roi, on cria du bas de
« l'escalier : Allons donc, manœuvre, allons donc..... Je reconnus
« la voix du traître L., ancien valet de pied du roi. Il était alors
« membre d'un comité qui précéda celui dit de salut public........

« J'étais dans la plus affreuse perplexité ; je n'avais encore remis
« au roi que deux mille écus, *en trois rouleaux d'or*, et malgré ses
« instances pour m'obliger de descendre, je voulais m'acquitter
« entièrement de ma commission : un nouvel appel ne m'en laissa
« pas le temps. « Partez, me dit le roi, partez, mon ami, ou vous
« êtes perdu ; que Dieu veille sur vous ! » Le roi me pressa dans
« ses bras.... Je rassemblai mes outils à la hâte et je descendis à la
« hâte. C'était pour sceller des verrous à la porte du roi que j'avais
« été appelé. *Le Dauphin était là.* C'était un petit espiègle ; il
« touchait à tous mes outils, et moi qui tremblais qu'il ne se blessât,
« je me fâchais pour le faire finir, et le roi le gronda....

« En 1795, la société dont j'ai déjà parlé, et à laquelle je con-
« tinuais d'appartenir, n'ayant pu sauver Louis XVI, voulait au
« moins enlever son fils à ses bourreaux. De grands sacrifices
« avaient été faits auprès de Carnot, de *Cambacérès* et de plusieurs
« autres puissants d'alors, pour les rendre favorables à cette grande
« entreprise. Je me souviens d'avoir souvent, par l'ordre du comte
« *de Frotté*, porté chez eux des sommes considérables en or.
« Mme de Beauharnais était au courant de toutes ces démarches et
« les secondait....

« Ce fut le 4 juin 1795 que nous parvînmes à sauver *le jeune*
« *roi...* ce que je puis attester, c'est qu'il est sorti du Temple. C'est
« moi-même qui remis *Louis XVII* dans les mains de *Charette*. On
« ne voulait pas que je me confiasse à la femme *Simon...* on avait
« tort, car *elle-même a été bien utile....* Je portai en même temps

« à ce général, dans la Vendée, plusieurs lettres *et le procès-verbal*
« *qui avait été dressé de l'évasion....* »

Le prince, en 1835, fit la connaissance de M. Bourbon-Leblanc,
qui, à la chute du journal *la Justice*, publia *le véritable Duc de
Normandie*. Ce dernier savait que *Joseph Paulin* avait coopéré à
l'évasion du Dauphin : cette circonstance lui inspira le désir de le
voir ; par lui, le prince fut mis en rapport avec *cet ancien maçon
du Temple*, qui apprit alors seulement le mystère des substitutions,
s'expliqua l'erreur dans laquelle il était resté jusqu'à ce jour, et reconnut l'Orphelin du Temple dans la personne de *M. Naundorff*.
Voici à cet égard la déclaration de M. Bourbon-Leblanc :

« Je me rendis à Rouen à la fin de 1835, grande rue Saint-Lau-
rent, 22, où je trouvai ce respectable vieillard, (Paulin) qui d'abord
me reçut avec une réserve infinie, craignant toujours de nouvelles
persécutions, du moment qu'on lui parlait de l'Orphelin du Temple.
Sa femme était dans la même défiance. Néanmoins, lorsque je lui
eus fait connaître qui j'étais, son cœur s'ouvrit et sa langue se délia.
Il savait tous les désastres qui avaient pesé sur moi pour avoir osé,
en 1817, n'être pas de l'avis de ceux qui veulent absolument que le
Dauphin soit mort au Temple.

« Comme c'est par l'analyse comparée des rapports des témoins
qui ne se sont point vus, et qui conséquemment n'ont pas pu s'entendre, qu'on acquiert la certitude d'un fait, et que d'ailleurs je
n'aurais pas voulu entreprendre mon voyage à Rouen sans en tirer
quelque lumière, j'avais eu la précaution, avant mon départ, de voir
le *prétendu Naundorff*.

« Vous rappelez-vous, lui dis-je, l'aventure du maçon qui a
scellé les verrous de la porte de la chambre de Louis XVI?

— « Oh ! sans doute ; c'était un bien brave homme. Que je serais
« heureux de le retrouver, s'il existait ! »

— « On a raconté, dans le temps, une foule de choses sur son
compte. On a été jusqu'à assurer que ce pauvre diable n'était qu'un
homme déguisé et un agent secret de la famille royale.

— « Vous pourriez dire qu'il en était l'ami fidèle, dévoué, intré-
« pide. »

— « Vous rappelleriez-vous son nom? Je ne vous demande pas de me le livrer dans la position où vous êtes, vous devez vous défier de tout ce qui vous approche. La perversité prend tous les masques, et la politique, telle qu'on l'a faite, s'attendrit et pleure, flatte et caresse, pour frapper des coups avec plus de sûreté.

« Ainsi, je vous demande pour moi-même la discrétion que je vous conseille pour les autres. La seule chose à laquelle je m'arrête en ce moment, et qui me paraît sans conséquence, est de m'écrire les deux initiales des noms de l'homme que vous connaissez si bien.

— « Les voici : »

« Et à l'instant, le *prétendu Naundorff* me traça en deux capitales les lettres *J. P.*

— « Eh bien, cet excellent homme existe; il ne demeure pas à Paris, mais je sais où il est, et sous trois jours je serai près de lui.

— « Sous trois jours!... Venez demain, et je vous remettrai une « lettre pour lui. Vous saurez, par ce moyen, si celui qui se dit le « maçon du Temple est, oui ou non, l'homme de la vérité. »

« En effet, le lendemain j'avais à ma disposition une lettre scellée en cire rouge par un cachet particulier. Arrivé à Rouen, et étant chez Paulin, je lui dis :

— « Je suis chargé de vous remettre une lettre qui probablement vous fera plaisir....

« Paulin prend la lettre, regarde le cachet avec surprise, met ses lunettes, fixe ses yeux attentifs sur l'écriture, déplie l'écrit qui déjà absorbe toutes ses facultés, lit quelques lignes, et les mains tremblantes qu'il élève vers le ciel, il s'écrie, la voix entrecoupée de sanglots : « Oh! oh! oh! *il existe donc encore, ce cher enfant!* O mon Dieu! ô mon Dieu! »

« Puis il se lève, se dirige vers une armoire, à l'angle droit de la porte d'entrée, ouvre avec impatience un tiroir, et m'apporte *un signe correspondant à celui qui était tracé dans la lettre*, et que je ne savais pas s'y trouver, comme si cette représentation était pour lui-même une justification de sa sincérité.

« Madame Paulin était présente. Je laisse à Madame d'Angoulême le soin de qualifier cette scène.... »

« J'ai ensuite conduit le *prétendu Naundorff* chez Joseph Paulin.
Une conférence secrète de plus d'une heure eut lieu entre eux deux,
pendant que j'étais avec madame Paulin ; ils se quittèrent, à ce qu'il
me parut, satisfaits l'un de l'autre. »

Le précis suivant de la confrontation qui eut lieu, comme moyen
réciproque de reconnaissance, ajouté aux détails précédents, complète un témoignage d'identité qui ne souffre pas la résistance
de l'incrédulité la plus exigeante. Paulin interroge et le prince
répond.

— « Qui fut témoin de l'entretien de Paulin avec Louis XVI?

— « Le Dauphin. »

— « Que remit Paulin au Roi?

— « *Trois rouleaux* de cinquante louis. »

— « Comment les avait-il soustraits à la fouille en entrant au
Temple?

— « Il les avait introduits dans le manche creux de son marteau
de maçon. »

— « Où furent-ils cachés à l'instant, de peur des gardiens?

- « *Dans les poches du Dauphin.* »

XIII

Trois lettres de *Laurent*, adressées au général *de Frotté*, sous la
direction duquel il agissait, aident à fixer les époques des substitutions. Jointes aux éclaircissements qui précèdent, elles éclairent les
mensonges de *Lasne* et de *Gomin* d'un jour siéclatant, que la justice
n'a pas même voulu admettre *Laurent* comme gardien des enfants de
Louis XVI. Tout est hypocrisie et basse dissimulation, Monsieur,
de la part des proscripteurs du duc de Normandie et de leurs lâches
complices. Les légitimistes du comte de Chambord n'ont pas eu
assez de véhémente indignation pour flétrir la barbarie du geôlier

Simon et de ses pareils, et ils n'ont pas senti que leurs paroles, justement flétrissantes, retombaient d'un poids écrasant sur la tête des modernes Simons, qui ont prolongé l'agonie de Louis XVII jusque dans l'année 1845, et qui ne savent pas même encore respecter les cendres de leur roi légitime, mort sous l'ignominie de leurs anathèmes. Si mon langage est dur, ils n'ont pas le droit de s'en plaindre, car M. de Chateaubriand a dit, en 1838, « que les « plus effroyables crimes pâlissent devant le long assassinat du fils « de Louis XVI, et que la pitié pour les auteurs de son martyre « serait un crime contre la morale publique et contre la conscience « du genre humain. »

Je transcris textuellement les *copies originales* des trois lettres du brave Laurent :

« Copie.

« MON GÉNÉRAL,

« Votre lettre du 6 courant m'est arrivée trop tard, car votre « premier plan a déjà été exécuté, parce qu'il était temps. Demain, « un nouveau gardien doit entrer en fonctions : c'est un républicain « nommé Commier (Gomin), brave homme, à ce que dit B.....; « mais je n'ai aucune confiance à de pareilles gens. Je serai bien « embarrassé pour faire passer de quoi vivre à notre P....., mais « j'aurai soin de lui, et vous pouvez être tranquille. Les assassins « ont été fourvoyés, et les nouveaux municipaux ne se doutent « point que le petit muet a remplacé le D...... Maintenant, il « s'agit seulement de le faire sortir de cette maudite Tour ; mais « comment ? B..... m'a dit qu'il ne pouvait rien entreprendre à « cause de la surveillance. S'il fallait rester longtemps, je serais in- « quiet de sa santé, car il y a peu d'air dans son oubliette, où le « bon Dieu même ne le trouverait pas, s'il n'était pas tout puissant. « Il m'a promis de mourir plutôt que de se trahir lui-même ; j'ai « des raisons pour le croire. *Sa sœur ne sait rien ; la prudence me* « *force de l'entretenir du petit muet comme s'il était son véritable*

« *frère*. Cependant, ce malheureux se trouve bien heureux, et il
« joue, sans le savoir, si bien son rôle, que la nouvelle garde croit
« parfaitement qu'il ne veut pas parler : ainsi, il n'y a pas de dan-
« gers. Renvoyez bientôt le fidèle porteur, car j'ai besoin de votre
« secours. Suivez le conseil qu'il vous porte de vive voix, car c'est
« le seul chemin de notre triomphe.

« Tour du Temple, le 7 novembre 1794. »

« Copie.

« MON GÉNÉRAL ,

« Je viens de recevoir votre lettre. Hélas! votre demande est im-
« possible. C'était bien facile de faire monter la victime mais la
« descendre est actuellement hors de notre pouvoir, car la surveil-
« lance est si extraordinaire que j'ai cru d'être trahi. Le comité
« de sûreté générale avait, comme vous savez déjà, envoyé les
« monstres Mathieu et Reverchon, accompagnés de M. H., de la
« Meuse, pour constater que notre muet est véritablement le fils de
« Louis XVI. Général, que veut dire cette comédie? Je me perds,
« et je ne sais plus que penser de la conduite de B..... Maintenant,
« il prétend faire sortir notre muet et le remplacer par un autre
« enfant malade. Êtes-vous instruit de cela? N'est-ce pas un piége?
« Général, je crains bien des choses, car on se donne bien des
« peines pour ne laisser entrer personne dans la prison de notre
« muet, afin que la substitution ne devienne pas publique; car si
« quelqu'un examinait bien l'enfant, il ne lui serait pas difficile de
« comprendre qu'il est sourd de naissance et, par conséquent,
« naturellement muet. Mais substituer encore un autre à celui-là;
« l'enfant malade parlera, et cela perdra notre demi-sauvé et moi
« avec ! Renvoyez le plus tôt possible notre fidèle et votre opinion
« par écrit.

« Tour du Temple, 5 février 1795.

« Copie.

    « Mon général ,

    « Notre muet est heureusement transmis dans le palais du
« Temple et bien caché ; il restera là, et en cas de danger il passera
« pour le Dauphin. A vous seul, mon général, appartient ce
« triomphe. Maintenant je suis tranquille. Ordonnez toujours, et
« je saurai obéir. Lasne prendra ma place quand il voudra. Les
« mesures les plus sûres et les plus efficaces sont prises pour la
« sûreté du Dauphin ; conséquemment, je serai chez vous en peu de
« jours, pour vous dire le reste de vive voix.

    « Tour du Temple, le 3 mars 1795.

    La détermination prise par le Dauphin, de garder un silence
absolu, avant l'entrée en fonctions du gardien *Laurent,* est un fait
incontestable, que nous ne devons plus perdre de vue. Il en a déjà
été fait mention. M. de Beauchesne s'est vu forcé de la reconnaître,
mais en même temps il la modifie à sa guise pour le besoin de son
roman. Toutefois, ce n'est pas sa parole qui changera la vérité de
l'histoire. Le silence absolu gardé par le prince imperturbablement,
avait encore une nouvelle cause dans la recommandation que lui fit
Laurent, de continuer à être muet pour tout le monde, excepté pour
lui. Telle est la vérité, crue généralement en 1852, quand la voix
d'un nouvel historien s'est élevée pour faire tenir au fils de
Louis XVI un langage ridicule, invraisemblable, impossible même,
s'il était vrai qu'il eût voulu parler. Comme c'est là un des points
saillants des jours de la captivité du royal orphelin au Temple, et
qu'il en jaillit une lumière qui va dissiper entièrement les ténèbres
dont s'enveloppe le fabuleux écrivain, il importe de le sanctionner
par des témoignages confirmatifs de la relation du prince.
    La première autorité que je citerai sera M. de Beauchesne lui-
même, qui dit à la page 228, comme il l'a dit à la page 299 :

« Tant de tortures épuisaient encore moins le corps du malheureux prince qu'elles ne révoltaient son cœur. *Il prit la ferme résolution* de ne plus rien demander et *de ne plus rien répondre* aux
auteurs de ses maux. »

On lit aussi dans l'*Histoire de la captivité de Louis XVI*, —
1817 — :

« Les commissaires de la commune prétendirent, dans un rapport, que le jeune prince, depuis le 5 octobre 1793, semblait s'être
condamné *à un silence et à une immobilité dont rien ne pouvait le
faire sortir.* »

Voici encore ce que j'extrais des *Souvenirs de la marquise de
Créquy*, tom. VI :

« On nous rapporta sur le Dauphin, qui venait de mourir en
prison, *une chose certaine*, et qui me parut touchante. Ce malheureux enfant se refusait absolument à parler, et *même il ne voulait
répondre par aucun signe d'assentiment ou de négation à ce que lui
demandaient ses gardiens*, qu'il évitait de regarder et dont il détour-
nait les yeux avec une persévérance invincible. Il avait pris cette
résolution, parce qu'il avait entrevu qu'on voulait torturer le sens
de je ne sais quelle réponse il avait faite à son geôlier à l'égard de
sa mère. *Il ne s'est jamais départi de cette résolution prodigieuse,*
et quand il est mort, le 8 juin 1795, il y avait *plus de 22 mois* qu'on
n'avait pu obtenir de lui, *non-seulement de proférer une seule parole, mais de faire aucun signe, aucun mouvement qui pussent être
interprétés par oui ou non.* »

Ainsi, voilà un fait invariablement établi : le prince s'était, depuis longtemps, assimilé à un sourd-muet, quand arriva le 9 thermidor an II, — 27 juillet 1794 — ne l'oublions pas.

XIV

Pour ne pas laisser à **M.** de Beauchesne et à ses admirateurs le droit de me reprocher d'avoir dissimulé quelque partie des *documents irrécusables* que sa laborieuse investigation, pendant vingt années de recherches scrupuleuses, a découverts dans les paroles de l'imposture, seules pièces officielles dues à son infatigable érudition, je me trouve dans la nécessité de reproduire fastidieusement des longueurs passablement insipides. Résignez-vous donc, Monsieur, à la patience. Comme avocat, vous avez acquis cette vertu au palais et dans les audiences que vous donnez à des clients tous plus ou moins loquaces et diseurs de choses inutiles. Regardez-moi comme un plaideur ennuyeux qui, pour vous prouver son bon droit, vous condamne à entendre son long verbiage. Comment voulez-vous, d'ailleurs, qu'il en soit autrement? J'ai pour adversaire un écrivain qui combat avec des mots la croyance au duc de Normandie sauvé du Temple? Je ne saurais donc lui répondre que par beaucoup de paroles; mais, soyez-en bien assuré, ces paroles ne seront pas aussi vaines que les siennes, car elles auront la puissance de faire évanouir comme une ombre ce qu'il écrit;

« Qu'il se trouve en position d'exposer, après une enquête per-
« sonnelle, et avec certitude, la moindre circonstance des événe-
« ments qu'il raconte; qu'il apporte dans son récit la plus exacte
« impartialité, s'abstenant de rien hasarder de douteux;

« Que sa conviction a pour lui le caractère d'une certitude au-
« thentiquement démontrée;

« Qu'il apporte la preuve matérielle, authentique, que le fils de
« Louis XVI est bien réellement mort au Temple. »

Je me rappelle qu'assistant un jour à une audience solennelle de la cour royale de Paris, l'avocat-général s'efforçait d'établir la criminalité d'un écrit en dénaturant le sens des expressions. L'avocat avait apporté un Dictionnaire de l'Académie ; il y cherchait celles incriminées, et en lisait la définition. Le ministère public, offensé d'un pareil système de défense, le reprocha amèrement au défenseur. Sa réponse fut courte, mais sans réplique. « Vous nous attaquez avec des mots, dit-il au magistrat, nous nous défendons avec un dictionnaire. Quoi de plus rationnel ? »

M. de Beauchesne s'est fait l'imitateur de cet avocat-général, il a transformé en histoire les verbeuses et insignifiantes conclusions de M. Dupré-Lasalle dans l'instance de 1851 ; mon dictionnaire, pour lui répondre, sera sa propre histoire, qu'il suffit de lire pour n'y pas croire, si l'on veut raisonnablement tenir compte de tout les événements qui s'y rattachent, et qui en ont précédé la publication.

Vous, savant jurisconsulte qui, par votre noble conduite et vos paroles, avez si chaudement soutenu, dans le royaume des Pays-Bas, les droits indestructibles du duc de Normandie, dont vous fûtes l'ami aussi dévoué que généreux ; vous qui reconnûtes tout d'abord, dans l'imposante majesté de sa personne, l'origine royale de Naundoff, opprimé momentanément par la politique jusque sur ce sol de la liberté qui devint, sous vos auspices, si éminemment hospitalier à l'auguste proscrit ; vous, qui n'avez ensuite formé votre conviction, désormais inébranlable, que sur des pièces et des témoignages qui ne peuvent tromper la raison éclairée et l'intelligence supérieure, ne trouvez-vous pas plus que dérisoire qu'un écrivain, en 1852, ose avoir la présomption d'apporter à l'histoire des preuves matérielles et authentiques de la mort du Dauphin au Temple ?

N'est-ce pas, à vos yeux, le comble du ridicule, qu'il ait l'orgueilleuse prétention de vouloir faire accroire à un public sensé que les historiens qui le précèdent, que les diplomaties de l'Europe, que les ministres de tous les gouvernements, que les Bourbons, que la magistrature de France, qui n'ont jamais su opposer à la justification des droits de Naundorff à se qualifier fils de Louis XVI, que l'acte de décès de 1795, démontré radicalement faux, et auquel l'homme du plus mince bon sens aurait honte aujourd'hui d'ajouter foi ; que toutes ces puissances qui n'ont combattu ce prétendant que par le mensonge, n'aient pas su qu'il existait *des documents authentiques et officiels que l'histoire attendait* pour établir le fait certain de la mort du Dauphin au Temple, et que lui seul, dans le monde entier, ait eu la capacité de dépister ces merveilles historiques?

Mais quelle étrange idée vous devez vous faire de cet écrivain qui, « *les mains pleines de ces documents,* » aurait laissé calmement s'accréditer « *des erreurs grossières,* » lorsqu'il n'avait qu'un mot à dire pour désabuser tant de personnes honorables, dupes, selon lui, d'un adroit charlatanisme ; qui se serait tu, jusque *sous l'empire de* 1852,— dont, si je n'ai pas été trompé, il a obtenu une superbe place,— « gardant » dit-il, « ces documents dans l'om-« bre avec une piété silencieuse, *ne sachant pas que de nouvelles* « *prétentions viendraient leur donner un intérêt nouveau ;* » tandis qu'il avait vu et voyait, *depuis* 1833, les pouvoirs politiques, les hommes de son parti, la duchesse d'Angoulême, le duc de Bordeaux, couverts publiquement d'opprobre par les accusations véhémentes de Naundorff, et impuissants pour démontrer qu'il n'était pas l'héritier direct de la monarchie française?

Mais, Monsieur, quand vous vous serez assuré, comme je le suis, que *ces documents ne sont que les attestations de Lasne et de Gomin,* vous manquerez d'expressions pour qualifier convenablement une telle aberration de jugement de la part de l'historien qui n'a étudié le sujet sur lequel il écrit, que dans les pitoyables mensonges de deux individus, dont l'un est signataire de l'acte de décès.

L'ouvrage de M. de Beauchesne avait depuis longtemps parcouru le monde, prôné par tous les partis politiques qui ont systématiquement résolu de méconnaître le duc de Normandie et de ne jamais répondre que par le mensonge, pour tromper la foi publique, à la justification de la légitimité de ses droits, et j'en ignorais l'existence. Il me fut envoyé par une personne de haute considération, qui partage toutes mes convictions relativement à l'identité de Naundorff avec l'Orphelin du Temple. Cette personne ayant appris que je me proposais de répondre à l'historien fabuliste, écrivait à celle qui lui faisait part de mes intentions :

« Quant à la réfutation de l'ouvrage de Beauchesne, pour ceux qui voudraient se donner la peine de lire *les Intrigues dévoilées*, ou même *la réplique judiciaire seule*, toute autre réfutation serait inutile. Mais comme le monde, en général, ne se soucie guère de lire ce qui est long, et que l'article » § 4 » ... de la *réplique* réfute complétement *les témoignages de Lasne et de Gomin*, sur lesquels, seuls, se fonde le mensonge Beauchesne, il me semble que la reproduction de cet article suffirait à détruire les bases de l'imposture. Les 40 pages, depuis 128 jusqu'à 168, sont plus que surabondantes pour éclairer qui que ce soit qui prend le moindre intérêt à la question. »

Ma *réplique judiciaire* n'étant pas connue en France, où les libraires ont refusé de la publier, je vais donc, suivant le judicieux conseil de la personne dont j'ai cité les paroles, communiquer au public ce que j'ai dit à M. le substitut du procureur de la république, au mois d'août 1851, ne prévoyant pas alors qu'un nouveau détracteur du fils de Louis XVI voudrait se faire de mensonges, qui sont devenus de notoriété publique, un moyen de célébrité, et, copiant le magistrat, se mettrait dans le cas de recevoir comme lui une leçon sévère d'histoire, d'impartialité, de logique et de bonne foi.

XV

S'il était encore des personnes, Monsieur, qui doutassent qu'en Prusse, pour diffamer judiciairement le fils de Louis XVI, la magistrature ait consacré le mensonge par une décision de justice, qu'elles aillent en France se faire communiquer l'ordonnance de la chambre du conseil dans l'inique procédure en escroquerie intentée contre Naundorff, sous le prétexte qu'il se disait faussement l'orphelin du Temple, et le jugement civil rendu contre ses héritiers en 1851. Elles se convaincront qu'à l'effet d'empêcher la reconnaissance de leurs droits et de tuer moralement le mort politique de 1795, les pouvoirs publics n'ont reculé devant aucune tactique; elles verront deux tribunaux, ayant la vérité sous les yeux, la jeter de côté avec un souverain mépris, baser deux sentences sur les imaginations de deux témoins, et les juges correctionnels ajouter leurs propres erreurs aux témoignages de Lasne et de Gomin.

Ne vous récriez pas, honnête avocat, contre l'invraisemblance d'une aussi monstrueuse prévarication; le voleur, comme dit le proverbe, a été pris la main dans la poche. Mais au nombre des impostures judiciaires sanctionnées contre le duc de Normandie, en France, je dois me borner ici à ne signaler que celles qui rentrent spécialement dans la question, telle que la pose et la résout M. de Beauchesne, c'est-à-dire, celles concernant les deux derniers gardiens des enfants de Louis XVI. Voici donc à ce sujet ce que j'ai dit au magistrat, dans ma réplique judiciaire, et ce qui s'applique à l'historien :

« Je reprends vos conclusions, monsieur le substitut, à l'endroit où nous les avons laissées, et je vous rends la parole. Votre discussion se continue en ces termes :

« Trois gardiens ont été plus spécialement chargés du prince
« après le 9 thermidor.

« Laurent, nommé le 28 juillet 1794; Gomin, qui lui fut ad-
« joint le 8 novembre suivant; Lasne, qui remplaça Laurent le
« 31 mars 1795. Lasne et Gomin, tous deux officiers de la garde
« nationale, avaient eu de fréquentes occasions de voir le prince
« aux Tuileries; ils l'ont reconnu au Temple, ils ont reçu son der-
« nier soupir. *Ces deux hommes vivaient encore en 1837 ; la justice*
« *a recueilli leurs déclarations.* Ce procès me sera une occasion de
« les restituer à l'histoire.

« Étienne Lasne, âgé de 83 ans, propriétaire, demeurant à Paris,
« rue Regratière, 14 (Ile Saint-Louis), dépose :

« Je suis obligé de revenir sur ce que j'ai déjà dit pour vous
« donner toutes les explications que vous désirez, et d'entrer dans

« des détails circonstanciés sur ce que je sais du duc de Normandie,
« fils de Louis XVI.

« Je suis entré aux gardes-françaises en 1774 et j'en suis sorti
« en 1782; puis, en 1789, je fis partie de la garde nationale de
« Paris, et en 1791 je fus nommé capitaine des grenadiers du ba-
« taillon du poste Saint-Antoine. J'eus, dans cette position, et toutes
« les fois que j'étais de garde au château, occasion de voir les en-
« fants du roi Louis XVI. *Le jeune Dauphin se faisait remarquer*
« *par la beauté de ses traits, la vivacité de son caractère et son re-*
« *gard imposant et plein d'expression; il avait l'abord brusque de*
« *son père; ses gestes étaient vifs et saccadés; le premier moment*
« *passé, personne dans la conversation n'était plus affable; il éton-*
« *nait par l'à-propos et la maturité de ses reparties.*

« Après la journée du 10 août, je fus nommé commandant en
« chef de la section des Droits de l'Homme; en cette qualité, j'allai
« au Temple pour y inspecter les hommes de service, et j'y voyais
« les enfants de Louis XVI lorsqu'ils jouaient dans le jardin. *J'ai*
« *parfaitement reconnu le Dauphin pour celui que j'avais vu et*
« *sur la terrasse des Feuillants et dans les promenades aux Tui-*
« *leries.*

« En germinal an III (avril 1795), je fus chargé par le Comité de
« sûreté générale de la garde du prince et de sa sœur. A mon ar-
« rivée au Temple, je visitai le Dauphin; *c'était bien assurément*
« *le même, mais l'incurie de ses anciens gardiens l'avait mis dans*
« *un tel état, que ce malheureux enfant inspirait la pitié et presque*
« *le dégoût.* Mon premier soin fut de faire un rapport à la Con-
« vention sur l'état dans lequel j'avais trouvé le jeune prisonnier,
« ce qui avait été négligé jusqu'alors. Ce rapport fit impression
« sur l'Assemblée, qui chargea *Desault,* chirurgien en chef, de le
« visiter.

« L'enfant avait des calus et une tumeur assez forte aux genoux;
« il se soutenait à peine. *Comme il faisait ses déjections sous lui et*
« *que l'on n'avait pas pris la précaution de le changer de linge en*
« *temps utile, il était tout couvert d'érosités.*

« Desault m'enjoignit de le frotter avec de l'alcali volatil et de le

« tenir surtout proprement. Malgré la répugnance qu'avait alors
« l'enfant pour toute espèce de soins, déjà il ressentait les heureux
« effets de ce régime, lorsque *ce médecin fut enlevé tout à cbup par*
« *une apoplexie foudroyante.* Il fut remplacé par MM. Pelletan et
« Dumangin, médecins distingués de l'époque. Ceux-ci continuèrent
« le traitement de Desault. L'enfant reprenait des forces, je redou-
« blai de zèle, l'amélioration paraissait sensible ; malheureusement,
« on ne put se rendre maître d'une fièvre interne qui le dévorait.
« Au milieu des souffrances les plus aiguës, le prince montrait une
« impassibilité extraordinaire ; aucune plainte ne sortait de sa
« bouche et *jamais il ne rompait le silence.*

« *Dans une seule circonstance, il daigna m'adresser la parole.*
« Un jour, plus souffrant que de coutume, il était étendu sur son
« lit ; la douleur avait altéré ses traits, il cherchait encore à dissi-
« muler son mal. Je lui présentai une potion stomachique qu'on
« m'avait recommandé de lui donner dans ses moments de crise ; il
« refusa. Je revins à la charge à diverses reprises ; même refus.
« Enfin, fatigué de mes importunités, il prit le verre qui renfermait
« le breuvage, et contractant sa figure d'une manière toute particu-
« lière, signe manifeste de son mécontentement, il en jeta le con-
« tenu par terre. Sans me déconcerter, sans lui adresser le moindre
« reproche, je remplis de nouveau le verre, et pour lui inspirer
« plus de confiance, je le portai à ma bouche et bus moi-même de-
« vant lui : « *Tu as donc juré que je le boirais ? me dit-il en se levant*
« *brusquement sur son séant ; eh bien, donne, je vais le boire...* »
« Et d'un trait il avala ce qu'il y avait dans le verre, puis me le
« remit. *Ce sont les seules paroles que je lui aie entendu proférer*
« *pendant tout le temps que j'ai passé auprès de lui.*

« Mais le mal avait étendu ses ravages trop loin : toutes mes at-
« tentions furent inutiles ; elles en avaient seulement retardé les
« progrès, et procuré quelque bien-être au Prince.

« *Un matin,* et le souvenir de ce moment me suivra jusqu'au
« tombeau, *il me fit signe qu'un besoin le tourmentait ;* depuis deux
« jours il était alité. *Je le pris dans mes bras, il jeta les siens autour*
« *de mon cou,* puis un soupir sortit de sa poitrine : l'infortuné avait

« cessé de souffrir!... Le cœur navré, je replaçai sur le lit les
« restes du fils de Louis XVI, et aussitôt *je fis à la Convention le*
« *rapport détaillé de ce qui venait de se passer. Que l'on compulse*
« *les registres de cette époque et l'on se convaincra de la vérité de*
« *mon récit.*

« J'ajouterai en outre que, *pendant deux jours, le corps du*
« *Prince fut exposé dans sa chambre. Il a pu facilement être vu et*
« *reconnu par toutes les personnes qui allaient et venaient dans le*
« *Temple, ainsi que par les hommes de garde. Je ne l'ai quitté que*
« *lorsque les derniers devoirs lui furent rendus.* C'est dans le ci-
« metière Sainte-Marguerite-Saint-Antoine qu'il a été enterré *dans*
« *une fosse à part.*

« A quelque temps de là, sa sœur, Mme la duchesse d'Angoulême,
« sortit du Temple par suite d'un échange favorisé par la Con-
« vention avec l'Autriche.

« Il est inutile que je répète ce que j'ai dit sur le cheval de car-
« ton dont il a été si souvent question, et autres contes faits à plaisir
« sur la prétendue évasion du Dauphin. Tout cela est absurde,
« parce que tout cela était impossible.

« Je dirai une dernière fois que le fils de Louis XVI est bien
« mort et que ceux qui usurpent le titre de Dauphin sont des im-
« posteurs. *Je le leur ai bien fait entendre quand ils se sont pré-*
« *sentés chez moi pour chercher à surprendre ma bonne foi, et je*
« *désire que la déclaration solennelle que fait un vieillard sur le*
« *bord de sa tombe, et qui fut acteur et témoin dans ces grandes*
« *scènes, serve à fixer enfin un point d'histoire que la malveil-*
« *lance ou la cupidité peuvent seules avoir intérêt à obscur-*
« *cir..* »

« Voici la déposition de Gomin, l'autre gardien :

« Jean-Baptiste-Marie Gomin, âgé de quatre-vingt-trois ans,
« rentier, demeurant à Pontoise, rue Sainte-Honorine, dépose :

« Je suis entré au Temple, *vers le 9 thermidor an II (26 août 1794),*
« en qualité de gardien du prince *Charles-Louis,* duc de Normandie,
« fils de Louis XVI. *Je ne le perdais pas de vue un seul instant,* et
« tous les soirs j'adressais au Comité de sûreté générale un rapport

« écrit concernant le service intérieur de la prison et la surveillance
« qui m'était confiée.

« Lorsque j'entrai en fonctions, *la santé du prince était déplo-*
« *rable;* son état de langueur et d'abattement annonçait une fin pro-
« chaine. Je cherchais par tous les moyens qui étaient en mon pou-
« voir à raviver cette frêle existence : mes soins étaient inutiles ;
« depuis longtemps il portait dans son sein le germe de la mort.
« A une époque que je ne pourrais préciser, il fut visité, sur l'ordre
« de la Convention nationale, par le chirurgien *Desault,* et après la
« mort de ce dernier, par le sieur Pelletan, premier chirurgien de
« l'Hôtel-Dieu, assisté de M. Dumangin et d'un *troisième* dont j'ai
« oublié le nom.

« Ces Messieurs disaient que l'état du prince était désespéré et
« que sa mort était imminente.

« *Pendant sa maladie, le prince, que je voyais à tous les instants*
« *de la journée, causait sans effort; il a même parlé une heure*
« *avant de mourir.* Il était impossible, surtout en raison de la sur-
« veillance continuelle dont il était l'objet, qu'il fût enlevé furtive-
« ment et caché *dans les combles de la Tour ; cela n'était praticable*
« *qu'en obtenant notre coopération,* et on ne peut l'admettre, si l'on
« se reporte à cette circonstance, que tous les jours le Prince était
« visité trois fois *par le commissaire qui nous était adjoint,* et qui
« était renouvelé toutes les vingt-quatre heures, et *choisi parmi les*
« *personnes connaissant très-bien le duc de Normandie.*

« *Je suis d'autant plus certain que l'enfant que j'ai vu mourir*
« *au Temple, était le duc de Normandie,* fils de Louis **XVI,** qu'an-
« térieurement à sa détention, *je l'avais vu plusieurs fois et de très-*
« *près* (étant à cette époque commandant d'un bataillon de la garde
« nationale de Paris) *dans le jardin, dit du Prince, aux Tuileries,*

« *J'étais assisté,* pour la garde du prince, *d'un sieur Laurent,*
« qui a été remplacé dans les derniers temps par un nommé Lasne,
« que je n'ai pas vu depuis plus de vingt ans. *Si cela était utile, je*
« *donnerais la date précise de ma nomination aux fonctions de gar-*
« *dien; l'ordonnance est à Paris,* dans le logement que j'ai conservé
« rue et Ile Saint-Louis, n° 44. J'y ai aussi quelques notes, elles

« me seraient nécessaires pour donner des renseignements plus
« précis et plus détaillés sur la maladie du Prince ; je les remettrai,
« si on le désire.

« *Quant au fait de l'identité* du duc de Normandie, fils de
« Louis XVI, avec l'enfant confié à ma garde au Temple, et *à celui*
« *d'un enfant muet* qui lui aurait été substitué, mes souvenirs sont
« précis, et j'ai à cet égard la conviction la plus entière. Ainsi, je
« le déclare en mon âme et conscience :

« *Je connaissais parfaitement, avant sa détention*, le duc de
« Normandie, fils de Louis XVI, *l'ayant vu souvent, et à une dis-*
« *tance fort rapprochée, dans le jardin du Prince*, aux Tuileries,
« où il jouait sous la surveillance de Mme de Tourzel.

« *C'est cet enfant dont la garde m'a été confiée ; c'est lui que j'ai*
« *soigné*, c'est *lui* qui *est mort sous mes yeux* en juin 1795, à la
« Tour du Temple ; *c'est lui, enfin, qui parlait encore une heure*
« *avant de mourir.*

« *J'ajouterai que plusieurs membres de la Convention sont venus*
« *visiter cet enfant à l'époque où il était confié à ma garde, et que*
« *jamais il n'a fait de réponse aux questions qu'ils lui adressaient ;*
« *ce qui a pu accréditer cette version que cet enfant était muet : il*
« *répondait volontiers aux sieurs Laurent et Lasne, ainsi qu'à moi.*
« *Cette circonstance se rapporte aux derniers temps de sa vie.*

« *Au moment de l'ouverture de son corps, je fis entrer dans sa*
« *chambre plusieurs gardes nationaux et officiers qui tous l'exami-*
« *nèrent ;* peut-être retrouverais-je sur mes notes de Paris les noms
« de plusieurs d'entre eux.

« Je n'ai plus rien à dire. »

« Que peut-on opposer à ces dépositions si graves ? Le défenseur
« des héritiers Naundorff a dû reconnaître qu'à leur lecture sa
« conscience avait hésité, et qu'elles seraient accablantes *si elles*
« *n'étaient mensongères.*

« La preuve du mensonge, on l'a cherchée dans l'invraisemblance
« de ces dépositions. Comment Lasne et Gomin ont-ils pu voir le
« Dauphin aux Tuileries ? L'étiquette s'y opposait. Puis comment
« auraient-ils pu reconnaître au Temple, défiguré par les rigueurs

« d'une longue détention, l'enfant qu'ils avaient vu aux Tuileries
« brillant de tout l'éclat de la jeunesse et de la royauté? La réponse
« est facile. On sait que la famille de Louis XVI était comme pri-
« sonnière dans le palais des Tuileries ; l'étiquette des cours y avait
« été remplacée par la consigne des révolutions. Rien n'était plus
« facile aux officiers de la garde nationale que de voir et d'entendre
« le prince qu'ils avaient mission de surveiller ; ils ont pu suivre sur
« ces augustes visages les dégradations de la douleur ; et d'ailleurs,
« *comment dans une année les traits du Dauphin auraient-ils pu*
« *changer au point d'être méconnaissables ?*

« On a ajouté que Lasne était entré au Temple après l'enlèvement
« du Dauphin et que ses souvenirs se rattachaient à l'enfant sub-
« stitué. *C'est la question par la question*, car Lasne déclare posi-
« tivement avoir reconnu le royal enfant, et sa déposition exclut
« toute idée d'une substitution. »

XVI

« J'ai tant d'observations à vous faire, monsieur le substitut, sur
cette partie de votre dissertation, la seule qui mérite une réfutation
sérieuse, qu'il me faudra nécessairement les restreindre à des
réponses catégoriques aux points saillants de la matière. Cependant,
d'assez longs développements sont indispensables, car toute la cause
est là, puisqu'il s'agit de l'acte de décès. Vous nous avez donné la
déposition de *Lasne* faite en 1840 ; moi, je vais y ajouter celle
de 1837, visée par le jugement du tribunal, dont vous avez oublié
de nous parler. Je dois encore, pour le besoin de la vérité, introduire ici les principaux passages de l'ordonnance de la chambre du
conseil, rendue en 1841 sur la procédure en escroquerie, parce
que le système du juge d'instruction Zangiacomi se confond avec le
vôtre, que la vraie justice, une et indivisible, ne peut pas se montrer

en désaccord sur un même sujet, quoique passant par des bouches différentes, et que, tous deux, comme on le dit trivialement, vous avez mis le fond de votre sac à découvert. Voici la première déposition de *Lasne*, du 15 juillet 1837 :

« C'est moi qui ai été le dernier gardien, à la Tour du Temple, du
« prince *Charles-Louis*, duc de Normandie, fils de Louis XVI;
« et c'est pendant que j'étais chargé de la garde du Temple, que ce
« prince est mort le 27 *prairial an III* (*juin* 1795).

« J'avais vu le prince *avant le 10 août*, parce qu'étant *à cette*
« *époque commandant en chef* du bataillon du district des Droits de
« l'Homme, j'avais souvent monté la garde aux Tuileries et avais
« *accompagné quelquefois le prince* dans les promenades de la
« terrasse des Feuillants. Plusieurs fois aussi, pendant la détention
« au Temple de la famille royale, j'y ai été de service avec mon
« bataillon, et j'avais eu encore occasion de revoir le prince que
« j'avais parfaitement reconnu.

« En germinal an III (avril 1795), je fus chargé par le Comité de
« sûreté générale de la Convention de la garde du prince et de la
« princesse sa sœur. *J'affirme que je le reconnus parfaitement*
« *pour celui que j'avais vu avant et depuis le 10 août, soit aux*
« *Tuileries, soit au Temple.*

« J'affirme encore sur l'honneur que ce prince, malgré les soins
« que je lui donnai, est mort au Temple *après une maladie de deux*
« *jours*; il a rendu le dernier soupir *sur mon bras gauche*, dans un
« instant où je le soulevais de son lit. J'ai été témoin de son
« autopsie.

« — Croyez-vous qu'il soit possible que l'on ait, en votre
« absence, ou à votre insu, substitué un enfant au prince, et
« *élevé mystérieusement celui-ci dans les combles de la Tour du*
« *Temple?*

« — Cela est impossible, *car la Tour du Temple dans laquelle était*
« *détenu le prince n'avait ni comble, ni grenier, et était surmontée*
« *d'une terrasse*. A la vérité, il y avait une flèche sur une partie du
« bâtiment; mais l'intérieur n'en était point accessible, et je ne
« sache pas même qu'il y eût d'escalier à l'intérieur. Elle n'était

« accessible qu'aux couvreurs et aux ouvriers ; *il est absolument*
« *impossible* qu'on ait jamais pu y cacher qui que ce fût.

« Au reste, lors des débats du procès de Richemont, et dans
« l'instruction qui les a précédés, j'ai déposé de tous les faits qui
« étaient à ma connaissance sur cette affaire, et surtout de toutes
« les circonstances établissant que le duc de Normandie est bien
« mort au Temple ; je ne puis que m'en référer à ce que j'ai dit.

« Signé : LASNE, Zangiacomi, Chevalier. »

« Voici les principaux passages de l'ordonnance de la chambre
du conseil, qu'il est important de recueillir :

« Nous juges composant la première chambre du tribunal de pre-
« mière instance,

« Vu les pièces du procès et l'instruction faite contre Naundorff,
« se prétendant fils de Louis XVI,

« Ensemble les conclusions de M. Eternaux, substitut, *tendant à*
« *non-lieu ;*

« Rapport de M. Zangiacomi, duquel il résulte que :

« . . . .

« Est-il besoin de discuter ici les preuves du décès de l'infortuné
« Louis XVII ? Il était né en 1785. Enfermé au Temple, il y resta
« après la mort du roi et toute communication avec son auguste
« sœur lui fut interdite. Cet état d'isolement devait agir d'une ma-
« nière funeste sur la constitution si frêle du jeune prince. Aussi
« sa santé déclinait-elle rapidement. *Les pièces officielles jointes à*
« *la procédure* établissent assez combien était dure et sévère la sur-
« veillance dont il était l'objet ; et dans la séance du 2 décembre 1794,
« un membre du Comité de sûreté générale exposa ainsi à la Con-
« vention les précautions qui avaient été prises :

« *A l'époque du 9 thermidor, un nouveau gardien* avait été
« placé au Temple par le Comité de salut public. *Un seul* gardien
« a depuis paru insuffisant au Comité de sûreté générale. Un
« citoyen fut demandé à la commission de police administrative de
« Paris. Indiqué par elle, *il fut adjoint au premier* pour remplir

« cette fonction ; et comme, aux yeux des hommes prévenus et
« ombrageux, la permanence de deux individus au même poste
« éveille l'idée d'une séduction possible avec le temps, pour assurer
« de compléter d'autant mieux la détention des enfants du tyran,
« le Comité arrêta que chaque jour et successivement, l'un des
« comités civils des quarante-huit sections de Paris fournirait un
« membre pour remplir pendant vingt-quatre heures les fonctions
« de gardien, concurremment avec *les deux nommés à poste fixe.*

« *Les deux gardiens ainsi désignés étaient les nommés Lasne*
« *et Gomin. Le premier avait servi dans les gardes-françaises,* le
« second avait commandé *un des bataillons* de la garde nationale.
« *Tous deux avaient été souvent de service dans les appartements*
« *du château des Tuileries avant le* 10 *août* 1792 et avaient ainsi
« eu de *fréquentes* occasions de voir le prince. Il n'est donc pas
« possible de venir dire que l'enfant, dont la garde leur fut confiée
« au Temple, n'était pas le Dauphin, mais un enfant qu'on avait
« substitué pour assurer l'évasion du duc de Normandie. Cette sub-
« stitution doit être rangée au nombre de ces fables dont aiment à
« se bercer les imaginations vives, toujours éprises du merveilleux.
« *Lasne et Gomin* n'ont pas quitté le prince. Tous deux étaient pré-
« sents au moment de sa mort ; il leur a parlé une heure avant de
« rendre le dernier soupir. Que peut-on opposer au témoignage de
« ces hommes, dont la justice a recueilli les déclarations, *appuyées,*
« d'ailleurs, de toutes les preuves *géminées* qui peuvent constater la
« mort d'un homme ? C'est le 20 prairial an III (8 juin 1795) (1)
« que le jeune Dauphin *Louis-Charles,* duc de Normandie, est
« décédé dans la prison du Temple, à l'âge de 10 ans et 2 mois ; et
« le lendemain, le député Sévestre annonçait à la Convention cet
« événement en déposant aux archives les procès-verbaux.

« Le seul récit de ces faits suffit pour établir la vérité, et rend
« inutile l'examen détaillé de toutes les soi-disant *présomptions*
« qu'ont successivement invoquées les nombreux intrigants qui ont
« cherché à faire revivre en eux le jeune prince, dont la fin avait été

(1) *Note de l'éditeur.* Lasne fait mourir l'enfant le 27.

« si déplorable. Ainsi croule le roman laborieusement échafaudé
« par Naundorff et ses partisans ; ainsi se trouvent établis et *l'esprit*
« *astucieux* de l'un et *la crédulité incompréhensible* des autres...

« Dans ces circonstances, en ce qui touche le nommé Naundorff,

« Attendu qu'il a été expulsé du territoire français *en vertu d'une*
« *décision administrative, compétemment rendue ;*

« En ce qui touche les autres inculpés,

« Attendu qu'il n'y a pas contre eux charges suffisantes ;

« *Disons n'y avoir lieu à suivre :*

« Et maintenons la saisie de toutes les pièces.

« Fait au palais de justice à Paris, le 9 janvier 1841.

« Ont signé..... »

L'étrange jugement rendu en 1851, dans l'instance introduite au
nom des enfants du duc de Normandie, se fondant aussi *uniquement*
sur les témoignages de *Lasne* et de *Gomin* pour confirmer l'acte
de décès du Dauphin au Temple, j'en donne ici le dispositif :

« Attendu que l'acte de décès du fils de Louis XVI, du
« 12 juin 1795, et le procès-verbal de son autopsie ont été envi-
« ronnés d'une publicité incontestable qui ne permet pas d'admettre
« une supposition de personne ; que les actes sont confirmés sura-
« bondamment par les dépositions de *Lasne*, de *Gomin*, *judiciaire-*
« *ment recueillies en* 1837, *et contre lesquelles on ne peut élever*
« *aucune présomption sérieuse ;*

« Attendu que, sans rechercher les antécédents de Naundorff, le
« *seul fait* de son ignorance presque complète de la langue fran-
« çaise jusqu'en 1832, *suffit* pour repousser l'origine qui lui est
« attribuée...

« Attendu *qu'en cet état, les faits articulés par les demandeurs*
« *sont dès à présent réfutés ;*

« Le tribunal déboute les demandeurs de leurs conclusions, tant
« principales que subsidiaires, et les condamne aux dépens.

XVII

« En rapprochant de vos conclusions l'ordonnance de la chambre du conseil que nous venons de lire, il m'est impossible, monsieur le substitut, de ne pas déclarer hautement que M. le juge d'instruction, dans sa procédure instruite à la sourdine, a, comme vous à l'audience, traité la question, ainsi qu'on la traite dans le monde politique ou ignorant, avec le parti pris de répudier tout examen loyal, logique et consciencieux, et de dénaturer les faits démonstratifs de la vérité. Si ce langage est sévère, nul ne voudra m'en blâmer ; car la vérité, droit inviolable de l'homme, est aussi le plus impérieux devoir de la justice. La méconnaître ou la parodier pour se faire du mensonge un prétexte d'oppression, constitue un outrage à la morale publique ; et cette vérité, dans l'ordre social, aucune constitution humaine n'a le privilége d'en interdire la manifestation. On a pu jadis, sur le chevalet de la torture, sous les verrous du despotisme, étouffer la voix des gens de cœur qui s'élevait avec autorité contre les abus des puissances politiques et religieuses. Ce honteux asservissement de la pensée, que l'imposture et l'iniquité des grands tentent en vain de réimposer à l'humanité, ne saurait plus exister longtemps encore ; l'homme est en train de reconquérir ses droits absolus d'indépendance morale et spirituelle, et le premier de tous est celui de pouvoir dire la vérité librement à ceux qui la falsifient, ou entretiennent l'erreur, dans l'intérêt matériel d'un ordre de choses destructeur du bien-être des peuples. Les actes de l'autorité rentrent essentiellement dans le domaine d'une discussion permise. S'il en arrive du scandale, qu'il retombe sur la tête des imprudents qui l'ont voulu en s'écartant de la voie droite. Quant à nous, nous nous félicitons des écarts du pouvoir dans la question relative au duc de Normandie : nous avons du moins l'avantage d'avoir amené nos adversaires politiques à une dissertation contradictoire, à nous dire leur dernier mot par l'ordonnance de la chambre du conseil, par vos conclusions et par le jugement du tribunal civil. Retournons à *Lasne* et à *Gomin*.

« Que peut-on opposer à ces dépositions si graves, avez-vous dit?
« Le défenseur des héritiers Naundorff a dû reconnaître qu'à leur
« lecture sa conscience avait hésité, et qu'elles seraient *accablantes*,
« si elles n'étaient *mensongères*. »

« Ce que vous dites-là, monsieur le substitut, demande une explication ; je la donnerai péremptoire. Notre intelligent avocat, d'abord, n'a point reconnu que ces dépositions seraient *accablantes*, si elles n'étaient *mensongères*. Sa haute capacité le justifie d'une réflexion si peu logique. En effet, si les témoignages de *Lasne* et de *Gomin* n'étaient pas mensongers, ils seraient plus qu'accablants, ils trancheraient définitivement la question, et alors, en réalité, la cause des héritiers Naundorff serait insoutenable. Mais passons sur cette légère inadvertance. Il est vrai que M⁰ Jules Favre m'a déclaré qu'ils étaient accablants ; il a même été plus loin : il m'a prévenu qu'il ne plaiderait pas la cause si je ne lui fournissais pas les moyens judiciaires de les combattre d'une manière intrinsèque, c'est-à-dire, autrement que par des témoignages historiques sur l'évasion et des reconnaissances d'identité. M⁰ Favre raisonnait en éminent légiste, qui a l'expérience qu'au palais les droits les plus équitables sont parfois sacrifiés à un texte de loi, à un principe de droit rigoureux, dont l'application *légale* fait souvent gémir la conscience du magistrat honnête homme. Les préjugés gouvernent le monde, et les juges font partie du monde. Nous ne pouvions pas nous dissimuler que la cause du duc de Normandie avait constamment été présentée sous un côté ridicule par les sommités de toutes les époques, dont elle froissait les intérêts politiques ; par les sourdes menées du clergé catholique, qui s'était frappé de discrédit en absolvant de ses infractions aux commandements de Dieu la *sainte* duchesse d'Angoulême, vivant dans un état public d'impénitence, de spoliation du bien d'autrui, d'oubli de ses devoirs, de complicité permanente avec tous les criminels proscripteurs de son frère ; par les influences sociales de toutes les factions, par le vil égoïsme des esclaves de l'opinion domi-

nante. Pour lutter avec avantage, devant une justice opposante,
contre d'aussi puissants mobiles de réprobation, il ne devait donc
y avoir rien de louche, rien *d'objectable*, quoique moralement et
humainement inadmissible, dans l'exposition judiciaire des droits de
la famille méconnue. Nos écrits nous avaient maintes fois donné
raison devant le monde impartial, et le monde inique nous pour-
suivait toujours de ses dédains. Pour triompher sur l'esprit d'un tribunal, dont les membres ne sont pas, malheureusement, insensibles
aux arrêts de la prévention, il fallait avoir visiblement raison contre
tous ; par conséquent, contre *Lasne* et *Gomin*, anciens agents de la
Convention, qui la disculpaient par des paroles qu'on jetterait en
avant comme le palladium des répulsions de la politique. Voilà dans
quel sens, *en droit*, leurs dépositions assermentées étaient *accablantes*, quoiqu'elles ne pussent *en fait* détruire la certitude contraire
résultant d'un ensemble de faits constants, d'attestations honorables,
tels que, dans une question d'État ordinaire, un tribunal, même
exigeant, eût trouvé plus d'éléments qu'il n'en fallait pour adjuger
aux demandeurs, sans complément de preuves subsidiaires, leurs
conclusions principales. Mais il ne suffisait pas, pour l'honneur et la
réputation de notre illustre avocat, pour la moralité de ses augustes
clients, que *Lasne* et *Gomin* n'eussent pas dit la vérité, il lui importait aussi de pouvoir l'établir juridiquement ; tâche souvent impraticable, car le faux témoin prend là même attitude que celle de
l'homme vrai, et le mensonge pressenti ne peut pas toujours être
prouvé directement en justice, où la forme emporte le fond : M⁰ Jules
Favre est placé à une telle hauteur d'élévation sociale, qu'il se devait
à lui-même de ne pas s'exposer à ce que l'ombre même d'une défa-
veur, toute injustifiable qu'elle eût été, planât sur la juste considération dont il jouit. Il n'ignorait point que, pour prix du plus sublime
autant que du plus désintéressé dévouement à la vérité diffamée,
qu'en cédant aux loyales prescriptions de la robe qu'il porte si
honorablement, il rencontrerait, dans ce siècle rapetissé d'intérêt
matériel, contre lequel sa conduite était une flétrissante protestation,
les traits acérés de l'envie, les quolibets de la nullité, qui croit se
donner du mérite en critiquant ce qu'elle n'a pas l'esprit de com-

prendre, la désapprobation, enfin, d'une foule d'êtres dont il allait. frapper d'anathème les coupables répugnances. Alors il m'a dit : « Je ne veux pas qu'il reste un biais qu'on puisse, à tort ou à raison, m'opposer. La déclaration si précise de deux commissaires de la Convention préposés dans le temps à la garde du Dauphin, me gêne et me préoccupe désagréablement, et j'ai résolu de ne pas plaider la cause des enfants du duc de Normandie, si vous n'en détruisez pas dans mon esprit la fâcheuse impression. » Je l'ai fait; et je ne crois pas m'abuser en considérant les hésitations vaincues de Mᵉ Jules Favre comme un argument de moralité qui grandit l'autorité de sa parole.

« Cette circonstance, monsieur le substitut, me détermina à me présenter aux archives nationales, dont les portes m'ont été poliment ouvertes, je l'avoue; mais dans quel sens : je vais vous le dire. Obligé de consigner dans une demande écrite la nature des recherches auxquelles je désirais me livrer, j'ai très franchement énoncé que, m'occupant d'études historiques, j'avais rencontré des témoignages qui établissaient que le Dauphin n'était pas mort au Temple. Je réclamai en conséquence la communication des actes de la Convention, du Directoire, du Consulat, de l'Empire et de la Restauration, qui pourraient m'éclairer sur cette question. Voici la réponse écrite au bas de ma requête :

« On communiquera à M. de la Barre tous les documents, et on lui donnera toutes les explications *de nature à dissiper* l'étrange illusion où il paraît être, et à le convaincre que l'administration des archives ne veut rien lui refuser. »

« Je n'ai eu qu'à me louer, je le répète, des égards et de la déférence dont j'ai été favorisé par les personnes de l'établissement avec lesquelles j'ai été mis en rapport, et j'affirme qu'en racontant ces détails il n'y a en moi aucune pensée désobligeante pour qui que ce soit. J'en veux faire seulement ressortir la conséquence avantageuse pour la cause. J'ai précisé les pièces, les dates, les époques qu'il m'importait de vérifier; toutes les communications possibles, relativement au décès du prince, se sont bornées au rapport imprimé de *Sévestre* tel que nous le connaissons, sans aucune pièce à l'appui.

De cette disette de documents, on doit conclure forcément que le gouvernement français ne peut justifier la mort du fils de Louis XVI autrement que par l'acte de décès argué de faux, et que, si tout ce qui s'y rattache a disparu, c'est qu'évidemment les pouvoirs successifs en France, à l'effet de se mettre à l'abri d'investigations indiscrètes, ont fait enlever des papiers compromettants pour leur système de mensonge.

« On m'a communiqué encore plusieurs cartons de *Mémoires du Temple*, dans lesquels j'ai trouvé la date précise des nominations de *Laurent*, de *Gomin* et de *Lasne*, comme gardiens des deux enfants de Louis XVI, et qui renversèrent de fond en comble tout l'échafaudage de perfides énonciations bâties par le juge d'instruction sur la déposition des deux derniers, comme on le verra bientôt. Aussi, vous devez vous le rappeler, *quand apparurent ces révélations foudroyantes, il y eut une sorte de stupéfaction dans l'auditoire, dont MM. les juges et vous ne fûtes pas exempts.* Vous me fîtes prier à l'issue de l'audience de vous indiquer dans quel carton des archives j'avais découvert ces pièces, qui avaient échappé à vos recherches. Je me fis un devoir de satisfaire à votre demande, et, pour accéder à vos désirs, je vous donnai encore par écrit quelques autres explications, qui probablement ne furent pas de votre goût, puisqu'elles ne vous ont pas empêché de conclure contre le bon droit. Je me félicite toutefois que nous soyons d'accord sur l'authenticité des brevets de nomination de *Laurent*, de *Gomin* et de *Lasne*, parce qu'ils conservent toute leur force malgré votre critique indignée de nos argumentations. Je prie le lecteur de se reporter à vos observations concernant *Lasne* et *Gomin* pour bien comprendre ce qui va suivre.

« Vous vous prévalez des dépositions de *Lasne* et de *Gomin* de 1837 et 1840, à l'effet d'identifier avec l'Orphelin du Temple l'enfant mort le 8 juin 1795. C'est s'y prendre un peu tard pour une justification qui aurait dû être établie dès cette dernière époque et résulter de documents officiels qu'on devrait pouvoir reproduire. On a omis une formalité de rigueur, sans laquelle l'acte de décès du 12 est insuffisant pour constater la mort du Dauphin. Eh bien, monsieur le substitut, aux termes de la loi, ce complément de preuves

ne peut se faire *qu'en instance civile*, en présence des parties inté-
ressées, qui arguent de faux et de nullité cet acte reconnu incomplet,
et la preuve contraire leur appartient de droit. Faire des deux dépositions une base du jugement et ne pas vouloir admettre celles
produites et offertes au nom des demandeurs, c'est un flagrant déni
de justice. Les dépositions fussent-elles admissibles, vous ne pourriez encore les leur opposer légalement, qu'autant qu'elles auraient
été confirmées contradictoirement avec eux. Mais elles ne sont pas
même recevables, car elles ont été rendues dans une instruction correctionnelle, hors de la présence de celui qui avait intérêt à les
combattre. Vous savez aussi bien que moi qu'on ne transporte pas
un témoin correctionnel, fût-il contradictoire avec la partie adverse,
dans une instance civile; qu'il y a des règles impératives prescrites
pour les enquêtes, dont le juge ne peut pas s'affranchir. Ces dépositions sont donc nulles, et ne pourraient tout au plus être invoquées
par une justice régulière qu'à titre de renseignements. Sans être jurisconsulte, on conçoit qu'il n'en saurait être autrement, surtout
dans notre espèce. Le duc de Normandie n'était pas là pour contredire les allégations qu'on oppose à ses héritiers; il n'a pas eu la faculté d'interpeller les témoins pour rectifier leurs souvenirs, éclairer
leurs erreurs, ou démontrer leur mensonge. Leur déclaration a été
dictée sous l'influence d'un juge instructeur qui s'efforçait d'établir
ténébreusement une culpabilité dans une procédure instruite par
contumace contre celui qui, se prétendant fils de Louis XVI, avait
saisi la magistrature compétente de sa réclamation, et qu'on avait
chassé de France pour ne pas le juger. Sanctionner votre système,
ce serait créer arbitrairement à des juges d'instruction pervers, à de
faux témoins non contrôlés, un expédient trop facile pour attenter à
l'honneur, à la propriété, aux intérêts les plus sacrés du citoyen, en
lui enlevant le droit inviolable de la défense. Ce principe conserva-
teur est si impérieux, que le renvoi d'un inculpé devant la police
correctionnelle ou criminelle n'établit à son égard qu'une prévention qui, jusqu'au jugement de condamnation, laisse subsister toute-
puissante en sa faveur une présomption légale de non-culpabilité.
Ainsi, si la chambre du conseil avait décidé qu'il y avait lieu à suivre

pour le délit imputé d'escroquerie, vous n'auriez pas eu le droit de requérir une condamnation contre le prévenu, venant se faire juger, sur la lecture de ces témoignages ; la loi vous obligeait de les recevoir oralement devant lui, afin qu'il pût y répondre. Et vous prétendriez, ainsi que le tribunal, qu'ils sont valables et décisifs dans la cause civile ! Cette prétention n'est pas seulement illégale ; le bon sens la repousse comme une énormité, et d'autant plus, que, même d'après ces dépositions qui vous inspirent une foi si absolue, la chambre du conseil n'a pas osé renvoyer en police correctionnelle Naundorff, comme se disant faussement fils de Louis XVI, tant elle avait peur qu'il ne vînt se faire juger, ainsi que nous en avions menacé la justice avant l'ordonnance de non-lieu, et qu'il ne démontrât la fausseté des assertions de *Lasne* et de *Gomin*. Je soutiens donc, avec la loi, qu'il nous suffit de récuser leurs témoignages, pour qu'ils soient écartés de la cause. Mais comme en fait ils existent, et que nous ne reculons devant aucune discussion, apprécions-en la valeur intrinsèque.

Ces dépositions ne peuvent inspirer aucune confiance, et voici pourquoi. Occupons-nous d'abord de celle de *Lasne*.

Lasne a déposé deux fois, en 1837 et en 1840. Les deux dépositions ne se ressemblent guère, je vous l'assure ; car celle de 1840, comme on a pu le remarquer à la lecture, est considérablement embellie et augmentée. Elles ont même donné lieu à une méprise assez singulière : le tribunal, dans son jugement, s'appuie sur celle de 1837, et vous, vous avez discuté sur celle de 1840 ; inconcevable maladresse de votre part, car elle est frappée d'une nullité radicale, attendu qu'elle n'a pas été signée par le témoin. La signature de ceux qui déposent, à moins d'un empêchement physique, est une formalité indispensable, la garantie obligée que le juge n'a pas fait dire au témoin le contraire de ce qu'il déposait, plus qu'il ne déposait, ou autrement qu'il ne déposait. Et pourtant, dans vos pénibles préoccupations, vous n'avez pas songé à nous lire ce que je vois écrit par le juge d'instruction :

« Lecture faite, a persisté et a déclaré que tous ces faits étaient
« vrais, mais *a déclaré qu'il ne voulait pas signer.*

— « *Pourquoi ne voulez-vous pas signer ?*

— « *Parce* que j'ai déjà fait une première déposition et que *je ne* « *vois pas la nécessité de signer.* »

« Voilà un refus de signature, Monsieur, qui ne peut être interprété que d'une seule manière. On ne doit pas l'attribuer à une résistance capricieuse du vieillard; un motif plus grave assurément, que cette irrégularité nous autorise à pressentir, peut seul expliquer l'abstention de signature du témoin. Il n'aura pas voulu prendre sur lui la responsabilité de l'attestation, en raison des termes dans lesquels elle est consignée et des *additions* qu'elle ajoute à celle de 1837. Les déclarations des témoins sont en général simples et précises ; ils ne font point de pathos, et *Lasne* n'a point pu dire, pour avoir vu le fils de Louis XVI très-accidentellement et de loin dans un jardin :

« Le jeune Dauphin se faisait remarquer par la beauté de ses « traits, la vivacité de son caractère et son regard imposant et plein « d'expression. Il avait l'abord brusque de son père, ses gestes « étaient vifs et saccadés ; le premier moment passé, personne dans « la conversation n'était plus affable. Il étonnait par l'à-propos et la « maturité de ses reparties. »

« Beaucoup de ceux qui fréquentaient habituellement la cour n'auraient pas été en position de signaler d'une manière aussi minutieuse le caractère du Dauphin ; et vous voulez qu'un garde national qui, en raison de l'étiquette, ne lui a peut-être pas une seule fois adressé la parole ; vous voulez que *Lasne* se soit exprimé de la sorte ! Allons donc, monsieur le substitut ! C'est plus qu'une invraisemblance ; et M. Zangiacomi, en voulant trop prouver par *Lasne* a prouvé contre lui. Quand il serait vrai, d'ailleurs, que *Lasne* aurait vu le prince une ou deux fois aux Tuileries dans l'année 1791 en montant la garde, il n'aura fait que *l'entre-apercevoir*, de loin, et sans la faculté d'aucune communication particulière avec lui ; car, quoique l'étiquette de la cour fût remplacée, selon vous, par la consigne des révolutions, la vie intérieure de la famille royale mettait du moins le jeune Dauphin à l'abri de tout contact avec des soldats citoyens, dont le républicanisme grossier commandait à la gouvernante des enfants de France une sollicitude de surveillance de tous les instants. D'un autre côté, le capitaine des grenadiers du bataillon du poste Saint-Antoine n'avait point la mission, ainsi que vous le prétendez encore, de surveiller le prince; parce que l'Assemblée avait donné au roi, à la reine, et au Dauphin, une garde particulière, sous le commandement de Lafayette.

« Vous ajoutez en outre que « les officiers de la garde nationale « ont pu suivre sur le visage du prince les dégradations de la dou- « leur, et que, dans une année, les traits du Dauphin n'avaient pas « pu changer au point d'être méconnaissables. »

« D'abord, *il ne s'agit pas d'une année* d'intervalle entre le séjour aux Tuileries et l'époque où *Lasne* aurait revu le prince confié à sa garde dans la prison du Temple, *mais d'environ quatre années*, puisqu'il n'y est entré qu'en 1795. Ensuite, pour suivre les dégrada- tions de la douleur sur un visage, il ne faut pas le perdre de vue, et vous ne disconviendrez pas que l'état du prince aux Tuileries n'avait rien de comparable à l'aspect sous lequel *Lasne* nous le dépeint, au mois d'avril 1795, comme *inspirant la pitié et presque le dégoût*. Je soutiens qu'il était impossible au nouveau gardien de s'assurer par lui-même que c'était le même enfant que celui qu'il prétendait avoir vu aux Tuileries.

« Mais je sais qu'on lit encore dans la déposition de *Lasne* : « *Après la journée du* 10 *août*, je fus nommé commandant en chef « de la section *des Droits de l'Homme* : en cette qualité, j'allais au « Temple pour y inspecter les hommes de service, et j'y voyais les « enfants de Louis XVI lorsqu'ils jouaient dans le jardin. J'ai par- « faitement reconnu le Dauphin pour celui que j'avais vu et sur la « terrasse des Feuillants et dans les promenades aux Tuileries. »

« La déposition est habile, pour faire croire à une reconnaissance d'identité. Nous y voyons trois stages de reconnaissance : dans *les promenades aux Tuileries en* 1791, par *Lasne*, capitaine des grena- diers du bataillon du poste Saint-Antoine; après *le* 10 *août*, au Temple, par *Lasne*, commandant en chef de la section des Droits de l'Homme; *en avril* 1795, par *Lasne*, gardien des enfants de Louis XVI. Tou- tefois, cette habileté ne sauve pas l'invraisemblance, je dirai plus, l'impossibilité de ces trois époques de reconnaissance, et que *Lasne,* en faisant ses divers services de garde national, ait pu apprécier le caractère du Dauphin tel qu'il l'a détaillé, car il y avait défense sévère, de la part du Conseil général, même au commandant général du poste du Temple, de se permettre aucune communication avec la famille royale. Ce qui, du reste sous ce rapport, doit enlever toute confiance à la déclaration de *Lasne,* c'est qu'il n'est pas d'accord avec lui-même dans ses deux dépositions. Dans celle de 1840, non signée, il voit le prince aux Tuileries comme capitaine des grenadiers du bataillon du poste Saint-Antoine; dans celle de 1837, il l'y voit *avant le* 10 *août,* comme commandant en chef du bataillon du district des Droits de l'Homme, et d'après la déposition de 1840, il n'aurait été nommé à ce poste *qu'après la journée du* 10 *août.* Où est la vérité? Une justice impartiale n'ira point la chercher dans les contradictions d'un témoin, et celle que je signale ici est d'une haute importance. En effet, si *Lasne* se trompe sur le poste qu'il occupait lorsqu'il dit avoir vu le prince, quelle garantie avons-nous qu'il rappelle fidèlement ses impressions quant à la reconnaissance d'identité? Aucune.

« Je maintiens encore, et par le simple bon sens, que *Lasne* n'a point pu dicter la belle péroraison suivante :

« Je dirai une dernière fois que le 'fils de Louis XVI est bien
« mort et que ceux qui usurpent le titre de Dauphin sont des
« imposteurs. Je le leur ai bien fait entendre quand ils se sont
« présentés chez moi pour chercher à surprendre ma bonne foi, et
« je désire que la déclaration solennelle que fait un vieillard sur le
« bord de sa tombe, et qui fut acteur et témoin dans ces grandes
« scènes, serve à fixer enfin un point d'histoire que la malveillance
« ou la cupidité peuvent seules avoir intérêt à obscurcir. »

« Ces réflexions, plus que déplacées dans un témoignage judiciaire, lui ôtent son caractère de sincérité, en laissant voir, au lieu d'un témoin, un homme politique qui dépose dans un sens conforme à une opinion arrêtée d'avance. Comprenez-vous maintenant pourquoi *Lasne* n'a pas voulu signer l'amplification de 1840? Vous alors, monsieur le substitut, qui, à propos d'un mot employé par Mᵉ Jules Favre, *le* au lieu de *vers* dans la déposition de *Gomin;* vous qui avez pris un ton si ridiculement solennel, en criant à l'imposture, deviez-vous nous taire que *Lasne* avait refusé opiniâtrément de signer la déclaration qu'on lui attribue? Non, vous ne le deviez pas, car vous avez argumenté sur une pièce nulle et qui ne méritait pas de fixer l'attention du tribunal. Le tribunal l'a si bien senti, qu'il ne parle que du témoignage donné en 1837.

« Oh! je n'en ai pas fini, monsieur le substitut, avec la déposition de *Lasne :* je prétends aussi que, même fût-elle hors de critique, elle n'a pas plus de force que sa déclaration de 1795, d'après laquelle l'acte de décès a été rédigé. La raison en est péremptoire. De deux choses l'une effectivement : ou *Lasne* a été trompé de bonne foi en prenant pour le Dauphin un enfant qui ne l'était pas, celui dont il fut constitué le gardien, et qui est mort sur *son bras gauche*, d'après le témoignage de 1837, *et les bras autour de son cou d'après celui de* 1840 ; ou il a cédé à une exigence de ses supérieurs, en signant un acte de décès qu'il savait mensonger.

« Si, quand il est entré au Temple comme commissaire, il a cru sincèrement que l'enfant confié à sa garde était le Dauphin, sa déclaration du décès est erronée sans qu'il l'ait su. Nous prétendons que le décédé était un enfant substitué au fils de Louis XVI; voilà la question à examiner. Nous devons en chercher la solution en dehors de l'acte mortuaire, dont fait essentiellement partie la déclaration de *Lasne ;* car si, comme nous l'affirmons, la substitution est établie par des autorités décisives, l'acte devient nul, et sa nullité entraîne celle de la déclaration des deux signataires de l'acte. Il est donc tout bonnement absurde de vouloir confirmer la déclaration attaquée de 1795 par la déclaration du même individu en 1837 et 1840. *Lasne* ne peut pas plus la certifier valable, qu'un fonctionnaire ne peut légaliser lui-même la certitude de sa propre signature. C'est ici qu'est véritablement une pétition de principe, et c'est décider la question par la question, car l'état des choses n'a point changé, et *Lasne*, trompé en 1795, doit certainement ratifier son erreur à une époque ultérieure et tenir toujours le même langage : c'est évident. Donc, la déposition de *Lasne*, dans cette hypothèse, ne saurait nous être plus valablement opposée que l'acte que nous attaquons. Elle ne le saurait pas plus s'il a fait sciemment une fausse déclaration, parce que l'on doit supposer qu'ayant menti une première fois, il aura fait un second mensonge pour couvrir le premier, ayant un intérêt personnel à ne vouloir pas se contredire.

« Au surplus, nous produisons aussi, nous, un interrogatoire que le prince, en présence de M. Albouys, a fait subir à *Lasne* en 1834, dans lequel ce dernier est bien loin d'attester aussi positivement que devant le juge d'instruction sa certitude de l'identité de l'enfant mort avec le Dauphin. Et cet interrogatoire, dont nous pouvons prouver judiciairement la sincérité, nous avons le droit de l'opposer à la justice, aussi bien que la justice nous en oppose qui ont été reçus mystérieusement contre le prince. Il en a été rendu compte par une lettre du duc de Normandie, adressée le 21 octobre 1833 à la cour d'assises qui jugeait l'imposteur *Richemont* ; le voici tel qu'il a eu lieu :

« Quelques mois après l'arrivée du prince à Paris, M. Albouys lui parla du sieur *Lasne* et paraissait, ainsi que d'autres personnes, attacher une grande importance aux déclarations de cet homme. Le prince, qui ne reculait devant aucun genre d'épreuves, se rendit à la demeure de *Lasne* avec M. Albouys, et quand ils furent dans son cabinet, le prince lui dit :

« Vous êtes celui dans les bras duquel on prétend que Louis XVII a rendu le dernier soupir ? »

« A cette question, il fixa le prince attentivement sans lui répondre.

« Ne craignez rien, continua-t-il, je suis un ami de Louis XVII et je vous certifie que vous êtes dans l'erreur, Louis XVII n'est pas mort au Temple ; il existe. »

« Ah ! ah ! répliqua *Lasne*, serait-il possible ? Non, je ne peux pas le croire. »

« Si vous voulez répondre sincèrement à mes questions, ajouta le prince, je vous le prouverai. »

« Le vieillard répondit d'une voix tremblante :

— « Oui, je le veux bien. » Il s'établit alors entre eux la conversation suivante :

— « Avez-vous connu le fils de votre ancien roi avant sa captivité ? »

— « Oui. »

— « Fûtes-vous employé dans la maison du roi ? »

— « Non. »

— « Où avez-vous donc vu le prince dans son enfance? »

— « Je l'ai vu quelquefois au jardin des Tuileries. »

— « Fûtes-vous employé comme gardien de Louis XVII au
Temple longtemps avant sa mort? »

— « A peu près quarante jours avant sa mort. »

— « Vous dites n'avoir vu le prince que quelquefois au jardin
des Tuileries ; dans ce temps, le prince se portait parfaitement
bien. »

— « Oui, Monsieur. »

— « Mais comment fut-il possible qu'après trois ans vous ayez
reconnu cet enfant, que vous n'aviez vu que quelquefois, dans l'état
affreux où il se trouvait au Temple? »

— « L'enfant qui m'a été confié au Temple comme le fils de
Louis XVI n'était pas malade, mais au contraire il jouissait de la
meilleure santé. »

— « Voilà, dit le prince en s'adressant à M. Albouys, la preuve
la plus incontestable que cet homme a été trompé alors par la Commune : car le Dauphin supposé était à cette époque très-malade. »
Puis en se retirant il dit à *Lasne* : « Vous serez convaincu en peu
de temps que le fils de votre ancien roi n'est pas mort ; ne le souhai-
teriez-vous pas ?

« Oh ! mon Dieu, oui, répliqua-t-il ; mais je ne peux pas le croire.
Je serais bien heureux, car vous voyez combien j'aime la famille
royale, » ajouta-t-il en montrant tous leurs portraits.

« Je pourrais sans inconvénient borner là ma critique des dépositions de *Lasne* ; j'ai, ce me semble, présenté d'assez fortes considérations qui ne permettent pas d'y avoir égard ; mais je tiens à
prouver que j'approfondis une question consciencieusement, et que
je ne me forme pas une conviction à la légère. Je poursuis mon investigation en comparant entre eux les divers témoignages. Pour

qu'ils fussent acceptables, il faudrait nécessairement qu'il ne s'y rencontrât aucune contradiction, aucun fait inadmissible ; et j'en ai déjà signalé plusieurs. Il en est d'autres que je ne veux pas passer sous silence; parce que deux versions sur un même fait, ou un fait avancé faussement, font suspecter la sincérité d'un témoin ; de sorte qu'on ne saurait plus ajouter foi aux autres parties de son témoignage, qui n'ont pour garantie que sa parole menteuse.

« Nous avons vu que *Lasne*, interrogé par le prince, déclare que l'enfant confié à sa garde jouissait d'une bonne santé. C'est aussi ce qu'il dépose en 1837, en disant : « Le prince, *après une maladie de deux jours*, a rendu le dernier soupir. »

« Dans sa déposition non signée, on lit, au contraire : « Ce malheureux enfant inspirait la pitié et presque le dégoût. »

« *Gomin*, entré au Temple longtemps avant *Lasne*, dit que, lors de son installation, « la santé du prince était déplorable, que son état de langueur et d'abattement annonçait une fin prochaine. »

« Lasne affirme « qu'il fit un rapport à la Convention sur l'état dans lequel il avait trouvé le jeune prisonnier, *ce qui avait été négligé jusqu'alors* (avril 1795); » tandis que le conventionnel Harmand, dans son rapport de 1794, assure « qu'il fut rendu compte de l'état du prince au Comité de sûreté générale. »

« M. le juge d'instruction, se méprenant sur le récit du prince, pensait que nous faisions mourir l'enfant muet à sa place, lorsque, au contraire, ce fut l'enfant scrofuleux qui succomba le 8 juin 1795. Il s'est appliqué alors à faire représenter cet enfant comme ayant parlé. Peu nous importe qu'il ait parlé; nous n'avons jamais prétendu le contraire. Ce fait même établit matériellement, sans qu'on s'en soit douté, conformément aux indications de *Laurent* et à celles du prince, la substitution d'un autre enfant à celui qui, visité par les trois conventionnels, ne prononça pas une seule parole.

« Dans la déposition de *Lasne* de 1837, il n'est pas question que l'enfant ait parlé. Dans celle non signée, il atteste qu'il n'a parlé qu'une *seule* fois pendant tout le temps de son service auprès de lui; et *Gomin* dit : « Pendant sa maladie, le prince, que je voyais à tous les instants de la journée, *causait sans efforts ;* il a même parlé une heure avant de mourir. *Il répondait volontiers aux sieurs Laurent et Lasne ainsi qu'à moi;* CETTE CIRCONSTANCE SE RAPPORTE AU DERNIER TEMPS DE SA VIE. »

« C'est-à-dire encore, qu'avant les derniers temps de sa vie, l'enfant ne parlait pas. En effet, l'enfant qui n'est pas mort au Temple, qui ne parlait pas, dans les premiers temps du service de *Gomin,* c'était le muet, et celui qui parla dans les derniers temps de sa vie, c'était l'enfant malade substitué au muet. On ne peut s'expliquer autrement cette observation du témoin qui, malgré son désir de déguiser la vérité, la laisse involontairement percer. En révélant un changement de volonté chez l'enfant, à deux époques rapprochées, qui le fait causer volontiers sans hésitation après un mutisme complet, invraisemblable s'il s'agissait du même enfant, on fait clairement entrevoir un changement de personne dans le prisonnier et deux enfants, selon la version du duc de Normandie, pendant le service de *Gomin* au Temple.

« *Lasne* déclare que la substitution était impossible matériellement; que la Tour n'avait *ni comble ni grenier,* et que, par conséquent, on ne pouvait y cacher qui que ce fût. Mais *Gomin* reconnaît que cette substitution était praticable *avec la coopération des gardiens,* et que, conséquemment, on aurait pu alors cacher le prince dans *les combles de la Tour,* quoique, d'après *Lasne,* il n'en existât point.

« Dans sa déposition non signée, *Lasne* dit : « *Pendant deux* « *jours* le corps du prince fut exposé dans sa chambre. Il a pu faci- « lement être vu et reconnu par toutes les personnes qui allaient et « venaient dans le Temple, ainsi que par les hommes de garde. Je « ne l'ai quitté que lorsque les derniers devoirs lui furent rendus. « C'est dans le cimetière Sainte-Marguerite-Saint-Antoine qu'il a été « enterré *dans une fosse séparée.* »

« Tous ces détails, ajoutés à la déposition de 1837 dans celle non signée, ne peuvent pas être vrais. L'exposition du corps pendant deux jours, ou quarante-huit heures, dans la chambre du décédé, est démentie par le procès-verbal d'autopsie qui a eu lieu le lendemain du décès à onze heures du matin, c'est-à-dire, vingt heures après le décès. D'ailleurs, toutes les personnes qui allaient et venaient dans le Temple, ainsi que les hommes de garde, n'ont ni vu ni reconnu l'enfant mort pour le Dauphin : d'abord, parce que deux arrêtés du conseil général, de 1792 et 1793, avaient décidé « qu'aucun membre au service du Temple, que personne n'entrerait dans la Tour, si ce n'est l'officier commandant le corps de garde intérieur, et *seulement pour son service ;* ensuite, s'il n'y avait pas eu défense formelle à toutes ces personnes, dont *Lasne* ne désigne pas le nom, d'entrer dans la Tour, il aurait fallu justifier qu'elles avaient connu le Dauphin avant *le 7 novembre 1794*, et rapporter leur témoignage de 1795, constatant l'identité si dérisoirement certifiée.

XVIII

« Passons donc à *Gomin*. La plupart des observations que j'ai faites à l'égard de *Lasne* s'appliquent à lui également : je ne les reproduirai point ; le lecteur judicieux saura lui en faire l'application. Seulement, je veux faire remarquer que *Gomin* base sa certitude de l'identité du décédé avec le Dauphin sur ce que, « étant commandant de la garde nationale de Paris, il avait vu le fils de Louis XVI, antérieurement à sa détention, *plusieurs fois* et de très-près dans le jardin dit *du Prince* aux Tuileries. »

« C'est pourquoi, redit-il un instant après, « je le connaissais « parfaitement, l'ayant vu *souvent*.» Admettant que plusieurs fois soit synonyme de souvent et que le fait rapporté soit vrai, je soutiens qu'au mois de novembre 1794, plus de deux ans après l'incarcération du prince, en revoyant un enfant *dont l'état de langueur annonçait la fin prochaine*, il lui a été impossible d'être certain par lui-même que cet enfant était le même que celui qu'il aurait vu jouer dans le jardin des Tuileries. Mais il est des observations particulières qui concernent ce témoin, et pour le bien juger il importe de relater la date précise de la nomination officielle des trois gardiens, que j'ai copiée aux archives nationales ainsi qu'il suit :

« Par arrêté des Comités de salut public et de sûreté générale, le
« citoyen *Laurent* a été chargé de la garde des enfants de Capet
« le 11 du mois de thermidor an II, » — correspondant *au 29 juillet* 1794. —

« Extrait des registres de la tour du Temple :

« Le 19 brumaire de l'an III, — correspondant au 9 novembre
« 1794, — sept heures de relevée, se sont présentés..... membres
« de la commission de police administrative de Paris, lesquels.....
« nous ont déclaré qu'ils viennent, en exécution d'un arrêté du
« Comité de sûreté générale de la Convention, signifié à ladite com-
« mission cejourd'hui, installer le citoyen *Gomin* dans les fonctions
« d'*adjoint* au citoyen *Laurent,* pour la garde du Temple.....

« La commission a nommé pour commissaire à l'effet de con-
« duire le citoyen *Gomin* à son poste, de l'y installer, de lui faire
« prêter serment de bien et fidèlement remplir sa mission.....

« Et sur-le-champ le citoyen *Gomin* a été, par *nous gardiens* et
« commissaires civils, conduit dans la chambre des détenus *dont il*
« *a reconnu l'existence.*

« En foi de quoi..... signé *Laurent*..... »

« Le 26 floréal an III, rapport.
« Traitement du mois de germinal.
« Laurent, commissaire..... pour 11 jours
« remplacé le 11 par
« *Lasne*............. pour 20 jours. »

« Ainsi *Lasne* est entré en fonctions le 11 germinal an III, correspondant *au 31 mars* 1795, et *Laurent,* ce jour-là même, a quitté
le Temple et cessé ses fonctions.

« Que nous avez-vous dit, monsieur le substitut, sur la déposition de *Gomin?* Voici vos paroles :

« Quant à la déposition de *Gomin,* on l'accuse nettement de
« mensonge, et l'examen de cette accusation montrera au tribunal

« par quels moyens les héritiers Naundorff cherchent à surprendre
« sa religion. Ils ont eu en communication le dossier criminel où se
« trouvent les dépositions; ils ont pu en prendre copie, et voici
« comment ils raisonnent : *Gomin était pensionné par Mme la du-*
« *chesse d'Angoulême* (il y a là une insinuation à laquelle je ne
« ferai pas l'honneur d'une réponse); il a chez lui son brevet de
« nomination; il le vérifie, et le lendemain, il vient dire au juge
« d'instruction : « *Je suis entré au Temple le 26 août 1794;* » or,
« il n'y est entré que *le 9 novembre.* Il aurait pu se tromper sur
« cette date, s'il avait déposé avant d'avoir vu son brevet; mais *il*
« *se trompe après cette vérification* : donc, il ment sciemment. Or,
« s'il a menti sur un point, quelle foi ajouter au reste de sa dépo-
« sition?

« J'avoue, Messieurs, qu'en écoutant ce langage, tenant dans mes
« mains les pièces originales, sachant qu'elles avaient été commu-
« niquées, je ne pouvais revenir de mon étonnement, car les choses
« se sont passées tout au rebours du récit qui vous a été présenté.

« *Gomin*, vieillard de quatre-vingt-trois ans, est entendu par
« M. le juge d'instruction de Pontoise, le 7 août 1837; il dit être
« entré au Temple *vers le 26 août;* que la date n'est pas précise;
« que, si la justice le désire, il apportera son brevet de nomination
« qui est resté dans sa maison de Paris. On le lui demande, et il
« l'apporte à M. le juge d'instruction le 10 septembre 1837.

« Ainsi, il a fait sa déposition un mois avant d'avoir vu son bre-
« vet; *il aurait pu faire une erreur, ce vieillard de quatre-vingt-*
« *trois ans, et il ne la fait pas, car il dit seulement :* « *Je suis entré*
« *au Temple* VERS *le 26 août, et non* LE *26 août, comme on le*
« *prétendait.*

« Qui se trompe de *Gomin* ou des héritiers Naundorff? Voilà la
« pièce originale, voici la copie des héritiers Naundorff. Pourquoi
« cette copie n'est-elle pas conforme à l'original? *Quand on argu-*
« *mente sur un mot devant des juges, il faut que ce mot soit exact;*
« il faut le faire copier par une main qui ne soit pas distraite ou infi-
« dèle. S'il y a de l'inexactitude ici, elle n'est pas dans la déposition
« de *Gomin;* elle est dans les critiques qu'on lui adresse. *Gomin*

« n'a donc pas menti, et puisqu'on avouait que cette déposition
« serait accablante, si elle n'était mensongère, il en résulte ceci :
« C'est que cette déposition reste debout avec toute sa puissance et
« son énergie, et *qu'en présence de ses termes, la cause de Naun-*
« *dorff est insoutenable.* »

« Irritez-vous tout à votre aise, monsieur le substitut, faites de
l'indignation tant qu'il vous plaira; je ne m'en émeus point, et je
répète ce qui a été dit à l'audience : *Gomin* a menti, il a menti
sciemment. J'ajoute que M. le juge d'instruction a bâti son ordonnance de la chambre du conseil sur les mensonges du témoin, dont
il avait là preuve à son dossier. Prouvons-le.

« *Gomin* dépose : « Je suis entré au Temple vers le 9 thermidor
« an II (27 juillet 1794 et non 26 août), en qualité de gardien du
« prince *Charles-Louis.* »

« Or, il n'a été nommé que le 19 brumaire an III (7 novembre 1794),
c'est-à-dire, trois mois treize jours plus tard.

« Il dit encore : « J'étais assisté pour la garde du prince d'un
« sieur *Laurent.* »

« Mais son brevet de nomination porte qu'il est installé dans les
fonctions d'*adjoint au citoyen* LAURENT. A-t-il menti, oui ou non?
Répondez logiquement au lieu de vous indigner à faux. Vous prétendez que ce *pauvre vieillard* n'ayant pas vu son brevet avant sa
déposition aurait pu faire une *erreur,* et vous concluez qu'il ne la
fait pas. Singulière aberration d'esprit, dont le bon sens public fera
raison comme il convient! Avez-vous donc perdu toutes les notions
du vrai et du faux, à ce point que vous ne voyiez pas même une
erreur dans ce qui est une imposture réfléchie? J'avoue qu'il faut
avoir une bien grande propension à l'indulgence en faveur d'un
parjure, pour supposer une telle absence de mémoire possible de
la part d'un témoin qui a si minutieusement combiné ses paroles
et ses autres prétendus souvenirs, à l'effet de faire croire à une
identité mensongère. Comment! *Gomin* avait besoin de son brevet
sous les yeux pour se rappeler qu'il n'était pas entré en fonctions
vers le 9 thermidor, époque si mémorable, mais *plus de trois mois*
après, pour ne pas oublier que *Laurent,* déjà en exercice depuis

longtemps, était du nombre des commissaires qui l'avaient installé, en un mot qu'il était adjoint à *Laurent*, et non pas *Laurent* à lui ! Une opinion aussi déraisonnable se réfute d'elle-même, aussi bien que votre argumentation en faveur du faux témoin. Quand il s'agit d'un fait de la plus sérieuse importance, vous vous amusez à nous faire une chicane de mots et vous vous écriez :

« Les choses se sont passées tout au rebours du récit qui vous « a été présenté. *Gomin* dit être entré VERS le 26 août (c'est « 27 juillet qu'il faut dire), et non LE 27 juillet, comme on le pré- « tendait. Quand on argumente *sur un mot* devant des juges, il « faut que *ce mot* soit exact. »

« En vérité, monsieur le substitut, si vous aviez pris à tâche de livrer la cause et la justice à la dérision publique par la discussion d'un système ridicule de votre façon, vous pouvez vous en glori- fier ; vous êtes constamment resté dans votre rôle. Quoi ! nous avons argumenté sur *un mot !* Laissons de côté, je vous prie, cette mauvaise plaisanterie ; parlons sensément, et rendons à l'impos- ture son caractère réel. Que font à la cause les mots LE ou VERS, ou, selon qu'il est écrit dans l'ordonnance de la chambre du conseil, *à l'époque du 9 thermidor ?* Il s'agit de *mois* et non pas de *mots*, et puisque vous voulez vous indigner, indignez-vous de toute l'énergie dont une âme honnête est capable, en voyant M. Zangiacomi et les membres de la chambre du conseil écrire et signer, comme acte de justice, que *les deux seuls gardiens donnés au Dauphin après le 9 thermidor furent Lasne et Gomin ;* tandis que le premier nommé avait été *Laurent*, entré en fonctions le 11 thermidor an II (29 juil- let 1794). Indignez-vous, et alors vous serez dans votre droit, de ce que *Laurent n'est pas même désigné dans cette sentence de pré- varication.*

« Comprenez-vous à présent l'utilité du mensonge? En écartant *Laurent* de la garde du Temple, on fait mentir le prince qui dit l'avoir eu pour gardien et que c'est lui qui a facilité les moyens de son évasion.

« En faisant entrer *Gomin* au Temple à l'époque du 9 thermidor, temps auquel le fils de Louis XVI était encore dans son ancienne prison de la Tour; en lui faisant affirmer que, depuis son entrée en fonctions, il n'a pas perdu de vue un seul instant l'enfant confié à sa surveillance, la substitution devenait mensongère, et conséquemment l'évasion, telle qu'elle est rapportée par le duc de Normandie, puisqu'il est certain que la première substitution de l'enfant muet, annoncée par *Laurent* dans une de ses lettres, a dû avoir lieu avant le 7 novembre 1794, *trois mois* après le 9 thermidor et avant l'entrée de *Gomin* au Temple.

« Ce fut là, ainsi que vous serez contraint de le reconnaître, si l'esprit de bonne foi vous revient, une bien traîtreuse combinaison de la part de magistrats, dont chaque parole en justice devrait être une vérité, et qui l'ont sanctionnée, cette odieuse combinaison, *le brevet de nomination de Gomin sous les yeux.* Je sais qu'on a eu la précaution de le faire disparaître du dossier correctionnel avant de nous le communiquer. Mais un second interrogatoire que le juge instructeur a fait subir à *Gomin*, à Paris, le 5 septembre 1857, et qu'on a par inadvertance, je présume, laissé subsister parmi les pièces de la procédure, m'a appris ce qu'on n'aurait pas voulu que nous sussions. Une note qui précède l'interrogatoire est ainsi conçue :

« Pièces déposées par M. *Gomin* dans l'instruction de l'affaire « Naundorff. »

« Vient ensuite l'interrogatoire, dans lequel *Gomin* dépose :

« Conformément à votre invitation, *je vous représente et dépose* « *ma nomination en qualité de surveillant du Temple,* et la lettre « qui me fut adressée pour m'en donner avis, et quelques notes et « pièces que j'ai conservées concernant le fils de Louis XVI et des « événements qui se sont passés au Temple pendant mon séjour.

« Lecture faite, ont signé.

« GOMIN, Zangiacomi, J. Chevalier. »

« On ne s'attendait pas que la Providence, qui déjoue les conseils de l'iniquité, permettrait que, pour contrecarrer un mensonge judiciaire élevé à la hauteur d'une ordonnance de justice, je découvrisse aux archives nationales un document rendu décisif au profit de la vérité par l'audace de l'imposture avec laquelle on s'efforçait de la combattre, car les arguments perfides d'une insigne mauvaise foi de l'autorité suffisent seuls pour éclairer la légitimité des droits du personnage, auquel on ne saurait opposer en justice que de fausses allégations. Si l'imposture se prouve par la vérité, la vérité aussi se prouve par les fourbes expédients de ceux qui la dénient. Cette fausseté capitale, si je ne l'avais pas surprise au milieu des ténèbres dont on l'enveloppait, pouvait perdre à jamais la famille du duc de Normandie, qui, pendant dix ans, n'avait pas été à même de la connaître, et qui ne la connaîtrait pas encore sans l'instance introduite en son nom. Mais, grâce à la justice éternelle, les oppresseurs de l'innocence se sont pris dans leurs propres trames, et le salut des méprisés du monde viendra du côté même où l'on voulait donner la mort.

« Cette œuvre de machiavélisme, monsieur le substitut, se continue dans le même sens ; on travestit le récit du prince, et l'on fait ensuite réfuter cette falsification par *Lasne* et *Gomin*.

« Croyez-vous, demande à *Lasne* le juge d'instruction en 1837,
« qu'il soit possible que l'on ait en votre absence ou à votre insu,
« substitué un enfant au prince, et élevé mystérieusement celui-ci
« *dans les combles* de la Tour du Temple ? »

« — Cela est impossible, répond le témoin, car la Tour du Tem-
« ple, dans laquelle était détenu le prince, n'avait ni comble ni
« grenier et était surmontée d'une terrasse. A la vérité, il y avait
« une flèche sur une partie du bâtiment ; mais l'intérieur n'en était
« point accessible, et je ne sache pas même qu'il y eût d'escalier
« dans l'intérieur : elle n'était accessible qu'aux couvreurs et aux
« ouvriers ; *il est absolument impossible qu'on ait jamais pu y*
« *cacher qui que ce fût.* »

« La police découvrit l'existence et la résidence de *Gomin*, qu'on ignorait probablement lors du procès de l'agent de police *Richemont*, puisqu'on ne l'avait point fait entendre alors. Le 15 juillet 1837, M. le préfet de police écrivait :

« *Gomin* n'a aucune relation connue, ne parlant jamais à personne, et ayant toujours paru être d'un caractère sournois. *Il paraît qu'il a été employé au ministère de la maison du roi*, sous la direction de M. le comte de Pradel. »

« Par suite de cette communication qui indiquait la résidence de *Gomin* à Pontoise, M. Zangiacomi, le 2 août 1837, adressa à M. le juge d'instruction de cette localité une commission rogatoire qui grossissait d'un complot imaginaire contre la sûreté de l'État, une simple procédure en escroquerie basée, dans le principe, sur la prétention mensongère de filiation royale, élevée par Naundorff. Mais laissons subsister l'addition du complot contre la sûreté de l'État : la justice est riche en accusations chimériques ; une de plus, une de moins, ne font rien à l'affaire. Dans cette commission rogatoire concernant *Gomin*, on lit les passages suivants qu'il n'est pas sans intérêt de relater :

« Vu la procédure qui s'instruit contre le sieur Naundorff, se disant duc de Normandie, fils de Louis XVI, inculpé de complot contre la sûreté de l'État et d'escroquerie : attendu qu'il résulte de renseignements à nous transmis que le sieur *Gomin* aurait soigné dans sa dernière maladie le prince *Charles-Louis*, duc de Normandie, décédé en juin 1795 à la Tour du Temple ;

« Qu'il est utile, pour fortifier et compléter tous les documents établissant le fait historique de la mort du prince, fils de Louis XVI, de recevoir la déposition du sieur *Gomin*, comme déjà on a eu celle de *Lasne*, dernier gardien du prince ;

« Que cette réunion de preuves repousse d'autant les prétentions du sieur Naundorff et justifie par cela l'inculpation qui lui est faite d'escroquerie, en prenant un faux nom et une fausse qualité, de sommes considérables à un grand nombre d'individus ;

« M. le juge d'instruction interrogera le témoin sur le point de savoir si, *comme le prétend Naundorff*, il est possible que le prince ait été furtivement enlevé et *caché dans les combles de la Tour* ; s'il est possible qu'on lui ait substitué un enfant muet ; s'il est bien certain que celui qu'il a vu mourir en juin soit bien réellement *l'enfant qu'il avait vu avec le roi Louis XVI et la reine Marie-Antoinette* ;

et enfin, M. le juge d'instruction voudra bien lui adresser toutes les questions et interpellations qu'il croira de nature à servir à la manifestation de la vérité, pour prouver le fait de l'identité du prince décédé avec l'enfant *écroué sous les noms de Charles-Louis* duc de Normandie. »

« Je ne puis m'abstenir de faire observer avec quelle finesse de rédaction est posée comme résolue la question à résoudre ; comment on provoquait subrepticement à des réponses insinuées d'avance ; comme, par exemple, ce fait suggéré, avant d'avoir su ce que savait *Gomin, qu'il avait vu le Dauphin avec le roi Louis XVI et la reine Marie-Antoinette ;* souvenir essentiel à lui créer, sans quoi sa reconnaissance du prince dans l'enfant décédé eût péché par sa base ; d'autant plus que, dans le procès-verbal de son installation, on lui fait reconnaître, non l'identité des enfants de Louis XVI, mais *seulement leur existence.* Nous ne nous plaignons pas, toutefois, de ce luxe de précautions pour détruire la vérité méconnue systématiquement. Tous ces calculs de la diplomatie judiciaire tournent à la confusion de ses auteurs, et font reluire la lumière qu'on s'efforce d'éteindre.

« A la question relative au mode d'enlèvement, *Gomin* répond tout naturellement :

« Il était impossible, surtout en raison de la surveillance conti-
« nuelle dont le prince était l'objet, qu'il fût enlevé furtivement et
« caché *dans les combles de la Tour ;* cela n'était praticable qu'en
« obtenant notre coopération, et on ne peut l'admettre..... »

« Vous aussi, monsieur le substitut, vous avez pris pour règle de conscience celle du juge d'instruction, et pour base de vos conclusions celle de la procédure correctionnelle, et vous nous avez dit :

« Les héritiers Naundorff n'ont pas raconté l'évasion de leur père ;
« ils n'ont raconté sa vie que depuis son évasion jusqu'à son appa-
« rition en Prusse. Ce silence prudent et habile, Naundorff n'avait
« pas su le garder ; il a fait ce récit, et en vérité il était impossible
« de le présenter sérieusement au tribunal.

« *Il raconte* que la surveillance du Temple étant trop sévère pour

-« que ses amis l'en fissent sortir, ils l'avaient caché *dans les combles*
« de cette prison ; qu'ils avaient mis à sa place un enfant muet,
« puis ensuite un enfant malade amené de l'Hôtel-Dieu, et qui
« mourut en juin 1795. Quant à lui, il avait été caché et sorti du
« Temple *dans le double fond du cercueil*, puis conduit en Vendée
« et de là en Italie.....

« Le simple exposé de ce récit en est la critique la plus sanglante.
« D'abord *il n'y avait pas de cachette au Temple, c'est Lasne qui*
« *l'atteste.* Et puis, comment admettre qu'on eût pu, au milieu de
« *ces funérailles publiques,* extraire un enfant vivant du fond du
« cercueil qu'on allait descendre dans la fosse ? Mais laissons de côté
« ces monstrueuses invraisemblances. »

« En vérité, les adversaires du duc de Normandie sont bien gau-
ches dans leurs moyens de répulsion ; ils ne sauraient proférer un
mot, faire un pas, sans se flétrir eux-mêmes de leur propre flétrissure. S'ils avaient cru combattre une imposture, à quoi bon inventer,
pour faire ensuite réfuter leur invention par le parjure ? On s'ima-
ginait donc que tôt ou tard nos regards ne pénétreraient pas dans
ces archives du mensonge. Si l'on a eu cette confiance, on se trompait déplorablement, comme on doit le sentir aujourd'hui. Que les
artisans de l'iniquité recueillent le fruit de leurs œuvres ; il sera un
peu amer pour eux, je ne me le dissimule point. Mais à chacun
suivant son mérite ; c'est la loi rigoureuse de la justice distributive.
Pour qu'il en soit ainsi, nous allons juger les paroles du prince, et
non pas les parodies insidieuses de ses détracteurs, qui seules sont
de monstrueuses invraisemblances. Eh bien, le prince n'a jamais
parlé ni *des combles de la Tour*, ni d'un *double fond du cercueil.*

Le juge d'instruction le savait aussi bien que nous, puisque
l'Abrégé des infortunes du Dauphin, imprimé à Londres et envoyé
à Paris, avait été saisi par le gouvernement, et que le royal historien
y donnait les détails les plus circonstanciés sur son évasion du
Temple. Ce n'était pas non plus par ignorance que M. le substitut
discutait sur un mensonge judiciaire auquel il ne pouvait pas croire,
car il en avait le démenti sous les yeux dans la communication des
documents que je lui avais faite. Nous avons lu le récit du prince à

ce sujet. Devant ses paroles, la prévarication de la magistrature est manifeste ; et pour que personne n'en doute, je redis ici avec lui :

« Comme il était impossible de me faire évader, on résolut de me
« cacher dans la Tour même, pour faire croire à mes persécuteurs
« que j'étais sauvé. La pensée était audacieuse ; toutefois, c'était le
« seul moyen de faciliter l'enlèvement qu'on avait concerté. Rien
« n'était plus praticable que de me faire disparaître pour le mo-
« ment. En sortant de chez moi, personne n'escortait ceux qui des-
« cendaient jusqu'au premier les objets dont je m'étais servi. Mes
« amis étaient donc bien convaincus qu'on pouvait me transporter
« plus haut sans aucun risque d'être découvert. En effet, quoique
« ma sœur fût enfermée au troisième, elle n'avait à cette époque ni
« sentinelle ni municipaux pour sa garde. L'expédient laissait entre-
« voir des chances presque certaines de succès. Alors, un jour mes
« protecteurs me firent avaler une dose d'opium que je pris pour
« une médecine ; et bientôt je me trouvai moitié éveillé, moitié
« endormi. J'entrevoyais, comme si c'eût été un rêve pour moi, que
« l'enfant n'était autre qu'un mannequin dont le masque représen-
« tait très-naturellement ma figure. Cette supercherie se passait au
« moment où la garde fut changée ; celle qui la remplaça se contenta
« de visiter l'enfant, afin de certifier ma présence, et il lui suffit de
« voir un être dormant dont le visage était le mien ; *mon silence*
« *habituel* contribua encore à fortifier l'erreur de mes nouvéaux
« Argus. Cependant, j'avais entièrement perdu connaissance, et
« lorsque je repris mes sens je me trouvai enfermé dans une grande
« pièce qui m'était tout à fait étrangère : C'ÉTAIT LE QUATRIÈME ÉTAGE
« DE LA TOUR. De vieux meubles de toute espèce encombraient cet
« étage, au milieu desquels on m'avait disposé un gîte qui commu-
« niquait avec un cabinet pris dans une tourelle, où l'on m'avait mis
« de quoi vivre. Toute autre issue était barricadée...

« Enfin le pouvoir, à l'effet de masquer entièrement la vérité, mit
« à la place du mannequin *un enfant de mon âge réellement muet*,
« et doubla la garde ordinaire, pour accroître la croyance que
« c'était bien moi encore. Ce surcroît de précautions empêcha mes

« amis de consommer l'exécution de leur projet tel qu'ils l'avaient
« concerté...

« Je ne puis me rendre compte comment le bruit s'est sourde-
« ment répandu que le véritable Dauphin n'était plus dans la Tour.
« De telles indiscrétions effrayèrent les agitateurs, et l'on décida de
« faire mourir l'enfant muet... Les meurtriers de ma famille, pleins
« d'effroi, voyant que la vie du muet se prolongeait au travers de
« leurs tentatives d'empoisonnement, *lui substituèrent un enfant*
« *rachitique tiré d'un des hôpitaux de Paris...*

« Les soins donnés au dernier substitué le furent par des méde-
« cins qui, n'ayant jamais vu ni le véritable Dauphin ni l'enfant
« malade, crurent naturellement que c'était moi qu'ils soignaient...
« *Des motifs impérieux contraignirent le gouvernement à accélérer*
« *la fin de cette victime infortunée.* Elle mourut, m'a-t-on dit, le
« 8 juin 1795 ; et après l'autopsie son cadavre fut déposé dans une
« caisse pour être ensuite enterré. Cette caisse, ainsi que le cada-
« vre furent placés dans la chambre habitée autrefois par mon
« père. Pendant cette opération, j'avais reçu une forte dose d'opium.
« On me *mit dans le cercueil* d'où l'on retira l'enfant autopsié, et
« le tout fut effectué presque à la même heure où l'on venait cher-
« cher le cercueil pour le transporter au cimetière. *A peine l'enfant*
« *mort fut-il caché au quatrième étage, lieu où j'étais,* que mes
« amis, instruits de ce qui se passait, chargèrent dans une voiture
« le cercueil qui me renfermait. Certes, ceux qui ne savaient rien
« crurent qu'on allait m'enterrer. Mais *la voiture était préparée.*
« En allant au cimetière, *on me mit dans la caisse au fond de la*
« *voiture, dans un coffre qu'on y avait pratiqué,* et pour laisser au
« cercueil la même pesanteur, on le remplit de vieilles paperasses,
« qu'on retira du coffre. Dès que le cercueil fut enfoui dans la
« fosse, mes amis rentrèrent avec moi dans Paris... »

« Voilà, monsieur le substitut, comment les choses se sont passées ; voilà des faits précis, que nous articulons, dont nous offrons
la preuve, qui n'ont point été réfutés par les faux témoins de la
justice, et qui donnent à la cause une tout autre physionomie que
celle qu'on a voulu lui imprimer par de basses manœuvres. Qu'il y

eût ou qu'il n'y eût pas de combles à la Tour du Temple, peu importe ; puisque l'endroit où le prince a été caché avant son évasion était le quatrième étage de la Tour, dont la réalité se trouve confirmée par Cléry, dans son journal du Temple, où nous lisons pages 74 et 78 :

« La grande Tour, d'environ 150 pieds de hauteur, forme *quatre*
« *étages* qui sont voûtés, et soutenus au milieu par un gros pilier
« depuis le bas jusqu'à la flèche. »

« *Le quatrième étage n'était point occupé;* une galerie régnait
« dans l'intérieur des créneaux, et servait quelquefois de prome-
« nade. »

« Il devient donc manifeste pour tout le monde que, si quelqu'un est absurde, ce n'est pas nous ; que si quelqu'un a tronqué la vérité, ce n'est pas nous ; que si des moyens ont été mis en jeu pour surprendre la religion du tribunal, ce n'est pas par les héritiers Naundoff.

« Relisez la déposition de *Gomin*, monsieur le substitut, et comparez-la aux faits qu'il ne vous est plus possible de méconnaître, et vous serez convaincu qu'aucune des assertions de ce témoin complaisant n'est conforme à la vérité. Il nous dit que « l'enfant
« confié à sa garde, visité par plusieurs membres de la Convention,
« n'a jamais fait de réponse aux questions qu'ils lui adressaient ;
« ce qui a pu accréditer cette version que cet enfant était muet. »
Je ne puis trop le répéter, cette partie de la déposition constate la présence d'un enfant muet à la place du Dauphin. Mais ensuite pour établir que cet enfant n'était pas muet, et qu'il le confond volontairement avec l'enfant malade, il le fait parler à *Laurent* dans les derniers temps de sa maladie, et *Laurent* avait quitté le service de la Tour du Temple le jour où *Lasne* entrait en fonctions, plus de deux mois avant les derniers jours du décédé.

« Après la mort de Desault, l'enfant fut soigné par MM. Pelletan et Dumangin ; *Gomin* les fait assister *par un troisième médecin* dont il a oublié le nom. C'est encore là une assertion mensongère, de nulle gravité, si l'on veut, mais qui dénote au moins que l'on ne peut ajouter foi au témoignage de cet homme. Il déclare en outre

« qu'au moment de l'ouverture du corps de l'enfant, *il fit entrer*
« *dans sa chambre plusieurs gardes nationaux et officiers qui tous*
« *l'examinèrent.* » Nouveau mensonge évident, qui ne prouve rien
que la mauvaise foi du témoin, et dont on ne voit pas même l'utilité;
car tous ces gardes nationaux et tous ces officiers, en examinant le
cadavre, ne constataient pas son identité avec le fils de Louis XVI.
Toutefois, l'intérêt de la vérité en exige la réfutation, et, sans tenir
compte de ce que le témoin se donne une autorité que n'avaient point
les gardiens de la Tour, la teneur du procès-verbal d'autopsie
dément le fait pour ainsi dire directement. Ensuite, M. Pelletan a
fait connaître comment il avait pu secrètement soustraire le cœur
de l'enfant autopsié, et son récit ne mentionne comme présents dans
la chambre que les quatre médecins opérateurs, *le commissaire
civil et l'un des gardiens de la Tour.*

—Voici la déclaration de M. Pelletan, rapportée par M. de
Beauchesme lui-même, à la page 532 de son second volume :

« Je fus chargé spécialement des opérations de l'ouverture et de
« la dissection, ainsi que de celle de restaurer le corps. Tandis que
« je m'occupais de ce dernier soin, *mes confrères, le commissaire*
« *civil et l'un des gardiens de la Tour, qui avaient été présents à*
« *l'ouverture,* s'éloignèrent de la table, et se retirèrent dans l'em-
« brasure de la croisée pour causer entre eux. Je conçus alors le
« dessein de m'emparer du cœur de l'enfant... je le mis dans ma
« poche sans être aperçu... »

« Mais *Gomin* fait un mensonge plus sérieux, dont on espérait
tirer parti contre le prince, quand il dit :

« Le prince était visité tous les jours trois fois par le commis-
« saire qui nous était adjoint, et qui était renouvelé toutes les
« vingt-quatre heures, et *choisi parmi les personnes connaissant*
« *très-bien le duc de Normandie.* »

« On est honteux vraiment pour la justice, monsieur le substitut,
de voir accepter judiciairement des énonciations tellement ridicules
qu'on les réprouve en les reproduisant. Comment *Gomin* savait-il
que, pendant plus de six mois, on trouva chaque jour dans chaque
comité des quarante-huit sections de Paris, parmi les gens révolu-

tionnaires et de basse extraction qui les composaient, des commissaires connaissant très-bien le duc de Normandie? On s'est prudemment abstenu de lui adresser cette question dangereuse, car une réponse quelconque n'aurait pu que couvrir de confusion l'imposteur. Il est d'ailleurs un fait certain : c'est qu'*à l'époque où commença le service des commissaires civils, la première substitution avait eu lieu* On doit même supposer que ce surcroît de rigueurs apparentes dans la surveillance de l'enfant mis à la place du Dauphin, était une mesure fort adroite suggérée par Barras et ceux qui croyaient l'évasion consommée, afin que le public ne s'en doutât point et à l'effet de la cacher à la Convention. La sécurité qu'inspirait à tous cette innovation rassurante laissait aussi plus de chances favorables au dénouement ultérieur.

. . . .

« Ce n'était pas assez sans doute pour le juge d'instruction que *Lasne* et *Gomin* eussent fondé leur prétendue certitude de l'identité de l'enfant mort avec le Dauphin, sur le futile prétexte qu'ils auraient vu ce dernier se promener dans le jardin des Tuileries ; ce motif de reconnaissance avait trop peu de valeur à ses yeux, puisqu'il a trouvé mieux de ne pas se renfermer dans les limites tracées par ses témoins. *Il ajoute, en effet, lui-même à leurs dépositions que :*

« *Tous deux avaient été souvent de service dans les appartements* « *du château des Tuileries avant le 10 août 1792, et qu'ils avaient* « *eu ainsi de fréquentes occasions de voir le prince.* »

« *Des appartements substitués à un jardin* ne donnent, certes, pas le caractère de probité judiciaire à ce passage de l'ordonnance.

. . . . , ...

« *Obligé de parler de Laurent,* vous, monsieur le substitut, parce que la découverte que j'avais faite aux archives ne vous laissait pas la liberté de le passer sous silence, à l'imitation du juge d'instruction, vous nous dites à son sujet :

« On a lu trois lettres de *Laurent :* a-t-on montré les originaux de « ces lettres? Non ! *On dit seulement que Naundorff les a déposées* « *en 1810 entre les mains de M. Lecoq,* conseiller de justice à Ber« lin. C'est une allégation facile; *mais la famille de M. Lecoq le nie.*

« Le gouvernement prussien n'en a pas trouvé la trace. *Laurent* était
« un jacobin. Il a été déporté plus tard à Cayenne pour la violence
« de ses opinions. Sa vie proteste contre le rôle qu'on lui fait jouer
« dans le roman de l'évasion. Ces lettres ont été fabriquées pour le
« besoin de la cause. »

« Qui donc a déclaré, monsieur le substitut, que les originaux
des trois lettres ont été déposés en 1810 entre les mains de M. Lecoq,
directeur général de la police du royaume et non pas simple conseiller de justice à Berlin? La famille de M. Lecoq n'a jamais rien nié;
je vous défie de prouver ce que vous avancez. Ce dont le gouvernement prussien n'a pas trouvé la trace, c'est l'origine prussienne juive
polonaise que, malgré les démentis officiels de la Prusse, la justice
s'entête à vouloir attribuer à Naundorff.

« Vous prétendez que la vie de *Laurent* proteste contre le rôle
qu'on lui fait jouer, parce qu'il était jacobin. L'histoire est loin de
le représenter comme tel; tandis que *Gomin*, comblé des faveurs de
la Restauration, avait reçu un certificat d'ardent républicanisme.
Laurent eût-il été jacobin, ce ne serait pas là une raison pour nier
sa coopération à l'œuvre de libération du Dauphin; car cette libération n'a pu s'effectuer que par l'assistance d'anciens conventionnels
jacobins. Il est reconnu, en outre, que plus d'un ami de l'infortunée
famille royale a pris le masque d'un fougueux révolutionnaire, pour
mieux servir ses intérêts; et c'est en jouant ce rôle, peut-être, que
Laurent put parvenir à obtenir la confiance du comité de sûreté
générale. L'honorable et révérend Charles Perceval, un des membres
les plus distingués de l'Église anglicane et de l'aristocratie d'Angleterre, qui a fait hommage au prince de sa traduction anglaise de
l'*Abrégé des infortunes du Dauphin*, soumet au sujet de *Laurent*
des observations on ne peut plus judicieuses, à la suite d'autres indications importantes, que personne n'aura la témérité de révoquer
en doute. Voici quelques-unes de ses notes explicatives :

« Un gentilhomme anglais, mon parent, se rendait en diligence
de Paris à Calais dans le mois de novembre 1837 ; ayant parlé du
Dauphin à ses compagnons de voyage, une dame française royaliste,
qui parut ne rien savoir des réclamations du prétendant actuel, dit

qu'il était positif que le Dauphin ne mourut point dans la tour du Temple, et elle désigna la maison où la femme *Simon* était décédée, ajoutant qu'elle avait déclaré que l'Orphelin du Temple s'était évadé.

« Pendant que ce volume était sous presse, il est aussi parvenu à ma connaissance, sous l'autorité d'un monsieur et d'une dame anglaise qui avaient fait partie des détenus de Verdun, que les officiers de la garnison s'entretenaient entre eux de l'évasion du Dauphin comme d'un fait accrédité, et que dans un séjour qu'ils firent ensuite à Versailles, ils avaient entendu répéter ces propos.

« Une maladie violente termina la vie de Joséphine avec le règne « de son ingrat mari. Cette mort qui arrivait si à propos ouvrit car- « rière à d'étranges soupçons. On murmura certains mots *d'un per-* « *sonnage* sur qui elle pouvait faire des révélations dangereuses, et « le peuple, *qui aime toujours l'extraordinaire*, voulut en voir dans « la fin prématurée de la première épouse de Bonaparte. » (Voir les *Mémoires d'une femme de qualité sur Louis XVIII, sa cour et son règne*, publiés en 1829.)

« La femme de qualité ne donne aucune indication sur le nom du personnage en question. Mais plusieurs dames anglaises, alliées à la famille de l'éditeur, qui étaient à Paris le printemps dernier, ont appris que les bruits qui circulaient à l'époque de la mort de Joséphine, en 1814, la supposaient empoisonnée, parce qu'elle aurait répondu à *l'empereur Alexandre*, qui l'avait visitée à la Malmaison, en lui parlant de la restauration des Bourbons : « *Pour la légiti-* « *mité, sire, vous n'y êtes pas encore.* » Il ne pouvait alors y avoir d'autre légitimité que celle de Louis XVIII, si Louis XVII n'était pas vivant. Dans tous les cas, les soupçons qui s'élevèrent au sujet de la mort de Joséphine prouvent qu'en France, dès 1814, la croyance populaire était non-seulement que le Dauphin avait été sauvé du Temple, mais aussi que Joséphine avait *coopéré à son évasion.*

« Les trois lettres de *Laurent*, citées par le prince pour établir la substitution d'un enfant à lui, sous les auspices de Joséphine, ont une sorte de caractère d'authenticité tiré des circonstances suivantes. Nous sommes informés par Lacretelle, dans son *Histoire de France*, que *Laurent*, dont il fait mention en rapportant la mort supposée de Louis XVII, était créole, et qu'il fut déporté par Bonaparte à Cayenne, comme un jacobin dangereux. Mme d'Angoulème, dans son récit des événements..... fait le plus grand éloge de *Laurent* pour sa conduite noble et touchante envers elle au temps de la date de ses lettres. Joséphine étant créole elle-même, il est tout naturel de croire qu'elle connaissait *Laurent* et qu'elle le savait digne de sa confiance. Son bannissement à Cayenne démontre que Napoléon avait de fortes raisons pour se débarrasser de lui; et d'après le témoignage honorable de Mme d'Angoulème en sa faveur, il est loin d'être prouvé qu'il fut déporté pour son jacobinisme ; on a lieu de présumer, au contraire, que cet homme était redouté par les ennemis des Bourbons comme dépositaire d'un secret important.

« *Laurent*, dans sa première lettre du 7 novembre, annonce que le recèlement du Dauphin a été effectué. On doit supposer que cet enlèvement se fit dans les premiers jours de novembre, ou peut-être justement à la fin d'octobre.

« Dans le récit des événements arrivés au Temple par madame la duchesse d'Angoulème, elle raconte qu'au milieu de la nuit, à la fin d'octobre, elle fut éveillée par des coups frappés à sa porte ; quand elle eut ouvert, *elle vit Laurent et deux municipaux qui la regardèrent, puis se retirèrent sans rien dire.* Cette circonstance s'accorde parfaitement avec la lettre de *Laurent*. On peut se rendre compte de l'entrée insolite et brusque chez Madame, au milieu de la nuit, uniquement *pour la regarder*, par la découverte *de la figure* artificielle dans le lit du Dauphin, à cette heure-là même. Car il est tout naturel de penser que, lorsque les municipaux remarquèrent sa disparition, ils durent s'assurer si la princesse elle-même n'était pas aussi évadée. En conséquence, ils ne purent lui dire pourquoi ils étaient venus, et il était essentiel que *Laurent* les accompagnât, pour simuler l'ignorance de la substitution. On n'avait jamais habituellement troublé son repos de la nuit, ainsi qu'on le faisait à l'égard du Dauphin, et elle reconnaît que Laurent eut toujours pour elle les plus grands égards.

« La coïncidence que j'ai fait remarquer entre une des lettres de *Laurent* et le procès-verbal d'Harmand de la Meuse vient encore à l'appui de ce que dit très-justement M. Charles Perceval. Reportez-vous à présent, monsieur le substitut, aux trois lettres ; relisez-les avec une sérieuse attention, et dites-nous si, à moins d'un miracle en quelque sorte, des lettres fabriquées pour le besoin de la cause pourraient concorder, pour ainsi dire d'une manière mathématique, avec des documents officiels que je n'ai découverts aux archives nationales qu'en 1851 ; en un mot, si cette concordance des faits et dates qui va suivre, n'établit pas sans réplique l'authenticité de ces copies.

« Il est positivement démontré que *Laurent* a été nommé commissaire le 29 juillet 1794 ; que *Gomin* a commencé son service le 9 novembre 1794 ; enfin, que *Lasne* a été nommé le 31 mars 1795.

« Eh bien, le 7 novembre 1794 *Laurent* écrit : « Demain son « nouveau gardien doit entrer en fonctions. C'est un républicain « nommé Commier (*Gomin*), brave homme, à ce que dit *Barras*. »

« Or, *Gomin* est installé le 9 novembre 1794. Le muet était alors substitué au prince. *Gomin* dut donc croire que l'enfant muet était le Dauphin ; et il confirme indirectement cette substitution en déposant : « Plusieurs membres de la Convention sont venus visiter cet enfant « à l'époque où il était confié à ma garde, et jamais il n'a fait de ré-« ponse aux questions qu'ils lui adressaient ; ce qui a pu accréditer « cette version que cet enfant était muet. »

« Je n'ai pas besoin de faire observer que *Commier* et *Gomin* sont la même personne ; ce fait est incontestable. La dissemblance qui existe entre les deux noms provient vraisemblablement d'une précaution prise par *Laurent* pour le cas où ses lettres ne seraient pas arrivées à leur destination, et à l'effet de se ménager une apparence de justification au besoin. Il est au surplus nommé ainsi par plusieurs écrivains.

« *Laurent* écrit le 3 mars 1795, après que, le 5 février, un enfant malade eût été substitué au muet : « Notre muet est heureusement « transmis dans le palais du Temple et bien caché ; et en cas de « danger, on le prendra pour le Dauphin. *Lasne* prendra ma place « quand il voudra ; conséquemment, je serai chez vous en peu de « jours. »

« Pour ceux qui veulent voir clair au milieu des mensonges de *Gomin*, il constate évidemment un changement de personne en déposant : « Dans les derniers temps de sa maladie, l'enfant répondait « volontiers. »

« Quant à *Lasne*, précisément il prend la place de *Laurent* le 31 mars 1795 ; et ce jour même *Laurent* quitte la tour du Temple. *Lasné* prit donc l'enfant malade pour le prince.

« Autre rapprochement :

« *Laurent* parle de *Barras* comme du directeur de l'entreprise. *Barras* visite les deux enfants de Louis XVI après le 9 thermidor ; et c'est lui qui organise le nouveau service du Temple en y introduisant *Laurent*.

« *Laurent* dit en parlant de *Gomin*, républicain : « Je n'ai aucune « confiance en pareilles gens. » *Laurent* n'était donc pas républicain par sentiments, et sa déportation à Cayenne ne pouvait avoir pour cause son jacobinisme, *mais bien le secret dangereux qu'il possédait*.

« *Laurent* dit que Mathieu, Reverchon et Harmand ont visité le muet ; et l'histoire nous donne leur rapport qui ne peut s'appliquer qu'à un muet.

« Le rapport de Sévestre dit, le 9 juin 1795 : « que *depuis quelque temps* le fils de Capet était incommodé, que sa maladie prit des caractères très-graves après le 15 floréal, et que le fameux Desault, nommé pour le traiter, mourut le 4 juin ; et le procès-verbal d'autopsie rédigé par les médecins constate que l'enfant est mort d'un vice scrofuleux, *existant depuis longtemps*. Or, on n'avait jamais remarqué ce vice dans l'excellente constitution du prince ; et l'enfant visité par Harmand, Mathieu et Reverchon, suivant le signalement qu'ils en donnent, n'en offrait non plus aucun indice.

« Ces démonstrations de vérité, qui se tirent des faits mêmes de la cause, n'admettent pas d'objections possibles ; et c'est de la sorte, monsieur le substitut, que se trouvent corroborées toutes les communications faites par le prince. Lui seul a donné un corps à l'évasion, en a expliqué les précédents, les moyens et les suites ; lui seul a pu la rendre saisissante de vérité aux yeux de ceux qui y croyaient, sans pouvoir se la justifier à eux-mêmes. Il a fixé les incertitudes, éclairé les ténèbres dont s'enveloppaient les agents du mensonge, et raconté l'histoire réelle d'un événement que, pendant cinquante années, les mauvaises passions avaient indignement travesti, afin de le rendre inadmissible. Celui qui veut étudier la question avec discernement et loyauté rencontre, à chaque détail de son examen, de nouveaux motifs de conviction ; car toutes les circonstances de l'évasion, racontées par le duc de Normandie, obtiennent une confirmation directe d'une masse d'autorités, d'une foule d'écrits privés, émanés de sources diverses, qui, se réunissant vers un même point pour attester un même fait, ne composeraient pas un tout justificatif des révélations dues à l'horloger de Spandau, si ces révélations n'étaient pas une vérité constante. Il en est de même des témoignages dont nous parlons, qui, sans avoir besoin d'être étayés d'un nom célèbre, par leur conformité avec le récit royal, en reçoivent eux-mêmes la plus solennelle sanction. Ce n'est pas ainsi qu'on invente ; des faits imaginés, qui se contrôlent les uns les autres, se détruisent par leur divergence, et ne concordent pas entre eux par une multiplicité de détails, comme on le voit dans la cause, avec tous les caractères infaillibles de certitude.

« Ainsi, monsieur le substitut, il demeure clairement et irrésistiblement expliqué que les témoignages de *Lasne* et de *Gomin*, loin de rendre insoutenable la cause du duc de Normandie, ajoutent une nouvelle évidence à la fausseté de l'acte de décès qui le fait mourir au Temple. Vous n'aviez qu'eux pour appui ; ces bases essentielles de votre dissertation, sur lesquelles vous vous reposiez avec tant de sécurité, vous échappent ; tout votre système croule avec elles. Il est, de plus, manifeste que ces témoignages ont été coordonnés pour les besoins d'une méconnaissance qu'on ne put jamais soutenir que par le mensonge. D'après tout ce qui précède, j'ai donné la mesure de votre impartialité, j'ai frappé de discrédit tout l'ensemble de votre laborieux travail, j'ai ruiné vos conclusions, j'ai restitué à la cause du fils de Louis XVI sa noble et majestueuse physionomie. Depuis notre instance, la cause a pris une nouvelle face, et j'apporte une démonstration irréfutable du bon droit des demandeurs, en faisant tourner contre nos adversaires les armes dont ils se servaient pour nous abattre. Pour que la vérité triomphe, il me suffit de faire ressortir l'inconsistance des moyens qu'on lui oppose, l'insuffisance des objections qu'on nous fait. Quant à l'ordonnance de la chambre du conseil, que nous ne devons pas séparer de vos conclusions, elle ne saurait non plus désormais inspirer de confiance à personne. Composée d'erreurs, sinon de faussetés préméditées, elle se change aussi dans une justification de vérité judiciaire au soutien des droits de la famille du duc de Normandie, par l'insidieuse combinaison des éléments qui la constituent. Il faudrait être aveugle pour n'en pas voir une réfutation complète dans les faits constants du procès civil et les considérations que j'ai fait valoir contre vous. Pour tout esprit éclairé, cet acte judiciaire reste dans la cause comme un opprobre contre les instruments serviles des réprobateurs politiques de l'auguste fils de Louis XVI; car tout est faux ou dénaturé, tout est perfidie dans les énonciations de l'ordonnance; et après quatre années de laborieux efforts, d'échange de correspondances avec la Prusse, de recherches dans les papiers de tous les ministères, de toutes les polices, la procédure arbitrairement édifiée, sans contrôle de notre part, ne peut valider l'acte de décès du 12 juin 1795 que par l'acte de décès lui-même. Par conséquent, les puissances judiciaires, civiles et politiques, laissent subsister dans toute leur force de vérité les témoignages, les faits et considérations produits par nous, et qui en ont irrésistiblement établi la nullité. »

XIX

J'ai mis jusqu'ici, monsieur l'avocat, votre patience à une rude épreuve; pourtant, vous n'êtes pas au bout. Résignez-vous donc à m'accorder encore une assez longue attention. Vous allez vous demander sans doute : Mais qu'a-t-il donc à dire à présent à M. de

Beauchesne, on voit clair comme le jour que son histoire de la vie et de la mort de Louis XVII au Temple est un conte bleu, dont il a occupé vingt ans de ses loisirs. Ce que j'ai à dire à M. de Beauchesne ? Eh ! mon intelligent ami, j'ai à lui répondre. Est-ce que vous oubliez qu'il a écrit après moi, et qu'il a promis d'apporter à l'histoire des documents officiels, inédits, qui vont changer les règles de certitude pour les consciences scrupuleuses comme la sienne. Vous jugez les autres d'après vous-même, et vous avez grand tort. Les personnes qui aiment la vérité en tout, et qui la recherchent, pour la connaître et la pratiquer, sont en petit nombre ; elles réfutent M. de Beauchesne en le lisant, parce que tout ce qu'il a écrit est incroyable, et qu'il suffit d'avoir le sens commun pour ne pas croire l'incroyable. Or, comprenez bien, je vous prie, que j'ai affaire à une immense majorité de sourds et d'aveugles volontaires, qui ont le verbe haut contre nous, et que je veux réduire au silence, en leur faisant honte de leur folle crédulité, et les exposant au ridicule public, s'ils continuaient à se prévaloir des témoignagnes de Lasne et de Gomin pour soutenir que le Dauphin est mort sous les yeux de ces deux imposteurs qui se sont complu dans le mensonge jusqu'à l'extravagance. Si j'en restais là avec M. de Beauchesne, la foule de ses admirateurs s'écrierait que j'ai dissimulé ses preuves matérielles, qui lui donnent la certitude que la vérité est un mensonge, et la croyance raisonnable une erreur grossière. Il m'a donc mis dans l'obligation de lire son ouvrage jusqu'au dernier mot, sans en omettre un seul ; car ce seul, omis, pourrait être le document irrécusable qui nous ferait abjurer notre conviction que le fils de Louis XVI est mort à Delft en 1845. D'ailleurs, je vous ai montré Gomin et Lasne de M. Zangiacomi ; il me faut maintenant vous mettre en présence de Gomin et de Lasne de M. de Beauchesne, qui se ressemblent si peu, dans leurs diverses déclarations, que, si je n'avais pas une foi entière dans le témoignage de l'écrivain, je croirais qu'il a interrogé deux fourbes qui ont pris le nom des deux derniers gardiens du Dauphin. Néanmoins, ce sont bien les mêmes, quant à l'individualité ; car voici deux certificats qui le garantissent, — 270 — :

« Monsieur de Beauchesne,

« Il n'y a rien de plus vrai que ce que vous venez d'écrire sur les
« derniers moments du Dauphin, *sur ses conversations* et sur sa
« mort. Vous vous êtes bien rendu compte aussi de tous mes senti-
« ments, et je vous en remercie de tout mon cœur.

« Paris, ce 23 avril 1840.

« Gomin. »

« Monsieur de Beauchesne,

« *Tout ce que vous avez écrit sur mes souvenirs* concernant Sa
« Majesté Louis XVII, *est de la plus scrupuleuse exactitude.*
« Le peu que je vous donne a du moins le mérite de la vérité.
« On a tenté près de moi bien des séductions pour me la faire mé-
« connaître ; mais jamais je ne servirai de marchepied à un impos-
« teur.
« Ainsi que je l'ai toujours dit et que je le dirai toujours, je dé-
« clare ici sur l'honneur et devant Dieu que le fils de Louis XVI est
« mort *entre mes bras* dans la tour du Temple. Il n'y a que des im-
« posteurs qui peuvent prétendre le contraire. *J'avais vu souvent le*
« *malheureux Dauphin aux Tuileries, et je l'ai bien reconnu dans*
« *sa prison.*
« Vous vous êtes parfaitement souvenu des détails que je vous ai
« donnés. La rédaction que vous en avez faite, et que vous m'avez
« lue, *est de la plus scrupuleuse exactitude.*

« Paris, 21 octobre 1837.

« Lasne,

« dernier gardien des enfants de France, et *le seul qui ait soigné*
« *Louis XVII pendant les deux derniers mois de sa vie.* »

Ne perdons pas de vue un seul instant les dépositions faites par Lasne et Gomin devant la justice, sous la foi du serment, et l'appréciation que j'en ai donnée dans la réplique judiciaire. Ils vont encore témoigner contre eux par leurs nouvelles affirmations. Je laisse la parole à M. de Beauchesne, en redisant ce que M. Perceval lui a écrit, que Lasne a déclaré devant le juge d'instruction que *l'enfant confié à ses soins n'a parlé qu'une seule fois* pendant tout le temps de son service comme gardien du faux Louis XVII.

« Le lendemain du 9 thermidor, dit l'écrivain, — 241 — à six heures du matin, *Barras*, qui avait été un des principaux acteurs de cette journée, *se rendit au Temple* avec plusieurs membres des comités et quelques députés de la Convention, en grand costume.... Dans le nombreux cortége qui environnait le nouveau commandant, se trouvait le citoyen *Laurent*, membre du comité révolutionnaire de la section du Temple.

— 242 — « J'aurais à causer avec vous, lui dit *Barras ;* venez « me voir quand nous serons rentrés. »

« *Laurent* fut exact au rendez-vous.

« *Nous avons disposé de vous sans vous consulter*, lui dit le nou- « veau dictateur. Indépendamment des municipaux qui se relèvent « de jour en jour à la tour du Temple, et qui veillent à sa sûreté, « il est bon que le gouvernement y possède un agent permanent, « digne de toute sa confiance. Les comités viennent, *sur ma propo-* « *sition*, de vous nommer gardien des enfants de l'ex-roi ; ils « comptent sur votre zèle et votre patriotisme. Demain vous rece- « vrez votre commission. »

« *Laurent* était de St-Domingue, où il possédait quelques terres... C'était, comme son protecteur, un homme d'esprit, instruit et de manières distinguées. »

— Voilà donc, suivant le récit du prince, *Laurent, créole, introduit par Barras au Temple comme gardien de l'enfant royal.* N'oublions pas que nous sommes arrivés à une époque où le Dauphin refusa opiniâtrement de parler.

« Quel fut l'étonnement de *Laurent*, — 250 — lorsque, en prenaut possession de sa charge à la Tour, arrivé à la porte d'entrée de l'appartement du petit Capet, *il fut saisi par une odeur infecte* qu'exhalait à travers les grilles la chambre du royal orphelin, et quel fut son effroi, quand, — 251 — plongeant par le guichet le regard dans le cachot, l'un des municipaux appela à grands cris Capet et que Capet ne répondit pas. Après plusieurs sommations, *un faible oui répondit* enfin; mais nul mouvement ne l'accompagna : nulle menace ne put faire lever la victime et la faire venir au guichet; l'immobilité et *le mutisme* de l'enfant n'avaient point cédé à un appel bienveillant et à de douces paroles.

« *Laurent* comprit que sa responsabilité était engagée à faire constater l'état dans lequel on lui laissait le fils de Louis XVI, et dès le lendemain il s'adressa au comité de sûreté générale pour demander une enquête: »

— *Le faible oui* que M. de Beauchesne fait répondre par le Dauphin, est démenti par la vérité historique. —

« La requête officielle de *Laurent* eut son effet. *Deux jours après,* le 15 thermidor an II, — 31 juillet 1794, — plusieurs membres du comité de sûreté générale et quelques municipaux se rendirent ensemble à la Tour pour constater l'état du prisonnier. Ils l'appelèrent, *il ne répondit pas;* ils ordonnèrent d'ouvrir la chambre, — ce que je ne comprends pas, car il me semble que la chambre ne devait être fermée qu'en dehors. —

— 252 — « Un des ouvriers attaqua si vigoureusement les barreaux du guichet, qu'il put bientôt y introduire la tête, et apercevant le malheureux enfant, il lui demanda pourquoi il n'avait pas répondu. *L'enfant garda le silence.* En peu de minutes, *la porte fut enlevée;* les visiteurs entrèrent.

« Alors apparut le spectacle le plus horrible qu'il soit donné à l'homme de concevoir. Dans une chambre ténébreuse d'où il ne s'exhalait qu'une odeur de mort et de corruption, sur un lit défait et sale, un enfant de neuf ans, à demi enveloppé d'un linge crasseux et d'un pantalon en guenilles, gisait, immobile, le dos voûté, le visage hâve et ravagé par la misère. Sa tête et son cou étaient rongés par des plaies purulentes;... — 253. — La vermine lui couvrait aussi le corps; la vermine et les punaises étaient entassées dans chaque pli de ses draps et de sa couverture en lambeaux.

« Au bruit qu'avait fait la porte en s'ouvrant, l'enfant avait tressailli par un mouvement nerveux. *Cent questions lui furent faites, il ne répondit à aucune;* il laissa errer sur ses visiteurs un regard vague, incertain, sans expression; on l'eût pris en ce moment, non point pour un fou, hélas! *mais pour un idiot.* Étonné de trouver sur la petite table son dîner presque intact, un des commissaires lui demanda pourquoi il ne mangeait pas. Cette demande ne fut pas d'abord mieux reçue que les autres, mais enfin il dit d'un ton tranquille et résolu, qui — 254 — attestait, par l'absence même de toute émotion, des souffrances sans remède, un dégoût sans consolation, et des chagrins sans espérances: « *Non, je veux mourir.* » Ce furent les seules paroles qu'on put lui arracher dans cette visite si cruellement mémorable. »

— Où l'écrivain fabuliste, inventant l'histoire, attribue au royal prisonnier des paroles romanesques, que l'énergique enfant n'eût pas même prononcées, s'il n'avait pas conçu antérieurement la ferme résolution de ne jamais répondre aux questions qu'on lui adressait. Et savez-vous, monsieur, pourquoi le prince, qu'on eût pris pour un idiot, rompt le silence avec la plume de M. de Beauchesne, dont la surprenante perspicacité pénètre la pensée que masque cette apparence imbécile? C'est parce que « la question lui a été renouvelée plusieurs fois par le plus ancien de la députation, qui s'était approché de lui, et dont il avait pu remarquer la tête grise, l'attitude convenable et l'accent paternel! »

Cette intelligente remarque est incroyable assurément; car, selon le romancier encore, « sur les traits du Dauphin on ne voyait plus que la plus morne apathie, que l'inertie la plus sauvage et qui semblait attester la plus profonde insensibilité; une enfance exténuée, qui n'avait plus de quoi loger un cœur! »

Mais ne vous étonnez pas trop tout d'abord; réservez votre admiration pour la suite: nous allons marcher de merveilles en merveilles; et le cœur délogé va revenir en même temps que la parole avec les bons traitements. — 255 —

« *Laurent* eut pitié de la victime, et il eut le courage de lui faire du bien… On diminua le nombre des abat-jour pour renouveler l'air et donner de la clarté. *La chambre fut purifiée*… Le regard du prince était comme mort et *il ne se rendait pas compte de ce qui se passait autour de lui ;* — l'état d'idiotisme était subitement revenu. — *Laurent* fit apporter un autre lit et y plaça l'enfant. Il le changea de linge ; il lui fit prendre des bains. Il fit venir la *mère Mathieu* pour lui couper les cheveux et le peigner. Ce n'est pas tout : le mal qu'il avait à la tête et au cou exigeait des soins particuliers ; sur la demande de *Laurent,* un municipal, qui était chirurgien, vint de temps en temps visiter ses plaies et les bassiner. Sa garde-robe était dans le dénûment le plus absolu ; sur la demande de *Laurent,* un tailleur fut autorisé à lui faire un vêtement complet. Ce vêtement était d'un drap assez fin, couleur ardoise foncé, et consistait en un pantalon, un gilet rond et une carmagnole à la matelot, de la même couleur.

« Ce malheureux enfant ne pouvait s'expliquer ces témoignages d'intérêt ; il avait conçu une telle peur des hommes, que, malgré la misère abominable dans laquelle il s'éteignait, il n'avait pu voir, sans une sorte d'épouvante, *qu'on forçât la porte de sa prison,* — épouvante bien naturelle, car on devait pouvoir l'ouvrir sans la forcer, — et qu'un homme eût un libre accès auprès de lui ; mais ce premier mouvement fut bientôt remplacé par un sentiment de surprise et même de stupeur, quand il vit que cet homme venait à lui la main ouverte et l'air compatissant. « *Pourquoi avez-vous soin de moi ?* lui demanda un jour l'enfant, étonné de ses attentions — autant que je le suis de la féconde imagination du romancier ; — et comme *Laurent* — 256 — lui répondait par un mot bienveillant : « *Je croyais que vous ne m'aimiez pas,* » dit-il, et son cœur se fondit, et ses yeux roulèrent une larme qu'il chercha à cacher à son gardien ; — et que son gardien, je présume, n'a pas vue. —

« La tête du Dauphin était extrêmement sensible, et *la mère Mathieu* n'y passait pas le peigne sans lui causer les plus vives douleurs. Ces douleurs étaient quelquefois si excessives, que, quelque effort que fît l'enfant pour les étouffer, elles éclataient *par quelques monosyllabes* prononcés avec l'accent le plus déchirant, — que n'entendait pas la mère Mathieu — et aussitôt que l'aiguillon du mal s'était émoussé, il éprouvait une sorte de chagrin et de honte d'avoir été vaincu et d'avoir laissé échapper le cri qui proclamait sa défaite ; — cri si pénétrant, que M. de Beauchesne l'a entendu retentir à ses oreilles aussi distinctement que les romanciers lisent dans la pensée de leurs personnages romanesques. — Un jour qu'il avait ainsi succombé, il rappela par un signe le chirurgien qui allait se retirer, et il lui dit d'une voix douce : *Merci ! monsieur, merci ! et pardon !* » en appuyant sur ce dernier mot avec un accent significatif. — Et moi, je demande pardon à M. de Beauchesne ; mais je ne crois ni au signe, ni au merci ! ni au pardon ! ni à l'accent significatif, parce que j'ai la simplicité de croire aux paroles de Naundorff et aux témoignages historiques qui les confirment.

— 257 — « *Laurent*, dès son début, appela le prince M. *Charles*, et dès lors commissaires et gardiens l'appelèrent aussi de ce nom.

« Malgré les soins dont il était l'objet depuis l'arrivée de *Laurent*, le jeune prince — 260 — demeurait d'une faiblesse extrême et d'*un mutisme presque complet.* »

— Disons la vérité : d'un mutisme complet, excepté quand il se trouvait seul avec *Laurent*, dès qu'il eut su que c'était un ami qui méritait toute sa confiance. Mais M. de Beauchesne n'a pas pu avoir de renseignements sur les choses qui se sont passées entre le Dauphin et son libérateur, puisque sans les révélations du fils de Louis XVI, nous ignorerions qu'il eût jamais parlé à *Laurent*. De la part de l'écrivain qui dit ne pas croire que Naundorff était l'orphelin royal, les mots : *presque complet*, sont incontestablement un contre-sens historique. Il est vraiment bizarre que, suivant son caprice, sans tenir compte d'un silence opiniâtre du prince, garanti par des témoignages qu'il scinde arbitrairement, tantôt il nous raconte qu'il ne parlait pas, tantôt il lui fasse dire des paroles inconciliables avec la dégradation physique et morale sous laquelle il nous fait envisager l'enfant royal, et que l'on n'accepte que dans un roman, où l'auteur, sans s'assujettir à plus ou moins de vraisemblance, se crée des personnages de fantaisie.

— 259 — « En descendant de la plate-forme de la Tour, où son gardien l'avait fait monter pour l'y promener, l'enfant, d'après le fabuliste, *s'arrêta devant la porte du troisième étage*, et serrant fortement le bras de son conducteur, il s'appuya au mur en fixant sur cette porte le regard le plus mélancolique et en même temps le plus avide. *Laurent* l'entraina pour l'arracher aux souvenirs qui lui venaient en foule. L'enfant se retournait toujours pour prolonger — 260. — l'adieu qu'il disait à cette porte qui, dans sa pensée sans doute, *lui cachait sa mère :* une impression pénible le suivit dans sa chambre. Son pauvre souper vint l'y trouver aussitôt ; mais ce fut à peine si sa main et ses lèvres y touchèrent. *Il resta muet comme toujours ;* son regard ne cessait d'interroger les yeux de son gardien, qui disparut bientôt, le laissant avec les ennuis de sa solitude et les angoisses de sa mémoire. »

— M. de Beauchesne semble ne pas se douter qu'il relate une histoire. Comment a-t-il la prétention de faire croire qu'il n'a pas inventé ces détails, que deux seules personnes auraient connus et qu'elles n'ont transmis à qui que ce soit? On voit bien qu'il écrit pour « les imaginations affriandées par l'extraordinaire, » dont la crédulité est aussi irréfléchie que l'historien est inconsidéré dans ce qu'il leur donne pour des « certitudes matérielles, des documents officiels et irrécusables. « Le mutisme du prince, ». selon les besoins du roman, ne doit pas être complet. L'écrivain lui fait encore rompre le silence à la page 262, en descendant du sommet de la Tour, où il avait été conduit par Laurent et le municipal de service. —

— 161 — « Le prince n'attacha pas ses regards sur le ciel, *comme il le faisait presque constamment :* il les ramena vers la terre, c'est-à-dire, sur la plate-forme et sur les créneaux. Ses compagnons ne virent pas d'abord ce qu'il cherchait ; tant ce qu'il cherchait était chose petite et imperceptible : c'étaient de pauvres chétives fleurettes jaunes, nées par hasard, — tout exprès pour lui, — dans les interstices des pierres. Le prince les ramassait d'une main avare, essayant d'en former un faisceau ; tâche difficile, tant leur tige était courte et menue. Il en forma comme un bouquet, qu'il emporta soigneusement quand arriva l'heure de la retraite. A mesure qu'en descendant l'escalier il approchait de l'appartement sur le seuil duquel il avait suspendu sa marche le jour de la première promenade, il usa tout ce qui lui restait de force à ralentir le pas de son gardien et à l'arrêter tout à fait lorsqu'ils se trouvèrent en face de la porte.

« Tu te trompes de porte, *Charles*, cria le commissaire qui marchait derrière eux. « *Je ne me trompe pas*, répondit *tout bas* l'enfant, emmené par son conducteur et rentrant dans sa cellule, pensif et soucieux. Il avait laissé tomber sa petite moisson de fleurs sur le seuil de la porte où il s'était arrêté. Pauvre enfant ! il savait que son père n'existait plus ; mais sa mère, sa tante, sa sœur, où étaient-elles ? *il pouvait les croire encore près de lui.* »

M. de Beauchesne ajoute : « *Ce furent les seuls mots qui lui échappèrent ce jour-là.* » Il aurait dû dire aussi pour qu'on le crût, car sa parole est un document irrécusable, qu'il avait la vue si perçante et l'oreille si fine, qu'il a vu ce qui n'était pas et entendu ce qui ne s'est dit ni tout haut ni tout bas. Toutefois, au milieu de tant de choses incroyables dont il embellit son récit, vous devez remarquer qu'il a été assez bien informé par la lecture de nos publications, je le suppose, de ce qui concerne *Barras* et *Laurent* pour les faits qui rentrent dans les communications dues aux souvenirs du Dauphin, et que nous avait appris Naundorff près de vingt années avant que l'historien de 1852 prît la plume pour écrire que :

« Devant le voile qui a enveloppé la fin tragique du fils de
« Louis XVI, *il était naturel*, après cela, que l'*imposteur Naundorff*
« *se crût autorisé* à se poser à la face du monde comme l'héritier
« d'un nom saint et glorieux ; qu'il avait joué son rôle avec tant de
« constance, de candeur apparente, de fermeté et d'audace, qu'il
« était parvenu à gagner quelques consciences et à en troubler un
« grand nombre. »

Une autre observation que je dois vous faire d'avance, monsieur, pour vous prémunir contre de trop grandes surprises dans le domaine de l'inconcevable, d'où nous ne sortirons plus, qui va grandir et se développer à perte de vue, c'est que M. de Beauchesne, dont la conscience n'est pas du nombre de celles troublées, et qui a eu le pouvoir magique de faire parler le prince contre son gré, fera parler maintenant un muet, quoique, d'après l'histoire croyable, si la substitution d'un muet à la place du Dauphin n'était pas vraie, il ne soit pas douteux que l'orphelin aurait imperturbablement persisté dans sa résolution de garder un silence « absolu » avec tout le monde. Transportons-nous donc au 7 novembre 1794, jour auquel *Laurent* écrit :

« Demain, un nouveau gardien doit entrer en fonctions : c'est un « républicain nommé *Gomin.* Les municipaux ne se doutent point « que *le petit muet* a remplacé le Dauphin. Il joue, sans le savoir, « si bien son rôle, que la nouvelle garde croit parfaitement qu'il ne « veut pas parler. *Ainsi, il n'y a pas de danger.* »

Pour qu'il n'y ait pas de danger, il faut qu'il en soit ainsi que le prince l'a rapporté, que dorénavant on ne laisse entrer dans la Tour que des personnes qui sont dans le secret de la substitution, ou qui ne connaissent pas le fils de Louis XVI. Cette précaution a dû être prise et par les libérateurs du prince dont plusieurs, notamment Barras, étaient à la fois les autorités supérieures influentes de l'époque, et par les membres des comités, qui pensèrent que l'évasion du Dauphin avait été consommée dès le moment de sa disparition. Nous devons donc croire que *Gomin* avait été choisi pour adjoint à *Laurent, parce qu'il ne connaissait pas le fils de Louis XVI :* telle est aussi la vérité, que M. de Beauchesne, sans qu'il s'en doute, a confirmée de la manière la plus positive. Je reprends son récit.

XX

— 266 — « Par décision du 18 brumaire an III, — 8 novembre 1794, — « le comité de sûreté générale, sur la présentation de la commission de police administrative, adopte et choisit le citoyen

Gomin pour être adjoint à la garde du Temple, et charge la section de police de l'appeler à son poste. »

« Mandé le lendemain dans le sein de cette dernière commission, le nouvel agent apprit sa nomination rédigée dans les termes que nous venons d'indiquer. *Il voulut s'excuser;* mais on lui fit comprendre qu'il n'avait pas le droit de refuser, et qu'il fallait se rendre immédiatement à son poste : « la voiture t'attend. » *Gomin* — 267 — y monta, fort soucieux de la charge inattendue qu'on lui imposait... —268— *Je dois à cet homme, sur cette dernière période de la vie du Dauphin,* un grand nombre de particularités intéressantes auxquelles il se trouve souvent mêlé. — 270 —Lui-même, *après avoir reçu communication de toute la partie de ce travail empruntée à ses souvenirs, il m'a remercié de l'exactitude avec laquelle je les ai rapportés.*

« Gomin, en se rendant, le 9 novembre 1794, de la section de police à la prison d'État du Temple, était accompagné d'un agent qui garda le silence pendant toute la route; *il se présenta* avec sa nomination au commissaire, et *à Laurent* qui le reçut comme son adjoint. *Il était nuit; les deux gardiens montèrent ensemble,* accompagnés du commissaire, *pour voir les prisonniers.*

« Entrés au second étage, dont la première pièce servait d'antichambre, — *Laurent* —271 — *demanda à son collègue s'il avait vu autrefois le prince royal.*

« **JE NE L'AI JAMAIS VU,** *répondit Gomin.* »

« En ce cas, il se passera du temps avant qu'il vous dise une parole. »

« Ils ouvrirent la seconde pièce, qui avait été la chambre à coucher de Cléry. Sur un lit de fer placé dans le coin gauche était couché le *royal enfant.* Après avoir jeté un coup d'œil, les gardiens se retirèrent. »

Voilà donc enfin la vérité qui perce le fatras d'impostures dont s'efforçaient en vain de l'envelopper les puissances de ténèbres. Les imposteurs se flétrissent eux-mêmes, et, comme toujours, dans cette sainte cause du droit le plus légitime aux prises avec l'iniquité de la terre, les cris d'anathème retombent sur la tête de ceux qui maudissent. Cinq mots sortis de leur bouche nous donnent raison contre eux tous, et s'ils savent rester cachés sous l'opprobre de leurs propres œuvres, ils se tairont du moins, et laisseront souffrir en paix les victimes royales, dont ils ont empoisonné l'existence par leurs honteuses diffamations.

Qu'avais-je dit dans ma réplique judiciaire? Que *Gomin* avait traîtreusement menti devant la justice; qu'il n'avait pas pu reconnaître pour le Dauphin l'enfant confié à sa garde, et que le jugement rendu contre les héritiers du duc de Normandie était basé sur le parjure. « Eh bien, quoique la démonstration des faux témoignages sanctionnés par la magistrature, frappât l'esprit d'une évidence que l'homme de bien ne peut méconnaître, on a osé vouloir glorifier le mensonge; et le mensonge prévaut, on l'exalte; un monde qui se dit honorable l'accueille et le propage, sans se sentir la conscience troublée du mal qu'il fait à des innocents calomniés ; on admire l'auteur d'une publication qui le développe et l'enjolive; on a l'impudence de le décorer du nom de documents officiels, authentiques, irrécusables; et c'est nous, monsieur, qu'on accuse de charlatanisme et de croire à des erreurs grossières ! Tant d'audace et d'hypocrisie soulèvent dans l'âme honnête un sentiment de dégoût si profond, qu'on est impuissant pour l'exprimer.

Comment la plume de M. de Beauchesne ne s'est-elle pas brisée dans ses doigts après avoir écrit l'aveu de l'imposteur, qui réfute d'avance toutes les faussetés qui vont suivre encore? C'est à lui de répondre autrement qu'il ne l'a fait à M. Perceval, s'il se respecte assez pour désavouer les erreurs grossières qu'il accrédite, — comme je l'ai reproché dans la réplique judiciaire à M. Zangiacomi, à M. Dupré-Lasalle, ainsi qu'aux deux chambres du tribunal de première instance de Paris, — sur le témoignage inadmissible des individus qu'il préconise. En attendant de sa part cet acte de probité, qu'il accomplira, j'en suis sûr, avec une noble fierté, parce qu'il s'indignera lui-même d'avoir été trompé, je veux lui faire comprendre de plus en plus que son silence — si mon écrit parvient jusqu'à lui, et j'aurai soin qu'il lui parvienne — le rendrait complice des fourberies que je signale.

D'après les lettres de *Laurent*, mon cher jurisconsulte, et les communications du prince, on s'explique que ce soit pendant la nuit qu'on ait fait voir le prisonnier à *Gomin*. *Barras*, membre du comité de sûreté générale, avait signé la commission de ce nouveau gardien ; il connaissait la substitution du muet au Dauphin ; il avait par conséquent dû s'assurer que *Gomin* ne connaissait pas le fils de Louis XVI. Mais il pouvait avoir été induit en erreur, la nuit couvrait de ses ombres le changement de personne ; et ce fut pour avoir une certitude rassurante que la substitution ne serait pas remarquée par *Gomin*, que *Laurent* lui adresse la question à laquelle il répond : « JE N'AI JAMAIS VU LE PRINCE ROYAL. » On pouvait donc le conserver sans danger. Plus tard, selon toute vraisemblance, on le mit dans le secret de la première substitution, en le faisant concourir à la seconde, et lui laissant croire que le Dauphin n'était déjà plus au Temple ; ou peut-être encore n'eut-il pas connaissance de ce dernier fait, car il fut spécialement placé auprès de la princesse et ne s'occupait pour ainsi dire pas du Dauphin. C'est *Gomin* qui nous l'apprend ; je le prouverai. Néanmoins, les faveurs dont les Bourbons l'ont comblé sous la Restauration, tandis que Lasne a été mis de côté par eux, me porte à penser que les proscripteurs du roi légitime de France achetaient ainsi le silence d'un témoin dangereux. Toujours est-il certain pour moi que *Gomin* a impudemment menti à Dieu et aux hommes en déposant devant le juge d'instruction.

« Je suis d'autant plus certain que l'enfant que j'ai vu mourir « au Temple était le duc de Normandie, fils de Louis XVI, qu'*an*- « *térieurement à sa détention je l'avais vu* plusieurs fois, et de très- « près, dans le jardin dit du Prince aux Tuileries.

« *Quant au fait de l'identité* du duc de Normandie, fils de « Louis XVI, avec l'enfant confié à ma garde au Temple, et *à celui* « *d'un enfant muet* qui lui aurait été substitué, mes souvenirs sont « précis, et j'ai, à cet égard, la conviction la plus entière. Ainsi, « je le déclare en mon âme et conscience :

« *Je connaissais parfaitement, avant sa détention*, le duc de Nor- « mandie, fils de Louis XVI, *l'ayant vu souvent, et à une dis*-

« *lance fort rapprochée, dans le jardin du Prince,* aux Tuileries, où
« il jouait sous la surveillance de Mme de Tourzel.

« *C'est cet enfant dont la garde m'a été confiée ; c'est lui que j'ai*
« *soigné, c'est lui qui est mort sous mes yeux* en juin 1795, à la
« *tour du Temple ; c'est lui, enfin, qui parlait encore une heure*
« *avant de mourir.* »

Puisqu'on m'oblige à prendre une dernière fois la parole contre
les imposteurs qui nous qualifient tels, continuons à passer en revue
les nouvelles inventions débitées par Lasne et Gomin. Il est essentiel
que l'on connaisse « cette puissance d'autorités décisives » que M. de
Beauchesne oppose au duc de Normandie.

Les plus minimes particularités qui se rattachent aux affirmations
de ces faux témoins, sont d'un haut intérêt dans la question de vérité transformée en mensonge.

Vous comprenez, monsieur, que *Laurent* n'a pas pu dire à *Gomin qu'il se passerait du temps avant que l'enfant lui parlât.* C'est
un mensonge mis en avant, une précaution oratoire, si vous l'aimez
mieux, pour préparer le lecteur à croire aux mensonges subséquents qu'il me reste à signaler. L'historien poursuit son roman en
ces termes : — 274. —

« Gomin ayant su — on ne sait trop comment — que l'orphelin
royal — *qu'il n'avait jamais vu* — avait toujours aimé les fleurs,
dès le troisième jour de son installation, profita du bon vouloir du
municipal de service pour faire monter dans sa chambre quatre
petits pots de fleurs qu'il avait choisis lui-même et qui étaient dans
tout leur éclat. La joie mouilla les yeux de l'enfant, il pleura : —
275 — il tournait autour d'elles avec ivresse ; il les prenait à deux
mains pour en respirer les odeurs ! il les dévora des yeux toutes
ensemble ; il finit par en cueillir une ! Puis il regarda Gomin d'un
regard profondément mélancolique ! *Une pensée filiale* lui avait traversé le cœur, » — pour venir se refléter sur le papier où M. de
Beauchesne a décrit ce tableau touchant. Bon Gomin ! il oublie
que deux jours auparavant, quand il eut vu de près dans quel état
affreux se trouvait l'enfant, il en fut bouleversé. —

— 277 — « L'événement avait justifié *la prédiction de Laurent :*

Gomin, depuis son entrée au Temple, bien que des jours et des jours se fussent écoulés, n'avait pu obtenir encore une parole de son prisonnier... « Peu à peu l'*enfant* le regarda d'un œil moins inquiet, et *finit même par devenir assez expansif. Le premier mot* qui sortit de ses lèvres fut un mot de gratitude : *C'est vous qui m'avez donné des fleurs, je ne l'ai pas oublié,* lui dit-il avec un air reconnaissant et des yeux pleins de douceur. » — INVENTION.

— 287 — *Laurent* et *Gomin* avaient tous les deux de quoi vivre, et tous les deux se trouvaient dans une position qu'ils n'avaient pas ambitionnée. *L'un l'avait prise pour ne pas déplaire à Barras,* l'autre pour ne pas se compromettre; *le premier l'occupait par dévouement, et le second la gardait par peur.*

« Le 6 pluviôse an III — 25 janvier 1795, — une fumée épaisse remplissait les appartements du frère et de la sœur... *Gomin* dit : « Si le citoyen commissaire n'y voyait pas d'inconvénient, ne pourrions-nous pas faire descendre aujourd'hui le petit dans la chambre que nous habitons? — « Je ne m'y oppose pas, répondit le sieur Cazeaux ; » et *pour la première fois, depuis sa détention, l'orphelin put s'asseoir ailleurs que dans sa prison;* il passa la moitié de la journée — contre les arrêtés sévères de l'autorité — dans la salle du conseil, et dîna avec le triumvirat commis à sa garde. »

Quand on invente l'histoire, il est fâcheux, pour l'écrivain, de n'avoir pas une mémoire fidèle. Si c'était *la première fois* que l'*orphelin* pouvait s'asseoir *ailleurs* que dans sa prison, M. de Beauchesne ne réfléchit pas qu'il se met d'accord avec moi, en détruisant lui-même, par son témoignage présent, la fable des nombreux délassements du prince dans la salle de billard.

Il nous représente ensuite Cazeaux faisant, pendant le dîner, des observations désobligeantes pour le prisonnier, que nous savons être muet, et qui, s'il eût été le prince, ne parlait plus depuis longtemps à personne. Je me vois contraint de me répéter, peut-être fastidieusement; mais les mensonges se multiplient dans la bouche de *Gomin*, et je dois rappeler l'attention des lecteurs sur les faits invariables de l'histoire du Dauphin, car, sous ces deux rapports, la scène que l'on décrit ne peut pas être vraie. Je ne la reproduis pas.

— 289 — « Elle avait lieu au commencement du dîner. Ce dîner était le meilleur qui eût passé sous les yeux du prisonnier depuis le changement de nourriture, appliqué à la tour du Temple. Il en prenait tranquillement sa part avec appétit avant la virulente sortie du municipal ; mais dès ce moment, malgré l'air encourageant de *Laurent* et de *Gomin*, il assista inactif au repas de ses maîtres, et refusa tout ce qu'on lui présenta. Une frangipane argentée d'une poudre de sucre, rare friandise dont il était privé depuis si longtemps, le trouva froid et insensible ; il affecta même de n'y faire aucune attention. Tantôt il grignotait du bout des dents une petite croûte de pain ; tantôt, appuyé sur le fond de sa chaise, il laissait errer ses regards indifférents sur les meubles ou vers les fenêtres. — 290 — Le commissaire remarqua son petit manège. « Si c'est par bouderie qu'il ne prend rien, dit-il, comment souffrez-vous cela, citoyens ? Du moins il faut qu'il boive, et qu'il boive à la santé de la république. » Et il versa du vin pur dans le verre de l'enfant. Soin inutile, celui-ci ne daigna regarder ni son échanson ni son verre. Le repas s'acheva. Les gardiens jugèrent à propos de le faire remonter dans sa chambre. Le bon Gomin avait mis en réserve un morceau de frangipane qu'il lui laissa sur sa table en se retirant.

« Le lendemain, ce fragment de gâteau était encore dans son entier, et le gardien faisant à l'enfant un bienveillant reproche de n'y avoir pas touché : *je l'aurais accepté de vous avec grand plaisir, dit-il,* — 291 — *mais cet homme avait découpé cette pâtisserie, elle provenait de son dîner, et je ne veux rien de lui, pas plus cela que son vin !* Deux jours après, *Gomin* fut péniblement surpris d'entendre le prince répéter tout bas cette phrase : « *Il y en a tant qui meurent et* « *qui sont plus nécessaires !* — **INVENTION !**

« Les gardiens sollicitèrent l'autorisation de le conduire au jardin pour y prendre un peu d'exercice ; ils ne purent l'obtenir. Ils ne négligeaient rien de ce qui pouvait faire du bien à leur prisonnier ; mais il fallait avant tout que la bonne volonté des municipaux répondît à la leur : *encore craignaient-ils les dénonciations* dont quelques employés subalternes les avaient plus d'une fois menacés.

« Mais néanmoins — 292 — assurés de la complicité du commissaire, pour arracher l'enfant à une solitude fatale à son âme
comme à son corps *ils le firent quelquefois descendre dans
la salle du conseil,* où il pouvait du moins trouver un peu de distraction. »

Ce fait, monsieur, n'est point vrai et ne peut pas l'être, car les
arrêtés du conseil général défendaient impérieusement, — nous le
savons, — de pareils actes de bienveillance envers l'enfant. Gomin,
qui avait accepté son emploi par peur, n'était pas homme à enfreindre les ordres de la Commune, dans un moment où le crédule historien nous le montre menacé de dénonciations, et aussitôt après avoir
cité un rapport fait à la Convention par Mathieu, membre du comité
de sûreté générale, qui disculpe ce comité, — 280 — d'avoir eu
l'idée d'améliorer la captivité des enfants de Capet. L'ordre établi
n'a pu être changé impunément par Gomin que lorsqu'il a raconté
ses mensonges à **M. de Beauchesne**; et cet ordre, le voici : — 272
— 273 —

« Tous les matins vers neuf heures, les deux gardiens et le commissaire montaient ordinairement ensemble dans la chambre du
Dauphin; l'enfant déjeunait. Le déjeuner pris, *on laissait le prince
seul jusqu'à l'heure du dîner,* c'est-à-dire, jusque vers deux heures.
Les gardiens remontaient alors avec le nouveau commissaire civil.
Puis on laissait l'enfant seul jusqu'à huit heures du soir. A huit
heures, le souper. Après cela, on couchait l'enfant, *et on le laissait
seul jusqu'au lendemain matin à neuf heures.* Et tous les jours se
succédaient ainsi.

— 292 — « Plein de sympathie pour ses gardiens, — écrit ensuite
le *romaniste,* — et surtout pour Gomin, *auquel l'enfant livrait maintenant volontiers la confidence de ses peines,* rien ne pouvait vaincre
son ombrageuse répugnance pour tous les visiteurs du dehors; *jamais ils n'obtinrent un mot de lui.* »

Cette dernière réflexion, monsieur, a pour objet de faire admettre
l'insensibilité et le mutisme de l'enfant, devant trois conventionnels
qui l'ont visité et interrogé, comme une modification de sa volonté.
Les trois conventionnels sont *Mathieu, Harmand* et *Reverchon,* qui,

membres du comité de sûreté générale, ont signé avec *Barras* la nomination de *Gomin*. La démarche qu'ils vont faire tout à l'heure au Temple était un acte politique, une sorte de réponse à de sourds murmures qui inquiétaient le gouvernement, car des bruits d'évasion s'étaient répandus en dehors de la Tour, et il était urgent de les faire cesser. Les trois visiteurs avaient été désignés, ou parce qu'ils ne connaissaient pas le Dauphin, ou parce que, le croyant en liberté, ils étaient informés de la substitution. Tout naturellement, ils se conduisent comme s'ils se trouvaient en présence du fils de Louis XVI; mais les détails du procès-verbal de leur visite pouvant donner lieu à des commentaires dangereux, leur rapport fut fait *en comité secret, dans le comité seulement.* Quant à moi, j'ai lieu de croire qu'ils savaient le secret de la substitution. J'ai lu une lettre de *Reverchon*, au timbre de la république, postérieure de quelques jours au 8 juin 1795, écrite à une dame de ses amies, de Lyon, dans laquelle il l'informait que le Dauphin s'était évadé du Temple. Un gentilhomme d'Allemagne m'a aussi raconté qu'un *M. Harmand* assurait que le fils de Louis XVI n'était pas mort dans sa prison. Ce ne pouvait être que le conventionnel, nommé par Louis XVIII en 1814, — 300 — préfet des Hautes-Alpes, qui rédigea alors son rapport dans un style approprié aux circonstances. Vous allez le lire et l'apprécier. M. de Beauchesne, qui le cite à la page 301, le fait précéder des réflexions suivantes : — 298 —

Depuis le jour du dîner imaginé dans la salle du conseil — 25 janvier — « l'état du jeune roi était devenu très-affligeant. Il paraissait plongé dans la plus noire tristesse : *une morne atonie s'était emparée de lui.* On avait grand'peine à l'arracher du coin du feu et à le décider à monter sur la Tour. *Ses forces même ne lui permettaient guère de marcher;* et plus d'une fois Laurent et Gomin le portèrent dans leurs bras. *Le mal fit en peu de jours des progrès effrayants.* — 299 — Des commissaires civils se rendirent le 26 février au comité de sûreté générale, annonçant « *le danger imminent* que couraient les jours du prisonnier. Interrogés sur la nature de ce danger, ces officiers municipaux répondirent que le petit Capet avait des tumeurs à toutes les articulations, et particulièrement aux genoux;

qu'il était impossible de lui arracher une parole, et que, toujours assis ou couché, il se refusait à toute espèce d'exercice. »

— Le silence opiniâtre du prince, *depuis l'époque indiquée par lui dans l'*ABRÉGÉ DE SES INFORTUNES, est une vérité constante, que l'historien romantique oublie à chaque page de son récit, pour y substituer les imaginations officielles et authentiques de ses précieux témoins. —

« Le comité de sûreté générale, continue-t-il, désigna *Harmand* de la Meuse, un de ses membres, *qui avait dans ses attributions la section de police de Paris*, — particularité très-significative, quant à la nomination de *Gomin*, — pour aller au Temple, avec deux de ses collègues, s'assurer de la vérité et faire un rapport détaillé sur tout ce qui concernait *le fils du dernier roi. Cette démarche eut lieu le lendemain*, 9 ventôse, — 27 février — »

— Jour auquel *le danger imminent* que couraient les jours du prisonnier a soudainement disparu, selon le rapport des conventionnels, dont je ne reproduis que les détails utiles. —

« ... Une préoccupation dont je n'ai pas été le maître, ne m'a pas permis de garder *la date précise de notre visite au Temple ;* mais voici les faits — 302 — :

« Nous arrivâmes à la porte ; *le prince* était assis auprès d'une petite table carrée, sur laquelle étaient éparses beaucoup de cartes à jouer ; quelques-unes étaient pliées en forme de boîtes et de caisses, d'autres élevées en château. Il était occupé de ses cartes lorsque nous entrâmes, *et il ne quitta pas son jeu.*

« Il était couvert d'un habit neuf en matelot, d'un drap couleur ardoise ; sa tête était nue ; la chambre propre et bien éclairée.

« Son lit était derrière la porte en entrant. Au pied de ce lit en était un autre qui avait été celui du savetier Simon. — 303 —

« Après avoir entendu l'affreux récit de toutes les cruautés de ce monstre, je m'approchai du *prince*. Nos mouvements ne semblaient faire aucune impression sur lui. Je lui dis que le *gouvernement, instruit trop tard du mauvais état de sa santé*, et du refus qu'il faisait de prendre de l'exercice et de répondre aux questions qu'on lui adressait, *nous avait envoyés près de lui pour lui renouveler nous-mêmes des propositions qui pourraient lui être agréables, telles que d'étendre ses promenades et de lui procurer des objets de distraction.* Je le priai de vouloir bien me répondre si cela lui convenait. — 304 —

« Pendant que je lui adressais cette petite harangue, *il me regardait fixement* sans changer de position, et il m'écoutait avec l'apparence de la plus grande attention ; mais pas un mot de réponse.

« Alors, je particularisai mes propositions de cette manière :
« J'ai l'honneur de vous demander, Monsieur, si vous désirez un
« cheval, un chien, des oiseaux, des joujoux, un ou plusieurs
« compagnons de votre âge? Voulez-vous dans ce moment des-
« cendre dans le jardin ou monter sur les tours? Désirez-vous des
« bonbons, des gâteaux? »

« J'épuisai en vain toute la nomenclature des choses qu'on peut désirer à cet âge. *Je n'en reçus pas un mot de réponse, pas même un signe ou un geste,* quoiqu'il eût la tête tournée vers moi et qu'il me regardât avec une *fixité étonnante* qui exprimait la plus grande indifférence.

« Alors, je me permis de prendre un ton plus prononcé. Je lui reprochai son opiniâtreté, en l'engageant derechef à nous indiquer ce qui lui serait agréable... *Même regard fixe,* même attention, mais pas un seul mot. — 305 —

« Je repris : « Vous voulez donc nous compromettre? Quelle
« réponse pourrons-nous faire au gouvernement, dont nous ne
« sommes que les organes? — Ayez la bonté de me répondre, je
« vous en supplie, ou bien nous finirons par vous l'ordonner. » —
Pas un mot, et *toujours la même fixité.*

« J'étais au désespoir, et mes collègues aussi. Ce regard surtout avait un tel caractère de résignation et d'indifférence, qu'il semblait nous dire : *Que m'importe? Achevez votre victime!*
— 306. — »

« J'essayai alors l'effet du commandement, et *me plaçant tout près du prince,* je lui dis : « *Monsieur, ayez la complaisance de*
« *me donner la main.* » Il me la présenta, et je sentis, en prolon-

geant mon mouvement jusque sous l'aisselle, une tumeur au poignet et une au coude, comme des nodus. Il paraît que ces tumeurs n'étaient pas douloureuses, car le *prince* ne le témoigna pas. « L'autre main, Monsieur ! » — Il la présenta aussi ; il n'y avait rien. « *Per-* « *mettez, Monsieur, que je touche aussi vos jambes* et vos genoux. » — Il se leva. Je trouvai les mêmes grosseurs aux deux genoux, sous les jarrets.

« Placé ainsi, *le jeune prince* avait *le maintien du rachitisme et d'un défaut de conformation. Ses jambes et ses cuisses étaient longues et menues, les bras de même ; le buste très-court,* la poitrine élevée, *les épaules hautes et resserrées :* la tête très-belle dans tous ses détails, le teint clair, mais sans couleur, *les cheveux longs et beaux,* bien tenus, *châtain-clair.*

« Maintenant, Monsieur, *ayez la complaisance de marcher.* » — Il le fit aussitôt, en allant vers la porte qui séparait les deux lits, et il revint s'asseoir sur-le-champ.

« Je saisis ce moment pour lui représenter le tort que lui faisait le défaut d'exercice, et pour lui proposer la visite d'un médecin. — « Faites-nous signe au moins, lui dis-je, que cela ne vous déplaira « pas. » *Pas un signe, pas un mot.*

« *Monsieur, ayez la bonté de marcher encore et un peu plus* « *longtemps.* » — Silence et refus ; il resta sur son siége, les coudes appuyés sur la table. Ses traits ne changèrent pas un seul instant : *pas la moindre émotion apparente, pas le moindre étonnement dans les yeux, comme si nous n'eussions pas été là.* — 307. —

« On apporta le dîner du prince. Nouvelle scène de douleur ; il faut l'avoir vue et éprouvée pour y croire. Une écuelle de terre rouge contenait un potage noir couvert de quelques lentilles ; dans une assiette de la même espèce était un petit morceau de bouilli noir et retiré, le fond d'une seconde était rempli de lentilles, dans une troisième étaient six châtaignes plutôt brûlées que rôties ; un couvert d'étain, point de couteau et point de vin.

« Tel était le dîner du fils de Louis XVI, de l'héritier de soixante-six rois ! Tel était le traitement fait à l'innocence !

« Pendant que l'illustre prisonnier faisait cet indigne repas, nous emmenâmes les municipaux dans une autre pièce pour leur exprimer *notre indignation, et ordonner que cet exécrable ordre de choses serait changé à l'avenir.* Je voulus à l'instant même qu'on lui procurât du raisin, qui était rare alors. — 308. —

« Je lui demandai s'il était content de son dîner. *Point de réponse.* S'il désirait du fruit. *Point de réponse.* S'il aimait le raisin. *Point de réponse.* Le raisin arriva : il le mangea sans rien dire. En désirez-vous encore? *Point de réponse.*

« Il ne nous fut plus permis de douter alors que toutes les tentatives de notre part pour en obtenir une réponse seraient inutiles. Je lui représentai que son silence était d'autant plus pénible pour nous que nous ne pouvions l'attribuer qu'au malheur de lui avoir déplu ; que nous proposerions, en conséquence, au gouvernement de lui envoyer des commissaires qui lui seraient plus agréables. *Même regard et point de réponse.*

« Voulez-vous bien, Monsieur, que nous nous retirions? *Point de réponse.*

« Cela dit, nous sortîmes pour nous communiquer nos réflexions sur le *moral* et sur le *physique* du jeune *prince.* — 309 —

« *Je demandai aux municipaux,* dans l'antichambre, *si le silence opiniâtre du jeune prisonnier datait réellement du jour où la plus barbare violence* lui avait fait faire et signer l'odieuse et absurde déposition... *Ils renouvelèrent leur assertion à cet égard.* Après avoir présenté cette anecdote à l'éternelle douleur des âmes sensibles, je la livre aux observateurs de la nature. *Est-il possible qu'à l'âge de neuf ans, un enfant puisse former une telle détermination et y persévérer?* C'est ce qui n'est pas vraisemblable sans doute; mais je *réponds à ceux qui douteraient ou qui nieraient, par un fait et par des témoignages que j'indique et auxquels on peut recourir.*

« J'ignore si ce jeune prince a parlé à M. Desault, lorsque ce médecin est allé le voir, parce que, *peu de jours après notre visite au Temple,* une intrigue me fit nommer par la Convention *commissaire aux Grandes-Indes.* Je partis à cet effet pour Brest, où je restai plusieurs mois, et à mon retour j'appris que *le malade et le médecin étaient morts.*

« Enfin, nous convînmes que pour l'honneur de la nation qui l'ignorait, pour celui de la Convention qui *l'ignorait* aussi, nous ne ferions point de *rapport en public,* mais *en comité secret, dans le comité de sûreté générale seulement :* ce qui fut fait ainsi. »

— « En quittant l'antichambre du prince, *nous montâmes chez Madame; j'ai compté les marches,* et si ma mémoire est fidèle, *j'en ai compté 82.....* » —

M. de Beauchesne fixe la date de cette visite au 27 février 1795, *sur l'autorité des paroles de Gomin.* Je lui réponds avec le proverbe. « Une fois menteur, toujours menteur. » Gomin n'a pas plus dit la vérité ici que quand il a désigné la date de sa nomination comme gardien ; et cependant cette date, que l'auteur du rapport n'a pas précisée, est d'une importance majeure. *Laurent* parle de la démarche des trois conventionnels dans sa lettre du 5 février ; il faut donc qu'elle ait eu lieu avant le mois de février. J'ai fait des recherches, et j'en ai trouvé une indication confirmative des paroles de Laurent, dans l'*Histoire de la captivité de Louis XVI,* où elle est reportée à la date *du* 19 *décembre* 1794, conformément à la vérité.

Quant à l'enfant visité, il est, sans l'ombre d'un doute, le sourd-muet qui, selon le témoignage écrit de *Laurent,* avait été introduit par lui dans la prison de la Tour, à la place du Dauphin, avant le 7 novembre 1794. Les détails si explicites donnés par le rédacteur du procès-verbal de la visite démontrent invinciblement que l'enfant assujetti à un long interrogatoire, loin d'affecter un mutisme volontaire qui se serait trahi par des signes d'entendement, était véritablement sourd-muet de naissance. Tous ceux qui ont vu des sourds-muets le jugeront tel à l'attitude impassible, au regard fixe, à l'immobilité constante de la physionomie. Tout l'extérieur de sa contenance indique la stupéfaction d'un enfant qui voit sans entendre, un état moral en quelque sorte hébété, signes ordinaires de surdité et de mutisme, dans le bas âge surtout, où les facultés de l'esprit n'ont pas encore acquis un grand développement. Ce ne sont point là les indices d'un silence opiniâtre et réfléchi, qui, pendant le long interrogatoire, n'eût point absorbé jusqu'à la moindre apparence d'émotion.

M. de Beauchesne, qui ne comprend pas l'immense signification de ce document, cherche à en atténuer la gravité par des considérations puériles. « L'air d'indifférence de l'infortuné, écrit-il, — 311 — et de dédain semblait dire : Vous me faites mourir depuis deux ans, que m'importent aujourd'hui vos caresses ? *Achevez votre victime.* De tout le récit de M. Harmand, c'est cette dernière appréciation qui est la plus vraie. »

Si cette appréciation était la seule vraie, l'enfant fût constamment demeuré impassible, et n'eût pas obéi à des gestes dont le mouvement, fort intelligible surtout pour un sourd-muet toujours attentif au moindre signe, indiquait ce qu'on désirait de lui ; car c'est au geste du commissaire qui, en lui demandant la main, lui présentait naturellement la sienne, et non pas à sa voix, qu'il a obéi. Il en est de même sans doute quant au commandement de marcher ; il s'est levé, parce qu'il a dû comprendre par un mouvement impératif de la main ce qu'on exigeait de lui. Si cet enfant n'avait pas été muet, pourquoi n'aurait-il pas parlé ? Il n'y avait de sa part ni indifférence ni dédain, puisqu'il marche quand il conçoit ce qu'on exige de lui, et qu'il a mangé le raisin que les conventionnels lui ont fait apporter ? Cet enfant, prétendu si opiniâtre dans la volonté de ne pas parler, et si docile tout à la fois, n'était bien certainement pas le Dauphin, qui fut constamment inébranlable dans la résolution de ne manifester jamais par un signe quelconque qu'il prêtait la moindre attention à ce qu'on lui disait. Le fils de Louis XVI n'aurait ni donné la main, ni marché, comme l'a fait le substitué.

M. de Beauchesne, sans tenir compte de l'histoire véridique, la compose d'après les exigences de son roman, afin de se ménager la faculté de revêtir, avec une apparence de raison, de formes pathétiques et touchantes, ce qu'il y avait de trop prosaïque dans les inventions de ses témoins oculaires et auriculaires ; documents officiels parlants, preuves matérielles irréfragables. Alors il réforme la vérité en disant — 310 — :

« Quant au silence opiniâtre gardé par le prince dans cette visite, à laquelle le narrateur a voulu donner une trop grande portée, nous avons déjà eu l'occasion d'expliquer notre pensée à ce sujet. »

La pensée de l'écrivain! elle n'est plus équivoque pour vous, esprit logique et clairvoyant, j'imagine : sa pensée est de répudier ce qu'il y a de véritable dans la vie du Dauphin, pour y introduire les billevesées de l'imposture, et faire tenir au muet un langage qu'on approprie à la personne du fils de Louis XVI, langage qui ne serait pas même admissible dans la bouche de l'enfant-roi.

C'est ainsi qu'après nous avoir représenté « l'état de l'enfant, « devenu très-affligeant depuis le 25 janvier; l'enfant plongé dans « la plus noire tristesse, dans une morne atonie qui s'était emparée « de lui, et, le 26 février, le danger imminent que couraient les « jours du prisonnier, » il nous raconte sérieusement — 312. —

« Gomin essaya de multiplier autour du Dauphin les distractions et les délassements. Il allait parfois chercher dans la bibliothèque du Temple un ouvrage qui pût intéresser l'enfant, et il le lui présentait ouvert : « Je prie Monsieur de vouloir bien lire; » *et l'enfant commençait à la page indiquée, de la meilleure grâce du monde.* Il lisait avec beaucoup de netteté et de correction, en tenant le livre à distance, sur ses genoux ou sur la table. — 313-14. —

« Le 7 mars, le brave Debierne lui apporta une charmante petite tourterelle; le prince s'en occupa peu : la vue du pauvre oiseau solitaire et prisonnier ne fut, pour lui, ni un amusement, ni une consolation; d'ailleurs, la diminution graduelle de ses forces faisait succéder chez lui, à un caractère vif et actif, l'indifférence et l'apathie.

— 316 — « Le commissaire s'absentait quelquefois; Laurent lui-même sortait presque tous les soirs. Quand les choses avaient été convenues ainsi, le timide Gomin se sentait assez autorisé à suivre l'élan de son bon cœur; *il s'installait auprès de l'enfant, et lui tenait compagnie jusqu'au souper.* Le plus habituellement, il jouait aux dames avec lui, ou bien encore, si les forces de l'enfant lui permettaient cette distraction, *on montait dans le comble de la grande tour,* et dans cette vaste salle dont le milieu était libre, on faisait — 317 — une partie de volant. A ce jeu, le jeune invalide, — évidemment bien portant — se défendait parfaitement; son coup d'œil était sûr, sa main prompte; il avait toujours la main gauche appuyée sur la hanche et tenant son pantalon, tandis que la main droite était armée de la raquette.

« Un soir, le 12 mars 1795, *se trouvant seul avec lui, Gomin,* toujours bon quand il n'était pas contraint, s'assit auprès du prince, et lui proposa une lecture ou une partie de dame.

« L'enfant, reconnaissant, le regarda profondément, essayant de lire dans ses yeux jusqu'où sa bonté pouvait aller, et, se sentant sans doute encouragé par son air affectueux, il se leva, et se dirigea doucement vers la porte, sans cesser de tenir attaché sur son gardien un regard tout à la fois interrogateur et suppliant. « Vous savez bien que cela ne se peut pas, dit celui-ci, inquiet de la pensée qui venait au jeune prisonnier, et malheureux de ne pouvoir l'écouter. — *Je veux la revoir une fois,* dit le pauvre enfant ; *laissez-moi la revoir une fois avant de mourir, je vous en prie!* » Le cœur de *Gomin* se serra douloureusement ; il prit le Dauphin par le bras, et le reconduisit à sa place. L'enfant se jeta sur son lit, ou plutôt il y tomba presque sans connaissance, et y resta sans mouvement. — 518 — Le pauvre surveillant, tout effaré, ne sut d'abord que devenir, son prisonnier étant étendu sans mouvement et sans couleur. Enfin, il sentit son cœur battre, il vit ses yeux *se rouvrir :* le sentiment lui revenait avec la vie, et avec le sentiment la douleur. « Ce n'est pas ma faute si je vous fais de la peine, lui disait tout bas son complice, qui ne voulait l'être ni trop, ni ouvertement ; ce n'est pas ma faute, mon devoir me le défend. Dites-moi que vous me pardonnez. » *L'âme de l'enfant s'exhala tout entière en cris de détresse.* « Monsieur *Charles,* ne pleurez pas ainsi, *on vous entendrait!...* Il se tut aussitôt, — *pour n'être pas entendu à quatre-vingt-deux marches au-dessus de sa tête,* dans l'appartement du troisième étage! — Et comme Gomin lui disait encore de lui pardonner, une grosse larme roula silencieusement sur sa joue. Il étendit sa petite main sur l'épaule de son gardien qui, courbé sur son lit, pressait son autre main dans les siennes. « Vous savez bien que la porte est close, et quand même elle serait ouverte, vous ne voudriez pas la franchir, en pensant que vous me feriez condamner à mort. » Et l'enfant secoua lentement la tête en *rouvrant* des yeux

— déjà ouverts — où s'impreignait l'expression d'une mélancolie résignée. »

Incrédule que vous êtes! quoiqu'un de nos grands poëtes ait dit : « Le vrai peut quelquefois n'être pas vraisemblable, » vous ne partagerez point la béate confiance de l'écrivain, qui juge les affirmations menteuses de ses témoins selon l'esprit de l'époque où il les enregistre, sans avoir le discernement de s'assurer que les faits racontés sont complétement en désaccord avec les temps révolutionnaires qu'ils concernent et les ombrageuses susceptibilités des autorités gouvernantes.

Il a écrit aux pages 257, 258 :

« *L'obligation* où était *Laurent* de laisser le prince, *comme par le passé, dans une solitude continuelle*, lui était pénible ; car il savait combien *cet abandon exigé* par les odieux calculs des gouvernants était nuisible à la santé physique et morale de l'enfant. *Il n'avait droit d'entrer chez lui qu'aux heures de repas, et encore sous la surveillance constante des municipaux.*

Il nous apprend aussi — 500 — que « la prison du Temple était en quelque sorte placée sous la surveillance plus spéciale du fougueux conventionnel Mathieu, membre du comité de sûreté générale, qui venait y donner des ordres et la visiter ; » et Gomin, — 269, 315 — que, d'après ses propres aveux, il nous montre comme un poltron « qui a peur de son ombre » et qui, pour ne pas devenir suspect, « n'avait d'égards pour les malheureux que *ceux que ne défendaient point les devoirs de sa charge;* » ce Gomin aurait été s'installer auprès de l'enfant et lui tenir compagnie! il aurait été jouer avec lui au volant *dans la grande tour,* faisant mépris des prohibitions de ses implacables supérieurs! Non, monsieur, non; vous ne croirez pas à ces impossibilités, à ces vanteries d'un homme qui décrédite lui-même son propre témoignage.

Vous ne croirez pas à ces alternatives de silence et de mutisme qui n'auraient point été un mystère dans la Tour pour les commissaires de la Commune, et accrédité la croyance à l'inflexible détermination de rester indifférent à tout, de ne parler à personne, que le prisonnier royal avait prise et invariablement suivie; vous ne croirez point à ces retours successifs de dépérissement physique, d'abattement, d'améliorations et d'énergie morale, si fréquents ; à cette prodigieuse puissance de volonté, qui, dominant la chair défaillante et la vie qui, dit-on, s'en va, donne à un enfant de neuf ans une force d'âme qui tient du prestige. Vous ne croirez point à tout ce que l'on peut faire dire aux substitués pour faire croire qu'ils étaient vraiment le fils de Louis XVI. Pareille manœuvre va se pratiquer avec l'enfant que nous allons bientôt voir substituer au muet.

Vous ne croirez pas non plus — 519 — que, le 25 mars 1795, « le municipal Collot, examinant les yeux du *Dauphin*, et ayant dit : « Cet enfant n'a pas six décades à vivre… je vous dis, citoyens, qu'il sera imbécile ou idiot avant six décades, s'il n'est pas crevé ! » vous ne croirez pas « que le regard de l'enfant resta doux et que ses lèvres exprimèrent un sourire plus poignant que les regrets et plus sombre que le désespoir ; que la voix de *Gomin* redoubla de douceur en lui parlant ce jour-là ; que l'enfant, en l'écoutant, semblait vouloir contenir une émotion dont il n'était pas le maître ; qu'une larme brilla dans ses yeux, et que de son cœur trop plein s'échappèrent ces paroles avec un soupir angélique : « *Je n'ai pourtant fait de mal à personne !* »

Non, vous ne croirez pas cela ; car tout cela, ridiculement mensonger dans la bouche de *Gomin*, s'est transformé en description romanesque sous la plume de M. de Beauchesne. Mais ce que vous croirez, c'est que *Laurent* écrit le 5 mars 1795, après qu'un enfant malade eut été substitué au muet : « Notre muet est heureusement « transmis dans le palais du Temple et bien caché ; et en cas de « danger on le prendra pour le Dauphin. *Lasne* prendra ma place « quand il voudra ; conséquemment je serai chez vous en peu de « jours : les mesures les plus sûres et les plus efficaces sont prises « pour la sûreté du Dauphin. »

Je dois aussi faire remarquer que, le 5 mars, l'enfant malade étant à la place du muet, tout ce que Gomin applique au prisonnier, après cette date, s'applique nécessairement au dernier substitué.

XXI

Lasne est entré au Temple, Monsieur, le 31 mars 1795 — 11 germinal an III — et ce jour-là même Laurent l'a quitté, cessant volontairement ses fonctions. Nous avons lu, dans sa dernière lettre, qu'il n'attendait que l'arrivée de son remplaçant pour se retirer. Le fabuliste historien le fait partir le 29 — 320 — c'est une erreur. On n'aurait pas permis que Gomin restât seul gardien pendant deux jours. D'ailleurs, la date que je donne à son départ est officielle ; je l'ai copiée sur les états de payement aux archives. La seconde substitution a eu lieu. Laurent présenta donc à Lasne l'enfant rachitique et scrofuleux qu'il crut être le fils de Louis XVI. Vous avez vu *Gomin* ne pas prononcer une parole sans mentir, porter lui-même témoignage contre lui ; il va en être de même de *Lasne*, convaincu d'imposture devant le juge d'instruction, dans toutes les nouvelles affirmations que M. de Beauchesne garantit, en son nom.

M. de Beauchesne dit — 321 — que *les influences révolutionnaires* ont fait nommer *Lasne*, comme *les influences royalistes* avaient fait nommer *Gomin*. Il a son motif pour donner un certificat de royalisme à l'homme que *Laurent* désigna comme *un républicain*, en ajoutant qu'il n'avait pas confiance en de pareilles gens ; à l'homme que la commission de police administrative de Paris recommanda, comme étant d'*un républicanisme éprouvé*. *Gomin*, sous la Restauration, a été attaché au service de la maison du roi ; il était le protégé de madame la duchesse d'Angoulême. Il fallait justifier ces faveurs autrement que par le besoin d'acheter le silence d'un gardien qui, adjoint à *Laurent*, connaissait une partie des faits mystérieux qui s'étaient passés au Temple, sous ses yeux, et l'avaient initié au secret de la conservation du fils de Louis XVI. Mais l'opinion émise par l'écrivain, sur l'autorité de sa seule imagination, n'explique pas la singularité de la conduite des Bourbons, qui ont complétement oublié *Lasne* dans la distribution de leurs bienfaits. Ceci me conduit à vous produire un autre témoignage de *Gomin*, qui va le représenter dans un état permanent d'imposture, depuis le moment où nous sommes parvenus, jusqu'au décès de l'enfant substitué au muet.

Gomin a affirmé devant le juge d'instruction que, *depuis son entrée en fonctions, il n'a pas perdu de vue le prince un seul instant.* Nous savons, à n'en pouvoir douter, que le prince n'était autre que l'enfant muet introduit dans la Tour avant l'arrivée de *Gomin*. Mais l'affirmation du témoin n'est pas vraie ; et c'est *Gomin* qui se donne un démenti. M. de Saint-Gervais avait reçu ou s'était arrogé la mission de démontrer la mort de Louis XVII au Temple. Il n'est pas besoin de dire qu'il n'a rien démontré que la mort d'un enfant, d'après l'acte de décès du 12 juin 1795. Mais il invoque le témoignage de *Lasne et de Gomin, qu'il avait interrogés, et il paraît évident que Gomin aurait eu peu de rapports avec le prisonnier, ayant été chargé spécialement de la garde de la fille de Louis XVI.* Ces précieux renseignements nous sont fournis par l'auteur du *Passé* et de l'*Avenir*, M. l'abbé Perrault, qui savait pertinemment que Louis XVII n'était pas mort au Temple et que le comte de Provence occupait sciemment la place de son neveu et roi sur le trône de France. Cet ecclésiastique était secrétaire de la grande aumônerie de France pendant la Restauration, et, par ses relations avec les plus hauts personnages de la cour, il avait acquis la certitude de l'existence de Louis XVII.

Voici ce qu'il écrivait en 1832 :

« Nous venons de nommer le fils infortuné du roi martyr.

..... Une tradition secrète, religieusement conservée dans le cœur de quelques Français, suppose que la tombe ne renferme pas encore ses précieuses dépouilles, et que des hommes intrépides et dévoués ont réussi à l'arracher à ses bourreaux et à sa captivité ; *qu'un autre enfant de son âge lui fut substitué, mourut au Temple à sa place, et conserva par sa mort la vie au fils de Louis XVI* et de Marie-Antoinette. Cette tradition, sortie du secret des consciences, où la crainte l'avait comprimée pendant longtemps, s'est répandue peu à peu ; elle a fini par devenir une croyance assez générale et a donné lieu, d'une part, à quelques intrigants de se faire passer pour le fils de Louis XVI, et d'oser soutenir leurs prétentions par des mémoires imprimés ; d'une autre part, plusieurs écrivains se sont inscrits en faux contre cette prétentiou, et ont entrepris de prouver, par des écrits que nous avons sous les yeux, la mort du jeune Louis XVII dans la Tour du Temple...

« Parmi les écrivains qui ont prétendu prouver la mort de cet infortuné prince, M. de Saint-Gervais..... a publié ses raisons dans deux mémoires qui se sont succédé à de courts intervalles dans le courant de l'année 1851, sous le titre de *Preuves authentiques de la mort du jeune Louis XVII...*

« Un second gardien fut adjoint au sieur *Laurent*, et se nommait *Gomin*, citoyen *d'un républicanisme éprouvé*, disait le député Mathieu dans la séance de la Convention du 2 décembre 1794. *Ce gardien fut spécialement chargé de Madame Royale, tandis que* Laurent *surveillait* LE DAUPHIN..... Le gardien *Laurent* fut remplacé par le sieur *Lasne, qui resta à la garde spéciale du jeune prisonnier* jusqu'à la mort d'un enfant à la Tour du Temple...

« ..... Ces éclaircissements donnés, *conformément au récit de M. de Saint-Gervais,.....* il s'agit d'examiner le témoignage des deux gardiens *Gomin* et *Lasne*, cités comme attestant la mort du fils de Louis XVI au Temple ; — témoignage qui fait la preuve authentique que M. de Beauchesne s'est imaginé apporter à l'histoire. —

« Le sieur *Gomin, chargé plus spécialement de la garde de Madame Royale*, a pu voir Louis XVII au Temple ; mais il ne l'a point suivi habituellement, et *dans les derniers mois* qui ont précédé la mort d'un enfant, *il est constant que le sieur Lasne seul en avait la conduite et la surveillance.* Ce que le sieur *Gomin* a pu dire n'est donc pas, par là même, d'une autorité irréfragable ; *comme il n'était pas auprès de l'enfant*, il n'a pu en parler que par ouï-dire. Mais enfin *qu'a-t-il attesté à M. de Saint-Gervais ? Que le jeune prisonnier du Temple était bien vraiment le fils de Louis XVI, qu'il lui a parlé, que l'auguste enfant avait confiance en lui, et voulait bien avec lui rompre un silence* QU'IL GARDAIT CONSTAMMENT ENVERS LES AUTRES ; en un mot, le sieur *Gomin* a rendu à M. de Saint-Gervais le même témoignage que le sieur *Lasne* sur l'identité de l'enfant..... *Mais depuis le mois de mars 1795 au plus tard,* le sieur *Gomin* ne dut avoir aucun rapport avec l'enfant, puisque le sieur *Lasne*, à cette époque, en fut spécialement chargé, tandis que le sieur *Gomin* était auprès de *Madame Royale*. Celui-ci n'a donc guère pu dès lors avoir de renseignements sur le jeune prisonnier que par le sieur *Lasne*, et s'il lui est arrivé d'en avoir de directs, ce n'est qu'à des intervalles plus ou moins éloignés : ces renseignements n'ont pu être habituels...

« Le sieur *Gomin*, chargé spécialement de la garde de Madame Royale, paraît s'en être acquitté avec humanité, puisque, à *la Restauration, cette princesse a daigné lui procurer un emploi.* Mais on sent qu'à cette époque, voyant Louis XVIII sur le trône, le sieur *Gomin*, au lieu de parler de l'existence de Louis XVII, ou de son enlèvement, s'il y croyait, a dû garder un profond silence à cet égard, et montrer comme tant d'autres une conviction contraire. Son intérêt l'y portait, et quoiqu'il fût d'un républicanisme* éprouvé, on peut bien ne lui supposer ni assez d'indépendance, ni assez de désintéressement pour avoir osé dire la vérité...

« Voyons ce que l'on doit penser du témoignage du sieur *Lasne* dans cette affaire. *M. de Saint-Gervais nous donne ce personnage pour un royaliste courageux...* Ce qu'il y a de constant, c'est que la garde du jeune captif lui fut spécialement confiée depuis le 31 mars 1795 jusqu'à la mort d'un enfant au Temple. Il paraît qu'il s'en acquitta avec les égards et tous les soins dûs à cette trop intéressante victime, et qu'il adoucit même autant qu'il dépendait de lui les rigueurs de sa captivité... Le sieur *Lasne* a parlé de la mort du Dauphin dans le Temple à l'auteur des *Preuves authentiques*, comme d'un fait dont il était convaincu... Toutes les paroles du sieur *Lasne* prouvent seulement l'erreur où il était de bonne foi, parce que l'enlèvement se serait opéré à son insu et sans sa participation...

« Mais s'il à eu connaissance du secret... pour bien comprendre à cet égard la position de *Lasne*, il faut voir la conduite qu'il a pu, qu'il aura dû même tenir en raison des circonstances. Il n'a pu parler de l'enlèvement sous le règne de la Convention : cet aveu lui aurait coûté la vie ; il en aura encore bien mieux senti le danger et pour le Dauphin et pour lui, s'il était royaliste, comme le pense M. de Saint-Gervais. Le sieur *Lasne* avait, sous le Directoire et sous le règne de Bonaparte, les mêmes raisons de se taire. La révélation d'un secret tel que celui-là l'aurait gravement compromis ; il courait à peu près sous ce rapport les mêmes dangers que du temps de la Convention. Sous le règne de Louis XVIII et de Charles X, était-il avantageux de dévoiler son secret? Il a vu les deux rois monter tranquillement sur le trône, appuyés, soutenus, reconnus pour rois légitimes par toutes les puissances et par l'opinion générale de leur légitimité. Nulle voix tant soit peu imposante ne s'est élevée en faveur du fils de Louis XVI. Qu'a dû faire alors le sieur *Lasne*, à moins qu'on ne lui suppose un courage héroïque qui lui fit braver tous les dangers pour rendre hommage à la vérité? Il a dû se taire et répondre à ceux qui l'interrogeaient, que le jeune prince était vraiment mort. Dire le contraire lui aurait attiré des dangers, comme à un perturbateur de l'ordre public, comme à un adversaire de la succession légitime au trône de France, enfin comme à un criminel de lèse-majesté, d'autant plus coupable aux yeux des deux rois Louis XVIII et Charles X, que sa qualité de gardien auprès de Louis XVII rendait son témoignage plus imposant et plus nuisible à leurs intérêts personnels.

« *Depuis la révolution de juillet, le sieur Lasne a eu les mêmes raisons, et de plus fortes, de plus pressantes encore, pour persister dans son assertion. Les dangers d'un aveu de la sortie du jeune captif du Temple ont pu lui paraître plus imminents.*

« Nous ne pouvons nous empêcher d'exprimer ici tout notre étonnement de la conduite tenue envers le sieur *Lasne* par le gouvernement de la Restauration en 1814. Quoi ! le sieur *Gomin...*, *pour avoir été chargé pendant quelque temps, avant le sieur Lasne, de la conduite du Dauphin, est attaché au service de la maison du roi*, quoique les députés de la Convention aient loué publiquement son *républicanisme éprouvé! Et le sieur Lasne*, qui ne paraît pas avoir mérité de tels éloges, *que l'on dit même avoir été constamment un vrai et courageux royaliste*, plein d'attention et de dévouement pour le Dauphin pendant sa captivité, *ce gardien si bon, si royaliste, si fidèle, reste dans l'oubli!* Comment expliquer cette singularité ?... Ne semble-t-on pas avoir craint d'approfondir ses révélations et de pénétrer un secret importun? Comme personne ne pouvait donner des détails plus précis, *plus sûrs* que les siens sur le prisonnier, *pourquoi, sous le gouvernement de Louis XVIII, ne l'a-t-on pas fait interroger comme le témoin le plus propre à confondre tous les bruits de l'existence du Dauphin* et toutes les prétentions de ceux qui ont voulu jouer le personnage? Cette singularité de conduite renferme quelque chose de mystérieux et d'inexplicable, qui répand des nuages et des doutes sur la mort de Louis XVII, rend plus admissible la supposition de son enlèvement du Temple... L'attestation du sieur *Lasne*, nous croyons l'avoir démontré, ne détruit nullement la possibilité de l'enlèvement du prisonnier. Elle ne peut donc être admise comme authentique et irrécusable... »

« Nous avons parlé de *la substitution d'un d'enfant très-malade au fils de Louis XVI*, et nous nous sommes bornés à la donner comme une supposition possible. Si l'on en croit des personnes se disant bien informées, cette substitution serait réelle... »

Si sous la Restauration, Monsieur, on n'a pas recherché publiquement les témoignages de *Gomin* et de *Lasne*, pour en faire résulter la preuve de la mort du Dauphin au Temple, c'est que les Bourbons savaient très-bien que Louis XVII vivait en Prusse, sous le nom de Naundorff, puisqu'il leur avait écrit et envoyé Marassin pour les prévenir qu'il allait rentrer en France, afin de réclamer d'eux la justice qui lui était due; c'est qu'on n'ignorait point que de nombreux personnages protesteraient contre les déclarations de l'imposture, et l'on redoutait ce qui arrive aujourd'hui, que le mensonge tournât au profit de la vérité méconnue et en fût une irrécusable confirmation. M. de Beauchesne, en s'étudiant à redonner de l'importance à ceux de *Lasne* et de *Gomin*, coordonnés pour abuser grossièrement la foi publique, jette une nouvelle lumière sur l'existence royale obscurcie par des faussetés visibles à l'œil des plus courtes vues. Que le mot d'imposteur ne sorte plus de sa bouche, sinon pour en flétrir ses témoins dont il étale avec tant de complaisance les fables réfléchies, et, qu'il espérait sans doute faire passer inaperçues, en les masquant sous le charme d'une brillante diction. En supposant qu'il n'eût pas connu le parjure de ces témoins devant la justice, du moins leurs paroles qu'il nous cite n'ont pas pu tromper sa bonne foi ni abuser son intelligence. *Gomin* lui a avoué *qu'il n'avait jamais vu l'enfant royal* avant d'entrer comme gardien à la tour du Temple ; par conséquent, il ment quand il certifie l'identité de l'enfant décédé avec le Dauphin. *Gomin* a déclaré à M. de Saint-Gervais qu'il avait été placé spécialement auprès de la fille de Louis XVI et qu'il avait eu peu de rapports avec l'enfant *qu'on lui a dit* être le fils de Louis XVI ; par conséquent, il ment dans toutes les conversations qu'il assure avoir eues avec lui. Mais je concède encore à M. de Beauchesne qu'il n'a pas su ce que *Gomin* a dit à M. de Saint-Gervais ; du moins n'ignore-t-il pas ce qui est écrit dans l'attestation de *Lasne*, où on lit : « qu'il est *le seul gardien qui ait soigné Louis XVII pendant les deux derniers mois de sa vie.* »

Eh bien, M. de Beauchesne va nous paraître tout à l'heure n'avoir pas même pris la peine de lire en entier ses documents irrécusables ; car il n'a pas eu égard à ce qu'ont dit ses témoins : il enregistre les témoignages qui constatent leurs mensonges, et il a l'ingénuité de croire et de vouloir faire croire à leurs paroles mensongères. Nous rentrons dans son récit, mais rappelez-vous que *Lasne a juré devant le juge d'instruction que l'enfant confié à sa garde n'a parlé qu'une seule fois pendant tout le temps de son service auprès de lui.* Si nous étions encore dans le temps des sorciers et des sortiléges, je me figurerais que *Gomin*, qui a fait parler un sourd-muet, a rendu aveugle l'écrivain qui donne pour de l'histoire authentique les conceptions de la plus impudente imposture.

« Ce fut le 16 février 1837, dit-il — 323 — que je vis *Lasne* pour la première fois. A cette époque — 329 — il reçut la visite de *Gomin*, qu'il n'avait pas revu depuis vingt ans. *La Providence* qui avait mis sur ma route un précieux témoin de l'agonie du Dauphin, *m'en envoyait un second* avec lequel je devais avoir des liens encore plus étroits et *des relations plus utiles pour l'œuvre que j'avais entreprise.*

« Quoique *Lasne* eût en commun avec *Gomin* la surveillance des enfants de Louis XVI, il s'occupa peut-être davantage du Dauphin, et *Gomin plus spécialement de Madame Royale. Aussi* la princesse eut-elle toujours une préférence marquée pour *Gomin, qu'elle fit nommer en 1814 concierge du château de Meudon.* »

« Le nouveau gardien *fut effrayé de l'état dans lequel il trouva le Dauphin.* Il avait plusieurs fois, étant de garde aux Tuileries, *aperçu* le royal enfant dans son petit jardin et sur la terrasse du bord de l'eau; *je le reconnus parfaitement,* me dit-il. »

Voilà quatre paroles, Monsieur, qui, pour M. de Beauchesne, ont la puissance magique de la baguette d'Arlequin. Dès qu'il les a eu écrites dans son livre, le Louis XVII que nous avons connu n'a jamais eu d'existence réelle; il s'est évanoui pour faire place à une chimère, que nous avions l'imbécillité de croire une réalité : la bouche de l'imposture a soufflé sur des témoignages historiques qui se sont accumulés pendant deux générations, sur mille attestations de l'honneur et de la probité, les plus rassurantes; sur les crimes d'État des gouvernements, qui ne connaissaient pas la démonstration des quatre mots féeriques de Lasne; la bouche de l'imposture a soufflé sur les anciens serviteurs de Louis XVI, qui avaient reconnu le Dauphin dans ce fantôme de Louis XVII, disparu depuis 1852; sur les aveux des Bourbons, sur tous les éléments d'une conviction qui, si elle était erronée, nous ferait douter de notre propre existence et de l'identité de toutes les familles royales; la bouche de l'imposture a soufflé : un nuage épais s'est étendu sur quarante années de la vie de Naundorff, qui l'identifiaient avec le fils de Louis XVI. Ceux qui voyaient clair sont devenus aveugles, les aveugles seuls ont vu clair, et qu'ont-ils vu? une question de politique européenne, la plus vaste question historique des temps anciens et modernes, dont la solution dépendait de ces paroles d'un agent de la Convention : « *J'ai parfaitement reconnu l'enfant que* « *j'avais aperçu plusieurs fois dans son petit jardin aux Tuileries,* « *en 1791 ; je l'ai reconnu en 1795, dans l'enfant duquel j'ai dit* « en 1840 à M. le juge d'instruction, sous la foi du serment :

« A mon arrivée au Temple, je visitai le Dauphin. *C'était bien* « *assurément le même ;* mais *l'incurie de ses anciens gardiens l'avait* « *mis dans un tel état, que ce malheureux enfant* INSPIRAIT LA « PITIÉ ET PRESQUE LE DÉGOUT. »

Ces aveugles clairvoyants ont vu l'enfant qui, à la prière de Gomin, « lisait de la meilleure grâce du monde, avec beaucoup de « netteté et de correction, les *Contes moraux* de Marmontel, les « *Veillées du château, l'Histoire de France ;* » ils ont vu cet enfant, le lendemain de ces lectures, dès que Laurent a eu quitté le Temple ; ils l'ont vu, tel que les paroles de *Lasne* nous le représentent, *dans un état dont le nouveau gardien fut effrayé*, quoique quelques semaines auparavant il jouât lestement au volant avec Gomin !

M. de Beauchesne a écrit à la page 254 :

« Ce bel enfant, tant admiré à Versailles et aux Tuileries, délicieuse créature qui flattait tant l'orgueilleux amour de sa mère qui est au ciel, regardez-le maintenant...

Il ne se reconnaîtrait pas lui-même, s'il se voyait dans un miroir ; ce n'est presque plus une forme humaine, c'est quelque chose qui végète, des os et de la peau qui bougent... »

Eh bien, *Lasne* a regardé cette créature informe, cette chair qui bougeait ; et les aveugles clairvoyants ont vu *Lasne* qui reconnaissait dans cette chair le bel enfant qu'il avait aperçu, quatre ans auparavant dans le jardin des Tuileries !

Dans les deux volumes de l'*Histoire de Louis XVII* par M. de Beauchesne, voilà tout ce qui lui reste, en forme de documents authentiques ; car la reconnaissance d'identité par *Gomin* lui fait défaut ; et sa raison est satisfaite, et son intelligence n'est pas honteuse de descendre à un tel degré d'abaissement, et sa conscience n'est pas troublée d'avoir eu l'audacieuse effronterie d'écrire que Naundorff était un imposteur, qu'il apportait à l'histoire la preuve matérielle de la mort du Dauphin au Temple. Supposez *Lasne* aussi digne de foi qu'il l'est peu, vous verriez dans ses paroles le résultat d'une dérisoire illusion; nul homme de sens n'y reconnaîtrait la preuve matérielle de ce qu'il affirme. Mais M. de Beauchesne a un esprit tout autre que l'esprit commun; selon lui, il n'y a rien à répliquer à ces quatre paroles de son unique témoin. Apprenons donc à raisonner, en terminant la lecture de son merveilleux roman, et répliquons à *Lasne* par Lasne lui-même.

L'enfant dont il est question n'était pas muet; mais il n'était presque plus qu'une personne agonisante, incapable de soutenir une conversation et de prendre la moindre attention à ce qui se passait autour de lui. Relisons encore une partie de la déposition judiciaire de *Lasne*, car on nous oppose *Lasne*, et moi j'oppose *Lasne* à *Lasne*, il a juré la vérité de ces paroles :

« Au milieu des souffrances les plus aiguës, le prince montrait
« une impassibilité extraordinaire; aucune plainte ne sortait de sa
« bouche et jamais il ne rompait le silence.

« *Dans une seule circonstance, il daigna m'adresser la parole.*
« Un jour, plus souffrant que de coutume, il était étendu sur son
« lit; la douleur avait altéré ses traits, il cherchait encore à dissi-
« muler son mal. Je lui présentai une potion stomachique qu'on
« m'avait recommandé de lui donner dans ses moments de crise; il
« refusa. Je revins à la charge à diverses reprises; même refus.
« Enfin, fatigué de mes importunités, il prit le verre qui renfermait
« le breuvage, et contractant sa figure d'une manière toute particu-
« lière, signe manifeste de son mécontentement, il en jeta le contenu
« par terre. Sans me déconcerter, sans lui adresser le moindre re-
« proche, je remplis de nouveau le verre, et pour lui inspirer plus
« de confiance, je le portai à ma bouche et bus moi-même devant
« lui : « *Tu as donc juré que je le boirais? me dit-il en se levant*
« *brusquement sur son séant; eh bien! donne, je vais le boire...* »
« Et d'un trait il avala ce qu'il y avait dans le verre, puis me le
« remit. *Ce sont les seules paroles que je lui aie entendu proférer*
« *pendant tout le temps que j'ai passé auprès de lui.* »
Dans cette déposition judiciaire faite en 1840, le précieux témoin,

envoyé sur la route de M. de Beauchesne par la Providence, a par
conséquent désavoué tout ce qu'il lui a dit de contraire et reconnu
qu'il s'est joué de sa crédulité. Parcourons maintenant le tissu de
phrases combinées pour faire croire que l'enfant malade était le
fils de Louis XVI. Le romancier lui fait tenir des conversations
impossibles, ridicules même, s'il n'était pas le pauvre petit rachitique et scrofuleux substitué au muet. Ces conversations, réfutées
par celui qui les invente, sont encore inconciliables avec l'état de
souffrances dans lequel on dépeint l'enfant à chaque page du récit
qui va suivre, pour l'oublier aussitôt après.

— 272 — Avant que Lasne fût proposé à la garde du Temple et
successeur de Laurent, « toutes les clefs de la Tour étaient en-
fermées dans une armoire de la salle du conseil. Cette armoire
avait deux serrures de dimension différente, dont chaque gardien
avait une clef. Ils dépendaient donc l'un de l'autre, et le porte-clefs
de tous les deux. »

Dès son début, Lasne ne craint pas de se compromettre en ne
tenant aucun compte des arrêtés de la Commune, des ordres de la
Convention et de l'ancien ordre établi. Il agit en maître et, chose
incroyable, on le laisse faire! — 352 — « Afin d'avoir le plus de
liberté possible, les deux gardiens suppriment l'usage — imposé —
pour la garde des clefs, qui rendait chaque gardien dépendant l'un
de l'autre. »

Mais si l'on veut ne pas méconnaître la vérité, cette suppression
était forcée, puisque Gomin, n'étant plus auprès de l'enfant, ne
devait pas pouvoir entraver le service de Lasne par une dépendance
mutuelle devenue impraticable.

— 320 — « Bien qu'effarouché au premier abord d'un inconnu,
l'enfant se prêta à ses soins, l'examina attentivement et *sans répondre un seul mot à ses questions.*

— 333 — « Malgré toutes ses attentions, depuis trois semaines
qu'il était au Temple, *Lasne n'avait pu tirer une seule parole du
Dauphin.* Le nouveau venu était traité comme l'avait été Laurent,
comme l'avait été Gomin; mais nous avons vu — par la sagacité
de l'historien — que *le silence du royal enfant n'était que relatif.*

Il avait retrouvé la voix pour dire à Simon qu'il lui pardonnerait ; pour remercier le docteur Naudin de sa protection ; *il l'avait retrouvée* à la longue devant les attentions de Laurent, devant les soins de Gomin, *il la retrouve enfin devant les bons offices de Lasne,* que, contre son habitude, il tutoya et traita avec familiarité.

« Lasne devint dès lors fort assidu auprès de lui ; — il supprima aussi la solitude continuelle exigée par les odieux calculs des gouvernants. — Dès le matin, entre huit et neuf heures, il montait chez lui avec le commissaire de service, *et dans presque tout le cours de la journée, il ne le quittait guère que pour les repas.* — 334 — Après le souper, *selon l'ordre établi,* — auquel il se conformait seulement dans cette circonstance, — il le couchait, et se retirait jusqu'au lendemain.

« Il ne négligeait rien pour lui procurer quelques distractions ; il le promenait souvent sur la plate-forme pendant une heure ou deux, selon le temps. L'enfant le tenait par le bras gauche ; *il marchait avec peine et boitant ;* — depuis qu'il avait joué au volant dans le comble de la grande Tour, — Lasne le soutenait de son mieux ; et le pauvre enfant lui exprimait sa reconnaissance par un regard, *par un mot,* par un geste.

Ce Lasne, Monsieur, qui n'avait de l'âne que son nom, était vraiment un homme fort extraordinaire ; il possédait une mémoire phénoménale autant que bizarre. Ainsi, nous le voyons oublier ce qu'il devrait se rappeler, ses propres paroles, pour ne pas se démentir ; et il se souvient de celles des autres, d'une inscription en vers, d'un compliment textuel, enfin d'une foule de particularités qu'il aurait connues en 1791 ! On pourrait donc jusqu'à un certain point s'expliquer l'empire qu'a exercé sur l'esprit et la confiance de l'historien une semblable merveille humaine. Lisez :

« Quand le temps était mauvais, le gardien jouait avec le Dauphin aux cartes ou au domino, et ce fut ainsi qu'un jour il lui rappela, tout en remuant les dominos, le présent que le jeune prince avait reçu jadis aux Tuileries, alors qu'il jouissait encore d'une ombre de son ancienne fortune. Lasne avait été témoin de la joie du fils du roi lorsque, le 21 mai 1791, les élèves militaires qui composaient ce petit régiment du Royal-Dauphin, vinrent apporter à leur colonel *un jeu de dominos fabriqués, par les soins de M. Palloy, avec un marbre noir provenant des débris de la Bastille...*

— 335 — « Quelques rayons de joie se ranimèrent dans le cœur du jeune captif quand Lasne lui rappela toutes les circonstances de cette journée. « Lorsque les bataillons des élèves militaires, lui dit-il, réunis à celui des vieillards, arrivèrent au château, le roi était absent, et vous étiez à votre jardin. Les enfants entrèrent en corps dans les Tuileries. Après avoir défilé devant la reine, ils se rendirent au jardin de leur colonel ; ils firent alors plusieurs manœuvres avec une précision remarquable ; puis le fils de **M. Palloy**, à la tête de la députation des élèves, vous présenta le jeu de dominos en récitant ce quatrain, qui était écrit en lettres d'or sur la boîte :

« De ces affreux cachots, la terreur des Français,
« Vous voyez les débris transformés en hochets ;
« Puissent-ils, en servant aux jeux de votre enfance,
« Du peuple vous prouver l'amour et la puissance !

« Ensuite **M. Joly**, organe des enfants, vous adressa un compliment : « De jeunes français, vous dit-il, soutiens futurs du trône « qui vous est destiné, et que la sagesse de votre père a placé sous « l'empire immuable des lois, se font une jouissance bien douce de « vous présenter en corps leurs respects, leur amour et leur hom- « mage. L'offrande qu'ils vous font est bien peu de chose, mais « chacun d'eux y joint celle de son cœur. » Madame de Soucy fit alors l'éloge du présent qui vous était fait, et assura la députation que vous ne le verriez jamais sans éprouver un vif sentiment de reconnaissance. — 336 — « Oh ! c'est bien vrai ! » vous écriâtes-vous. On vous fit remarquer un petit accident qui était arrivé au domino : « C'est égal, répondites-vous, il ne m'en sera pas moins « précieux. » On vous montra après le portrait du roi gravé sur la pierre sacrée de l'autel de la Bastille : « Ah ! voilà papa-roi. » — « Chacun de nous le porte dans son cœur, vous dit alors **M. Joly** ; « comme lui, vous vivez pour le bonheur de tous, et comme lui « vous deviendrez l'idole de tous les Français. » Vous vous appro-

châtes alors de M. Joly, et vous lui dites : « Monsieur, je vous
« prie de bien remercier pour moi ces messieurs de leur cadeau, et
« surtout d'avoir bien fait l'exercice. » La députation se retira et
les bataillons défilèrent. »

On croit lire un passage d'histoire copié quelque part. Mais non,
c'est un souvenir rapporté; car M. de Beauchesne assure que,
pendant que Lasne discourait sur le jeu de dominos, et rappelait
l'inscription qu'il portait, l'enfant, *avec un sourire maladif où il y
avait un peu de gaieté nuancée de malice, montra de la main* les
murs que l'architecte Palloy, devenu le patriote Palloy, avait bâtis ou
exhaussés pour fortifier la prison du Temple, après avoir démoli
la Bastille. *Un geste,* — ajoute ingénument M. de Beauchesne, —
que Lasne fut obligé de traduire, *ce fut tout ce que la conduite de
Palloy inspira à l'enfant* — rachitique et scrofuleux, dont un
dernier éclair de joie illumina les yeux languissants quand Lasne
lui dit, en sa qualité de vieux soldat, que ce régiment manœuvrait
comme une troupe d'élite, et qu'un peu plus tard, — 337 — le
colonel aurait été digne du régiment. A ces mots, l'enfant releva la
tête, en jetant un regard oblique *comme pour s'assurer qu'il* ne
pouvait être entendu de personne : « M'AS-TU VU, lui dit-il, AVEC
« MON ÉPÉE? » *Lasne se souvint en effet d'avoir vu aux Tuileries le
Dauphin avec sa petite épée,* et sa réponse sur ce point satisfit l'enfant, *inquiet de savoir ce qu'elle était devenue.* — Nous assistons à
des scènes de fantasmagorie! —

— 338 — « Quand la conversation fatiguait l'enfant malade, le
gardien lui chantait quelques airs pour l'égayer. Le refrain de l'opéra
de *Richard Cœur de Lion* le faisait toujours rire :

> « *Et zig et zoc,*
> « *Et fric et froc,*
> « *Quand les bœufs sont deux à deux,*
> « *Le labourage en va mieux.* »

« Sa physionomie s'épanouissait lorsque le chanteur entonnait ce
couplet de Sedaine, — qui me ferait maintenant presque croire au
serin factieux débonnairement entendu par Simon : —

« *O Richard, ô mon roi,*
« *L'univers l'abandonne...* »

« Mais lorsque Lasne passait à une chanson révolutionnaire, il ne paraissait plus écouter, ou bien *il levait les épaules, et une petite moue remplaçait le sourire.* »

Ne riez pas, monsieur le jurisconsulte, le sujet est sérieux : M. de Beauchesne ne se raille point de ses lecteurs. Il leur communique sa foi ; il leur donne la preuve — 339 — que, « dans la captivité, exténué, mourant, le descendant de Henri IV gardait le sentiment de son origine et de son droit royal. C'est une chose digne de remarque, » écrit-il. En effet, le misérable enfant transporté au Temple d'un hôpital de Paris, est à ses yeux le fils du roi. Est-ce que les enfants des rois ressemblent aux autres? Il n'y a pas d'enfance pour eux ; ils ont de l'intelligence en naissant, de l'esprit comme des diables, la maturité de l'âge en mangeant de la bouillie, et ils disent des choses étonnantes quand ils ne parlent pas.

Pour moi, je trouve plus digne de remarque qu'un enfant *qui n'a parlé qu'une fois à Lasne,* se trouve magiquement métamorphosé dans un être supérieur qui ravit d'admiration son gardien par tout ce qu'il dit de si extraordinairement sensé.

« Le temps marchait ; le mal qui consumait l'enfant, et dont les progrès avaient d'abord été lents, — quoique déjà Gomin ait représenté son Dauphin, dès le 26 février, comme étant dans un danger imminent, — prenait des allures plus rapides. La constitution de Louis XVII, minée par ses longues souffrances, ne résistait plus que faiblement aux atteintes de plus en plus vives ; la crise approchait. »

L'historien aurait dû dire la dernière crise, car le prince se continuant pour lui dans les deux substitués, il nous l'a aussi fait voir comme un être sans forme humaine, comme quelque chose qui végète, des os et de la peau qui bougent. »

— 340 — « Gomin et Lasne jugèrent nécessaire de prévenir le gouvernement de l'état déplorable de leur prisonnier. Ils écrivirent sur le registre : *Le petit Capet est indisposé.* On ne tint aucun compte de cet avertissement, qui fut renouvelé le lendemain en termes plus positifs : *Le petit Capet est dangereusement malade.* Aucune voix du dehors ne répondit encore. « Il faut frapper plus fort, » se dirent les gardiens, et au *dangereusement malade,* ils ajoutèrent : *Il y a crainte pour ses jours.* »

Gomin a dit devant le juge d'instruction : « Lorsque j'entrai en fonctions — 9 novembre 1794 — *la santé du prince* était déplorable et *annonçait une fin prochaine.* A une époque que je ne pourrais préciser, il fut visité, sur l'ordre de la Convention nationale, par le chirurgien Desault. »

Lasne a déposé : « A mon arrivée au Temple — 31 mars 1795 — je visitai *le Dauphin ; l'incurie de ses anciens gardiens l'avait mis dans un tel état, que ce malheureux enfant inspirait la pitié et presque le dégoût.* Mon premier soin fut de faire un rapport à la Convention… Ce rapport fit impression sur l'assemblée, qui chargea Desault de le visiter. »

Où est la vérité ? Celui qui la recherche consciencieusement ne la trouve dans aucune des paroles de Lasne et de Gomin ; néanmoins, comme on ne peut accuser d'incurie les anciens gardiens, il devient manifeste que l'enfant qui inspire à Lasne, lors de son installation au Temple, la pitié et presque le dégoût, est l'enfant de l'hôpital, substitué au muet, *rachitique et scrofuleux,* que le nouveau gardien croit être le même que celui soigné auparavant par Gomin et par Laurent. Rentrons dans l'histoire de M. de Beauchesne.

— 341 — « Enfin, le 17 floréal an III — 6 mai 1795 — époque où *Lasne,* selon son attestation écrite, remise à l'écrivain, *soignait seul l'enfant,* ils reçurent communication d'une décision qui appelait M. Desault à donner les soins de son art au malade. Introduit près du *prince,* il questionna ce malheureux enfant *sans pouvoir en obtenir de réponse ;* il ordonna des décoctions de houblon à prendre par cuillerées de demi-heure en demi-heure. Le lendemain, il examina de nouveau le malade, ne changea rien aux prescriptions de la veille ; seulement, il ordonna, de plus, des frictions d'alcali sur les tumeurs.

— 342 — « Gomin — qui n'était pas là — lui demanda s'il ne

faudrait pas essayer de promener l'enfant dans le jardin : — « Et comment ? dit M. Desault, *chaque mouvement lui cause une douleur*. Les frictions ordonnées furent faites par Lasne. *Louis-Charles* n'y mettait pas d'obstacle ; mais il fut moins facile de lui faire accepter la potion ordonnée la veille : il demeurait insensible à toutes les instances que *ses gardiens* faisaient pour le décider ; le premier jour, son refus était resté inébranlable. *Gomin eut beau, à trois reprises différentes, boire devant lui un verre de cette potion, il n'en obtint rien.* — INVENTION ! —

« Le second jour, *Lasne*, renouvela ses sollicitations. Comme *Lasne* recommençait à goûter la potion dans un verre, l'enfant lui prit des mains la cuillerée qu'il lui présentait : « *Tu as donc juré que je le le boirais ?* s'écria-t-il avec fermeté ; *eh bien, donne, je vais le boire.* » Depuis ce moment, il se conforma avec docilité à ce qu'on exigea , « — même à parler encore, d'après Lasne de M. de Beauchesne, quoique, suivant Lasne de M. de Zangiacomi, ce soient là *les seules paroles qu'il ait prononcées* pendant tout le temps que Lasne de la tour du Temple a été son gardien. —

— 345 — « Des bruits contradictoires qui mêlaient tantôt la Vendée, tantôt la Pologne aux destinées du jeune prince, donnaient lieu aux plus étranges interprétations, aux opinions les plus diverses, *parmi lesquelles figurait celle de l'évasion de l'orphelin royal de la Tour.* Un jour, le commandant du poste demanda à voir le petit Capet. Lasne, Gomin — toujours là où il n'est pas — et le commissaire n'accueillirent point sa réclamation.

— 346 — « Les progrès de la maladie se manifestaient par des symptômes alarmants : sa faiblesse était extrême ; *ses gardiens*, — quoiqu'il n'y eût plus que Lasne auprès de lui — pouvaient à peine le traîner jusqu'au sommet de la Tour ; à chaque pas il s'arrêtait pour serrer le bras de Lasne à deux mains sur sa poitrine, comme s'il eût senti son cœur défaillir. Enfin, il devint si souffreteux qu'il ne lui fut plus possible de marcher.

« Sur le créneau de la plate-forme le plus rapproché de la tourelle de gauche, la pluie avait creusé, avec la persévérance des siècles, *une espèce de petit bassin.* L'eau s'y conservait pendant plusieurs jours ; et comme pendant le printemps de 1795, il y eut des orages assez fréquents, *cette petite nappe d'eau ne cessa point d'être entretenue.* Chaque fois que l'enfant était conduit sur la plate-forme, *il pouvait apercevoir une bande de moineaux qui venaient boire à ce réservoir et s'y baigner.* Ils s'envolaient d'abord à son approche ; mais l'habitude de le voir presque tous les jours se promener paisiblement, avait fini par les rendre plus familiers, *et ils ne secouaient leur plumage qu'au moment où il arrivait tout près d'eux. C'étaient toujours les mêmes : il les reconnaissait, il les appelait ses oiseaux.* Son premier mouvement, lorsqu'on ouvrait la porte de la terrasse, était de regarder de ce côté, et *toujours les moineaux étaient là.* L'enfant — 347 — appuyé fortement, ou plutôt suspendu au bras gauche de *son gardien,* et adossé contre le mur, restait longtemps immobile à regarder ces oiseaux. Puis il voulait les voir d'un peu plus près. Toujours à l'aide de son guide, il faisait quelques pas, et quelques pas encore, et il arrivait enfin si proche, — ô prodige ! — qu'en allongeant le bras il eût pu les toucher !

— 348 — « Le stérile traitement ordonné pour l'acquit de sa conscience par M. Desault, durait depuis quinze jours sans amener un grand bien. Cependant, une amélioration morale s'opérait dans l'esprit du royal enfant. Il était sensible au vif intérêt que lui montrait son médecin. — 349 — *La reconnaissance lui délia la langue ; les bons traitements lui rendirent la parole.* Il n'avait point eu de voix pour maudire, *il en eut pour remercier,* — et pour multiplier, sous la plume de M. de Beauchesne, les inventions de Lasne qui n'a pas assez de mémoire pour soutenir convenablement son rôle.—

« Le 11 prairial — 30 mai — le sieur Breuillard, commissaire de service, qui connaissait Desault, lui dit, en redescendant l'escalier après la visite : — 350 — « C'est un enfant perdu, n'est-ce pas ? » — Je le crains, mais il y a peut-être dans le monde des gens qui l'espèrent, répondit M. Desault. *Dernières paroles* que le docteur ait prononcées dans la tour du Temple, et qui, bien que proférées à voix basse, ont été *entendues de Gomin* qui marchait derrière Breuillard, — non pas en personne en 1795, mais en esprit avec M. de Beauchesne en 1840, puisque Lasne a bien fatalement écrit

sur l'album de cet historien, qu'il ne devait ajouter foi à aucune des
paroles de *Gomin*, dans tout ce qu'il y a de personnel entre lui et
l'enfant, *pendant les deux derniers mois de sa vie ;* ce qui n'empêche
pas le crédule fabuliste de compromettre à chaque page sa véra-
cité d'écrivain en se faisant complice des affirmations de ses témoins. —

« Le 12 prairial — 31 mai — le commissaire de service, à son
arrivée à neuf heures, dit qu'il attendrait le médecin dans la chambre
de l'enfant. Ce commissaire était M. Bellanger, peintre et ancien
dessinateur du cabinet de *Monsieur*, M. Desault ne vint pas.
M. Bellanger, qui avait apporté un carton rempli de ses croquis, demanda au prince s'il aimait le dessin, et, sans attendre une réponse
qui du reste n'arriva pas, l'artiste ouvrit son portefeuille et le mit
sous les yeux de l'enfant. Celui-ci le feuilleta d'abord avec indifférence, puis avec intérêt, s'arrêta longtemps à chaque page, et quand
il eut fini, il recommença. Ce long examen semblait apporter quelque adoucissement à ses souffrances. L'auteur eut souvent à lui
donner des explications sur les différents sujets de la collection.
L'enfant avait d'abord gardé le silence ; mais peu à peu il écouta
M. Bellanger avec une attention plus marquée *et finit même par répondre à ses questions.* En reprenant le carton de ses mains,
M. Bellanger lui dit : « J'aurais bien désiré, monsieur, emporter
un croquis de plus, mais je ne veux pas le faire si cela vous con-
trarie. — 351 — *Quel croquis ? dit le Dauphin.* — Celui de vos
traits ; cela me ferait bien plaisir, si cela ne vous faisait pas de peine.
— *Cela vous fera plaisir ? dit l'enfant ;* et le *plus gracieux sourire*
compléta sa phrase et l'approbation muette qu'il donnait au désir de
l'artiste.

« M. Bellanger traça au crayon le profil de l'enfant-roi, et c'est
d'après ce profil que quelques jours après M. Beaumont, sculpteur,
et vingt ans après la manufacture royale de porcelaine de Sèvres ont
exécuté le buste de Louis XVII. »

Ce fait, Monsieur, ne peut pas être vrai, tel qu'il est rapporté,
et si M. Bellanger a tracé le profil de l'enfant, il l'a fait sans son approbation, sans son gracieux sourire, sans aucune des circonstances

dont on embellit l'anecdote, car elle n'est fondée que sur des témoignages constamment inadmissibles, Lasne ayant juré que le prisonnier n'a parlé qu'une fois depuis le 31 mars jusqu'au jour de sa mort; et l'état d'affaissement auquel la maladie, arrivée à sa dernière crise, a dû réduire le malade, ne rend pas admissible l'examen attentif du portefeuille du peintre. Que prouverait-elle au surplus? Que l'enfant dessiné était le Dauphin? Le penser est absurde; le dire est extravagant. La certitude historique du silence obstiné gardé par le véritable prince repousse cette conclusion peu logique. Le buste de Louis XVII a été exécuté d'après ce profil, ajoute-t-on; je le veux bien encore. On a écrit au bas : « Louis XVII; » et voilà un plâtre qui pour M. de Beauchesne est une preuve authentique que Louis XVII est mort au Temple! Cette preuve est bien fragile; car si le buste s'était brisé, et le profil perdu, l'identité de l'enfant avec le fils de Louis XVI se fût évanouie comme une fumée. Pour toute réponse, j'apprendrai à M. de Beauchesne que Naundorff avait visiblement transmis son rang royal à ses huit enfants, dont tous, par des ressemblances frappantes avec les membres de la famille des Bourbons, sont une preuve vivante et providentielle de l'identité de leur père avec l'orphelin du Temple. Lui-même avait les traits et la physionomie de Louis XVI avec un mélange de ceux de la reine; ses habitudes de corps, son allure, ses manières, tout en lui retraçait la royale personne de l'auguste martyr. Comme le Dauphin, il portait à la cuisse un signe connu de plusieurs personnes de l'ancienne cour, et décrit par le roi et la reine dans le procès-verbal que le gouvernement prussien a reçu en 1810, et que, contre les lois impérieuses de la probité et de l'honneur, il retient en sa possession. Comme le Dauphin, il avait les yeux bleus, les cheveux bouclants naturellement et blond-*foncé* par l'âge, la bouche petite de la reine, et comme elle une fossette au menton, le front bombé, la poitrine bombée, une taille très-cambrée et un port de tête majestueux. Comme le Dauphin, il avait un signe remarquable au-dessous du sein, les deux premières dents incisives plus avancées, et qu'on appelait des dents de lièvre. Comme le Dauphin, il avait une petite cicatrice à la lèvre supérieure, provenant de la morsure d'un lapin, et

une autre sous le menton, occasionnée par la violence du féroce Simon, qui l'avait fait tomber brutalement sur le coin d'une chaise.
Comme le Dauphin, il avait sur les deux bras des marques d'inocu-
lation, que Mme de Rambaud, vous le savez, a reconnues pour être
exactement celles d'un instrument qui n'avait servi que pour le Dauphin, par la volonté expresse de la reine. J'ajoute que chacun des
enfants était, dans son bas âge, le portrait vivant du Dauphin et
que, quand on confronte la figure des deux derniers avec les portraits
que nous avons de son enfance, on croirait que c'est leur propre
portrait qu'on a fait. Pour ceux qui ont connu l'infortunée Marie-
Antoinette, et qui connaissent Mme la duchesse d'Angoulême, ils re-
trouvent ces deux princesses dans *Amélie*, la fille aînée du prince,
dont l'étonnante ressemblance avec sa grand'mère et sa tante a fait
verser bien des larmes de tristes souvenirs, et forcé les plus incrédules à l'irrésistible conviction de l'origine royale de son père. Voilà
des ressemblances qui ne peuvent pas tromper, que la nature seule
a pu produire, qui portent un cachet de vérité non équivoque, sans
rien devoir à une imagination abusée, et qui ne permettent pas de
prêter la moindre attention au dérisoire argument tiré du profil dessiné par le peintre Bellanger.

XXII

« Le 13 prairial — 1er juin — M. Desault ne vint point encore.
Les gardiens s'étonnaient de son absence; le commissaire de service
Benoist émit l'opinion qu'il serait convenable d'envoyer chez le médecin pour s'enquérir du motif d'une absence aussi prolongée.
Gomin — absent — et Lasne n'avaient point osé déférer encore à
cet avis, lorsque *le lendemain* M. Bidault, qui relevait M. Bellanger,
dit : « N'attendez plus M. Desault, *il est mort hier.* »

—552— «Cette mort presque subite et dans une pareille circonstance ouvrit un vaste champ aux conjectures. DES INVENTEURS *n'ont pas craint de dire que M. Desault n'avait point reconnu dans le pauvre petit rachitique de la Tour du temple, cet* enfant plein de force et de grâce — 353 — qu'il avait admiré plus d'une fois dans des temps meilleurs et dans un autre séjour, *et que c'était pour avoir manifesté l'intention d'éclairer le gouvernement sur cette substitution, que le docteur avait été empoisonné.*

« *M. Desault,* qui avait été le médecin des enfants de France, *n'a jamais douté que son jeune malade ne fût le Dauphin. Nonseulement il le reconnut tout d'abord à ses traits, mais il lui eût été impossible de lui donner des soins pendant huit jours sans acquérir la plus intime conviction de son indentité.*—LES ROMAN-CIERS *ont beau jeu avec les morts.*

« Après avoir interprété, *selon leur intérêt,* la fin imprévue de M. Desault, ils ont cherché à fortifier l'échafaudage de leurs inventions en l'étayant de la mort subite de M. Choppart, qui, disaient-ils, succéda au célèbre médecin dans le traitement du royal prisonnier. Eh bien, M. Choppart n'a jamais paru à la tour du Temple, et *ce n'est pas chez lui que les médicaments fournis aux prisonniers étaient préparés.* »

Il est étrange, monsieur le jurisconsulte, combien ceux qui écrivent des livres pour soutenir le mensonge contre une vérité clairement démontrée, ont foi dans leurs propres paroles ! Il ne leur vient pas même à la pensée qu'ils doivent prendre la peine de les sanctionner autrement que de leurs assertions. Toutes les autorités qui les contredisent, ils les réfutent par leur silence ; et si vous avez le bon esprit de ne pas les croire sur parole quand ils vous disent arrogamment : « Ce sont des erreurs grossières ! » alors, malheur à vous ! vous devenez « un inventeur, un romancier, un charlatan, » sous la plume fabuleuse de ces transformateurs du vrai en imposture.

M. de Beauchesne déclare « qu'on n'a trouvé dans les papiers de M. Desault aucune note sur les visites qu'il avait faites au prince. »

Qui donc lui a dit que ce médecin n'a jamais douté que son jeune malade ne fût le Dauphin ? *Gomin.* Mais l'hypocrisie et le s'est personnifié dans cet individu pour faire dire à l'enfant substitué, qui représentait le Dauphin, des choses que le fils de Louis XVI seul aurait pu dire. Tout est faux dans ce témoin, tout, *jusqu'à sa présence dans la chambre de l'enfant,* durant les deux derniers mois qui ont précédé le décès de ce prisonnier.

D'après quelle autorité M. de Beauchesne nie-t-il la mort subite de Choppart, et qu'il ait fourni les médicaments prescrits par Desault? Sur le témoignage de Lasne, qui vaut Gomin! Le duc de Normandie, par des communications dues à ses seuls souvenirs, par ce qu'il a su lui-même, et par ce que ses libérateurs lui ont appris, a certifié que Desault et Choppart ont été empoisonnés, dans les circonstances rapportées par *les inventeurs et les romanciers* qui osent donner raison à Naundorf contre « les documents officiels, authentiques, irrécusables, contre les preuves matérielles apportées pour établir la certitude de la mort du Dauphin au Temple. » On s'explique donc parfaitement que M. de Beauchesne, pour combattre l'histoire-véritable du duc de Normandie, n'y oppose que des erreurs historiques, et que, ne voulant pas admettre l'évasion de l'orphelin royal, il n'admette pas non plus la cause des morts subites de Desault et de Choppart, qui y sont corrélatives.

M. de Beauchesne assure « qu'il est en possession de la vérité, et qu'il s'est abstenu de rien hasarder de douteux. » Sous ce dernier rapport, il est digne de foi; car tout ce que ses témoins lui ont fait imprimer est évidemment faux, d'après le témoignage même de ses témoins.

Il prétend « avoir apporté dans son récit la plus exacte impartialité, et qu'il s'est tenu en garde contre la crédulité complaisante qui admet tout sans preuve, et l'incrédulité prévenue qui rejette tout sans examen. » Ici je ne le crois plus, et c'est sa faute, parce « qu'il garde toujours dans une piété silencieuse la foule des documents dont ses mains restent pleines, » sans qu'elles se soient encore ouvertes pour en laisser tomber sous nos yeux. J'admire alors beaucoup, malgré mon incrédulité, les mots : « *inventeurs et romanciers,* » dont il qualifie ceux qui affirment que M. Desault n'a pas

reconnu le fils de Louis XVI dans l'enfant rachitique et scrofuleux de la Tour du Temple. Je les trouve jolis, surtout excessivement spirituels; bien pensés, et bien appliqués, puisque, en
effet, pour lui, la vérité est le roman, et le roman, la vérité.
Quant à moi, qui suis le propagateur d'erreurs grossières, je vais
justifier mes inventions, en ce qui regarde Desault et Choppart, par
l'autorité de romanciers qui ont toute ma confiance, comme le
prince l'avait eue, avant que leur témoignage vînt sanctionner le
sien, dans les études historiques que j'ai faites. Ainsi, non-seulement
je crois, mais en outre je me suis convaincu, par un examen approfondi d'une foule de mémoires sur la révolution française, que
l'horloger prussien, incontestablement fils de Louis XVI, a eu raison de dire qu'on avait cherché à se débarrasser par le poison des
enfants substitués, dont l'existence, surtout celle du dernier, était
une gêne horrible pour les conventionnels qui croyaient l'évasion
consommée, et pour ceux qui voulaient l'effectuer. Louis XVIII
précise dans ses Mémoires que l'enfant est mort empoisonné *dans
un plat d'épinards.* Je m'explique donc que Desault, ayant remarqué et la substitution et les symptômes du poison, se soit confié à
Choppart, *son ami,* pour faire préparer les contre-poisons, et qu'il
l'ait informé en même temps qu'il avait reconnu que cet enfant
n'était pas le Dauphin. Une indiscrétion commise laisse entrevoir la
raison d'État, cause mystérieuse des morts subites de Desault et de
Choppart. Voici, au surplus, d'assez bonnes autorités que j'oppose
aux vaines et prétentieuses assertions de M. de Beauchesne, qui se
montre si crédule pour l'imposture mise en évidence devant lui,
qu'il ferme les yeux pour ne pas la voir.

Le rapport de Sévestre, du 9 juin, seule pièce officielle, avec
l'acte de décès du 12, qui constatent la mort de l'enfant, énonce
« que *depuis quelque temps* le fils de Capet était incommodé, que
sa maladie prit des caractères très-graves après le 15 floréal, et
que le fameux Desault, nommé pour le traiter, mourut le 4 juin. »
Il paraîtrait qu'on n'a pas eu foi dans la parole officielle de Sévestre, indiquant le 4 juin comme le jour de la mort de Desault;
circonstance qui rend plus que suspectes sa déclaration que l'enfant

mort était le fils de Capet et les énonciations de l'acte mortuaire,
de même que les attestations de *Lasne* et de *Bigot*, agissant sous
l'influence des sanguinaires autorités de cette époque.

Nous allons voir en effet une divergence d'opinions, sur la date de
l'événement, entre les écrivains que je vais citer contre M. de Beauchesne, qui donne lui-même un démenti au conventionnel rapporteur. Cet éditeur des paroles de Lasne et Gomin transmet un
extrait du *Moniteur* du 4 juin, à la suite duquel est une note ainsi
conçue : «Dans la nuit du 29 mai 1795, Desault fut atteint d'une
fièvre ataxique qui l'enleva le premier juin. »

Ne perdez pas de vue, Monsieur, que mon seul but est d'établir
la notoriété historique qui attribue au crime *les morts subites de
Desault* et de *Choppart*, et en rattache la cause à un mystère touchant le Dauphin, et à son évasion du Temple, suivant plusieurs
historiens et témoignages privés.

Lasne a déposé devant le juge d'instruction que *Desault fut enlevé tout à coup par une apoplexie foudroyante.* » Ce genre de mort
ne ressemble guère à celle provenant d'une fièvre ataxique, dont le
malade ne mourut que le troisième jour.

Plusieurs articles de biographie font mourir *Desault*, le 1er juin,
de la fièvre ataxique, et *Choppart presque subitement*, le 9 juin 1795,
par l'effet du choléra-morbus, en rapportant le bruit généralement
répandu que la mort prématurée de *Desault* n'était pas naturelle.

Dans la *Biographie nouvelle des contemporains*, on lit... :

« Une autopsie scrupuleuse pouvait seule détruire les soupçons,
« et c'est ce qui arriva en effet, *ou du moins on crut reconnaître* que
« le poison n'avait eu aucune part à *ces trois événements* si rappro-
« chés les uns des autres. » Dans la *Biographie universelle*, on dit
aussi : «Desault mourut le 1er juin 1795 pendant qu'il donnait
« ses soins au jeune et infortuné fils de Louis XVI, languissant
« alors dans la tour du Temple. La courte durée de sa maladie
« (5 jours) fit soupçonner qu'il avait été empoisonné. *Cette opinion*
« *se confirma* quand on vit mourir aussi, en très-peu de temps, le
« chirurgien *Choppart* qui lui avait succédé, et enfin l'auguste
« malade. »

On lit dans les Mémoires de Cléry :

« *Le mal inconnu dont le prince était* atteint, empira tout à coup d'une manière si effrayante, que l'on craignit pour ses jours, s'il n'était promptement transporté dans un local plus sain, ou du moins soumis à une consultation des gens de l'art. Le transport à l'extérieur ne fut point adopté ; on se contenta de désigner, pour lui donner des soins, le célèbre Desault, qui s'acquitta de ses fonctions avec tout le zèle, l'humanité et l'intérêt que devait lui inspirer la situation physique et morale de son illustre malade. *Desault* n'eut pas la gloire d'achever la cure ou la douleur de la voir manquer. *En rentrant chez lui, dans la soirée du 2 juin, il se sentit attaqué d'un mal subit qui l'emporta bientôt dans la tombe.*

« Cette mort imprévue donna lieu à beaucoup de conjectures aussi incertaines les unes que les autres. La plus généralement adoptée fut la plus injurieuse à sa mémoire. Le bruit se répandit que Desault, après avoir administré un poison lent à son malade, avait été empoisonné lui-même par ceux qui lui avaient ordonné le crime. Ce fait, en ce qui concerne l'officier de santé, est suffisamment démenti par le témoignage d'une vie irréprochable ; quant au jeune roi, les procès-verbaux des deux chirurgiens appelés pour visiter son cadavre, attestent, si *l'on peut toutefois s'en référer à des actes rédigés sous l'influence des gouvernements d'alors*, qu'il ne présentait aucune trace délatrice d'une mort violente. »

On lit dans l'Histoire de la captivité de Louis XVI, déjà citée :

« *Pendant l'hiver, le Dauphin* eut quelques accès de fièvre ; il était toujours auprès du feu…. Le comité de sûreté générale envoya pour le soigner le *chirurgien Desault ;* il entreprit de le guérir, quoiqu'il reconnût sa maladie très-dangereuse. *Desault mourut ;* on lui donna pour successeurs M. Dumangin et le chirurgien Pelletan. Louis eut plusieurs crises fâcheuses. La fièvre le prit, ses forces diminuaient tous les jours, et il expira sans agonie. L'immense majorité des Français, l'on pourrait dire des Européens, connaissant la profonde scélératesse de nos révolutionnaires, n'avait fait aucune difficulté d'attribuer au poison la mort prématurée du successeur légitime de Louis XVI. Au reste, *la mort presque subite du célèbre* chirurgien *Desault, et celle du pharmacien Choppart,* qui *avait commencé avec lui le traitement de Louis XVII,* n'étaient que trop propres à redoubler tous les soupçons. Le procès-verbal de l'ouverture du corps détruisit toute idée de poison. Au moment où nous écrivons, l'on affirme que *M. Pelletan,* l'un des chirurgiens chargés de cette opération, possède encore *le cœur de Louis XVII,* renfermé dans un vase de cristal que couronnent dix-sept étoiles. »

Weber s'exprime ainsi : « Louis XVII, depuis la mort de son féroce geôlier, n'eut de communication avec qui que ce soit, qu'au moment où on lui apportait ses aliments. Le reste du jour et toute la nuit il était seul. Hélas! l'infortuné souffrait, *son corps était couvert d'ulcères,* et aucune main amie ne soutenait sa tête défaillante, ne pansait *ses plaies envenimées. Ses jambes devenues difformes par des tumeurs,* refusaient de le soutenir. *Desault* vint enfin le visiter. *Desault fit un geste d'effroi, ou prononça une parole imprudente. Desault mourut le lendemain!!!* »

Dans la correspondance saisie et supprimée en l'an v (procédure de Babeuf), on lit : — « Que quelques personnes avaient été assassinées *à Vitry, parce qu'elles étaient dépositaires du secret de l'évasion du Dauphin de la prison du Temple,* ainsi que *le chirurgien Desault,* que l'on disait *avoir été empoisonné pour le même motif.* »
Dans un autre passage il est écrit : *Nous avons perdu les traces du fils de Capet.*

Madame la comtesse d'Adhémar a écrit dans ses *Souvenirs sur Marie-Antoinette :*... « Le consciencieux chirurgien *Desault a refusé de reconnaître l'identité du cadavre qu'on lui présentait, avec celui du fils de Louis XVI.* Les révolutionnaires indignés de son audace, eux, à qui un crime de plus ne coûte pas, *l'en ont puni par le poison...* »

Touchard-Lafosse, dans ses *Souvenirs d'un demi-siècle,* après avoir exprimé son opinion, fondée sur les motifs puissants qu'il en donne, que le fils de Louis XVI n'était pas mort au Temple, assure, *comme fait incontestablement historique,* que, « les *deux médecins* qui le traitèrent dans les premiers jours de sa maladie, *MM. Desault* et *Choppart,* furent frappés *de mort subite* à cinq jours de distance.

« *Le médecin habituel du prince*, dit M. de Larochefoucauld, dans le cinquième volume de ses Mémoires, *n'était-il pas mort subitement*, au moment même où le trépas de Louis XVII avait été annoncé? *Ce décès subit était-il bien naturel?* Ne pouvait-on pas supposer qu'il y avait quelque chose là-dessous?... »

On lit dans les *Souvenirs de la marquise de Créquy* :

« *Le sieur Desault*, qui soignait le jeune roi depuis 15 mois, était *mort subitement* le 1er juin, et son adjoint, le docteur *Choppart*, mourut quatre jours après lui, précisément *de la même manière.* »

M. Labréli de Fontaine écrivait en 1831 :

« M. Abeillé, *élève en médecine, sous le docteur Desault*, à l'époque de sa mort violente, a déclaré à qui a voulu l'entendre, en France et aux États-Unis, où il s'est réfugié depuis, que *l'assassinat de ce docteur suivit immédiatement le rapport qu'il fit, que l'enfant qu'on venait de lui représenter n'était pas le Dauphin* qu'il connaissait parfaitement. L'*Abeille américaine*, rédigée par M. Chaudron, mentionne ce fait dans un article inséré en 1817. Madame Delisle, habitante de New-York, et actuellement à Paris, a déclaré avoir entendu raconter cette anecdote par M. Abeillé lui-même, et avoir en outre lu l'article précité dans le journal américain. »

Ce témoignage si précis m'a été confirmé à Londres par l'attestation suivante :

« Je, soussigné, déclare qu'ayant habité New-York (États-Unis
« d'Amérique), j'y ai fait en 1830 la connaissance du docteur
« Abeillé, ancien élève du docteur Desault, qui soigna le Dauphin
« fils de Louis XVI dans la prison du Temple, et que ledit docteur
« Abeillé m'a assuré plusieurs fois que le Dauphin n'était pas mort
« au Temple, mais que, pour faire croire à sa mort, l'on avait *sub-*
« *stitué à sa place un autre enfant de son âge;* que cet enfant ayant
« été empoisonné, l'on fit venir le docteur Desault pour le soigner;
« que ce docteur ordonna des contre-poisons qu'il fit prendre à l'en-
« fant, mais que ne reconnaissant pas dans cet enfant le duc de
« Normandie, qu'il connaissait parfaitement, *il eut l'imprudence de*
« *communiquer ses soupçons à un de ses amis,* et que ledit docteur

« Desault est mort empoisonné le lendemain même de son impru-
« dente communication. C'est un fait public.

« Le docteur Abeillé, en sa qualité d'élève du docteur Desault,
« craignant pour ses propres jours, a en conséquence quitté la
« France sur-le-champ pour aller habiter les États-Unis, où il réside
« depuis cette époque. Lorsque je l'ai connu en 1830, il demeurait
« au numéro 27, Reid Street Broadway, derrière Washington Hô-
« tel, à New-York. Ces faits ne m'ont pas seulement été communi-
« qués par le docteur Abeillé, mais bien aussi par Mme Delisle,
« demeurant à New-York, Fulton-Street, depuis fort longtemps amie
« intime du médecin Abeillé, ainsi que de moi-même.

« En foi de quoi, j'ai délivré la présente déclaration comme un
« hommage que je rends à la vérité.

« F. M. Estier.

« Londres, 22 mai 1843.

« 18, High-Street, Camden-Town. »

Me Jules Favre, en produisant ce témoignage devant le tribunal,
lorsqu'il plaida pour la famille royale de Breda, en 1851, a ajouté :

« Enfin, s'il m'est permis de me citer, je dirai que lorsque je suis
allé plaider récemment à Périgueux, là, un homme, ancien oculiste
de la duchesse de Berry, *ami intime d'un des élèves de Desault,* m'a
fait appeler. Cet homme, très-âgé, ne conserve pas le plus léger
doute sur le caractère et la cause de la mort de *Desault : il est mort
empoisonné.* »

En dernier lieu, j'oppose à la futilité des affirmations de M. de
Beauchesne, dans son histoire de la vie et de la mort de Louis XVII
au Temple, la déclaration suivante de Jacques Boillaut, ancien valet
de pied de Louis XVIII :

« M. Desault, à l'époque de la première révolution, était mon ami
« et le médecin de ma femme ; *j'ai su,* à n'en pouvoir douter, *par*
« *Mme Desault, que le fils de Louis XVI avait été sauvé du Temple.*

« Mme *Desault* ne m'a point caché non plus *que son mari était mort*
« *empoisonné, et qu'on l'avait sacrifié pour cacher le mystère de*
« *cette évasion;* que cet empoisonnement suivit de près la déclara-
« tion que *Desault* fit au Comité de salut public *du changement qui*
« *s'était opéré dans le prisonnier confié à ses soins.* Quelque temps
« après cette confidence, Mme Desault devint folle de désespoir et
« elle est morte en cet état... »

XXIII

Après avoir donné une toute petite vraisemblance à cette partie
de mon roman, que les gens sensés prendront pour de l'histoire
plus véridique que « les souvenirs religieusement conservés dans
la mémoire et le cœur des témoins oculaires » de M. de Beauchesne,
plus authentique que « ses irréfragables documents infaillibles; »
après avoir assez clairement démontré que « le jeu des romanciers
avec les morts » est plus beau que celui du fidèle narrateur avec
les vivants, je retourne auprès du rachitique qui joue si merveil-
leusement le rôle de prince.

« Depuis le 31 mai, veille de la mort de M. Desault, selon M. de
Beauchesne, jusqu'au 5 juin, c'est-à-dire, pendant six jours, aucuns soins du dehors ne sont arrivés au prisonnier. *Ses pauvres*
gardiens — qui se résumaient dans la seule personne de Lasne —
n'avaient à lui offrir que ceux d'une pitié stérile, *soumise au con-*
trôle permanent d'un commissaire. »

Si l'on se reporte à ces paroles du duc de Normandie, Monsieur,
dans l'*Abrégé des infortunes du Dauphin:*

« Desault fut introduit auprès de l'enfant, non pour le guérir,
« mais pour feindre l'humanité; des motifs impérieux contraignirent
« le gouvernement à accélérer la fin de cette victime infortunée, »
on est assez porté à croire, en effet, que l'on eut hâte de le voir

mourir, et que, dans ce but homicide, il fut privé des secours de la médecine pendant plusieurs jours.

—354 — « Enfin le 5 juin, M. Pelletan fut chargé par le Comité de sûreté générale de continuer le traitement du fils de Capet. Il se rendit à la Tour le 5 dans l'après-midi.

« Je trouvai, dit-il, l'enfant en si fâcheux état, que je demandai instamment qu'il me fût adjoint une autre personne de l'art, pour me soulager d'un fardeau que je ne voulais pas porter seul.

« Un calcul systématique avait déjoué d'avance toutes les ressources de la science ; on n'avait ouvert la porte aux médecins que lorsque le mal était sans remède.

« Le médecin, *envoyé pour la forme à l'enfant mourant, osa toutefois apporter au fils des rois le zèle qu'il aurait eu pour le dernier enfant du peuple* ; — ce qui ne me semble en rien extraordinaire. — Il dit avec force à M. Thory, — 356 — municipal de service :

« Si vous ne faites pas disparaître immédiatement ces verrous et ces abat-jour, du moins vous ne pouvez vous opposer à ce que nous transportions cet enfant dans une autre chambre. »

« Le prince, ému de ces paroles prononcées avec feu, fit signe au médecin d'approcher. « *Parlez plus bas*, je vous en prie, dit-il, *j'ai peur qu'elles vous entendent là-haut, et je serais bien fâché qu'elles apprissent que je suis malade, car cela leur ferait beaucoup de peine.* »

Depuis sa séparation d'avec sa mère, sa tante et sa sœur, monsieur le jurisconsulte, l'enfant royal n'avait pas su que la guillotine l'avait fait orphelin, et que, de tous ceux qu'il aimait, il ne lui restait plus que Marie-Thérèse. M. Dupré-Lasalle, dans ses conclusions, a conféré cette connaissance à l'homonyme du Dauphin, en disant :

« Pelletan exprima vivement son indignation de l'état dans lequel
« il trouva le prince. *Parlez plus bas*, lui dit celui-ci, *je ne veux
« pas que ma sœur apprenne que je suis malade ;* elle en serait
« affligée. Paroles touchantes qui protestent contre le roman de la
« substitution. On dit qu'un enfant malade avait été transporté de
« l'Hôtel-Dieu dans le lit du Dauphin évadé. *Comment cet enfant*

« *eût-il simulé le langage du prince?* Comment au milieu de son
« agonie aurait-il joué un rôle? Comment des hommes comme les
« médecins Pelletan et Dumangin y auraient-ils été trompés? »

Je répondrai à M. de Beauchesne, qui pense, pour l'enfant, à la
mère, à la tante et à la sœur, ce que j'ai répondu à M. le substitut
dans ma réplique judiciaire.

Il n'y a contre cette fable, si ridiculement inventée contre la substitution, qu'une toute petite difficulté à objecter : c'est que le fils de
Louis XVI était logé au second étage de la Tour, et les augustes
prisonnières au troisième, *quatre-vingt-deux marches plus haut*,
selon le rapport d'Harmand de la Meuse, et qu'elles ne pouvaient
pas entendre ce qui se passait dans la chambre de l'enfant royal. Le
prince, qui ne l'ignorait point, n'aurait point pu tenir un pareil
langage. Si donc l'enfant avait parlé comme le fait parler M. de
Beauchesne, il n'aurait fait que réciter une phrase suggérée, et ces
paroles seraient une preuve manifeste qu'il n'était pas le Dauphin.
Mais elles sont démenties par la déposition de *Lasne* en justice,
puisque, d'après ce témoignage judiciaire, l'enfant n'a parlé *qu'une
seule fois.*

« Le commissaire se prêta sans opposition à la demande du médecin, et l'on se disposa à transporter le prisonnier dans la pièce
de la petite Tour, qui avait autrefois servi de salon à M. Berthélemy.
Ce fut Gomin, — qui n'était pas là, — qui le porta à bras-le-corps,
la main droite de l'enfant passée sur son épaule. Le pauvre petit,
— 357 — reposa sur *Gomin* un regard plein d'amour heureux et
de reconnaissance.

— 358 — « Le 6 juin, Lasne monta le premier dans sa chambre.
A huit heures et demie Pelletan arriva. Il dit à l'enfant : « Êtes-
vous content d'être dans cette chambre? — *Oh oui, bien content!* »
répondit le Dauphin, — sans parler. —

« Vers deux heures, *Gomin,* — qui néglige un peu son service
auprès de la sœur pour se mêler de ce qui ne le regarde pas, —
monta avec le dîner et le nouveau commissaire civil, qui, s'adressant
à *Gomin* — avec la plume de M. de Beauchesne : — « Ah çà ! citoyen, tu me montreras l'ordre que tu as reçu de déménager le lou-

veteau ! Nous n'avons pas d'ordre écrit, répondit le gardien au commissaire qui ne lui avait pas parlé ; — mais le médecin, que tu verras demain matin, te dira que *nous n'avons agi* que d'après son ordre. »

— 359 — « Le lendemain, M. Pelletan apprit que le gouvernement avait accueilli la demande qu'il lui avait faite d'être secondé par un collègue dans la triste mission qui lui avait été confiée : M. Dumangin se présenta chez lui dans la matinée du 7 juin ; ils se transportèrent ensemble immédiatement à la Tour. Ils apprirent, en arrivant, que l'enfant, dont la faiblesse était extrême, avait éprouvé *un évanouissement qui avait fait craindre sa fin prochaine. Devant un épuisement toujours croissant, ils reconnurent qu'il ne restait plus d'espoir de raviver une existence usée par de si longues tortures, et que tous les secours de leur art ne sauraient désormais que contribuer à adoucir la dernière phase de cette lamentable agonie.* Ils exprimèrent un vif étonnement de l'abandon dans lequel on le laissait pendant la nuit et *une partie de la journée.* Comme *les gardiens* — qui étaient Lasne — leur répondirent *qu'ils suivaient une consigne rigoureusement imposée,* — à laquelle nous avons vu qu'ils ne s'assujettissaient pas quand l'enfant se portait mieux, — les médecins insistèrent, dans le bulletin, sur la nécessité de donner au petit Capet une garde-malade. Ils permirent un verre d'eau sucrée *si l'enfant demandait encore à boire.* L'avis de M. Pelletan fut que le jeune prince ne passerait pas le lendemain. »

— 360 — « *Remonté le soir à l'heure du souper*, *Gomin,* — dont chaque parole est une invention, — fut bien agréablement surpris de trouver le malade un peu mieux. « *C'est vous, dit-il,* tout d'abord *à son gardien.* — Enfin vous souffrez moins ? lui dit *Gomin. — Moins, dit l'enfant.* — C'est à cette chambre que vous le devez. Il regarda le surveillant — 361 — que M. de Beauchesne transporte en imagination près du malade, — d'un œil plein d'amertume. Cet œil, si pur il y a un instant, — aussi extraordinaire que sa langue qui parle sans qu'il ouvre la bouche, et que la présence de Gomin, qui, n'étant pas dans la chambre, s'y trouve ; — cet œil se voila, puis il brilla tout à coup d'un éclat nouveau ; — car il se faisait dans l'âme de l'enfant un travail d'extase qui va bientôt se manifester. — Une grosse larme en avait jailli et avait roulé sur sa joue. *Gomin* lui demanda ce qu'il avait, — en parlant à M. de Beauchesne. — « *Toujours seul! avait-il répondu, ma mère est restée dans l'autre tour !*

« *Gomin* reprit : « C'est vrai, vous êtes seul ; mais vous n'avez pas ici, comme on a ailleurs, le spectacle de tant de méchants hommes et l'exemple de tant de mauvaises actions. — L'enfant, bien qu'ayant une existence usée, quoique entré dans la dernière phase de son agonie, et la veille de sa mort, avec une présence d'esprit ravissante, et une exquise délicatesse de jugement, *murmura* par la bouche menteuse de Gomin : « *Oh! j'en vois assez ;* — il aurait dû ajouter : dans ma chambre solitaire. Mais non ; — *il ajouta,* — et encore — *d'une voix adoucie,* en arrêtant les yeux sur son gardien et en appuyant la main sur son bras : *Je vois aussi de braves gens, et ils m'empêchent d'en vouloir à ceux qui ne le sont pas.* »

— 362 — « *Gomin,* — dont l'imagination est intarissable, — lui dit alors : » M..., *que vous avez vu souvent ici comme commissaire* a été arrêté, et il est maintenant en prison. — *J'en suis fâché, dit le prince. Est-ce ici ?* — Non, ailleurs, à la Force. » Une âme ordinaire se serait crue vengée ; — on ne sait trop de quoi, car ici la mémoire du bon Gomin lui fait défaut, et — malgré tous ses efforts, il ne put se souvenir du nom du municipal. — Mais l'âme extraordinaire du rachitique, qui lui prépare une vision, — *eut la magnanimité de plaindre son persécuteur* — qui ne fut pas non plus nommé à l'enfant. — Il fit une longue pause et *répéta avec réflexion :* « *J'en suis bien fâché ; car, voyez-vous, il est plus malheureux que nous : il mérite son malheur.* »

« Ces paroles, d'une si grande simplicité et d'une si haute sagesse, doivent étonner sans doute dans la bouche d'un enfant qui n'avait guère que dix ans, — et qui s'appelle Gomin ! — Elles sont telles pourtant qu'elles ont été prononcées — dans la chambre historique de M. de Beauchesne ; — et ce ne furent pas seulement les mots qui frappèrent le plus l'interlocuteur, ce fut l'accent vrai, simple, pénétrant avec lequel ils furent dits — en 1840. —

Je veux vous faire remarquer, Monsieur, comment Gomin, dans son engouement d'inventions, les a débitées à tort et à travers à un écrivain crédule qui prenait plaisir à les entendre et qui allait lui faire une page brillante dans l'histoire, si l'inflexible vérité ne brisait pas le masque hypocrite dont il couvrait, aux yeux de son aveugle admirateur, son impudente face, pour qu'on ne vît pas le rouge de la honte lui monter au front. Ce ne sont pas les paroles de haute sagesse d'un enfant agonisant qui m'étonnent, c'est l'audace d'un homme dont le nom et les fables servent d'aliment à la diffamation et à la calomnie contre l'héritier légitime de nos rois, que ses malheurs ont rendu la plus grande illustration de cette terre, seul et noble héritage qu'ont recueilli ses enfants, que n'épargne pas non plus la malignité publique, envieuse et jalouse d'une dignité qui importune l'orgueil des petits esprits et la sotte sagesse du monde égoïste et matériel.

Pourquoi, par des répétitions fastidieuses, à chaque page, me force-t-on de dire et de redire à satiété que *Gomin* ne soignait plus l'enfant, et que l'enfant ne parlait point, selon le témoignage formel de *Lasne*, dont les paroles se retournent contre lui-même et contre Gomin. L'enfant qui mourra le lendemain, d'un vice scrofuleux existant depuis longtemps, que M. Pelletan trouva dans un état si fâcheux qu'il demanda l'assistance d'un collègue ; l'enfant débile et rachitique, arrivé au dernier degré du dépérissement, qu'on nous fait voir, aux pages précédentes, « *sous les étreintes brûlantes du mal qui troublait ses sens ;* » cet enfant-là ne pouvait point avoir la réflexion, le calme et le discernement que l'historien, quelques lignes plus bas, s'imagine rendre admissibles, en avertissant ses lecteurs que c'était une sorte d'inspiration que Dieu envoyait au mourant. Une simple présomption morale suffirait donc pour faire repousser l'idée qu'il ait pu avoir l'étonnante sagesse au sujet de laquelle s'extasie l'écrivain candide qui écrit une histoire composée de souvenirs qu'on invente en racontant.

Mais le souvenir de Gomin, à propos du commissaire arrêté, se reporte sur un fait qui n'était pas possible ; et voilà pourquoi il n'a pas su lui donner un nom. Il n'a point dit ni pu dire à l'enfant, qu'on a fait trop intelligent pour qu'il ne l'eût pas contredit, *qu'il avait vu souvent M... comme commissaire à la Tour.* Il y a ici double inexactitude. Ouvrez *le Passé et l'Avenir*, à la page 247, et vous y lirez :

« Après la mort de Robespierre, ce furent les membres des Comités civils des quarante-huit sections de la capitale que l'on chargea de la surveillance des prisonniers : un membre de ces Comités allait chaque jour demeurer au Temple pendant 24 heures. Comme les membres des Comités se succédaient un à un dans cette fonction, et qu'ils étaient au nombre de 150 environ, il s'ensuit que *le même commissaire ne devait reparaître en surveillance qu'à cinq ou six mois d'intervalle;* en sorte que leur installation n'ayant eu lieu que *dans les derniers mois de* 1794, il est évident que la plupart n'ont pu aller au Temple *qu'une seule fois,* puisqu'il n'a dû s'écouler qu'environ deux cents jours depuis l'établissement de cette surveillance jusqu'au jour où elle a cessé par la mort de l'enfant, arrivée le 8 juin 1795. »

Ainsi en supposant — ce qu'on veut faire accroire à la crédulité irréfléchie — que l'enfant eût été le même que le sourd-muet, et l'orphelin royal, il n'aurait pu voir le commissaire M... qu'une fois ou deux tout au plus; par conséquent, les magnanimes paroles qu'on lui attribue à son occasion, sont aussi fausses que la fréquente surveillance de ce municipal sans nom.

« La nuit vint, nuit suprême, que *les règlements* le condamnaient encore à passer dans la solitude, avec la mort à son chevet. Ce fut encore Lasne qui, le lundi 8 juin, — raconte toujours M. de Beauchesne — entra le premier dans sa chambre, entre huit et neuf heures. *Gomin* nous a avoué qu'il n'osait plus, depuis plusieurs jours, y monter le premier, dans l'appréhension de trouver le sacrifice accompli.

— 263 — « *L'enfant était levé* quand Pelletan vint le voir à huit heures. Lasne le croyait mieux depuis la veille; mais le bulletin du médecin ne lui fit que trop comprendre qu'il se trompait. Se sentant de la pesanteur dans les jambes, *le jeune malade demanda bientôt lui-même à se coucher.* Il était au lit quand Dumangin entra, vers onze heures. Les deux bulletins, partis du Temple à onze heures, dénonçaient des symptômes effrayants pour la vie du malade.

« M. Dumangin s'étant retiré, *Gomin*, — pour lequel **M.** de Beauchesne semble avoir une prédilection toute particulière, et contre lequel il ne sait pas se mettre en garde, parce que, je présume, ainsi qu'il le dit dans son premier volume à la page troisième, « les instincts de sa nature l'entraînent vers les régions du merveilleux, et que les imaginations de son témoin favori deviennent de plus en plus poétiques en grandissant ; — *Gomin remplaça Lasne* dans la chambre du Dauphin. Il s'assit auprès de son lit et *ne lui parla point, de peur de le fatiguer.*

« Le prince n'entamait jamais la conversation, — car il ne conversait jamais, — et par conséquent il ne dit rien non plus ; mais il arrêta sur son gardien, — qui a le don d'ubiquité, — un œil profondément mélancolique ; — et lisant dans cet œil qu'il ne le fatiguerait pas en lui parlant, il lui dit : — « Que je suis malheureux de vous voir souffrir comme cela ! — *Consolez-vous, lui dit l'enfant, je ne souffrirai pas toujours.* » *Gomin* se mit à genoux pour être plus près de lui. L'enfant lui prit la main et la porta à ses lèvres. *Le cœur religieux de Gomin* se fondit en prière ardente, une de ces prières que la douleur arrache à l'homme et que l'amour envoie à Dieu. L'enfant ne quitta pas la main fidèle qui lui restait ; il éleva un regard vers le ciel, *pendant que Gomin priait pour lui ! ! !*

— 364 — « Vous nous demanderez sans doute quelles ont été *les dernières paroles du mourant,* car vous avez connu celles de son père. Vous avez connu celles de sa mère. Vous avez connu celles de sa tante. Et maintenant oserai-je vous répéter *les paroles suprêmes de l'orphelin ? Ceux qui recueillirent son dernier souffle me les ont rapportées,* et je viens fidèlement les inscrire dans le martyrologe royal.

« *Gomin,* — qui ne soignait plus l'enfant depuis deux mois, — le voyant calme, immobile, muet, — et ayant une grande démangeaison de causer pour enthousiasmer l'historien émerveillé de ses stupides bavardages, — lui dit : « J'espère que vous ne souffrez pas dans ce moment ? — *Oh ! si, je souffre encore, mais beau-*

coup moins : la musique est si belle! — si belle qu'on n'y peut croire. —

« Or, on ne faisait aucune musique ni dans la Tour ni dans les environs ; — c'était une musique céleste! — *Gomin* étonné, — beaucoup moins que ne le fut M. de Beauchesne, qui enregistre pieusement de pareilles niaiseries, — lui dit : « De quel côté entendez-vous cette musique? — De là-haut! Y a-t-il longtemps? — *Depuis que vous êtes à genoux. Est-ce que vous n'avez pas entendu? Écoutez! écoutez!*

C'étaient les prières de ce « bon et sensible Gomin, dont le cœur s'était fondu en elles » ; c'était l'ardeur des religieuses aspirations de cet homme qui, n'ayant jamais vu l'enfant royal, l'avait néanmoins reconnu dans celui qu'on lui présenta; c'était la fervente piété de ce gardien d'un républicanisme éprouvé, que la Providence devait mettre « sur la route de M. de Beauchesne pour l'œuvre qu'il a entreprise » et accomplie avec la conscience la plus scrupuleusement asservie aux fables qu'on lui a données pour des vérités; c'était, en un mot, et n'en doutons point, « la douleur et l'amour qu'il envoyait à Dieu pour son cher prisonnier, » qui réagirent en harmonie dans l'âme de l'illuminé. Alors, du haut du troisième étage de la grande Tour, où il était probablement avec Marie-Thérèse, dont il s'occupait exclusivement, dans tous les cas par une vision intuitive qui le transporta dans la petite Tour, il vit:

« L'enfant soulever par un mouvement nerveux sa main défaillante, en ouvrant ses grands yeux illuminés par l'extase. Et lui, pauvre gardien, ne voulant pas détruire cette douce et suprême illusion, il se prit à écouter aussi avec le pieux désir d'entendre ce qui ne pouvait être entendu.

« Il vit l'enfant, après quelques instants d'attention, tressaillir de nouveau, ses yeux étinceler, — et, par l'effet d'un sortilége qui a ensorcelé M. de Beauchesne, il l'entendit — « s'écrier dans un transport indicible : « *Au milieu de toutes les voix, j'ai reconnu celle de ma mère!* »

— 365 — Il s'aperçut — « que ce nom tombé des lèvres de l'Orphelin — rachitique et scrofuleux, par le souffle de l'invention, — semblait lui enlever toute douleur. Il vit ses sourcils froncés se détendre, et son regard s'allumer de ce rayonnement serein qui donne la certitude de la délivrance ou de la victoire. Il remarqua que son œil était attaché sur un spectacle invisible, son oreille ouverte au bruit lointain d'un de ces concerts que l'oreille humaine n'a pas entendus — et ce burlesque visionnaire comprit que l'extatique enfant sentait éclater dans sa jeune âme toute une existence nouvelle, due au pieux recueillement de lui, *Gomin,* qui priait à genoux dans une chambre où n'était pas Gomin !

Il découvrit donc de loin qu'un instant après, l'éclat du regard de l'enfant s'était éteint, que ses bras s'étaient croisés sur sa poitrine, et qu'un froid découragement était empreint sur son visage. *Gomin* l'observait de près et suivait d'un œil inquiet tous ses mouvements. Sa respiration n'était pas plus pénible ; seulement, sa prunelle errait lentement et distraite, ramenant de temps en temps un regard vers la fenêtre. *Gomin* lui demanda — sans parler — ce qui l'occupait de ce côté. L'enfant regarda son gardien — invisible — et bien que la même question lui eût été faite de nouveau, il ne parut pas l'avoir comprise et il n'y répondit point. »

En ce moment, Lasne, continuateur des fables de son collègue ; Lasne de M. de Beauchesne, tout autre que Lasne de M. Zangiacomi ; Lasne qui a écrit sur l'album du narrateur fidèle que *seul* il avait soigné l'enfant pendant les deux derniers mois de la vie de ce dernier ; Lasne, document authentique, irréfragable, officiel, infaillible, « remontait *pour relayer Gomin,* » être fantastique de 1795, qui sortit le cœur serré, sous la pression d'un trouble au travers duquel le Gomin de 1840 a vu, tout à rebours, les choses qui se sont passées au Temple.

« Lasne s'assit auprès du lit ; *le prince* le regarda longtemps d'un œil fixe et rêveur. Comme il fit un léger mouvement, Lasne, — oubliant que, pendant tout le temps qu'il a été chargé de lui donner des soins, il ne lui a parlé que dans la circonstance relative à la potion stomachique, — Lasne lui demanda comment il se trouvait et ce qu'il désirait. — L'enfant fit avec lui comme il avait fait avec

17

Gomin ; sans ouvrir la bouche, il lui dit : « *crois-tu que ma sœur ait pu entendre la musique? comme cela lui aurait fait du bien!* » Lasne ne put répondre. Le regard plein d'angoisse du mourant s'élançait, perçant et avide, vers la fenêtre. *Une exclamation de bonheur* s'échappa de ses lèvres ; puis, regardant son gardien : « *J'ai une chose à te dire...* » Lasne approcha et lui prit la main ; *la petite tête du prisonnier se pencha sur la poitrine du gardien* qui écouta, mais en vain. — 366 — Tout était dit. Dieu avait épargné au jeune martyr l'heure du dernier râle. *Dieu avait gardé pour lui seul la confidence de sa dernière pensée.* Lasne mit la main sur le cœur de l'enfant : *le cœur de Louis XVII* avait cessé de battre. *Il était deux heures un quart après midi.*

XXIV

Voilà, Monsieur, et nous sommes forcés d'en convenir, de nouveaux et curieux renseignements que M. de Beauchesne apporte à l'histoire. Mais si je lui rends cette justice, je dois compléter ma pensée et reconnaître aussi que le sens commun, qui n'est pas celui de Lasne et de Gomin, les interprète tout autrement que ne le fait l'historien ; c'est-à-dire que son *Louis XVII, sa vie, son agonie et sa mort* au Temple, fournit une nouvelle démonstration que Louis XVII n'est pas mort au Temple. Pourquoi? Ce n'est pas vous, jurisconsulte savant, logique, homme droit et impartial, qui m'adresserez cette question. En y répondant, je n'ai en vue que les esprits superficiels et les apologistes du narrateur fidèle qui, en présentant à ses lecteurs le fruit de vingt années d'ensevelissement dans la Tour, leur dit : « Malheur à moi *si mon esprit laissait mentir ma plume!* » Il est une autre classe de lecteurs, et surtout de lectrices, qui, ne voulant pas permettre que le fils de Louis XVI ait survécu à 1795, se sont passionnés pour l'ouvrage que je com-

bats, et raffolent de l'écrivain. Ces personnes-là, M. de Beauchesne
les dépeint : elles n'aiment que le romanesque ; pour elles, la vraisemblance est peu de chose ; leur crédulité est d'autant plus aisée à
séduire, qu'elles croient tout ce qui est incroyable et faux, dans le
sujet qui m'occupe, et rejettent sans réflexion tout ce qui est
croyable et vrai. Leur imagination, affriandée par l'extraordinaire, a
besoin d'être étonnée pour croire ; la foi, chez elles, absorbe la raison ;
elles jugent par sensation, sans aucun travail d'intelligence, vont
toujours en avant, s'imaginant marcher droit, tandis qu'elles dé-
crivent une courbe à chaque pas ; elles lisent, lisent toujours, ne
regardent point en arrière, n'ont de pensées que pour la page qui
est sous leurs yeux. M. de Beauchesne est donc leur idole, parce
qu'il les a servies suivant leur goût. En auteur habile, et tant soit
peu charlatan, il les mène par la lisière à sa guise, comme des enfants, ayant su se montrer sentimental, émouvant, pathétique, quelquefois larmoyant, et s'écriant d'un ton doctoral : N'écoutez point
ceux qui ne pensent pas comme j'écris, ou qui n'écrivent pas comme
je pense, ou fais semblant de penser ; ce sont des inventeurs d'erreurs grossières. Voulez-vous la vérité? C'est moi seul qui la donne ;
elle est là, elle n'est que là dans mon livre qui « apporte à l'histoire non-seulement la certitude, mais encore la preuve matérielle,
authentique, que le Dauphin de France, fils de Louis XVI, est bien
réellement mort au Temple. »

Ces personnes-là — si par curiosité ou par désœuvrement elles
parcourent ma réfutation — elles ricaneront en disant : Comment !
allons donc ! — Elles ouvriront leur Beauchesne, qui chez elles est
toujours en évidence, à la page 366 du second volume, et liront :
« Le cœur de Louis XVII avait cessé de battre : il était deux
heures un quart après midi. » Ensuite elles jetteront mon livre de
côté.

Eh bien, je répète à tous ceux qui sont et seront mes contradicteurs, que M. de Beauchesne a prouvé le contraire de sa certitude
matérielle, et j'explique pourquoi : parce que l'on n'invente pour
combattre un fait que lorsqu'on ne peut pas le détruire par la
vérité. Or, toute la base du Louis XVII mort au Temple ne

repose que sur des inventions et des fables ; la conséquence que j'en tire est donc rationnelle, elle va se fortifier encore de documents officiels que nous ne connaissons pas, et réservés par l'historien pour clore le débat ; car nous n'avons eu jusqu'ici qu'une copie considérablement embellie de la parole de deux imposteurs qui ont certifié et vont certifier, par de nouvelles bévues, leurs inqualifiables imaginations. Ils font mourir le Dauphin au Temple, ils doivent nécessairement constater son décès et son identité, et l'enterrer, en contredisant le mode d'évasion révélé par le duc de Normandie. Apprécions la fin de l'histoire fabriquée, quand Lasne et Gomin posaient, avec la fatuité d'hommes enchantés de leur importance, devant **M.** de Beauchesne prenant rapidement les précieuses notes qui se sont transformées, par son talent d'écrivain, en documents irréfragables, pour ceux qui, comme dit le proverbe, jugent de la qualité de l'arbre à l'écorce.

— 366 — « *Lasne prévint Gomin* et *Damont*, commissaire de service, qui montèrent immédiatement dans la chambre funèbre. On enleva de cette chambre provisoire le pauvre petit cadavre royal et on le transporta dans celle où il avait si longtemps souffert. On arrangea ses dépouilles *sur son lit de mort*, — c'est-à-dire, sur le lit où l'on plaçait le mort. —

« *Gomin se rendit au comité de sûreté générale,* — où, en raison de la distance à parcourir, il n'aurait pu arriver avant plus d'une heure de marche, — il y vit **M.** Gauthier, un de ses membres, qui lui dit : « Vous avez bien fait de vous charger vous-même et promptement de ce message ; mais malgré votre diligence, il arrive trop tard, le rapport n'en peut être fait aujourd'hui à la Convention nationale. Gardez la nouvelle secrète jusqu'à demain et jusqu'à ce que j'aie pris des mesures convenables ; je vais envoyer au Temple **M.** Bourguignon, l'un des secrétaires du comité de sûreté générale, pour s'assurer lui-même de la vérité de votre déclaration. »

— Cette démarche de *Gomin* est démentie par *Lasne*, qui a dit au juge d'instruction que *ce fut lui* qui fit à la Convention le rapport relatif à la mort de l'enfant. Gomin donne également un démenti à Lasne en déposant en justice : « *Le duc de Normandie est cet enfant qui est mort* **SOUS MES YEUX** en juin 1795. » Qui dit la vérité? ni l'un ni l'autre, selon le témoignage de l'un et de l'autre. —

—367 — « M. Bourguignon, effectivement, suivit de près *Gomin* à la Tour; il constata l'événement, renouvela la recommandation d'en garder le secret et de continuer le service comme à l'ordinaire.

« A huit heures du soir, on avait, *ce jour-là, comme de coutume, préparé le souper* du petit Capet; — ce qui prouve que Gomin ne songeait pas même à donner la couleur de la vraisemblance à ses mensonges, tant il comptait sur la facile crédulité de M. de Beauchesne; car ce souper de l'enfant mourant est une chimère depuis le jour même où M. Desault le soigna, et — 341 — ordonna des décoctions de houblon à prendre. *Gomin* feignit de le monter lui-même, mais il monta sans le souper, *seul,* son affliction contenue devant le public se fit jour par les larmes quand il se trouva *seul* en présence du corps inanimé de Louis XVII. Après que ce bon gardien de la fille de Louis XVI eut fermé la porte derrière lui et qu'il se fut assuré qu'il était *seul;* il souleva timidement le linceul; il le contempla, — et fit de sublimes réflexions rapportées par M. de Beauchesne, qui composent deux des plus éloquentes pages de son histoire. — Vous n'eussiez pas cru qu'il était mort, lui a-t-il dit. Les plis que la douleur avait formés à son front et à ses joues avaient disparu; les belles lignes de sa bouche avaient repris leur suave repos ; *ses paupières,* que fermait à demi la souffrance, *s'étaient ouvertes et rayonnaient pures comme l'azur du ciel.* — 368 — Son visage avait l'air de sourire.

Ce prodige étrange était encore une suite des ferventes prières du religieux Gomin.

« Une heure s'écoula pendant laquelle, haletant, les yeux fixes, sans voix, il demeura près de ces dépouilles. Une voix avait parlé en son cœur, à laquelle *il avait promis d'être honnête homme;* — ce qu'il n'était probablement pas auparavant, comme républicain éprouvé. Alors il a tenu sa promesse, en démontrant par ses fables l'existence du Dauphin, pour faire outrager le prince vivant, méconnu par un monde de *Simons,* et perpétuer la désolation de la vie du père dans celle de ses enfants.

« Il suffoquait, — l'infame ! — il se retira. Il songea à monter sur la plate-forme pour respirer. Il voulut franchir deux à deux les degrés de l'escalier ; il ne put. — Alors il les franchit un à un.— *Il n'avait cependant plus à son bras le malade qu'il traînait les jours précédents,* — qu'il ne soignait plus ; — mais ses forces étaient brisées. — Sa langue seule ne s'est pas fatiguée de paroles fabuleuses, ni la plume de l'écrivain non plus à transcrire d'aussi dérisoires imaginations pour de l'histoire authentique. — *La soirée* — du 8 juin 1795 — *était belle et sereine,* — assure M. de Beauchesne avec son témoin, qui se rappelle le temps d'il-y-a 45 ans, et ne perd la mémoire que pour contredire tout ce qu'il dit à l'historien.

« *Gomin* s'approcha du petit bassin ; *l'eau était tarie et les oiseaux étaient envolés.* Il ne sait comment et pourquoi les souvenirs du sacre des rois lui passèrent alors par la tête ou plutôt par le cœur. Il se rappela *malgré lui,* à cette heure de deuil, les oiseaux qu'à l'heure joyeuse de l'intronisation d'un prince, on laisse s'envoler dans la basilique de Reims, et, tout à coup, dans la fièvre de sa douleur, quelque chose sembla lui annoncer que c'étaient là aussi les oiseaux d'un sacre et que l'enfant venait d'être couronné ! »

Il faut être bien incrédule, n'est-ce pas, Monsieur, pour ne pas croire, devant la preuve matérielle, authentique d'autant de signes mémorables qui ont accompagné la mort du scrofuleux, que cet enfant était Louis XVII.

« Le matin, 9 juin, à huit heures, quatre membres du comité de sûreté générale sont venus aussi à la Tour pour vérifier le décès du Prince. Introduits dans la chambre par *Lasne et Damont,* ils ont affecté la plus grande indifférence : « *L'événement,* ont-ils répété plusieurs fois, *n'a aucune importance ;* le commissaire de police de la section viendra recevoir la déclaration du décès ; il le constatera et *procédera à l'inhumation sans aucune cérémonie. Le comité va donner des ordres en conséquence.* »

—570— « Comme ils se retiraient, quelques officiers de la garde du Temple demandèrent à être admis à voir les restes du petit

Capet. *Damont* ayant fait observer que le poste ne laisserait point sortir la bière sans en exiger l'ouverture, les députés décidèrent qu'à midi les officiers et sous-officiers de la garde descendante et de la garde montante seraient tous invités à venir constater la mort de l'enfant.

« *Darlot*, commissaire civil, qui devait relever *Damont*, arriva bientôt pour prendre son service : il fut suivi des sieurs *Bigot* et Bouquet ses collègues, qui avaient été convoqués extraordinairement pour ce jour ; mais leur camarade *Damont*, maintenu de service à la Tour par ordre du 8 juin, ne s'est pas retiré à leur arrivée. *Il est resté à la visite qu'il avait provoquée*, et tous les officiers et sous-officiers du poste ayant été réunis dans la chambre où le corps était exposé, *il leur a demandé s'ils reconnaissaient ce corps pour être celui de l'ex-Dauphin, fils du dernier roi des Français.* TOUS CEUX *qui avaient vu le jeune prince aux Tuileries ou au Temple,* ET C'ÉTAIT LE PLUS GRAND NOMBRE, *ont attesté que c'était bien le corps du fils de Louis XVI.* Descendu dans la chambre du conseil, *Darlot y a rédigé le procès-verbal de cette attestation, qui fut signé d'une vingtaine de personnes.*

—371— « Ce procès-verbal fut inséré *dans le journal-registre de la Tour du Temple, qui plus tard fut déposé au ministère de l'intérieur.* »

Il faut, en vérité, monsieur le jurisconsulte, que M. de Beauchesne ait une bien pauvre idée de l'intelligence de ses lecteurs, pour essayer de leur faire accroire que toutes les paroles oiseuses que nous venons de lire, et le procès-verbal qui en est le complément, établissent l'identité de l'enfant mort avec le Dauphin. Il présente cette pièce, avec une triomphante satisfaction, comme un document inédit ; mais tout ce qui est inédit pour lui a été dit et redit par tous ceux qui ont écrit avant lui contre le duc de Normandie. L'esprit fort, M. Dupré-Lasalle, qui s'est imaginé détruire les témoignages de la vérité en s'écriant : « Je n'y crois pas, » s'en est prévalu, dans l'instance de 1851, contre les petits-fils de Louis XVI ; et il a fait comme M. de Beauchesne, en multipliant beaucoup plus que lui les reconnaissances d'identité, car il a débité d'un ton passablemenent courroucé même, cet amas d'allégations chimériques :

« On a trouvé l'acte de décès trop simplement rédigé; il aurait
« fallu des précautions spéciales pour constater le décès du repré-
« sentant du principe monarchique.

« Ces précautions, on les a prises. Le corps de l'enfant fut présenté
« *aux gardes nationaux de service, à tous les geôliers, à tous les*
« *habitants du Temple; ils reconnurent que c'était bien le Dau-*
« *phin; le procès-verbal fut rédigé par les commissaires Damont et*
« *Darlot, et signé par de nombreux gardes nationaux.* Ainsi tous
« les actes qui servent à constater le décès d'un homme ont été
« réunis. A tous les moments de la captivité du prince et jusque
« sur son lit de mort, *son identité a été constatée par des témoins*
« *aptes à la reconnaître. Leurs dépositions demeurent nombreuses*
« *et positives.* La France apprit l'événement, et parmi les sentiments
« divers qu'elle éprouva, *le doute n'a pas trouvé sa place.* »

Vous voyez bien, Monsieur, que, dans cette circonstance, M. le
magistrat est plus fort de discussion et plus démonstratif que l'historien, puisqu'il fait reconnaître le Dauphin *par tous les gardes*
nationaux, par tous les geôliers, par tous les habitants du Temple,
excepté toutefois PAR LA SOEUR DU DAUPHIN, alors âgée de
17 ans, témoin légal indispensable, et à qui l'on a oublié de faire
signer le procès-verbal de Darlot et de Damont, dont M. le substitut
se prévalait sans le produire, qu'il n'a point vu, et que son pla-
giaire de 1852 n'a pas vu non plus, quoique, selon son singulier
système de raisonnement, il cite une attestation du ministre de l'intérieur, qui déclare que Lasne lui a remis quatre registres relatifs à
la détention de la famille royale.

Il y a cependant entre ces deux logiciens un point frappant de
ressemblance : c'est que tous les deux ont pris leurs paroles pour des
documents officiels. Le premier soutenait que l'identité a été *con-*
statée par des témoins aptes à la reconnaître, dont les dépositions
demeurent nombreuses et *positives.* Le second nous dit sérieusement, avec un aplomb risible : *Tous les officiers et sous-officiers qui*
avaient vu le jeune prince aux Tuileries, — comme Gomin, — *ou au*

Temple, et c'était le plus grand nombre, ont attesté que c'était bien le corps du fils de Louis XVI. Le substitut n'a pu lire une seule des positions alléguées, nommer un seul des nombreux témoins ; M. de Beauchesne ne peut désigner un seul officier ou sous-officier du poste, qui ait connu le prince dont il fait chimériquement certifier l'identité ; je dis donc à M. de Beauchesne aussi nettement que je l'ai écrit à M. le substitut dans ma réplique judiciaire : « Il n'y a pas un mot de vrai dans cette longue tirade de non-sens : ceux de qui vous la tenez, quels qu'ils soient, ont menti ! » Ils ont menti ; car ce procès-verbal, s'il existait, ne serait un acte légal qu'autant qu'il eût été rédigé sous la direction d'une autorité compétente, ayant mission pour recevoir la déclaration des individus qu'on mentionne ; et d'après l'explication donnée par M. de Beauchesne, les quatre commissaires qu'il fait venir à la Tour, toujours suivant ses documents verbaux, n'auraient permis aux officiers et sous-officiers de la garde nationale d'entrer dans la chambre du décédé *que pour constater la mort de l'enfant !*

Ils ont menti, car si cette pièce eût existé au ministère de l'intérieur et qu'elle eût eu quelque poids, il y a bien longtemps que la politique et la justice l'eussent opposée aux prétentions du duc de Normandie !

Ils ont menti, car si ce procès-verbal n'était pas une création récente, *Lasne* et *Gomin*, qui dans leur déposition judiciaire ont voulu justifier l'identité de l'enfant mort avec le Dauphin, n'auraient pas manqué de l'invoquer pour sanctionner leur affirmation, et la justice en eût fortifié leur témoignage, *seul complément de l'acte de décès* auquel l'impartiale opinion publique ne croit plus.

Et Lasne a déclaré au juge d'instruction :

« Pendant deux jours, le corps du prince fut exposé dans sa chambre ; *il a pu* facilement être vu et reconnu par toutes les personnes qui allaient et venaient dans le Temple, *ainsi que par les hommes de garde ;* »

Et Gomin a déposé aussi :

« *Je fis entrer dans la chambre* plusieurs gardes nationaux et officiers *qui* l'examinèrent.

Ils ont menti, car si cet acte était mis sous nos yeux, légalement reçu par une autorité compétente, il ne constaterait l'identité de l'enfant mort avec le Dauphin, et n'aurait de valeur pour étayer l'acte de décès, qu'autant qu'il serait officiellement établi que les signataires du procès-verbal avaient connu le fils de Louis XVI et étaient aptes à le reconnaître. M. de Beauchesne, en l'écrivant, ne fera prendre à aucun homme sensé ses allégations pour une démonstration de vérité.

Ils ont menti ; car j'ai le droit d'opposer mon témoignage à celui de M. de Beauchesne ; et M. Fournier, prêtre assermenté, m'a affirmé que son frère, Fournier-l'Américain, un des commissaires de la commune de Paris, lui avait positivement attesté, le jour même de la mort de l'enfant, que cet enfant n'était pas le Dauphin et que l'acte qui constate le décès du fils de Louis Capet était un acte faux.

Vous, Monsieur, jurisconsulte expérimenté, qui êtes habitué à démêler le vrai du faux qu'entortillent les plaideurs pour se donner raison contre le bon droit, vous avouerez avec moi qu'il faut avoir une crédulité bien ingénue pour regarder comme établissant l'identeté de l'enfant mort avec le Dauphin, un vrai chiffon de papier qui, s'il existait autrement qu'en paroles, ne contiendrait, après tout, que des bavardages de corps de garde. Et on nous l'oppose encore sur deux assertions qui, fussent-elles recommandées par la sincérité de ceux dont elles émanent, seraient sans force dans une question d'intérêt européen, si immensément compliquée, qu'elle embrasse la politique de deux générations ! C'est plus que de la puérilité.

Pour que le monde judicieux pût croire à cette identité, il faudrait qu'elle eût été officiellement constatée avant la rédaction de l'acte de décès, par l'ordre et sous l'autorité du gouvernement révolutionnaire, avec une telle évidence que le doute raisonnable ne fût pas possible. Tous les efforts tentés ultérieurement pour suppléer à cette nécessité indispensable dès le principe, et seulement depuis que les frères et la fille de Louis XVI sont rentrés en France, n'ont eu d'autre effet que de fortifier la certitude du contraire.

Pour ceux qui ont étudié la question ailleurs que dans des affirmations démontrées mensongères, il est manifeste que la puissance publique, en 1795, n'a pas voulu et n'a pas pu faire certifier, avec une apparence de régularité, une identité qu'elle savait ne pas exister ; que, si c'eût été le frère de la fille de Louis XVI qui fût mort, on aurait fait figurer dans l'acte de décès, comme témoin essentiel et légalement requis, ainsi que le commandaient la raison et les circonstances politiques de l'époque, Marie-Thérèse, qui n'avait qu'à descendre du troisième étage de la Tour au second pour reconnaître le cadavre et sanctionner cette reconnaissance par une déclaration authentique, signée d'elle ; que du moment qu'on n'a pas suivi cette marche rationnellement indispensable et légalement obligatoire, il est certain qu'on a craint l'œil de l'investigation, l'éclat de la lumière, et qu'il a été impossible de corroborer le mensonge, forcément ténébreux, par un simulacre de légalité d'une forme tant soit peu satisfaisante : ce ne sont pas là de vaines paroles ; elles ont la force d'une démonstration irrécusable que le décédé n'était pas l'enfant royal.

Mais, Monsieur, je vous le demande, à vous éminent homme de loi : est-ce que la solution de la question est renfermée tout entière dans un acte de décès, même régulier et inattaquable dans la forme? Est-ce que le débat n'en doit pas sortir pour se placer en même temps sur un autre terrain? Est-ce que la loi, non moins que l'équité, ne commande pas un examen approfondi des prétentions de celui qui se présente comme fils de Louis XVI, en soutenant que l'acte qui le fait mourir au Temple est faux? Supposez encore un acte régulier, officiel, authentique, signé des autorités du temps qui avaient connu le Dauphin, et constatant que l'enfant mort était l'enfant royal : je maintiens que dans ce cas-là également, une justice impartiale ne repoussera point la réclamation d'État sans peser les preuves du prétendant, les témoignages qu'il produit, les documents sur lesquels il appuie la légitimité de ses droits ; car il n'est point de crimes dont la politique ne soit capable, et dans le temps où la guillotine était la loi qui régissait la France, où les plus hideuses turpitudes, les abominations les plus atroces étaient en permanence sous la volonté sanguinaire de ceux qui avaient fait tomber la tête de Louis XVI, de Marie-Antoinette, de madame Elisabeth; à cette époque d'horreurs et d'assassinats politiques, la Convention pouvait tout ce qu'elle voulait. Elle aurait donc pu vouloir, si son intérêt le lui eût conseillé, faire constater légalement, authentiquement, quoique faussement, que l'enfant mort était le Dauphin. Mais enfin elle ne l'a ni fait ni voulu, parce que l'existence du Dauphin, dans la condition où la politique révolutionnaire la plaçait, devait servir plus tard à favoriser les calculs machiavéliques de ceux qui ont exploité le mystère de sa conservation.

M. de Beauchesne, qui prétend nous apporter la preuve matérielle du contraire, s'est supposé — 410 — « investi de la mission providentielle de la publier, et lui, chétif et faible, dit-il, il n'a pas consulté ses forces pour accomplir un devoir de conscience.» J'ajouterai qu'il n'a pas consulté non plus la conscience d'un écrivain impartial et désintéressé, les devoirs de l'homme probe et véridique, en ne consultant que des témoins qui tous lui étaient connus d'avance pour devoir lui composer une enquête dans le sens de l'opinion qu'il voulait accréditer. Si, pour accomplir sa mission providentielle, à laquelle il ne croit pas lui-mème, il s'était proposé d'éclairer la conscience publique, il ne se fût pas fait une autorité exclusive des paroles de gens signalés comme peu dignes de foi avant qu'il se sentît inspiré providentiellement à présenter au monde leurs bavardages, comme « des documents irréfragables, officiels, authentiques, infaillibles; » avec la présomption de vouloir clore le débat sans envisager la question du côté contradictoire, et sans s'assurer que ceux qui affirment que le Dauphin n'est pas mort au Temple, qui ont produit leurs preuves et leurs témoins, que ceux-là n'ont pas raison contre lui. En ne suivant pas cette marche qui seule eût été providentielle, ne m'a-t-il pas mis en droit de suspecter sa bonne foi? Retournons à ses intelligentes preuves matérielles.

— 371 — « *Pendant la visite* de 1795, — qui n'a eu lieu que pour les conclusions de M. Dupré-Lasalle et l'histoire de M. de Beauchesne, — *sont arrivés à la porte extérieure du Temple* les chirurgiens chargés de faire l'autopsie : c'étaient Dumangin, Pelletan, Jeanroy et Lassus. Ces deux derniers avaient été choisis par Dumangin et Pelletan, *à cause* des rapports qu'avait eus M. Lassus avec mesdames de France, et M. Jeanroy avec la maison de Lorraine ; *ce qui donnait une autorité toute particulière à leur signature.*

M. de Beauchesne dirait là des paroles très-raisonnables, si ces deux médecins eussent attesté personnellement qu'ils reconnaissaient dans l'enfant mort le fils de Louis XVI. Mais ils se bornent à déclarer, avec les deux autres, qui ont avoué n'avoir jamais vu le Dauphin : « Nous avons trouvé dans un lit le corps mort d'un enfant *que les commissaires nous ont dit être celui du fils de Capet, et que deux d'entre nous ont reconnu pour être l'enfant auquel ils donnaient des soins depuis quelques jours.* MM. Jeanroy et Lassus se taisent sur l'identité ; leur signature, par conséquent, n'a pas plus d'autorité que celles de MM. Dumangin et Pelletan, qui rapportent avec eux la déclaration qu'on leur fait, et non la vérité de cette déclaration. L'argument dont se sert M. de Beauchesne se retourne alors contre lui. —

« *Gomin les a reçus dans la chambre du conseil, et les y a retenus* —372—jusqu'à ce que *la garde nationale, en descendant* du deuxième étage, y soit venue signer le procès-verbal de *Darlot.* Cela fait, *Lasne, Darlot* et *Bouquet,* — commissaires, — *sont remontés immédiatement avec les chirurgiens, et les ont introduits dans l'appartement de Louis XVII.* — Sur l'observation de M. Jeanroy, *le cadavre est porté dans une autre chambre* où se fait l'opération, c'est-à-dire, *dans la première.* — Tout cela n'est pas possible, Monsieur. Quand des témoins se targuent d'avoir une mémoire si minutieusement exacte pour tout ce qui aurait eu rapport à l'enfant royal, jusqu'à se rappeler le temps qu'il faisait tel et tel jour en 1795, le jour de la mort de l'enfant, et le jour de son enterrement, comme nous le verrons, ils ne doivent pas se trouver en désaccord avec eux-mêmes sur d'autres points de leurs affirmations. Lasne et Gomin se contredisent encore ici, et nous fournissent une nouvelle preuve que le procès-verbal est une pitoyable invention de leur part.

C'est *à midi* que les officiers et sous-officiers de la garde descendante et de la garde montante, dit-on, sont entrés dans la chambre du mort, l'ont reconnu pour Louis XVII; que Darlot y a rédigé le procès-verbal de leur attestation, et qu'ils l'ont signé. Eh bien, nous lisons dans le procès-verbal digne de foi qu'ont rédigé les médecins le même jour : «Arrivés tous les quatre *à onze heures du matin* à la porte extérieure du Temple, *nous y avons été reçus par les commissaires qui* nous ont introduits dans la Tour. Parvenus au deuxième étage, nous y avons trouvé le corps d'un enfant, *dans la seconde pièce... Sur quoi* nous avons cherché à vérifier les signes de la mort... » Ainsi sans déplacement du corps.

Ce n'est donc pas Gomin qui a reçu les médecins, ce sont les commissaires; Gomin ne les a pas retenus dans la chambre du conseil, puisque les commissaires les ont aussitôt introduits dans la Tour et conduits auprès du mort, *dans la seconde pièce*, où ils ont immédiatement commencé leur opération ; ce qui nous signale une inexactitude de plus, quant *à la première chambre* dans laquelle on fait apporter le cadavre; par conséquent, la visite à midi, la déclaration des officiers et sous-officiers, le procès-verbal rédigé par Darlot, n'ont existé que dans la bouche de Lasne et de Gomin.

Mais Lasne et Gomin se réfutent eux-mêmes. Lasne a dit devant le juge d'instruction : « *Je n'ai quitté le prince que lorsque les derniers devoirs lui ont été rendus.* » Lasne n'a donc pas pu remonter après que le procès-verbal imaginé a été signé; et tout ce que Gomin nous a dit ailleurs de sa présence dans la chambre du mort, se trouve là formellement désavoué par son collègue.

Gomin a déposé en justice : « *Au moment de l'ouverture de son corps, je fis entrer dans SA chambre*—la seconde pièce—*plusieurs gardes nationaux et officiers qui l'examinèrent.* « Gomin n'a donc pas pu introduire dans la chambre les gardes nationaux — qui en descendirent — pendant qu'il retenait les médecins dans la chambre du conseil. Nous savons, d'ailleurs, que Gomin n'avait rien à faire dans la chambre de l'enfant qu'il ne soignait plus. Lasne, a-t-on dit, est remonté avec les chirurgiens. Or, il n'y avait qu'un commissaire et *un gardien* dans la chambre *pendant l'autopsie;* M. Pelletan l'a déclaré — 532— en écrivant :

« Je fus chargé spécialement des opérations de l'ouverture et de la dissection, ainsi que de celles de restaurer le corps. Tandis que je m'occupais de ce dernier soin, *mes confrères, le commissaire civil, et l'un des gardiens de la Tour, qui avaient été présents à l'ouverture,* s'éloignèrent de la table, et se retirèrent dans l'embrasure de la croisée pour causer entre eux. Je conçus alors le dessein de m'emparer du cœur de l'enfant, et je le mis dans ma poche sans être aperçu...»

Le religieux Gomin n'étant pas témoin de l'autopsie, il est dès lors constant qu'il a inventé encore et devant le juge d'instruction et devant M. de Beauchesne. Le gardien présent était Lasne, nous venons de le voir, et nous lisons aussi dans sa déposition judiciaire de 1837 : « J'ai été témoin de son autopsie. »

Je vous fais remarquer ici en dernier lieu, Monsieur, que le procès-verbal de l'ouverture du corps, rédigé à la Tour, ne mentionne pas *un seul signe* sur le corps de l'enfant, et vous savez que le fils de Louis XVI en avait de très-remarquables, historiquement connus, car il portait sur son corps tous ceux que nous avons fait constater sur le corps du duc de Normandie — Naundorff — par trois médecins, et consigner dans un acte notarié. Les médecins du Temple n'en ayant pas indiqué un seul dans leur description du corps du décédé, c'est là une preuve certaine qu'ils n'y en ont pas trouvé, et une matérielle que cet enfant n'était pas le Dauphin, par une raison bien péremptoire, en outre, tirée de l'opinion des médecins qui déclarent l'enfant *mort d'un vice scrofuleux existant depuis longtemps,* parce que le fils de Louis XVI n'a jamais été attaqué d'un vice scrofuleux.

— 373 — Pendant que ces choses se passaient au Temple, Sévestre, au nom du comité de sûreté générale, dans son rapport à la Convention, disait : « Le bulletin des citoyens Pelletan et Du-mangin, d'hier à onze heures du matin, annonçait des symptômes inquiétants pour la vie du malade, et *à deux heures un quart après midi nous avons reçu la nouvelle de la mort du fils de Capet.* »

Les médecins, dont la droiture et la vérité ne peuvent être mises en doute par personne, ont écrit dans leur procès-verbal : « Les commissaires nous ont déclaré que cet enfant était décédé la veille *vers trois heures de relevée.* »

Qui n'a pas dit la vérité, des commissaires ou de Sévestre ? Consultons Lasne et Gomin. Sur leur déclaration, **M.** de Beauchesne fait mourir l'enfant *à deux heures un quart après midi.* S'il en est ainsi, le comité de sûreté générale n'a pas pu apprendre la mort au moment du décès ; car il n'y avait pas alors de télégraphe électrique pour en transmettre aussi rapidement la nouvelle, et le message porté par Gomin ou envoyé par Lasne n'a guère dû parvenir au comité avant quatre heures.

Mais Lasne a déposé en justice, en 1840, que *l'enfant a rendu son dernier soupir un matin;* et l'acte de décès constate qu'il est mort *à trois heures après midi.*

Il résulte de ces erreurs grossières, quant à l'heure du décès, que nous ne pouvons pas connaître, que ceux qui les ont commises, fussent-ils des hommes sincères trompés dans leurs souvenirs, ne doivent inspirer aucune confiance relativement au fait de l'identité qu'eux seuls attestent.

Nous ne savons donc pas le moment précis du décès. Saurons-nous du moins comment l'enfant est mort ? Pas davantage. Selon M. de Beauchesne s'autorisant des paroles de Lasne : « *Lasne s'approche de l'enfant qui,* quoique n'ayant pas parlé alors, *l'appelle; il lui prend la main : la petite tête du prisonnier se penche sur la poitrine du gardien. Tout était dit.* »

Selon *Lasne*, devant le juge d'instruction en 1837 : « *Il a rendu le dernier soupir sur son bras gauche,* dans un instant où il le soulevait de son lit. »

Selon *Lasne*, devant le juge d'instruction en 1840 : *il le prit dans ses bras, l'enfant jeta les siens autour du cou du gardien ; puis, un soupir sortit de sa poitrine : l'infortuné avait cessé de souffrir.* »
Et dans ces deux dernières versions, l'enfant n'a pas parlé. C'est par d'aussi solides preuves matérielles que M. de Beauchesne nous conduit jusqu'à la rédaction de l'acte de décès. Continuons à apprécier l'œuvre de conscience de cet instrument providentiel.

XXV

— 375 — « L'autopsie terminée, les hommes de l'art s'étaient retirés.

.— 376 — « Hors de la tour du Temple, tout le monde apprit l'événement. *Une seule personne ne le sut pas*, et c'était dans l'intérieur de la Tour : il était réservé à Madame Royale d'apprendre en même temps la mort de sa mère, de sa tante et de son frère ! *Celui-ci gisait inanimé à deux pas d'elle, dans la chambre même au-dessus de la sienne, et sa sœur l'ignorait.*

« A huit heures du soir, Gomin — qui depuis deux mois ne s'occupait plus que de la princesse, et *depuis la veille au matin ne l'avait point vue,* entra chez elle avec Darlot et Caron portant le souper. — 377 — *Le bon Gomin,* ce jour-là, avait évité de rencontrer ses regards.

« Le 22 prairial — 10 juin — à six heures du soir, *le citoyen Dusser,* commissaire de police, accompagné des citoyens Arnould et Goddet, commissaires civils de la section du Temple, se présenta à la Tour pour procéder, conformément à un arrêté du comité de sûreté générale, *à la constation du décès du petit Capet* et à l'inhumation de ses restes. Ils montèrent avec *les gardiens* — Lasne — au second étage de la Tour. *Un rayon de soleil glissait par la fenêtre et éclairait le drap* qui recouvrait les restes du petit-fils de Louis XIV. Ce drap enlevé, aux regards des nouveaux commissaires apparut la victime. Le scalpel de la science avait mutilé ce corps *déjà défiguré par les tortures,* — qui, s'il eût été celui du fils de Louis XVI, n'aurait pas pu être reconnu pour tel par ceux qui l'avaient vu bien portant, avant le mois d'août 1792, à de longs intervalles, et surtout par des gardes nationaux que l'étiquette ne laissait point approcher de lui, mais qui néanmoins a été reconnu par ceux qui ne l'avaient jamais vu. — Sur ce visage pâle et amaigri, à l'expression de la douleur avait succédé *un caractère indicible de calme et de pureté.* — 378 — *Ses lèvres* étaient devenues *douces et sereines; ses yeux,* qu'aucune main de la terre n'avait fermés, *s'étaient clos d'eux-mêmes;* — nouveau prodige assurément, car les médecins ont dit que « les signes de la mort étaient caractérisés *par la pâleur universelle, les yeux ternes,* les taches violettes ordinaires à la peau d'un cadavre, et surtout par une putréfaction commencée » dans la partie inférieure du corps. Mais les yeux s'étaient *clos* parce qu'ils étaient devenus ternes, depuis que Gomin « les avait *vus entr'ou-* « *verts, semblant regarder la terre avec tant d'amour,* qu'on eût « pu croire le pauvre enfant dans une douce contemplation, et « *depuis que ses paupières qui s'étaient ouvertes rayonnaient pures* « *comme l'azur du ciel.* »

« L'acte mortuaire fut rédigé. *Cette pièce, restée jusqu'à ce jour* tellement *ignorée* qu'on a pu en nier l'existence, nous semble offrir assez d'intérêt pour être reproduite ici par l'autographie.

« Déclaration du décès de Louis XVII.

« Section du Temple, l'an troisième de la république française, du 22 prairial. Décès de Louis-Charles Capet, âgé de dix ans deux mois, fils de Louis Capet, dernier roi des Français, et de Marie-Antoinette-Joséphine-Jeanne d'Autriche.

« Le défunt est né à Versailles et décédé avant-hier *à trois heures après midi.*

« Sur la réquisition à nous faite dans les vingt-quatre heures par *Étienne Lasne,* âgé de trente-neuf ans, profession : commandant en chef de la section des Droits de l'homme, domicilié à Paris, rue des Droits de l'Homme : *le déclarant a dit être gardien des enfants de Capet;*

« Et par *Jean-Baptiste Gomin,* âgé de trente-huit ans, profession cit... *français* commandant en chef de la section de la Fraternité, domicilié à Paris, rue de la Fraternité : *le déclarant a dit être commissaire de la Convention pour la garde du Temple.*

« La présente déclaration a été reçue en présence des citoyens *Nicolas Laurent Arnoult* et *Dominique Goddet, commissaires civils* de la section du Temple, aux termes de l'arrêté du comité de sûreté générale en date de ce jour, qui ont signé avec nous : *Arnoult, Goddet, Gomin*.

« Constaté suivant la loi du 10 décembre 1792 par nous, commissaire de police de la susdite section,

« DUSSER. »

« Nota. *Les citoyens qui ont fait cette déclaration* sont obligés de faire dresser l'acte à la maison commune dans les 24 heures, sous les peines portées par la loi. »

Vous voyez, Monsieur, que Lasne et Gomin ont fait, dès 1795, une fausse déclaration quant à l'heure du décès de l'enfant, puisque, selon le témoignage de Lasne, « il adressa à la Convention le rapport détaillé de ce qui s'était passé, qu'il l'inscrivit sur les registres, et qu'il annonça *que l'enfant était mort le matin!* » C'est vraisemblablement sur l'autorité de cette attestation que Sévestre indiqua *deux heures un quart* comme étant l'heure à laquelle la nouvelle de la mort parvint au comité de sûreté générale. Son rapport est public, et la déclaration du décès faite le lendemain n'y est pas conforme. Ne semblerait-il pas, ou que l'évasion du Dauphin avait fait perdre la tête aux autorités de l'époque, ou qu'elles multipliaient à dessein les anomalies, par une politique tortueuse et d'avenir, dont les meneurs possédaient seuls le secret, pour que, suivant qu'il conviendrait plus tard à leur intérêt, on invoquât l'acte mortuaire, on crût ou ne crût pas à la mort du fils de Louis XVI ?

Mais que penser de M. de Beauchesne, qui glorifie ses témoins à chaque page de son histoire, et enregistre en même temps à chaque page leurs contradictions, sans avoir cru son intelligence intéressée à les mettre d'accord avec eux-mêmes? En produisant cette pièce, dont il se prévaut inconsidérément, il ajoute :

« Le seul acte de décès publié jusqu'à ce jour est daté du 24 prairial; ses dernières lignes prouvent que celui que nous donnons autographié lui a servi de base.

Eh bien, l'acte autographié est mensonger; l'acte de décès auquel il sert de base est, par conséquent, aussi mensonger ; et le fait qu'il constate n'est pas non plus digne de foi. Il est ainsi conçu :

« Acte de décès de Louis-Charles Capet, du 20 de ce mois
« (8 *juin*), *trois heures après-midi*, âgé de dix ans deux mois,
« natif de Versailles, département de Seine-et-Oise, domicilié aux
« tours du Temple, section du Temple ;

« Fils de Louis Capet, dernier roi des Français, et de Marie-
« Antoinette-Josèphe-Jeanne d'Autriche ;

« Sur la déclaration faite à la maison commune par *Etienne*
« *Lasne*, âgé de trente-neuf ans, *gardien du Temple*, domicilié à
« Paris, rue et section des Droits de l'Homme, n° 48 ;

« *Le déclarant dit être voisin ;*

« Et par *Remi Bigot*, employé, domicilié à Paris, vieille rue du
« Temple, n° 61 ;

« *Le déclarant se dit être ami ;*

« Vu *le certificat de Dusser*, commissaire de police de ladite
« section, du 22 de ce mois (10 *juin*).

« Signé, *Lasne*, *Bigot* et *Robin*, officier public. »

Pour un esprit clairvoyant qui recherche la vérité de bonne foi, ces deux pièces suffiraient pour établir que *Lasne* et *Gomin*, désignant faussement l'heure du décès de l'enfant, ne méritent aucune confiance dans toutes leurs autres affirmations.

Mais, en outre, combien d'autres irrégularités substantielles et légales se réunissent pour annuler l'importance qu'on donne à l'acte du 12 juin, sous l'unique garantie de deux salariés du pouvoir agissant, qui ont signé leur déclaration de 1795, et dont on voudrait faire aujourd'hui « une preuve matérielle, infaillible, officielle » du décès de Louis XVII entre les bras de ces deux individus.

Les déclarants qui avaient fait confectionner l'acte du 10 étaient tenus, sous les peines portées par la loi, de faire dresser l'acte, dans les 24 heures, à la maison commune ; et l'acte n'est rédigé que 48 heures plus tard, le 12 juin, jour assigné à l'enterrement, et *par d'autres déclarants. Gomin* ne signe pas l'acte de décès ; il est remplacé par un Bigot, employé, qui se dit absurdement ami du défunt.

La première déclaration est signée par *Lasne, gardien des enfants de Capet;* et l'acte de décès est rédigé sur la déclaration de *Lasne, gardien du Temple, se disant voisin du décédé!*

Ces deux actes, qui se confondent ensemble pour n'en composer qu'un seul, se nuisent réciproquement, et détruisent la foi qu'on pourrait avoir dans l'un ou dans l'autre, et, d'ailleurs, ils ne justifient nullement que le décédé n'était pas un enfant substitué au fils de Louis XVI.

Pourquoi *Gomin* ne signe-t-il pas l'acte de décès, ainsi que la loi l'y obligeait? Pourquoi *Lasne* ne le signe-t-il pas *comme gardien des enfants de Capet?* Pourquoi la déclaration et l'acte de décès ne portent-ils pas la signature obligée du *commissaire civil* en exercice au jour du décès de l'enfant? Et si le procès-verbal d'identité rédigé par *Darlot* avait existé ailleurs que dans l'imagination de M. de Beauchesne et de ses témoins, n'était-ce pas le cas de faire apparaître dans l'acte ce *Darlot?*

M. de Beauchesne ne s'est point adressé toutes ces questions, parce que, en écrivain intelligent, il eut brisé sa plume et déchiré toutes les pages précédentes de son histoire; comprenant qu'en réalité la mort de l'enfant et tout ce qui était relatif à cet événement n'avaient nulle importance pour les agents du comité, bien convaincus que le Dauphin s'était évadé du Temple.

En admettant ce fait, tel qu'il est raconté par le duc de Normandie, et démontré vrai par tous les éléments de certitude qui le sanctionnent, toutes ces anomalies, toutes ces contradictions, toutes ces inconséquences, en sont le résultat inévitable.

La déclaration que M. de Beauchesne a déterrée, et qu'on tenait prudemment enfouie dans les cartons de la police, n'a pas plus de valeur qu'une déclaration verbale faite devant un commissaire de police. Les déclarants qui l'ont faite et signée, n'auraient point pu être poursuivis comme ayant fait un faux dans un acte authentique; l'acte authentique est celui reçu par l'officier de l'état civil. Cette différence des deux actes en explique la différence de rédaction.

Bigot signe l'acte mortuaire ; c'est un homme insignifiant, un témoin complaisant, imposé peut-être, qui n'a pu connaître personnellement la substitution. Il n'a rien à craindre pour l'avenir ; son excuse sera qu'il était de bonne foi, comme tous ceux qui croyaient que l'enfant mort était le Dauphin.

Gomin ne figure pas dans l'acte de décès, parce qu'ayant eu connaissance de la seconde substitution, en signant que le décédé était le fils de Louis XVI, il eut commis sciemment un faux en écriture authentique. Les chances du sort futur de Louis XVII pouvaient devenir gravement compromettantes pour lui. Ou il ne veut pas déclarer la mort dans l'acte authentique du décès, ou l'autorité dirigeante, dans cette circonstance, qui connaissait aussi l'évasion, n'aura pas voulu de son témoignage, dans la crainte d'une rétractation possible, sous des influences politiques dangereuses pour le gouvernement.

Quant à *Lasne*, sa posilition était tout autre que celle de son collègue. Il n'avait été constitué le gardien que du dernier enfant substitué : on lui avait dit que cet enfant était le Dauphin ; cette déclaration faisait sa sécurité, et justifiait au besoin la bonne foi de son affirmation. Néanmoins, comme il n'était pas convaincu *personnellement* que l'enfant mort était le Dauphin, il mit sa responsabilité à couvert en se déclarant, non plus *gardien du fils de Capet*, mais seulement *gardien du Temple, voisin du décédé*.

Tout s'explique ainsi naturellement, Monsieur, avec la vérité que nous connaissons ; d'autant mieux, qu'on aura probablement promis à *Lasne* et à *Gomin* que la première déclaration ne verrait jamais le jour. M. de Beauchesne l'a tirée de son obscurité ; c'est un nouveau flambeau qui répand un jour de plus sur la véritable histoire du duc de Normandie, et se tourne contre ceux qui s'efforcent de l'envelopper des ténèbres de l'imposture.

XXVI

Assistons actuellement, Monsieur, à l'enterrement du Louis XVII de M. de Beauchesne. *Lasne* et *Gomin*, qui n'ont rien vu de ce qui s'est passé à la Tour avant l'enlèvement du cercueil, et qui n'ont point été au cimetière, ont inventé des funérailles dignes de l'enfant merveilleux mort sous leurs yeux, et dont *Lasne seul* a reçu le dernier soupir. La fantasque imagination de l'historien, guidée par ses deux fabulistes de confiance, ne peut point supporter d'entraves. Ils lui ont dit que le comité de sûreté générale avait ordonné de procéder à l'inhumation *sans aucune cérémonie.* Qu'importe ! on peut narguer impunément le comité sanguinaire en 1852. Le Dauphin scrofuleux va donc avoir un enterrement, sinon royal, du moins entouré du prestige d'une considération officielle.

— 379 — « La déclaration du décès étant signée, l'un des commissaires demanda : « Est-ce que tout n'est pas prêt? que fait l'homme qui a été envoyé? » — « J'attends, répondit une grosse voix dans l'ombre. » (C'était celle de l'employé aux inhumations, qui, debout près de la porte, *tenait un cercueil sous le bras,* — sans craindre de se fatiguer inutilement).—«Approche, et dépêchons. » Et l'homme des funérailles posa ses voliges sur le carreau. Il prit le corps de l'*enfant royal* et le mit nu dans la bière. « Tiens, voici pour lui mettre sous la tête, » dit le plus jeune des commissaires en donnant son mouchoir. Et ses collègues le regardèrent d'un œil équivoque, étonnés de sa faiblesse, peut-être de son audace. *Cet exemple encouragea les bonnes dispositions de Lasne :* il s'empressa *d'aller chercher un drap de lit* qui servit de linceul. — Il ne dut pas aller le chercher bien loin, car il y avait là « celui que venait d'éclairer le rayon de soleil glissant par la fenêtre. » — Quatre clous scellèrent les planches de sapin ; la bière fut descendue dans la première cour, posée sur des tréteaux et recouverte d'un drap noir. *Le pauvre Gomin* dit à Gourlet qui marchait derrière tous les autres : « Tu n'as plus besoin de fermer la porte de fer. »

— 380 — « Il était sept heures lorsque le commissaire de police ordonna la levée du corps et le départ pour le cimetière. *L'inhumation n'eut donc pas lieu en cachette et la nuit, comme quelques narrateurs mal informés l'ont dit ou écrit,* — parce que la providence de M. de Beauchesne n'avait pas mis sur leur route les deux inappréciables documents Lasne et Gomin : — *elle eut lieu en plein jour, à la face du soleil;* elle avait attiré un grand concours de monde devant la porte du palais du Temple. Un des municipaux voulait faire sortir le cercueil secrètement par la porte qui donnait dans l'enclos du côté de la chapelle; *mais M. Dusser,* commissaire de police, plus spécialement chargé de diriger la cérémonie — qui n'a point eu lieu — *à la satisfaction de Lasne et de Gomin,* — qui ont inventé leur présence à l'enterrement pour apporter à M. de Beauchesne les documents imaginés qu'attendait l'histoire en 1852, — sut s'opposer à cette mesure peu convenable, — sans être regardé d'un œil équivoque, — et *le cortége* sortit par la grande porte. La foule qui s'y pressait était contenue et alignée derrière un ruban tricolore que tenaient, de distance en distance, les *gendarmes d'ordonnance de service au Temple.* La commisération et la tristesse étaient peintes sur toutes les figures. *Un petit détachement de troupes de ligne de la garnison de Paris,* QUE L'AUTORITÉ AVAIT ENVOYÉ, *attendait le convoi à sa sortie pour lui servir d'escorte,* — quoique cette même autorité eût auparavant donné l'ordre de procéder à l'inhumation sans aucune cérémonie. — On se mit en marche — sans le bon et religieux Gomin qui s'était éclipsé. — *La bière,* toujours recouverte du drap mortuaire, *fut portée à bras sur un brancard par quatre hommes* qui se relevaient deux à deux et par intervalles; *elle était précédée de six à huit hommes commandés par un sergent. Dusser marchait derrière avec Lasne et les commissaires civils déjà nommés :* Damont, Darlot, Guérin et Bigot. Parmi eux se trouvaient aussi — 381 — Goddet, Biard et Arnoult, que la section du Temple avait adjoints à *Dusser* pour constater le décès et surveiller l'inhumation. *Puis venaient encore six à huit hommes et un caporal. La foule escorta longtemps le convoi; un grand nombre de personnes le suivireut même jusqu'au cimetière.*

« Ces quelques soldats autour d'une petite bière attiraient l'attention publique et provoquaient des questions tout le long de la route. Il se fit un mouvement marqué d'intérêt dans un groupe considérable au coin du boulevard de la rue du Pont-aux-Choux. Le nom du petit Capet, et surtout le nom plus populaire du Dauphin, circulait de bouche en bouche avec des exclamations de pitié et d'attendrissement. Quelques enfants du peuple, en guenilles, se découvrirent en signe de respect et de sympathie.

« Le convoi entra dans le cimetière Sainte-Marguerite, non par l'église, comme le rapportent quelques narrations, mais par la vieille porte de ce cimetière. *L'inhumation se fit dans le coin à gauche, à huit ou neuf pieds du mur d'enceinte, et à égale distance d'une petite maison* qui a servi depuis de classe à l'école chrétienne. *La fosse fut comblée; aucun tertre n'en indiqua la place; le sol remué reprit son niveau, et toute trace d'inhumation même disparut.* C'est alors seulement que se retirèrent les commissaires de la police et de la municipalité. Ils sortirent par la même porte du cimetière, et ils entrèrent dans la maison qui fait face à l'église *pour y faire rédiger l'acte d'inhumation.* Il était près de neuf heures; il faisait jour encore.

— 382 — « *Deux factionnaires furent placés,* l'un dans le cimetière, l'autre à la porte d'entrée, *afin que personne ne vînt enlever le corps de Louis XVII.* Cette précaution fut prise pendant deux ou trois nuits. »

La mémoire de Lasne et de Gomin fut si prodigieuse, si incroyable, — comme tout ce qu'a écrit M. de Beauchesne pour les imaginations affriandées qui aiment l'extraordinaire, — qu'ils se sont rappelé que « l'air était pur, et que l'auréole de vapeur lumineuse qui couronnait cette belle soirée, semblait retenir et prolonger les adieux du soleil. »

Arrivé aussi au moment de faire ses adieux à ses lecteurs, M. de

Beauchesne, vrai soleil historique dont Lasne et Gomin furent les rayons, ne laisse qu'un seul point de son histoire dans une sorte d'obscurité : c'est — 383 — « l'endroit de la terre » qui recouvre la dépouille mortelle du Louis XVII qu'il vient d'enterrer. Les lumières qui l'avaient guidé dans la tour du Temple l'ont abandonné dans le cimetière. Cependant Lasne, avec la vivacité d'expression d'un honnête homme qui a bien vu ce qu'il n'a pas vu, bien entendu ce qu'il n'a pas entendu, qui a fait parler un enfant qui n'a pas parlé, lui a assuré que c'était dans une fosse particulière que la bière de Louis-Charles fut descendue, à huit ou neuf pieds, comme il l'a dit, du mur d'enceinte et de la maison de l'école.

— 384 — « Quoi qu'il en soit de la sépulture, ajoute le narrateur, commune ou particulière, la place, du moins, en est bien précise et incontestable. Mais a-t-elle toujours gardé le dépôt qui lui a été confié ? *Voilà la question qui se présente et qu'il nous est impossible de résoudre avec une entière certitude.* »

— 403 — mais confiant dans des dépositions sorties des ténèbres à la voix toute-puissante de ses témoins qui éclairent son histoire irréfragable de 1852, M. de Beauchesne termine son œuvre providentielle par nous donner *cette entière certitude* :

« Aussi bien qu'il m'a été prouvé que l'enfant royal est mort au Temple, il m'est également démontré que son cadavre, enveloppé d'un linceul, a été mis dans une bière ; que cette bière n'a été ni rouverte, ni changée, et que c'est bien elle, avec la dépouille qu'elle contenait, qui a été inhumée dans le cimetière de Sainte-Marguerite et dans le lieu que nous avons désigné. »

Il est impossible, Monsieur, d'entasser les invraisemblances les unes sur les autres avec plus d'irréflexions qu'on ne l'a fait ici ; de sorte qu'on pourrait croire à une combinaison perfide pour se ménager le prétexte de dire avec une feinte bonne foi : Vous le voyez bien, Naundorff était un imposteur. Il n'y a pas un mot de vrai dans le long récit d'un enterrement ridiculement sentimental, supposé fait au fils de Louis XVI, et qui aurait duré près de deux heures, sans même provoquer *un coup d'œil oblique,* un murmure de la part des patriotes si peu tolérants alors, un blâme de la part des autorités républicaines qui avaient défendu qu'aucune espèce de cérémonie présidât à l'inhumation. Il est des faussetés tellement hardies, que, pour les combattre, il suffit de les démentir en faisant appel au bon sens des lecteurs, en les reportant aux temps, aux circonstances, aux hommes et au gouvernement de l'époque historique qu'on dénature par des faits moralement inadmissibles, et impraticables sous le régime révolutionnaire de 1795. Mais l'histoire ne nous fera pas défaut pour contredire et le démenti va en être officiel, autrement authentique que tous les ridicules bavardages des témoins de l'enquête de M. de Beauchesne. Faisons d'abord quelques réflexions qui se présentent naturellement à l'esprit.

Gomin et Lasne, témoins du juge d'instruction pour anéantir l'existence du duc de Normandie par leur déposition, ont maladroitement oublié l'enterrement inventé pour M. de Beauchesne, sans lequel ses preuves matérielles de la mort du Dauphin au Temple eussent été incomplètes ; car :

—397 — « Quelques voix s'étaient élevées, disant que le convoi et les obsèques de Louis XVII dans le cimetière de Sainte-Marguerite, n'avaient été que simulés, et que *ses restes*, —c'est-à-dire, les restes de l'enfant substitué, — étaient enfouis au pied même de la Tour, où s'était accomplie sa déplorable destinée, » —c'est-à-dire encore la destinée du malade rachitique et scrofuleux.

Et ces voix, Monsieur, que l'historien fabuliste entend avec une dédaigneuse indifférence, sans prendre souci d'approfondir ce qu'elles disent, en l'interprétant par le récit du prince, si puissamment justifié dans nos écrits ; ces quelques voix proclamaient la vérité, qui eut été clairement démontrée à la justice, *devant laquelle on aurait fait apparaître le squelette de l'enfant autopsié*, si la justice, en repoussant les droits légitimes du fils de Louis XVI, rejeté par la politique, ne l'avait pas méconnu par un jugement que la saine raison ne peut légitimer.

L'honnête homme de Lasne et le religieux Gomin, « auxquels — 383 — la Providence avait bien voulu conserver la vie pour éclairer dans ses investigations M. de Beauchesne, ces deux gardiens, cependant, paraissent avoir inspiré si peu de confiance à la duchesse d'Angoulême qu'elle n'a pas osé invoquer leur témoignage contre ceux qui ont identifié l'horloger prussien Naundorff avec Louis XVII, et que M. de Beauchesne a *consciencieusement omis* dans ses recherches.

Formons nous une nouvelle idée de l'intelligence de l'écrivain, qui fait — 596 — ces observations parfaitement justes :

« *Le sieur Dusser* revendiqua, à l'époque de la Restauration, le « souvenir de la conduite qu'il avait tenue dans cette circonstance. « Nous croyons devoir reproduire la pétition qu'il adressa, *en no-* « *vembre* 1814, au gouvernement royal : on y trouvera quelques « détails sur les funérailles du Dauphin. *Mais nous ferons remar-* « *quer qu'il faut lire avec précaution cette pièce.* Il avait un com- « missariat de police à obtenir, et les préoccupations du pétition- « naire *exercent sur le récit du témoin officiel* des obsèques du « prince *une influence rétroactive.* »

Eh bien, M. de Beauchesne commet le même anachronisme pour son enterrement fantastique, et il a copié textuellement cette pièce considérablement embellie par lui, moins ces paroles de *Dusser* :

« Dès le soir je fus mandé au comité de sûreté générale pour rendre compte de ma conduite. *La plupart des membres de ce comité étaient furieux contre moi.* Il fut proposé les mesures les plus sévères, c'est-à-dire, *l'arrestation immédiate et ma traduction devant le tribunal* révolutionnaire... »

Ce que dit là Dusser n'est pas vrai ; mais il a le mérite de faire envisager l'enterrement décrit par M. de Beauchesne, *bien autre- ment royaliste* que celui de *Dusser*, comme un contre-sens histo- rique.

M. de Beauchesne, comme nous l'avons vu, semble n'avoir écrit son histoire que pour constater un fait non contesté. Rien pour lui n'est équivoque jusqu'au moment de l'inhumation du prétendu Dauphin. Quant au lieu précis de la sépulture, là seulement se pré- sente à son esprit la possibilité d'une controverse à laquelle il donne quelque attention, parce qu'elle est sans influence sur le fait de l'évasion, le seul qu'il semble avoir voulu déguiser. Mais son apparente impartialité, dans cette circonstance, met visiblement à découvert son dessein de se taire sur les points principaux de la matière, que sa superbe sagesse ne juge pas dignes d'examen. En effet, un cercueil a été enterré. Qu'il l'ait été dans la fosse commune ou dans une fosse séparée, qu'importe! Ce cercueil renfermait-il le corps de l'enfant décédé à la tour du Temple? L'enfant décédé était-il le fils de Louis XVI? Voilà le point qu'il s'agit de décider. Si M. de Beauchesne était un écrivain véridique, il n'aurait pas l'air d'ignorer la partie de ma réplique judiciaire à M. le substitut, où le témoignage de Lasne, au sujet de l'enterrement, est convenablement apprécié, et que je reproduis ici pour toute réponse.

« Une autre fausseté palpable, qui se trouve contredite par l'autorité même, est la partie de la déposition où *Lasne* affirme qu'il a conduit le mort au cimetière et qu'il a été enterré *dans une fosse séparée*. En donnant pour témoin de l'enterrement un des gardiens du Temple, qui nie l'évasion du Dauphin, on fait encore donner un démenti au Prince qui déclare avoir été retiré du cercueil, où on l'avait mis à la place du cadavre, dans le trajet du Temple au cimetière. Toutes les combinaisons de la perfidie ont été calculées, comme on le voit, dans cette procédure occulte dont on se fait aujourd'hui des arguments contre nous. Eh bien, il est faux que le corps de l'enfant mort ait été d'abord déposé dans une fosse à part, et dès lors, que *Lasne* ait assisté à l'enterrement. C'est la police qui va nous l'apprendre et, qui plus est, en rejetant comme une imposture le témoignage de *Dusser*, signataire de l'acte de décès du 12 juin 1795; circonstance grave et de nature à invalider moralement la sincérité de sa signature au bas de l'acte mortuaire. »

M. Peuchet a exercé pendant plus de trente ans les fonctions d'archiviste de la police; il fut par conséquent à même d'être bien informé des événements de l'époque révolutionnaire et des détails qu'il donne sur l'inhumation de l'enfant mort au Temple. Voici ce qu'il dit dans ses Mémoires tirés des archives de la police de Paris:

« Recherches pour l'exhumation du corps de Louis XVII, mort dans la prison du Temple le 20 prairial an III, — 8 juin 1795. —

«..... La perspicacité populaire découvre qu'on a omis à dessein d'ordonner un service funèbre le 8 juin en l'honneur de Louis XVII, et de marquer dans le calendrier le 8 juin comme un jour de deuil aussi bien que le 21 janvier.

« Donc Louis XVIII et toute sa famille savaient que le Dauphin n'était pas mort. Il était évident qu'on n'avait pas voulu faire dire pour un vivant des prières qui ne sont dues qu'aux morts. Tous les membres de la famille étaient parfaitement instruits de ce qu'était devenu Louis XVII ; mais chacun d'eux tenait à l'éloigner de la couronne : Louis XVIII, parce qu'il l'avait placée sur sa tête ; les autres, parce qu'ils avaient l'espoir de la placer un jour sur la leur. Quant à Madame, elle ne voulait pas renoncer à la perspective d'être reine un jour ; enfin, il y avait un complot flagrant d'usurpation, dont le malheureux Louis XVII était la victime... Les conjectures étaient à perte de vue dans un certain monde...

« Parmi ceux qui se targuent de ce que sa dépouille n'a pas été retrouvée, il y en a qui supposent qu'on a fait *un simulacre de recherches...*

« Au mois de février 1816, S. M. Louis XVIII ordonna qu'il serait fait des recherches afin de découvrir le lieu de la sépulture du roi son auguste neveu et prédécesseur... Le préfet de police, comte Anglès, fut chargé de prendre toutes les mesures nécessaires pour la prompte exécution de cet ordre...

« Il n'y avait plus de vivant que *Dusser*, qui, en sa qualité de commissaire de section, avait dû présider à l'inhumation. Voici sa déclaration :

« *Le 24 prairial* de l'an III, je fus requis par le comité de sûreté générale de me transporter à la Tour du Temple pour constater le décès de la jeune et intéressante victime qui venait d'expirer. Je fus également requis de surveiller son inhumation au cimetière de Sainte-Marguerite, faubourg Saint-Antoine.

« Cette cérémonie funèbre avait attiré *un grand concours de monde* devant la porte du palais du Temple, et l'on voulait faire sortir secrètement et sans appareil le corps de ce malheureux enfant, par une petite porte qui donnait dans l'enclos du Temple. Moi seul me rendis opposant à cette mesure peu décente. Le cortége sortit donc par la grande porte. La commisération et la tristesse qu'on aurait voulu éviter étaient peintes sur tous les visages ; mais l'ordre, ainsi que je l'avais prévu, ne fut point troublé.

« Arrivé au lieu de la sépulture, je pris sur moi d'ordonner que le corps de cet enfant fût inhumé dans une *fosse séparée* et non dans la fosse commune ; et cet ordre fut exécuté *en présence des sieurs Briard et Goddet,* commissaires civils de la section du Temple, qui étaient animés des mêmes sentiments que moi...

« Le sieur *Dusser* ajouta qu'il ne pouvait indiquer, même à peu près, dans quel endroit du cimetière il avait fait creuser la fosse particulière. Ce défaut de mémoire locale parut d'autant plus extraordinaire, que le sieur *Dusser* se rappelait on ne peut mieux une foule de particularités très-insignifiantes, d'une époque antérieure à la circonstance pour laquelle son ministère avait été requis. De tout ce qu'il avait vu, il n'avait rien oublié, si ce n'est l'emplacement où il avait fait déposer le corps de Louis XVII. *On fut d'autant plus porté à douter de la vérité de la déclaration de Dusser,* que le désir de se faire auprès de la famille du défunt un mérite de la manière dont il s'était comporté dans cette occasion, s'y faisait beaucoup trop remarquer. Il insistait beaucoup trop sur l'énergie qu'il avait déployée pour contrecarrer le vœu de l'autorité supérieure, et sur la grandeur du péril auquel il s'était exposé.

« On fut porté à douter de la vérité de la déclaration de Dusser, qui commit en outre une erreur de date en disant que *le 24 il fut appelé pour constater le décès.* C'était le 22, le lendemain de l'ouverture du corps et le surlendemain de la mort du prince ; *c'est ce qui résulte de l'acte mortuaire qu'on ne saurait arguer de faux.*

« Il y a vice de rédaction, et la date du 24 ne s'applique qu'à l'inhumation, *dont l'inexplicable retard* donna naissance, dans le temps, à une foule de conjectures et de versions singulières, adoptées comme articles de foi *par ceux qui supposent une évasion déguisée au moyen d'un enterrement,* et ingéniée par la secte des croyants au Dauphin vivant.

« En somme, cette fusion de deux dates n'aurait pas fait que le dire du sieur *Dusser* fût moins digne de confiance, *si plusieurs faits* qu'il avait avancés *n'eussent été reconnus faux*, et si d'autres témoignages fussent venus le corroborer. Mais loin de là ; *l'affirmation du sieur Dusser se trouve formellement contredite*, excepté pourtant par Briard et Goddet, avec lesquels il s'était probablement concerté, et par Voisin, le conducteur des convois funèbres, à qui il avait sans doute aussi fait la leçon...

« Le concierge du cimetière, qui occupe cette place depuis vingt-huit ans, a affirmé que le cortége arriva le soir vers les 9 heures ; qu'on alla déposer *le corps dans la fosse commune*, qu'il en fut lui-même témoin.

« La veuve d'un fossoyeur surnommé Valentin dit : « On l'enterra à la brune ; il ne faisait pas encore tout à fait nuit ; *il y avait très-peu de monde*. Je pus facilement m'approcher ; je vis le cercueil comme je vous vois ; *on le mit dans la fosse commune*... Son mari lui dit qu'il l'avait retiré de la fosse commune la nuit même de l'enterrement et déposé dans une fosse à part, dont elle ne sait pas l'endroit... »

« *Les commissaires de police Petit et Simon*, chargés des instructions du préfet de police Anglès, *stigmatisèrent la déclaration de Dusser* qui avait parlé *d'un grand concours de monde à la porte du Temple, lorsqu'il était, au contraire, de notoriété publique que l'enterrement*, qui n'était nullement une cérémonie, *avait eu lieu presque dans la solitude, en quelque sorte clandestinement*, partant sans cortége de commisération et de tristesse...

« Bien que le rapport des commissaires fût de nature à motiver une fouille dans le cimetière de Sainte-Marguerite, on ne s'était pas encore mis à l'œuvre lorsque, au commencement de juin 1816, on apprit à la préfecture de police qu'un sieur Toussaint Charpentier, jardinier en chef du Luxembourg, pouvait donner des détails *de visu* sur l'inhumation de Louis XVII. Mandé le 11 juin à la préfecture, cet homme y fut interrogé par M. le chevalier de Chancy, chef de la première division.

« Il résulte de sa déclaration que *le cercueil fut enlevé mystérieusement pendant la nuit et transporté dans un autre cimetière*, — malgré les deux factionnaires de M. de Beauchesne. →

« A la question, s'il n'avait pas fait déjà quelques démarches pour porter à la connaissance de la famille royale les faits dont il était instruit, Charpentier répondit que, dès le mois de décembre, il avait raconté ces faits à Mme la marquise *de Soucy*, qui lui avait promis d'en faire part à Mme la duchesse d'Angoulême ; que dans le mois de janvier 1815 il fut conduit par Mme la comtesse de Riault auprès d'un ecclésiastique qui était secrétaire du ministre de l'intérieur, qu'il s'était entretenu avec cet ecclésiastique, qui lui avait promis d'appeler l'attention du ministre sur l'objet dont il était venu lui parler.

« Il était impossible de suspecter la sincérité d'une telle déclaration.

« M. Duclos de Valmer, d'après la déclaration d'un fossoyeur, le 9 janvier 1804, assure que le corps du Dauphin, déposé dans *la fosse commune*, en a été retiré secrètement la nuit, et placé dans un trou séparé dont il désigne l'emplacement...

«... Dès que cette note eut été adressée à M. Decazes, on ne sut plus à quoi s'en tenir, et les fouilles qu'on avait résolues *furent définitivement ajournées*... Je ne m'explique pas comment on a négligé de faire vérifier matériellement les différentes indications accueillies.

« Il ne faut pas perdre de vue que le décès de Louis XVII est annoncé dans l'acte mortuaire comme ayant eu lieu le 20, et que l'enterrement ne s'effectua que *quatre jours après*. On s'inquiète de la raison de ce délai. Est-ce pour laisser le temps de procéder à l'autopsie ? Elle fut terminée dans la journée du 21. Dans quelle intention cette attente de trois jours encore ? Sans doute pour préparer un semblant de funérailles. Pour *justifier* l'annonce officielle de cette mort, on éprouve plus d'embarras qu'on ne l'avait imaginé d'abord, et c'est de là que provient le retard ; les obstacles ne sont levés que le quatrième jour. Quelle devait être en pareille occurrence et en présence d'un tel événement la conduite du comité de sûreté générale ? Le simple bon sens l'indique. La guerre de la Vendée n'était pas éteinte ; elle donnait de vives inquiétudes au gouvernement : il fallait donc que les Vendéens fussent sûrement convaincus que la mort de Louis XVII leur enlevait leur principal espoir ; il fallait ôter à jamais à la politique royaliste la possibilité de ranimer l'enthousiasme, par l'apparition soudaine d'un Dauphin supposé au milieu des armées catholiques et royales...

« Dans ces conjonctures, pour tout convaincre et pour tout déjouer, pour éviter enfin les résurrections, *l'exposition publique* du prince défunt, et son convoi fait au grand jour, non avec quelques témoins, mais avec des spectateurs, étaient également des mesures indispensables. On aurait dû appeler la foule et lui ouvrir le Temple et le cimetière... Que fit-on ? *On se cacha sous l'épaisseur des murailles et on évita la clarté du jour.* De bonne foi, tout cela pouvait donner à penser, à soupçonner du mystère ; mais ce n'est pas moi qui l'éclaircirai...

« Précisément, en raison de ces irrégularités et de cette clandestinité, le gouvernement, pour couper court à une multitude de bruits préjudiciables à sa réputation de moralité, aurait dû presser les fouilles, jusqu'à ce quelles offrissent une solution... *J'ignore pour quel motif elles n'ont pas été commencées.* »

J'achève ma réponse à **M.** de Beauchesne, Monsieur, par une dernière considération, seule assez puissante pour donner à tout autre qu'à cet historien la certitude que l'enfant mort au Temple n'était pas le Dauphin.

Le docteur Pelletan, sur la déclaration des commissaires, dont il ne suspectait pas alors la sincérité, avait cru que l'enfant mort, dont il avait fait l'autopsie, était véritablement le fils de Louis XVI. Le cœur de cet enfant, qu'il avait soustrait, et conservé religieusement, fut, après la Restauration, offert par lui aux Bourbons. Mais cet homme honorable, d'une haute réputation de probité et de conscience, fut cruellement désabusé, car il vit Louis XVIII et la duchesse d'Angoulême refuser avec mépris le cœur de celui dont ils feignaient de rechercher les dépouilles.

Louis XVIII avait dit à **M.** Pelletan fils : « Je sais que votre père a un dépôt à me remettre ; dites-lui qu'il ait patience, que *le moment actuel n'est pas favorable*, qu'il attende. » Un temps assez long s'écoula depuis ces paroles. M. Pelletan attendait. Enfin il fut invité par *M. Decazes*, ministre de la police générale, à se rendre dans son cabinet. Là, a-t-il rapporté, le ministre s'exprima en ces termes :

— « *Le roi m'a dit qu'il savait que vous aviez le cœur de* « *Louis XVII*, et m'a demandé ce qu'il fallait faire. Sire, lui ai-je « répondu, il *faut prendre ce cœur*. Eh bien, ajouta Sa Majesté, « occupez-vous-en. C'est pour cela, ajouta le ministre, que je vous « ai appelé. »

Malgré cet ordre formel du maître, le favori de l'usurpateur ne se faisait point remettre ce cœur. M. Pelletan écrivit alors à la duchesse d'Angoulême : « Je ne saurais exprimer, Madame, com- « bien mon cœur est navré de tant d'oppositions. Je ne puis les « concevoir. C'est aux pieds de V. A. R. que je viens déposer mes « chagrins et ma perplexité sur les moyens de me décharger d'un « objet aussi précieux, et qui a toujours été celui de ma vénération. » Madame la duchesse d'Angoulême n'a pas daigné faire une réponse quelconque? Fatigué des importunités du loyal pétitionnaire, on s'en est débarrassé par un silence, inexplicable alors pour ceux qui respectaient dans le dépôt offert les derniers restes d'un monarque de France, et qui donna lieu à mille réflexions plus ou moins offen- santes pour la famille royale. Ce cœur, objet d'un profond mépris, est devenu en définitive la pâture des poissons de la Seine. Tous savaient très-bien que l'enfant auquel s'applique l'acte de décès, n'était pas l'orphelin du Temple. L'embarras de la position s'ac- croissait des fallacieuses recherches faites pour reprendre à la terre les ossements du royal prisonnier, sous le mensonger prétexte de lui décerner une sépulture digne d'un roi de France. Notons bien qu'à cette époque, tous les membres de la famille royale avaient reçu des lettres de Prusse, du duc de Normandie, par lesquelles il les pressait de le reconnaître. Les souverains aussi avaient été informés par lui officiellement de son existence; ils avaient appris le lieu de sa résidence, s'ils l'eussent ignoré auparavant. En repoussant le cœur de l'enfant autopsié, n'était-ce pas ratifier la vérité de la signa- ture du réclamant? Et si le Charles-Louis de Spandau n'eût été pour les Bourbons qu'un imposteur, n'était-ce pas le cas de faire un grand éclat de dénégation, en acceptant le cœur et en le présentant ostensiblement au monde comme celui de Louis XVII ? Mais là n'était pas la difficulté ; il aurait fallu en pouvoir profiter, et ils ne se dissimulaient point le danger d'en courir les chances. L'article secret du traité de Paris effrayait encore leurs pensées ; le clergé de la Cour connaissait parfaitement l'histoire du duc ; M. le duc de Montesquiou, pair de France, tenait positivement de Louis XVIII la réalité de l'évasion de Louis XVII, ayant été employé dans plusieurs missions secrètes relatives à cette affaire ; beaucoup de hauts personnages et nombre de personnes en France et à l'étranger n'avaient pas la certitude de la mort du Dauphin au Temple ; le cardinal, nonce du pape à Paris, au retour de Louis XVIII, avait emporté à Rome des pièces importantes qui concernaient Louis XVII, et le Roi n'avait pu les retirer d'entre ses mains. Tous les conventionnels qui avaient su l'évasion n'étaient pas morts. Ce cœur accepté, on ne pourrait pas le garder secrètement dans un bocal, il faudrait le transporter à Saint-Denis. Or, si une pompe funèbre eût traversé les rues de la capitale, simulant d'emporter avec un saint recueillement le cœur du royal prisonnier du Temple, pour le joindre aux cendres du roi martyr ; si l'annonce officielle de cette lugubre cérémonie eût retenti par la presse : plus d'une voix, on le savait, eût crié au scandale et à la profanation. Cette conséquence, on l'appréhendait, et voilà comment, tandis que, d'une part, on affectait, pour la forme, de rechercher les prétendues dépouilles mortelles du Dauphin, celles de l'enfant enterré sous son nom, de l'autre, on refusait d'accepter le cœur de cet enfant. On consulta, on délibéra longtemps, et il fut convenu que le mieux était de s'abstenir et de se taire.

Mais on ne se tut pas complétement. Louis XVIII, à cette occasion, joua une pitoyable comédie, à l'effet de faire croire à la Cour et au public, par les commérages de la courtisannerie, qu'il avait accepté et reçu ce cœur comme celui de Louis XVII. Il donna l'ordre de le déposer à Saint-Denis, — pour la forme seulement, — comme nous allons nous en convaincre par des pièces que j'ai copiées aux archives nationales, et qui clôront le débat en fermant la bouche à tous les négateurs de l'évasion ; elles sont extraites d'un dossier intitulé : *Louis XVII.*

MINISTÈRE DE L'INTÉRIEUR.

« *Au garde des Sceaux.*

« Paris, 2 septembre 1817.

« MONSEIGNEUR,

« J'ai reçu les pièces que Votre Grandeur m'a fait l'honneur de « me communiquer, et relatives à *la conservation du cœur de* « *S. M. Louis XVII*, et à l'endroit où le corps du jeune prince a « été inhumé. L'intention du roi étant que le *cœur de ce prince...* « soit transporté à Saint-Denis..., je viens de faire, conformément « à l'ordre que S. M. m'en a donné, l'envoi de toutes les pièces à « M. le grand maître des cérémonies...

« LE MINISTRE DE L'INTÉRIEUR. »

« *A M. le marquis de Dreux-Brézé, grand maître des cérémonies* « *de France.*

« MONSIEUR,

« Conformément aux ordres que m'en a donnés le roi, j'ai « l'honneur de vous transmettre *deux liasses de pièces relatives à* « *S. M. Louis XVII.* Les pièces, au nombre de neuf, renfermées « dans la première liasse, sont relatives *à la conservation du cœur* « *du jeune prince...*

« Dans l'autre liasse se trouvent, au nombre de onze, les pièces « tendantes à constater et à certifier *l'endroit où son corps a été* « *inhumé...*

« Le 4 septembre 1817, M. le marquis de Dreux-Brézé écrit à

M. le ministre de l'intérieur pour lui accuser la réception des pièces *constatant que le cœur de Sa Majesté Louis XVII a été réellement conservé et existe encore aujourd'hui.*

« 1° Procès-verbal de l'audition des *témoins, d'où il résulte que « le cœur conservé chez le sieur Pelletan est effectivement le cœur « de Sa Majesté Louis XVII...* »

Tous ces écrits officiels, et d'autres que je ne rapporte pas, auxquels sont mêlés les noms des premiers personnages de la cour des Tuileries, n'étaient que la conséquence d'une jonglerie dont le but était d'accréditer le bruit de la mort du Dauphin au Temple. Comme je l'ai dit, le cœur offert par le docteur Pelletan a été refusé. Le comte de Provence répondait ainsi aux lettres que son neveu avait écrites à *la duchesse d'Angoulême* par Marassin. C'était le prélude de l'ignoble procès de Mathurin *Bruneau, l'Hervagault* d'autrefois, et le futur *Richemont.* Quand, pour égarer la conscience publique et tuer politiquement Louis XVII, on a vu les Bourbons et leur gouvernement organiser un pareil système; quand des mensonges authentiques ont été signés par les plus hauts personnages afin de détruire la croyance à l'existence du fils de Louis XVI, voudra-t-on avoir la sotte crédulité d'ajouter foi aux *vérités-mensonges* des autorités révolutionnaires et de leurs agents? Ce serait presque de la démence!!

Les feintes recherches d'un cercueil qu'on était bien loin de vouloir retrouver, parce qu'on savait qu'il n'avait point contenu le corps de l'enfant décédé, se firent, Monsieur, sous des impressions de terreur qui ôtèrent toute présence d'esprit aux autorités.

Revenons à M. de Beaurhesne :

— 388 — « Le ministre de la police générale écrivait à M. Anglès, préfet de police :

« Paris, le 1er mars 1816.

« MONSIEUR LE COMTE,

«... On sait que le jeune roi — 389 — a été enterré dans le « cimetière de Sainte-Marguerite, en présence de *deux commis-*

« *saires civils et du commissaire de police de la section du Temple,*
« LE 8 JUIN 1795. Le jeune roi devra être déposé à Saint-Denis...
« *Il sera essentiel d'appeler les commissaires et les autres per-*
« *sonnes qui ont dû assister à l'inhumation.*

« Le Ministre de la police générale,
« COMTE DECAZES. »

Le préfet de police répondit le 1er juin 1816 au ministre :

« MONSIEUR LE COMTE,

— 391 — «... De tous les renseignements obtenus... il résulte
« que le 24 prairial an III — 12 *juin* 1795 — la dépouille mor-
« telle de Sa Majesté Louis XVII a *été déposée dans la grande fosse*
« *commune.* »

M. de Beauchesne fait ici des observations fort judicieuses en
disant : — 391 —

« C'est le 22 prairial — 10 *juin* — que l'inhumation a eu lieu,
et non *le 8 juin*, comme le disait tout à l'heure la lettre du ministre
de la police, ou le 24 prairial — 12 *juin* — comme l'affirme ici
le préfet de police. *A des récits contradictoires se mêlent même,
dans des pièces officielles, des erreurs de dates.* CE N'EST PAS
SANS PEINE QU'ON ARRIVE A LA VÉRITÉ. »

En effet, voilà encore *trois dates pour l'enterrement :* celle du 8
pour le ministre, à laquelle le préfet de police ne croit pas ; celle
du 12 pour le préfet de police, et celle du 10 pour Gomin, Lasne et
M. de Beauchesne. Vous voyez donc bien, Monsieur, que tout est
obscur dans l'événement sur lequel l'écrivain a bâti son histoire ;
qu'il est entouré d'erreurs grossières émanées des affirmations de
hauts fonctionnaires pour qui toutes les archives n'ont rien eu de
mystérieux, et que, si nous voulons connaître la vérité, il faut la
chercher ailleurs que dans des actes révolutionnaires, dans des éléments de police et de diplomatie, dans les assertions de témoins contradictoires, dans des pouvoirs intéressés à nier l'existence du royal

orphelin du Temple. Je redis en conséquence, sans craindre d'autre démenti que celui de l'imposture, ce que j'ai écrit en tête de ma réfutation : *Non ! Louis XVII n'est pas mort au Temple.*

XXVII

Nous avons parcouru, Monsieur, « les souvenirs religieusement conservés dans la mémoire et le cœur » de deux incroyables témoins, et qui n'auraient jamais vu le jour, s'ils ne se les fussent pas créés pour M. de Beauchesne, et si M. de Beauchesne n'avait pas entrepris l'œuvre d'insulter aux mânes de Louis XVII, que vous avez connu, en se frottant les yeux pour se donner l'air de pleurer sur sa tombe. Ne se serait-il pas entouré de Lasne et de Gomin, et ne leur aurait-il pas dit : Faites-moi une histoire de l'orphelin du Temple, qui ne ressemble en rien à la vérité, qui soit incroyable : le monde aime ces sortes d'écrits ; le vrai le fatigue et l'ennuie : je la publierai, et j'y ferai figurer vos noms d'une manière honorable. Ces deux salariés de la Convention, se voyant ainsi élevés à la hauteur de personnages historiques dont les paroles circuleraient dans le monde avec autorité, sous la plume d'un écrivain habile, disposé à tout croire sans le discuter, sans l'approfondir ; fiers du rôle qu'on leur attribuait, ils auraient ainsi mis leur imagination en travail et enfanté ce que nous avons lu. M. de Beauchesne leur aurait ainsi dit encore : Faites voir surtout que Louis XVII est mort au Temple. On croit généralement qu'il a survécu à l'acte de décès qui le fait mourir en 1795 ; qu'on lui a substitué d'abord un muet, qu'on a substitué ensuite au muet un enfant mourant, tiré d'un des hôpitaux de Paris, et qu'après la mort de cet enfant, on a fait sortir du Temple le Dauphin dans le cercueil destiné au décédé. En détruisant cette croyance, nous aurons pour nous le comte de Chambord, les légitimistes, les gouvernements.

Toutes vos paroles deviendront des documents authentiques, une certitude matérielle, des preuves infaillibles ; j'en composerai un livre qui aura de la vogue, et vous allez vous trouver accolés à la célébrité que j'attirerai sur moi-même.

Lasne et Gomin auraient parfaitement compris la pensée de M. de Beauchesne ; et comme ils ne pouvaient remplir ses intentions qu'à force d'inventions, ils ont tant et tant inventé, tant de fois dit le pour et le contre, tant fait dire de choses ridicules aux substitués, pour faire accroire qu'ils étaient le Dauphin, qu'il n'y a que ceux qui, comme l'historien de 1852, ne veulent pas permettre à Louis XVII d'avoir vécu jusqu'en 1845, qui lisent sans dégoût, sans indignation et sans hausser les épaules de pitié, le recueil romanesque que ces trois fortes têtes ont coordonné ensemble.

Eh ! quoi ! Monsieur, me direz-vous peut-être, c'est là votre appréciation d'un ouvrage en deux volumes, pour la composition duquel l'écrivain n'a « épargné ni soins, ni recherches, ni études, » afin d'arriver à la caricature de la vérité !...

C'est là le jugement que vous portez sur une histoire sortie « des décombres du Temple, qu'il a remuées pendant vingt ans » pour y ramasser la poussière qu'il jette aux yeux des simples !

Comment ! quand « il expose, après une enquête personnelle et avec certitude la moindre circonstance des événements qu'il raconte, » vous ne vous sentez pas honteux d'avoir cru et même de croire encore que Naundorff était l'infortuné fils de Louis XVI ?

Comment ! pourrez-vous ajouter, votre cœur ne s'est pas attendri en lisant la belle péroraison funèbre par laquelle M. de Beauchesne nous a conduits aux derniers moments de son Dauphin rachitique et scrofuleux, qui a parlé de sa mère et de sa sœur d'une manière si touchante durant la si courte durée de sa céleste vision ! « Il n'a point cherché, nous assure-t-il, à nous faire répandre quelques larmes sur sa fin qui approchait ; car il ne sait que trop que c'est chose commune que la mort à tout âge, et que *ce n'est pas sans raison que le monde a donné au cercueil et au berceau de l'homme la même forme et la même matière ;* » — pensée d'autant plus profonde qu'elle est creuse. Mais néanmoins il émeut par le récit

pathétique des paroles suprêmes du mourant, « ouvrant, » comme
« vous le redites avec lui, — ses grands yeux illuminés par l'extase,
« l'œil attaché sur un spectacle invisible , l'oreille ouverte au bruit
« lointain d'un de ces concerts que l'oreille humaine n'a pas enten-
« dus ; son regard plein d'angoisse s'élançant, perçant et avide, vers
« la fenêtre, laissant échapper de ses lèvres une exclamation de
« bonheur, appelant son gardien Lasne pour lui faire la confidence
« de sa dernière pensée qui se perd dans son dernier soupir ! »

Hélas ! Monsieur, il est bien vrai que je suis resté un moment
tout impressionné de cette peinture éloquente de la mort du rachitique, si séraphiquement mélancolique sous la plume fabuleuse du
candide historien qui l'a gravée dans le martyrologe royal. Mais il
n'y a pour nous que désenchantement ici-bas. Tandis que je me
recueillais dans les douloureuses sensations éveillées en moi par la
sympathique communication de celles de M. de Beauchesne, j'ai eu
le malheur de reporter, comme machinalement, ma vue sur la déposition de Lasne devant la justice, et je suis tombé du ravisse-
ment dans la plus terrestre des conclusions, en y relisant que les
paroles suprêmes de l'extatique enfant, « *les seules* qu'il lui ait entendu proférer pendant tout le temps qu'il a passé auprès de lui, »
que ces paroles ont été : « Tu as donc juré que je le boirais? Eh
bien, donne, je vais le boire, » et que la confidence de la dernière
pensée, « exprimée par un signe, était un besoin qui le tourmentait ! »

Reprenons notre sérieux, monsieur le jurisconsulte, et chassons
de notre souvenir l'indécente comédie des derniers instants de la
vie d'un pauvre enfant du peuple, dont l'imagination de deux vieillards nous a donné la niaise représentation pour le faire mourir en
fils de roi. Pour les hommes de conscience, qui, peu soucieux des
sympathies d'un monde inique, ne craignant pas de publier leur
croyance à la vérité méconnue, c'est en 1845, à l'hôtel du Casino
de la ville néerlandaise de Delft, que s'est éteinte, après un martyre
demi-séculaire, la vie royale proscrite par les révolutionnaires, diffamée par les légitimistes, travestie par les historiens, opprimée par
les Bourbons et les puissances politiques.

C'est là qu'entouré de sa famille gémissant sous le poids d'une immense désolation, et de quelques nobles étrangers payant au roi légitime de France le tribut d'amour que lui refusait sa patrie ; c'est là que Louis XVII est mort comme il avait vécu, roi dépouillé de son trône, de sa fortune, de son nom, pauvre et méconnu, n'ayant d'autre héritage à léguer à la terre que le souvenir de ses vertus et les malheurs attachés à sa personne proscrite ; laissant une veuve et huit enfants solitaires dans une société qui les repousse, sous le poids de la même réprobation que celle dont il fut frappé lui-même.

Les paroles suprêmes de l'orphelin du Temple, c'est sa famille et moi qui les avons entendues et recueillies. L'âme accablée par les cruelles réminiscences d'une longue carrière d'angoisse, pendant six jours et six nuits d'agonie et d'un délire incessant, la figure sillonnée de temps à autre par des pleurs rares qui roulaient lentement sur son noble visage, il nous associa aux tribulations de toute son existence, dont le tableau, passant et repassant dans son esprit, l'agitait de douloureux souvenirs ; car son père, sa mère, la méconnaissance de sa sœur, son état d'universel abandon, remplissaient sa pensée. Il gémissait sur lui-même, sur le sort cruel que ses persécuteurs lui avaient fait ; sur la France, dont il entrevoyait les maux à venir ; sur ses enfants, qu'il voyait en proie à des souffrances sans issue. « Depuis qu'ils ont coupé la tête à mon père, s'écriait d'une voix navrante le royal moribond, il n'y a eu pour moi qu'obscurité ! On veut que je sois mon père !... » Et il demandait à Dieu un nom céleste que les hommes ne pourraient pas lui ravir ; appelant devant son lit de mort ses lâches calomniateurs, pour recevoir de sa bouche le pardon qu'il leur accorda et se voir confondus par le calme d'une conscience sans reproche et sans remords.

L'oraison funèbre du roi légitime de France, rendant son dernier soupir sur la terre de proscription, c'est un officier supérieur dans l'armée néerlandaise, et vous qui l'avez prononcée sur sa tombe, seule fortune des petits-fils des rois de France qu'on ne leur disputera point.

Devant cette tombe du juste, sacrifié aux inimitiés de la terre, l'homme de bien s'incline avec un saint respect, l'esprit saisi d'un sentiment de souffrance inexprimable. Il regrette d'avoir approfondi cette lamentable destinée; il eût été heureux de pouvoir douter, parce que, en face de la vérité de l'identité royale méconnue, qui afflige l'âme, il en est aussi une autre qu'on est forcé d'admettre: c'est qu'il est des angoisses dont l'humanité ne se préoccupe pas, des existences maudites sur la terre, des innocents qu'un monde, se disant chrétien, repousse et laisse sans appui, sans consolation; c'est que nos pouvoirs publics peuvent être impunément oppresseurs, iniques, criminels, écraser le faible qui les gêne et ne lui laisser pour ressource que la justice de Dieu.

FIN.

ERRATA.

—

La hâte avec laquelle a marché l'impression, par le désir de l'auteur, afin que l'ouvrage pût paraître le plus promptement possible, a laissé échapper quelques erreurs, dont les plus importantes à rectifier sont celles-ci :

Page 12, ligne 11, *au lieu de :* m'a donné; *lisez :* a donné.

Page 37, ligne 22, *au lieu de :* des ouvrages; *lisez :* des témoignages.

Page 42, avant-dernière ligne, *au lieu de :* débat; *lisez :* début.

Page 49, ligne 24, *au lieu de :* Adalbert; *lisez :* Adelbert.

Page 86, ligne 9, *au lieu de :* il était pour amener; *lisez :* il était fait pour amener.

Page 91, lignes 23, 24 : ôtez les guillemets.

Page 96, lignes 5 à 11, *lisez :* les tromper; notamment le tailleur de pierres qui plaça des verrous à la porte de l'antichambre du roi, dont M. de Beauchesne parle à la page 341 de son premier volume; et le témoignage de ces personnes.

Page 97, ligne 8, *au lieu de :* la fait; *lisez :* l'a fait.

Idem., ligne 10, *au lieu de :* moniac; *lisez :* moinac.

Page 102, ligne 8, *au lieu de :* ces paroles flatteuses; *lisez :* ces paroles fastueuses.

Page 108, ligne 19, *au lieu de :* Charpentier; *lisez :* charpentier.

Page 109, ligne 25; *au lieu de :* la vie et qui; *lisez :* la vie avec la vie.

Page 114, ligne 17, *au lieu de :* des faits; *lisez :* ces faits.

Page 127, lignes 17 à 21, *lisez :* Le maçon existait lors du retour du prince à Paris, celui-là l'a vu et reconnu par des échanges de souvenirs qui ont été pour le royal orphelin, comme pour lui, la preuve certaine qu'ils s'étaient rencontrés au temple; le témoignage de Joseph Paulin l'atteste.

Page 197, ligne 18 ; *après* : endormi, *ajouter* : dans cet état, je vis un enfant qu'on me substitua dans mon lit, et moi, je fus couché au fond de la corbeille, dans laquelle cet enfant avait été caché sous mon lit.

Page 262, ligne 11, *au lieu de :* pour contredire tout, *lisez :* pour se contredire dans tout.

Page 265, ligne 3, *au lieu de :* des positions alléguées ; *lisez :* des dépositions.

Page 276, avant-dernière ligne, *effacez :* jour assigné à l'enterrement.

STRASBOURG, IMPRIMERIE DE F. G. LEVRAULT,
IMPRIMEUR DU ROI.

HISTOIRE

NATURELLE

DES POISSONS.

HISTOIRE
NATURELLE
DES POISSONS,

PAR

M. LE B.^{ON} CUVIER,

Grand-Officier de la Légion d'honneur, Conseiller d'État et au Conseil royal
de l'Instruction publique, l'un des quarante de l'Académie française,
Secrétaire perpétuel de celle des Sciences, membre des Sociétés et Académies
royales de Londres, de Berlin, de Pétersbourg, de Stockholm, de Turin,
de Gœttingue, de Munich, etc.;

ET PAR

M. VALENCIENNES,

Aide-Naturaliste au Muséum d'Histoire naturelle.

TOME SECOND.

A PARIS,

Chez F. G. LEVRAULT, rue de la Harpe, n.° 81;

STRASBOURG, même maison, rue des Juifs, n.° 33;

BRUXELLES, Librairie parisienne, rue de la Magdeleine, n.° 438.

1828.

TABLE

DU DEUXIÈME VOLUME.

———

LIVRE TROISIÈME.

CHAPITRE PREMIER.

*

Pages. Planch.

CHAPITRE XIV.

(Par M. le Bon Cuvier.)

ADDITIONS ET CORRECTIONS

A CE VOLUME.

Page 17, entre les lignes 19 et 20, intercalez :

Niphon. Trois fortes épines à l'opercule, et une également très-forte à l'angle du préopercule, qui d'ailleurs est dentelé.

Même page, entre les lignes 22 et 23, intercalez :

Huron. Opercule à deux pointes plates. Point de dentelures au préopercule.

Il y aura probablement des intercalations semblables à faire page 18 ; mais elles seront données dans le troisième volume, où l'on décrira les genres indiqués sur la seconde partie du tableau des percoïdes.

Page 255 :

Aldrovande, Monstr. Paralip., p. 94, donne une bonne figure du barbier, sous le nom de *percæ alia species*.

AVIS AU RELIEUR

POUR PLACER LES PLANCHES.

HISTOIRE

NATURELLE

DES POISSONS.

LIVRE TROISIÈME.

DES POISSONS DE LA FAMILLE DES PERCHES, OU DES PERCOÏDES.

Nous nous sommes déterminés à commencer l'histoire des acanthoptérygiens par celle de la perche ordinaire de nos rivières, parce que dans cette immense division de la classe des poissons, la perche est l'espèce la plus répandue, et celle qu'il est le plus facile de se procurer dans tous les lieux de l'Europe. Cette espèce fait partie d'un petit groupe, et ce groupe lui-même se rapproche assez de plusieurs autres, pour que le peuple même les ait tous embrassés sous cette dénomination de *perches*, et que l'on en ait fait ainsi presque naturellement ce que l'on peut appeler un grand genre, susceptible d'être divisé en plusieurs sous-genres. En comparant entre eux ces divers poissons, en réunissant ceux dont l'organisation est semblable dans les points essentiels, en écartant ceux que des rapports superficiels en avaient d'abord fait rapprocher, on parvient à reconnaître et à fixer avec la précision nécessaire à une méthode scientifique, les caractères communs d'après lesquels on peut limiter ce grand genre, et le distinguer de tous les autres.

Or, ces caractères sont assez nombreux et embrassent des parties fort diverses de l'organisation : un corps oblong et plus ou moins comprimé, couvert d'écailles généralement dures, et dont la surface extérieure est plus ou moins âpre et les bords dentelés ou ciliés; un opercule, un préopercule, diversement armés ou dentelés; la bouche assez grande; des ouïes bien fendues et dont la membrane est soutenue par un nombre de rayons qui n'est pas au-dessous de cinq, et passe rarement sept; des dents, non-seulement aux mâchoires, mais sur une ligne transverse en avant du vomer, et presque toujours sur une bande longitudinale à chaque palatin, ainsi qu'aux dentelures des ouïes et aux os pharyngiens; point de barbillons; les

ventrales le plus souvent subbrachiennes,
c'est-à-dire suspendues aux os de l'épaule par
le moyen de ceux du bassin; les nageoires
toujours au nombre de sept au moins, et
souvent de huit; à l'intérieur un estomac
en cul-de-sac; le pylore latéral; des appendices pyloriques, le plus souvent peu nombreuses et peu volumineuses, mais ne manquant jamais; un canal intestinal assez peu
replié; un foie médiocre ou petit; une vessie
natatoire; un cerveau dont les lobes creux ne
couvrent que des tubercules petits et au plus
divisés en quatre : tel est l'ensemble de la
conformation propre au grand genre dont la
perche est le type, à celui dont Artedi avait
déjà fort bien saisi l'idée sur le petit nombre
d'espèces qui lui étaient connues. Dans la plupart des perches ces caractères se joignent
à la beauté des couleurs, au bon goût et à
la salubrité de la chair; en tout pays ce qui
se nomme perche est recherché comme aliment.

L'habile ichtyologiste que nous venons de
citer, ne connut d'abord que sept poissons
auxquels il crut pouvoir avec certitude attribuer ce nom; c'étaient la *perche commune*[1], le

---

1. *Perca fluviatilis*, Linn.

sandre[1], la *gremille*[2], le *schrätz*[3], l'*apron*[4], le *serran*[5] et le *bars*[6]; mais la seule comparaison de ces sept espèces aurait pu déjà lui annoncer des formes secondaires assez diverses pour lui faire penser qu'elles deviendraient les types d'une partie des subdivisions ou des sous-genres que l'on serait obligé d'établir, lorsque les poissons connus viendraient à se multiplier; lui-même ajouta par la suite à ces formes celles de l'*holocentrum*[7] et du *grammiste*[8], qui ne présageaient pas moins que les précédentes, qu'elles pourraient aussi devenir des chefs de files pour un nombre plus ou moins considérable d'espèces.

Il ne s'agissait donc que de subdiviser ce groupe sans l'altérer, et cela aurait été facile, si l'on en eût toujours consulté l'ensemble, et si l'on se fût bien pénétré de l'idée générale à laquelle il répond. Mais Linnæus commença à y mettre le désordre, en ne considérant qu'un seul de ses caractères comme essentiel, et en le choisissant dans une circonstance d'un ordre fort inférieur, la den-

---

1. *Perca lucioperca.* — 2. *Perca cernua.* — 3. *Perca schraitzer.* — 4. *Perca asper.* — 5. *Perca scriba* et *Perca cabrilla.* — 6. *Perca labrax.*

7. Mus. de Seba, t. III, pl. 27, fig. 1. — 8. *Ibid.*, t. III, pl. 27, fig. 5, p. 75.

telure du préopercule[1]. Des élèves trop fidèles, en se conformant à une indication si restreinte, dûrent amener pêle-mêle dans ce genre de vraies sciènes, des crénilabres et des poissons de plusieurs autres familles. Linnæus fut à son tour entraîné par leur exemple, et son éditeur Gmelin augmenta la confusion en rassemblant, sans critique et sans aucune inspection des objets, tout ce que des observateurs qui avaient travaillé isolément avaient cru, à tort ou à droit, devoir considérer comme des perches. Bloch et ses successeurs ont cherché à établir quelques subdivisions qui pussent éclaircir ce chaos; mais ils ont continué encore à les fonder sur des caractères trop secondaires; à mettre en première ligne ces épines et ces dentelures de l'opercule, ou même les écailles des diverses parties de la tête, auxquelles, dans une bonne méthode, on n'aurait dû avoir recours qu'après que toutes les grandes différences des organes essentiels auraient été

---

1. *Percæ genus difficile distinguitur a tribus præcedentibus* (sparis, labris *et* sciænis), *quoniam differt solis operculis dentato-serratis.* (*Syst. nat.*, dixième édition, t. I, p. 289, et douzième édition, t. I, p. 484.) Notez que beaucoup de labres de Linnæus, ceux que j'ai nommés *crénilabres*, et presque toutes les sciènes, ont des préopercules dentés.

épuisées; et de ce renversement dans la subordination des caractères il est résulté des séparations et des rapprochemens aussi contraires les uns que les autres à la nature. Ainsi, les *serrans* ont été placés très-loin des perches, les *crénilabres* ont été confondus avec les *lutjans* ou *mésoprions,* bien que d'une tout autre famille; les poissons de la famille des sci ènes et ceux de la famille des perches ont été incessamment mêlés dans les mêmes genres, au point que dans Bloch le *bars* est une *sciène,* et que dans M. de Lacépède l'*ombrine* est une *persèque;* tandis que ce dernier auteur a fait passer dans le genre des labres, les *johnius,* qui ne diffèrent en rien des sciènes les plus communes. Mais c'est surtout dans l'ouvrage de Shaw, que le désordre est devenu tout-à-fait inextricable, parce qu'ayant rejeté la plupart des genres établis depuis Linnæus, il a prétendu ramener à ceux de cet auteur les espèces que ses successeurs avaient décrites et distribuées dans les leurs. On peut dire que jamais répartition n'a été faite plus au hasard, et n'en porte mieux l'empreinte.

Nous avons donc dû recourir à la nature même, et distribuer nos poissons comme s'ils ne l'eussent jamais été, en prenant pour

règle le plus ou moins de conformité de chacun d'eux avec certains types principaux, et
en observant dans les comparaisons propres
à constater le degré de cette conformité, de
ne point contrevenir au principe de la subordination des caractères. Sans doute cette
marche a fait que les poissons dont les auteurs n'ont pas donné des descriptions suffisamment complètes, et que nous n'avons pu
depuis observer par nous-mêmes, lesquels,
au reste, sont en fort petit nombre, n'ont
pu être classés avec sûreté; mais cet inconvénient est bien léger en comparaison de la
sûreté de nos déterminations, et de tous les
autres avantages que nous avons obtenus; et
même sur le point en question, nous n'aurions remédié à rien en suivant aveuglément
les distributions de nos prédécesseurs; car il
s'en faut de beaucoup qu'eux-mêmes aient
été fidèles à leur propre méthode, et que
les espèces qu'ils ont placées sous chacun de
leurs genres, présentent en effet les caractères
qu'ils assignent à ces genres : nous en verrons
une multitude d'exemples, surtout dans Bloch,
qui, n'ayant pu parler de beaucoup de ses
espèces que d'après d'anciennes figures peu
détaillées, leur a trop souvent supposé des
caractères qu'elles n'ont pas.

Ainsi, après avoir bien déterminé les caractères généraux qui distinguent la famille entière
des perches des familles voisines des sciènes,
des spares, caractères que nous n'avons trouvés que dans les dents palatines, après en
avoir séparé les *scorpènes*, les *cottes* et les
trigles, auxquels les pièces osseuses qui cui-
rassent leurs joues, donnent un titre pour
former une famille particulière; après avoir
fixé les caractères de quelques groupes qui
s'écartent un peu plus que les autres du genre
principal, tels que les *vives*, à cause de la
position de leurs ventrales; les *holocentres*,
à cause du nombre des rayons de leurs ventrales et de leurs ouïes; nous avons pro-
cédé à nos subdivisions. La *perche commune* a été notre premier type, auquel sont
venues se rattacher quelques perches d'Amérique, qui ne diffèrent de la nôtre que par
de légers détails de forme et de couleur;
auprès d'elles les *varioles*, les *énoploses* et
les *centropomes*, forment les types de trois
autres petits groupes distingués : le premier,
par une dentelure plus marquée au sous-orbitaire; le second, par plus d'élévation verticale
du corps et des nageoires; le troisième, par
un museau plus déprimé, et par des opercules dépourvus d'épines. Parallèlement à leur

série se placent le *sandre,* dont les opercules manquent aussi d'épines, du moins dans l'espèce commune, mais qui retrouve des armes puissantes dans les grandes dents en crochets, mêlées parmi les dents en velours de ses mâchoires et de ses palatins, et qui, pour le reste de sa conformation comme pour ses habitudes, ressemble beaucoup à la perche; l'*etelis,* qui n'a de dents en crochets qu'autour des mâchoires et non aux palatins, et dont l'opercule a des épines et le préopercule des dentelures à peine sensibles, et l'*apron,* qui, à tous les caractères de la perche commune, joint un museau bombé et des os caverneux comme ceux des sciènes.

Tous ces sous-genres sont d'eau douce ou à peu près; le *bars,* que l'on peut placer à leur suite, est marin : ses formes sont celles de la perche, mais sa langue est âpre et garnie de dents en velours ras.

Personne, je crois, n'a hésité ou n'hésitera à faire des perches de tous ces poissons; ils portent tous deux nageoires dorsales, ils se ressemblent même assez par tout leur extérieur, pour qu'une inspection attentive soit nécessaire à l'observateur qui veut apprendre à les distinguer.

Quelques autres poissons, aussi munis de

deux dorsales, se singularisent davantage par l'aspect et par quelques détails frappans dans l'armure de leur tête, au point qu'ils ont été considérés par plusieurs naturalistes comme étrangers au grand genre des perches : ils doivent former à la suite des précédens des types nouveaux pour un certain nombre de petits groupes.

Ainsi, l'*apogon* a un double rebord à son préopercule ; le *chéilodiptère* diffère de l'apogon par de grandes dents pointues, qui rappellent celles du sandre ; il se place à côté de l'apogon, comme le sandre à côté de la perche ; l'apogon tient de près à l'*ambasse ;* le *grammiste* enfin n'a que des épines sans dentelures, et à son préopercule et à son opercule, et le *savonnier* et lui sont les seuls acanthoptérygiens qui n'aient pas d'épines visibles à l'anale.

Ici se termine la série des perches à deux dorsales ; mais à côté de cette série, et parallèlement à elle, s'il est permis de s'exprimer ainsi, la nature nous en offre une autre, où la dorsale est unique, mais où se reproduisent presque toutes les autres circonstances caractéristiques qui ont aidé à subdiviser les perches à deux dorsales : ainsi les *serrans* ont, comme nos perches communes, le préopercule dentelé et l'opercule épineux, et ils leur ressemblent si fort, jusque dans la distribution de leurs couleurs, que le peuple même les a nommés *perches de mer*; cependant ils ont quelques dents longues et aiguës comme les sandres, et c'est plutôt aux sandres qu'aux perches proprement dites qu'on aurait pu les comparer, si ces dents aiguës n'avaient pas été placées un peu autrement. Quelques poissons, auxquels nous avons donné le nom de *centropristes*, rappellent plutôt les perches communes, parce qu'ils joignent à leur opercule épineux et à leur préopercule dentelé des dents en velours et égales comme les leurs; aussi ont-ils été nommés *perches de mer* jusque dans les colonies anglaises d'Amérique. Ces dents, tantôt en simple velours, tantôt mêlées de crochets aigus, donnent lieu de subdiviser les perches à dorsale unique, comme celles qui ont deux dorsales, en deux séries parallèles : les unes, par leurs crochets, vont à la suite des *serrans;* les autres, par leurs dents égales, à la suite des *centropristes.*

Parmi les premières nous comptons les *plectropomes,* qui ont de grosses dentelures obliques au bas de leur préopercule; les *mésoprions,* qui ont le préopercule dentelé, mais l'opercule sans épine, comme les centropomes ; les *diacopes*, où l'interopercule s'articule par une tubérosité dans une échancrure du préopercule.

Parmi les autres perches à dorsale unique, celles où les dents sont toutes en velours, nous plaçons à la suite des centropristes les *gristes*, qui ont le préopercule sans dentelures et l'opercule seul épineux ; les *polyprions*, dont toutes les pièces osseuses à la tête et à l'épaule ont des crêtes dentelées ; les *pentacéros*, dont les os du crâne et de l'épaule ont des tubercules qui représentent des espèces de cornes ; les *savonniers*, qui ont, comme les grammistes de l'autre division, des épines au préopercule et à l'opercule, point de dentelure, les écailles petites et douces, et dont l'anale n'a que des rayons mous ; et enfin les *gremilles*, petit sous-genre de nos eaux douces, dont la tête est nue, caverneuse en quelques parties et armée, comme dans les grammistes et les savonniers, d'épines au préopercule et à l'opercule. Elles unissent les perches à dorsale unique avec des sciènes du même caractère, à peu près comme les aprons unissent les perches et les sciènes à deux dorsales. Sous d'autres rapports, les gremilles lient les perches ordinaires aux acanthoptérygiens

à joue cuirassée, et particulièrement aux scorpènes et aux ténianotes; tant il est vrai que
dans aucune branche, dans aucune tribu des
règnes organiques il n'est possible de disposer
les êtres sur des lignes simples et continues.

Nous trouvons de nouvelles preuves de
cette vérité, avant de sortir de cette famille.
A côté de tous les petits groupes dont je viens
de parler, et qui ont tous sept rayons à la
membrane des ouïes et cinq rayons mous
aux ventrales, il s'en trouve qui ont un rayon
branchial de moins, et parmi lesquels se
reproduisent une partie des caractères de
dents et de pièces operculaires que nous venons de dénombrer, et d'autres où il y a au
contraire un rayon branchial de plus, et dont
les ventrales, ce qui est encore bien plus
remarquable, ont sept et jusqu'à neuf ou dix
rayons mous.

Dans la première de ces deux séries accessoires il en est qui ont des dents en crochets, et dont les pectorales ont en outre
un certain nombre de rayons simples qui en
dépassent la membrane : ce sont les *cirrhites.*

D'autres ont toutes les dents en velours,
et d'après quelques détails de leurs pièces
operculaires, nous y avons formé les groupes
des *priacanthes,* où le préopercule a dans

le bas une épine plate et dentelée; les *pomotis,* dont l'opercule se prolonge comme une sorte d'oreillette : les *centrarchus,* qui joignent à ce caractère celui d'avoir de nombreux aiguillons à la nageoire anale. Les *doules* terminent cette subdivision; leurs préopercules, leurs opercules, sont comme dans les serrans et les centropristes : ils ont en particulier les dents en velours de ces derniers; on pourrait, en un mot, les appeler des *centropristes à six rayons branchiaux.*

Par leur extérieur ces *doules* nous conduisent à un groupe bien remarquable, en ce que les rapports les plus étroits unissant les poissons qui le composent à l'égard de leur forme générale, de leurs viscères, et surtout de la forme singulière de leur vessie natatoire, et que même leurs couleurs se ressemblant beaucoup, ils diffèrent cependant non-seulement par les formes des dents des mâchoires, mais encore par la présence ou l'absence des dents à quelques parties de la bouche qui n'en manquent dans aucun des autres groupes de cette famille. Nous donnons à ce groupe le nom de *thérapons,* et nous y formons de petits groupes subordonnés sous les noms d'*hélotes* et de *pélates.*

Les acanthoptérygiens à rayons ventraux

plus multipliés, c'est-à-dire, au nombre de plus de six, tiennent de très-près, du moins par leur extérieur, à plusieurs poissons de la famille des perches, et même l'un de leurs genres, celui des *holocentrum,* a été long-temps confondu avec les serrans. Celui des *myripristis* n'a pas été décrit d'une manière aussi reconnaissable, en sorte qu'on ne sait pas bien ce que nos prédécesseurs en auraient fait; mais ces deux genres ne diffèrent à l'extérieur que par une forte épine, dont le préopercule du premier est armé dans le bas, et qui manque au second : à l'intérieur ils offrent des différences plus grandes.

Les *vives,* les *uranoscopes* et quelques genres voisins se rapprochent encore très-fortement des perches à deux dorsales; mais leurs nageoires ventrales attachées sous la gorge, leur forment un caractère extérieur assez frappant, et qui permet aussi d'en faire un groupe séparé.

D'autres genres, voisins des perches à quelques égards, du moins par les dents, ont les ventrales situées plus en arrière que les pectorales, et les os du bassin détachés des os de l'épaule; mais ils sont assez différens de tous ceux dont nous avons parlé jusqu'ici, pour que l'on puisse les considérer chacun comme devant former un jour le type d'une petite famille : ce sont les *sphyrènes,* qui ont les mâchoires mieux armées encore que les sandres, mais dont l'opercule ni le préopercule ne sont ordinairement dentelés, et les *polynèmes,* qui ont les dents palatines et maxillaires des perches; des filets libres sous la pectorale, comme les trigles; le museau bombé et des écailles sur les nageoires verticales, comme beaucoup de sciènes, et qui, malgré ces rapports multipliés, ou plutôt à cause de leur multiplication, ne peuvent être complétement rapprochés d'aucune de ces familles.

Le tableau ci-joint peut faciliter l'étude des genres et sous-genres de la famille des perches, et faire trouver plus aisément celui auquel on devra rapporter une espèce; mais nous prions de ne point oublier que c'est là son seul objet, et que les véritables idées que l'on doit se former de ces poissons et de leurs rapports, ne peuvent être puisées que dans leurs histoires détaillées.

POISSONS OSSEUX.

ACANTHOPTÉRYGIENS.

PERCOÏDES. Des dentelures ou des épines aux pièces operculaires; la joue non cuirassée; des dents au vomer ou aux palatins.

A ventrales sous les pectorales.

A cinq rayons mous aux ventrales.

A sept rayons aux branchies.

A deux dorsales, ou à dorsale échancrée jusqu'à sa base.

Les dents toutes en velours.

PERCHES. Préopercule dentelé; opercule épineux; sous-orbitaire faiblement dentelé; langue lisse.

VARIOLES. Sous-orbitaire et humérus fortement dentelés; de grosses dents à l'angle et au bas du préopercule.

ÉNOPLOSES. Sous-orbitaire dentelé; des dentelures et une forte épine au préopercule; l'opercule et l'épaule sans épine; le corps et les nageoires verticales très-élevés.

DIPLOPRIONS. L'opercule à trois épines; le préopercule à double crénelure; le sous-orbitaire entier.

BARS. Sous-orbitaire et humérus sans dentelures; deux pointes à l'opercule; un disque de dents en velours sur la langue.

CENTROPOMES. Opercule sans pointe; les deux dorsales séparées.

GRAMMISTES. Écailles petites; des épines au préopercule et à l'opercule.

APRONS. Museau bombé et saillant; les deux dorsales très-séparées.

AMBASSES. Une pointe couchée en avant de la première dorsale; une double dentelure au bas du préopercule.

APOGONS. Une double dentelure au préopercule; les deux dorsales très-séparées; de grandes écailles caduques.

Des dents canines mêlées aux autres.

CHÉILODIPTÈRES. Une double dentelure au préopercule; les dorsales très-séparées; de grandes écailles.

SANDRES. Dentelure simple au préopercule.

ETELIS. Presque pas de dentelure sensible au préopercule; une pointe à l'opercule; dorsales contiguës.

A dorsale unique.

Des dents canines mêlées aux autres.

SERRANS. Préopercule dentelé finement; opercule à deux ou trois épines; pas d'écailles sur les mâchoires; opercule épineux.

MÉROUS. Préopercule dentelé; opercule épineux; des écailles fines sur la mâchoire inférieure.

BARBIERS. Préopercule dentelé; opercule épineux; des écailles sur le maxillaire supérieur aussi fortes que sur le reste de la tête.

PLECTROPOMES. Préopercule dentelé; les dentelures du bas plus grosses et dirigées en avant; opercule épineux.

DIACOPES. Préopercule dentelé; une forte échancrure au-dessus de l'angle, pour recevoir une tubérosité de l'interopercule.

MÉSOPRIONS. Préopercule dentelé; opercule finissant en pointe plate, obtuse et sans épines.

Toutes les dents en velours.

CENTROPRISTES. Opercule épineux ; préopercule dentelé.

GRISTES. Opercule épineux ; préopercule entier.

POLYPRIONS. Des crêtes dentelées sur l'opercule, le sous-orbitaire, etc.

PENTACÉROS. Des tubérosités sur le crâne.

GREMILLES. Tête caverneuse ; des épines au préopercule.

SAVONNIERS. Tête lisse ; écailles noyées dans l'épiderme ; des épines au préopercule.

A moins de sept rayons aux branchies.

Des dents canines mêlées aux autres.

CIRRHITES. Les rayons inférieurs des pectorales simples et en partie libres.

Point de dents canines.

POMOTIS. L'opercule membraneux prolongé en manière d'oreille ; trois aiguillons à l'anale.

CENTRARCHUS. L'opercule comme dans les pomotis ; neuf aiguillons à l'anale.

TRICHODONS. De fortes épines autour du préopercule.

PRIACANTHES. De petites écailles rudes, même sur les mâchoires ; l'épine de l'angle du préopercule plate et dentelée.

DOULÉS. L'opercule terminé en pointes plates ; le préopercule dentelé.

THÉRAPONS. Opercule épineux ; préopercule dentelé ; dorsale très-échancrée; dents du rang extérieur plus fortes, pointues.

PÉLATES. Opercule terminé en deux pointes ; préopercule dentelé ; dorsale peu échancrée ; dents en velours.

HÉLOTES. Opercule épineux ; préopercule dentelé ; dorsale très-échancrée ; dents du rang extérieur trilobées.

Plus de cinq rayons mous aux ventrales.

Plus de sept rayons aux branchies.

MYRIPRISTES. Deux arêtes dentelées au préopercule ; point d'épines à l'angle ; deux dorsales ou une dorsale très-échancrée.

HOLOCENTRUM. Une forte épine à l'angle du préopercule ; une dorsale peu échancrée.

BERYX. Point d'épines à l'angle du préopercule ; une seule nageoire courte sur le dos, dont le bord extérieur ne contient que des aiguillons faibles. *

A ventrales jugulaires, c'est-à-dire en avant des pectorales.

Des dents toutes en velours.

URANOSCOPES. Tête cubique ; les yeux à la face supérieure.

VIVES. Tête comprimée ; une forte épine à l'opercule.

PERCIS. Tête déprimée ; point de dents aux palatins.

PINGUIPES. Lèvres charnues ; des dents aux palatins.

Des dents canines mêlées aux autres.

PERCOPHIS. Mâchoire inférieure pointue; dorsale unique longue.

A ventrales abdominales, c'est-à-dire en arrière des pectorales.

Des dents canines.

SPHYRÈNES. Mâchoire inférieure formant pointe en avant du museau ; les deux dorsales très-séparées.

Des dents en velours.

POLYNÈMES. Museau bombé ; des filets libres sous les pectorales.

---

* Tous les poissons ci-dessus appartiendraient au genre *Perca* de Linnæus.

CHAPITRE PREMIER.

Des Perches proprement dites.

Dans la grande famille dont nous venons de tracer le tableau, nous avons formé un premier groupe des espèces qui tiennent le plus étroitement au poisson qui en a fourni le type, à la perche commune : leur sous-genre aura pour caractères sept rayons aux ouïes, cinq aux ventrales ; des dents en velours aux mâchoires, au devant du vomer et aux palatins ; deux dorsales peu éloignées, ou même contiguës ; un opercule osseux, finissant en pointe plate et aiguë ; un préopercule dentelé ; un premier sous-orbitaire offrant quelques petites dentelures à sa partie postérieure ; enfin, des écailles rudes à leur bord. Les formes, les couleurs même de ces poissons offrent encore des ressemblances marquées avec celles de notre perche ; et ils vivent comme elle dans l'eau douce. On en prendra, au reste, une idée plus juste dans la comparaison que nous en donnerons avec la perche commune, aussitôt que nous aurons terminé l'histoire de cette première espèce.

La PERCHE COMMUNE DE RIVIÈRE.

(*Perca fluviatilis*[1], L.)

La perche commune, le plus connu de tous les acanthoptérygiens de nos climats, est en même temps l'un de nos meilleurs et de nos plus beaux poissons d'eau douce. L'éclat doré de ses flancs, le vert-brun de son dos, les six ou sept bandes foncées qui se détachent sur l'une et l'autre couleur, la marque noire de sa première dorsale, enfin la belle teinte rouge de ses ventrales et de son anale, la font distinguer dans les eaux claires qu'elle habite de préférence, surtout lorsqu'un beau soleil fait briller et contraster davantage les teintes diverses dont elle est ornée.

Les Grecs la connaissaient bien, et lui donnaient déjà le nom qu'elle porte aujourd'hui; car c'est évidemment le πέρκη, dont Aristote[2] dit qu'il dépose ses œufs en longs cordons, comme la grenouille, parmi les joncs et les herbes des lacs et des étangs.

Mais ce nom de πέρκη, comme celui de *per-*

---

1. Ces noms, tant le générique que le spécifique, ont été conservés par la plupart des méthodistes, et ils étaient même employés avant Linnæus par les ichtyologistes qui n'avaient pas encore songé à établir la nomenclature binaire.

2. *Hist. anim.*, l. VI, c. 14.

ca, se prenait aussi dans une acception moins restreinte, et d'après ce que *Pline*[1], *Oppien*[2], *Athénée*[3], et en quelques endroits *Aristote* lui-même, disent des poissons qui le portaient, on ne peut douter qu'il n'y en ait eu de marins dans le nombre, ainsi que nous le montrerons plus en détail quand nous en serons à l'article des serrans.

Ausone, cependant, a ramené ce nom à son acception primitive, lorsqu'il a dit que, parmi les poissons de rivière, la *perche* seule peut être comparée, pour le goût, aux poissons de mer, et même aux surmulets.[4]

Depuis lors le sens n'en a plus varié, et même c'est ce nom plus ou moins altéré qui sert encore à désigner la perche dans plusieurs langues d'origine latine[5] et teutonique.[6]

---

1. *Hist. nat.*, l. IX, c. 16. — 2. *Halieut.*, l. I, v. 124. — 3. *Deipnos.*, l. VII, p. 319.

4. *Nec te delicias mensarum perca silebo,*
   Amnigenos inter pisces dignande marinis,
   Solus puniceis facilis contendere mullis :
   Nam neque gustus iners; solidoque in corpore partes
   Segmentis coeunt, sed dissociantur aristis.
   (Auson., *Mosell.*, v. 115 et seq.)

5. *Persega*, en italien[1]; *pesce persico*, dans quelques cantons; *peisxe persio*, en portugais; *perca*, *persico*, en espagnol.

6. *Barsch*, *bersig*, en allemand; *perch*, en anglais; *baars*, en hollandais. Les noms provinciaux allemands varient beaucoup :

1. A Rome on la nomme *cerna*, selon Bélon.

La perche est répandue dans toute l'Europe tempérée, et dans une grande partie de l'Asie. On la trouve depuis l'Italie jusqu'en Suède. Il y en a beaucoup dans la Grande-Bretagne. Quelques îles de la mer du Nord paraissent seules en être dépourvues : elle n'est point mentionnée dans la Faune des Orcades ni dans celle du Groënland.

On en pêche, suivant *Pallas*[1] et *Georgi*[2], dans toute la Russie d'Europe et d'Asie, et les rivières qui se jettent dans la mer Gla-

---

barsch et *perschke* en Prusse ; *bars, stockbaarsch*, en Poméranie ; *berstling, perschling, warschieger*, en Autriche ; *bürstel*, en Bavière. En Suisse on la nomme *heuerling* à l'âge d'un an ; *egle* ou *elden*, à deux ans ; *stichling*, à trois, et *heeling* ou *bersig*, à quatre. En Lorraine, la perche s'appelle *hirlin*, ce qui est une corruption de *heuerling*.

En suédois on l'appelle *abborre*, et en danois *abborn*. J'ignore l'étymologie de ces mots. En russe elle se nomme *okun*, et sur le Don *tscekames*; *assaris*, chez les Lettes ; *ahren*, en Estonie ; *ahrena*, en Finlande ; *woskon* et *sitter*, en Laponie ; *wrentensa*, en Hongrie. Pallas donne la liste de ses noms dans tous les dialectes de l'Asie septentrionale : *olabuga* chez les Tartares ; *mœchiganija*, chez les Persans et les Buchares ; *alyssar*, chez les Jakutes ; *jokisch*, chez les Permiens ; *jusch*, chez les Votiakes ; *sümra* et *symir*, chez les Vogules ; *chirlekos* et *ulangi*, chez les Tschuwasches ; *chonshanchull*, chez les Ostiakes de Bérésow ; *tœü*, vers l'embouchure de l'Ob ; *tou* et *to* chez les Samoïèdes ; *schyrgy*, chez les Calmouques ; *alagani*, chez les Burètes ; *jeko*, chez les Tonguses. En japonais on l'appelle *Sôi*; en arménien, *kisil ganam*.

1. *Zoograph. rossic.*, t. III, p. 248. — 2. Description de l'empire russe, IIIe partie, t. 7, p. 1924.

ciale, dans la mer Baltique, dans la mer Noire et dans la mer Caspienne, en nourrissent toutes également. La mer Caspienne elle-même en possède, dit-on, qui n'en sortent qu'au printemps pour remonter les fleuves. Pallas remarque cependant qu'il ne s'en trouve ni dans la Léna, ni dans les rivières plus orientales. Enfin, nous verrons dans la suite que, si elle n'existe pas dans l'Amérique septentrionale, elle y est représentée par des poissons qui lui ressemblent tellement, que beaucoup de naturalistes pourraient les en croire de simples variétés.

Les lacs, les ruisseaux d'eau vive et les rivières, lui servent indifféremment de demeures; mais elle remonte plutôt vers les sources qu'elle ne descend vers les embouchures. Elle évite les approches de l'eau salée[1]; elle ne se tient pas non plus volontiers à une grande profondeur, et c'est d'ordinaire à deux ou trois pieds sous l'eau qu'on est le plus sûr

---

1. Pallas remarque cependant, *Zoogr. ross.*, p. 248, qu'au temps du frai, en Février et Mars, la perche et le brochet se tiennent volontiers dans un golfe de la mer Caspienne, nommé le *golfe amer*, et y restent à trente verstes de l'embouchure du Terek, et qu'ils évitent de remonter dans ce fleuve, quoiqu'il ne soit pas rapide et que l'on y voie des sandres et plusieurs cyprins.

de la prendre : les joncs, les roseaux, l'attirent volontiers, surtout quand elle est au moment de déposer son frai. En hiver cependant elle descend davantage.

Ses habitudes ne sont pas très-sociables. Même lorsqu'il y en a en nombre dans un étang ou dans une rivière, chacune a son allure à part, et elles ne forment pas de grandes troupes, comme font d'autres poissons. C'est en quelque sorte par bonds qu'elle nage : dans une eau tranquille, on la voit rester long-temps presque immobile, puis se porter tout d'un coup et avec une grande rapidité à quelque distance, pour y reprendre sa première immobilité. Elle s'élance rarement hors de l'eau, et ne vient guère à la surface que dans le temps chaud, lorsqu'elle peut saisir beaucoup de cousins ou de leurs larves. Elle se nourrit en général de vers, d'insectes qui nagent ou qui volent sur l'eau, de petits crustacés, de petits poissons, et comme sa voracité est extrême, elle ne met pas toujours dans le choix de sa proie les précautions nécessaires : ainsi, l'épinoche lui donne souvent la mort, parce que, redressant ses épines au moment où la perche veut l'avaler, elle les enfonce dans son palais ou dans son gosier : les salamandres, les petites couleuvres, les jeunes grenouilles, lui servent aussi d'alimens, et M. de Lacépède assure même qu'elle se jette avec avidité sur de jeunes rats d'eau. [1]

La perche fraie dès l'âge de trois ans, et lorsqu'elle peut avoir six pouces de longueur; mais on ne sait pas combien d'années elle peut mettre à atteindre toute sa croissance. Dans nos environs elle ne passe guère quinze à dix-huit pouces, et atteint rarement deux pieds : son poids est alors de trois à quatre livres. Il en est de même dans le lac de Genève, selon M. Jurine. Au dire de Pennant [2], on en a pris une de neuf livres dans la rivière serpentine de Hyde-Parck, à Londres; mais c'est sur le rapport d'autrui que cet auteur l'avance. Quant à la tête haute de deux empans, que l'on aurait conservée dans l'église de Lula, en Laponie, selon *Scheffer* [3], c'était sans doute celle de quelque autre espèce, probablement de notre *sébaste du Nord,* qui a été souvent désignée sous le nom de *perche de mer.*

Dans la Seine, c'est toujours le mois d'Avril qui est l'époque de son frai. Bloch assure qu'en Brandebourg ce n'est que dans les eaux peu

----

1. T. IV, p. 4o6.
2. *Brit. Zool.,* t. III, p. 212.
3. Histoire de la Laponie, traduction française, p. 33o.

profondes qu'elle fraie si tôt, et que sa ponte est plus tardive, lorsqu'il y a plus de fond.

La grosseur qu'acquiert en ce temps son ovaire, doit lui faire désirer vivement de se débarrasser de ce fardeau. Dans une perche de deux livres il pèse jusqu'à sept ou huit onces, et le nombre des œufs y va, selon *Harmers*[1], à près de 281,000, et selon M. *Picot*[2], à près d'un million : cette différence peut tenir à l'âge. Les grandes et vieilles perches paraissent en contenir plus que les petites, ce qui n'a rien d'étonnant, puisque les œufs des unes et des autres ont la même grandeur : ils sont très-menus, et on les a comparés à des grains de pavot.

Lorsque le moment est venu de s'en défaire, la perche femelle se frotte contre des corps durs; on dit même qu'elle sait faire entrer la pointe d'un jonc ou d'un roseau dans son oviducte, et attirer ainsi une partie du fluide glaireux qui enveloppe ses œufs. S'éloignant alors par des mouvemens sinueux, elle file en quelque sorte ce fluide et l'alonge en un long cordon semblable à ceux des œufs de grenouille, et qui a quelquefois

---

1. Cité par Bloch, d'après l'Encyclopédie allemande de Krünitz, t. XIII, p. 448.

2. Cité par M. de Lacépède, t. IV, p. 406.

plus de six pieds, mais qui est replié sur lui-même en divers sens, de manière à former des réseaux ou des pelotons. Quand on l'observe à la loupe, on trouve toujours quatre à cinq œufs réunis, par une pellicule, en une petite pelote sur laquelle s'appuie une autre pelote, de sorte que les œufs paraissent rapprochés dans des cellules carrées ou hexagonales.

A Paris, les mâles sont beaucoup moins nombreux. C'est à peine, au dire des pêcheurs, si l'on en prend un sur cinquante femelles, et peut-être arrive-t-il de là que beaucoup d'œufs ne sont pas fécondés, ce qui expliquerait pourquoi une espèce qui en produit tant n'est pas plus multipliée. Mais cette inégalité dans le nombre des individus de chaque sexe n'a pas lieu partout. Il y a tant de mâles dans le lac de Harlem, qu'un certain village, nommé *Lisse*, est renommé par un mets que l'on y prépare avec des laitances de perches.

Les pêcheurs du Brandebourg prétendent que les troupes de perches ont toujours un conducteur, qui se reconnaît à ce que ses opercules sont dépouillés de leur épiderme et transparens, de sorte que l'on voit les ouïes au travers, et ils attribuent cette conformation à ce que cet individu est plus exposé que les autres à différens contacts.

La perche est mieux armée que beaucoup d'autres poissons d'eau douce, contre les attaques de ses ennemis. Pour peu qu'elle ait grandi, ses épines doivent effrayer les poissons voraces; aussi dit-on qu'alors le brochet même ne l'attaque plus, quoique les petites perches soient l'un des appâts qui l'attirent avec le plus de force.

Les oiseaux d'eau, comme plongeons, harles et canards, la redoutent moins, et lui font une chasse très-active. Elle craint aussi le tonnerre et la gelée, et elle a ses ennemis intérieurs. M. *Rudolphi* [1] compte jusqu'à sept espèces de vers intestins qui vivent à ses dépens. Mais d'ailleurs sa vie est dure : Pennant nous dit que l'on peut la transporter dans de la paille sèche à soixante milles, et qu'elle survit à ce long voyage. [2]

On en apporte à Paris du fond du Bourbonnais, c'est-à-dire de plus de soixante lieues, mais dans des bateaux à réservoirs pleins d'eau et par le canal de Briare.

---

1. *Entozoorum synopsis*, p. 777. *Cucullanus elegans, ascaris truncatula, echinorhynchus angustatus, distoma tereticola, distoma nodulosum, distoma truncatum, ligula simplicissima.*
2. *Brit. Zool.*, t. III, p. 212.

Il arrive dans certaines circonstances que des perches prennent une sorte de bosse qui les rend monstrueuses. Linnæus en cite de telles de Fahlun, en Suède, et Pennant, d'un lac du comté de Merioneth, dans le pays de Galles. Le propriétaire de ce lac, sir Watkin William Wynn, baronet, lord-lieutenant du comté, a bien voulu nous en envoyer quelques individus, que nous avons placés au Cabinet du Roi. A cette déformation près, qui est sans doute occasionée par la nature des eaux, ces perches bossues ne diffèrent point du reste de l'espèce.

La chair de la perche est blanche, ferme, de bon goût et facile à digérer : les petites perches se mangent frites; plus grandes, on les fait cuire au court bouillon ou griller. Les Hollandais les aiment particulièrement cuites dans l'eau avec du persil; mets qu'ils appellent soupe au poisson. Les Lapons préparent avec la peau de la perche une colle de poisson, que l'on dit très-solide; à cet effet, ils la font macérer pour la dépouiller de ses écailles, et la cuisent jusqu'à ce qu'elle ait pris la consistance d'une gelée, après quoi ils la laissent refroidir. On pourrait probablement en fabriquer de semblable avec la peau d'une infinité d'autres poissons.

On prend la perche au filet, à la truble, dans des nasses et surtout à l'hameçon : sa voracité et son peu de prudence font qu'elle se prend avec facilité, en amorçant la ligne avec un ver ou une patte d'écrevisse : il faut avoir soin de ne pas donner plus de dix-huit pouces ou deux pieds de fond à la ligne, à cause de l'habitude qu'a ce poisson de s'enfoncer médiocrement. On dit que lorsqu'on prend la perche dans les filets, elle semble souvent morte, et demeure sans mouvement, renversée sur le dos; mais elle reprend bientôt son premier état.

Dans le lac de Genève[1], pendant l'hiver, saison où elle approche moins de la surface, il arrive quelquefois que si on pêche sur un fond de quarante à cinquante brasses, on en voit beaucoup flotter à la surface de l'eau avec l'estomac refoulé hors de la bouche, et elles périssent au bout de quelques jours, si l'on ne perce pas avec une épingle cette poche, qui est occasionée par la dilatation de l'air de la vessie natatoire; mais cet accident n'arrive point dans les lieux où les eaux ont moins de profondeur, et où l'air de la vessie ne peut être autant comprimé. On dit qu'il suffit que la perche ait

---

1. Jurine, Histoire des poissons du lac Léman, p. 154.

été touchée par la corde avec laquelle on tire le filet, pour qu'elle éprouve ce renversement de l'estomac, et en effet il y a cause suffisante pour qu'il ait lieu, sitôt que la peur la détermine à monter trop rapidement vers la surface. Comme le fait remarquer M. Jurine, à cinquante brasses, le poisson est sous le poids de plus de onze atmosphères; lorsque ce poids vient à cesser tout d'un coup, l'air se dilate plus vîte qu'il ne peut être résorbé, et dans cette espèce, comme dans la plupart des acanthoptérygiens, il n'a point d'issue ouverte vers l'œsophage ou vers l'estomac.

Description détaillée de l'extérieur de la Perche.

Ce poisson a le corps un peu comprimé, verticalement ovale, rétréci pour la tête, dont le museau est en pointe mousse, et pour la queue, qui est presque cylindrique. Sa plus grande hauteur au-dessus des ventrales est environ le tiers de sa longueur, en y comprenant la caudale, et sa plus grande épaisseur le sixième. La longueur de sa tête, depuis le museau jusqu'à l'angle de l'opercule, fait les deux septièmes, et sa hauteur à l'endroit de l'œil un septième. Le dos et le ventre sont obtus dans toute leur longueur. La nuque descend par une ligne d'abord un peu convexe, et qui devient un peu concave pour former le front, lequel est presque plan et assez large; ensuite le museau reprend un peu de convexité. Les mâchoires sont à peu près égales, et l'ouverture de la gueule ne fait guère plus du quart de la longueur de la tête.

L'œil est au-dessus de la commissure, presque à la hauteur du front, un peu plus voisin du museau que des ouïes, rond, et d'un diamètre qui est à peu près le sixième de la longueur de la tête; l'intervalle des yeux est double de leur diamètre.

Le maxillaire, presque droit, grêle dans le haut, s'élargit vers le bas, et y est coupé carrément; les intermaxillaires sont minces, les lèvres simples, peu charnues, surtout celle d'en haut; la mâchoire supérieure est peu protractile; l'inférieure a ses branches à peu près horizontales, et creusées chacune de quatre fossettes peu profondes. Les dents forment sur les intermaxillaires et les mandibulaires une large bande de fin velours, qui se rétrécit en arrière. Derrière les intermaxillaires est un large voile membraneux, qui forme une valvule dirigée vers l'intérieur de la bouche, et derrière ce voile, l'extrémité du vomer fait une saillie au palais, dont la configuration est celle d'un rein, et qui est garnie d'une petite plaque de dents en fin velours. De chaque côté le palatin porte une bande de dents pareilles, qui se dirige en arrière en se rétrécissant. Le milieu du palais est lisse, ainsi que la langue, qui est grande, saillante, charnue, et a sa pointe obtuse retenue par un frein vertical. Les pharyngiens supérieurs forment de chaque côté trois plaques ovales, et les inférieurs de chaque côté une oblongue pointue en arrière:

toutes couvertes de dents en velours. Chaque arc branchial est garni d'une double rangée de petits tubercules, hérissés aussi de dents en velours; la rangée antérieure du premier arc s'alonge un peu en forme de dents de rateau.

Le premier sous-orbitaire est à peu près lisse, et n'a que quelques dentelures à peine visibles à son bord inférieur, vers l'arrière; elles disparaissent même tout-à-fait dans quelques individus: il ne couvre que l'intervalle qui est en avant entre l'œil et la mâchoire; au-dessus de son bord frontal sont les deux orifices de la narine, assez rapprochés l'un de l'autre, et sous son angle antérieur, à la base du maxillaire, on voit une petite fossette aveugle; en arrière il se continue avec quelques autres osselets qui cernent l'orbite. Sur le crâne, lorsque la peau commence à se dessécher, on voit deux centres d'irradiations saillantes et irrégulières qui envoient chacun un rayon plus large, et ces deux rayons descendent parallèlement dans l'intervalle des yeux. La joue n'est pas cuirassée, mais revêtue de petites écailles. Le préopercule est rectangulaire, et a son angle arrondi; son limbe est sans écailles; son bord montant est finement dentelé à très-petites dents, qui disparaissent presque dans le haut; au bord inférieur elles sont plus grosses, et dirigées en avant; l'on y en compte cinq ou six au plus, qui vont en grossissant jusqu'à l'antérieure, qui est la plus forte. L'opercule a des écailles dans sa moitié supérieure seulement; sa surface offre de légères stries en rayons à peine visibles, surtout lorsque l'animal est frais : il se termine en pointe aiguë, sous laquelle son bord a quelques dentelures, et au-dessus de cette pointe est un petit lobe obtus. La pointe du subopercule se porte plus en arrière que celle de l'opercule, et est obtuse et très-mince ; son bord est finement dentelé à son tiers inférieur, ainsi que presque tout celui de l'interopercule ; mais dans l'animal frais ces petites dentelures, recouvertes par l'épiderme, se voient difficilement. Presque toute la surface du subopercule est écailleuse, mais l'interopercule manque d'écailles, ainsi que les nageoires, le sous-orbitaire et tout le dessus de la tête.

Les ouïes sont bien fendues, et jusque sous le milieu de la mâchoire inférieure, la membrane de la gorge, qui est lisse et charnue, étant échancrée à cet effet. Les deux membranes des ouïes sont très à découvert ; leurs extrémités antérieures se croisent un peu l'une sur l'autre ; il y a dans chacune sept rayons arqués et forts.

Sur l'angle supérieur des ouïes se voit le premier os de l'épaule, ou le surscapulaire, sous forme d'une écaille plus grande que les autres, et dentelée en scie ; le second, ou le scapulaire, également dentelé, continue le bord postérieur de leur fente, et l'huméral le complète ; il forme au-dessus de la pectorale un angle saillant en arrière, à pointe obtuse et un peu dentelée.

On compte environ soixante-dix écailles sur une ligne, depuis les ouïes jusqu'à la caudale, et il y en a trente du dos au ventre, à l'endroit le plus large. Toutes sont lisses, et ont le bord visible arrondi et garni de cils courts, fins et un peu rudes. Leur contour est plus large que long, et quand on les arrache, on voit que leur partie cachée s'élargit et est marquée dans son milieu de six rayons divergens, qui forment un éventail, et interceptent au bord postérieur cinq dentelures obtuses.

La ligne latérale est à peu près parallèle à la ligne du dos, dont elle n'est distante vers le milieu du corps que du quart de la hauteur totale; à la queue, elle est à peu près au milieu de la hauteur. Elle se marque sur chaque écaille par une petite élevure et une petite impression oblique.

La première dorsale commence sur le dos, vis-à-vis de la pointe de l'opercule; sa partie épineuse occupe un espace qui est le tiers de la longueur totale, non compris la caudale. Ses rayons, au nombre de quinze, sont tous forts et pointus, et peu différens en hauteur, excepté les derniers, et surtout le quinzième, qu'on voit à peine, si on ne le cherche; le plus élevé, qui est le cinquième, l'est des deux cinquièmes de la hauteur du corps au-dessous de lui. La membrane en est médiocrement forte, sans lambeaux ni autres divisions; elle se termine précisément où commence la seconde dorsale (un peu plus avant que vis-à-vis de l'anus). Il y a des individus qui n'ont que treize rayons, et dans ce cas les deux dorsales sont plus éloignées l'une de l'autre.

La deuxième dorsale s'élève à peu près autant que la première, mais elle est d'un tiers moins longue. Son premier rayon est épineux, grêle, et de moitié moins haut que le premier de ceux qui le suivent. Tous ceux-ci, au nombre de treize, sont mous, articulés et branchus. Le plus élevé, qui est le troisième, ne l'est pas tout-à-fait autant que le cinquième des épineux. Quelques individus ont deux rayons épineux à la deuxième dorsale, et alors les deux dorsales se touchent tout-à-fait. En arrière de cette deuxième dorsale, il reste sur la queue un espace sans nageoire, égal au sixième de la longueur totale. Cette partie, qui forme la queue proprement dite, n'a guère que le cinquième de la hauteur du corps.

La nageoire caudale a son bord postérieur légèrement rentré en arc; on voit quelques petites écailles entre les bases de ses rayons supérieurs et inférieurs; en ne prenant que ceux qui s'étendent jusqu'au bord, on lui en compte dix-sept, tous branchus, excepté le premier et le dernier; mais à la base de ces deux-là il s'en trouve encore quelques petits. La longueur de cette caudale est le septième de la longueur totale.

L'anus est sous le commencement de la première dorsale; sa distance à la caudale est double de sa distance au museau.

La nageoire anale répond au milieu de la deuxième dorsale; elle est aussi haute, mais plus courte; elle a en avant deux rayons épineux et forts; ses deux premiers rayons mous sont les plus longs, et lui donnent une coupe anguleuse : il y en a en tout huit mous, tous articulés et branchus.

La pectorale est ovale, assez faible, longue du sixième du total; ses rayons sont au nombre de quatorze, dont les deux extrêmes sont les plus courts et les plus faibles; le premier et le deuxième sont simples, quoiqu'articulés : tous les autres sont articulés et branchus. La ventrale est à peu près aussi longue que la pectorale, mais plus large, plus pointue; à cinq rayons mous plus branchus et plus épais, et un épineux à son bord externe, assez fort, d'un tiers plus court que les mous. L'insertion des ventrales se fait sous les pectorales, mais un peu plus en arrière que la leur. Il n'y a point entre ni au-dessus d'elles, d'écailles de formes particulières.

On peut donc exprimer les nombres des rayons de la perche par cette formule :

B. 7; D. 15 — 1/13; A. 2/8; C. 17; P. 14; V. 1/5.

Le fond de la couleur de la perche est un jaune doré (à peu près celui du laiton), tirant un peu sur le verdâtre, devenant un peu plus doré aux flancs, et d'un blanc presque mat sous tout le dessous du corps. Le dos est d'un vert un peu plus noirâtre, et donne des bandes noirâtres qui descendent sur les côtés, où elles se perdent. On en compte cinq principales : la première sur la nuque, la seconde en arrière de la pectorale, la troisième entre les deux dorsales, la quatrième sous la deuxième, la cinquième sur la queue; mais il y en a souvent six, et quelquefois sept, huit, et même davantage, selon quelques auteurs. Il arrive d'autres fois qu'au lieu de bandes verticales on voit du noirâtre répandu comme par nuages sur une partie du flanc. Le dessus de la tête est d'un noirâtre plus foncé que le dos. L'iris est d'un brun doré, et le cristallin paraît au travers de la pupille comme une topaze, à cause de la couleur de la cornée transparente. La première dorsale est grise, ou tirant un peu sur le violet, et a une grande tache noire entre ses douzième, treizième et quatorzième rayons; quelquefois elle a des nuages noirâtres en plusieurs endroits. La deuxième tire sur le jaune verdâtre, ou bien elle a quelquefois du noirâtre sur sa membrane et du jaunâtre sur ses rayons. La pectorale est jaune-rougeâtre et transparente. Les ventrales et l'anale sont du plus beau rouge de minium ou de vermillon, ainsi que le bord inférieur et postérieur de la caudale. Le reste de cette dernière est d'un rouge plus foncé, teint même de noirâtre vers sa base. Il y a du blanc à l'épine et au bord interne des ventrales, et à la base de l'anale. Quelquefois le rouge des nageoires est pâle, ou même elles ne sont pas colorées; ce qui, selon M. Jurine, dépend du sol où la perche a vécu et des alimens qu'elle a pris.

Description des viscères de la Perche.

A l'ouverture de l'abdomen d'une femelle pleine, l'ovaire se présente presque seul; la dernière partie du canal intestinal marche à son côté gauche; en avant est le foie, placé obliquement de droite à gauche. Parallèlement à son bord on voit d'un côté un des cœcum et les deux premières parties de l'intestin. Plus profondément est un deuxième cœcum, et ensuite l'estomac, dont la pointe se montre à gauche derrière l'extrémité du foie. L'intestin tient à un long mésentère, et de sa face opposée pend une membrane épiploïque et graisseuse. Une rate oblongue, longue de neuf à dix lignes, d'un rouge foncé, est suspendue entre les deux premières parties de l'intestin.

L'œsophage est cylindrique, serré, et à parois très-épaisses et charnues; il conduit sans rétrécissement dans un estomac également cylindrique, épais, terminé par un fond obtus, et renforcé de chaque côté par une bande longitudinale musculaire, sensible à l'extérieur. La veloutée forme en dedans six ou huit plis longitudinaux et saillans, qui règnent depuis le pharynx jusqu'au fond.

Au milieu de la longueur commune de l'œsophage et de l'estomac, sort la branche de ce dernier, qui va au pylore, et dans laquelle se voient aussi des plis intérieurs. Un pli transversal fait l'office de valvule du pylore, et immédiatement derrière sont les orifices des trois cœcum. Ceux-ci sont longs chacun d'un peu plus d'un pouce.

L'intestin ne fait qu'un repli vers le milieu de la longueur de l'abdomen, revient alors sur lui-même près du pylore, et retourne ensuite directement vers l'anus.

L'intérieur des cœcum est garni d'une villosité en forme de petits lambeaux, nombreux et serrés. La première partie de l'intestin a ses parois un peu plus épaisses, et garnies d'une villosité semblable; ensuite il s'amincit, sa villosité devient moins apparente, et se réduit enfin à un simple réseau de la lame interne, à petites mailles serrées. A deux pouces de l'anus est une valvule circulaire, large, mince, et dont les bords sont frangés et dirigés vers l'anus.

Le foie, placé immédiatement derrière le diaphragme et au-dessous de l'estomac, a sa partie droite courte et arrondie; la gauche est oblongue, et se porte en arrière, jusque vers le tiers de l'abdomen. Ses lobes ne sont point séparés par une échancrure; sa couleur est rougeâtre, et l'on voit de belles ramifications vasculaires à sa surface. La vésicule du fiel est assez grande, et le canal cholédoque s'insère tout près de l'entrée du cœcum inférieur.

Il n'y a qu'un ovaire très-grand, de forme ovale, dont les lames intérieures sont environ au nombre de vingt.

La vessie natatoire est très-grande, et occupe toute la longueur et la largeur de l'abdomen, au-dessus des intestins; et l'on ne comprend pas comment Bloch et Gmelin ont pu en contester l'existence. Ses parois sont transparentes, minces et peu robustes; on voit à sa face inférieure, au travers de ses parois, des groupes de pinceaux rouges, au nombre de trois de chaque côté, à chacun desquels se rend un rameau d'une branche de l'artère céliaque.

Le mésentère est formé d'un repli du péritoine qui couvre le devant de la vessie. Il n'y a aucune communication de la vessie avec le canal intestinal.

Les reins occupent, dans toute la longueur de l'abdomen, des deux côtés de l'épine, une bande lobée à son bord externe, qui se rétrécit en arrière, s'élargit en avant, et donne derrière le diaphragme, de chaque côté, un lobe ovale de six lignes pendant en arrière, dont celui de gauche s'unit à celui de droite par une bande transversale. Ils sont très-rouges, trèsvasculeux. Les uretères sont droits, argentés, et sortent de leur pointe postérieure. Ils aboutissent au bas de la vessie urinaire, qui est en forme de sac, placée au-dessus de la fin de l'ovaire.

Les laitances du mâle sont doubles, et remplies d'une liqueur du plus beau blanc.

Le cœur est en pyramide trièdre, la pointe dirigée en arrière; l'oreillette placée au-dessus de lui, et très-profondément divisée en trois lobes principaux; le bulbe de l'aorte en avant, à parois très-épaisses. Il y a deux valvules à l'entrée de la veine cave, deux à celle du ventricule, deux à celle de l'aorte, toutes semi-lunaires. Les colonnes charnues de l'intérieur de l'aorte ne forment point de valvules à leur sommet.

Dans le cerveau, les lobes antérieurs sont divisés en deux parties par un sillon transverse; l'antérieure est la plus petite; la postérieure est moitié aussi grande que le lobe creux. Les cornes d'Ammon se distinguent sur toute la longueur du lobe creux; les petits tubercules internes sont divisés en quatre par un sillon transverse; les lobes inférieurs sont considérables, ovales, égalant à peu près la moitié des lobes creux. Le cervelet est en forme de bonnet phrygien, gros, médiocrement alongé, obtus; les tubercules derrière lui sont fort petits, à peine sensibles. Le nerf olfactif est divisé en deux; l'optique est très-gros, et croisé très-près de son origine.

Dans l'œil, la cornée transparente est teinte d'un beau jaune de topaze; le cercle formé autour d'elle par la cornée opaque est d'un jaune doré teint de noir. L'iris est argenté, mais paraît doré à cause de la teinte de la cornée; le cristallin est parfaitement globuleux et transparent, retenu par une petite production ou repli de la choroïde, couverte de rétine qui s'avance dans l'épaisseur de la face antérieure du vitré, jusqu'à très-peu de distance du cristallin, et y tient sans doute par quelque lame transversale. La sclérotique est soutenue par deux lames demi-osseuses, plus dures que le reste de sa substance. Sa face interne est revêtue d'un tissu muqueux couleur d'argent; la glande choroïdienne est en fer à cheval, grande, très-épaisse, d'un rouge très-foncé; la choroïde est d'un noir très-profond, et partout la rétine la tapisse, et ne paraît pas faire de plis.

Les grandes pierres de l'oreille sont en ellipse irrégulière, de quatre lignes de long sur trois de large, concaves en dehors, convexes en dedans, avec un sillon profond à la face interne; crénelées tout autour, avec une forte échancrure à l'extrémité antérieure.

On trouve, dans les intestins, des échinorinques de cinq ou six lignes de long, tout blancs.

Description du squelette de la Perche.

Nous avons déjà vu à l'extérieur ce qui regarde l'ensemble de la forme, et les détails particuliers des dents, des pièces sous-orbitaires et operculaires, et des rayons des branchies et des nageoires.

Le crâne est peu convexe, et couvert en dessus dans sa presque-totalité par les frontaux principaux.

En avant est un petit ethmoïde, qui a un corps comprimé et une lame supérieure obtuse ; à ses côtés sont les os nasaux, étroits, un peu échancrés en arrière ; des deux côtés du frontal, en avant, sont les frontaux antérieurs, irrégulièrement triangulaires, percés chacun d'un trou pour le passage du nerf olfactif.

C'est dans la fosse entre le frontal antérieur, le nasal, l'ethmoïde, le vomer et le premier sous-orbitaire, qu'est contenue la narine.

Les pariétaux sont petits ; les crêtes du crâne n'avancent point sur la face supérieure, et sont de simples apophyses de l'occiput. La crête mitoyenne, celle de l'occipital supérieur, est comprimée et triangulaire, sans s'élever au-dessus du niveau des frontaux ; elle s'unit par un fort ligament au premier interosseux. La latérale, donnée par l'occipital externe, est courte et plate ; l'externe, celle du mastoïdien, est un peu plus pointue, sans être beaucoup plus longue. Le premier sous-orbitaire est grand, triangulaire, un peu curviligne ; il en vient ensuite cinq autres, petits, qui complètent le cadre de l'orbite, le dernier se rattachant au frontal postérieur. Il y a une seconde suite de trois ou quatre osselets sur la fourche que fait le premier os de l'épaule, pour se suspendre au crâne. Tous ces petits os ont des parties élevées sous lesquelles pénètrent des pores ou de petits conduits.

Les autres appareils de la tête n'ont rien de remarquable que l'on ne puisse déjà juger par ce qui se montre à l'extérieur. L'os impair et vertical de l'hyoïde est long, plus haut en arrière, et a son bord inférieur double en avant. Les trois os de l'épaule sont dentelés dans leur partie au-dessus de la pectorale ; les os de l'avant-bras ne forment qu'une seule table. Les coracoïdiens descendent verticalement ; le supérieur est ovale, l'inférieur pointu. Les deux os du bassin forment ensemble un triangle isocèle un peu concave en dessous, dont les bords externes sont doubles, et le bord postérieur renflé, portant une pointe en avant et une autre en arrière, entre les deux nageoires.

L'épine du dos a quarante-deux vertèbres, dont vingt-une sur la cavité abdominale, et les vingt-une autres à la queue ; la dernière est dilatée verticalement, pour porter les rayons de la caudale. Il y a vingt paires de côtes, qui commencent dès la première vertèbre. Les deux dernières vertèbres, sur l'abdomen, n'ont que des apophyses transverses descendantes et dilatées. Les deux premières côtes sont simples ; les douze suivantes sont fourchues, c'est-à-dire qu'elles ont chacune une petite côte ou une arête, adhérente vers le tiers ou le quart supérieur de leur face externe ; les six ou sept premières côtes s'attachent au corps de la vertèbre. Petit à petit les apophyses transverses s'alongent, et les six ou huit dernières côtes ne tiennent qu'à leur extrémité. Les apophyses transverses de la dernière vertèbre de l'abdomen se soudent en une seule plaque, qui porte le premier interépineux de l'anale. Il y a sur toutes les vertèbres des apophyses épineuses, pointues, dirigées un peu obliquement en arrière. Les vertèbres de la queue en ont de semblables au-dessous. Le corps de chaque vertèbre a son milieu plus mince que ses extrémités, et le vide qui en résulte en dessous occupé par deux arêtes longitudinales; en avant de l'interépineux qui porte le premier rayon de la première et même de la seconde dorsale, en est un qui n'en porte point.

Des Poissons étrangers les plus rapprochés de la Perche commune.

La Perche sans bandes, d'Italie.
(*Perca italica*, nob.)

L'Italie produit en certains cantons une perche qui pourrait bien ne pas être une simple variété de la nôtre.

Elle n'a point de bandes noirâtres; sa tête est un peu plus grande à proportion; les dentelures du bord inférieur de son préopercule sont plus fortes, plus aiguës et moins nombreuses, et sa deuxième dorsale est plus haute à proportion que dans la perche commune : sa hauteur égale sa longueur; dans la commune elle n'en fait que les deux tiers. D'ailleurs ce poisson ressemble entièrement, par l'ensemble et les détails, à la perche commune. Les individus que nous avons observés sont longs de neuf pouces.

M. Savigny, à qui nous devons cette perche, assure que c'est la seule que l'on voie en certaines saisons sur les marchés de Bologne.

En attendant qu'il soit constaté si ses caractères sont constans, et si elle diffère ou non par l'espèce de la perche à bandes, nous la nommerons *perca italica*.

La PERCHE JAUNATRE D'AMÉRIQUE.

(*Perca flavescens,* nob.)[1]

C'est surtout l'Amérique septentrionale qui est riche en perches fort voisines de celle de nos rivières.

Il en a été envoyé une de New-York, par M. Milbert, qu'il faut examiner de bien près pour ne pas la confondre avec la nôtre. M. Richardson l'a aussi trouvée dans le lac Huron.

Sa tête est un peu plus longue, son museau un peu plus pointu, son crâne un peu plus lisse, les dentelures inférieures de son préopercule un peu plus fines, et la tache noire de sa première dorsale plus étendue et moins nette : toutes différences, comme on voit, bien légères; mais ses bandes, le nombre de ses rayons, ses couleurs et tous ses autres détails sont les mêmes.

D. 13—2/13; C. 17; A. 2/8; P. 15; V. 1/5.

Nos individus sont longs de sept pouces.

Nous ne pouvons douter que ce ne soit

---

1. *Bodianus flavescens*, Mitch., Trans. de la soc. de New-York, t. I.ᵉʳ, p. 421, n.° 7.

la *perche jaune* ou *bodianus flavescens*, de M. Mitchill. D'après une expérience faite par ce naturaliste, ce poisson serait aussi facile et aussi avantageux à transporter que notre perche d'Europe.

La Perche a opercules grenus.

(*Perca serrato-granulata*, nob.)

Une autre espèce de New-York, envoyée également par M. Milbert, s'éloigne un peu davantage de la nôtre, bien qu'elle ait aussi ses formes et ses couleurs.

Elle est plus épaisse; son crâne est plus large, et a des stries rayonnées et grenues; l'opercule est aussi granulé en rayons, et fortement dentelé à son bord inférieur; son lobe supérieur est comme effacé, mais sa pointe est fort aiguë. Dans quelques individus, le préopercule, sans dents sur les deux tiers de sa hauteur, n'en a que vers l'angle; dans d'autres il a des dentelures partout. Celles de son bord inférieur sont constamment plus fines et plus nombreuses qu'à l'espèce d'Europe. Le subopercule est dentelé sur les deux tiers de son bord.

D. 14 — 2/13 et quelquefois 1/14; A. 2/7 ou 2/8; C. 17; P. 13; V. 1/5.

Cette perche a les écailles à peu près lisses; ses couleurs sont encore peu différentes de celles de notre perche; une teinte verdâtre changeant en jaunâtre et en blanc sous le corps; sept larges bandes verticales noirâtres, qui se perdent vers le ventre; des ventrales rouges, une anale jaune, etc. : le noir de la première dorsale est nuageux et peu prononcé.

Nos individus ont près d'un pied.

La PERCHE A TÊTE GRENUE.
(*Perca granulata,* nob.)

Il nous est venu du même pays, par MM. Milbert et Lesueur, une troisième espèce, dont les caractères sont plus marqués.

A la vérité, par ses couleurs, par ses bandes, par le rouge de ses nageoires inférieures, elle ressemble encore extrêmement à la nôtre; mais ses dents du vomer sont plus fortes; les dentelures de son préopercule sont plus fines, surtout au bord inférieur; ses écailles ont les bords à peu près lisses, et son crâne est surtout rendu plus inégal par des grains saillans disposés en rayons sur ses pariétaux. Son opercule est faiblement strié et n'a que peu de dentelures.

D. 15—2/13; A. 2/8; C. 17; P. 15; V. 1/5.

Nos individus ont un pied et plus de longueur.

Ces trois perches n'ont aussi qu'un ovaire unique. Elles seraient certainement confondues avec la nôtre, par un voyageur qui les observerait chacune isolément et sans pouvoir en faire, comme nous, un rapprochement et une comparaison immédiate. C'est

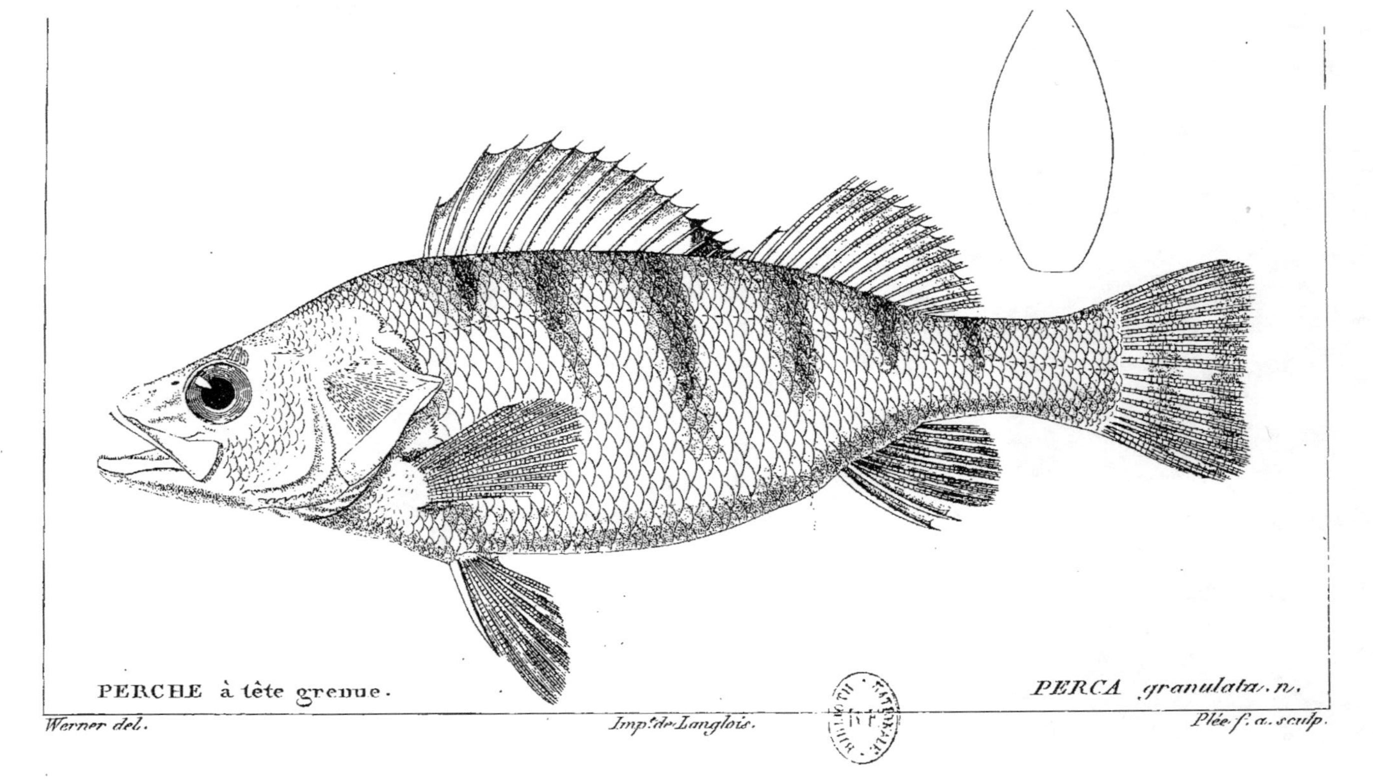

PERCHE à tête grenue.
PERCA granulata. n.

Werner del.
Imp.^{ie} de Langlois.
Plée f. a. sculp.

probablement d'après l'une d'elles que Forster avait cru pouvoir compter notre perche parmi les poissons américains. [1]

On peut croire qu'habitant les eaux qui se jettent des montagnes bleues vers l'Atlantique, elles ne sont pas pour cela étrangères à celles qui se rendent dans les grands lacs, ni à ces lacs eux-mêmes, et même nous en avons la preuve pour la première; mais il y a aussi dans ces lacs des perches différentes, dont nous avons dû deux espèces au zèle infatigable de MM. Milbert et Lesueur.

La Perche a museau pointu.
(*Perca acuta*, nob.)

L'une de ces deux espèces vient du lac *Ontario*.

Elle est assez semblable à la perche jaunâtre; mais sa mâchoire inférieure est plus alongée à proportion, son museau plus pointu; elle a de fines dentelures au préopercule, et même à son bord inférieur, et quelques-unes assez fortes à l'opercule, immédiatement au-dessous de sa pointe. On compte sur ses flancs sept bandes noirâtres, qui descendent jusqu'au ventre, et dans leurs intervalles sept demi-bandes plus ou moins irrégulières, qui n'occupent

------

1. Schœpf, *Naturforsch.*, t. XX, p. 17.

que la partie dorsale. La première dorsale n'a pas de tache noire; son dernier aiguillon et le premier de la seconde sont très-courts.

D. 13 ou 14 — 2/14; A. 2/7; C. 17; P. 14; V. 1/5.

Nos individus sont longs de huit pouces.

La PERCHE GRÊLE.

(*Perca gracilis*, nob.)

L'autre espèce vient du Shenkateles, petit lac de l'état de New-York, dont les eaux tombent dans le lac Ontario, par la rivière Sénéga.

Elle ressemble aussi à la perche jaunâtre; mais la proportion de sa hauteur à sa longueur est moindre; la ligne de son profil est moins concave qu'aux précédentes; ses bandes et ses demi-bandes sont moins inégales; elle n'a point de dentelures à l'opercule, et celles du préopercule sont très-fines. L'épine de sa seconde dorsale est extrêmement faible et courte. Le fond de sa couleur paraît avoir été d'un fauve doré; ses nageoires inférieures sont jaunes; la tache de sa première dorsale est petite.

D. 12 — 1/13; A. 2/8; C. 19; P. 12; V. 1/5.

Les individus que nous en possédons ne sont longs que de quatre pouces.

Nous la nommons *perca gracilis,* à cause de son peu de hauteur.

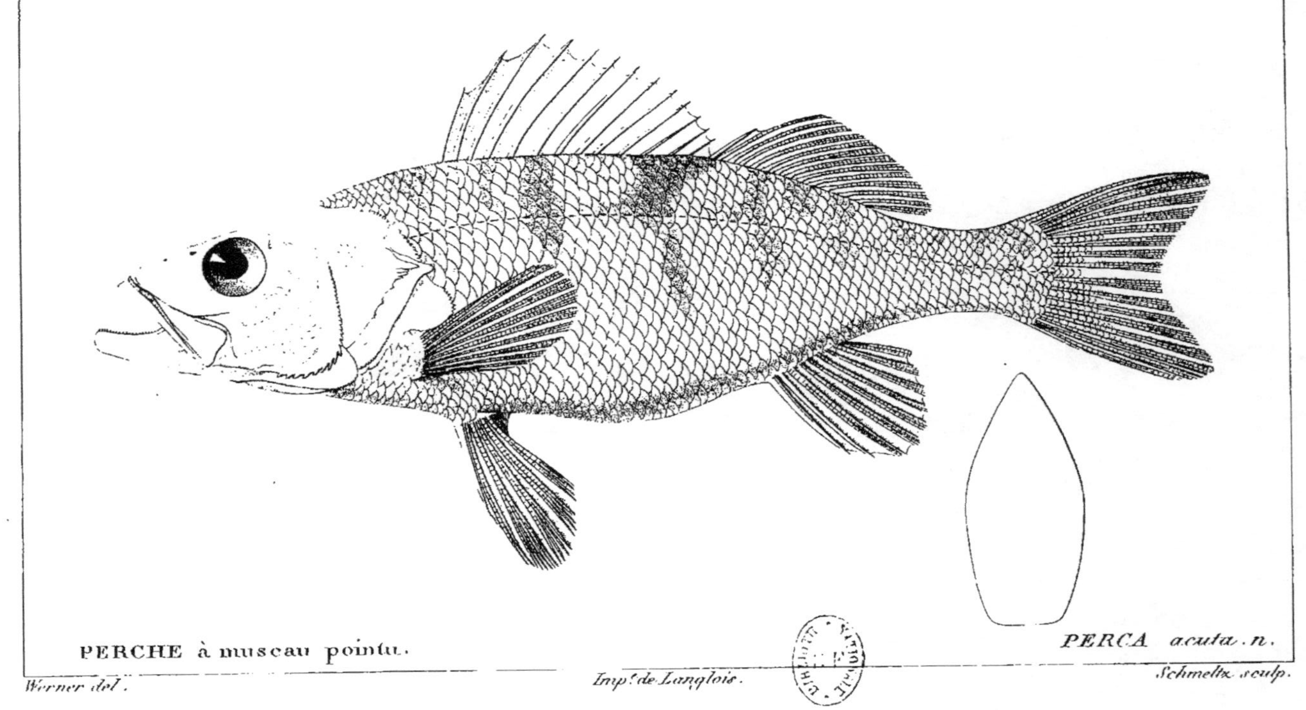

PERCHE à museau pointu.   PERCA acuta. n.

La PERCHE DE PLUMIER.

(*Perca Plumieri,* nob.)[1]

Nous pensons qu'il faut encore joindre à ces perches des États-Unis un poisson des Antilles que nous n'avons pas vu, mais que tout nous annonce être du même groupe.

C'est celui que, d'après un dessin de Plumier, Bloch a publié sous le nom de *sciæna Plumieri,* et que, d'après une copie peu exacte du même dessin, faite par Aubriet, M. de Lacépède a donné une seconde fois sous celui de *chéilodiptère chrysoptère.*

La figure originale montre une dentelure au préopercule, une pointe à l'opercule et toutes les formes de la perche.

Le fond de la couleur est blanchâtre, rayé longitudinalement de quatre rubans jaunes, et traversé par huit bandes verticales noirâtres; les nageoires sont jaunes, excepté la première dorsale et la pectorale, qui sont grises. L'anale a une épine longue et forte, de couleur noire; les deux rayons extrêmes de la caudale sont noirs aussi.

---

1. *Chelo niger ex auro et argenteo virgatus,* Plumier, Aubriet; *sciæna Plumieri,* Bl., pl. 3o6; *Centropome Plumier,* Lacép., t. IV, p. 268, et *Chéilodiptère chrysoptère, id.,* t. III, p. 542, et pl. 23, fig. 1.

Nous ne pouvons pas en dire davantage, parce que nous savons par expérience que dans les dessins de Plumier les nombres des rayons sont marqués un peu au hasard, ce naturaliste, d'ailleurs si attentif, ne s'étant pas douté que ces nombres deviendraient un jour des caractères importans. [1]

La Perche ciliée.

(*Perca ciliata*, K. et V. H.)

Les Indes orientales produisent aussi des perches fort rapprochées de celle d'Europe. MM. Kuhl et Van-Hasselt en ont envoyé une au Musée des Pays-Bas, des eaux douces de Bantam, dans l'île de Java.

Elle est assez semblable à la nôtre pour la forme ; son front est de même inégal par des rayons granuleux qui partent de deux points centraux placés au-dessus des yeux. Sa couleur est verdâtre sur le dos, argentée sous le ventre ; une teinte noirâtre règne au haut de sa deuxième dorsale et à chaque angle de sa caudale ; mais elle n'a pas, comme la plupart des perches, une tache noire à sa première

---

1. Bloch a cru les voir comme il suit :
     D. 9—2/8 ; A. 2/7 ; C. 22 ; P. 13 ; V. 1/6.
Je vois sur les dessins d'Aubriet :
     D. 9—2/7 ; A. 1/9.

dorsale, et le nombre des rayons de cette nageoire est moindre que dans les autres espèces. Ses écailles, ciliées apparemment d'une manière plus sensible encore que dans les autres, l'ont fait nommer par les naturalistes qui l'ont découverte, *perca ciliata*.

D. 9 — 1/11; A. 3/10; C. 17; P. 12; V. 1/5.

L'individu est long de neuf pouces.

La PERCHE A CAUDALE BORDÉE DE NOIR.

(*Perca marginata,* nob.)

Feu Péron avait rapporté de son voyage une très-petite perche, remarquable parmi toutes les autres par le grand nombre des rayons de sa deuxième dorsale.

Les individus n'ont que trois pouces et demi; ils sont un peu plus alongés que la perche commune; leur sous-orbitaire est distinctement dentelé, ce qui les rapproche des varioles; mais le préopercule n'a point de grosses dents, et est arrondi et finement dentelé tout autour. L'opercule osseux finit par une pointe et par un petit lobe au-dessus; la caudale est fourchue et bordée de noir; les autres nageoires sont grises. Tout le corps est argenté, un peu teint de verdâtre.

D. 9 — 1/17; A. 3/10; C. 17; P. 17; V. 1/5.

On ignore le lieu précis où ce poisson a été pris.

La Perche a taches rouges.
(*Perca trutta*, nob.) [1]

C'est auprès de cette perche bordée que paraît devoir se placer le *sciæna trutta* de Forster, que nous n'avons pas vu, mais dont nous avons le dessin copié de ceux de Banks, et dont Schneider a publié la description, p. 542.

Sa forme est semblable, et ses nombres de rayons à peu près les mêmes que dans la perche bordée.

D. 9/18; A. 3/9; C. 20 (y compris sans doute les petits rayons); P. 16; V. 1/5.

Son dos est bleuâtre, avec des bandes plus bleues, peu terminées, ondulées, descendant jusqu'à la ligne latérale; au-dessous de cette ligne sont semées sur un fond argenté des taches ovales d'un rouge doré; la mâchoire inférieure est un peu plus longue que l'autre; les dents sont en velours : il y en a sur le devant du palais. Ce que l'auteur ajoute sur les opercules est obscur; il les dit de cinq pièces et scabres à leurs bords; apparemment qu'il aura compté dans leur nombre le sous-orbitaire, ou peut-être le surscapulaire.

On avait pris ce poisson près du détroit de Cook qui sépare les deux îles de la Nouvelle-Zélande, et on le trouva délicieux; les indigènes le nomment *kahavai.* Sa taille n'est pas indiquée.

---

1. *Sciæna trutta*, Forst. ap. Bl. (Schn.), p. 542.

CHAPITRE II.

Des Bars (Labrax).[1]

Nous n'ignorons point que Pallas a donné le nom de *labrax* à un genre de poissons de la mer de Kamtschatka, reconnaissable à ce caractère très-particulier d'avoir plusieurs lignes latérales; mais nous trouvons que c'est aussi par trop abuser de l'autorité que les modernes s'attribuent sur la nomenclature des anciens, que d'employer pour des poissons que les anciens ne peuvent avoir connus, le nom d'une des espèces qu'ils connaissaient le mieux et estimaient le plus, et dont ils parlent le plus souvent. Nous croyons donc juste de restituer le nom de *labrax* au sous-genre qui comprend le véritable *labrax* des Grecs, et qui se distingue de celui des perches proprement dites par les écailles et les deux épines de son opercule, l'âpreté de sa langue, et d'autres traits, que nous expliquerons plus au long dans l'histoire de sa première espèce.

---

1. Nous avons cru, pour plus de clarté, devoir donner un nom particulier à chaque sous-genre; mais ceux qui tiendraient à conserver la nomenclature des grands genres de Linnæus, pourraient placer ce nom sous-générique entre deux parenthèses, comme Linnæus l'a fait en quelques occasions, et dire, par exemple: *Perca* (*labrax*) *lupus*; *Perca* (*labrax*) *lineata*, etc.

Du Bar commun d'Europe,

Autrement nommé Loup, *ou* Loubine.

(*Perca labrax*, L.; *Labrax lupus*, nob.) [1]

Si un naturaliste, accoutumé à juger des affinités des êtres d'après leur organisation et non d'après leurs couleurs, avait à désigner le poisson qui mérite le plus le nom de *perche de mer*, ce serait au bar qu'il l'accorderait, bien plutôt qu'au *serran*, auquel tant de modernes le donnent. L'ensemble et presque tous les détails de sa conformation rappellent la perche, et l'on en donnerait une idée assez juste en disant que c'est une *grande perche alongée et argentée.*

Néanmoins le bar a plusieurs caractères qui nous ont paru devoir en faire le type d'un groupe un peu différent de celui auquel préside la perche, tels que les écailles qui couvrent ses pièces operculaires; l'absence de dentelures à ses sous-orbitaires, à ses subopercules et à ses interopercules; la double pointe de ses opercules, et surtout les très-petites dents

---

1. *Sciæna labrax*, Bl., pl. 3o1, et Shaw, t. IV, 2.ᵉ part., p. 534; *Perca punctata*, Gmel.; *Centropome loup*, Lacép., t. IV, p. 267.

serrées qui couvrent la plus grande partie de sa langue, et la font ressembler à une râpe.

Sa grandeur, l'excellent goût de sa chair, son abondance dans la Méditerranée, ont dû le rendre de tout temps un objet remarquable pour les peuples des côtes de cette mer; aussi s'accorde-t-on à penser que c'est le poisson qui déjà chez les Romains portait le nom de *lupus*, le même que les Grecs nommaient *labrax*.

Que ces deux noms ne désignent qu'une seule espèce, c'est ce qui n'est pas douteux; car toutes les fois que Pline traduit un passage d'Aristote sur le *labrax*, c'est le mot de *lupus* qu'il emploie, et, quant à l'espèce que ces noms désignent, on la conclut d'abord de ce que le *bar* a conservé sur beaucoup de côtes le nom de *loup*, ou des noms dérivés de celui-là; et ensuite de ce que le peu de traits descriptifs que les anciens rapportent de leur *labrax* ou de leur *lupus*, conviennent à notre *loup* d'aujourd'hui, à notre *bar*, autant du moins qu'on peut l'exiger pour des descriptions faites à la manière des anciens.

Selon Aristote, le *labrax* a des pectorales et des ventrales [1], des écailles [2], des pierres dans

---

1. *Hist. anim.*, l. I, c. 5. — 2. *Ib.*, l. VI, c. 13.

la tête [1]; lesquelles font qu'il craint le froid; il est ovipare [2], et pond deux fois par an, mais sa deuxième ponte est plus faible [3]; il dépose ses œufs à l'embouchure des rivières [4]; il vit de proie, et quelquefois d'algues [5]; sa chair est mauvaise quand il est plein [6]; il a l'ouïe très-fine [7], et toutefois on peut le percer d'un trident quand il est endormi [8]; enfin, il appartient aux poissons qui vivent en troupes. A en croire Athénée [9], Aristote aurait encore dit que le *labrax* a la langue osseuse, adhérente, et le cœur triangulaire; mais ce passage ne se trouve pas dans les ouvrages du grand philosophe qui nous sont restés.

Le labrax était un des poissons les plus estimés des Grecs. Hicesius, dans Athénée, le met au premier rang [10]. Archestrate va jusqu'à appeler *enfans des dieux* les *labrax* de Milet, ville où l'on en mangeait de fort grands, qui étaient attirés par le Gison, rivière ou petit lac dont l'eau douce s'écoulait dans la mer, et faisait un courant qu'ils aimaient à remonter. [11]

---

1. *Hist. anim.*, l. VIII, c. 19. — 2. *Ib.*, l. VI, c. 13. — 3. *Ib.*, l. IV, c. 11, et l. VI, c. 19. — 4. *Ib.*, l. V, c. 10, et *De partib. anim.* — 5. *Ib.*, l. VIII, c. 2. — 6. *Ib.*, l. VIII, c. 30. — 7. *Ib.*, l. IV, c. 8. — 8. *Ib.*, l. IV, c. 10. — 9. L. VII, p. 310.

10. Athénée, l. VII, p. 310. — 11. *Id., ib.*, p. 311, et le Scholiaste d'Aristophane, sur le vers 360 des Chevaliers.

Les Romains ne faisaient pas moins de cas de leur loup. Du temps d'Auguste, ce poisson avait succédé pour la vogue à l'acipenser[1]; mais on n'y prisait pas également tous les loups : la mode en décidait. A certaines époques l'on préférait ceux des rivières[2]; à d'autres on en faisait peu de cas[3], si ce n'est de ceux du Tibre, et particulièrement de ceux que l'on prenait dans Rome même entre les deux ponts[4]. Ces loups d'entre les deux ponts étaient petits[5] et tachetés[6]; par conséquent c'étaient, comme nous le verrons

---

1. *Postea præcipuam auctoritatem fuisse lupo et asellis, Cornelius Nepos et Laberius poeta mimorum tradidere.* (Pline, l. IX, c. 17.)

2. *At in lupis, in amne capti præferuntur.* (Pline, l. IX, c. 17.)

3. *Erudita palata docuit (Marcius Philippus) fastidire fluvialem lupum, nisi quem Tiberis adverso torrente defatigasset.* (Colum., l. VIII, c. 16.)

4. *Lupi pisces in Tiberi amne, inter duos pontes.* (Pline, l. IX, c. 54.) Et Titius, dans Macrobe, *Saturn.*, l. III, c. 12 : *Edimus bonum piscem lupum germanum qui inter duos pontes captus fuit.*

5. Horace, *Sat.*, 2, l. II., v. 31.

    Unde datum sentis lupus hic Tiberinus an alto
    Captus hiet? Pontes ne inter jactatus an amnis
    Ostia sub thusci? Laudas insane trilibrem
    Mullum, in singula quem minuas pulmenta necesse est.
    Ducit te species, video. Quo pertinet ergo
    Proceros odisse lupos? quia scilicet illis
    Majorem natura modum dedit; his breve pondus.
    Jejunus raro stomachus, vulgaria temnit.

6. Xenocrates, *ap. Oribas. med. coll.*, l. II, c. 58.

dans la suite, les jeunes de l'espèce : mais les anciens ne paraissent pas avoir regardé ces taches comme seulement une marque de l'âge. Ils savaient déjà qu'au même âge il y a naturellement des loups tachetés et d'autres qui ne le sont pas, et même Columelle veut qu'on préfère les derniers pour empoissonner les rivières. [1]

On donnait aux meilleurs loups, à ceux dont la chair était blanche et tendre, l'épithète de laineux (*lanati*) [2], expression qui a embarrassé quelques érudits, faute d'avoir fait attention au passage où Pline l'explique. [3]

On attribuait au loup beaucoup de prudence et de soin de sa conservation : Aristophane l'appelait le plus fin de tous les poissons [4]. Selon Ovide, selon Pline, quand il est entouré de filets, il creuse le sable avec sa queue pour se frayer une issue; lorsqu'il est pris à l'hameçon, il sait, en s'agitant, élar-

---

1. *Tum etiam sine macula (nam sunt et varii) lupos includemus.* L. VIII, c. 16.

2. *Luporum laudatissimi, qui vocantur lanati, a candore mollitieque carnis.* Pl., l. IX, c. 54.

3. Voyez entre autres les notes de Farnabius sur l'épigramme 89 du livre XIII de Martial.

> *Laneus euganei lupus excipit ora Timavi*
> *Æquoreo dulces cum sale pastus aquas.*

4. *Apud Athen.*, l. VII, p. 311.

gir sa plaie et se dégager [1]; cependant on disait qu'un crustacé petit et faible, la crevette (*cancer squilla,* L.), lui donnait la mort en déchirant son palais avec la scie dont elle est armée, et même cette vengeance de la crevette contre le loup a fourni le sujet d'un bel épisode à Oppien [2]. C'était une suite de la voracité de ce poisson, qualité qu'il portait, disait-on, au plus haut degré, et d'où lui venait son nom de *labrax* [3], aussi bien que celui de *loup.*

Nos modernes n'en savent pas tant que les anciens sur les habitudes du loup, ou plutôt ceux d'entre eux qui sont les plus récens n'ont pas cru devoir faire entrer dans son histoire des détails qui ne reposent probablement pas sur des observations bien sui-

---

1. Plin., l. XXXII, c. 2 ; et Ovid., *Halieut.,* v. 23 — 26.
   Clausus rete lupus quamvis immanis et acer
   Dimotis cauda submissus sidit arenis,
   Atque ubi jam transire plagas persentit in auras
   Emicat atque dolos saltu diludit inultus,
Et vers 39 — 42 :
                    lupus acri concitus ira
   Discursu fertur vario fluctus que ferentes,
   Prosequitur quassatque caput, dum vulnere sævus
   Laxato cadat hamus et ora patientia linquat.
2. *Hal.,* l. II, v. 128 — 140. La même histoire est racontée par *Élien,* l. I, c. 30.
3. Λάβραξ παρὰ τὴν λαβρότητα, Athén., l. VII, p. 310. Oppien dit la même chose, *Hal.,* II, v. 130.

vies. Quant aux écrivains du seizième siècle, ils ont, suivant leur usage, copié servilement les anciens, et tellement mêlé ce qu'ils en ont emprunté avec ce qu'ils disent d'eux-mêmes, qu'on a peine à savoir s'ils ont donné quelques faits qui leur soient propres.

C'est sur les bords de la Méditerranée que le loup a dû être le mieux observé, puisqu'il y abonde partout et pendant toute l'année. Il y porte des noms généralement dérivés de celui de *lupus* [1]. Salvien a bien constaté que jeune il est le plus souvent tacheté de noir ou de brun, et qu'à un certain âge il perd ces taches; ce que le té-moignage de Rondelet, de Willughby, et encore aujourd'hui celui de tous les pêcheurs, confirme. Sa crainte du froid paraît être véritable, et Rondelet assure que l'on en trouve souvent en hiver de morts dans les étangs; mais en physicien un peu plus éclairé que les anciens, au lieu de supposer, comme eux, que cette disposition tient aux pierres

---

1. En Espagne, *lupo*, mais aussi *robalo*; à Montpellier et à Marseille *loup*, et quand il est jeune, *loupassou*; à Nice, *louvazzo*; à Rome, *lupasso*, et plus communément *spigola*. Les Vénitiens l'appellent *varolo*, et *brancin* [1], et le jeune tacheté, *baicolo* [2]; les Toscans, *araneo* ou *ragno*.

1. Martens, Voyage à Venise, t. II, p. 428. — 2. *Id., ib.*

qu'il a dans la tête (les pierres de ses oreilles), il attribue cet effet à l'habitude du poisson de nager près de la surface. Le même auteur assure que le loup pond deux fois par an dans les étangs des environs de Montpellier; ce qui serait encore une confirmation d'une assertion d'Aristote.

Les côtes méridionales de la mer Méditerranée possèdent aussi le loup : Sonnini assure que l'on en voit beaucoup sur la côte d'Égypte[1], et dit que les matelots marseillais qui fréquentent ces parages, le nomment *carousse*. Mais il paraît en cela avoir confondu deux espèces, et sa figure est si mauvaise, que l'on ne sait pas bien si c'est le vrai bar qu'elle doit représenter. Ce qui est plus certain, c'est que M. Geoffroy a rapporté des mêmes parages des bars tachetés, que les Arabes y nomment *noct* ou *tache,* à cause de leurs points noirs.

Sur les côtes de l'Océan, le loup est moins répandu, et son histoire naturelle y est moins connue; cependant son nom l'y a suivi en quelques endroits : on l'appelle *loup* ou *loubine* dans plusieurs ports de la Guyenne et

---

1. Sonnini, Voyage dans la haute et basse Égypte, t. I, p. 217, et pl. 3.

de la Bretagne [1]. Il n'y est pas précisément un poisson de passage, et toutefois on en prend davantage à la fin de l'été et au commencement de l'automne, quand il s'approche des côtes pour déposer ses œufs, choisissant pour cela les anses où il se jette quelque ruisseau d'eau douce. Ces poissons se ramassent dans les filets d'enceinte, quand la mer commence à baisser, et c'est ainsi que l'on en pêche en assez grand nombre sur nos côtes de Bretagne, mais principalement au midi de cette province. Plus au nord, et nommément sur les côtes de Normandie et à Paris, où l'on en vend assez souvent, il n'est guère connu que sous le nom de *bar* ou de *bars*.

M. le comte de Lacépède (t. IV, p. 271) décrit, d'après MM. Noël et Mézaise, de Rouen, sous le nom de *centropome mulet*, un poisson commun à l'embouchure de la Seine depuis le solstice d'été jusqu'au commencement de l'automne, qui, d'après tous les caractères que l'on en rapporte, est manifestement un bar [2], dont les piquans des opercules n'auront pas

---

1. Voyez Duhamel, Pêches, II.ᵉ partie, sect. 6, p. 141. On l'appelle aussi *brigne* et *deligne*. Le jeune tacheté s'appelle *thiourre* à Bayonne.

2. Notamment les neuf rayons de la première dorsale et les treize de la seconde. Voyez Lacép., t. IV, p. 251 et 271.

été remarqués, parce qu'ils se voient mal sur le poisson frais. Ces deux observateurs, qui avaient peu de notions sur l'histoire naturelle scientifique, ont occasioné plusieurs erreurs semblables, et même dans cette occasion je crains qu'ils n'aient joint l'histoire du vrai mulet, c'est-à-dire du muge, à la description du bar. Selon eux, ces centropomes mulets de la Seine ont des mouvemens vifs; leurs sauts les annoncent aux pêcheurs : on en prend quelquefois jusqu'à cinq cents d'un coup de filet; toutes choses qui semblent bien se rapporter à un muge plutôt qu'à un bar.

Les Anglais nomment le bar *bass*, et les Gallois *drœnog* ou *gannog*[1]; mais il paraît qu'ils en ont peu. Je ne le vois cité ni dans l'Histoire des poissons du Holstein de Schœnefeld, ni dans les Faunes de Danemarck, de Suède, des Orcades, ou de Groënland, ni dans l'Histoire naturelle de Livonie, de Fischer, ni dans celle de Russie, de Georgii. Ainsi il paraît qu'il s'avance très-peu dans la mer du Nord, qu'il ne pénètre point dans la Baltique, et que peut-être il ne dépasse la Manche que par accident[2]. C'est appa-

---

1. Pennant, *Brit. zool.*; in-8.°, t. III, p. 213 et 349.
2. *Rarissime apud nos in mari septentrionali obvius*, Gronov. *Mus.*, t. I, p. 41, n.° 95.

2.   5

remment ce qui a fait que les écrivains du Nord l'ont peu connu.

Linnæus l'avait nommé *perca labrax*. On ne devinerait pas pourquoi Gmelin a changé ce nom en celui de *punctata,* si une comparaison exacte des éditions ne faisait voir que, par une faute d'impression des plus grossières, il a joint au nom du *perca punctata,* qui était un poisson d'Amérique, l'article qui suivait dans Linnæus, et qui appartenait au *labrax,* en sorte que l'article de l'un et le nom de l'autre se sont trouvés supprimés. [1]

Bloch [2] a transporté le labrax dans son genre des sciènes, parce qu'il assigne à ce genre pour caractère, d'avoir la tête écailleuse; mais après en avoir donné, pl. 3o1, sous le nom de *sciæna labrax* , une figure très-peu exacte, qui semblerait même avoir été faite d'après une espèce différente [3], il le

---

1. Le *Perca punctata*, n.º 4 de la 12.ᵉ édition, dont le nom a passé ainsi d'une façon ridicule au *perca labrax ,* qui était le n.º 5, est une sciène, la même qui reparaît dans M. de Lacépède sous le nom de *diptérodon queue jaune ;* ce qui n'empêche pas que M. de Lacépède n'ait laissé le nom de *perca punctata* parmi les synonymes du labrax.

2. IX.ᵉ partie, p. 45, pl. 3o1.

3. Le préopercule y est représenté comme finement dentelé tout autour, et l'on n'y a pas marqué les épines de son bord inférieur, l'opercule n'y a pas d'épine, etc. Il ne dit pas d'où il a tiré cette

représente une seconde fois, pl. 3o2, plus correctement, mais comme si c'était un autre poisson, et l'appelle alors *sciæna diacantha;* puis il donne le jeune, pl. 3o5, encore comme une espèce de plus, sous le nom de *sciæna punctata*, sans faire la moindre remarque sur son identité avec le labrax, ni même nous dire s'il entend par là représenter le *perca punctata* de Gmelin.

L'ouvrage de Bloch fourmille de ces sortes d'erreurs, naturelles dans un homme qui travaillait, loin de la mer, sur des échantillons mal conservés, et dont il ignorait le plus souvent l'origine primitive ; et M. de Lacépède lui a accordé trop de confiance, lorsqu'il a inscrit ces trois espèces prétendues dans son Histoire des poissons. [1]

Il y a une erreur encore plus forte dans la Zoographie de Pallas, où le nom de *perca*

figure, et il n'a pas été possible d'en retrouver l'original. A cause de l'égalité et de la petitesse des dentelures du préopercule, j'ai supposé un moment que c'était le *carousse,* dont nous parlerons plus bas ; mais la forme de ses dorsales s'y oppose. Il vaut mieux croire que c'est un mauvais dessin.

1. Le *sciæna labrax* y est devenu le *centropome loup* (t. IV, p. 267), et les deux autres, la *persèque diacanthe* (t. IV, p. 418), et la *persèque pointillée* (*ib.*). Mais il faut remarquer que le bar ayant toujours l'opercule terminé par deux épines aiguës, ne peut être un centropome.

labrax est donné à un poisson de la mer d'Azof que les Russes nomment *sandre de mer*. Non pas que je veuille nier que l'espèce du labrax n'existe dans ces parages ; mais il est certain que ce n'est pas elle que Pallas avait sous les yeux quand il a écrit cet article; on le voit par la seule énumération des rayons dorsaux, treize épineux et douze mous, et par la continuité des deux dorsales.[1]

Le bar devient grand; sa longueur la plus ordinaire est d'un pied et demi, mais il y en a souvent de deux pieds et l'on en voit quelquefois de trois. On avait parlé à Duhamel de bars pesant trente livres, qui se prenaient à Noirmoutier; mais il soupçonne qu'on avait pris pour eux des maigres (*sciæna umbra*), qui, en effet, leur ressemblent assez. M. de Martens nous assure qu'à Venise on prend quelquefois des bars du poids de vingt livres.

Le corps du bar est un peu plus comprimé et plus alongé que celui de la perche.

Son profil, depuis la dorsale jusqu'au bout du museau, est en ligne légèrement convexe; il devient un peu concave sous la première dorsale, convexe sous la seconde, et reprend de nouveau une courbe un peu concave jusqu'à la queue. Le profil du ventre, depuis le bout du museau jusqu'à

---

1. Pall. *Zoogr. rossic.*, t. III, p. 243, *perca labrax*.

la fin de l'anale, est une ligne régulièrement et modérément convexe. La nuque, le dos et le ventre sont assez arrondis transversalement; mais la queue est plus comprimée.

La plus grande hauteur du corps, un peu après les ventrales, est quatre fois et un cinquième de fois dans la longueur totale; la plus grande épaisseur y est neuf fois.

La mâchoire inférieure dépasse un peu la supérieure, et l'ouverture de la bouche fait environ le tiers de la longueur de la tête, qui est à peu près aussi longue que le corps est haut. L'œil est au-dessus de la commissure. La distance du bout du museau au bord postérieur de l'orbite fait la moitié de la longueur de la tête. Son diamètre longitudinal fait à peu près le sixième de cette longueur, et est un peu supérieur au diamètre vertical.

L'extrémité du maxillaire s'élargit, et est coupée carrément. Les lèvres sont simples, assez charnues. La mâchoire supérieure est peu protractile, et les branches de l'inférieure, moitié moins longues que la tête, sont creusées de deux petites fossettes longitudinales.

L'intermaxillaire ne dépasse pas par sa pointe les deux tiers du maxillaire. Il porte une bande de dents en cardes fortes et aiguës, qui va, en se rétrécissant, vers la commissure. Il y en a aussi une bande en chevron sur le bout du vomer, et une bande longitudinale sur chaque palatin. Les palatins sont courts. On observe un groupe de dents plus fines et en velours de chaque côté de la langue, et un autre groupe en écusson ovale et longitudinal sur sa base. La pointe de la langue est rude au toucher.

Le voile membraneux, qui est derrière les inter-maxillaires, est petit et étroit.

Le premier sous-orbitaire est grand, assez lisse, triangulaire, et a ses bords entiers. Une suite d'autres petits os se joignent à lui pour entourer l'orbite. Au-dessus du bord frontal de ce sous-orbitaire sont les deux ouvertures de la narine, rondes, à peu près égales, situées sur une même ligne, et rapprochées l'une de l'autre.

Sous l'angle de la base antérieure du maxillaire est une petite fossette aveugle.

La joue est revêtue de petites écailles.

Le préopercule est grand; son bord montant est mince, vertical et finement dentelé; mais vers son angle, qui est arrondi, il porte des dentelures un peu plus fortes, dirigées en rayonnant, et dont la dernière ou les deux dernières sont de vraies petites épines. Son bord inférieur est un peu oblique et a trois épines fortes, dirigées obliquement en avant, bien écartées l'une de l'autre, et dont une et quelquefois deux sont tronquées ou fourchues au bout, surtout dans les vieux individus.

L'opercule est tout couvert d'écailles; il est triangulaire, d'un tiers plus haut que long; son bord membraneux est très-petit et très-mince. A son angle postérieur il y a deux épines fortes et aplaties en pointe mousse; l'inférieure est un peu plus grande.

Le sous-opercule et l'interopercule sont écailleux, de forme alongée ; ils n'ont ni dentelures ni épines.

L'ouverture des ouïes est très-fendue ; la membrane qui les recouvre est soutenue par sept rayons arqués, dont le plus élevé est plus large que les autres.

Le surscapulaire est petit, oblong, un peu arqué, arrondi en arrière ; ses bords sont entiers.

Le scapulaire est long, étroit et entier. L'huméral est arrondi au-dessus des pectorales et à peine dentelé.

La distance du bout du museau à la première dorsale est plus de trois fois dans la longueur totale. La longueur de cette dorsale fait les trois quarts de celle de la tête, et la hauteur en est un peu plus du tiers. Elle a neuf rayons épineux, de force médiocre, dont le quatrième et le cinquième sont les plus longs ; le premier est le plus court.

La seconde dorsale est contiguë à la première par sa base. Elle a treize rayons, dont le premier est épineux et de moitié plus court que le troisième, qui est le plus long. Tous les autres rayons sont branchus ; ils diminuent graduellement jusqu'au dernier, qui est un tant soit peu plus court que le rayon épineux. Cette seconde dorsale est d'un tiers moins longue que la première ; mais elle est plus haute d'un cinquième.

La longueur de l'intervalle entre la fin de la deuxième dorsale et la caudale, est cinq fois et demi dans la longueur totale, et ce même intervalle, mesuré depuis la fin de l'anale, est six fois deux tiers dans la même longueur totale.

La distance du bout du museau à l'anus est égale à deux fois et deux tiers la hauteur du corps.

L'anus est gros, un peu saillant. L'anale naît très-près de lui ; sa longueur et sa hauteur sont égales entre elles et du neuvième de la longueur totale. Elle a trois rayons épineux, dont le premier fait le tiers du troisième, qui est le plus long. Celui-ci n'est pas la moitié du premier des rayons branchus; qui sont au nombre de onze. Le bord de cette nageoire est légèrement arqué.

La portion de queue derrière la dorsale et l'anale est comprimée; son épaisseur fait la moitié de sa hauteur, et celle-ci à peu près la moitié de sa longueur. Elle entame la caudale par une ligne arrondie. Cette nageoire est un peu fourchue. Son lobe supérieur le plus long fait le sixième de la longueur totale. Elle a dix-sept rayons, dont les deux extrêmes sont sans branches. Leur base est toute couverte d'écailles, qui s'étendent ensuite par petites bandes longitudinales sur la membrane qui réunit les rayons.

La pectorale est petite et n'égale que la moitié de la hauteur du corps. Sa base est couverte de petites écailles; mais il n'y en a point dans l'aisselle. Elle a seize rayons, dont le premier est plus court que les autres et non branchu. Les ventrales sont attachées un peu plus en arrière que les pectorales, mais plus en avant que la première dorsale; elles sont presque égales aux pectorales, et ont cinq rayons branchus et au bord externe une épine forte, mais plus courte de moitié que les autres rayons. Leur aisselle est nue, et il n'y a pas d'écailles particulières entre leurs bases. Ainsi les nombres de rayons du bar peuvent s'exprimer comme il suit :

B. 7; D. 9—1/12; A. 3/11; C. 17; P. 16; V. 1/5.

On compte environ soixante-dix écailles dans une ligne longitudinale depuis l'épaule jusqu'à la caudale, et environ vingt-trois dans la hauteur. Elles sont pentagones, et les deux plus petits côtés forment leur bord libre, qui est très-mince, comme membraneux, et paraît à la loupe finement dentelé ; les deux côtés latéraux sont lisses, et le bord radical est dentelé. La surface de ces écailles est finement grenue sur la partie nue, striée en haut et en bas sur la partie cachée, au milieu de laquelle on voit des rayons qui vont en éventail du centre à tout le bord radical.

La ligne latérale naît à l'angle de l'os mastoïdien, descend un peu jusqu'au milieu de la première dorsale, se fléchit un peu en cet endroit, et se porte ensuite droit à la caudale, en traversant la queue dans son milieu : elle naît un peu au-dessous du quart supérieur de la hauteur, et se marque par une suite de points alongés, relevés et contigus sur chaque écaille.

Le bar a le dos gris, à reflets d'un bleu d'acier argenté ; les flancs ont leurs reflets bleus plus pâles et les argentés plus vifs, et le ventre est d'un beau blanc d'argent. Chaque écaille est marquée d'un gros point argenté, ce qui dessine, le long du corps, une vingtaine de chapelets longitudinaux plus éclatans que le fond. Sur le dos, des suites étroites de petits traits noirâtres forment quatre lignes au-dessous de la première dorsale, trois au-dessous de la seconde, et deux sur la queue. La première dorsale est d'un gris pâle ; la seconde, la caudale et l'anale, d'un gris plus foncé ; les pectorales, comme la première dorsale et les ventrales, sont blanches ; mais peut-être ces dernières ont-elles, dans le poisson entièrement frais, quelques teintes plus ou moins rougeâtres : le bout de la mâchoire inférieure est gris-noir.

L'iris de l'œil est d'un beau blanc d'argent.

Tels sont les grands bars, de deux pieds et au-delà ; mais on en trouve de petits jusqu'à un pied de longueur, qui ont le dos couvert de taches brunes ou noirâtres, petites et peu régulières, mais assez serrées, et une grande tache noirâtre à l'opercule à l'endroit de l'échancrure : il y a aussi quelques petites taches sur les bords des dorsales. Les formes de ces petits bars et les nombres de leurs rayons sont en tout les mêmes que dans les grands, et l'opinion unanime des pêcheurs est que cette différence tient à l'âge. Cependant il doit y en avoir encore une autre cause ; nous avons des bars autant et plus petits qui n'ont aucune de ces taches, et dont le dos tout entier est argenté. On nous en a envoyé de la Rochelle, de Brest et de Granville, les uns longs de six pouces, d'autres de trois seulement ; et nous en avons reçu des mêmes lieux de tachetés qui avaient dix pouces, un pied et davantage : et même, ce qui au reste est fort rare, M. Baillon nous a envoyé d'Abbeville un individu long de trois pieds qui était encore tacheté. Autant qu'il nous est possible d'en juger d'après quelques observations, ce sont surtout les femelles qui ont des taches, et les mâles qui n'en ont point.

Le foie du bar est placé en travers, petit et n'occupe pas même, au côté gauche, où il est plus considérable, plus du quart ou du cinquième de la longueur de l'abdomen. La vésicule du fiel adhère à la face concave de sa partie droite, elle est grande. Le canal cholédoque part du haut de la vésicule, se porte vers la gauche, et après avoir reçu cinq ou six vaisseaux hépatiques différens, il s'insère dans l'intestin entre les appendices cécales.

Le cul-de-sac de l'estomac descend jusqu'au milieu de la longueur de l'abdomen. Sa partie antérieure est très-large et a de nombreux replis; le fond se termine en pointe obtuse; la branche qui va au pylore est à droite près du cardia; le pylore a un étranglement et une valvule dont le bord interne est dentelé; les appendices cécales sont au nombre de cinq, trois d'un côté, deux de l'autre, et assez longues. L'intestin ne fait que deux replis : sa première portion est la plus large; ensuite il diminue et conserve jusqu'à l'anus un diamètre qui est à peu près la moitié du premier; tout son intérieur est garni de lames longitudinales et festonnées de la veloutée, qui, dans le commencement, sont extraordinairement saillantes, et qui diminuent ensuite par degrés de manière à n'être plus que des plis ordinaires. Vers le tiers antérieur de la troisième portion est la valvule du rectum, dentelée, et, ce qui est extraordinaire, nous l'avons vue dirigée vers l'intestin et non vers l'anus.

La rate est petite, de forme oblongue, attachée au mésentère non loin de la pointe de l'estomac; elle est d'un rouge noirâtre.

La vessie aérienne est simple, grande, s'étend depuis la face concave du foie jusqu'auprès de l'anus. Sa première membrane propre est d'un beau blanc mat, épaisse, mais facile à déchirer; la seconde est mince et nacrée. Vers sa partie supérieure et antérieure, on voit au dedans un corps glandulaire rougeâtre qui occupe en longueur près du tiers de la vessie, et en largeur un peu plus de moitié de sa circonférence.

Les ovaires forment deux sacs ovoïdes, alongés, qui occupent à peu près la moitié de la longueur de l'abdomen. Ouverts, ils présentent un sac garni d'une multitude de lamelles petites et serrées l'une auprès de l'autre, et qui portent dans leur épaisseur des œufs aussi petits que de la graine de pavot.

Les reins sont rougeâtres, étroits et placés le long de l'épine dans toute la longueur de l'abdomen, depuis le diaphragme jusqu'à la pointe de la vessie natatoire.

La vessie est petite, ses parois assez fortes.

Le squelette du bar diffère assez de celui de la perche. Son crâne est moins large, le limbe de son

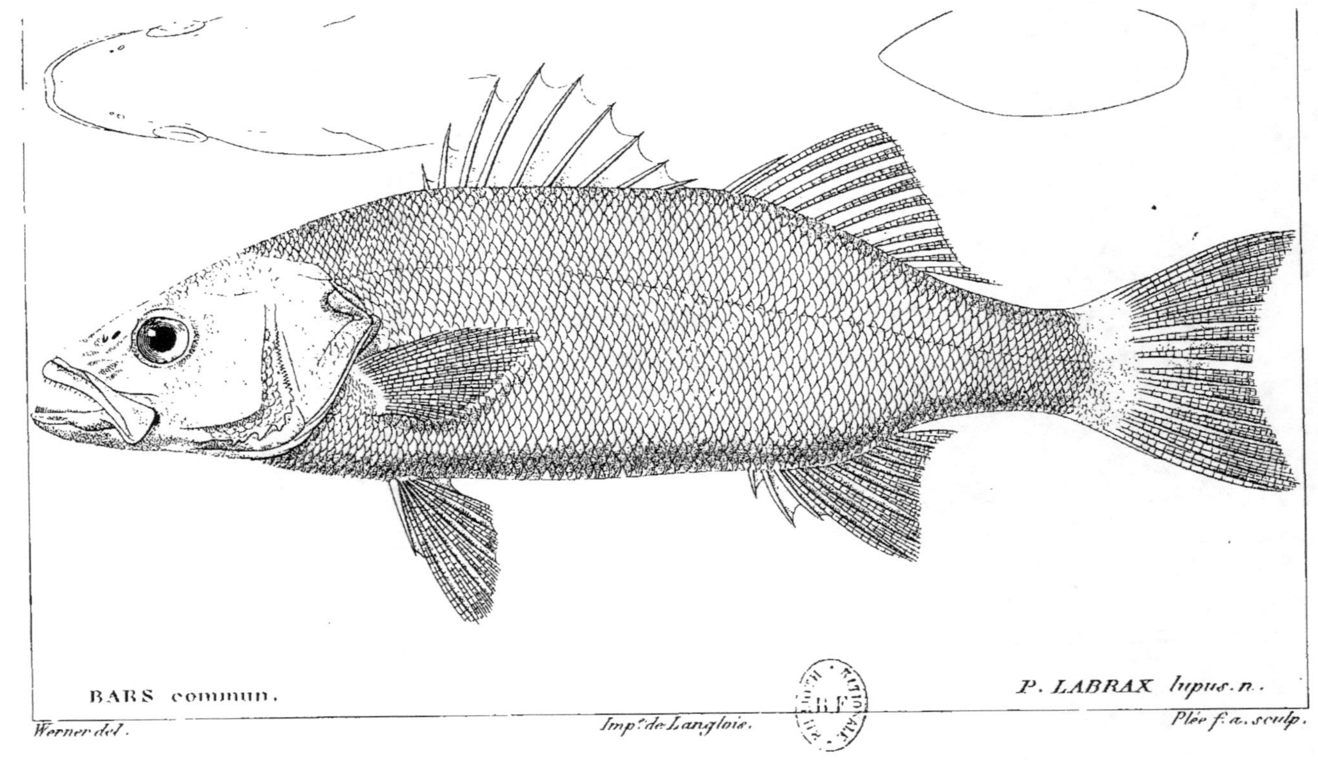
BARS commun.
P. LABRAX lupus. n.
Werner del.
Imp.r de Langlois.
Plée f. a. sculp.

préopercule l'est davantage. On ne lui compte que vingt-six vertèbres : le premier interépineux de l'anale est suspendu à la quatorzième ; les deux précédentes ont leurs apophyses transverses réunies en anneaux ; mais elles portent encore des côtes, en sorte qu'il y a treize paires de côtes généralement larges et tranchantes, et dont la troisième et les suivantes jusqu'à la septième sont fourchues. Il y a trois osselets interépineux sans rayons entre le crâne et la première dorsale, dont les deux premiers rayons ont un osselet commun, adhérant à la quatrième vertèbre. Je ne parle pas des différences qui peuvent se juger par l'extérieur, comme les aiguillons et les dentelures des os de la tête, etc.

***

Des Poissons étrangers qui ont rapport au Bar.

Le BAR ALONGÉ, ou CAROUSSE des matelots provençaux.
(Perca elongata, Geoffr.)

Nous avons vu que les côtes de l'Égypte et les embouchures du Nil nourrissent des bars, et Sonnini en a déjà fait mention ; mais il ne paraît pas avoir songé à en distinguer les espèces, et il leur donne indistinctement le nom de *carousse*. M. Geoffroy Saint-Hilaire a été plus attentif ; il représente trois de ces poissons dans le grand ouvrage sur l'Égypte, et les nomme, le premier (Zool., poissons, pl. 19, fig. 1), *perche alongée, perca elongata;* le second (pl. 20, fig. 2), *perche nocte, perca punctata;* le troisième (pl. 20, fig. 3), *perche sinueuse, perca sinuosa.* D'après l'examen soigneux que nous en avons fait sur nature, la *sinueuse* ne nous paraît point différer du bar commun, ni la *nocte* du bar tacheté. A la vérité, les figures rendent mal les dentelures du préopercule, et pourraient induire en erreur; mais nous nous sommes assuré que ce n'est qu'un effet de la négligence du dessinateur.

Il n'en est pas de même de l'espèce nommée *alongée,* nous l'avons vue parmi les poissons que M. Ehrenberg a rapportés du cabinet de Berlin, et c'est bien une espèce à part.

Elle se distingue par sa dorsale plus basse et qui occupe un plus long espace sur le dos; par son opercule plus long, relativement à sa hauteur; par des dentelures plus fines et plus nombreuses au bord inférieur de son préopercule; enfin, par une épine de moins à l'anale.

D. 9 — 2/12; A. 2/10.

Les pêcheurs de Damiette ne confondent point cette espèce avec leur *noct,* et c'est elle qu'ils nomment *charusch,* d'où nos matelots marseillais ont dérivé le nom de *carousse.*

Le Bar rayé, *ou* Rock-fish des États-Unis.

(*Labrax lineatus,* nob.) [1]

Notre bar ne paraît pas exister sur les côtes de l'Amérique septentrionale, bien qu'aucun obstacle ne semble l'empêcher de s'y rendre, si ce n'est l'étendue de la haute mer qui les sépare de nous; mais il y est représenté par un poisson qui lui ressemble pour la forme, qui l'égale au moins par le goût, et qui le surpasse en grandeur et en beauté.

C'est le *bar rayé* ou *striped-bass* des Anglo-Américains qu'ils appellent aussi *rock-fish* ou poisson de roche. Son nom de *bar rayé* exprime les sept ou huit lignes noires ou noirâtres qui règnent sur un fond d'argent tout du long de chacun de ses côtés depuis la tête jusqu'à la queue.

C'est un des poissons les plus communs sur les côtes de l'État de New-York. On l'y voit à chaque marché en grand nombre, surtout pendant l'hiver, et il y en a de toutes les tailles, depuis une once jusqu'à soixante-et-dix livres. C'est aussi un des poissons les plus savoureux

---

1. *Perca saxatilis,* Bl., Schn., p. 89, et *Perca septentrionalis,* *id.,* p. 90 et pl. 20; *Sciœna lineata,* Bl., pl. 304; *Centropome rayé,* Lacép., t. IV, p. 255.

et les plus délicats que l'on mange dans le pays.

Ordinairement il se tient dans l'eau salée, mais il remonte dans les rivières au printemps pour frayer, en hiver pour trouver de l'abri. Il prend aisément l'hameçon : les enfans même en pêchent de petits tout autour de la ville de New-York. Leur plus grande affluence est vers l'automne, lorsqu'ils se réfugient dans les baies et les marais, où ils passent l'hiver, et les pêcheurs y en font pendant cette saison d'énormes captures, dont ils apportent les produits gelés au marché. C'est alors aussi qu'on prend les plus gros ; mais M. Mitchill dit en avoir vu, dès le commencement d'Octobre, plusieurs qui pesaient chacun jusqu'à cinquante livres.

Schœpf n'avait pas manqué de décrire un poisson si remarquable. Il en parle assez au long dans son Mémoire sur les poissons de New-York [1], et c'est d'après sa description que *Schneider* a établi son *perca saxatilis* dans le Système posthume de Bloch [2] ; mais il l'y représentait en même temps, pl. XX, sous le nom de *perca septentrionalis,* sans s'apercevoir que c'est le même poisson ; il ne remarquait pas non plus que le *sciœna lineata* de

---

1. Écrits de la société des naturalistes de Berlin, t. VIII, 3.ᵉ cah. p. 160. — 2. Schneider, *Syst. pisc. Bloch.*

Bloch, pl. 3o4, n'est encore que ce même bar rayé, mais que Bloch donne comme venant de la Méditerranée; erreur semblable à une multitude d'autres qu'il a commises en décrivant des poissons achetés par lui à des ventes de cabinets. Schneider considérait, au contraire, ce *sciæna lineata* comme une variété du bar commun. C'est de ce poisson que M. de Lacépède (IV, 25o et 257) a fait son *centropome rayé*, bien que ce ne soit pas plus un centropome que le bar ordinaire.

Le docteur *Mitchill,* savant naturaliste de New-York, dans l'histoire des poissons de sa patrie [1], a donné au *bar rayé* son propre nom, et l'a appelé *perca Mitchilli,* ne se doutant point apparemment qu'il avait déjà été publié et même multiplié, comme je viens de le dire, par les naturalistes de ce côté-ci de l'Atlantique. Nous en faisons la remarque, afin que le *perca Mitchilli* ne figure pas incessamment dans quelque catalogue de nomenclature comme une quatrième espèce.

Le *bar rayé* atteint jusqu'à trois pieds et plus de longueur. Il a la tête un peu plus longue et le museau un peu plus aigu que notre bar d'Europe;

---

1. Trans. de la soc. de New-York, t. I, p. 4i3.

2.   6

ses dents aux mâchoires sont un peu plus fortes à proportion; les bandes que forment celles des os palatins sont plus longues et plus étroites; sa langue n'a d'aspérités que sur les côtés. Son opercule a les mêmes deux pointes que le bar; mais son préopercule n'a point, comme dans le bar, de grosses dents obliques à son bord inférieur; il est partout dentelé finement; vers l'angle les dentelures deviennent un peu plus grosses, et en dessous elles s'effacent presque tout-à-fait en se dirigeant en arrière. Il me semble que ses nageoires verticales sont aussi plus courtes et plus hautes; l'intervalle entre ses deux dorsales est tout aussi sensible: du reste, il ressemble au bar en tout point, si ce n'est les huit ou neuf bandes noires de chaque côté, qui caractérisent le bar rayé. La quatrième répond à la ligne latérale; la neuvième finit d'ordinaire vers le commencement de l'anale; mais il y a, à cet égard, des variétés. Il y en a aussi pour la teinte, qui varie, selon les saisons, du noir au brun roussâtre. Le fond de la couleur est brunâtre sur le dos, gris argenté sur les flancs, blanc argenté sous le ventre. Les nageoires verticales paraissent avoir été grises ou brunes; mais les ventrales pourraient avoir été jaunes. Je ne trouve pas de renseignemens à ce sujet dans les auteurs, et je ne peux me hasarder à indiquer les couleurs d'après le sec.

Je trouve aux nageoires les nombres suivans: première dorsale, neuf rayons épineux; seconde, un épineux, douze mous; anale, trois épineux, onze mous; caudale, dix-sept mous; pectorales,

quinze mous; ventrales, un épineux, cinq mous.
Ce sont les mêmes qu'au bar.

D. 9—1/12; A. 3/11; C. 17; P. 15; V. 1/5.

J'ai aussi comparé le squelette et les intestins du
bar rayé à ceux du bar ordinaire, sans y trouver
de différences importantes qui ne soient déjà annon-
cées à l'extérieur. Les crêtes transverses de l'occiput
y forment seulement sur le crâne un triangle plus
prononcé.

Le Bar de Waigiou.

(*Labrax Waigiensis*, nob.)

MM. Lesson et Garnot ont rapporté de Waigiou une nouvelle espèce de bar, plus courte
que la nôtre, et qui égale au moins la perche
en hauteur et en épaisseur proportionnelles.

Son museau est pointu et un peu concave en dessus; son œil grand; des écailles descendent jusques
entre les yeux; mais il n'y en a point sur son museau, ses mâchoires, ni ses lèvres; le sous-orbitaire
n'a aucune dentelure; mais il y en a de très-fines au
bord montant du préopercule, dont l'angle est armé
d'une épine assez forte. Son bord inférieur est élargi
par une membrane et n'a ni dents ni dentelures.
L'opercule osseux n'a qu'une seule pointe presque
cachée dans sa membrane. Il y a cinq ou six petites
dentelures à l'os surscapulaire et deux à l'angle de
l'huméral. Des dents en velours ras garnissent les

deux mâchoires, le chevron du vomer, les palatins et un petit disque ovale à la base de la langue.

Les deux dorsales se touchent, quoique séparées jusqu'au dos. La première est triangulaire, sa troisième épine est la plus haute; toutes sont fortes. La deuxième dorsale est arrondie en arrière, ainsi que l'anale, qui est de moitié moins longue, mais un peu plus haute. La caudale est aussi arrondie. Les écailles sont larges, lisses; leur bord, à peine visiblement cilié, est mou et comme membraneux; elles sont à peu près aussi larges que longues, et ont de huit à douze crénelures à leur base. On en compte quarante-cinq depuis l'ouïe jusqu'aux petites de la caudale, et dix-huit sur une ligne verticale : il y en a beaucoup de ces petites sur les nageoires verticales molles. La ligne latérale est plus près du dos dans son commencement que dans le reste de sa course; elle est marquée par des tubes simples, et règne jusqu'au bout de la caudale. Les pectorales sont petites; les ventrales sortent un peu plus en arrière et les dépassent d'un tiers.

B. 7; D. 7 — 1/13; A. 3/9; C. 17; P. 16; V. 1/5.

Ce poisson est à peu près de la couleur d'une carpe; d'un gris doré; des lignes brunâtres suivent le milieu des écailles de chaque rangée longitudinale.

Notre individu est long de neuf pouces et haut de deux et trois quarts.

Le BAR DU JAPON.

(*Labrax japonicus*, nob.)

Les mers du Japon possèdent aussi un bar bien caractérisé, qui en a été rapporté par M. de Langsdorf.

Son préopercule a cinq petites épines recourbées en avant, dont trois à l'angle et deux seulement au bord inférieur. Les dentelures du bord montant sont excessivement fines. L'épine supérieure de l'opercule est très-obtuse : sa première dorsale a onze rayons, et elle s'élève beaucoup plus que dans le bar d'Europe ; car son quatrième et son cinquième rayon, qui sont les plus élevés, ont les trois quarts de la hauteur du corps : la deuxième a treize ou quatorze rayons mous. L'anale a aussi la deuxième et la troisième épine bien plus longues qu'à notre bar ; elles égalent presque celles de la première dorsale et les premiers rayons mous. Ceux-ci sont au nombre de huit.

D. 11—1/13 ou 14 ; A. 3/8 ; C. 17 ; P. 16 ; V. 1/5.

L'individu que nous décrivons, et qui appartient au Musée de l'université de Berlin, est long de onze pouces. Il paraît encore sur son dos quelques restes de taches ; mais ce qui le caractérise principalement sous le rapport de la couleur, c'est que la membrane de sa première dorsale a dans les intervalles des rayons des taches rondes et brunes. Il y en a aussi, mais de moins nettes, sur la deuxième. La membrane de la caudale est brune ; le reste du corps, autant qu'on en peut juger à l'état sec, paraît avoir été argenté.

Le nom japonais de ce poisson est *susuki*.

Le PETIT BAR D'AMÉRIQUE.

(*Labrax mucronatus*, nob.)

L'Amérique possède aussi un *bar* sans lignes ni bandes noires.

Ce poisson ressemble davantage, par son port, à la perche qu'au bar d'Europe ; il est même un peu plus haut et plus épais que la perche ; sa tête est plus petite ; ses dorsales sont plus hautes et se touchent par le bas ; ses écailles sont assez grandes et plus lisses qu'aux autres bars ; elles règnent sur toutes ses pièces operculaires et même sur ses os maxillaires, sur son crâne et entre ses yeux ; mais il n'y en a point sur le museau plus bas que les yeux, ni à la mâchoire inférieure. Sa nageoire anale a trois épines qui sont fortes, ainsi que celles du dos. L'épine de sa seconde dorsale est presque aussi longue que le premier rayon mou qui la suit. Le préopercule a tout autour une dentelure très-fine et à peu près égale ; mais les autres pièces sont entières. L'opercule a deux pointes. Les côtés de la langue sont âpres. Par tous ces détails il ressemble, comme on voit, au *bar*. Il lui ressemble aussi par les nombres des rayons :

D. 9 — 1/12 ou 13 ; A. 3/9 ou 10, etc.

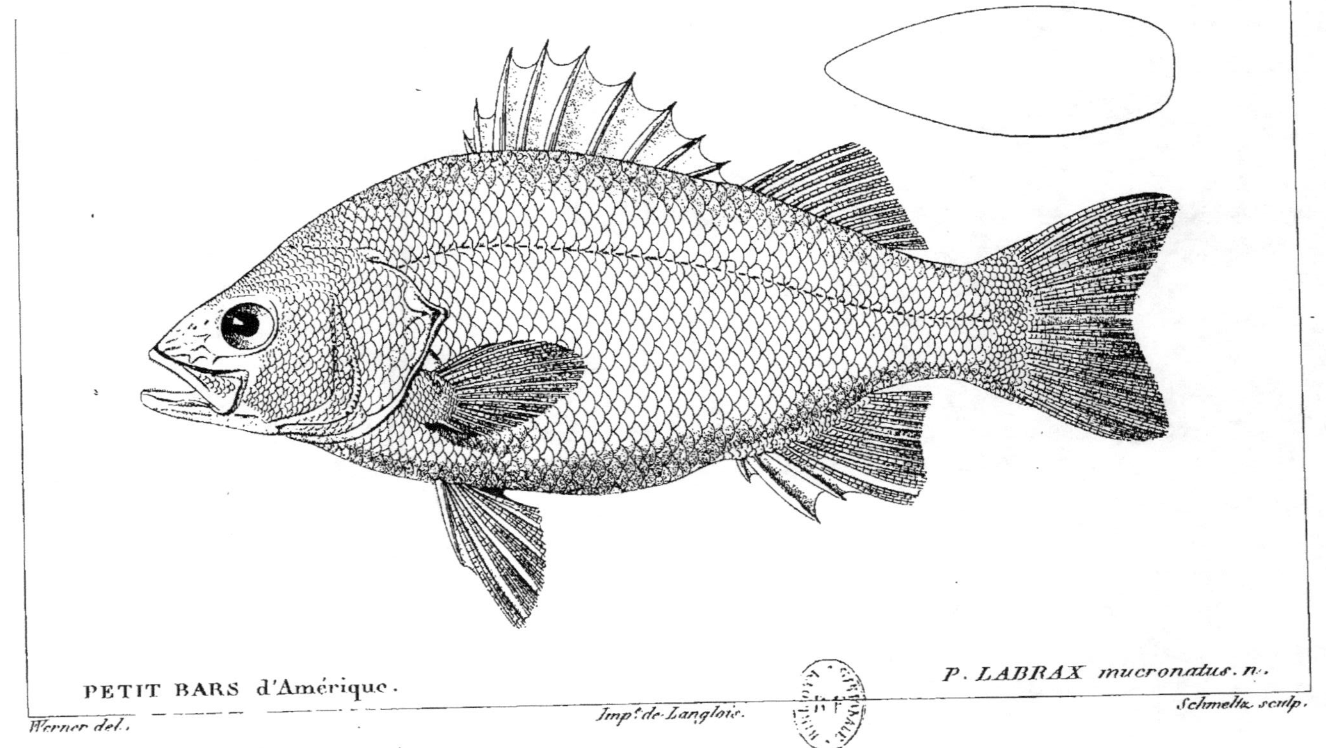

PETIT BARS d'Amérique.
P. LABRAX mucronatus. n.
Werner del.
Imp.te de Langlois.
Schmeltz sculp.

Sa couleur paraît avoir été brunâtre en dessus et argentée sur les flancs et sous le ventre, sans bandes apparentes et sans tache noire à la dorsale.

M. Lesueur vient de nous envoyer ce petit bar comme étant le *perca mucronata* décrit par M. Rafinesque dans le *Monthly-Magazin,* tom. II, p. 205. Broussonnet en avait dans sa collection un individu venu de la Jamaïque. Il ressemblerait assez à la description que donne Schœpf de son *perca americana*[1], si ce n'est que, dans ce dernier, les écailles sont représentées comme ciliées, et que dans notre espèce il y a précisément moins d'apparence de dentelures que dans les autres.

Ce poisson de Schœpf est celui qui porte simplement dans le pays le nom de *perche* sans addition. Il a le dessous de la tête, de la gorge et les ventrales rouges. Il vit dans les eaux saumâtres; on le prend surtout en hiver, époque où il y a peu d'autres poissons à la côte.

---

1. Dans le *Naturforscher,* t. XX, p. 17, et Écrits de la société des naturalistes de Berlin, t. VIII, p. 159; le *Perca americana,* Schn. et Gmel.; Persèque américaine, Lacép., t. IV, p. 412.

CHAPITRE III.

Des Varioles (*Latès,* nob.).

C'est à peine si les poissons de ce sous-genre diffèrent des perches, et quoique M. de Lacépède en ait rangé la principale espèce parmi ses centropomes, ce qui dans sa méthode signifie qu'elle n'aurait point d'épine à l'opercule, elle a cette pièce aussi épineuse que la perche. Le sous-orbitaire des varioles est seulement dentelé d'une manière plus forte ; leur préopercule a une épine à l'angle et de fortes dents au bord inférieur, et il y a des dentelures très-marquées à leur huméral ; leur première dorsale est plus haute et plus courte qu'aux perches et aux bars ; leur langue est lisse comme dans la perche.

Ce sont, en général, de bons et grands poissons, qui habitent les rivières des pays chauds de l'ancien continent. *Variole* est le nom que les Francs donnent, en Égypte, à l'espèce du Nil ; et *Latès* celui qu'elle paraît avoir porté du temps des anciens.

La VARIOLE DU NIL, *nommée* KESCHR *ou* KESCHRÉ *par les Arabes.*

(*Perca nilotica*, L.; *Latès niloticus*, nob.) [1]

Les Vénitiens nomment le bar dans leur dialecte *varolo*, probablement à cause des taches qu'il a dans sa jeunesse : et à l'époque où leur commerce d'Égypte fleurissait et où ils avaient formé dans ce pays une espèce de colonie, ils ont transporté ce nom à un grand poisson du Nil nommé en arabe *keschr*, c'est-à-dire *écaille*, poisson qui ne se distingue en effet du *bar* à l'extérieur que par des caractères peu apparens; savoir : des dentelures marquées au sous-orbitaire et quelques autres détails dans l'armure des opercules. C'est de ce nom de *varolo* que les Français établis en Égypte ont fait celui de *variole*. Prosper Alpin lui-même a supposé la variole identique avec le bar, et ne lui a consacré que quelques lignes, pour parler de la grosseur qu'elle acquiert, et que ce médecin dit égaler celle d'un veau. Cependant il ne lui donne que soixante livres de

---

1. *Perca nilotica*, Gm., Bl. et Schn.; *Centropome nilotique*, Lacép., t. IV, p. 278.

poids[1]. Paul Lucas est plus libéral, car il assure qu'il y en a de trois cents livres[2]; mais au dire de Sonnini, s'il en existe encore d'aussi grosses, ce n'est que dans la haute Égypte : sur le bas Nil les varioles n'atteignent que la taille d'un thon ordinaire[3]. Un point sur lequel tous ces écrivains s'accordent, c'est que ce poisson est le meilleur de ceux du Nil, celui dont la chair est la plus savoureuse. Le *bolty* (*chromis nilotica*, nob.; *labrus niloticus*, L.) peut seul, à cet égard, lui être comparé.

Hasselquist est le premier qui ait donné de ce *keschr* une description scientifique[4], et c'est d'après lui que ce poisson figure dans les auteurs systématiques sous le nom de *perca nilotica.*

C'est, selon toute apparence, le *latès* ou le *latos* du Nil dont les anciens ont parlé; mais qu'ils paraissent avoir quelquefois confondu avec le *maigre* (*sciæna umbra*, nob.). A la vérité, l'on n'a d'un peu explicite sur ce sujet qu'un passage d'Athénée, qui est assez difficile à entendre, et où après avoir dit, d'après Archestrate « que le fameux *latos* se pêche

---

1. Prosper Alpin, *Rer. Ægypt.*, l. IV, c. 2. — 2. Paul Lucas, Voyages faits en 1714, etc., t. III, p. 197. — 3. Sonnini, Voyages dans la haute et basse Égypte, t. II, p. 294. — 4. Hasselquist, Voyage, p. 359, n.° 83.

dans le détroit de Scylla, il ajoute : « les *latos*
« qu'on trouve dans le Nil sont quelquefois
« assez grands pour peser plus de deux cents
« livres. Ce poisson est très-blanc et excel-
« lent, de quelque manière qu'on l'accom-
« mode. » Jusqu'ici ces paroles pourraient
s'entendre du maigre pour le latos de Scylla,
et du keschr pour celui du Nil ; et Rondelet [1]
qui ne connaissait pas le keschr, les rapporte
uniquement au maigre : mais le passage finit
d'une manière qui ne convient ni à l'un ni à
l'autre. « Il ressemble, y est-il dit, au *glanis*
« que l'on pêche dans le Danube. » Or ni le
maigre ni le keschr ne ressemblent au *glanis,*
et il faut que l'auteur dont Athénée a emprunté cet article, ait mêlé dans sa mémoire,
avec le keschr, quelqu'un des grands silures,
tels peut-être que l'hétérobranche. Strabon,
l. XVII, nomme aussi un *latès* parmi les poissons du Nil, sans rien dire toutefois qui puisse
en fixer l'espèce ; mais ce qui suppléerait à tous
les caractères, c'est que M. Geoffroy, qui a observé souvent ce poisson et en a publié une
excellente figure [2], nous assure qu'il porte en-

---

1. Rondelet, *Aquat.*, l. V, c. 10, p. 135.
2. Grande Description de l'Égypte, Hist. nat. des poissons du
Nil, pl. IX, fig. 1.

core ce nom de *latus* ou *latos* dans la haute Égypte.

Cette question ne serait pas entièrement indifférente, si, comme le dit Strabon, le *latos* a été l'un des objets des superstitions des anciens Égyptiens, et si le nom de *Latopolis,* donné par les Grecs à la ville de *Sné* ou *Esné,* était, en effet, fondé sur un culte qu'elle aurait rendu à ce poisson. Malheureusement on n'a sur ce sujet que cette seule ligne de Strabon; et les beaux temples d'*Esné,* si bien décrits dans le grand ouvrage sur l'Égypte, n'ont point offert de représentation qui pût confirmer le dire de ce géographe[1]. Il ne s'est pas non plus trouvé de keschr parmi les poissons momifiés que l'on a rapportés d'Égypte dans ces derniers temps.

Tous les naturalistes ont admis, sans examen, sur le témoignage de Samuel-George Gmelin, l'existence du keschr dans la mer Caspienne, ce qui serait sans doute fort singulier : il aurait suffi de lire légèrement sa description[2], et de jeter un coup d'œil sur sa figure[3], pour voir que Gmelin n'avait sous les

---

1. Champollion, l'Égypte sous les Pharaons, t. I.er, p. 187.
2. Voyages de Samuel-George Gmelin, t. III, p. 244. — 3. *Ib.*, pl. 25, fig. 3.

yeux qu'un gobie ; mais beaucoup trop d'écrivains aiment mieux copier les synonymes que
de les vérifier.

Le keschr tient en partie du bar, en partie de la
perche : il a du bar, de moindres nombres de vertèbres à l'épine et de rayons aux dorsales, les écailles
plus généralement étendues sur ses pièces operculaires, l'absence des dentelures au subopercule et à
l'interopercule : mais il tient de la perche par sa
langue lisse et sans âpreté, par l'épine unique de son
opercule, et par les dentelures de son sous-orbitaire. Celles-ci même sont beaucoup plus marquées
qu'à la perche, et pourraient servir à en séparer le
groupe auquel le keschr appartient. Sa forme est à
peu près celle d'une perche ; mais sa tête est plus
longue et son museau plus pointu ; sa mâchoire inférieure avance un peu davantage ; il y a plus de
renflement à sa nuque, et son chanfrein est plus
uniformément concave. Son museau est nu jusqu'au-
dessus des yeux ; ses mâchoires le sont également ;
mais son crâne, ses joues et toutes ses pièces operculaires sont écailleuses. Le premier et le second
sous-orbitaire sont dentelés en scie, ce qui forme
une ligne longitudinale dentée qui, lorsque la bouche
est fermée, couvre un peu le bord supérieur du maxillaire. Le bord montant du préopercule est finement
dentelé ; à son angle est une grosse dent pointue dirigée en arrière, et à son bord inférieur, qui est rectiligne, il y en a trois autres, également très-fortes
et dirigées vers le bas, mais qui, dans le poisson

frais, sont en partie cachées dans la membrane. On en aperçoit quelquefois une quatrième en avant. L'opercule osseux se termine en une forte épine, sous laquelle passe, comme à l'ordinaire, son bord membraneux; elle est trop marquée pour qu'il soit possible de laisser ce poisson parmi les centropomes, où M. de Lacépède l'a placé. Il y a une très-fine dentelure au bord inférieur de l'opercule en avant; mais je n'en vois ni au sous-opercule ni à l'interopercule : au contraire, il y en a quatre ou cinq assez fortes à l'os surscapulaire, et cinq plus fortes encore à l'angle de l'huméral au-dessus de la pectorale. Il est cependant essentiel de remarquer que ces dentelures dans le keschr, comme dans tous les autres poissons qui deviennent très-grands, s'effacent peu à peu avec l'âge, et qu'on aurait peine à en voir des restes dans les vieux individus; dans ceux de trois pieds, par exemple, elles ont déjà presque disparu. Les épines dorsales sont extrêmement fortes, surtout la troisième, qui est la plus longue. La seconde n'a pas le tiers de sa longueur, et la première est très-courte; les cinq autres vont en diminuant graduellement, ce qui forme une nageoire triangulaire dont la membrane ne finit en arrière qu'au pied de l'épine de la seconde dorsale. Celles de l'anale sont aussi très-fortes, sans être très-longues. C'est la seconde qui est la plus grosse, et elle égale la troisième en longueur; mais les plus remarquables par leur grosseur, relativement aux autres épines, sont celles des ventrales, nageoires qui elles-mêmes sont d'une épaisseur notable. Toutes ces épines sont comprimées. La nageoire caudale est arrondie ; elle a, ainsi que la seconde dorsale et l'anale, de petites écailles entre les bases de ses rayons. Les nombres des rayons sont :

B. 7 ; D. 7, et quelquefois 8 — 1/12 ; A. 3/8, et quelquefois 9 ; C. 17 ; P. 15 ; V. 1/5.

Les dents sont comme dans la perche ; il n'y a point sur la langue l'âpreté qui distingue le bar, mais sa surface est lisse et molle, comme dans la perche. Les écailles sont légèrement rudes sur leurs bords. On en compte environ soixante sur une ligne longitudinale, et vingt-deux sur une ligne verticale à l'endroit du corps le plus haut. La ligne latérale, à peu près parallèle au dos, dont elle est distante en avant du tiers de la hauteur, se marque par une tubulure longue et grêle sur chaque écaille.

Tout le poisson est d'une couleur argentée un peu teinte de brun sur le dos.

Son squelette, indépendamment des différences que l'on peut déjà apercevoir à l'extérieur, diffère de celui de la perche et de celui du bar, parce que cinq crêtes élevées et tranchantes règnent sur toute la longueur du crâne ; parce que le crâne lui-même est plus comprimé, et parce que les interépineux, surtout les antérieurs, sont plus longs et plus forts, comme il convenait que cela fût pour porter des épines dorsales plus robustes. Il n'y en a qu'un seul en avant qui ne porte point d'épine, et il est fort court. Le nombre des vertèbres est de vingt-cinq : le premier interépineux de l'anale est suspendu à la quatorzième. Je trouve onze paires de côtes.

Les intestins ressemblent à ceux du bar, plus qu'à ceux de la perche. Il y a cinq appendices cœcales assez longues, et une vessie natatoire grande, épaisse et argentée.

La VARIOLE DES INDES, *nommée* PÈCHE-NAIRE *par les Français de Pondichéry, et* COCKUP *par les Anglais du Bengale.*

(*Perca maxima*, Sonn.; *Latès nobilis*, nob.)

Les Indes orientales possèdent des poissons du sous-genre des varioles qui égalent le keschr par la grandeur et lui ressemblent beaucoup par les caractères. Il en est un que nos colons de Pondichéry, d'après les Portugais, appellent *pèche-nairè* [1] ou *poisson de prince.* Feu Sonnerat, à qui nous en avons dû le premier individu, l'avait désigné par le nom de *perca maxima* que nous lui aurions conservé, si notre distribution méthodique nous l'avait

---

1. Les Français de Pondichéry ont adopté plusieurs mots portugais, entre autres celui de *pèche* (*peixe*), pour dire poisson; ainsi ils disent *pèche-lait* (*scomber lactarius*), *pèche-bicout* (*sillago acuta,* ou *sciœna malabarica* de Schn.), *pèche-madame* (*sillago domina,* etc.). *Pèche-naire* veut dire que c'est un poisson digne d'être servi à une classe supérieure : à celle des naires ou guerriers; ce qui paraît vrai de cette espèce, mais seulement lorsqu'elle n'a point passé une certaine taille.

permis. Sa ressemblance avec le keschr est telle que, sans l'éloignement et le défaut de communication des fleuves qui les nourrissent, on serait tenté d'abord de les croire des variétés l'un de l'autre. Cependant à l'examen on trouve que

le pèche-naire a la tête un peu plus courte et les écailles un peu plus grandes que le *keschr;* que le bord inférieur de son préopercule, au lieu de rester horizontal, monte obliquement en arrière, en sorte que son angle est obtus et non droit comme dans le keschr. Les dentelures de son huméral sont aussi un peu plus fines et leur nombre va jusqu'à six, et dans quelques individus jusqu'à dix et au-delà. Enfin, le troisième rayon de l'anale est de près du double plus long que le deuxième; mais les nombres de ses rayons et tous les autres détails de ses parties sont les mêmes.

D. 7 ou 8 — 1/12; A. 3/8 ou 9, etc.

M. Leschenault, qui nous a envoyé un fort bel individu de cette espèce, dit qu'elle est abondante aux embouchures des rivières, qu'elle atteint quatre pieds de longueur, que les indigènes de la côte de Coromandel la nomment *kodouva.* Il ajoute qu'on l'estime assez peu comme aliment.

M. Russel, dans son Histoire des poissons de Visagapatam, donne, tome II, fig. 131, un poisson qui me paraît absolument le même

2.

que le *pèche-naire,* à quelques différences près
dans les épines du préopercule, qui peuvent
avoir été dessinées avec peu de soin. Il le dit
argenté, ses pectorales d'un jaune pâle et les
ventrales d'un jaune foncé. Les naturels de
la côte d'Orixa l'appellent *pandou-minou,* et
les Anglais de Calcutta *cockup.* C'est, ajoute-
t-il, le meilleur poisson que l'on puisse servir
dans cette ville. Il y parvient à trois pieds de
longueur; mais ceux d'un pied et demi ou de
deux sont d'un goût plus agréable. Il est plus
rare à *Visagapatam,* où on lui préfère d'autres poissons. Cette dernière remarque s'accorderait avec celle de M. Leschenault, sur
le peu de cas que l'on en fait à la côte de
Coromandel.

M. Hamilton Buchanan, dans son Histoire
des poissons du Gange, me paraît encore donner la même espèce sous le nom de *coïus-
vacti,* qui, dit-il, est le *cockup* du commun
des Anglais de Calcutta, et l'un des mets
que l'on y estime le plus. Les différences que
M. Buchanan a cru voir entre ce poisson et
celui de Russel, ne viennent probablement
que du dessinateur, qui, en effet, a négligé
les épines du préopercule et les dentelures
de l'huméral; mais peut-être seulement parce
que l'épiderme les cachait dans l'individu

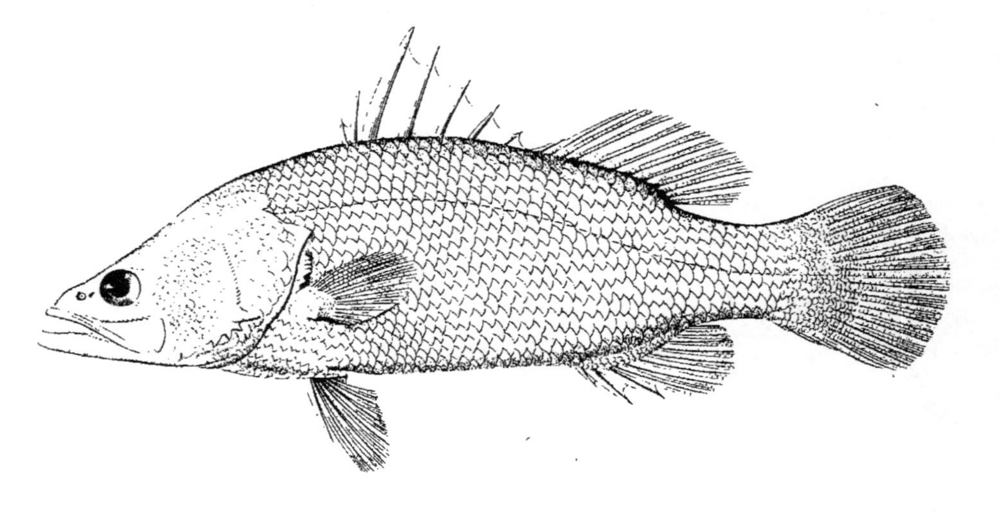

VARIOLE des Indes.

P. LATES nobilis. n.

Werner del.

Imp.^t de Langlois.

Schmeltz sculp.

frais qui lui aura servi de sujet. Or ce *vacti*
abonde à toutes les bouches du Gange ; il
remonte aussi haut que le flux et entre avec
lui dans les étangs et les marais. Les meilleurs
sont ceux que l'on prend dans l'eau salée et
qui ont à peu près deux pieds. On en pêche
souvent qui ont jusqu'à cinq pieds ; mais alors
ils sont de mauvais goût, et petits ils sont insipides. Ces détails, comme on voit, s'accordent avec ceux de M. Russel. Dans tous les cas,
si ces deux poissons diffèrent l'un de l'autre et
du pèche-naire, ce n'est que par une nouvelle comparaison faite directement que l'on
pourra le constater.

Nous avons au cabinet du Roi deux varioles
venues de la mer des Indes et desséchées, qui
ne nous paraissent point différer du pèche-
naire. La plus petite, longue de six à sept
pouces, n'a que six dentelures à son huméral ; la plus grande, longue d'environ quinze
pouces, en a jusqu'à dix, et paraît avoir
eu du brun sur le disque de chacune de ses
écailles du dos et des flancs. M. de Lacépède
(tome IV, p. 344 et 391) a réuni ces deux
individus sous le nom *d'holocentre heptadac-*
tyle. C'est l'épaisseur des ventrales, commune
à toutes les varioles, qui lui a fait y compter
dans ces deux poissons un rayon de plus qu'à

l'ordinaire; mais il n'y en a bien sûrement que cinq mous et un épineux.

Le petit individu porte encore une étiquette hollandaise *kœl-kop* (*tête chauve*), ce qui fait croire qu'il vient des Moluques.

La Variole porte-éperon.

(*Latès calcarifer*, nob.; *Holocentrus calcarifer*, Bl., 244.)

C'est bien sûrement aussi d'un poisson de ce sous-genre que Bloch, pl. 244, a fait son *holocentrus calcarifer*, et d'après les proportions de ses épines anales et le nombre des dentelures qu'il marque à l'huméral, ainsi que d'après les lignes brunes dont il le colore, nous aurions été disposé à croire que c'est le pêche-naire ; mais, ayant examiné l'original, nous avons trouvé qu'il a bien réellement, comme le dit Bloch, dix rayons mous seulement à la deuxième dorsale, ce qui lui en fait deux de moins qu'au naire, et suffit, jusqu'à de plus amples renseignemens, pour le faire considérer comme une espèce à part.

D. 7—1/10; A. 3/8.

Bloch le croit originaire du Japon; mais

peut-être ne venait-t-il que de Java, comme plusieurs des poissons qu'il donne pour japonais. [1]

---

1. Nous aurons par la suite plusieurs occasions de prouver que Bloch, soit par ignorance, soit parce qu'il était trompé par les marchands hollandais dont il achetait des poissons, a presque toujours donné pour japonaises des espèces javanaises.

CHAPITRE IV.

Des Centropomes.

M. de Lacépède a nommé centropomes, les perches à deux dorsales auxquelles il a donné pour caractère un opercule qui ne se termine pas en pointe. Nous en avons détaché les sandres, les aprons et les varioles, soit parce qu'ils ont réellement à cette partie de véritables aiguillons, soit pour d'autres motifs : il ne nous restera donc dans ce groupe que les espèces à dents, à préopercule et à dorsales de perche, mais où l'opercule finit par une partie arrondie et mince, et même nous n'en connaissons qu'une seule.

Le Centropome brochet de mer.

(Centropomus undecimalis, nob.; Sciæna undecimalis, Bl., 305.) [1]

C'est un poisson auquel Bloch, qui en avait reçu un individu de la Jamaïque, a donné, pl. 305, le nom de *sciæna undecimalis*, à cause des onze rayons de sa seconde dorsale.

---

1. *Centropome ondécimal*, Lacép.; *Sphyrène orvert*, ejusd.; *Persèque loubine*, ejusd.; *Platycephalus undecimalis*, Schn.; *Camuri*, Pis.; *Brochet de mer*, Plumier.

M. de Lacépède l'appelle *centropome ondé-cimal;* mais ce que ni Bloch ni M. de Lacé-pède n'ont dit, c'est que ce poisson est commun et de grande consommation dans toutes les parties chaudes de l'Amérique. Il nous en est venu des colonies françaises, espagnoles et portugaises. Pison et Margrave en avaient déjà parlé, et M. de Lacépède lui-même, comme nous le verrons bientôt, l'a donné une seconde fois sous un autre nom. Les colons espagnols et français l'ont comparé tantôt au bar, tantôt au brochet.

Son museau aplati horizontalement et la forme générale de son corps lui donnent, en effet, quelque chose de la physionomie du brochet, auquel d'ailleurs il ne ressemble, en quoi que ce soit, par les détails ; car, pour tous ces détails, c'est du bar ou de la perche qu'il se rapproche. Sa plus grande hauteur, qui est vis-à-vis des ventrales, est à peu près cinq fois dans sa longueur totale : la longueur de sa tête y est un peu plus de trois fois, et l'épaisseur fait moitié de la hauteur ; la queue diminue en hauteur et en épaisseur, et la caudale est presque aussi longue que la tête ; mais les autres nageoires verticales sont courtes et hautes. Sa tête est étroite ; vue de côté, elle paraît proportionnellement pointue, surtout à cause de la proéminence de la mâchoire inférieure, qui saille en avant, presque comme dans la sphyrène : vu en dessus, le museau est déprimé et arrondi à son extrémité; des lignes saillantes, au nombre de quatre, différemment infléchies, forment un dessin régulier, qui s'étend depuis le bout du museau jusqu'à la nuque. Deux parties triangulaires sur le crâne sont revêtues d'écailles, mais leur intervalle, celui des yeux, le museau et les deux mâchoires, sont nus; des écailles garnissent la joue, l'opercule et le subopercule, mais il n'y en a ni au limbe du préopercule, ni à l'interopercule, ni au sous-orbitaire. Celui-ci n'est pas vraiment dentelé, mais a seulement quelques légères crénelures. Le préopercule, au contraire, a de fines dentelures à son bord montant, d'un peu plus fortes à son angle, qui est arrondi, et de plus courtes et plus écartées à son bord inférieur. Le rebord en avant de son limbe est assez saillant et a quelque dentelure peu sensible vers l'angle. La partie osseuse de l'opercule finit en s'arrondissant et sans aucune épine. Les dents sont comme à la perche, seulement les bandes palatines en sont plus étroites ; la langue, qui est fort libre et assez pointue, n'a ni dents ni aucune âpreté. Sous les branches de la mâchoire inférieure se voient des lignes saillantes comme sur le crâne. Les ouïes sont bien fendues, et leur membrane a sept rayons. Les deux dorsales sont triangulaires et séparées par un petit intervalle écailleux ; la première a huit rayons, dont le premier et même le second sont très-courts ; le troisième est le plus long et le plus fort; les autres vont en diminuant. L'épineux de la seconde est faible et de moitié plus court que le premier mou ; mais le second épineux de l'anale est long et très-fort : le premier, au contraire, est extrêmement court ; le troisième est aussi long que le second, bien que beaucoup plus mince ; l'épineux de la ventrale est aussi assez fort : cette nageoire sort sous le milieu de la pectorale, qui est faible ; la caudale est fourchue. Voici les nombres de ses rayons :

B. 7; D. 8 — 1/10; A. 3/6; C. 17; P. 15; V. 1/5.

Les écailles sont presque rondes, un peu âpres sur les bords, peu crénelées à leur bord radical. On voit sur leur milieu, quand elles sont adhérentes, un trait qui se continue avec celui des écailles suivantes, et forme ainsi des lignes sur toute la longueur du poisson. La ligne latérale ne suit pas tout-à-fait la courbe du dos ; elle prend dans son milieu une légère courbure contraire, et est marquée par un petit tuyau large et court, percé sous chaque écaille, et dont la continuité forme une ligne noirâtre fort marquée, qui se prolonge jusqu'au bout de la caudale. Les autres écailles de cette nageoire sont petites et peu sensibles.

La couleur de ce poisson est un argenté légèrement teint de brunâtre ou de verdâtre vers le dos, et relevé par la ligne brune assez large qu'y forme la ligne latérale. Ses nageoires sont jaunâtres, pointillées de noirâtre vers leurs bords : la première dorsale est toute pointillée de noirâtre sur un fond gris. Cette description est prise d'individus apportés de Saint-Domingue avec toutes leurs couleurs, par M. Ricord.

L'estomac de ce centropome est en sac pointu, à parois assez épaisses, s'étendant jusqu'à moitié de la distance du pharynx à l'anus. La branche pylorique sort près du cardia : il y a au pylore quatre appendices à peine plus longues que la branche de l'estomac qu'elles entourent. L'intestin est court, et n'a que deux replis de peu d'étendue; la rate est petite et étroite; le foie est médiocre; son lobe gauche est assez long et aigu ; les deux autres sont courts et arrondis : ce sont de légers festons plutôt que des lobes. La vessie natatoire est très-grande, et se porte au-delà de l'anus jusqu'à la base de la première épine anale, où elle se termine en pointe. Sa tunique fibreuse est épaisse et argentée; l'intérieure a de beaux lacis vasculaires.

Le squelette n'a en tout que vingt-quatre vertèbres, dont dix seulement appartiennent à l'abdomen : les trois premières exceptées, elles sont toutes plus longues que hautes ; les deux premières ont leurs apophyses épineuses soudées en une crête comprimée, liée à celle de la tête, et derrière laquelle s'enfonce le premier interépineux. Les côtes sont courtes, et n'entourent pas, à beaucoup près, tout l'abdomen : les premières sont un peu élargies, surtout la troisième et la quatrième; les trois dernières sont portées sur des apophyses transverses descendantes, mais qui ne font pas l'anneau. Les interépineux des deux premières épines anales sont soudés en un seul os long et très-fort.

La couleur rouge dont Bloch a enluminé son *sciæna undecimalis,* est tout-à-fait imaginaire; et l'on peut d'autant plus s'en étonner, qu'il y avait à Berlin une belle figure de

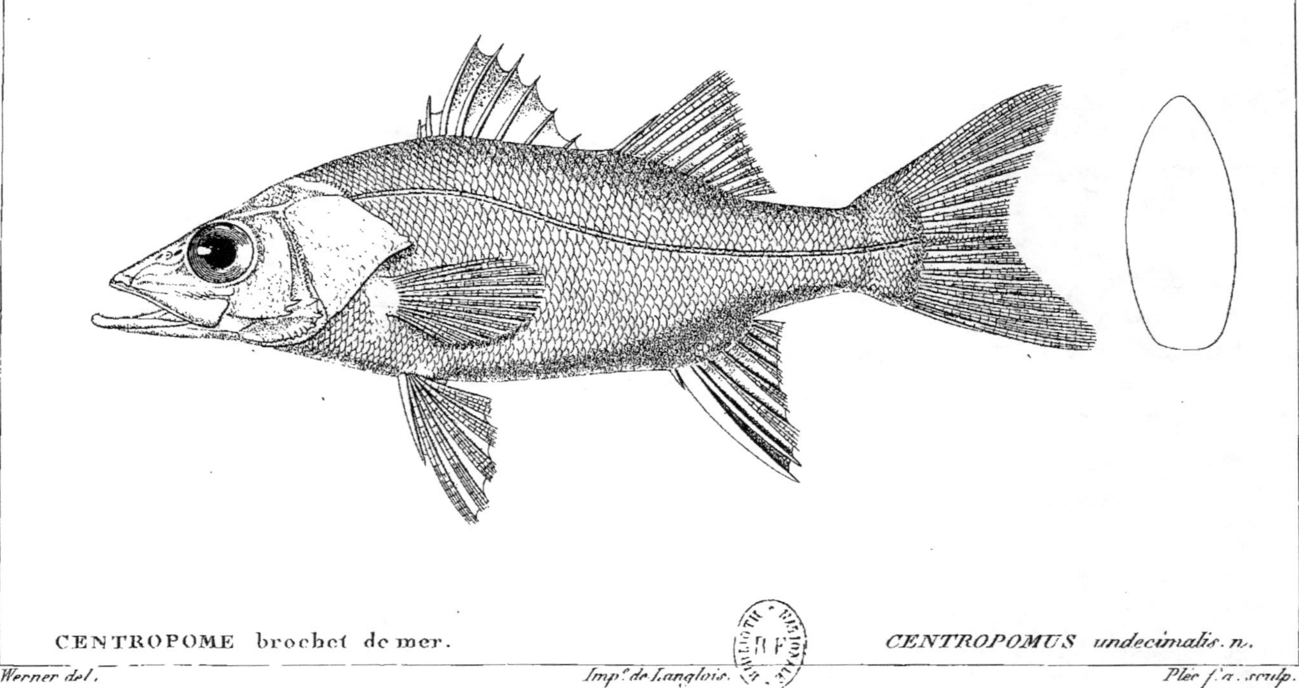

CENTROPOME brochet de mer. CENTROPOMUS undecimalis. n.

Werner del. Imp.º de Langlois. Plée f.ª sculp.

e poisson peinte à l'huile dans le Recueil
le Mentzel; elle y est intitulée *camuri*, et,
n effet, notre centropome est le *camuri*
e Margrave, p. 160, que les Portugais du
résil nommaient de son temps *robalo*, nom
u *bar* dans la péninsule; les Hollandais l'ap-
elaient *snœk*, c'est-à-dire *brochet*. Encore
ujourd'hui les colons espagnols de Cuba et
e Porto-Rico l'appellent *robalo*; et MM. Pley
t Poey nous l'ont envoyé sous ce nom.

Pison donne ce *camuri*, p. 74, mais avec
ne gravure où l'original de Mentzel, si c'est
ui qui a servi, est tellement défiguré que,
ms les noms, il aurait été impossible de le
econnaître. [1]

Nos Français de Cayenne ont transporté à
e poisson le nom de *loubine*, emprunté de
elui que le bar porte dans quelques endroits
e nos côtes de l'Océan; et c'est un individu
nvoyé sous ce nom au cabinet du Roi, par

---

1. Pison, qui, lorsqu'il s'écarte de Margrave, est fort sujet à
rreur, distingue des *camuri* de rivière et d'étang, appelés *camu-*
ri par les indigènes, qui ressemblent au brochet, et d'autres
i sont de mer, ne dépassent pas les embouchures des rivières,
ressemblent davantage aux bars; les indigènes les nomment
muri apeba, et lorsqu'ils sont grands, *camuri guazu*. C'est un
ces derniers qu'il prétend représenter, et sa figure est trop mau-
ise pour que l'on sache ce qu'il en est; mais sa description, em-
untée de Margrave, est celle de notre centropome actuel.

Laborde, qui est devenu la *persèque loubine* de M. de Lacépède, tome IV, p. 397 et 421.

En d'autres de nos colonies, à Saint-Domingue, à la Martinique, on le nomme *brochet de mer;* Plumier l'a désigné sous ce nom à la Martinique, et c'est sur une copie de son dessin par Aubriet, intitulée ainsi, et chargée de couleurs trop vives, comme c'était l'ordinaire de cet artiste, que M. de Lacépède a établi sa *sphyrène orvert* (t. IV, p. 418, et t. V, pl. IV, fig. 2); mais son graveur a exagéré la saillie de la mâchoire inférieure beaucoup plus que ne le comportait le dessin original.

Ainsi le *camuri,* le *centropome ondécimal,* la *sphyrène orvert* et la *persèque loubine* doivent être désormais réduits à une seule espèce.

Il paraît que cette espèce se trouve tout autour de l'Amérique méridionale; car nous l'avons reçue de Rio-Janéiro et même de Lima, à ce qu'il nous a été assuré. Elle se tient aux embouchures des rivières, et y remonte assez haut pour que plusieurs la considèrent comme un poisson d'eau douce. C'est sous ce titre que M. Poey nous l'a apportée de Cuba. Elle vit de proie et s'engraisse beaucoup; sa ponte a lieu deux fois par an et très-abondamment. Partout ce poisson est fort estimé et devient très-grand; on en prend de vingt-cinq livres et plus : il se vend par tranches sur les marchés, à ce que nous a rapporté un témoin oculaire. Pison le dit bien supérieur aux brochets et aux bars de l'Europe, et assure que sa chair convient aux malades non moins qu'à ceux qui se portent bien. Les meilleurs sont ceux qui approchent de deux pieds : on les sert sur les tables les plus recherchées. Les œufs se salent pour en faire, comme de ceux des muges, cette espèce de caviar connu dans la Méditerranée sous le nom de *botarge.*[1]

---

1. Pison, *loc. cit.*, p. 74.

CHAPITRE V.

Des Sandres (*Lucioperca,* nob.).

Ce sous-genre se distingue des autres par la réunion qu'il présente des nageoires et des préopercules de la perche, avec des dents pointues qui rappellent celles du brochet, et c'est ce qui a fait donner, par Conrad Gesner, à l'espèce d'Europe le nom composé de *lucioperca* (*brochet-perche*).[1]

Le SANDRE COMMUN.

(*Perca lucioperca*[2], L.; *Lucioperca sandra,* nob.)

Les fleuves et les lacs du nord et de l'est de l'Europe nourrissent ce poisson renommé pour son goût exquis. C'est le *sander, sandel* ou *sandat* des Allemands riverains de la Baltique, le *schil* des Autrichiens, le *nagmaul* des Bavarois. Il est inconnu à l'Italie, à la France et à l'Angleterre ; et rien ne fait croire

---

1. Gesn., *Paralip.*, p. 28 et 29.
2. *Perca lucioperca*, Bl., pl. 51, Schn., Shaw, etc.; *Centropome sandat,* Lacép.

que les anciens en aient parlé, bien que d'autres poissons du Danube soient cités dans leurs écrits.

Sa forme générale est plus alongée que celle de la perche. Sa hauteur est cinq fois et un tiers dans sa longueur, et son épaisseur une fois et demie dans sa hauteur. La longueur de sa tête jusqu'au bout de l'opercule est d'un peu plus du quart de la longueur totale, et l'œil est placé au tiers antérieur de la longueur de sa tête. Son profil descend obliquement en ligne droite jusqu'au bout du museau, faisant avec la ligne de la gorge un angle d'environ cinquante degrés. La tête en dessus est arrondie transversalement, avec deux élevures longitudinales fort plates. Les mâchoires sont à peu près égales : la supérieure s'arrondit au bout; la gueule est médiocrement fendue; les trous de la narine petits et percés, l'un près de l'œil, l'autre près du bout du museau; les mâchoires sont garnies d'une bande très-étroite de dents en velours, parmi lesquelles il y en a un rang de coniques et pointues encore assez petites à la mâchoire supérieure, et déjà plus grandes à l'inférieure et aux palatins : deux de ces dents aiguës en avant à la mâchoire supérieure, quatre à l'inférieure, et deux en avant de chaque palatin, plus grandes encore que les autres, forment de véritables canines; mais à la ligne transversale du vomer il n'y en a que de petites en velours. La langue n'en a point, elle est libre et douce. Celles des pharyngiens sont en cardes. Le préopercule est arrondi, finement dentelé dans toute sa partie montante, et découpé en dents plus grandes et moins régulières à son bord inférieur. Les autres pièces operculaires sont entières, ainsi que les sous-orbitaires : du moins c'est à peine si l'on voit un vestige de dentelure à l'interopercule et au subopercule vers leur réunion; le bout de l'opercule osseux est obtus, mince, et son bord comme un peu déchiré. Les ouïes sont fendues comme à la perche, et ont de même sept rayons à leur membrane. Le surscapulaire et l'huméral près de la pectorale sont très-finement dentelés. Il n'y a point d'écailles sur le museau, ni entre les yeux, ni aux mâchoires; la joue paraît aussi couverte d'une peau nue; mais on en voit de petites sur le haut du crâne, en quatre compartimens, et sur le haut de l'opercule et du préopercule. Celles du corps sont plus petites à proportion qu'à la perche, mais de même rudes et dentelées au bord, finement striées en travers dans leur partie cachée et festonnées vers leur racine de sept crénelures. La ligne latérale parallèle au dos est presque droite; elle se marque par une élevure triangulaire sur chaque écaille. Il y a entre l'occiput et la première dorsale un intervalle égal aux deux tiers de la longueur de la tête : cette dorsale est à peu près de la longueur de la tête, et de moitié moins haute que le corps. Elle a quatorze rayons assez forts, très-aigus : le premier est de moitié moins long que le second, ensuite ils diminuent peu jusqu'aux trois derniers. Elle est séparée de la seconde par un intervalle sensible, où il y a place pour six ou huit écailles. Celle-ci, un peu plus longue que l'autre, a vingt-trois rayons, dont le premier est épineux et fort

petit. L'anus est sous le commencement de cette seconde dorsale, et l'anale est de huit ou dix écailles
plus en arrière : elle ne se porte pas aussi loin vers la
queue : aussi n'a-t-elle que treize rayons, dont les
deux premiers épineux, mais faibles.

La caudale est un peu fourchue et a dix-sept rayons.
Il y en a quinze aux pectorales, et comme à l'ordinaire un épineux et six mous aux ventrales. Celles-ci
naissent un peu plus en arrière que les pectorales,
et se portent un peu plus loin; leur grandeur est à
peu près la même.

D. 14—1/22; A. 2/11; C. 17; P. 15; V. 1/5.

Le sandre est loin d'égaler la perche pour la beauté
des couleurs. Tout le dessus de son corps est d'un
gris verdâtre, qui sur les flancs et en dessous prend
par degrés une teinte blanchâtre, argentée, uniforme,
avec des reflets dorés. Sur la partie grise sont des
taches nuageuses brunâtres, et dans les jeunes sujets des bandes verticales brunes; du moins c'est
ainsi que nous les avons vues dans quelques petits
individus des environs de Berlin. On en compte
huit ou neuf qui descendent jusqu'au milieu de la
hauteur. Quelques marbrures brunes se remarquent
sur les côtés de la tête. Les deux dorsales ont entre
leurs rayons des taches noires sur un fond gris, qui
sont plus grandes et moins nombreuses à la première,
et qui forment sur toutes deux cinq bandes longitudinales. On en voit aussi quelquefois à la caudale. Les
autres nageoires sont pâles et plus ou moins teintes
de jaune. Les jeunes individus sont d'une teinte plus
pâle que les adultes, et souvent de couleur cendrée.

Le squelette du sandre a quarante-huit vertèbres. L'interépineux du premier rayon dorsal s'insère entre les apophyses épineuses de la troisième et de la quatrième. Ce sont la dix-neuvième et la vingtième qui répondent à l'intervalle des deux dorsales; et, ce qui prouve bien que les interépineux ne sont pas des appartenances des vertèbres, les vingt-trois rayons de la deuxième dorsale sont portés par dix-sept vertèbres seulement. Des quarante-huit vertèbres, vingt-six appartiennent à l'abdomen, et vingt-deux à la queue. Les côtes ne sont pas bien longues, et, autant que j'en puis juger par mon squelette, elles n'ont pas ces appendices qui les rendent fourchues.

Ses viscères ressemblent fort à ceux de la perche. L'estomac est un long cul-de-sac à parois épaisses, dont le fond est obtus. La branche qui va au pylore, sort près du cardia. Il n'y a que quatre appendices cœcales au pylore, et non pas six, comme le dit Bloch : elles sont plus longues que dans la perche. Le foie et la rate offrent peu de différences. La vessie natatoire est bien plus épaisse, et a ses parois fibreuses, opaques et argentées, et non pas simplement membraneuses et transparentes, comme dans la perche. Il y a deux ovaires également grands et également remplis, dans le temps du frai, d'une innombrable quantité d'œufs plus fins que des grains de moutarbe; le cœur est plutôt arrondi que trièdre.

Le sandre devient au moins aussi grand que le brochet, et croît aussi vîte. On en voit de trois et de quatre pieds de long, et de vingt

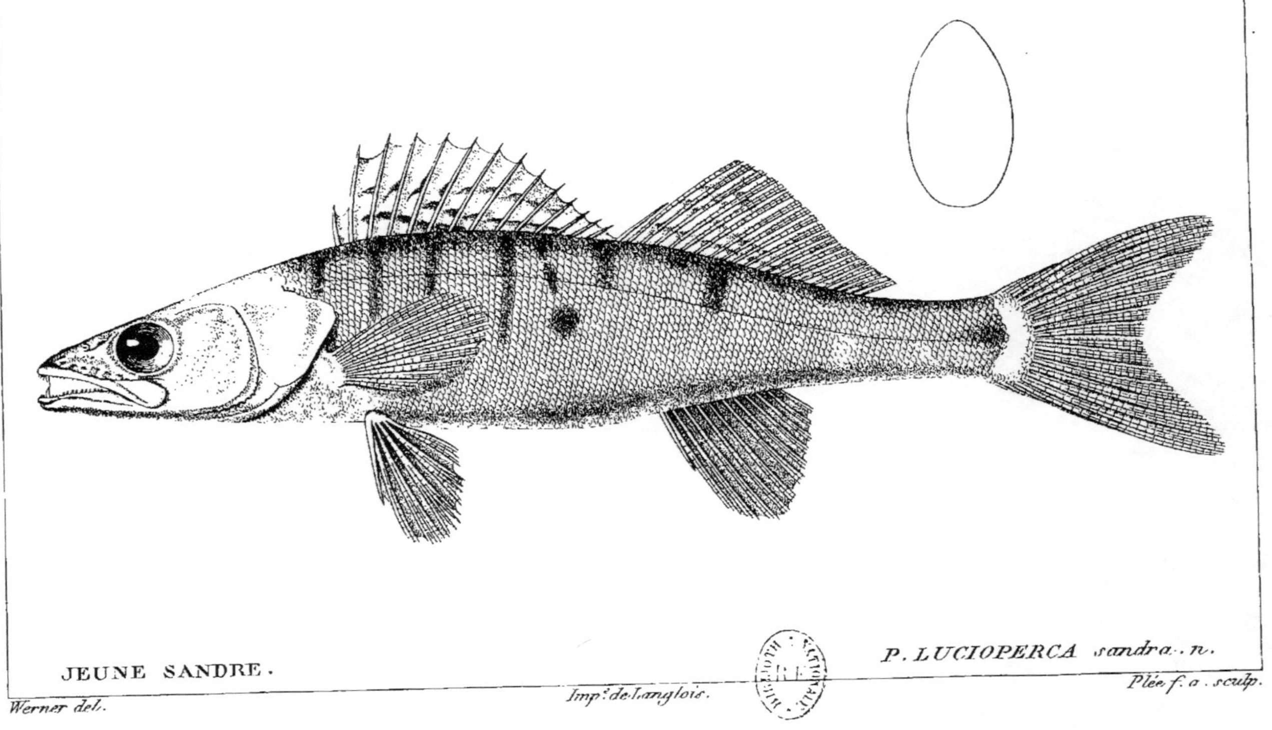

JEUNE SANDRE.
P. LUCIOPERCA sandra.. n.
Werner del.
Imp.ᵗ de Langlois.
Plée f. a. sculp.

livres de poids. Sa chair est très-agréable au goût, grasse, et d'une blancheur remarquable lorsqu'elle est cuite. Grillée on la trouve moins bonne que bouillie. Elle prend le sel et devient alors plus ferme ; on peut aussi la fumer, et l'on en exporte beaucoup de Silésie et de Prusse sous ces deux formes. Il y a même des personnes qui mangent cette chair crue, après l'avoir préparée avec de l'huile, du sel et du poivre. Il fraie aux mois d'Avril et de Mai, et dépose ses œufs sur les pierres ou les herbes aquatiques : ses œufs sont fort nombreux et vont à plus de trois cent mille par individu. C'est dans la profondeur qu'il se tient de préférence, ce qui le rend plus difficile à prendre que la perche ; il préfère les fonds de sable, et ne réussit que dans des eaux pures ; la vase, les moindres dissolutions gypseuses, lui sont nuisibles. Il n'a pas la vie si dure que la perche ; quand il est renfermé il ne mange point, et on a même de la peine à le conserver long-temps dans des vases, en sorte qu'il est difficile à transporter vivant. C'est probablement ce qui a empêché que l'on n'essayât de multiplier chez nous un poisson qui donnerait à nos tables une ressource nouvelle et des plus agréables. La tentative mériterait bien d'en être faite ; notre climat n'aurait rien qui s'y opposât, car il habite et plus au nord et plus au midi.

Le premier sandre qui ait été décrit avait été envoyé à Gesner de Bohème [1], et venait probablement de l'Elbe; mais il y en a aussi dans le Danube, dans l'Oder et dans tous les lacs qui communiquent avec ces fleuves. L'espèce est commune dans les grands lacs de Suède, où on la nomme *giörs;* les Norwégiens, qui la possèdent aussi, lui donnent le même nom; mais les Danois l'appellent *sandart,* comme les Allemands. Marsigli l'a vue en Hongrie, où on la nomme *silo* [2]. Elle abonde dans tous les fleuves de la Prusse, ainsi que dans le Frisch-Haf et le Curisch-Haf. *Bock* assure que les marchés de Dantzig et de Königsberg sont quelquefois encombrés de ce poisson au point que les plus pauvres gens peuvent s'en repaître. [3] *Fischer* dit que le sandre est commun dans toutes les rivières de Livonie [4]. Les Russes le connaissent sous les noms de *sudak* et de *sulak;* les habitans de la petite Russie sous celui de *sula.* On en prend dans tous les lacs et les fleuves de l'empire russe qui communiquent avec la mer Baltique, la mer Caspienne, la

1. *Paralip.,* p. 28. — 2. Marsigl., *Danub.* — 3. Hist. nat. de Prusse, t. IV, p. 573. — 4. Hist. nat. de Livonie, p. 247.

mer d'Azof et la mer Noire ; mais il ne paraît pas qu'il y en ait dans ceux qui se jettent dans la mer Glaciale. On en vend par milliers sur le bas Volga ; et, selon Pallas, il est si commun dans la mer Caspienne et la mer d'Azof, que le bas peuple même l'y prend en dégoût[1]. L'huile de ce poisson est recherchée à Astracan par les teinturiers en coton.[2]

On ne manque pas de bonnes figures du sandre. Gesner[3], Marsigli[4], Klein[5], Meidinger[6], en ont donné de fort reconnaissables, mais Willughby[7] n'en a qu'une mauvaise. Celle de Bloch s'écarte des autres par les bandes noirâtres plus distinctes, qu'elle place sur son dos ; son individu avait apparemment conservé plus long-temps la livrée de la jeunesse.

Le SANDRE BATARD DE RUSSIE.

(*Lucioperca volgensis,* nob.; *Perca volgensis,* Gm.)

Il y a dans les fleuves de Russie un poisson que nous n'avons pas vu, mais qui, d'après ce

---

1. Pall., *Zoogr. rossic.*, t. III, p. 246. — 2. Georgii, Description de la Russie, t. III, p. 1924 et 1925. — 3. Gesner, *Aq. paral.*, p. 28, copié dans Aldrov., p. 667, et Jonst., pl. 30, fig. 15. — 4. Marsigl., *Danub.*, t. IV., pl. 22, fig. 2. — 5. Klein, *Miss.*, t. V, pl. 7, fig. 3. — 6. Meidinger, *Pisc. austr.*, pl. 1. — 7. Willughby, pl. 5, fig. 14.

qu'on en rapporte, doit être fort voisin du sandre. Sur le Volga on l'appelle *berschik*, et sur le Don, *podsulac* et *secreet*. M. Pallas l'avait nommé d'abord, dans son Voyage de Russie, *perca volgensis*[1], et le décrit comme intermédiaire entre la perche commune et le sandre, au point, dit-il, qu'on le prendrait presque pour un hybride de ces deux espèces. Gmelin l'a adopté sous ce même nom de *perca volgensis*, et M. de Lacépède l'a considéré comme une variété du sandre.

Dans sa Zoographie russe[2], Pallas change d'opinion sur ce poisson et croit que c'est l'*apron*, ou *perca asper* du midi de l'Europe; mais sa description suffit pour prouver le contraire. En voici la traduction :

Sa forme est celle du sandre, mais un peu plus épaisse; sa tête est pareille, seulement les yeux sont plus saillans. Leur forme est ovale, et ils ont l'iris argenté et plus large en arrière. L'angle de l'opercule est arrondi, et cette pièce est garnie de petites écailles, comme dans le sandre. Les dents sont beaucoup plus petites : il y en a aussi quelques-unes à la mâchoire supérieure, et deux à l'inférieure, plus grandes que les autres. La membrane des ouïes a sept rayons; il y en a treize à la première dorsale, roides et épais comme dans la perche commune, avec des lignes

---

1. **Voy.** trad. fr., t. VIII, p. 99. — 2. *Zoogr. rossic.*, t. III, p. 247.

longitudinales noires; la seconde est contiguë à la première, et a vingt-trois rayons [1], dont le premier est court et épineux. Elle est marquée de bandes longitudinales noires, dont les supérieures confluent les unes dans les autres. Les pectorales sont transparentes et soutenues par quatorze rayons. L'anale a onze rayons, dont le premier court, épais, le second plus long, tous deux épineux; les autres beaucoup plus robustes que dans le sandre. La caudale est un peu fourchue, et a quinze rayons, et les ventrales sept. (Ce qui ne me paraît pas bien exact, l'analogie ne me permettant pas de douter que ces rayons ne soient en même nombre que dans toute la famille.)

B. 7; D. 13 — 1/22; A. 2/9; C. 15 (17?); P. 14; V. 1/7 (1/5?).

Ce poisson est plus brun sur le corps que le sandre, plus semblable à cet égard à la perche commune, et a environ six bandes transversales noires alternativement interrompues. Ses écailles sont assez grandes et âpres.

Sa taille est d'environ deux pieds.

On prend abondamment ce berschik dans les fleuves qui se rendent dans la mer Caspienne, le Palus-Méotide et le Pont-Euxin; mais principalement dans le Volga et dans le Don.

Il meurt, comme le sandre, en sortant de l'eau.

---

1. Ce trait seul suffirait pour distinguer le berschik de l'apron; dans ce dernier, la deuxième dorsale est fort écartée de la première, et n'a que douze ou treize rayons.

Le Sandre de mer.

(*Lucioperca marina*, nob.)

M. Pallas a décrit, dans sa Zoographie de l'empire de Russie[1], un autre poisson que les Russes des côtes de la mer Noire nomment *morskoi sudak*, c'est-à-dire *sandre de mer*, et qu'ils regardent mal à propos comme un sandre échappé de la mer d'Azof, dont les yeux, qui paraissent demi-opaques, auraient été rendus tels par les eaux plus salées de la mer Noire.

Les caractères que lui donne ce savant naturaliste prouvent, en effet, que ce n'est pas le sandre ordinaire; mais ils prouvent aussi que ce n'est pas le bar, ainsi qu'il le soupçonne; et autant qu'on en peut juger par les dents, ce doit encore être une troisième espèce de sandre : mais comme nous ne l'avons pas vu, nous ne le plaçons ici qu'avec doute.

Voici la traduction de l'article qui le concerne :

Par la taille, par la forme et par la couleur, il ressemble au sandre; neuf taches brunes, oblongues sur les flancs, rondes sur la queue, lui traversent chaque côté du corps. Sa tête est un peu comprimée,

1. *Zoogr. ross.* t. III, p. 243.

son museau en cône déprimé; ses mâchoires sont
égales, la supérieure obtuse et légèrement échancrée
au bout; ses dents sur une seule rangée, écartées;
les latérales fortes, coniques, pointues; les premières de chaque côté, à chaque mâchoire, forment
de vraies canines; les antérieures sont menues. La langue est libre, plane, très-lisse; les yeux sont grands,
à iris d'un jaune argenté, marqué de brun en dessus,
à pupille glauque; les opercules un peu aigus et
lisses [1]. La membrane branchiale a sept rayons; les
nageoires ont moins de taches qu'au sandre; les pectorales sont un peu aiguës et ont douze rayons;
ceux des ventrales sont robustes, épais : le premier
est épineux et plus court. Les dorsales sont contiguës : dans la première on compte treize rayons et
un petit en avant; dans la seconde il y en a douze
branchus (si toutefois ce nombre douze n'est pas une
faute d'impression au lieu de vingt-deux); l'anale en
a un très-petit en avant, puis deux à peu près carti-
lagineux et onze branchus. L'épine du dos et ses
apophyses sont très-robustes; mais les côtes sont
fort grêles, en sorte qu'il y a à peine des arêtes
dans un si grand poisson.

B. 7; D. 14 — 12? A. 3/11; P. 12; V. 1/5.

Sa chair est ferme, blanche, lamelleuse et
l'un goût délicieux, et bien supérieure à celle
lu sandre; on en prend beaucoup à la fin de
'automne.

---

1. Ici M. Pallas ne donne aucun détail sur les épines ou les
entelures des pièces operculaires.

Le Sandre d'Amérique.

(*Lucioperca americana*, nob.)

Les eaux des États-Unis possèdent un sandre qui réunit aussi plusieurs des caractères de la perche.

Un peu plus alongé encore que le sandre ordinaire, il est partout finement marbré ou réticulé de noirâtre sur un fond jaunâtre ou verdâtre : il a une pointe aiguë à l'opercule, ce qui le différencie beaucoup des sandres d'Europe, et montre en même temps que cette sorte d'armure ne peut fournir que des caractères très-secondaires. Sa première dorsale est marquée d'une tache noire comme à la perche. Du reste, par les dents et les autres caractères il ressemble au sandre, ayant seulement deux rayons de moins à la seconde dorsale.

D. 14 — 1/20 ; A. 2/11 ; C. 17 ; P. 13 ; V. 1/5.

Nous l'avons reçu de New-York par les soins de M. Milbert.

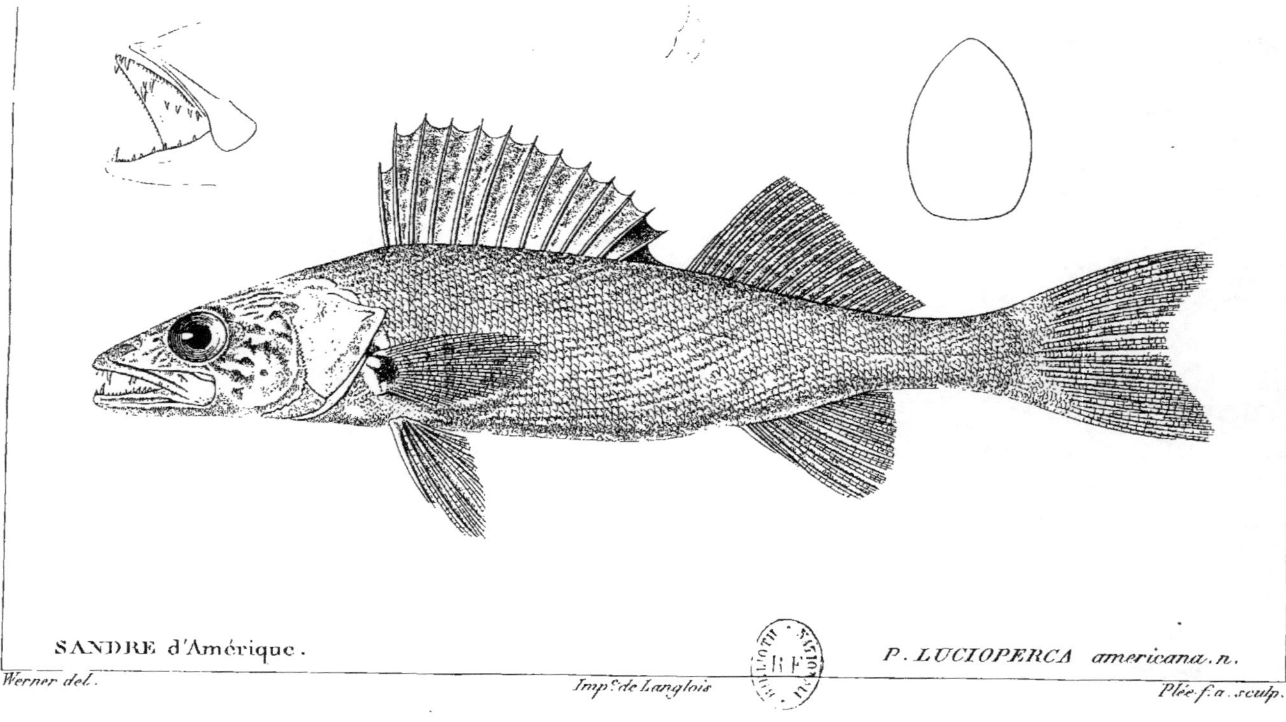

SANDRE d'Amérique.

P. LUCIOPERCA americana. n.

Werner del.

Imp. de Langlois

Plée f.a. sculp.

CHAPITRE VI.

De quelques petits genres étrangers analogues aux Perches propres, aux Bars et aux Varioles.

Nous venons de présenter dans l'ordre qui nous a paru le plus simple, les groupes qui peuvent être considérés comme les modifications les plus immédiates du type de la perche; mais la nature ne s'astreint ni à ce que nous regardons comme des types, ni, en général, à aucune de nos abstractions; et elle a produit dans des mers éloignées des poissons qui s'écartent diversement de ces premiers groupes, et dont chacun deviendra probablement à son tour le type d'un genre, lorsque l'on aura découvert des espèces qui s'en rapprochent et le multiplient.

C'est ainsi que nous allons voir le huron ne différer de la perche que par l'absence de dentelures à son préopercule, l'etelis reproduire une partie des caractères de la perche, avec quelques-uns de ceux du sandre, mais surtout avec plus d'élégance dans les formes et plus d'éclat dans les couleurs;

l'énoplose et le diploprion, semblables, à beaucoup d'égards, aux varioles ou aux bars, offrir un corps tellement haut et comprimé, que le premier a été regardé par d'habiles gens comme du genre des chétodons ; enfin, le niphon paraître un bar ou une variole, mais armé d'une manière bien plus formidable, qui rappelle à certains égards, et surpasse à d'autres, l'armure des holocentrum et des scorpènes.

Notre méthode, qui cherche à suivre de près la nature, et à exprimer par nos subdivisions mêmes les affinités des êtres, ne nous permet donc point de jeter ces espèces singulières dans les groupes que nous venons de décrire, ce qui aurait été facile au moyen de quelque changement dans nos phrases caractéristiques, mais ce qui aurait induit nos lecteurs en erreur, en leur faisant croire qu'ils s'attachent aux types de ces groupes plus étroitement qu'ils ne le font. Ainsi nous leur donnerons à chacun un nom générique particulier.

Le HURON.

Nous croyons pouvoir donner ce nom à un poisson que M. Richardson a pris récemment dans le lac Huron, et qui aurait tous

les caractères de la perche, s'il ne manquait
de dentelures aux os de la tête et de l'é-
paule, et spécialement au préopercule, qui
n'en manque presque dans aucune espèce de
cette famille.

Les Anglais des environs de ce lac l'appellent *black-bass* ou *perche noire*, parce qu'il
ressemble en effet assez pour le port et pour
les teintes à un autre poisson qui porte le
même nom aux États-Unis, et que nous décrirons plus loin dans notre genre *centro-
priste,* auquel il appartient.

Ce *black-bass* du lac Huron a la chair ferme
et blanche, et il passe pour le meilleur des
poissons que l'on pêche en été dans ce vaste
amas d'eau.

Il a le corps un peu plus haut à proportion que la
perche; le museau un peu plus court; le front moins
concave; sa mâchoire inférieure se porte un peu plus
en avant. Sur son front se voient des stries fines et
nombreuses, mais toutes dirigées vers le bord de
l'orbite. Il a des dents en velours aux mêmes endroits
que la perche; son maxillaire a le bord supérieur dilaté; son front, son museau, ses mâchoires, n'ont
point d'écailles; mais il y en a sur son crâne, sa
tempe, toute sa joue et toutes ses pièces operculaires, leurs bords exceptés. Le limbe de l'opercule en
est dépourvu, et son bord parfaitement entier et sans
dentelures s'arrondit dans le bas, après avoir fait un

très-léger arc rentrant. L'opercule osseux se termine
en deux pointes plates, séparées par une petite échancrure aiguë et oblique. Aucune des pièces de l'épaule
n'a de dentelure. La première dorsale, beaucoup plus
petite qu'à la perche, n'a que six rayons, et demeure
assez éloignée de la seconde, qui est plus élevée, et
peut avoir avec ses deux épines douze ou treize
rayons mous. (Elle est en partie mutilée dans notre
individu.) L'anale a trois épines et onze rayons mous;
elle est aussi un peu plus grande à proportion qu'à
la perche. Quant aux pectorales et aux ventrales,
elles sont à peu près pareilles à celles de la perche,
et la caudale aussi.

B. 7; D. 6 — 2/12? A. 3/11; C. 17; P. 15; V. 1/5.

On compte soixante et quelques écailles entre
l'ouïe et la caudale, et vingt-cinq ou vingt-six entre
la première dorsale et le ventre. Elles paraissent
toutes lisses et entières.

La couleur de ce poisson, que nous n'avons vu
que desséché, paraît avoir approché de celle de la
carpe. Son dos est d'un brun verdâtre, qui s'affaiblit
sur les côtés, et passe sous le ventre au blanc-jaunâtre argenté; une ligne grisâtre suit le milieu de
chaque rangée longitudinale d'écailles.

L'individu que nous avons eu sous les yeux, était
long de seize pouces.

Nous laisserons à l'espèce l'épithète qu'elle porte
dans son pays natal, *Huro nigricans.*

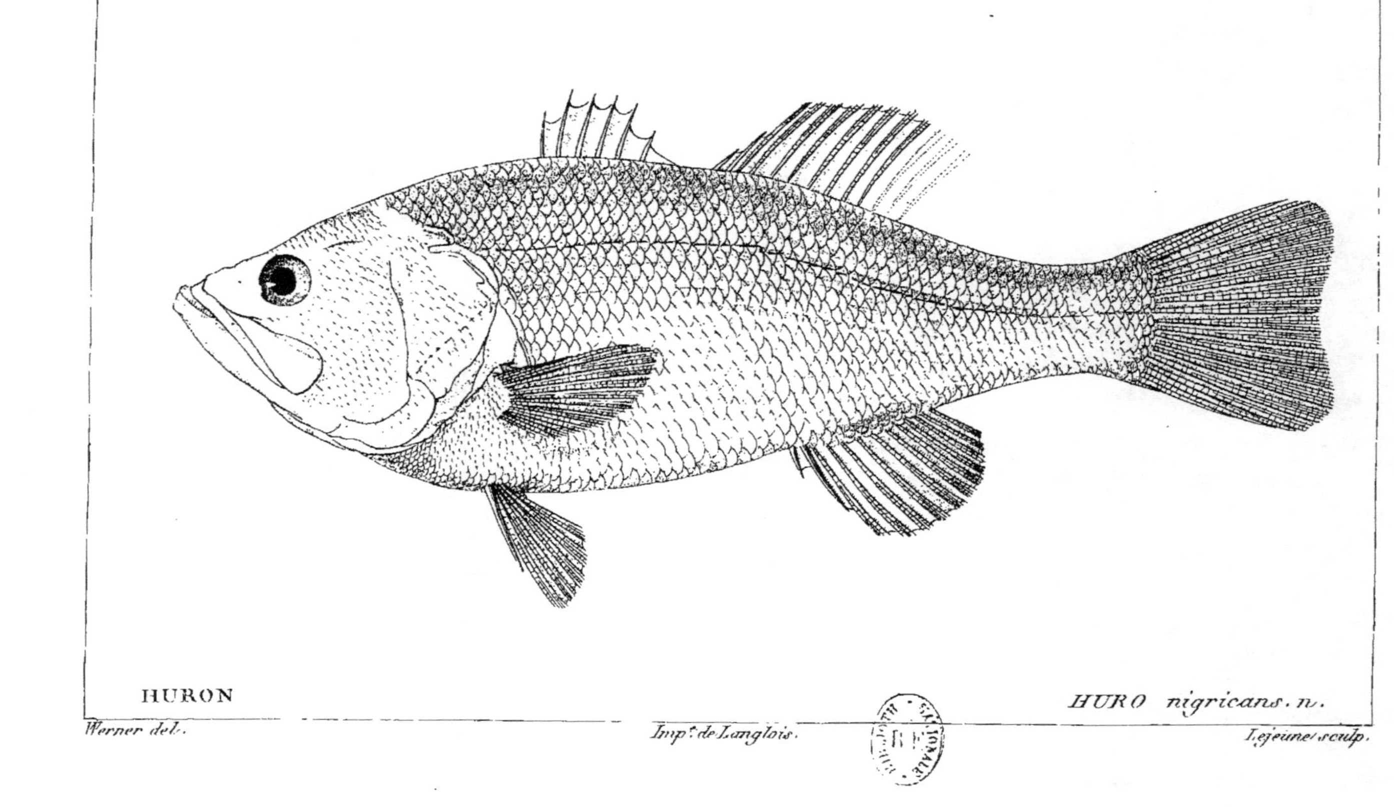

HURON
Werner del.
Imp.t de Langlois.
HURO nigricans. n.
Lejeune sculp.

L'ETELIS.

Sous ce nom, qui est cité une fois dans Aristote, sans aucun détail qui puisse faire reconnaître à quel poisson il appartient, nous formons un petit genre, qui réunit aux caractères des perches proprement dites, et même à leurs dents en velours, une rangée extérieure de dents en crochets coniques et pointus. Sous ce rapport, les etelis ressembleraient aux sandres, mais ils en diffèrent parce que leurs palatins n'ont que des dents en velours sans aucuns crochets et parce que leurs opercules se terminent par deux épines, tandis que ceux des sandres sont entiers.

Nous ne connaissons qu'une espèce d'etelis à laquelle nous donnons le nom spécifique d'*etelis carbunculus*. C'est un superbe poisson d'une couleur étincelante de rubis, relevé de lignes longitudinales dorées. Nous le devons à M. Dussumier, dont le zèle pour l'histoire naturelle a procuré tant d'autres raretés au cabinet du Roi. Il en a pris un individu près des îles Mahées, qui font partie de l'archipel des Seichelles, au nord de l'Isle-de-France et par les cinq degrés de latitude australe, et c'est sur cet individu que nous avons rédigé la description suivante.

Ce poisson est un peu plus alongé et moins comprimé que la perche. Sa hauteur aux pectorales est quatre fois et un cinquième dans sa longueur totale, et la longueur de sa tête y est trois fois et demie; son épaisseur fait les trois cinquièmes de sa hauteur; la hauteur de sa tête est des deux tiers de sa longueur, et sa largeur entre les yeux de moitié de sa hauteur. La ligne de son crâne se continue avec celle du dos en descendant légèrement jusque sur l'œil, d'où le museau descend un peu plus rapidement; l'œil est fort grand, et son diamètre longitudinal fait le tiers de la longueur de la tête. Il est placé au milieu de cette longueur, mais touchant presque à la ligne du front. Il occupe la moitié supérieure de la hauteur à cet endroit. Le dessus du crâne, un peu concave entre les yeux, a la surface relevée de chaque côté par des ramifications saillantes qui y représentent comme des arbres. Les orifices des narines sont trois fois plus près de l'œil que du bout du museau, ronds, assez grands, près l'un de l'autre; le postérieur un peu plus élevé. La bouche est fendue jusque sous le tiers antérieur de l'œil. La mâchoire inférieure avance plus que la supérieure, qui est très-peu extensible.

Chaque mâchoire a une bande de velours ras, et à l'extérieur une rangée de dents fortes, coniques, pointues, écartées les unes des autres. On en compte de chaque côté de la mâchoire supérieure, d'abord une petite, puis une plus grande, espèce de canine, puis une autre un peu moindre; et, vers le fond, huit ou dix plus rapprochées et plus petites; à l'inférieure il y en a une petite, puis une grande, et, vers le fond, huit ou dix moindres. Des dents en velours garnissent le chevron antérieur du vomer, et une bande à chaque palatin. La langue est large, plate, obtuse, assez libre, et complétement lisse. Le sous-opercule, trois fois plus long que haut, sans dentelures, a sa surface marquée de stries branchues comme des veines, et de très-petits pores.

L'angle du préopercule est arrondi; son limbe vers l'angle et à la partie inférieure est large et veiné comme le préopercule, et son bord très-finement dentelé. L'opercule a deux pointes plates, aiguës, qui ne dépassent pas sa membrane. Les ouïes sont fendues jusque sous le milieu de la mâchoire inférieure. Leur membrane a sept rayons. Il y a de longues râtelures au premier arceau des branchies; les autres n'ont que des tubercules hérissés de dents en velours. Les pharyngiens ont les leurs en cardes.

L'os surscapulaire est veiné et à peine sensiblement dentelé. C'est aussi au plus si l'on aperçoit quelque vestige de dentelure au scapulaire. Le reste des os de l'épaule n'a point d'armure.

La pectorale est pointue, et du quart de la longueur du corps. Elle a seize rayons, dont le cinquième est le plus long. La ventrale, attachée sous la pectorale, est plus courte d'un cinquième. Son épine, de force médiocre, occupe les deux tiers de sa longueur. La première dorsale commence un peu plus en arrière que la base de la pectorale, et occupe en longueur un peu plus du cinquième de la longueur totale. Elle a neuf épines de force médiocre, dont la

première trois fois plus courte que les deux suivantes, qui sont les plus longues et n'ont que moitié
de la hauteur du corps. Elle finit juste au pied de la
seconde, qui est un peu moins longue et un peu
moins haute, et qui a une épine et onze rayons
mous, dont le premier seul n'est pas branchu, et
dont le dernier s'alonge un peu en pointe. L'anale
répond à cette seconde dorsale, et a trois épines,
dont la première très-courte, et huit rayons mous. La
portion de queue derrière les nageoires est du cinquième de la longueur totale. La caudale est fourchue; chaque lobe est aussi à peu près du cinquième
de la longueur totale. Elle a dix-sept rayons entiers.

B. 7; D. 9 — 1/11; A. 3/8; C. 17; P. 16; V. 1/5.

Les écailles sont larges et belles; il y en a environ
soixante sur une ligne longitudinale, en comptant
les petites vers la base de la queue, et dix-sept ou
dix-huit sur une ligne verticale à l'endroit des ventrales. Elles sont plus larges que longues; leur bord
externe a un lobe un peu saillant dans son milieu,
et tout son bord est finement strié. Leur éventail a
sept ou huit rayons, et leur bord radical autant de
crénelures; leur surface est lisse.

La ligne latérale suit la même courbure légère
que le dos, à peu près au quart supérieur de la hauteur. Elle se marque par un petit disque ovale saillant sur le milieu de chacune de ses écailles.

Tout ce poisson est d'un beau rouge brillant avec
des lignes dorées le long de chaque rangée d'écailles.
L'iris de l'œil forme un beau et large cercle de couleur d'or.

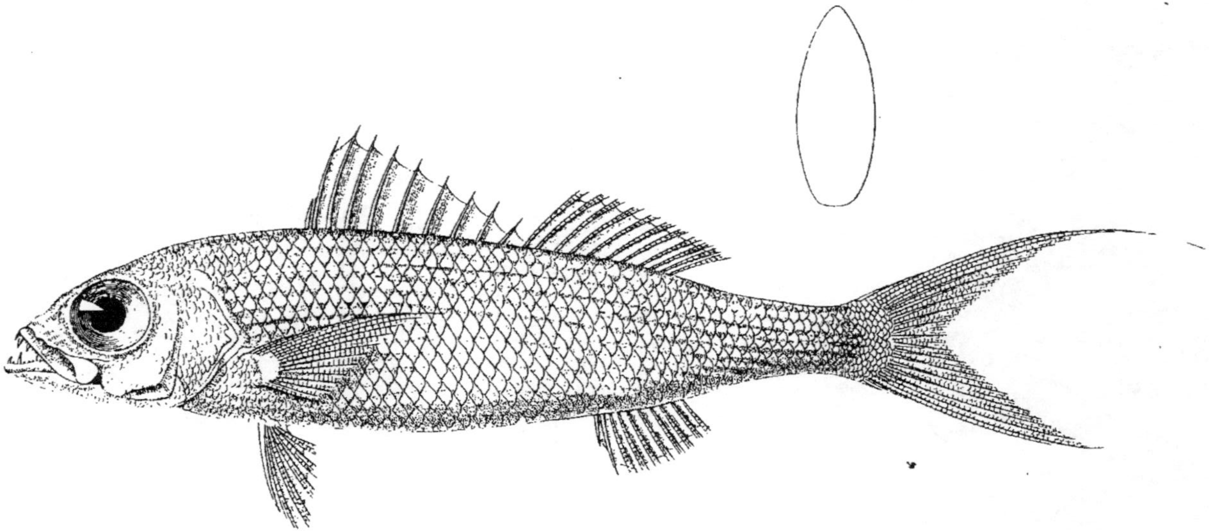

ETELIS escarboucle.

ETELIS carbunculus. n.

Werner del.

Imp.te de Langlois.

Plée f. a. sculp.

L'individu rapporté par M. Dussumier est long de onze pouces.

Les viscères de ce poisson n'étaient pas bien conservés; ainsi nous n'avons pu rien voir du foie.

L'estomac est un grand sac obtus, à parois épaisses et très-charnues. La branche montante est grosse et courte. Il y a cinq appendices cœcales au pylore.

La vessie aérienne est simple, très-grande; ses parois sont minces et argentées; les corps rouges sont doubles et sous la forme de deux cordons étroits et un peu alongés, placés vers le haut de la vessie.

C'était une femelle.

Le NIPHON.

Il existe dans la mer du Japon un poisson qui possède quelques-uns des caractères des varioles, mais qui s'en éloigne beaucoup par les épines redoutables dont ses pièces operculaires sont armées. Nous l'appellerons le *niphon épineux* (*niphon spinosus,* nob.)

Sa tête est alongée, et fait presque le tiers de la longueur totale. A la nuque sa hauteur est d'un tiers moindre que sa longueur. Son profil descend de là à peu près en ligne droite. Sa mâchoire inférieure est un peu plus longue que l'autre. Le sous-orbitaire est finement dentelé en scie. Le préopercule, dentelé de même à son bord montant, et muni de quatre petites épines à son bord inférieur, a à son angle une grosse épine forte et aiguë, aussi longue

que tout le bord inférieur, et qui, se portant directement en arrière, dépasse le bord de l'opercule. L'o-
percule lui-même a trois épines pointues qui se continuent en arêtes sur sa surface, et dont celle du
milieu, qui est la plus forte, se porte jusqu'au
droit du tiers antérieur de la pectorale. L'os sur, scapulaire a une ou deux dentelures. L'huméral a au-
dessus de la pectorale une épine plate, large et pointue, mais qui ne va pas autant en arrière que celle
de l'opercule.

La première dorsale a douze épines, dont les troisième, quatrième et cinquième sont les plus hautes
et égalent les deux tiers de la hauteur du corps sous
elles. Sa membrane finit au pied de la seconde, qui a
une épine grêle et onze rayons mous. L'espace occupé par ces deux nageoires est de deux cinquièmes
de la longueur totale. L'anale répond à la deuxième;
elle a trois fortes épines, dont la deuxième et la troisième, à peu près égales entre elles, sont doubles de
la première, et sept rayons mous. Les pectorales et
les ventrales ont à peu près le septième de la longueur totale. L'épine des ventrales ne le cède que de
peu en longueur à leur premier rayon mou. La caudale est coupée presque carrément.

D. 12—1/11; A. 3/7; C. 17; P. 16; V. 1/5.

Les écailles sont petites, très-finement striées et
ciliées. La ligne latérale occupe le quart de la hauteur
en avant, et demeure parallèle au dos. Elle se marque
par de petites élevures oblongues et contiguës.

Ce poisson paraît avoir eu la moitié supérieure
brune, l'inférieure argentée. Une bande pâle part du

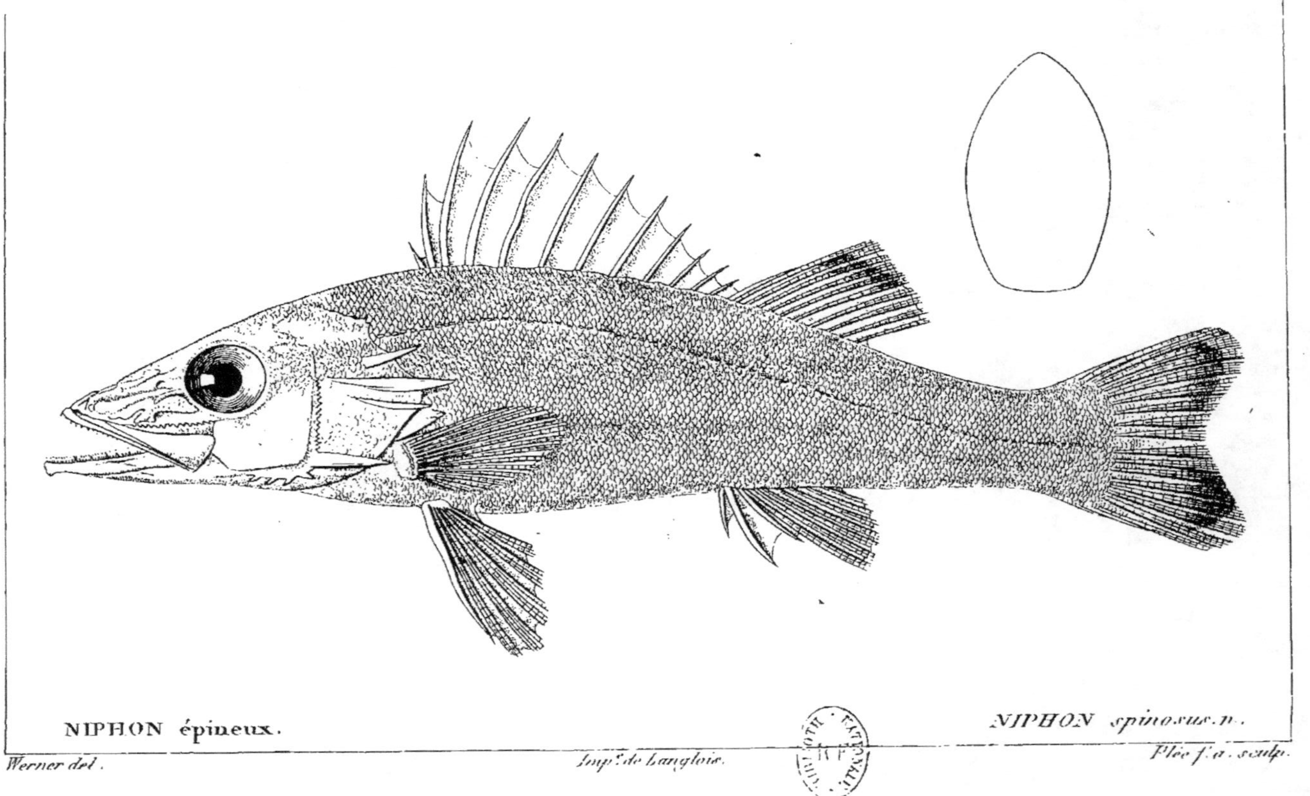

NIPHON épineux.

Werner del.

Imp.º de Langlois.

NIPHON spinosus. n.

Plée f. a. sculp.

haut de l'œil, et va en ligne droite jusqu'au milieu de la seconde dorsale. Il y a sur cette dernière nageoire une tache noire, qui en occupe obliquement la partie antérieure, de manière cependant à y laisser un angle blanc. La caudale est noirâtre, et a ses deux angles et une bande longitudinale au milieu blanchâtres. La première dorsale a sur sa membrane une teinte grise, plus foncée et presque noirâtre en avant. Les autres nageoires paraissent blanchâtres ou jaunâtres; mais il faut se souvenir que cette description, faite sur le sec, peut bien donner une idée de la distribution des couleurs, mais non pas de leurs teintes.

Notre individu est long de huit pouces.

Il a été donné au Musée de Berlin par M. Langsdorf.

L'ÉNOPLOSE (*Enoplosus*, Lacép.). [1]

Ce poisson montre dans quelles erreurs peut conduire la méthode de classer les êtres par leur apparence générale. D'après sa forme haute et comprimée, et ses nageoires élevées et pointues, John White, ou plutôt celui qui a rédigé les descriptions d'objets naturels dans sa relation de la Nouvelle-Hollande, jugea que ce devait être un chétodon, et l'appela *chœtodon armatus*; en conséquence M. de

---

1. *Chœtodon armatus*, J. White, Nouvelle-Galles du Sud, pl. 39, fig. 1; *Énoplose White*, Lacép., t. IV, p. 541.

Lacépède lui a supposé les dents et les autres caractères essentiels des chétodons, et c'est sur cette supposition qu'il l'a placé dans le système, tout en le détachant de ce genre, ou plutôt en le mettant dans une des subdivisions qu'il y introduit. Cependant l'énoplose n'est en réalité qu'une perche, mais une perche

dont le corps, presque aussi haut que long, est fort aplati par les côtés, dont le chanfrein est concave, dont les deux dorsales s'élèvent de leur partie antérieure plus que le corps lui-même; enfin, dont les ventrales se prolongent en longues pointes. Il n'a point, comme les chétodons, d'enveloppe écailleuse à sa dorsale et à son anale, et ses dents ne sont point en cheveux, mais en velours ras. Il y en a une bande étroite aux mâchoires, une petite en travers au-devant du vomer, et une à chaque palatin. Sa langue est âpre à sa base, comme dans le bar. Le premier sous-orbitaire est court, et à son bord inférieur se voient cinq ou six dents aiguës. Le préopercule a ses bords à angles droits; celui qui monte est assez finement crénelé; l'autre est plus fortement denté en scie, à dents aiguës dirigées vers l'arrière. De l'angle partent deux dents plus fortes, surtout la supérieure, qui est une vraie épine. L'interopercule et le subopercule sont entiers, ainsi que l'os mastoïdien et celui de l'épaule. L'opercule finit par deux pointes plates et obtuses, qui ne méritent guère le nom de piquans. La nuque va en s'élevant rapidement au-dessus de l'occiput. La queue redevient peu élevée.

La joue et toutes les pièces operculaires sont écailleuses, mais non le museau ni les mâchoires. Les écailles sont petites, deux fois plus longues que larges. Leur partie visible est arrondie, et a des stries concentriques fines, qui se continuent sur les côtés de la partie cachée. L'éventail n'a que quatre ou cinq rayons, et les crénelures radicales sont peu marquées. La ligne latérale a, dans sa première moitié, une forte convexité vers le haut.

L'espace avant la première dorsale est aussi long que la tête. Les épines s'alongent peu jusqu'à la troisième; mais la quatrième est subitement aussi longue que l'espace entre elle et le museau. Elle est forte, comprimée et tranchante. La cinquième est de moitié plus courte, et les trois suivantes diminuent rapidement; mais l'épine de la seconde dorsale est aussi haute que le cinquième rayon de la première, et son premier rayon mou est, ainsi que le second, aussi haut que tout le corps. Les autres diminuent de nouveau jusqu'au quinzième, qui est le plus court. Ces deux dorsales sont à peu près contiguës; mais quelquefois la membrane de la première finit plus tôt, et alors sa dernière épine demeure libre entre les deux nageoires. L'anale a trois épines, dont la troisième égale celle de la deuxième dorsale. Son premier rayon mou est plus long du double. On y en compte quinze. La caudale est assez longue, et plutôt terminée en croissant qu'en fourche. Les pectorales et les ventrales sont pointues, ces dernières surtout, dont l'épine est longue et forte. Je ne trouve que douze rayons aux pectorales : la queue en a dix-sept, et les ventrales cinq mous et une épine, comme dans toute la famille.

Ainsi ses nombres de rayons sont :

B. 7; D. 7 — 1/14 ou 1/15; A. 3/15; C. 17; P. 12; V. 1/15.

Les couleurs de l'énoplose sont assez distinguées. Huit bandes verticales noires, de largeur inégale, relèvent un fond d'un blanc argenté assez brillant. La première descend de la nuque à l'œil, et se continue au-dessous; la seconde va de la première épine dorsale à l'opercule; la troisième est sous la première dorsale; la quatrième entre la première et la seconde; la cinquième et la sixième sous la seconde; la septième sur la queue, et la huitième à la base de la caudale. Les ventrales sont noires, et les membranes des autres nageoires sont noirâtres.

Ses intestins diffèrent assez de ceux du reste de la famille. Son foie est volumineux, peu divisé; sa vésicule du fiel oblongue. Son estomac, charnu, fort ridé intérieurement, n'a qu'un vestige arrondi de cul-de-sac, et se recourbe aussitôt vers le pylore. Sa portion la plus voisine du pylore a ses parois amincies. J'ai compté jusqu'à quinze appendices pyloriques, grêles et assez longues. L'intestin fait deux grands replis avant d'aboutir à l'anus. La vessie natatoire est grande, obtuse aux deux bouts, et occupe le haut de l'abdomen d'une extrémité à l'autre. La position des sacs génitaux, à cause de la forme élevée du corps, est presque verticale au bord postérieur de l'abdomen.

Son squelette a vingt-cinq vertèbres, comme ceux

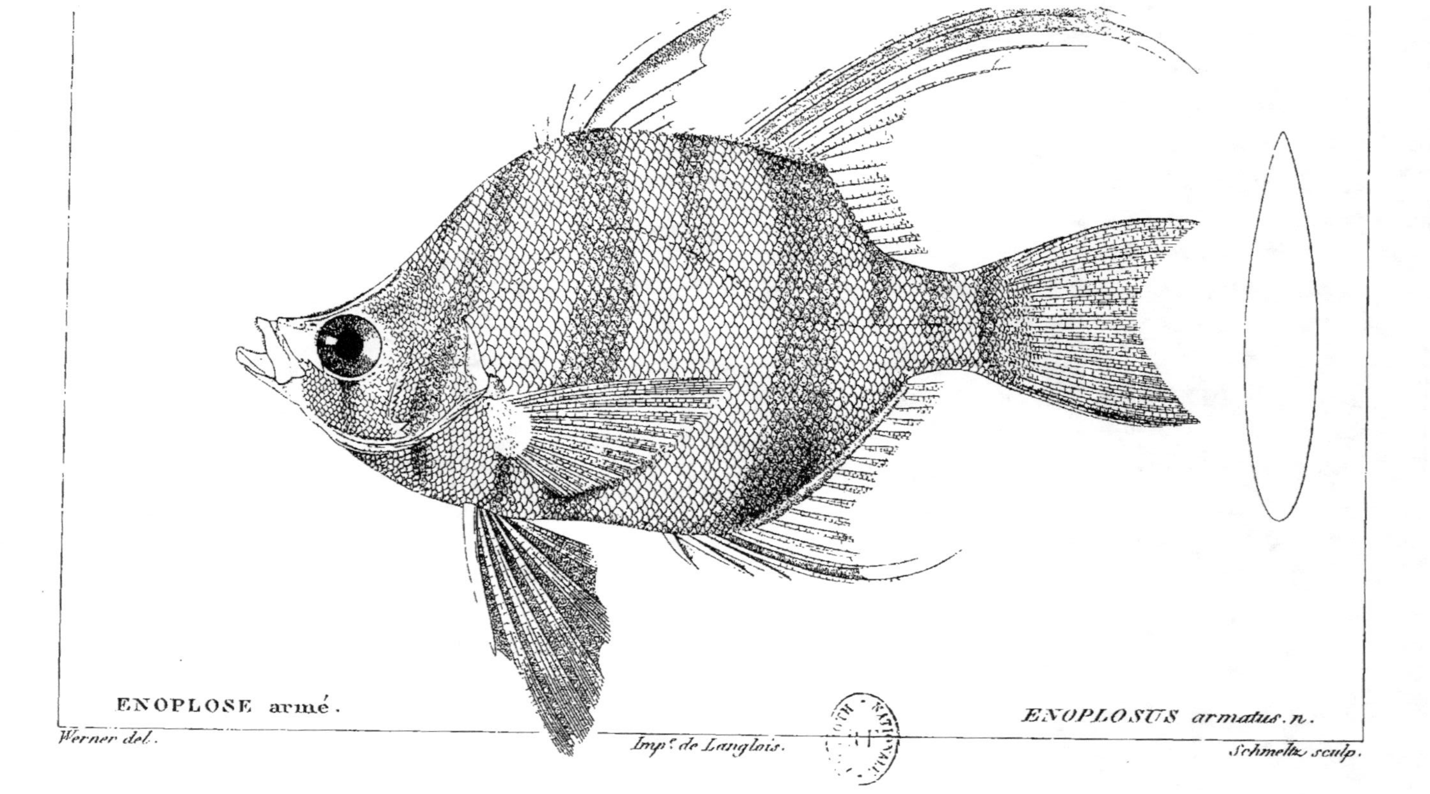
ENOPLOSE armé.
ENOPLOSUS armatus. n.
Werner del.
Imp.e de Langlois.
Schmeltz sculp.

du bar et de la variole. Les apophyses et les osselets interépineux en sont élevés comme le corps lui-même. La crête occipitale l'est aussi beaucoup; c'est elle qui soutient le tranchant de la nuque, comme la lame hyoïdale soutient celui de la gorge.

Ce joli poisson demeure petit; sa longueur n'est guère que de huit à dix pouces au plus. Il ne doit pas être rare à la Nouvelle-Hollande; Péron et les compagnons de M. Freycinet nous en ont apporté plusieurs individus.

Nous nommerons l'espèce *enoplosus armatus*, ou, pour ceux qui voudraient conserver les genres de Linnæus, *perca (enoplosus) armata*.

Le DIPLOPRION.

MM. Kuhl et Van Hasselt, deux jeunes naturalistes pleins d'ardeur et de sagacité, envoyés dans les Indes par le gouvernement des Pays-Bas, et qui y ont été victimes de leur zèle pour les progrès de la science, ont découvert et caractérisé ce sous-genre. Ils l'ont nommé *diploprion*, d'après la double dentelure du préopercule, et ils ont donné à l'espèce sur laquelle ils l'ont établi, l'épithète de *bifasciatum*. Nous conservons religieusement ces noms tant générique que spécifique; c'est de notre part un devoir envers

des hommes dont les premières études avaient
été perfectionnées sous nos yeux, et dont les
recherches seront si utiles à notre ouvrage,
grâce à la libéralité avec laquelle le savant
M. Temminck, directeur du musée royal des
Pays-Bas, a bien voulu favoriser nos travaux.

Le *Diploprion* ressemble beaucoup à l'énoplose
par son corps comprimé; mais sa tête est bien plus
grande; son tronc s'abaisse davantage de l'arrière; ses
nageoires dorsales et anales, bien qu'élevées, ne se
prolongent pas en pointe, et l'armure de sa tête surtout est plus compliquée, et surpasse même celle
de la perche commune, ayant trois fortes épines à
l'opercule et des dentelures à toutes les autres pièces
operculaires.

Le corps et la tête sont comprimés au point que
l'épaisseur n'est que le dixième environ de la longueur totale. La tête est aussi haute que longue, et
sa longueur n'est guère plus de trois fois dans la
longueur totale. La nuque s'élève encore d'un quart
en sus de la hauteur de la tête; ensuite la ligne du
dos descend obliquement jusqu'à la partie de la
queue qui est en arrière des dorsales et de l'anale,
et qui égale le sixième du total en longueur. La hauteur de cette partie est un peu moindre que sa longueur. Le profil descend obliquement; l'ouverture
de la bouche va en montant. L'œil est près de la
ligne du profil, dont la longueur égale trois fois
son diamètre.

Les dents sont en velours aux deux mâchoires.

Il y en a deux petits groupes au-devant du vomer, et un de fort petites à chaque palatin. La langue est étroite, pointue et lisse. La mâchoire supérieure est assez protractile. L'os maxillaire est large, et a deux ou trois côtes saillantes irrégulières, et, vers le haut, deux tubercules mousses. Le sous-opercule est rude et veiné, mais non dentelé. L'angle du préopercule est obtus: son limbe a une ligne rude ou un peu dentelée; son bord est irrégulièrement dentelé. L'opercule osseux est assez rude, et se termine par deux fortes épines et deux petites. Le subopercule a quelques dentelures, et l'interopercule est dentelé tout autour. Le crâne est rude. Il y a entre les yeux deux petites arêtes longitudinales mousses. L'os surscapulaire est rude et sans dentelure; mais l'huméral est dentelé au-dessus de la pectorale, et dans l'aisselle.

La première dorsale est arrondie, et a près de moitié de la hauteur du corps. Elle finit exactement au pied de la seconde, et a huit rayons, dont le premier, le septième, et surtout le huitième, sont les plus courts; le troisième et le quatrième sont les plus longs. La seconde dorsale s'élève autant et plus que la première, mais ne tient pas tout-à-fait autant d'espace en longueur. Elle a quinze rayons tous mous. L'anale occupe à peu près le même espace, mais est un peu moins haute. On y compte deux épines très-courtes et douze rayons mous. La caudale est un peu arrondie au bout : elle a dix-sept rayons. Les pectorales sont médiocres, arrondies, de seize ou dix-sept rayons. Les ventrales sortent exactement sous la base des pectorales, et se prolongent en pointes qui atteignent jusqu'au-delà de l'anus. Leur épine est de plus de moitié plus courte que leur premier rayon mou.

B. 7; D. 8—15; A. 2/12; C. 17; P. 17; V. 1/5.

Les écailles sont fort petites, c'est à peine si on sent leur âpreté; la joue en est revêtue, mais je n'en vois point sur les autres parties de la tête. Cependant une figure envoyée par MM. Kuhl et Van Hasselt en marque sur l'opercule de plus grandes que sur le corps. Il n'y en a point sur les nageoires verticales. La ligne latérale est en avant un peu plus convexe que celle du dos.

Le fond de la couleur est d'un beau jaune, un peu teint de roussâtre. Une large bande noire descend de la nuque à l'œil, et se prolonge sur la joue. Une autre, quelquefois beaucoup plus large que la première, coupe le milieu du corps, depuis la moitié postérieure de la première dorsale jusqu'à l'anus et au commencement de l'anale, et, dans certains individus, jusqu'à toute la base de cette dernière nageoire. La première dorsale est brunâtre ou noirâtre, et a le bord plus foncé, surtout en arrière. Les autres nageoires sont jaunâtres; il y a une teinte de gris sur les ventrales.

Les individus ont environ six pouces de longueur.

Le diploprion a le foie petit, composé de deux lobes triangulaires et pointus. L'estomac est petit; ses appendices cœcales sont grêles, de longueur médiocre, et au nombre de trois : celle qui est à la droite de l'estomac est de moitié plus courte que les deux autres. L'intestin fait deux replis égaux entre

DIPLOPRION à deux bandes.

DIPLOPRION bifasciatum. n.

Werner del.

Imp.te de Langlois.

Plée f. a. sculp.

eux, et chacun aussi long que l'abdomen; ce qui rend l'intestin égal aux deux tiers de la longueur totale. La vessie natatoire est assez grande; ses parois sont très-minces. Le péritoine est d'une belle couleur d'argent mat très-éclatante.

Dans le squelette, le crâne est lisse et bombé entre les yeux; il est rugueux sur les côtés. La crête mitoyenne est petite, peu élevée, dirigée en arrière, et a de chaque côté une petite crête latérale.

Sur le front et en avant de chaque orbite il y a une crête osseuse, peu élevée, épaisse, qui ne dépasse pas l'angle antérieur de l'œil.

Le sous-orbitaire est large, remonte jusqu'au-devant de l'œil sur le front, de manière à isoler du crâne les deux très-petits os du nez.

L'ethmoïde prolonge le museau au-delà des yeux par une lame tranchante qui s'étend en avant de la face.

Le préopercule est peu concave.

Le surscapulaire est très-petit, le scapulaire médiocre, de forme oblongue. L'huméral et le radial sont très-développés, et forment une large ceinture osseuse, creusée en gouttière peu profonde.

Le coracoïdien est très-gros et très-solide.

Il y a douze vertèbres abdominales et treize caudales.

Les côtes sont très-petites et très-grêles.

Les dents pharyngiennes sont en cardes fines.

Ce poisson habite les côtes de l'île de Java.

CHAPITRE VII.

Des Apogons, des Chéilodiptères et des Pomatomes.

Nous réunissons dans ce chapitre trois genres fort voisins, et qui diffèrent tous les trois des genres précédens, par l'éloignement de leurs deux dorsales et le peu d'adhérence de leurs écailles.

DES APOGONS.

Ce genre, établi par M. de Lacépède, quoique nommé d'après une idée exagérée de ses rapports avec les mulles, doit être conservé ; il comprend des poissons dont les écailles sont grandes et tombent facilement, comme celles des mulles, et qui ont aussi, comme les mulles, les dorsales peu étendues en longueur, et très-séparées; mais qui, d'ailleurs, offrent plusieurs des caractères des perches : des dents en velours partout, un double rebord au préopercule, le bord de cet os finement dentelé, et très-peu d'appendices au pylore. Nous n'en possédons qu'une espèce dans la Méditerranée, mais il y en a beaucoup dans l'océan Indien.

L'Apogon commun, *vulgairement* Roi des rougets.

(*Apogon rex mullorum,* nob.) [1]

L'apogon de nos mers est un petit poisson peu remarquable par lui-même, mais dont l'histoire mérite d'être racontée en détail, ne fût-ce que pour faire voir à quel point le défaut d'attention et de critique, et la manie d'accumuler des espèces dans les catalogues, ont embrouillé les faits les plus simples de l'histoire de la nature.

Les anciens donnaient le nom de τϱιγλὴ en grec, de *mullus* en latin, au poisson que les Italiens appellent encore *trillia,* qui est notre *rouget* de Provence (*mullus barbatus,* Lin.) et qui n'a que des rapports fort éloignés avec ceux que les naturalistes connaissent aujourd'hui sous le nom de *trigla.* Toutes les espèces de ces *mullus* ont deux longs barbillons sous la mâchoire inférieure; cependant quelques anciens les ayant appelées *mulles barbus,* on a supposé qu'ils voulaient faire de cette épithète une distinction dans le genre et qu'ils avaient aussi connu des *mulles imberbes,* et

---

1. *Mullus imberbis,* L.; *Apogon rouge,* Lacép., t. III, p. 412.

l'on s'est cru obligé de retrouver un poisson auquel ce nom pût être appliqué.

Rondelet le donne à un trigle, dans le sens actuel du mot, le *trigla lineata,* Bl.; mais Willughby, p. 286, l'a transféré à un autre poisson, qui ressemble beaucoup mieux, du moins au premier coup d'œil, aux mulles ordinaires par sa forme un peu courte, la position de ses deux dorsales, sa couleur rouge et ses grandes écailles. Ce poisson, connu à Malte sous le nom de roi des mulles, *re dei trigli,* a été considéré par Artedi et par Linnæus comme une espèce de mulle, et nommé, d'après Willughby, *mullus imberbis.* Gesner en avait déjà donné une figure passable pour son temps (p. 1273) sous le nom de *corvulus;* mais ni Willughby ni ses successeurs ne s'aperçurent de l'identité de ce *corvulus* avec le *mulle imberbe.* Bien plus, comme sa collocation parmi les mulles supposait implicitement qu'il avait leurs caractères génériques, divers naturalistes plus récens, qui ont revu ce poisson ou quelques-uns de ses congénères, et qui n'y trouvaient pas ces caractères, n'ayant pas reconnu leurs espèces pour analogues à celle de Willughby, les ont décrites sous des noms nouveaux, et elles se sont multipliées à un degré étonnant dans les ouvrages les plus savans.

Gronovius, par exemple, a fait de l'apogon son genre *amia*. Sa description (*Zoophyl.*, p. 80) et sa figure (pl. IX, fig. 2) ne laissent aucune équivoque. On a peine à concevoir comment ni l'une ni l'autre n'a attiré l'attention des ichtyologistes subséquens. Il est surtout étonnant, le cahier du *Zoophylacium*, qui les contient, ayant paru en 1763, que Linnæus ait donné ce nom d'*amia* à un genre tout différent, de l'ordre des abdominaux, et de la famille des harengs.

M. de Lacépède, supposant comme Artedi et Linnæus que le *mulle imberbe* avait, aux barbillons près, tous les caractères des mulles, a caractérisé son genre *apogon*, où il ne comprend que le poisson de Willughby, par cette absence des barbillons seulement (tome III, p. 411 et 412); et, ayant trouvé dans les papiers de Commerson des dessins de poisson tout semblables, s'ils ne sont les mêmes, il ne s'est point douté qu'ils appartinssent au même genre.

Ainsi un premier de ces dessins, bien reconnaissable pour quiconque a vu le poisson, mais où les dents ne sont pas exprimées, lui a fait croire qu'il s'agissait d'un poisson à mâchoires nues, et est devenu l'*ostorinque Fleurieu* (Lacép., tome IV, p. 24; et tome III, pl. XXXII, fig. 2). Un autre, fait à la plume, où les dents sont représentées par des points, a donné à penser que ces dents étaient fortes, comme celles des spares, et il a paru sous le nom de *diptérodon hexacanthe* (tome IV, p. 167; et tome III, pl. IV, fig. 2); à quoi il faut ajouter que la description de Commerson[1], sur laquelle M. de Lacépède a établi son *centropome doré* (tome IV, p. 273), se rapporte très-probablement au même poisson que le dessin sur lequel repose l'*ostorinque Fleurieu*.

Pour compléter cette suite de bizarreries de nomenclature, M. Maximil. Spinola, de Gènes, dans les Annales du Muséum d'histoire natur. (t. X, p. 370, et pl. XXVIII, fig. 2), reproduit l'apogon de la Méditerranée comme un être nouveau, et lui impose le nom de *centropomus rubens*, qui, dans M. de Lacépède, ainsi que nous le verrons par la suite, est celui d'un *myripristis*. On n'a qu'à placer la figure que nous venons de citer à côté de celle de l'*amia* de Gronovius, pour juger à l'instant que c'est la même chose. M. de La Roche, rapportant ce même apogon d'Iviça (Ann. du Mus., t. XIII, p. 318), a cru y retrouver le *perca pusilla* de Brünnich (*Ichtyol. Mass.*, p. 62), ou

---

1. *Aspro rubro-cupreus, deauratus, dorso dipterygio, pinnis rubris, dorsali priori et basi caudæ nigris.*

persèque Brunnich de Lacépède, qui, ce que personne n'a encore remarqué, n'est autre chose que le *capros* de M. de Lacépède ou *zeus aper*, L. Enfin, M. Rafinesque (*Caratteri di alcun. nuovi gen.*, etc., p. 47, n.° 725), décrit encore ce poisson comme nouveau, et l'appelle *dipterodon ruber*, tout en plaçant quelques lignes plus loin, dans son *Indice*, p. 26 et 27, l'*apogon*, qu'évidemment il ne cite que d'après les autres.

M. Risso me paraît le seul des naturalistes postérieurs à Willughby, qui ait reconnu le véritable *mulle imberbe* de cet auteur, ou l'*apogon* de M. de Lacépède, et qui l'ait donné pour ce qu'il est réellement.

Espérons que cette discussion et les détails où nous allons entrer, empêcheront que tant de méprises ne se renouvellent. [1]

L'apogon de la Méditerranée est un petit poisson qui passe rarement quatre et jamais six pouces de longueur. Son corps est court, médiocrement comprimé et notablement ventru dans sa partie moyenne, dont la hauteur est trois fois dans la longueur totale. Sa tête est courte du tiers de la longueur du poisson, un peu obtuse, et n'a rien des proportions de celle des mulles; car le caractère de

---

1. Le fond de cet article a déjà paru en 1815, dans le tome I.er des *Mémoires du Muséum*, p. 236.

celle-ci consiste dans le prolongement tantôt vertical, tantôt oblique, de l'espace entre la bouche et les
yeux, prolongement qui tient à celui de l'ethmoïde
et des sous-orbitaires. Dans l'apogon, au contraire,
cet intervalle est extrêmement court. La bouche est
médiocrement fendue et peu protractile. Les deux
mâchoires sont armées d'une bande étroite de dents
en velours, très-fines et très-serrées. Un chevron de
pareilles dents occupe l'extrémité antérieure du vomer, et il y en a une petite bande à chaque palatin.
Les pharyngiens en ont de plus fortes; mais on n'en
voit aucune sur la langue, qui est libre, obtuse et
molle au bout. La membrane branchiostège a sept
rayons, comme dans les perches, et non pas trois
seulement, comme dans les mulles. L'œil est grand.
Le préopercule a son bord finement dentelé, comme
dans beaucoup d'autres poissons de cette famille;
mais un caractère particulier à l'apogon, dont nous
n'avons vu qu'un commencement dans le centropome, c'est que ce préopercule a une crête saillante,
qui forme un double rebord en avant du bord ordinaire. L'opercule porte une petite épine à son bord
postérieur, ou plutôt sa partie osseuse finit par un
angle obtus, mais ferme. Du reste, la joue et toutes
les pièces de l'opercule sont garnies, comme le corps,
de larges écailles minces, un peu rudes à leur bord;
mais il n'y a point de ces écailles sur le crâne, ni
entre les yeux, ni sur le museau, ni aux mâchoires.
Le dessus du crâne a quelques inégalités, et sous les
branches de la mâchoire inférieure sont deux lignes
longitudinales saillantes. La ligne latérale suit à peu

près la courbure du dos, dont elle est beaucoup plus rapprochée que du ventre. Les écailles qui la forment ont chacune trois petites élevures ou petits tubes saillans. Les deux dorsales sont séparées par un espace notable, quoique moins grand à proportion que dans les mulles, et qui laisse place pour trois écailles. La première a six rayons épineux, dont le deuxième est le plus long. Le premier est trois fois plus court. Tous sont grêles, quoique roides. La deuxième en a un épineux et neuf rameux : l'épineux est de moitié plus court que celui qui le suit. On en compte dix mous aux pectorales, un épineux et cinq rameux aux ventrales; deux épineux et huit rameux à l'anale; enfin, dix-neuf rameux à la caudale, qui est plutôt carrée que fourchue.

D. 6—1/9; A. 2/8; C. 19; P. 10; V. 1/5.

La teinte générale de ce poisson est un rouge argenté ou doré, tirant plus ou moins sur le jaune, selon les saisons. Il y a des momens où il est presque tout jaune; mais il conserve toujours une tache noirâtre de chaque côté du bout de la queue, à la base de la caudale. Il en a aussi ordinairement une vers chaque angle de la caudale, une autre sur la pointe de la deuxième dorsale, et du brun entre l'œil et le museau. Tout son corps est semé de très-petits points noirs, qui se font plus remarquer sur la joue et sur l'opercule. Ses nageoires sont généralement d'un beau rouge. Il a l'iris argenté.

Par ses intestins comme par son extérieur il ressemble à la perche beaucoup plus qu'au mulle. L'estomac est charnu, court et arrondi; le pylore n'est entouré que de quatre appendices cœcales; l'intestin, peu alongé, n'est replié que deux fois. Il a une grande vessie natatoire à parois minces et transparentes. Je compte au squelette vingt-cinq vertèbres, dont neuf seulement appartiennent à l'abdomen, et parmi elles huit portent des côtes.

L'apogon n'est pas à beaucoup près confiné dans les parages de Malte, comme semblent le croire ceux qui n'en parlent que d'après Willughby.

Nous l'avons de Marseille, de Nice, de Gênes, d'Iviça, de Naples et de Palerme. Il y a grande apparence qu'il habite dans toute la Méditerranée; cependant M. Nardo ne le nomme pas dans son catalogue des poissons de l'Adriatique : je ne vois pas non plus qu'on l'ait observé sur nos côtes de l'Océan.

On n'en prend que dans le temps du frai, en Juin, Juillet et Août; le reste de l'année il se tient dans des profondeurs inaccessibles. Sa chair est excellente[1]. On le nomme à Nice *sarpananzo*[2]; à Gênes, où il paraît qu'il est rare, *castagnena rossa* ou *castagnau rouge*[3]; à Iviça, *cagna-vieja-rosa*[4]; en Sicile, *munacedda russa*.[5]

---

1. Risso, p. 216. — 2. *Id., ib.* — 3. Spinola, *loc. cit.* — 4. Laroche, *loc. cit.* — 5. Rafinesque, *Caratteri*, p. 47, *et Indice*, p. 26, n.° 184.

Des Apogons étrangers.

Ce sous-genre des apogons, qui n'a qu'un seul représentant dans la Méditerranée, en a un assez grand nombre dans la mer des Indes; mais jusqu'ici nous n'en avons point reçu d'Amérique, ni même des côtes occidentales de l'Europe et de l'Afrique; et ce qui est singulier, il s'en voit dans la mer des Indes de presque absolument semblables à ceux de la Méditerranée.

Les naturalistes qui ont accompagné M. Freycinet, en ont rapporté des îles Waigiou et Rauwack, près la pointe nord-ouest de la Nouvelle-Guinée, qui ne diffèrent des nôtres que par une taille un peu supérieure, et la tache des côtés de la queue mieux conservée.

Ce sont probablement ceux-là qui ont été observés par Commerson, et qui ont donné lieu à l'établissement de l'*ostorinque Fleurieu*[1], du *diptérodon hexacanthe*[2], et du *centropome doré*[3]; la figure de l'*ostorinque Fleurieu*[4] surtout leur ressemble parfaitement.

Les mêmes naturalistes en ont trouvé un à la baie des *Chiens-marins*, à la Nouvelle-

---

1. Lacép., t. IV, p. 24. — 2. *Id.*, t. III, p. 3o. — 3. *Id.*, t. IV, p. 273. — 4. T. III, pl. 32, fig. 2.

Hollande, où il nous a été impossible de voir de différence avec le commun; et un autre de l'île *Guam*, l'une des Mariannes, qui ne se distingue que par une teinte un peu plus brune, produite peut-être par la manière dont il a été conservé.

C'est de quelqu'un de ces poissons que Houttuyn a fait son *sparus notatus*, adopté par Gmelin sous le même nom, et que M. de Lacépède (tome IV, p. 167) a appelé *diptérodon noté;* mais en altérant, tous deux, les nombres des rayons, qui, d'après la description originale, seraient:

D. 7—1/7; A. 1/8; C. 14; P. 10; V. 6.

Le reste de cette description s'accorde, d'ailleurs, très-bien avec notre apogon commun.

Les espèces suivantes ont des caractères plus saillans, et ne peuvent être confondues avec la nôtre.

L'APOGON A NAGEOIRES NOIRES.

(*Apogon nigripinnis*, nob.)

La première vient de Pondichéry, où on la nomme *Sené-Kinté*, selon M. Leschenault.

MM. Kuhl et Van Hasselt l'ont aussi envoyée de Java au Musée royal des Pays-Bas.

Elle a les dents un peu plus fortes que l'espèce

de la Méditerranée, et ses nageoires dorsales, ventrales et anale sont noires.

D. 7 — 1/9 ; A. 2/8 , etc.

Elle ne paraît pas passer deux pouces ou deux et demi.

L'APOGON A QUATRE RUBANS.

(*Apogon quadrifasciatus*, nob.)

Une seconde, également envoyée de Pondichéry, où on l'appelle du même nom de *Séné-Kinté*,

est d'un argenté rougeâtre avec deux bandes brunes de chaque côté le long du dos, dont la seconde, venant du museau et de l'œil, règne jusque sur le milieu de la caudale. Nous l'appelons *apogon à quatre rubans* (*apogon quadrifasciatus*).

D. 7 — 1/9 ; A. 2/8 , etc.

Elle doit bien peu différer du poisson gravé dans le *Voyage à la Nouvelle-Galles du sud de John White*, p. 268, fig. 1.re, sous le nom de *mullus fasciatus.*

Cette figure, qu'aucune description détaillée n'accompagne, montre un dos bombé, des nombres de rayons, les mêmes, autant qu'on en peut juger, qu'à notre *apogon d'Europe*. Une couleur argentée, jaunâtre vers le dos ; une bande noire parallèle à la ligne du dos, et une autre allant en droite ligne le long du milieu de la hauteur. Depuis l'ouïe jusqu'à la base de la caudale les nageoires sont jaunâtres.

L'Apogon a neuf rubans.

(*Apogon novemfasciatus*, nob.)

Notre troisième espèce a été apportée de *Timor* par Péron et de l'île *Guam* par les compagnons de M. Freycinet.

Elle est un peu moins haute, un peu moins grosse à proportion que celle de la Méditerranée, et a neuf rubans longitudinaux noirs, un sur le dos, trois de chaque côté, allant jusqu'à la nageoire de la queue, et deux sous le corps.

D. 7 — 1/9 ; A. 2/8, etc.

Ces trois espèces ont, comme on voit, les mêmes nombres de rayons que notre apogon de la Méditerranée, et toutes leurs parties offrent les mêmes détails de conformation.

L'Apogon a nageoires variées.

(*Apogon pœcilopterus*, K. et V. H.)

MM. Kuhl et Van Hasselt ont envoyé de Java au cabinet royal des Pays-Bas un apogon différent des précédens ; les taches de la deuxième dorsale lui ont fait donner le nom de *pœciloptère*.

Sa forme est celle de l'espèce d'Europe. Sa couleur est un rouge teint de brun sur le dos, plus clair sur les flancs, blanchâtre sous le ventre. Il y a des taches brunes sur les flancs, une grande tache noire sur sa première dorsale, une bande brune à la base de la deuxième, qui d'ailleurs est marbrée de noir en forme de taches ocellées. La caudale est grise; les autres nageoires sont blanchâtres.

D. 6 — 1/9; A. 2/9, etc.

L'individu est long de quatre pouces.

L'Apogon orbiculaire.

(*Apogon orbicularis*, K. et V. H.)

On doit aux mêmes naturalistes un autre apogon très-haut du milieu, et fort court, qu'ils ont nommé par cette raison *apogon orbiculaire*.

Il est remarquable par une large ceinture brune qui entoure son corps depuis le commencement de la première dorsale jusqu'à l'anus. Derrière cette ceinture sont éparses diverses taches brunes, dont quelques-unes sont réunies en une ligne longitudinale qui règne sur le milieu de chaque côté de la queue. Le fond de la couleur paraît avoir été rouge. La première dorsale, dont la seconde épine est haute et forte, a sa membrane semée de points bruns. Les autres nageoires sont jaunâtres. L'épine de la deuxième dorsale et la seconde de l'anale sont aussi à proportion longues et fortes.

D. 6 — 1/9; A. 2/8, etc.

L'individu est long de trois pouces sur dix-huit lignes de hauteur.

Ses écailles, de forme exactement demi-circulaire, ont à leur côté radical, qui fait leur diamètre, quinze crénelures et autant de rayons à leur éventail.

*L'*Apogon a trois taches.

(*Apogon trimaculatus,* nob.)

Le plus grand des apogons que nous connaissions vient d'être rapporté de l'île de Bourou, l'une des Moluques, par MM. Lesson et Garnot, naturalistes de l'expédition Du Perrey.

Il a près de sept pouces de longueur; mais ses formes et ses caractères sont absolument les mêmes qu'à celui d'Europe, à de légères différences près dans les nombres, et il paraît avoir aussi été d'un rouge plus ou moins doré. Son caractère extérieur le plus apparent consiste en taches noires rapprochées pour former trois grandes marbrures, une sous la première dorsale, une sous la seconde, et une troisième sur la queue, entre la dorsale et la caudale. Il y en a aussi une petite sur l'opercule. La première dorsale paraît avoir été marbrée de blanc opaque et de brunâtre. Ses épines sont fortes, surtout la seconde, qui est triple de la première; les quatre autres diminuent ensuite; en un mot, toutes les nageoires sont comme à notre espèce d'Europe, et il en est

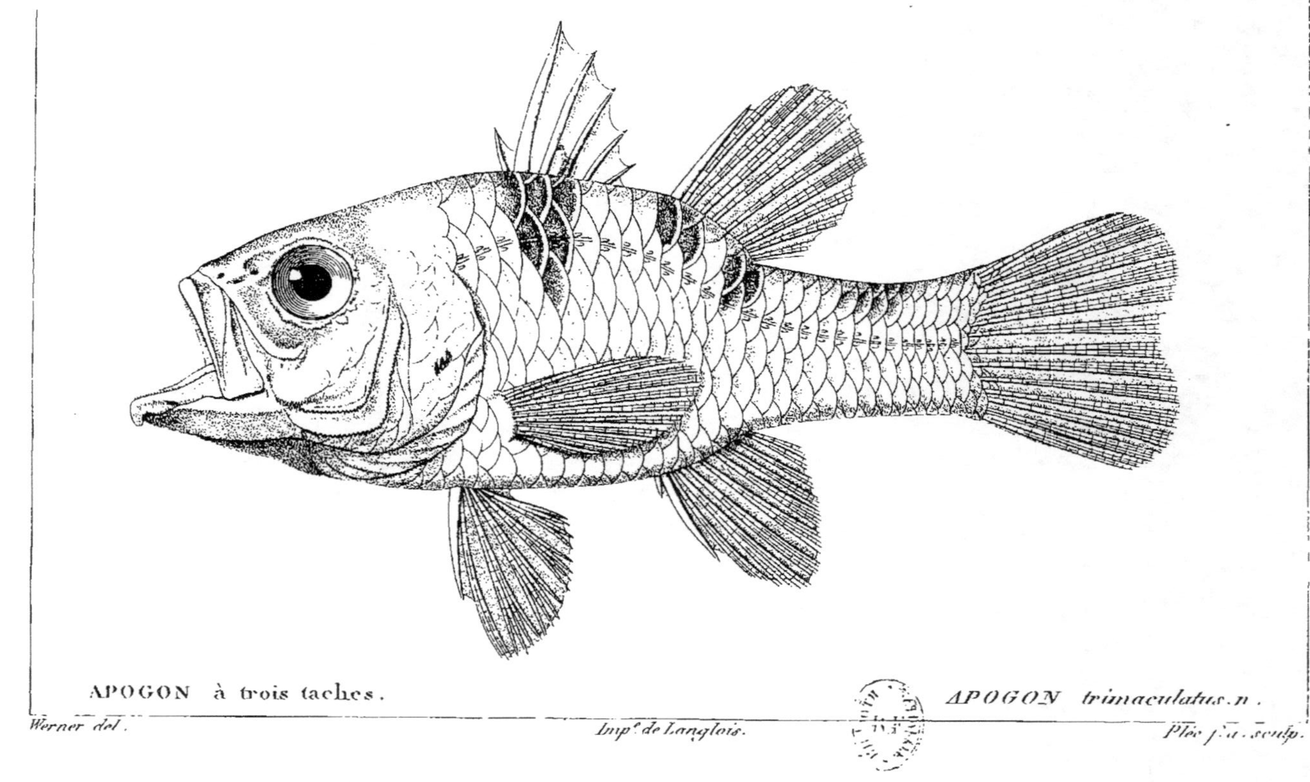

APOGON à trois taches.

Werner del.

Imp.^e de Langlois.

APOGON trimaculatus. n.

Plée j. a. sculp.

de même de ses écailles, de ses dents, des arbus-
cules de sa ligne latérale, etc.

Il y a cinq petites épines sur la base de sa caudale et quatre dessous.

B. 7; D. 6 — 1/19; A. 2/9; C. 17; P. 14; V. 1/5.

Le foie de cet apogon à trois taches a la forme
d'un grand croissant, et il occupe tout l'hypocondre
gauche; sa pointe antérieure passe sous l'œsophage;
mais elle n'entre pas même dans le côté droit de
l'abdomen. La vésicule du fiel, suspendue à cette
pointe, est très-longue et fort étroite. Elle se porte en
arrière au-delà de la pointe de l'estomac.

L'œsophage et l'estomac forment ensemble un grand
sac assez long. Du milieu de la longueur, sans qu'il y
ait de branche montante bien saillante, on voit sortir
l'intestin, qui fait deux replis égaux, chacun à la distance du pylore à l'anus. Le pylore est entouré de
quatre appendices cœcales. L'estomac était rempli de
crabes.

La vessie natatoire est très-grande. Ses parois sont
très-minces. Les reins sont fort petits et donnent dans
la vessie urinaire par deux uretères assez longs.

*L'*Apogon caréné.

(*Apogon carinatus*, nob.)

Il y a un apogon presque aussi grand que le
récédent, apporté du Japon au cabinet de
Berlin par M. Langsdorf.

Sa taille est de cinq pouces et demi. Ses formes
sont les mêmes qu'à l'espèce d'Europe. Sa ligne laté-

rale est marquée par une suite de petites carènes sur les écailles qui lui appartiennent. Il paraît avoir été rouge, et se distingue par une grande tache noire et ronde sur les quatre derniers rayons de la seconde dorsale. L'anale est aussi bordée d'un peu de noir.

D. 7 — 1/9; A. 2/10; C. 17; P. 14; V. 1/5.

Son nom japonais est écrit par M. Langsdorf *ischi-motsch* (*ichimotche*).

M. Ehrenberg a encore apporté de la mer Rouge six espèces d'apogons, différentes de toutes les précédentes.

Le nom générique de ces poissons en arabe est *tabah*, qui se donne aussi à plusieurs ché-todons; car il est, sans doute, le même que celui de *tabak*, cité plusieurs fois par Forskal dans ce dernier genre.

L'Apogon cuivré.

(*Apogon cupreus*, Ehr.)

La plus grande de ces espèces

est toute de couleur cuivrée; elle diffère de celle de la Méditerranée par des formes un peu plus alongées. Sa queue est à demi fourchue.

D. 7 — 1/8; A. 2/8.

L'APOGON LARGE.

(*Apogon latus,* Ehr.)

Une autre

est plus courte et toute brunâtre, et a la queue un peu moins échancrée.

L'APOGON RAYÉ.

(*Apogon multitæniatus,* Ehr.)

Une troisième

a le corps rose, rayé de beaucoup de lignes longitudinales brunes. Sa queue est aussi à demi fourchue.

D. 7 — 1/9 ; A. 2/8 ; P. 14.

L'APOGON A CINQ RUBANS.

(*Apogon tæniatus,* Ehr.)

Une quatrième

se reconnaît à son dos brun verdâtre, à son ventre rose et aux cinq lignes brunes longitudinales des flancs. Une tache noire arrondie est sur l'épaule; une autre, ocellée, est sur la base de la queue. Les trois premiers rayons de la dorsale épineuse sont noirs; un trait noir longitudinal est sur la base de la seconde dorsale. Ses ventrales sont noires.

D. 7 — 1/8 ; A. 2/9 ; C. 17 ; P. 19 ; V. 1/5.

*L'*APOGON A SEPT TACHES.
(*Apogon heptastygma,* Ehr.)

Une cinquième espèce

a le museau beaucoup plus pointu; le corps d'un brun rougeâtre; les nageoires rougeâtres. Il y a cinq points noirs à la base de la dorsale, et deux à la base de la caudale. C'est ce qui lui a fait donner par M. Ehrenberg le nom inscrit en tête de cet article.

D. 6 — 1/8; A. 2/8; C. 17; P. 12; V. 1/6.

*L'*APOGON BARDÉ.
(*Apogon lineolatus,* Ehr.)

Enfin, une sixième

a le corps rosé, avec treize lignes verticales rouges; une tache noire à la queue; l'iris de l'œil jaune; un trait bleu sur le bord supérieur de l'orbite, et un autre sur l'inférieur.

Le nombre des rayons mous de son anale diffère beaucoup des autres : il est de treize ou quatorze.

D. 6 — 1/9; A. 2/14.

Sa taille est à peine de deux pouces.

*L'*APOGON A LONGUES ANALES.
(*Apogon macropterus,* K. et V. H.)

Nous retrouvons ce même nombre dans une espèce envoyée de Java par MM. Kuhl et Van Hasselt, et que ces naturalistes ont nommée, à cause de cette circonstance, *apogon macropterus.*

Les épines de sa première dorsale sont très-faibles : d'ailleurs ses formes sont à peu près celles de l'apogon d'Europe, excepté qu'il est un peu plus comprimé.

D. 6 — 1/9 ; A. 2/13, etc.

Il paraît avoir été rouge doré, et montre sur chaque écaille une ligne verticale de très-petits points bruns. Ses nageoires paraissent grisâtres ou jaunâtres.

Il est long de trois pouces.

L'APOGON MÉACO.

(*Apogon meaco,* nob.)

Le *spare méaco* de M. de Lacépède (tome IV, p. 54 et 160), établi sur une description manuscrite envoyée par M. Thunberg, et intitulée *mullus fasciatus,* nous paraît devoir se rapporter encore aux apogons.

« Ce mulle (dit M. Thunberg) est imberbe. Son
« corps est ovale, comprimé, long d'un empan,
« brun, avec six bandes blanches et une tache brune
« à la queue. Ses écailles sont grandes, ovales, striées,
« entières ; sa tête comprimée, lisse ; ses dents petites,
« obtuses ; les deux antérieures de chaque mâchoire
« plus grandes. Ses nageoires sont tachetées de brun.

2. 11

« La caudale est ronde et a une grande tache brune, « ronde, dans son milieu. » Il exprime les nombres des rayons comme il suit :

D. 9/10 ; A. 3/8 ; C. 15 ; P. 9 ; V. 1/5.

Ce qui ne dit pas que la partie épineuse et la partie dorsale soient séparées ; mais le nom générique de *mullus* semble le dire suffisamment.

———

DES CHÉILODIPTÈRES.

Ce sous-genre, établi par M. de Lacépède d'après une espèce rapportée de la mer des Indes par Commerson, est à celui de l'apogon ce que le sandre est à la perche proprement dite ; il se compose de véritables apogons, dans les dents desquels se mêlent quelques longs crochets pointus ; du reste, il en a tous les caractères génériques : des dents en fin velours aux deux mâchoires, au-devant du vomer et au palatin ; le préopercule à double rebord et très-finement dentelé ; l'opercule entier et sans aiguillons ; de grandes écailles tombant facilement sur la tête et sur le corps ; deux dorsales bien séparées l'une de l'autre, et même plus séparées qu'à l'apogon.

Le Chéilodiptère a huit raies.

(*Cheilodipterus octovittatus*, nob.) [1]

L'espèce de Commerson a même des nombres de
rayons pareils : savoir, six épineux à la première
dorsale; un épineux et neuf rameux à la seconde;
deux épineux et huit rameux à l'anale; dix-neuf à la
caudale; dix aux pectorales; et aux ventrales, comme
toujours, un épineux et cinq rameux.

D. 6 — 1/9; A. 2/8; C. 19; P. 10; V. 1/5.

Il a même de chaque côté de la queue cette tache
ou bande verticale noire qui se voit dans la plupart des
apogons. Sa couleur paraît avoir été blanchâtre, avec
huit bandes longitudinales noirâtres qui se rendent
depuis la région de l'œil jusqu'à la tache noire de la
queue. Il est aussi un peu plus grand que les apogons
connus, et son museau est un peu moins court. La
mâchoire supérieure avance un peu quand la bouche
est fermée : elle a trois grandes dents pointues de
chaque côté, et il y en a quatre à chaque côté de l'inférieure. Ses écailles sont assez lisses. La caudale est
échancrée en croissant.

Cette description est faite sur l'individu
desséché par Commerson. Ce voyageur en a
aussi laissé un dessin qui a été gravé dans
l'ouvrage de M. de Lacépède, tome III,
pl. XXXIV, fig. 1.re, et d'après lequel M. de

---

1. *Chéilodiptère rayé*, Lacép.; *Centropome macrodon, id.*

Lacépède, qui n'avait pas vu l'individu sec, a établi son espèce du *chéilodiptère rayé, ib.*, p. 543. Dans le sens de l'auteur, ce nom de *chéilodiptère* indiquerait des labres à deux dorsales. Non-seulement il est mal composé, mais il présente une idée fausse. Ces poissons n'ont pas de lèvres épaisses, c'est la manière dont le dessin rend les lèvres, ou plutôt les mâchoires de notre poisson, qui a pu conduire à cette erreur. Au reste, la plupart des chéilodiptères répondent aussi peu que celui-ci à l'idée qu'on pourrait s'en faire d'après cette comparaison : l'*heptacanthe* est un *temnodon;* le *chrysoptère,* une *perche;* le *cyanoptère* est l'*ombrine commune;* l'*acoupa,* un *corb,* et le *maurice,* le *macrolépidote* et le *tacheté,* des *eleotris,* etc. Il ne restera donc guère que notre espèce actuelle, qui n'entre pas dans d'autres genres, et c'est ce qui nous a déterminé à lui laisser ce nom de chéilodiptère.

Le *centropome macrodon,* Lacép., t. IV, p. 273, n'est que le même poisson, pris de la description laissée par Commerson dans ses manuscrits; dont M. de Lacépède n'avait pas reconnu la correspondance avec le dessin. Le caractère même, donné par Commerson[1], an-

---

1. *Aspro dorso dipterygio dentibus raris at longis et exertis, corpore tæniis fuscis obsoletis octo circiter utrinque lineato.*

nonce leur identité, et la lecture de sa description plus détaillée ne permet pas d'en douter. On y voit exactement les mêmes nombres de rayons et de dents; et tous les autres détails.

Cette description faite sur le frais nous apprend que l'iris était grand et argenté; la langue obtuse et lisse; que la première dorsale était presque toute noire et les autres nageoires rouges; que le péritoine est très-argenté.

L'espèce a été observée par Commerson sur les côtes de l'Isle-de-France, au mois de Janvier; sa chair n'est pas mauvaise. Elle y est, dit-il, assez rare, et, en effet, aucun voyageur ne nous l'a rapportée depuis.

Le Chéilodiptère arabique.

(*Cheilodipterus arabicus*, nob.)

Une espèce qui doit ressembler beaucoup à la précédente, et qui cependant est différente, est le *perca lineata* de Forskal (*perca arabica*, Gmel.; *centropome arabique*, Lacép.). Déjà par ce qu'en dit le voyageur danois, on pouvait juger que ce poisson a les mêmes dents, les mêmes opercules, les mêmes écailles tombant facilement, les mêmes nombres de rayons, les mêmes couleurs à peu près, une tache semblable aux côtés de la queue, mais avec un éclat doré; les seules différences importantes qui résultaient de sa description, c'est que les lignes noires des flancs vont à seize ou dix-sept de chaque côté, et que la seconde épine anale se prolonge en filament. Nous venons de vérifier ces ressemblances et ces différences sur un échantillon que M. Ehrenberg a bien voulu nous communiquer, et sur un dessin que cet habile observateur a fait sur les lieux et d'après le frais.

Forskal a vu ce poisson dans la mer Rouge, près de Jidda; on l'y nomme en arabe *djesauvi*; M. Ehrenberg l'a aussi entendu appeler *tabah* par les Arabes de Lohaia.

Le dos est teint de verdâtre. Le nombre des lignes noirâtres de chaque côté va de quatorze à seize ou dix-sept. Le fond argenté est teint de rose dans plusieurs de leurs intervalles; elles s'arrêtent au milieu de l'espace qui est entre la dorsale et l'anale d'une part, et la caudale de l'autre. Sur la base de la caudale est une large bande verticale verte, changeant en jaune ou en doré, et au milieu de cette bande est une tache ronde et noire. Le bord antérieur de la première dorsale est noir. L'iris de l'œil paraît jaunâtre.

B. 7; D. 6 — 1/10 ou 1/9; P. 14; V. 1/6; A. 2/9, 1/8; C. 17.

Les viscères du chéilodiptère arabique ressemblent à ceux de la perche.

L'estomac est ample et alongé. L'intestin ne fait que deux replis; il est de longueur médiocre.

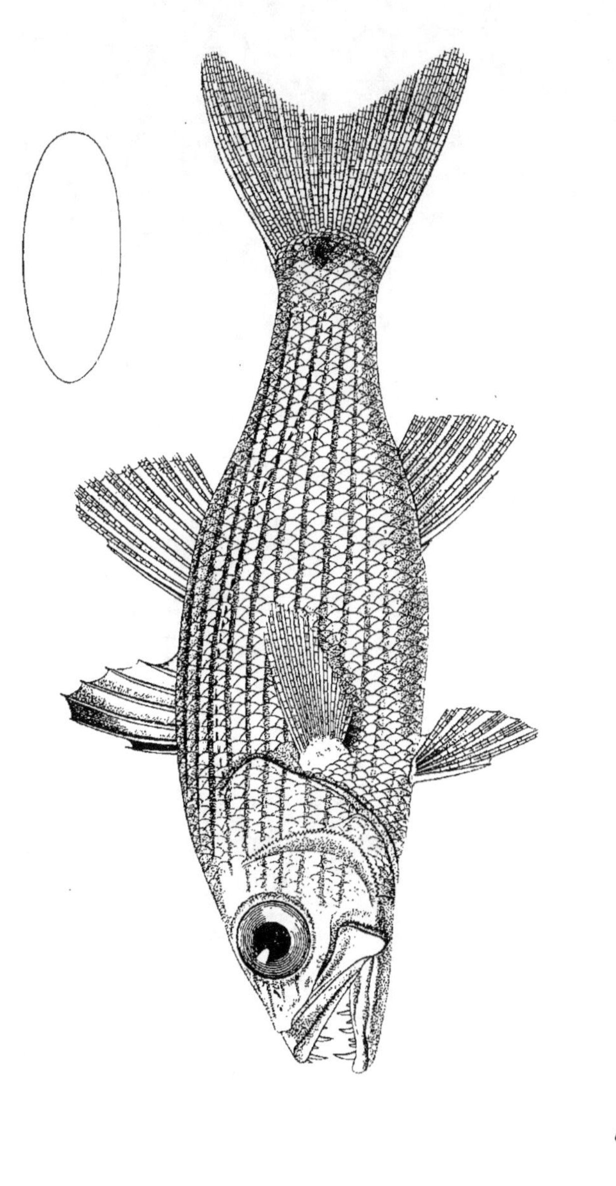

CHEILODIPTÈRE arabique.
CHEILODIPTERUS arabicus. n.
Werner del.
Imp.de Langlois.
Pfeif.f.a. sculp.

Le pylore est garni de trois appendices cœcales; celle du côté droit est grêle et alongée.

L'individu que nous avons disséqué était une femelle. Ses ovaires étaient remplis d'œufs très-petits. A leur côté interne, et auprès de la réunion des deux sacs, il y avait une masse plus épaisse, d'une apparence plus homogène, semblable à celle qui existe dans les serrans de nos côtes, et que Cavolini a considérée comme une laitance.

Le CHÉILODIPTÈRE A CINQ RAIES.

(*Cheilodipterus quinquelineatus,* nob.)

MM. Lesson et Garnot viennent de rapporter de *Bola-bola,* l'une des îles de la Société, un petit chéilodiptère, fort semblable à celui de Commerson, mais qui n'a que cinq raies noires de chaque côté :

une impaire le long de la ligne du dos, en avant et en arrière des dorsales; une qui va du sourcil au bord supérieur de la caudale; une venant du bout du museau, interrompue par l'œil, et finissant au milieu de la base de la caudale; une venant de dessous l'œil, passant par la base de la pectorale, et finissant au bord inférieur de la caudale; enfin, une qui vient de la mâchoire inférieure, et finit en arrière de l'anale.

Ses formes sont les mêmes qu'à l'espèce de Commerson; son œil aussi grand; ses écailles autant et plus larges, tombant de même facilement : seulement ses canines sont moins saillantes à proportion. Il en a deux de chaque côté en avant à la mâchoire supérieure, et quatre ou cinq latéralement à l'inférieure.

Sa langue est lisse, libre, mince, renflée à sa base de manière à y ressembler à un larynx d'oiseau. Le rebord interne de son préopercule est peu saillant, et l'externe très-finement dentelé. Ses écailles, un peu plus larges que longues, ont dix ou douze fines crénelures à leur base. Son opercule osseux finit par deux angles plats et mousses.

La première épine de la deuxième dorsale et la deuxième de l'anale sont aussi longues que leurs rayons mous. La première de l'anale est très-petite; la caudale est un peu fourchue.

B. 7; D. 6 — 1/9; A. 2/8; P. 11? V. 1/5.

L'individu est long de quatre pouces.

Ce chéilodiptère à cinq raies a le foie assez gros, situé presque en entier dans l'hypocondre gauche. La vésicule du fiel s'attache à la portion qui est sous l'œsophage : elle est petite et globuleuse.

L'estomac est un petit sac alongé, terminé en pointe. Ses parois sont épaisses et chargées de rides à l'intérieur.

Il y a quatre cœcum au pylore. Le duodénum est d'un diamètre assez grand; mais l'intestin se rétrécit très-promptement, et fait à la hauteur de l'estomac deux replis, dont l'intervalle est très-court; après quoi il se rend directement à l'anus.

La rate est excessivement petite, située sur le duodénum auprès du pylore.

La vessie aérienne est grande, simple, à parois minces et argentées.

Les ovaires étaient remplis d'œufs excessivement petits. Ainsi gonflés, ils n'occupent pas la moitié inférieure de la longueur de l'abdomen.

Le péritoine est du plus bel éclat d'argent que l'on puisse voir, comme dans l'ablette ou l'argentine.[1]

DES POMATOMES.

M. Risso a cru pouvoir rapporter au genre des pomatomes de M. de Lacépède, qui n'est autre que notre *temnodon*[2], un poisson de la Méditerranée, fort différent de celui auquel ce genre a été consacré par son auteur, quoique, par un hasard singulier, il réponde mieux à la définition qui en est donnée; car il a l'opercule couvert d'écailles, et échancré dans le haut, bien qu'un peu autrement; deux dor-

---

1. Nous ne croyons pas pouvoir placer, faute de renseignemens suffisans, le *chéilodiptère boops* de Lacépède, qui est pris du *labrus boops* d'Houttuyn, Mém. de Harlem, t. XX, p. 326, et dont on ne dit autre chose, sinon que sa mâchoire inférieure dépasse l'autre, que son œil est très-grand, et que ses nombres sont:

D. 5—12; A. 11; C. 22; P. 14; V. 6.

2. *Pomatome skib*, Lacép., t. IV, p. 435. C'est, comme nous le verrons dans le temps, le même poisson, ou peu s'en faut, que son *Chéilodiptère heptacanthe*, que le *Gasterosteus saltator* de Linnæus, et que le *Scomber capensis* de Forster.

sales et une anale épaisse, ou si l'on veut adipeuse; mais la forme et la grandeur de sa tête, celle de son œil, ses dents en fin velours et à peine sensibles, son préopercule d'une forme toute particulière, le distinguent amplement de ce pomatome de Lacépède, qui a la tête oblongue et de grandeur médiocre, aussi bien que l'œil; des dents fortes, comprimées, tranchantes, pointues, sur une seule rangée, etc. Les dorsales de notre poisson actuel sont, d'ailleurs, tout autrement faites, et surtout bien séparées, ce qui, joint à ses écailles grandes et peu adhérentes, pourrait le faire rapprocher de l'apogon; mais, d'un autre coté, l'épaisseur de sa seconde dorsale, ainsi que de l'anale, et les petites écailles qui les couvrent, semblent devoir l'en éloigner, et nous laisseront dans un grand embarras sur ses véritables rapports, aussi long-temps que nous n'aurons pu en faire l'anatomie.

En attendant nous allons en décrire l'extérieur aussi exactement qu'il nous sera possible, et nous engageons les naturalistes à suppléer à ce qui manque à cet article, aussitôt qu'ils en trouveront l'occasion.

Le POMATOME TÉLESCOPE.

(*Pomatomus télescopium*, Riss.) [1]

C'est un assez grand poisson, à corps légèrement comprimé, assez haut et à grande tête.

Sa hauteur (aux pectorales) fait un peu moins du quart de sa longueur, et son épaisseur un peu plus de moitié de sa hauteur. La hauteur et l'épaisseur de sa tête à la nuque égalent la hauteur du corps; la longueur (de l'ouïe au museau) fait presque le tiers de la longueur totale.

La ligne du dos est presque droite; celle du profil n'a qu'une très-légère inflexion en avant de l'œil. L'œil est énorme : son diamètre est le tiers de la longueur de la tête et moitié de sa hauteur. Il est dans un plan vertical, et touche à la ligne du profil. Sa distance au bout du museau est un peu moindre que celle qui le sépare de l'ouïe, c'est-à-dire du bout de l'opercule. Le crâne a entre les yeux un léger enfoncement longitudinal, et au-devant un léger aplatissement transversal.

Le premier orifice de la narine est à distance égale du bout du museau et de l'œil, et le second, qui est un peu plus grand, juste entre l'œil et le premier; tous deux près la ligne du profil.

La bouche est fendue au bout du museau, et descend obliquement jusque sous le bord antérieur de

---

1. Riss., Poissons de Nice, 1.re éd., p. 3o1, pl. 9, fig. 31 : 2.e éd., p. 387.

l'œil. Le premier sous-orbitaire, deux fois plus haut que long, a le bord antérieur presque parallèle à la bouche, sans épines ni dentelures, si ce n'est une légère proéminence obtuse vers le haut, et ne peut cacher le maxillaire, qui est dans le haut en prisme triangulaire, et s'aplatit et s'élargit dans le bas, où il dépasse d'un tiers la commissure des lèvres.

La mâchoire inférieure monte en avant de l'autre ; la supérieure a dans son milieu une échancrure obtuse, et l'inférieure une très-légère proéminence qui y répond, sans ressembler toutefois à ce qui a lieu dans les muges. De très-petites dents en velours, ou plutôt une espèce d'âpreté, garnissent chaque mâchoire sur une bande étroite. Le bout du vomer est rhomboïdal, large, convexe et garni d'âpretés semblables. Je n'en vois pas aux palatins, et je ne puis dire quelle est l'armure de la langue et des arcs branchiaux, attendu que ces parties sont enlevées sur l'individu que j'ai sous les yeux.

L'œil ne laisse pas beaucoup de largeur à la joue ; le limbe du préopercule est très-large à sa partie inférieure ; mais il n'y en a presque point au-dessus de l'angle, parce que son bord montant rentre par une courbe concave ; d'où il résulte que l'angle fait une grande saillie en arrière. Les bords n'en sont pas dentelés, à proprement parler, mais striés et comme un peu déchirés.

L'opercule se termine en arc obtus. La membrane des ouïes est fendue jusque sous l'œil, et a sept rayons très-osseux. Toutes les pièces operculaires, ainsi que la joue, le sous-orbitaire, le crâne et le dessus du museau, sont garnis d'écailles; mais je n'en vois point aux mâchoires.

Il n'y a point d'armure particulière aux os de l'épaule.

La pectorale est médiocre, à peu près du huitième de la longueur totale, de forme ovale, et soutenue par dix-huit rayons. La ventrale est exactement sous la pectorale, à peu près de même grandeur, et a, comme d'ordinaire, une épine et cinq rayons mous. La première dorsale commence sur le milieu de la pectorale, à une distance de la nuque égale à la moitié de la longueur de la tête. Sa propre longueur est un peu moindre; sa hauteur, encore moindre, ne fait guère que le tiers de la hauteur du corps sous elle. Elle a sept rayons épineux médiocrement robustes, dont le premier est de moitié plus court, mais très-aigu. La seconde dorsale est à peu près de même longueur que la première, et un peu plus haute. Sa distance de la première est des deux tiers de la longueur de celle-ci. Elle a un rayon épineux très-pointu, de moitié plus court que les rayons mous, qui sont au nombre de dix.

L'anale commence vis-à-vis du point où la deuxième dorsale finit. Elle est à peu près des mêmes dimensions, et a deux rayons épineux et neuf mous. Le premier épineux a le tiers, et le second la moitié de la longueur des mous; l'un et l'autre sont grêles et pointus. La caudale est demi-fourchue, d'un peu plus du sixième de la longueur totale, et a dix-sept rayons.

Les écailles sont grandes, rondes, lisses, à peine un peu dentelées, tronquées en arrière et finement striées et crénelées à leur partie cachée. Autant que je puis les compter sur un individu mal conservé, il y en a une quarantaine sur une ligne entre l'ouïe et la caudale, et quelques autres qui s'avancent en pointe sur chaque côté de la caudale, et environ quinze ou seize sur une ligne verticale derrière les pectorales. La ligne latérale suit en ligne droite le quart supérieur de la hauteur, depuis l'ouïe jusqu'à la caudale. Les écailles qui lui appartiennent sont échancrées et relevées chacune d'un tube longitudinal.

L'individu que je décris, et le seul que j'aie vu, est long de près de vingt pouces. J'ai lieu de croire que c'est le même que M. Risso a fait représenter (1.re éd., pl. IX, fig. 31). Mais cette figure est trop mince, et le caractère du préopercule n'y est pas rendu.

La couleur de ce poisson, selon M. Risso, est d'un brun violâtre avec des reflets bleus, rouges et gorge-de-pigeon, c'est-à-dire à peu près semblables à ceux de l'acier bruni. L'iris est argenté, nuancé de noir; les nageoires d'un brun noir à reflets rougeâtres.

L'espèce est d'une rareté excessive; elle ne quitte, pour ainsi dire, pas le fond de la mer; et M. Risso, dans sa première édition, assurait qu'à Nice on n'en a pris, dans trente ans, que deux individus. Personne, en effet, n'en avait parlé avant ce naturaliste. Il dit que la chair en est ferme, tendre et d'un goût délicieux; dans sa deuxième édition il ajoute que la femelle est pleine d'œufs jaunes au printemps.

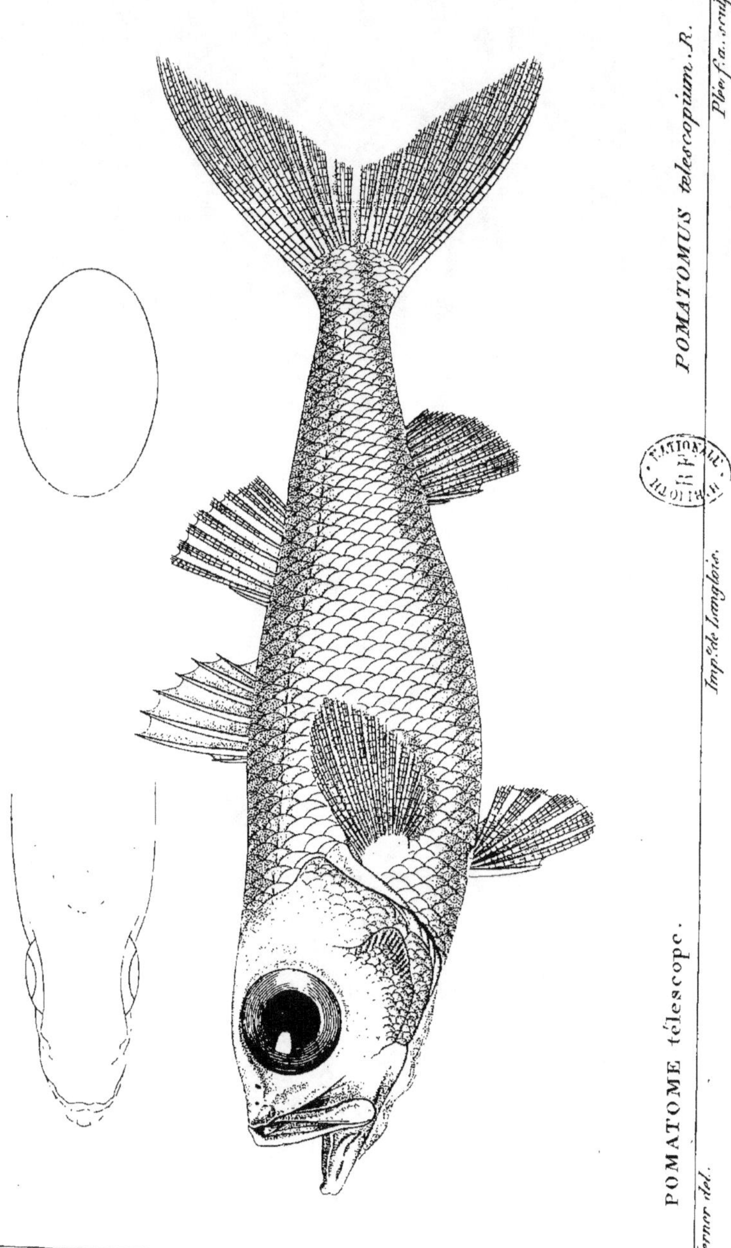

POMATOME télescope.

POMATOMUS telescopium. R.

Werner del.

Imp.de Langlois.

Pleef. a. sculp.

CHAPITRE VIII.

Des Ambasses.

Commerson a donné ce nom (qui dans le sens qu'il y attache, signifierait *deux sous*) à un petit poisson de l'île de Bourbon, devenu pour nous le type d'un genre dont les caractères doivent se prendre dans la double arête dentelée du bord inférieur du préopercule, dans la dentelure du sous-orbitaire, dans la protractilité de la bouche, dans la petite épine couchée en avant de la première dorsale; peut-être même dans la longueur de l'épine de la deuxième dorsale, et dans quelques autres détails de ses proportions.

M. Hamilton Buchanan, dans son Histoire des poissons du Bengale, a décrit plusieurs poissons congénères de celui-là; mais il les comprend dans son genre *chanda*, en tête duquel il place deux *equula* (ses *chanda setifer* et *ruconius*): ce n'est qu'à commencer de sa troisième espèce, que son genre coïncide avec le nôtre.

L'Ambasse de Commerson.

(*Ambassis Commersonii*, nob.) [1]

L'espèce que nous décrivons la première, celle de Commerson, est une des plus grandes. Elle est commune à l'île de Bourbon, et y passe pour donner un très-bon goût à la soupe, et de plus, on l'y confit dans une saumure, à peu près comme nous préparons les anchois sur les bords de la Méditerranée. C'est surtout dans un étang salé, appelé *Dugol*, le principal de l'île, qu'on la pêche assez abondamment pour donner lieu à un emploi lucratif: mais elle n'est point particulière à l'île de Bourbon. M. Leschenault en a envoyé plusieurs de Pondichéry, où l'on en prend en grand nombre à l'embouchure de la rivière d'*Arian-Coupang*, et où les naturels la nomment *sélintan* : on l'y estime beaucoup et on l'y donne volontiers aux malades. Plus récemment il nous en a été envoyé un individu de Mahé, sur la côte de Malabar, par M. Belenger; son nom sur cette côte est *moullée choudiim*. Elle habite aussi les côtes de l'île de Java. MM. Kuhl et Van Hasselt en

---

1. *Centropomus ambassis*, Lacép., t. IV, p. 273 ; *Lutjanus gymnocephalus*, id., t. IV, p. 216, et t. III, pl. 23, fig. 3 ; *Chanda nalua*, Buchan., Poiss. du Gange, p. 107, pl. 6, fig. 36.

ont envoyé de Batavia au Musée royal des Pays-Bas, des individus que nous ne pouvons distinguer en rien de ceux de Bourbon et de l'Inde.

M. de Lacépède, qui n'a connu ce poisson que par Commerson, en a fait son *centropome ambasse*[1]; mais ses deux nageoires étant réellement contiguës, ou même un peu réunies, bien que la membrane en soit profondément échancrée, il ne peut demeurer dans les centropomes ni même dans les varioles, quoiqu'il ressemble d'ailleurs beaucoup, mais en très-petit, à la variole d'Égypte.

On ne doit point douter que ce ne soit un dessin de cette espèce, laissé par Commerson sans note qui en rappelât la correspondance avec sa description, qui a donné lieu à M. de Lacépède d'établir son *lutjan gymnocéphale*[2]; il semble seulement que le dessinateur y ait marqué deux rayons mous de plus à la dorsale. Nous avons tout lieu de croire que c'est aussi le *sciæna safgha* de Forskal, p. 53, n.º 67 : du moins la très-courte description qu'il en donne n'a rien qu'on ne retrouve dans notre poisson.

---

1. Lacép., t. IV, p. 273. — 2. *Idem*, t. IV, p. 216, et t. III, pl. 23, fig. 3.

2.   12

Cet ambasse a le corps comprimé. Sa hauteur fait plus du tiers de la longueur totale. Le chanfrein est légèrement concave ; le museau court, obtus ; l'œil grand, sans épines en avant ; on n'en voit qu'une très-petite sur l'arrière du sourcil. La mâchoire inférieure est plus avancée, et la commissure descend quand la bouche est fermée ; mais cette bouche est bien protractile. Les dents sont en velours, mais sur des bandes fort étroites aux mâchoires, au-devant du vomer, aux palatins, et sur l'arrière d'une ligne osseuse et saillante qui règne sur le milieu de la langue. Le sous-orbitaire a des dentelures aiguës ; et, ce qui est remarquable, l'arête et le bord du préopercule, dans sa partie au-dessous de l'angle, sont finement dentelés, ce qui y fait deux lignes de dentelures, tandis qu'il n'y en a pas au bord montant. L'opercule se termine en angle arrondi et plat. Il y a des écailles sur la joue et les pièces operculaires : celles-ci tombent facilement. Il en manque entre les yeux, au museau et aux mâchoires.

La dorsale ne commence que sur le milieu des pectorales. En avant de sa base est une petite pointe couchée, que l'on ne découvre qu'en la cherchant du doigt ; puis vient son premier rayon, qui est très-court, et le second, qui est le plus élevé et le plus fort, d'un quart moins haut que le corps cependant. Les suivans diminuent de manière à rendre cette première partie triangulaire, et à ce que la membrane descende presque jusqu'au dos ; puis le huitième, ou le premier de la seconde dorsale, redevient tout d'un coup aussi grand que le quatrième. Il est suivi de neuf rayons mous qui diminuent peu.

L'anale a d'abord un premier rayon épineux très-petit, ensuite deux forts et à peu près égaux, puis neuf mous. Elle est un peu plus longue que la seconde dorsale. Les pectorales sont assez longues et pointues. Les ventrales le sont un peu moins; leur épine est forte; elles sortent précisément sous la naissance des pectorales. La caudale est fourchue, et ses lobes pointus.

D. 7 — 1/9; A. 3/9; C. 17; P. 12; V. 1/5.

La ligne latérale suit à peu près la courbure du dos; ses tubes sont minces et simples. Les écailles en général sont grandes, minces et lisses.

Ce poisson est brillant. Commerson dit qu'à l'état frais son dos paraît d'un vert brunâtre. La couleur argentée de son péritoine se montre au travers des tégumens. Les opercules jettent un vif éclat d'argent; et une bande de la même couleur, mais moins éclatante, règne en ligne droite depuis les ouïes jusqu'à la queue. La membrane derrière le second rayon dorsal est pointillée de noir, et le bord de cette partie est noir ou noirâtre, ce qui fait comme une petite tache vers la pointe de la dorsale. Certains individus ont le dos légèrement pointillé de noir.

Il y en a de près de sept pouces de longueur.

L'estomac de l'ambasse est un sac assez grand, en forme de bourse plissée et rétrécie vers l'œsophage, qui occupe toute la longueur de l'abdomen. Du milieu de la face inférieure naît l'intestin, qui commence par être assez large, et qui remonte sur le foie jusqu'auprès du diaphragme. Il se rétrécit beaucoup, descend jusqu'à la hauteur du pylore, se porte de nouveau vers le diaphragme, se recourbe et se dirige obliquement jusqu'à l'arrière du pylore; il se renfle alors, puis subit un nouvel étranglement et se dilate un peu pour former le rectum, qui est très-court.

Il n'y a aucune appendice cœcale.

Le foie est très-petit, placé dans le côté gauche. Les œufs sont excessivement petits; les ovaires remplissent la moitié postérieure de l'abdomen. Ces différens viscères sont enveloppés par le péritoine, qui est épais, fibreux, et qui brille du plus vif éclat d'argent poli. Au-dessus est la vessie natatoire, qui va depuis le diaphragme jusqu'à l'arrière de l'abdomen. Ses parois sont tellement minces, qu'elles sont tout-à-fait transparentes, et que la lumière traverse cette partie du corps du poisson presque sans aucun obstacle.

L'estomac était rempli de petites salicoques.

Le squelette de l'ambasse offre une particularité remarquable dans ses côtes, qui, à commencer de la troisième paire, ont leur moitié supérieure dilatée en une plaque ovale, mince, relevée à sa face externe d'une arête longitudinale, qui se continue ensuite avec la moitié grêle. Il y en a huit paires de cette forme, dont les deux dernières joignent leur extrémité grêle à l'apophyse descendante de la première vertèbre caudale, et ceignent ainsi en arrière la concavité de l'abdomen. Les deux paires antérieures sont très-petites et fines comme des cheveux. Il y a ainsi dix vertèbres dorsales. Le nombre des caudales est de quatorze.

Les épines des nageoires, soit dorsales, soit anales,

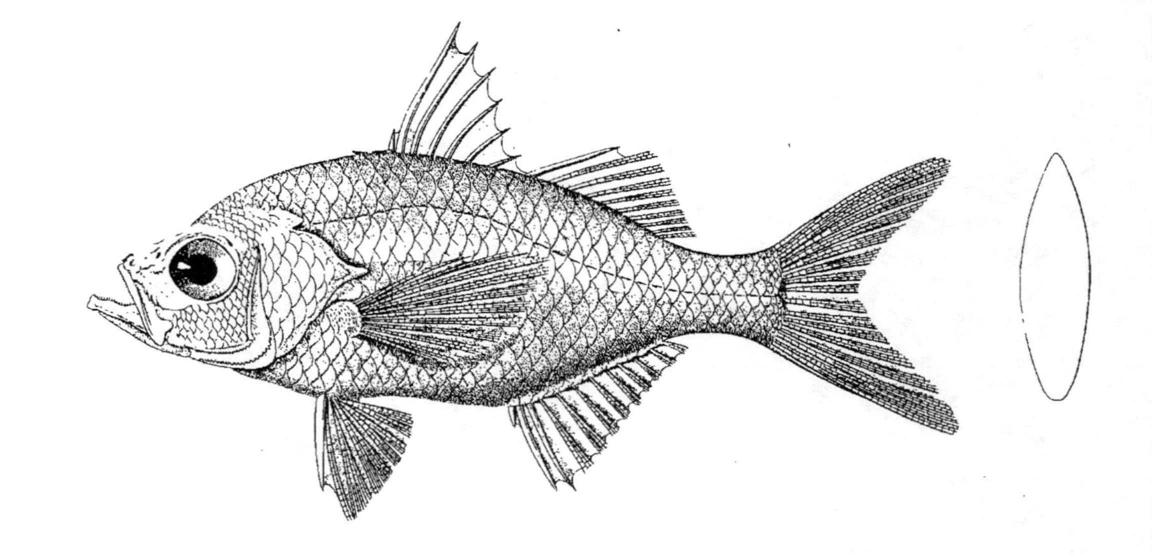

AMBASSE de commerson.

AMBASSIS commersonii. n.

Werner del.

Imp.^e de Langlois.

Schmeltz sculp.

vues à la loupe, montrent des stries transversales, indices des articulations dont la soudure les compose. Dans la nuque il y a deux interépineux qui ne portent point de rayons. L'épine, couchée en avant, est une apophyse de l'interépineux qui porte le premier aiguillon de la première dorsale.

On en retrouve beaucoup d'exemples, surtout dans la famille des scombres.

L'AMBASSE DE DUSSUMIER.

(*Ambassis Dussumieri*, nob.)

M. Dussumier a rapporté de la côte de Malabar un ambasse très-semblable par les détails à celui de Commerson ;

et qui a les mêmes nombres de rayons et les mêmes couleurs, mais dont la forme est plus alongée. Sa hauteur est trois fois et demie dans sa longueur. Outre le noir de derrière le deuxième rayon de la dorsale, quelques individus en ont aux pointes de la caudale.

D. 7 — 1/9 ou 10 ; A. 3/9, etc.

L'ambasse de Dussumier a encore le tube intestinal plus simple que le commun, et n'a, comme lui, aucune appendice cœcale. L'œsophage se continue peu en arrière du diaphragme en un cul-de-sac excessivement court. En dessous commence l'intestin, qui fait un premier pli au tiers de la longueur de l'abdomen : il remonte vers le diaphragme, passe pardessus l'œsophage, descend jusqu'aux deux tiers de l'abdomen ; se reporte alors vers la crosse du premier pli; s'y replie de nouveau, et va se rendre à l'anus, sans éprouver aucun étranglement.

Le foie est très-petit, lenticulaire, entièrement du côté gauche.

La vessie natatoire est mince et très-transparente.

Le péritoine est argenté.

L'AMBASSE NALUA.

(*Ambassis nalua*, nob.)

Parmi les chanda de M. Buchanan, celui qui ressemble le plus à l'espèce de Commerson, est le *chanda nalua*, qu'il décrit p. 107, et représente pl. VI, fig. 36.

Sa figure fait cependant le corps plus haut, la tête plus courte et plus haute de la partie des joues; le front y est plus concave, et le museau plus renflé.

L'auteur compte onze rayons mous à la seconde dorsale, et dix à l'anale.

D. 7 — 1/11; A. 3/10.

Sa couleur est argentée, transparente, glacée de verdâtre vers le dos. Il y a des points noirs le long de la base de la dorsale et de l'anale, et sur une ligne longitudinale au-dessus des pectorales.

M. Buchanan ne donne pas les dimensions auxquelles atteint cette espèce, mais sa figure est longue de trois pouces et demi. On trouve ce poisson dans les eaux douces des parties basses du Bengale.

*L'*Ambasse élevé.

(*Ambassis alta,* nob.)

Nous avons reçu deux autres ambasses du Bengale avec les dernières collections de M. Duvaucel.

Le premier a le corps beaucoup plus haut à proportion que le précédent. Sa hauteur n'est que deux fois et un tiers dans sa longueur. La ligne de son dos est très-convexe; celle de son front fort concave. Tout son corps est couvert de très-petites écailles.

La double dentelure du bas de son préopercule et celle de ses sous-orbitaires sont très-marquées, ainsi que l'épine couchée en avant de sa dorsale; mais la seconde épine de cette nageoire n'est pas si haute à proportion que dans notre première espèce. Elle n'a pas tout-à-fait moitié de la hauteur du corps sous elle. La huitième est un peu moindre, et est suivie de quatorze ou quinze rayons mous. Les rayons mous de l'anale sont au nombre de quatorze.

D. 7 — 1/15; A. 3/14.

Nos plus grands individus n'ont que deux pouces et demi. Ils paraissent avoir été argentés.

*L'*Ambasse ranga.

(*Ambassis ranga,* nob.)

Le *chanda ranga* de M. Buchanan, p. 113, et pl. XVI, fig. 38, nous paraît se rapporter de très-près à cet ambasse élevé, mais cet auteur ne lui donne que douze rayons mous à la deuxième dorsale, et quinze à l'anale; toutefois, comme dans ces petits poissons il n'est pas toujours facile de compter les rayons, nous ne nous arrêterions pas beaucoup à cette différence; mais il décrit sa première épine dorsale comme dentelée sur son tranchant, et c'est ce que nous ne trouvons pas dans nos individus.

Ce petit poisson est argenté, glacé de vert brillant. Une ligne argentée règne le long du dos, et sa transparence laisse voir l'argenté de son péritoine.

D. 7 — 1/12; A. 3/15, etc.

L'AMBASSE LALA.

(*Ambassis lala*, nob.)

Le *chanda lala* du même auteur, p. 114, pl. XXI, fig. 39, diffère aussi fort peu de son *ranga* et de notre *alta*.

Il lui représente seulement la première dorsale plus haute à proportion (elle a plus de moitié de la hauteur). Le tranchant de sa première épine est lisse; la seconde a de douze à quatorze rayons mous, et l'anale en a quinze. C'est un petit poisson du plus bel éclat doré, avec quelques bandes verticales obscures.

D. 7 — 1/14; A. 3/15?

*L'*AMBASSE OBLONG.

(*Ambassis oblonga*, nob.)

Nous donnons cette épithète au deuxième des ambasses recueillis par M. Duvaucel, parce qu'il est bien plus alongé que les précédens.

Sa hauteur est deux fois et deux tiers dans sa longueur. Il a aussi un peu de concavité au profil, et son épine couchée est fort marquée; mais les dentelures du bas de son préopercule sont peu sensibles, si ce n'est près de l'angle, et son sous-orbitaire ne paraît pas même en avoir. De petites dents coniques écartées forment une rangée à chaque mâchoire. Sa seconde épine dorsale n'a que moitié de la hauteur du corps. Il y a au dos quinze rayons mous, et à l'anale quatorze. Les écailles sont fort petites, et ne se voient guère que par le desséchement.

D. 7 — 1/15 ; A. 3/14.

Le seul individu que nous ayons, est long de deux pouces et demi. Il paraît avoir été argenté.

*L'*AMBASSE NAMA.

(*Ambassis nama.*)

C'est de cet ambasse oblong que l'on doit rapprocher le *chanda nama* de M. Buchanan, p. 109, et pl. XXXIX, fig. 39. Tout ce que l'auteur anglais en dit est conforme à ce que nous avons observé dans le précédent, à l'exception des rayons mous de la dorsale et de l'anale, dont il compte un de plus à chacune de ces nageoires, et des points noirs dont il les sème, ainsi que l'épaule, où même leur rapprochement forme, dit-il, une espèce de tache.

Son corps est transparent, et ses écailles ne paraissent point. On voit au travers des chairs l'argenté du péritoine, et une ligne argentée règne le long du dos.

D. 7 — 1/16 ; A. 3/15, etc.

Cette espèce est commune dans les étangs du Bengale, et arrive à trois et quatre pouces de longueur.

M. Buchanan décrit encore, p. 111, un *chanda phula* et un *chanda Bogoda,* et p. 112, un *chanda baculis,* qui semblent devoir être autant d'ambasses voisins des deux précédens, quoique l'auteur ne leur accorde point d'écailles. Ne les ayant pas vus, nous ne pouvons que placer ici les caractères que ce naturaliste leur assigne.

*L'*AMBASSE PHULE.

(*Ambassis phula,* nob.)

Le premier a quatorze rayons mous à la deuxième dorsale, treize à l'anale. Il ressemble d'ailleurs au *nama* par son corps long et transparent et par ses autres caractères, mais passe rarement deux pouces.

L'AMBASSE BOGODA.

(*Ambassis bogoda.*)

Le second a seize rayons mous à la deuxième dorsale, dix-sept à l'anale, et le corps long et transparent comme le précédent, qu'il ne surpasse point en
grandeur.

L'AMBASSE BACULIS.

(*Ambassis baculis.*)

Le troisième a le corps court et haut comme le
ranga et le *lala ;* mais il est transparent et sans
écailles sensibles, comme les précédens ; il a treize
rayons mous à la deuxième dorsale, et le même
nombre à l'anale. Sa nuque a une tache jaune. Il ne
passe guère dix-huit lignes. C'est dans le nord-ouest
du Bengale qu'on le trouve.

Tous ces petits poissons paraissent remplir
aux Indes les étangs et les mares, comme le
font en Europe nos épinoches et quelques-
unes de nos petites espèces de cyprins.

CHAPITRE IX.

Des Aprons. (*Aspro*, nob.)

Nous réunissons sous ce genre deux poissons fort semblables entre eux, quoique distingués par l'espèce, et qui ne diffèrent des perches proprement dites, d'une manière un peu essentielle, que par leur museau bombé en avant de la bouche et le grand écartement de leurs deux dorsales.

L'Apron proprement dit.

(*Aspro vulgaris*, nob.; *Perca asper*, L.) [1]

Le Rhône produit l'*apron*, surtout entre Lyon et Vienne. Il remonte aussi dans les affluens du Rhône. Nous nous sommes assuré que l'on en prend dans la Saône, dans le Doubs et dans l'Alaine; mais on ne le connaît pas dans nos rivières de l'ouest de la France.

C'est un petit poisson que les Lyonnais, au rapport de Rondelet, nommaient ainsi autrefois à cause de la rudesse de ses écailles; mais aujourd'hui les pêcheurs du Rhône ne

---

1. *Perca asper*, Bl., pl. 107, fig. 1 et 2; *Diptérodon apron*, Lacép., t. IV, p. 170.

le connaissent plus sous ce nom, et ils l'appellent *sorcier*[1]. Par son museau bombé, plus saillant que sa bouche, et par les os caverneux et renflés de sa tête, il semblerait appartenir à la famille des sciènes; mais ses dents palatines, l'armure de ses pièces operculaires, ses écailles rudes et ses deux dorsales, bien séparées l'une de l'autre, le ramènent nécessairement dans celle des perches.[2]

Rondelet l'a décrit le premier[3], et c'est d'après lui que les autres auteurs[4] en ont parlé jusqu'à Willughby : celui-ci paraît l'avoir vu à Ratisbonne; mais il en dit peu de chose, et l'on n'est pas sûr qu'il ne l'ait pas confondu avec le zingle[5]. C'est Marsigli qui le premier a mis les deux poissons en regard, et les a

---

1. Rien ne prouve mieux l'insuffisance de ces noms populaires qui varient d'un village à l'autre, et souvent se perdent après quelques générations, quand l'objet n'en est pas très-commun ou très-important. C'est M. Bredin, directeur de l'école vétérinaire de Lyon, à qui nous nous étions adressé pour avoir *l'apron*, et qui a mis la plus grande complaisance à nous le procurer, qui nous a appris son nouveau nom.

2. Nous-même avions placé l'apron et le zingle parmi les sciènes, tant que nous ne les avions pas examinés directement. M. Lacépède met l'apron et le zingle dans ses *diptérodons*, genre qui ne doit avoir ni dentelures au préopercule, ni piquans à l'opercule; mais ces deux poissons ont l'un et l'autre caractère.

3. *De aspero pisciculo, Pisc. fluviat.*, p. 207. — 4. Gesner, pl. 40, fig. 3; Aldrov., p. 615, et Jonst., t. **XXVI**, p. 18. — 5. Willughby, p. 294.

bien caractérisés[1]; enfin, la description minutieuse que Schæffer a donnée[2] de l'un et de l'autre n'a plus rien laissé à désirer. [3]

L'apron, en effet, habite le Danube et ses affluens, comme le Rhône, et peut-être en plus grand nombre; on le nomme en Bavière et en Autriche *streber* ou *stræber*, nom que l'on dérive de *streben* (faire effort), mais dont on n'explique pas pourquoi on l'a spécialement appliqué à l'apron.

Il paraît qu'il se trouve aussi dans le Rhin; M. Hartmann assure qu'on le nomme *Kutz* à Bâle, et *pfifferl* en divers endroits d'Allemagne.[4]

Georgii[5] avance, sans citer aucune autorité, que *l'apron* vit dans le Volga, le Jaïk, l'Irtisch et leurs affluens; mais peut-être s'en rapportait-il simplement à l'assertion de Pallas, qui a cru que son *berschik* ou *perca volgensis* ne différait point de l'apron, en quoi, certainement, il a commis une erreur, ainsi que nous l'avons vu ci-dessus, p. 118.

---

1. *Danub.*, t. IV, pl. 9, fig. 2 et 3, et p. 27 et 28. — 2. *Piscium bavarico-ratisbonensium pentas*, p. 58 et 69, et pl. 3.

3. Il règne cependant encore quelque confusion dans leur synonymie. Klein, *Miss.*, t. V, p. 28, confond le streber ou l'apron avec le zingle; Gronovius, *Zoophyl.*, p. 92, n.° 303, en fait seulement une variété. Bloch, en citant ces deux auteurs, ne fait pas remarquer cette circonstance.

4. *Ichtyol. helvet.*, p. 68. — 5. Hist. nat. de Russ., 3.ᵉ part., p. 1925.

Le corps de l'apron est alongé, à peu près rond dans son milieu; un peu déprimé en avant. Sa tête fait un peu plus du cinquième de sa longueur totale, et la hauteur de son corps dans le milieu en est à peu près le sixième. Son ventre est un peu renflé; sa queue à peu près aussi longue que le reste de son corps (sans la tête), mais beaucoup plus mince. Sa tête est déprimée et large vers les ouïes; elle se rétrécit en avant pour former un museau mousse qui saille au-dessus de la bouche. Le crâne, l'intervalle des yeux, les opercules, sont écailleux, mais non le museau, ni la joue, ni les mâchoires. Les deux ouvertures de ses narines, assez rapprochées l'une de l'autre, sont entre l'œil et le bout du museau; la bouche, peu fendue, située sous le museau et courbée paraboliquement, a des dents en velours aux mâchoires, au chevron du vomer et aux palatins. La langue est lisse. Les yeux sont petits, et leur intervalle plus grand que leur diamètre. Les sous-orbitaires n'ont pas de cavités sensibles à l'extérieur dans le frais. Le préopercule est finement dentelé; mais sa dentelure ne paraît pas dans le frais, à cause de la peau qui l'enveloppe. L'opercule, convexe et arrondi, se termine par un piquant fort prononcé. Les ouïes et leurs membranes sont les mêmes que dans la perche. Toutes les écailles sont un peu âpres et ciliées. Elles ne paraissent pas sous la poitrine. Il y en a soixante-dix à quatre-vingts sur une ligne longitudinale, et environ vingt-cinq sur une ligne verticale. La ligne latérale est rapprochée du dos, et lui est même à peu près parallèle. Elle ne se marque que par une légère âpreté de plus à ses écailles.

Les dorsales sont à peine plus longues que hautes et fort distinctes, séparées même par un espace qu'occupent six ou sept écailles. La première a la coupe à peu près arrondie, et compte huit rayons, tous épineux : le deuxième et le troisième sont les plus longs, et le premier et le huitième les plus courts. Le premier n'a pas moitié de la hauteur du second. La seconde dorsale a douze ou treize rayons, dont le premier est épineux, court et faible, et le second simple, quoiqu'articulé ; les autres, articulés et branchus. L'épineux est moitié moindre que celui qui le suit. L'anale commence sous le même point que la seconde dorsale, et finit un peu plus tôt. Elle a douze ou treize rayons, dont le premier est épineux, mais très-faible. La caudale est coupée un peu en croissant, et compte dix-sept rayons. Il y en a quatorze aux pectorales, et, comme d'ordinaire, six aux ventrales, dont un épineux, mais faible. Ces ventrales sont plus longues que les pectorales, et d'une substance charnue et épaisse.

B. 7 ; D. 8 — 1/12 ; A. 1/12 ; C. 17 ; P. 14 ; V. 1/5.

L'apron est en dessus d'un brun jaunâtre ou rougeâtre, avec quatre ou cinq larges bandes obliques, nuageuses, noirâtres, dont une sur la nuque, une sous la première dorsale, une sous l'intervalle de la première à la seconde, et une ou deux sur la queue. Elles sont tantôt plus, tantôt moins avancées. Le dessous est blanchâtre ; les nageoires d'un gris jaunâtre.

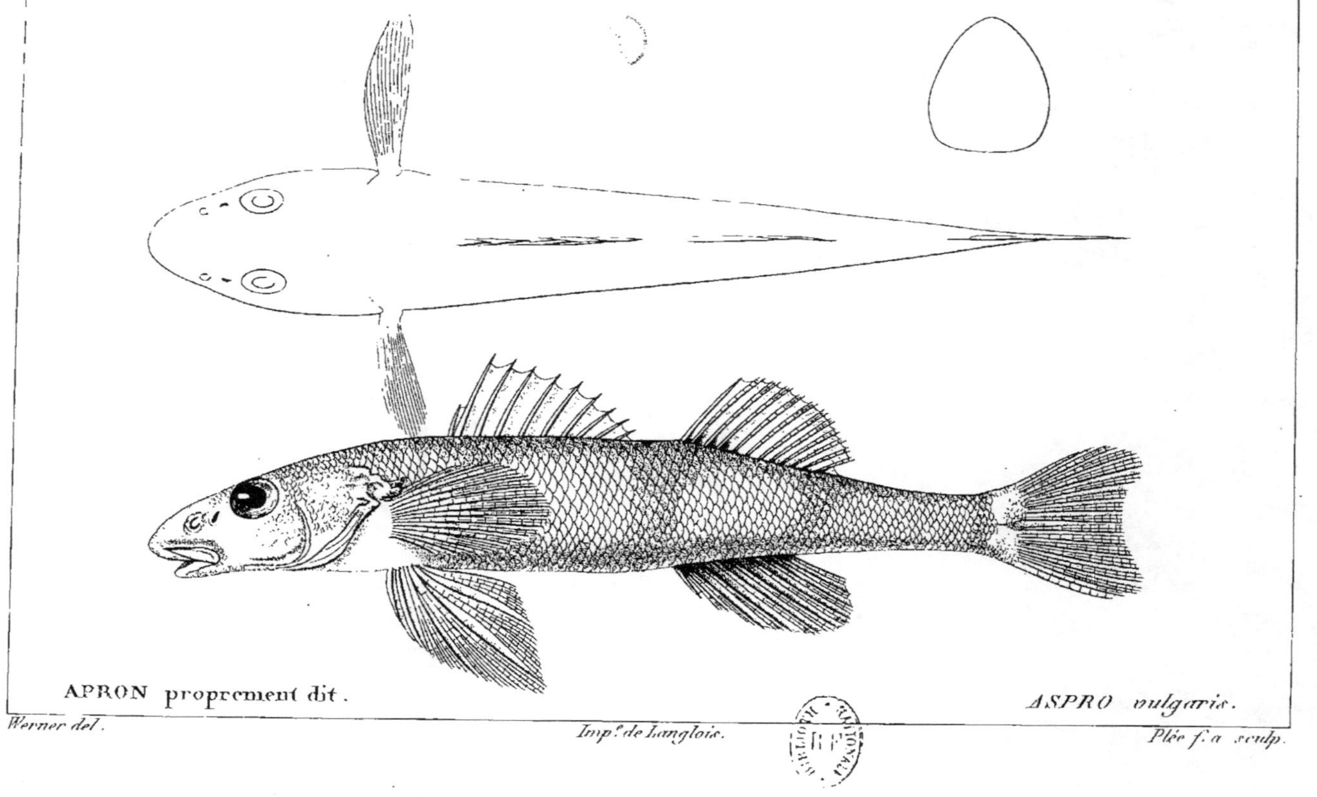

APRON proprement dit.
ASPRO vulgaris.
Werner del.
Imp.e de Langlois.
Plée f. a sculp.

Les intestins de l'apron ressemblent à plusieurs égards à ceux de la perche. Il n'a que trois appendices fort petites au pylore. Son estomac est en cul-de-sac peu alongé, obtus. Son intestin ne se replie que deux fois, et ne fait ainsi qu'une anse courte. Le grand lobe de son foie, qui est le gauche, est fendu en deux par une scissure. Ses œufs sont gros à proportion, et ses deux ovaires bien distincts et également développés. Ses vertèbres sont au nombre de quarante-deux, dont vingt-cinq caudales.

Ce poisson demeure petit : il ne passe guère six ou sept pouces, et ne pèse qu'une once; sa chair est blanche, légère et agréable au goût. Il fraie en Mars; ses œufs sont petits et blanchâtres. Il se laisse transporter aisément. Sa nourriture consiste en vers et autres menus animaux aquatiques; il préfère les eaux pures et vives.

Ce n'est pas la peine de réfuter l'opinion des paysans des bords du Rhône, qui, du temps de Rondelet, prétendaient que *l'apron* vit des paillettes d'or qu'il ramasse dans le sable des rivières.

Selon les pêcheurs que M. Bredin a consultés, il y en a dans le Rhône trois variétés : la première, d'un gris noirâtre, devient la plus grande ; la seconde est d'un gris cendré ; la troisième est d'un jaune tirant sur le bronze : c'est celle qui demeure la plus petite. Le goût de la chair ne change point avec les couleurs.

Le Cingle.

(*Aspro zingel,* nob.; *Perca zingel,* L.)

Le *cingle* ou plutôt le *zingel* (*perca zingel,* L.) est un grand apron qui vit dans le Danube et ses affluens. Ni Rondelet ni Salvien n'en ont parlé, et l'on doit croire qu'il est étranger aux eaux de l'Italie, comme à celles de la France. A la vérité, M. de Lacépède dit qu'on le nomme *cingle* en quelques contrées de la France, mais il n'y a que les naturalistes qui aient occasion de le nommer, car on n'en prend pas dans nos rivières.

Klein[1] croit que c'est l'*aspredo* que Caius dit être commun dans la rivière d'Yar, près de Norwich; mais il est certain que cet as-predo (en anglais, *ruffe*) est notre *gremille* (*perca cernua,* L.).

Gesner avait reçu une mauvaise figure du cingle[2] souvent recopiée[3]; mais Marsigli[4], Schæffer[5], Bloch[6] et Meidinger[7], en ont donné de bonnes.

Son nom allemand varie; on le prononce

---

1. *Miss.,* t. V, p. 28. — 2. *Paralip.,* p. 19. — 3. *Aldrov.,* p. 616; Jonst., t. XXVI, p. 19, etc. — 4. *Danub.,* t. IV, pl. 9, fig. 3. — 5. *Pisc. bavar. pentas,* pl. 3, fig. 1. — 6. Bl., pl. 105. — 7. *Pisc. Austr.,* pl. 4.

aussi *zindel* et *zundel*. En Hongrie il s'appelle *kolez,* au dire des correspondans de
Gesner; mais Marsigli, contre sa coutume,
ne donne pas son nom dans les langues de ce
pays. Je ne vois pas qu'il en soit question ni
parmi les poissons de Pologne, ni parmi ceux
de Russie.

Le cingle se rapproche des perches par les mêmes
caractères que l'apron. Il a des dents en velours ou
même en cardes aux deux mâchoires, au devant du
vomer et le long des palatins sur des bandes assez
larges. Le rang antérieur de la mâchoire supérieure
est plus fort. Le bord postérieur de son préopercule
est finement crénelé, et il y a des dents plus fortes
à son angle. Son opercule se termine par une assez
forte pointe, sous laquelle en est en même temps
une petite. Ses deux dorsales sont séparées par un
intervalle de plusieurs écailles, etc.; mais il a aussi,
comme l'apron, des caractères de scième. Son museau obtus avance au-delà de sa bouche, soutenu par
des sous-orbitaires caverneux. Le bord inférieur du
préopercule, et toute la mâchoire inférieure, sont
également caverneux, c'est-à-dire creusés de grandes
fosses que la peau recouvre dans l'état frais, mais
que l'on sent au toucher.

Du reste, le cingle diffère beaucoup de l'apron, ne
fût-ce que par les nombres plus considérables des
rayons de ses dorsales.

Son corps est peu élevé, et plutôt triangulaire que
comprimé. Sa tête, un peu alongée, est aplatie en des-

sus. Sa queue, un peu grêle, est plus comprimée que son corps.

Sa hauteur, à l'endroit des pectorales, ne surpasse guère sa largeur vers l'abdomen, et est contenue plus de sept fois dans sa longueur totale. La longueur de la tête fait le quart de cette longueur totale.

La largeur de cette tête entre les préopercules fait plus de moitié de sa longueur, et sa hauteur au même endroit n'en fait que les deux cinquièmes.

L'œil est vers le bord supérieur et au milieu de la longueur. Son diamètre longitudinal fait le cinquième de la longueur de la tête, et l'intervalle d'un œil à l'autre est un peu plus grand. Les deux ouvertures de la narine sont l'une devant l'autre, assez rapprochées, un peu plus proches de l'œil que du bout du museau, et entourées chacune d'une membrane tubuleuse. La bouche est sous le museau, coupée en fer à cheval, fendue jusque sous les narines. Ses lèvres sont médiocrement charnues. Le maxillaire se cache presque entièrement sous un long sous-orbitaire.

La langue est lisse, large, plate et peu saillante.

Il y a des écailles sur le museau, sur le crâne, sur la tempe et sur l'opercule; mais les mâchoires, les côtés du museau, le dessous de l'œil, le bas de la joue et le dessous de la gorge, en sont dépourvus.

L'ouverture des ouïes est assez grande. La membrane est épaisse. On y compte sept rayons.

L'os surscapulaire a son bord à peu près droit, oblique, mais finement dentelé en scie. L'huméral est anguleux, et son angle a trois dentelures pointues.

La pectorale, médiocre, de plus d'un tiers moins

longue que la tête, obtuse, a quatorze rayons articulés, dont le premier seul n'est pas branchu. Il n'y
a point d'écailles particulières, ni au-dessus ni au-
dessous d'elle. Les ventrales n'en ont pas non plus :
elles sont attachées un peu plus en arrière que les
pectorales, plus grandes qu'elles et plus charnues,
écartées l'une de l'autre par de larges os du bassin,
et composées, comme à l'ordinaire, d'une épine et de
cinq rayons branchus.

La première dorsale commence à peu près vis-à-
vis la base des pectorales. Elle a treize rayons, tous
épineux. Le premier et le treizième sont les plus
petits; le troisième et le quatrième les plus hauts.
Sa longueur est à peu près le cinquième de la longueur totale, et sa hauteur le neuvième. Elle est séparée de la seconde par un petit intervalle sans membrane. La seconde dorsale est un peu plus longue et
un peu moins haute que la première. Elle a un rayon
épineux très-petit et dix-neuf articulés, dont le premier est simple et les autres branchus. Le dernier
est profondément fourchu; ainsi on pourrait en
compter vingt-un. L'intervalle entre elle et la base
de la caudale fait le septième de la longueur totale.

L'anus est sous le milieu du corps, en y comprenant la caudale.

L'anale et la seconde dorsale commencent vis-à-
vis l'une de l'autre; mais l'anale est de deux cinquièmes moins longue que la dorsale. On y compte un
très-petit rayon épineux et treize rayons mous. La
caudale est du sixième de la longueur totale. Son
échancrure n'entame qu'un tiers de sa longueur. Elle

a dix-sept rayons entiers, et trois ou quatre très-petits en dessus et en dessous.

D. 13 — 1/19 ou 20; A. 1/13; C. 17; P. 14; V. 1/5.

Les écailles sont assez petites; il y en au moins quatre-vingt-quinze sur une ligne, depuis l'ouïe jusqu'à la caudale, et au moins trente sur une ligne verticale, depuis le ventre jusqu'à la première dorsale. Leur partie extérieure est semi-circulaire. Sa surface est âpre et son bord cilié. La partie cachée est coupée carrément, sillonnée de quelques rayons, finement striée en travers, et son bord implanté divisé en quatre ou cinq crénelures rondes.

La ligne latérale est parallèle au dos et sans inflexion. Elle ne se marque que par une tache à chacune des écailles sur lesquelles elle passe.

La couleur du dos et des flancs est d'un gris jaunâtre; celle de toute la partie inférieure est blanchâtre. Quatre bandes nuageuses d'un brun noirâtre descendent obliquement en avant, et se mêlent à des taches et à des points également nuageux sur les flancs. La première de ces bandes est en avant de la première dorsale et sous la base antérieure. La seconde, qui est plus petite, est sous sa moitié postérieure; les deux autres sous les deux extrémités de la seconde dorsale. Le museau et l'opercule sont brunâtres. Il y a sur la joue quelques bandes obliques d'un brun noirâtre.

A l'ouverture de l'abdomen on voit dans les deux tiers de la longueur le rectum marchant droit entre les deux laitances ou les deux ovaires. Au tiers antérieur est l'estomac, fort charnu, assez petit, et dont la pointe est obtuse. Le pylore est près du cardia. Il n'a que trois appendices cœcales, comme dans la perche. L'intestin ne fait qu'un repli situé dans le côté droit de l'abdomen, et occupant à peu près moitié de sa longueur. Il revient ensuite près du pylore, pour se replier une seconde fois et se rendre directement à l'anus. Le foie est petit, et confiné près du diaphragme. La vessie aérienne, comme dans la perche, est simple et à parois très-minces.

Le péritoine est vivement argenté; le mésentère et les épiploons deviennent très-gras.

On trouve dans la femelle des œufs blanchâtres et fort petits.

La tête osseuse du cingle est remarquable par les cavités des pièces qui la composent. Les sous-orbitaires, la mâchoire inférieure, le bord inférieur du préopercule, au lieu d'une surface plane ou d'un bord simple, offrent deux lames saillantes, jointes ensemble par des lames ou des barres transverses, qui interceptent des espèces de fosses ou de tambours, dont l'ouverture large est fermée à l'extérieur par la peau. Du reste (à la saillie du museau près) cette tête osseuse ressemble assez à celle de la perche. Le crâne est plat, et la crête verticale de l'occiput ne s'élève pas au-dessus du niveau du crâne.

Il y a à l'épine quarante-huit vertèbres; l'abdomen finit à la vingt-unième. La première dorsale commence sur la quatrième, et finit sur la dix-septième. La seconde commence sur la vingtième, et finit sur la trente-sixième ou la trente-septième.

Les côtes sont grêles et courtes. Les osselets interépineux n'ont rien de remarquable. Le corps de l'hyoïde a son bord inférieur aplati et élargi. Le bassin est aussi assez large.

Le cingle devient bien plus grand que l'apron; on en voit souvent de quinze pouces et plus, et qui pèsent deux à trois livres. Tous les auteurs s'accordent à représenter sa chair comme légère, blanche, friable, ferme et d'un très-bon goût. On le sert en Allemagne sur les tables les plus recherchées.

Ce poisson fraie au mois de Mars et d'Avril dans les eaux courantes, et dépose ses œufs sur les pierres et le sable; c'est alors qu'on en prend le plus, parce qu'il s'approche des bords. Le reste de l'année il se tient dans la profondeur et dans les endroits où le courant est peu rapide. Il vit de petits poissons, et ne redoute pas beaucoup les gros, si ce n'est le brochet. Peut-être ne serait-il pas bien difficile d'en enrichir quelques-uns de nos lacs et de nos rivières.

Nous ne connaissons pas de poisson étranger à l'Europe, qui puisse être rapporté au même genre que l'apron et le cingle.

CHAPITRE X.

Des Grammistes.

Bloch, dans son Système publié par Schneider, p. 182, a établi un genre de poissons qu'il a nommé *grammiste*, et il l'a fait reposer sur le caractère le plus bizarre et le moins susceptible de produire des rapprochemens heureux, dont jamais naturaliste ait imaginé de se servir, depuis que l'on fait des méthodes de nomenclature; je veux dire sur les lignes longitudinales dont le corps de ces poissons est coloré : aussi y voit-on accumulées des espèces non-seulement de genres naturels très-différens, mais de familles très-diverses, des *spares*[1], des *dentex*[2], des *mésoprions*[3], des *labres*[4], des *pristipomes*[5], des *serrans*[6], des *diacopes*[7], des *térapons*[8], des *holocentrums*[9], des *diagram-*

---

1. *Gr. unimaculatus*, Bl., pl. 308. — 2. *Gr. japonicus*, Bl., pl. 275. — 3. *Gr. chrysurus*, Bl., pl. 262. — 4. *Gr. bivittatus*, Bl., pl. 284, fig. 1; *Gr. variegatus*. — 5. *Gr. juba*, Bl., pl. 308; *Gr. Mauritii*, Bl., pl. 263; *Gr. hepatus*; *Gr. furcatus*. — 6. *Gr. cabrilla*. — 7. *Gr. quinquevittatus*, Bl., pl. 239; *Gr. kasmira*. — 8. *Gr. servus*, Bl., pl. 238, fig. 1; *Gr. annularis*; *Gr. quadrivittatus*, Bl., pl. 238, fig. 2. — 9. *Gr. ganham*.

mes [1], des *eques* [2], des *hœmulons* [3], des *cir-hites* [4], etc.

Ce n'est pas à beaucoup près de cette indigeste réunion qu'il s'agit ici. Nous réduisons tout le genre des grammistes à l'espèce à laquelle *Artedi* avait déjà donné ce nom (dans le *Musée de Seba,* tome III, pl. 27, fig. 5, et p. 75) et aux espèces qui pourraient lui ressembler, non par les couleurs, mais par la conformation. Cette conformation est remarquable, surtout par sa ressemblance avec celle des *savonniers,* dont nous parlerons plus loin. En effet, les grammistes ont, comme les savonniers, des dents en velours, des épines à l'opercule et au préopercule, sans dentelure; une anale sans rayons épineux apparens; des écailles petites et noyées dans l'épiderme, au point d'échapper au toucher; mais la dorsale des savonniers est tout d'une venue, et n'a qu'un très-petit nombre d'épines, et au contraire, dans les grammistes, comme dans les varioles, les ambasses, etc., la partie épineuse

---

1. *Gr. diagramma,* Bl., pl. 320; *Gr. pictus; Gr. vittatus; Gr. striatus,* Seb., t. III, pl. 27, fig. 17. — 2. *Gr. acuminatus,* Seb., pl. 26, fig. 33. — 3. *Gr. trivittata* (Sic.). — 4. *Gr. Forsteri.*

On verra reparaître, dans le cours de notre ouvrage, tous ces poissons à leur véritable place.

de la nageoire est séparée de sa partie molle par une échancrure profonde. La sixième et la septième épine sont très-courtes; sa membrane finit au pied de la huitième, qui est grêle et se ralonge pour former le premier rayon de la partie molle.

Cette différence, très-apparente, a suffi pour que nous ne pussions laisser les grammistes avec les savonniers, auxquels ils ressemblent d'ailleurs pour tout le reste.

Le GRAMMISTE ORIENTAL.

(*Grammistes orientalis*, Bl.[1])

L'espèce la plus connue, ou le *grammistes orientalis* de Bloch, est décrite pour la première fois dans l'ouvrage de Seba; mais ce collecteur ne dit point d'où il l'avait tirée. M. Thunberg en décrit[2] une très-voisine, si ce n'est la même, et nous apprend qu'elle vient de la mer des Indes; mais il ne fait pas remarquer ses rapports avec celle de Seba.

C'est bien sûrement aussi l'ASPRO *niger, lineis albis longitudinaliter pictus* de Com-

---

1. Édition de Schneider, p. 189; *Sciène rayée*, Lacép.; *Persèque triacanthe, id.; Persèque pentacanthe, id.; Bodian à six raies, id.; Centropome à six raies, id.*

2. *Perca bilineata*, Thunb., *Nov. act. Stockh.*, t. XIII, p. 142, pl. 5, 1792.

merson, dont M. de Lacépède a fait sa *Sciène rayée* (*Sciæna vittata*[1]). Un léger repli de la peau forme sous le menton l'apparence d'un très-petit barbillon, que Commerson a pris pour un barbillon véritable : d'ailleurs, tout le reste de sa description s'accorde très-bien.

Tout nous prouve aussi que c'est l'un des individus de cette même espèce encore existans au cabinet, qui a été décrit par M. de Lacépède (tome IV, p. 398 et 424), sous le nom de *persèque triacanthe;* seulement il lui donne sur la langue des dents qui ne sont qu'au pharynx.

Cet individu venait de l'ancienne collection du Stadhouder. Nous en avons d'autres qui ont été apportés par feu Péron.

Tous sont petits, à peine de cinq ou six pouces de longueur. L'ensemble de leurs proportions ne diffère pas beaucoup de la perche commune. Tant que la peau n'est pas desséchée, on la croirait volontiers sans écailles, et l'on n'y voit en quelque sorte que des points disposés en quinconce et réguliers comme une espèce de tricot. Les dents sont en fin velours; la tête est assez haute; le maxillaire large; le sous-orbitaire petit; la gueule fendue jusque sous l'œil; la mâchoire inférieure avance plus que l'autre;

---

1. T. IV, p. 323.

la langue est lisse et très-libre; les ouïes bien fendues et à sept rayons; le préopercule et l'opercule
ont chacun trois pointes. Il y a sept épines assez
fortes à la première dorsale, dont la seconde et la
troisième sont les plus hautes; la sixième et la
septième percent à peine la peau. Le premier rayon
de la deuxième dorsale est simple, mais si flexible
qu'à peine peut-on le croire épineux. Le reste de
cette nageoire a treize rayons à peu près égaux. L'a-
nale a huit rayons, tous mous, et s'il s'y trouve des
épines, ce sont tout au plus de très-petits vestiges
cachés sous la peau, et si frêles que le doigt même ne
peut les sentir. Je croirais cependant qu'il y a réellement trois de ces vestiges. La caudale est arrondie;
les nageoires paires n'ont rien de remarquable.

D. 7—1/13; A. 3/8; C. 17; P. 14; V. 1/5.

Ce petit poisson est d'un brun noir, marqué de
lignes longitudinales blanches, le plus souvent au
nombre de sept de chaque côté, avec une impaire le
long du dos et une autre le long de la gorge, qui,
arrivée aux ventrales, se bifurque et demeure double
jusqu'à l'anale. Les nageoires sont jaunâtres. La base
de la pectorale et celle de chaque ventrale ont un
peu du blanc des raies qui y aboutissent. Arrivées à
la tête, quelques-unes de ces lignes se détournent de
leur direction, et forment un réseau sur la joue.

Mais il y a des individus où les nombres
des lignes diffèrent assez pour que des naturalistes habiles en aient fait des espèces particulières. Ils n'ont que six raies de chaque côté,

sans compter les impaires. Tel était celui qu'a décrit Thunberg à l'endroit cité.

Nous en avons même vu un où l'on n'observe de chaque côté que quatre raies, mais qui d'ailleurs ressemble en tout à l'espèce ordinaire.

Ce grammiste à quatre raies est la *persèque pentacanthe*, de M. de Lacépède (tome IV, p. 398 et 424), qui n'y a compté que cinq épines à la première dorsale, trompé par l'extrême petitesse de la première et de la dernière.

Le *bodian à six raies* de M. de Lacépède (tome IV, p. 285 et 302) est encore une variété de ce grammiste où le nombre des lignes est réduit à trois de chaque côté. Le reste des caractères est conforme. L'auteur ne compte que neuf rayons à l'anale, faute d'avoir recherché sous la peau les trois petits vestiges qui lui ont paru n'en faire qu'un.

A tous ces doubles emplois il faut ajouter enfin le *centropome à six raies*, de M. de Lacépède (tome V, p. 689 et 690). En examinant ses papiers, nous avons retrouvé la note de feu Noël, sur laquelle il a établi cette espèce, et qui est accompagnée d'une mauvaise représentation de la variété de notre grammiste actuel, qui a six raies de chaque côté, sans compter les impaires.

Un individu, pris à Neros-Banhos, et donné

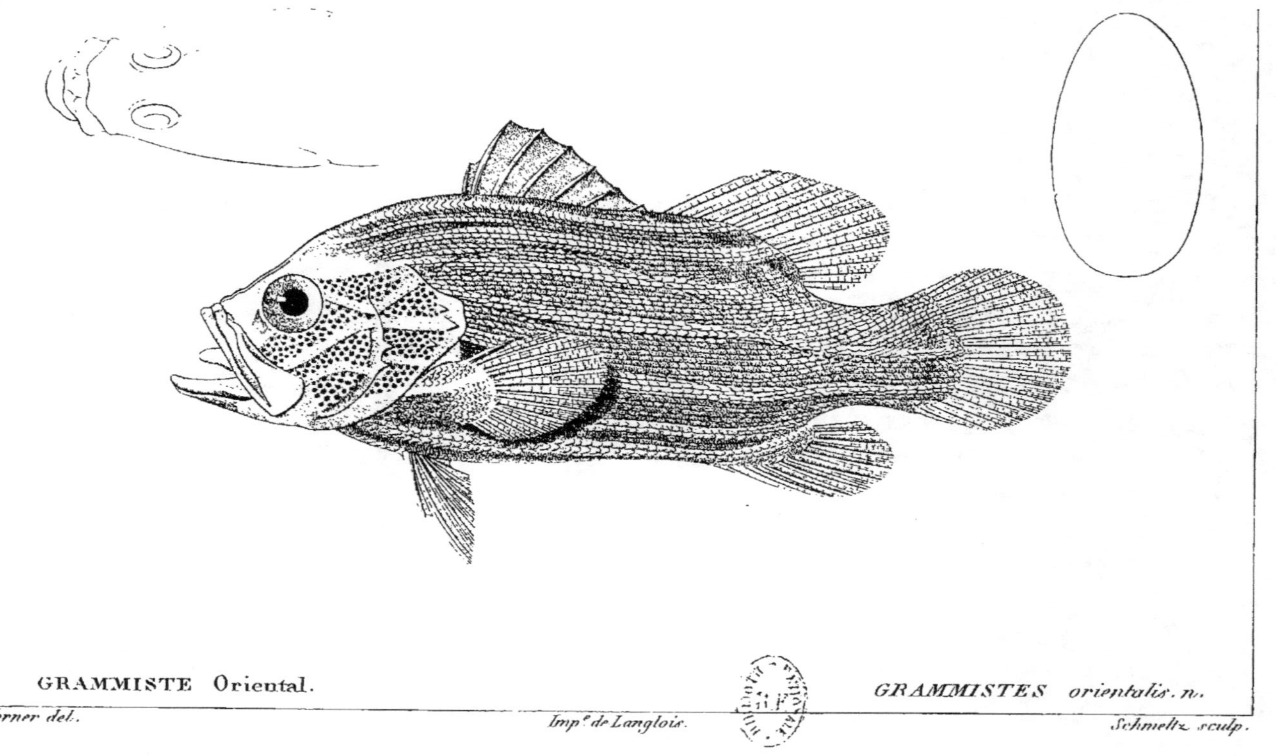

GRAMMISTE Oriental.
GRAMMISTES orientalis. n.
Werner del.
Imp.e de Langlois.
Schmeltz sculp.

au cabinet du Roi par M. Bosc, a sept raies d'un côté et huit de l'autre.

Le foie du grammiste oriental est petit; le lobe gauche est mince, élargi et profondément échancré en arrière. Le droit est pointu, grêle, et recouvre la vésicule du fiel, qui est petite, globuleuse, suspendue à un canal cholédoque assez long, et qui reçoit de nombreux vaisseaux hépatocystiques. L'œsophage est très-large, plissé longitudinalement par des rides très-grosses; il se termine en un estomac étroit, conique, pointu, qui atteint jusqu'à l'arrière de l'abdomen. La branche montante naît au quart de la distance du pharynx à la pointe de l'estomac : elle est très-courte. Il y a quatre appendices cœcales assez grosses et de longueur médiocre. L'intestin est court, fait deux replis assez près l'un de l'autre; sur la dernière portion, un peu au-delà du cardia, il y a un étranglement sensible qui correspond en dedans à une valvule assez épaisse. La rate est petite et placée à droite de l'intestin sous la pointe du foie.

La vessie natatoire est assez large; mais elle n'occupe en longueur que la moitié antérieure de la distance du diaphragme au fond de l'abdomen. Les reins sont gros, et forment deux cordons le long de l'épine. Ils débouchent presque directement dans une vessie urinaire assez grande, cylindrique, et qui se porte d'abord en arrière, puis se replie pour venir déboucher derrière le rectum.

Le squelette du grammiste oriental ressemble à celui des serrans; mais je ne lui trouve que treize vertèbres à la queue.

DES PERCOÏDES A UNE SEULE DORSALE.

La seconde division des poissons analogues à la perche, celle où la partie épineuse de la dorsale est assez unie à sa partie molle pour ne former ensemble qu'une nageoire, est infiniment plus nombreuse que celle des percoïdes à deux dorsales distinctes, et l'on a été obligé, pour y mettre quelque ordre, de recourir à des caractères assez minutieux.

Bloch a tiré les siens des dentelures du préopercule et des épines de l'opercule; mais il les a souvent assez mal appliqués, et l'on voit, dans sa distribution, des poissons de la famille des labres et de celle des sciènes venir se placer au milieu des perches.

Le même défaut se rencontre plus ou moins dans les ouvrages de ses successeurs, parce que, s'attachant trop à ces caractères extérieurs, ils n'ont pas établi leurs premières divisions sur des différences plus essentielles.

La précaution que nous avons prise d'écarter d'abord tous les poissons qui n'ont pas des dents aux mêmes parties de la bouche que la perche commune, nous a fait éviter plusieurs de ces embarras.

Néanmoins il nous reste encore un nombre

si considérable d'espèces, que nous sommes obligés de recourir à des caractères subordonnés pour nos subdivisions.

Nous tirons les premiers des dents, qui sont tantôt égales et en velours, comme celles de la perche commune et du bar, tantôt mélangées plus ou moins de canines ou de dents plus longues et plus pointues que les autres.

Ensuite nous considérons l'opercule, dont la partie osseuse est tantôt mousse ou arrondie, tantôt terminée en deux ou trois pointes plus ou moins aiguës.

Nous arrivons alors au préopercule, qui peut avoir les bords lisses, ou dentelés, ou armés de diverses manières.

Enfin les os des mâchoires, lisses ou écailleux, nous fournissent encore des subdivisions ultérieures, auxquelles nous ajoutons, pour distinguer certains genres, des caractères frappans pris de quelques autres parties, comme des ventrales ou d'autres nageoires.

CHAPITRE XI.

Des Serrans.

Parmi ceux de ces poissons qui sont armés en partie de dents canines, notre premier genre sera celui des *serrans,* que Bloch confondait parmi ses holocentres. Nous lui attribuons le nom de *serran,* parce qu'il est donné par nos pêcheurs aux espèces de ce genre les plus communes dans nos mers, et parce qu'il vient probablement du latin *serra* et peut désigner la dentelure de leur préopercule, qui est à peu près égale, comme celle d'une scie.

Cette dentelure, jointe aux deux ou trois épines plates de leur opercule et aux dents longues et aiguës qui se trouvent mêlées en plus ou moins grand nombre parmi les dents en velours de leurs mâchoires, forment leur caractère.

Il faut remarquer toutefois que cette dentelure du préopercule s'atténue par degrés, au point d'être absolument insensible, et que l'on passe ainsi, presque sans s'en apercevoir, de ces serrans à préopercule bien sensiblement dentelé à des poissons d'ailleurs entièrement semblables, où le bord du préopercule est entier.

Ces poissons cependant sont en fort petit nombre; et bien que Bloch ait fait de ce bord lisse le caractère de son genre bodian, la plupart des espèces qu'il y a placées ont en effet un préopercule finement dentelé.

Les serrans ont d'ailleurs le crâne et les opercules écailleux, ainsi que la joue; mais ils varient par les tégumens du museau et des mâchoires, qui tantôt semblent nues, tantôt offrent des écailles plus ou moins sensibles.

Nos mers d'Europe, et surtout la Méditerranée, possèdent cinq ou six espèces, que nous chercherons à bien faire connaître, et dont les trois principales deviendront pour nous autant de chefs de file auxquels nous comparerons les innombrables espèces des mers plus éloignées.

Celles qui se rapportent à la première de ces espèces se ressemblent par leur petite taille, la délicatesse de leurs proportions et les agrémens de leurs couleurs. Leurs mâchoires sont nues. On les connaît assez généralement sous le nom commun de *perches de mer*.

Le *mérou* en diffère par une beaucoup plus grande taille et par de petites écailles à la mâchoire inférieure.

Le *barbier* a une taille analogue à celle des perches de mer, et à des couleurs encore plus vives il joint le caractère de porter sur toute sa tête et sur ses mâchoires des écailles semblables à celles du corps.

———

Des petites espèces de Serrans, connues dans la Méditerranée sous le nom de Perches de mer.

Nous avons vu qu'Aristote[1] a bien connu la perche d'eau douce; mais il parle aussi de perches auxquelles il attribue des caractères qui ne peuvent convenir à ce poisson. Telle est celle dont il dit qu'elle a de nombreuses appendices au pylore, comme le mulet, le rouget et le spare, et celle qu'il range parmi les poissons saxatiles avec ses tourds[2]. Ce dernier passage a dû faire penser qu'il s'agissait d'un poisson de mer, et cette idée prend de la consistance par la comparaison de ce qu'en disent d'autres auteurs. Pline[3], par exemple, nomme la perche parmi les saxatiles avec la murène et le congre; Oppien[4] dit qu'elle se tient auprès des rochers de mer couverts d'algues. Les anciens avaient donc une perche

———

1. *Hist. anim.*, l. II, c. 13. — 2. *Id.*, l. VIII, c. 15. — 3. *Hist. nat.*, l. IX, c. 16. — 4. *Halieut.*, l. I.er, vers 124.

de mer en même temps qu'une perche d'eau douce. Des auteurs modernes ont cru retrouver la première dans quelques serrans qui se nomment encore aujourd'hui à Rome *percia*[1], à Venise *sperga*[2], et dans nos ports de Provence et de Languedoc, *perche* ou *perco de mer*[3], et qui ressemblent en effet assez à la perche commune par les dentelures et les épines de leur tête, par leurs écailles âpres, par leurs belles couleurs et par les bandes transversales plus ou moins foncées de leur corps. Nos côtes de la Méditerranée en possèdent deux et peut-être trois espèces à peine longues de huit ou dix pouces, que les pêcheurs vendent pêle-mêle, et que les naturalistes n'ont pas trop bien distinguées.[4]

1. Salviani, Rondelet. — 2. Martens, Voyage à Venise, t. II, p. 425. — 3. Rondelet, Risso, etc.

4. A Rome, on en confond au moins deux espèces sous le nom de *Percia*, Salviani, p. 225 et 228. A Gênes, on les appelle *Bolassos* selon Bélon, et *Bolaccio* selon M. Viviani. A Nice et à Marseille, outre le nom de *perche de mer*, on leur donne, selon Brunnich, Risso et Rondelet, ceux de *serran*, de *serratan* et de *serrango*, qui paraissent d'origine espagnole, et qui viennent peut-être du latin *serra* (une scie), soit à cause des dentelures de leur préopercule, soit à cause des épines de leur dorsale. Ce sont aussi, à ce qu'il paraît, les *channi* ou les *channo* des Turcs ou des Grecs modernes.

Le SERRAN ÉCRITURE.

(*Serranus scriba,* nob.; *Perca scriba,* Lin.)

La première espèce[1] se reconnaît à son museau pointu, à son profil rectiligne et même un peu concave, et à des lignes ou des traits irréguliers, qui forment sur son crâne, sur son museau et sur sa joue, comme une sorte de caractères d'écriture inconnue. Comme elle nous servira de type pour un nombreux sous-genre, il convient que nous en décrivions les formes en détail.

La longueur de sa tête fait plus du tiers de sa longueur totale. La plus grande hauteur de son corps est à peu près au-dessus du milieu des pectorales, et

---

1. Elle n'est représentée d'une manière un peu caractérisée que par *Salviani,* p. 227, fig. 92, sous le nom de *phycis;* mais peut-être est-ce aussi elle que le même auteur a représentée p. 225, fig. 89. Elle est confondue avec les autres sous le *perca marina* de Linnæus; mais c'est elle aussi que Linnæus décrit plus particulièrement sous le nom de *perca scriba. Brunnich* l'avait évidemment sous les yeux quand il a décrit son *p. marina,* et *La Roche* pour son *holocentrus marinus.* On ne peut pas douter non plus que ce ne soit d'elle que M. *Spinola* (*Ann. Mus.*), ait fait son *hol. argus.* Nous ne doutons point que l'*hol. fasciatus* de Bloch, p. 240, n'en soit un dessin fait sur un individu desséché et décoloré, et nous nous sommes assuré à Berlin que son *hol. maroccanus* est encore de la même espèce. Enfin, c'est bien sûrement aussi le *lutjan écriture* de Risso, 1.re édition, p. 264. Dans sa 2.e édition il reproduit ces espèces que nous croyons factices, sous les noms de *serranus argus, fasciatus, scriba,* p. 373 — 375.

fait plus du quart de cette même longueur totale. Son épaisseur est les deux cinquièmes de sa hauteur. L'œil a son bord postérieur à peu près au milieu de la longueur de la tête, et la distance d'un œil à l'autre est égale à leur diamètre.

La bouche est fendue obliquement jusque sous le bord antérieur de l'œil. Quand elle est fermée, la mâchoire inférieure est plus avancée que l'autre, et c'est elle qui forme la pointe du museau. Le dessous de ses branches est lisse. La mâchoire supérieure est peu protractile; mais la bouche est susceptible de beaucoup de dilatation. Les lèvres, peu charnues, se dilatent néanmoins vers la commissure en membranes assez larges. Le maxillaire est large et tronqué carrément à son extrémité postérieure. Il n'a point d'écailles, non plus que le museau, les mâchoires et le sous-orbitaire. Celui-ci est rhomboïdal, sans dentelures, et ne recouvre pas le maxillaire lors de la rétraction des mâchoires. Les narines sont plus près de l'œil que du bout du museau. Leur ouverture antérieure est fort rapprochée de l'autre, très-petite, un peu tubuleuse, et garnie d'une très-petite membrane ou filament pointu. La joue, le derrière du crâne et les pièces operculaires sont écailleux. Le préopercule est arrondi, et son bord très-finement et presque également dentelé, si ce n'est dans les deux tiers antérieurs de sa partie inférieure, où il est entier. Le bord membraneux de l'opercule finit en pointe un peu mousse; mais sa partie osseuse se termine par trois épines plates et aiguës. Les ouïes sont extrêmement fendues; leur

membrane a sept rayons, dont le supérieur est plat
et dilaté. Les dents sont en velours aux deux mâchoires, sur une bande un peu plus large dans le
milieu, et qui se rétrécit vers la commissure. A la
mâchoire supérieure, le rang extérieur est plus fort
et en crochet, surtout les deux ou trois antérieures
de chaque côté; et il y en a de plus, derrière elles,
deux ou trois autres encore plus fortes. A la mâchoire inférieure il y a aussi un rang de dents en
crochets qui s'élèvent parmi les autres; mais ce sont
les latérales qui y sont les plus fortes, au nombre de
trois ou quatre. Au palais, des dents fines et en velours sont disposées sur une petite plaque en forme
de chevron sur le devant du vomer et sur une bande
longitudinale étroite à chaque palatin. La langue est
longue, étroite, pointue, très-libre, et sans aucunes
dents; mais les râtelures des branchies sont âpres,
et les pharyngiens sont armés de dents en velours. L'os surscapulaire est peu distinct et finement
dentelé au bout; l'os huméral n'a point de dentelures ni d'épines. Le coracoïdien se montre derrière
l'aisselle de la pectorale, comme une lame verticale
en forme de faux. Les écailles sont de grandeur médiocre. On en compte environ soixante-dix sur la
longueur, et vingt-cinq sur la hauteur. Leur partie
extérieure est un arc de cercle; à la loupe, elle paraît pointillée et son bord très-finement cilié. La partie cachée est coupée carrément, striée en rayons,
et son bord radical crénelé. La ligne latérale est parallèle au dos, et trois fois plus près du dos que du
ventre. Elle se marque par un petit trait oblique,

relevé sur chacune de ses écailles. La dorsale commence au-dessus de la base de la pectorale. Sa distance au bout du museau est de plus du tiers de la longueur totale, et sa longueur est encore un peu plus considérable. Elle a dix aiguillons assez forts, très-pointus, dont les huit derniers ont en hauteur à peu près le tiers de celle du corps. Les deux premiers sont un peu plus courts, surtout le premier. La partie molle est un peu plus haute que la partie épineuse. Son angle postérieur est arrondi, et elle a quatorze rayons branchus. La membrane, dans la partie épineuse, est plus courte que les rayons, et donne derrière chacun d'eux un filament pointu qui le dépasse. Elle a dans les intervalles de tous ses rayons une bande étroite et pointue de petites écailles, qui occupent à peu près moitié de sa hauteur. La distance de l'anus au bout du museau est supérieure d'un quart à sa distance au bout de la queue. L'anale naît à peu près vis-à-vis du troisième rayon mou de la dorsale, et finit vis-à-vis du onzième. Elle a trois rayons épineux forts et pointus, et sept mous: le premier épineux est moitié plus court que les deux autres; la membrane entre ces épines est plus courte qu'elles, et donne des lanières comme à la dorsale. Entre les rayons mous il y a des bandes étroites de petites écailles. La distance de la dorsale à la caudale est d'un peu plus du dixième de la longueur totale. La longueur de la caudale est de près du sixième. Elle est coupée carrément, et a dix-sept rayons, dont les deux extrêmes simples, et deux ou trois petits à la racine de chaque bord. Il y a des

bandes étroites de petites écailles dans chaque inter
valle des rayons. Les pectorales approchent du quar
de la longueur totale; elles sont un peu pointues e
soutenues par treize rayons, dont le sixième et le sep
tième sont les plus longs. Les ventrales sont un pe
moins longues que les pectorales, et coupées en poin
tes aiguës. Leur épine est forte, acérée et de moiti
moins longue. Elles ont cinq rayons mous, dont l
second forme la pointe.

D. 10/14; A. 3/7; C. 17; P. 13; V. 1/5.

Ce poisson a de très-belles couleurs; mais non
seulement elles ne se conservent pas long-temps aprè
la mort, elles changent aussi avec l'âge et la saiso
d'une manière prodigieuse. Ce qu'elles ont de plu
constant, consiste dans les lignes irrégulières, étroi
tes, qui dessinent le dessus du crâne, l'intervalle de
yeux, le museau et la joue; dans cinq bandes larges
obscures, qui descendent verticalement de la racin
de la dorsale et se perdent vers le ventre; et dans le
taches rondes et serrées qui font paraître la na
geoire du dos et celle de l'anus comme réticulée
Assez souvent quelques-unes des bandes verticale
sont divisées en deux, de sorte qu'on peut en comp
ter six ou sept.

Quant aux nuances qui colorent le dessin qu
nous venons de décrire, le fond en est d'ordinair
roussâtre; et, en y regardant de près, on voit qu'il s
décompose en une teinte orangée dans le milieu d
chaque écaille, et en un reflet lilas à sa base et à so
bord; mais quelquefois aussi l'orangé devient jaune
et alors la couleur générale prend un ton olivâtre

Quand le lilas domine, alors le poisson paraît bleuâtre. Les bandes verticales sont d'un brun foncé, plus ou moins tirant au roux. Les traits irréguliers de la tête, ou ce qu'on a nommé *l'écriture*, sont d'un bleu argenté plus ou moins vif, finement liséré de noirâtre, et les intervalles qui les séparent sont tantôt du plus beau rouge aurore ou cramoisi, tantôt d'un brun roussâtre ou olivâtre. Les nageoires verticales sont grises ou lilas, avec des taches d'un bel aurore ou d'un rouge vif, qui, sur la partie épineuse de la dorsale, sont assez irrégulières, mais qui, sur la partie molle, ainsi que sur l'anale, sont rondes, tranchées, et disposées en bandes serrées, divisant obliquement les rayons. Il y a aussi de ces taches sur les ventrales et le long de chaque rayon de la caudale. Dans certains momens, elles pâlissent et deviennent jaunes ou blanches. Les lanières derrière chaque épine dorsale sont d'un beau rouge. La pectorale a ses rayons d'un jaune jonquille, et sa membrane d'un blanc transparent, avec une ou deux lignes aurore sur sa base.

M. Péraudot nous en a donné un bel individu, pêché sur les côtes de la Corse, long de neuf pouces, d'un rouge vineux, assez foncé, mais d'ailleurs avec les mêmes taches et nuances que nous venons de décrire.

Nous possédons plusieurs individus, venus de différens points de la Méditerranée, qui diffèrent assez notablement par les couleurs du reste de l'espèce, sans nous offrir cependant des caractères assez importans pour croire qu'ils soient autre chose qu'une variété. Les traits sur le crâne et sur les joues y sont à peine visibles, et même ils disparaissent entièrement dans quelques-uns. Les joues, ainsi que le dessous des branches de la mâchoire inférieure, sont tachetés de gros points rougeâtres assez foncés. Une bande obscure sur la fin de l'opercule, et une autre petite en avant de la base de la pectorale, augmentent le nombre des bandes transversales du corps. Il en est venu de tels de nos côtes de Provence, de Malte, de Naples, et d'Alexandrie d'Égypte.

Le foie du serran est peu volumineux, et il se compose de deux lobes d'inégale grosseur : le gauche est le plus fort; ils sont tous deux triangulaires; le bord supérieur est échancré. La vésicule du fiel est longue, grêle et étroite; elle s'appuie sur l'estomac. Ce viscère est un très-grand sac, arrondi à son extrémité. La branche montante naît assez haut; elle est courte. Il y a auprès du pylore sept appendices cœcales, longues et assez grosses. La dernière à droite est cachée entre les plis de l'intestin; les autres sont libres sous l'estomac. L'intestin est de longueur médiocre; il fait deux replis et plusieurs ondulations. La vessie aérienne est grande, simple, à parois minces et argentées.

Mais ce que ces poissons ont surtout de remarquable et même d'unique, c'est l'organisation de leurs parties génitales. Les anciens ont dit du *channa* que tous les individus de l'espèce sont femelles[1]; mais, comme on n'est que trop porté à le faire dans ces

---

1. Arist., l. VI, c. 12, et Ovid., *Halieut.*, vers 107 :
   « *Ex se concipiens channe gemino fraudata parente.* »

derniers temps, on n'avait donné aucune attention à
une assertion contraire aux analogies. Il paraît cependant qu'ils sont tous réellement hermaphrodites. Cavolini [1] a disséqué et dessiné leur ovaire, et a montré
dans sa partie inférieure une portion glanduleuse
blanchâtre, toute pareille à une laitance, à un testi-
cule de poisson. Il assure qu'en ayant ouvert un très-
grand nombre, il n'en a trouvé aucun où il n'ait observé cette réunion d'organes des deux sexes. Je puis
confirmer l'assertion de Cavolini pour les individus
que j'ai examinés aussi en assez grand nombre. Au
bas de chaque ovaire j'ai toujours vu une bande
blanche, faisant deux angles, adhérente à la face interne du sac du côté inférieur, qui, si je l'avais observée seule et sans les œufs qui adhéraient un peu au-
dessus, m'aurait certainement paru une véritable
laitance. Quand l'ovaire était vide, et qu'il fallait le
secours de la loupe pour voir les petits ovules attachés aux houppes de l'ovaire, la bande blanche était
très-petite, presque réduite à un simple trait; quand,
au contraire, l'ovaire était plein d'œufs prêts à être
pondus, la bande blanche était grosse et avait l'apparence d'une forte glande. Son développement paraît
donc suivre celui de l'ovaire, et être en rapport avec
le temps du frai.

Indépendamment de ce qu'on voit du squelette à
l'extérieur, il offre les particularités suivantes :

Le dessus de leur crâne est arrondi, lisse; ses crêtes

---

1. Dans son Traité de la génération des poissons, p. 85 de la
traduction allemande.

ne commencent que sur le cinquième postérieur. Il y a deux sillons entre les yeux. Ses vertèbres sont au nombre de vingt-quatre, dont dix abdominales. Sur les deux premières sont deux interépineux qui ne portent point de rayons; le troisième porte les deux premiers rayons, et s'enfonce au-devant de la troisième apophyse épineuse; le dernier répond à la dix-huitième vertèbre. Ceux des rayons épineux ont tous en arrière une grande crête. Le premier interépineux de l'anale qui porte les deux premiers rayons, est long et fort; les autres sont grêles. La lame en éventail qui porte la caudale, est formée de l'union des apophyses des trois dernières vertèbres. Les côtes sont grêles, et ont chacune un appendice latéral. Les quatre dernières s'attachent à des apophyses transverses descendantes, dont la dernière paire s'unit en une lame échancrée, mais sans former d'anneau.

Ce serran se tient sur les fonds de roches, et a la chair très-savoureuse; mais il dépasse rarement le poids d'une demi-livre [1]. On en prend toute l'année [2], et il est très-abondant sur les marchés, où il se fait remarquer par ses belles couleurs. [3]

Cavolini dit qu'il vit de petits crabes, de cloportes et de petits poissons, et assure qu'il

---

1. Martens, Voyage à Venise, t. II, p. 425. — 2. Risso, 2.ᵉ édit., p. 374.
3. Nous l'avons vu partout.

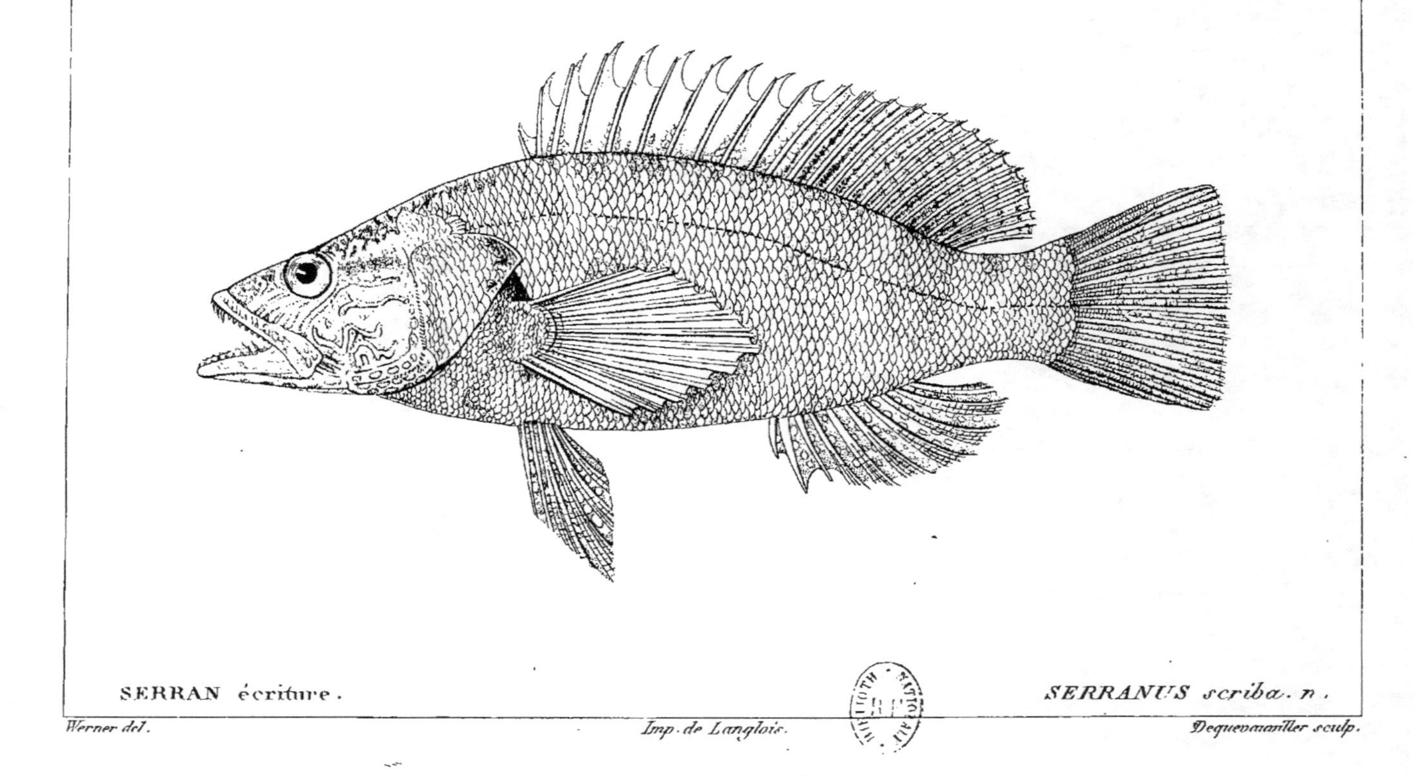

SERRAN écriture.

SERRANUS scriba. n.

Werner del.

Imp. de Langlois.

Dequevauviller sculp.

fait surtout ses délices du poulpe (*sepia octo-podia*, L.); qu'il se tient en embuscade à l'entrée du trou où ce mollusque se retire, et que, pour peu qu'il en voie sortir le bout d'un tentacule, il s'empresse de le saisir.[1]

Le Serran proprement dit.

(*Serranus cabrilla*, nob.; *Perca cabrilla*, Lin.)[2]

La seconde de nos espèces se reconnaît à l'absence des traits sur la tête, à trois ou quatre bandes qui lui traversent obliquement la joue et s'étendent sur son opercule, à neuf ou dix bandes qui occupent verticalement la moitié supérieure de son corps, et à quelques autres bandes qui s'étendent longitudinalement sur les côtés, depuis la tête jusqu'à sa queue.

Elle a le museau sensiblement plus court, et le chanfrein un peu plus convexe que la précédente. Son

---

1. Cavolini, Traité de la génération des poissons, p. 85 de la traduction allemande.

2. A en juger par les lignes longitudinales, ce doit être celui-ci que Salviani a représenté sous le nom de χαυη ou d'*hiatula*. Il ne serait pas impossible que ce fût aussi le *channa* de Rondelet, p. 183. C'est très-certainement encore le *perca cabrilla* de Linnæus; la variété B du *perca marina* de Brunnich, l'*holocentrus virescens* de Bloch, pl. 233, et les *holocentres jaune* et *serran* de Risso, 1.re édit., p. 293 et 294; *serranus cabrilla* et *flavus* de la seconde, p. 375 et 376. Sonnini en a donné une bonne figure dans son Voyage en Turquie et en Grèce, pl. 1.

œil est plus grand; son préopercule un peu moins
arrondi, et ses dentelures vers la partie de l'angle un
peu plus fortes. Sa mâchoire inférieure a la face inférieure de ses branches chagrinée et vermiculée par
de petits traits de la peau.

Dans son état le plus brillant, le fond de la couleur est d'un gris jaunâtre avec des teintes bleuâtres;
les bandes obliques de la tête et les bandes longitudinales du corps sont d'un beau rouge aurore ou
vermillon; quelquefois même ce vermillon s'étend
sur tout le corps. Les bandes verticales sont d'un
brun-roux foncé. Leur partie inférieure s'élargit et
devient plus foncée, ce qui forme comme une suite
longitudinale de taches brunes, régnant depuis l'angle du préopercule jusqu'à la racine supérieure de la
queue. Cet ensemble de couleurs augmente de beauté
dans certains momens où les intervalles des bandes
rouges de la tête et des flancs deviennent d'un bleu-
clair plus ou moins vif. Le dessous de la mâchoire
est d'un beau rosé, et le dessous du ventre d'un
orangé clair; mais il y a des saisons et des individus
où ces teintes si vives deviennent sombres et se changent en brun ou en olivâtre. La dorsale a sa base assez
écailleuse et de la couleur du dos; mais sa moitié supérieure a dans sa partie épineuse des bandes alternativement aurore et lilas, et dans sa partie molle des
taches rondes, lilas ou transparentes, semées sur un
fond aurore. Il y a aussi trois bandes aurore et lilas
sur l'anale. Le fond de la caudale est lilas, semé de
taches aurore et de points transparens. Les pectorales ont leurs rayons aurore ou quelquefois jaunes.

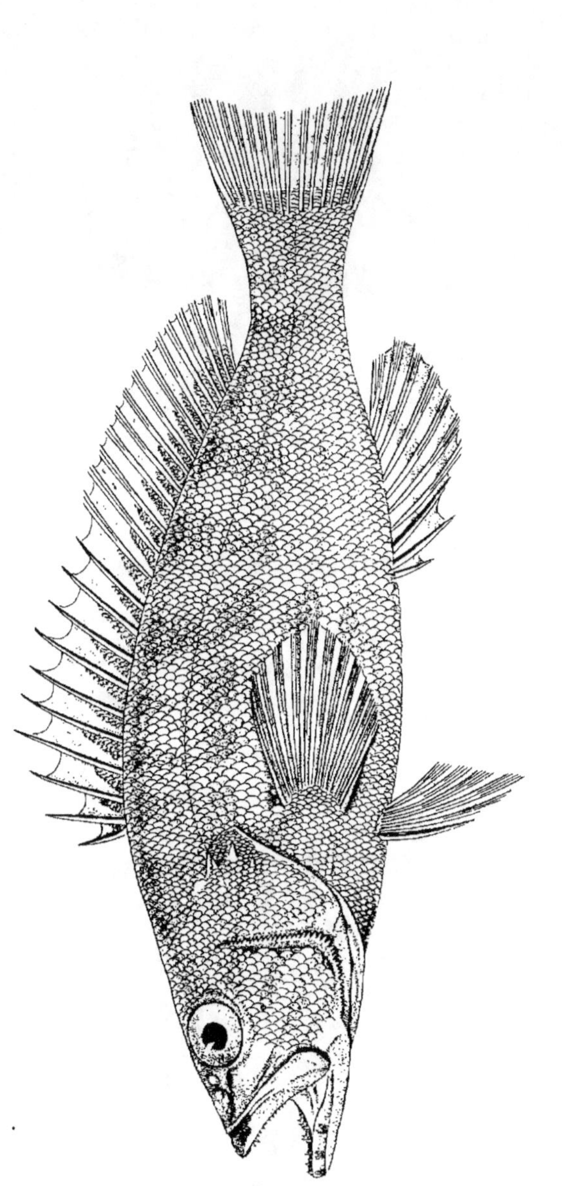

SERRAN proprement dit.

Werner del.

Imp.r de Langlois.

SERRANUS cabrilla. n.

Lejeune sculp.

Les ventrales sont un peu plus pâles : elles n'ont point
de taches.

D. 10/14; A. 3/8; C. 17; P. 14; V. 1/5.

Ce serran habite tout le bassin de la Méditerranée, et on le prend sur toutes les
côtes de cette mer en aussi grande abondance que le précédent; mais il entre aussi
dans l'Océan, et même il s'avance assez loin
vers le Nord. M. Baillon en conserve un individu dans son cabinet, à Abbeville, qui
a été pêché à l'embouchure de la Somme.
M. Garnot nous en a envoyé de fort beaux,
longs de neuf à dix pouces, pêchés à Brest :
on y nomme l'espèce *fougère*. Les naturalistes de l'expédition de M. d'Urville en ont
pris dans la baie d'Algésiras; et MM. Kuhl
et Van Hasselt en ont envoyé de Madère,
au Musée royal des Pays-Bas, qui avaient
dix pouces de long. Le plus grand que nous
ayons vu, est conservé dans le Musée de
Berlin; il a près d'un pied. C'est à Ténériffe
qu'il a été recueilli par M. Langsdorf.

Nous avons des individus entièrement semblables
à cette espèce, à l'exception d'un peu moins de force
dans les dentelures du préopercule, et de la disparition absolue des bandes longitudinales; mais nous ne
croyons devoir les considérer que comme une variété d'âge et de saison : c'est parce qu'ils pourraient

donner lieu à l'établissement de quelque espèce de la part d'observateurs peu attentifs, et que même cette erreur semble déjà avoir lieu, que nous les mentionnons ici. [1]

Les méprises des nomenclateurs touchant les deux poissons dont nous venons de parler, sont nombreuses et difficiles à débrouiller. Willughby [2] décrit assez exactement notre première espèce ; et c'est d'après lui qu'Artedi l'a insérée dans ses *Genera* (p. 40), mais déjà celui-ci lui donne sans distinction, dans sa *Synonymia* (p. 69), des synonymes appartenans aux deux espèces et à toutes leurs variétés. Linnæus, en l'introduisant dans son Système d'après Artedi, et avec ses synonymes, lui attribue une description et des caractères tirés d'un poisson de la mer du Nord tout différent, qui est le *perca norve-*

---

1. C'est cette variété que paraît avoir particulièrement représentée RONDELET sous le nom de *perca marina*, et c'est elle aussi, autant que l'on en peut juger sur de mauvaises figures, que représente Aldrovande sous le même nom à ses pages 47 et 49. Quant au *perca marina* de Bélon, p. 269, il est difficile de dire si c'est la précédente ou celle-ci ; mais nous ne pouvons presque pas douter que l'*holocentrus virescens* de Bloch ne soit une mauvaise figure de cette variété, faite d'après un individu desséché qu'on lui aura vendu à Amsterdam comme un poisson des Indes, ainsi que les marchands naturalistes de cette ville ont coutume d'appeler toutes les productions d'outre-mer.

2. *De pisc.*, p. 327.

gica de Müller et d'Othon Fabricius [1] (l'*ho-locentre norvégien,* Lacép. [2]), et que nous verrons par la suite appartenir à la famille des scorpènes. En même temps, et comme pour embrouiller à plaisir la matière, Linnæus reproduisait l'espèce de Willughby, ou la première des nôtres, comme nouvelle, sous le nom de *perca scriba.* Depuis lors il y a eu deux *perca marina.* C'est le poisson de la mer du Nord que Pennant a fait graver sous ce nom, et c'est la figure de Pennant que Bonnaterre [3] a fait copier dans *l'Encyclopédie,* malgré les efforts que Brunnich [4] avait faits pour montrer combien ce poisson diffère de la véritable perche de mer des premiers ichtyologistes. Bloch, de son côté, n'ayant jamais bien connu les poissons de la Méditerranée, et trouvant des individus desséchés de ceux-ci dans des ventes publiques sans en connaître l'origine, les donnait comme nouveaux sous les noms d'*holocentrus fasciatus* [5] et d'*holocentrus virescens* [6], et il se doutait si peu des rapports de ce dernier avec le *perca cabrilla,* que, dans l'édition de Schneider, il met le ca-

---

1. *Faun. Groënl.,* p. 167. — 2. T. IV, p. 390 et 394. — 3. Encyclopédie, Dictionnaire des poissons, pl. 54, fig. 210. — 4. *Ichtyol. Massil.,* p. 63. — 5. Bl., tabl. 250. — 6. Bl., tabl. 253.

brilla dans un tout autre genre, dans celui des grammistes. M. de Lacépède, toujours confiant dans l'autorité de ses prédécesseurs, s'est vu dans le cas de placer trois fois dans son ouvrage notre première espèce : une première fois comme *holocentrus marinus* [1], d'après Artedi, mais en prenant le nombre des rayons dans Linnæus, qui n'avait compté que ceux de la scorpène; une seconde, comme *holocentrus fasciatus* [2], d'après Bloch; une troisième, comme *lutjanus scriptura* [3], d'après Linnæus. L'autorité de Bloch lui a fait aussi présenter la variété sans bandes de notre seconde espèce sous le nom d'*holocentrus virescens* [4], comme un poisson des Indes occidentales [5], tandis qu'il laissait la variété à bandes parmi les lutjans sous le nom de *lutjan serran* [6], d'après le *perca cabrilla* de Linnæus. Cependant, comme aucune de ces descriptions ne s'accordait avec la nature, chaque observateur qui revoyait nos espèces, les croyait encore nouvelles; et c'est ainsi que MM. Viviani et Spinola [7] donnaient à la pre-

---

1. T. IV, p. 376. — 2. *Ib.*, p. 380. — 3. *Ib.*, p. 229. — 4. *Ib.*, p. 357.

5. Il n'est pas inutile de remarquer que Bloch, dans son grand ouvrage, dit son *holocentrus virescens* des Indes occidentales, et que, dans son Système publié par Schneider il prétend qu'il est de Java.

6. T. IV, p. 205. — 7. Ann. du Mus., t. X, p. 372.

mière un quatrième et un cinquième nom, ceux de *labrus argus* et d'*holocentrus argus*.

M. de Laroche [1] est le premier qui, marchant sur les traces de Brunnich, a rendu au *perca marina* ses vrais caractères, et au *perca norvegica* son existence séparée et sa vraie place parmi les scorpènes; mais il n'a pu rectifier complétement leur synonymie.

Ce ne sont pas là en effet toutes les erreurs dont ces serrans ont été l'objet.

Notre seconde espèce, dans son état le plus coloré, ou le *perca cabrilla* de Linnæus, est aussi l'*hiatula* ou χάνη de Salviani et le *canna* des Napolitains. Il y a la plus grande apparence que c'est le *chani* des Turcs, mentionné par Forskal [2], et en effet c'est elle que Sonnini représente sous ce nom [3]. Par conséquent elle est encore le *labrus chanus* de Gmelin, et l'*holocentre chani* de M. de Lacépède. [4]

Ce nom d'*hiatula* n'est qu'une traduction faite par Gaza du mot grec χάννη ou χάνη, employé par Aristote, et que Gaza a supposé apparemment venir du verbe χαίνω (je bâille). L'application que Bélon et Salviani en ont faite aux serrans, était principalement fondée

---

1. Ann. du Mus., t. XIII, p. 35o. — 2. *Faun. arab.*, p. 36, n.° 32. — 3. Voyage en Grèce et en Turquie, t. I.ᵉʳ, p. 281 , et pl. IV, fig. 3. — 4. T. IV, p. 347.

sur l'emploi qui se fait aujourd'hui du nom de *canna* à Naples, et de celui de *chani* ou *channo* chez les Turcs et chez les Grecs modernes à l'un de ces poissons; mais l'observation de Cavolini sur leurs organes sexuels, dont nous avons parlé, en a fourni une preuve presque démonstrative.

Linnæus avait détourné ce nom pour un poisson d'Amérique (*l'hiatule gardénienne,* Lacép.[1]), dont il faisait un labre[2], et Bonnaterre l'a ramené à celui de Salviani, mais en le plaçant parmi les labres contre toute analogie[3]. M. de Lacépède a reproduit ce labre hiatule de Bonnaterre parmi ses bodians, sous le nom de *bodianus hiatula*[4]; en sorte que notre deuxième poisson revient quatre fois dans son ouvrage : comme *holocentre verdâtre,* comme *lutjan serran,* comme *holocentre chani* et comme *bodian hiatule.*

---

1. Lacép., t. II, p. 523. — 2. *Labrus hiatula,* L.; *Labre de la Caroline,* Bonnaterre, pl. de l'Encycl. méth. explic., p. 113. — 3. *Labrus hiatula,* Bonnat., *loc. cit.,* p. 116, et pl. LII, fig. 198, copiée de Salviani. — 4. Lacép., t. IV, p. 297.

Du PETIT SERRAN A TACHE NOIRE SUR LA DORSALE, *ou* SACCHETTO *des Vénitiens.*

(*Serranus hepatus*, nob.; *labrus hepatus*, L.)

On trouve dans les anciens auteurs grecs le nom d'ἥπατος, que Gaza traduit par *jecorinus*, pour désigner un poisson dont ils rapportent plusieurs caractères. Aristote [1] dit que ses appendices cœcales sont peu nombreuses : selon Eubulus, dans Athénée [2], il n'a point de fiel, et selon Hégésandre sa tête contient deux pierres rhomboïdales et brillantes comme des coquilles. Dans un autre endroit d'Athénée [3] on lit que ce poisson se nomme autrement, λεβίας; que Dioclès le range parmi les saxatiles; que selon Speusippe il ressemble au *phagre*; qu'Aristote lui attribue des habitudes solitaires, le régime carnivore, des dents pointues et engrenant les unes dans les autres, une couleur noire, des yeux très-grands à proportion de son corps, et un cœur triangulaire et blanchâtre [4]; enfin, qu'Archestrate le dit grand. Sur ce dernier point, Archestrate s'ac-

---

1. *Hist. anim.*, liv. II, chap. 17. — 2. *Deipn.*, liv. III, p. 108. — 3. *Ibid.*, liv. VII, p. 301.

4. Le passage où Aristote disait tout cela, ne se retrouve pas dans ses œuvres.

corde avec *Élien* [1], qui parle de l'*hepatus* comme d'un poisson très-grand, mais paresseux, qui nage mal et qui s'éloigne peu des cavités où il fait sa retraite, et d'où il tend des embûches aux poissons faibles. *Oppien* [2] en rapporte exactement la même chose, et doit avoir emprunté son passage ou d'Élien ou d'une source commune. Enfin, dans un autre endroit [3], Élien fait entendre que c'est un poisson court, dont les yeux sont rapprochés, et qui a une barbe.

Le plus grand nombre de ces indications conduit, selon moi, à l'églefin (*gadus eglefinus*). Quelques-unes, sans doute, tel que le petit nombre des appendices, ne s'y accordent pas; ce qui a presque toujours lieu dans ces notions éparses recueillies dans les anciens; mais ce qui est bien sûr, c'est qu'aucune d'elles ne répond aux poissons où la légèreté des modernes a voulu les retrouver, et moins qu'à tout autre à celui dont nous parlons dans cet article, et auquel le nom d'*hepatus* est cependant demeuré contre toute espèce de vraisemblance.

Rondelet [4] l'avait donné à un sargue, et Bé-

---

1. *Hist. anim.*, liv. **IX**, chap. 38. — 2. *Halieut.*, liv. **I**, vers 145 et suiv. — 3. *Hist. anim.*, liv. **XV**, chap. 2. — 4. Rondelet, *de Pisc.*, p. 147.

lon [1], à ce qu'il paraît, à un petit crénilabre qu'il dit s'appeler *sacchetto* à Venise.

C'est Willughby [2] qui a le premier décrit notre espèce avec exactitude; et le nom de *sacchetto,* qu'elle porte aussi, lui fait demander si elle ne serait pas la même que celle de Bélon.

Artedi [3], par une confusion encore plus extraordinaire, a mis ensemble comme variétés d'une seule espèce, ce *sacchetto* de Willughby, qui est un serran, *l'hiatula* de Salviani et le *channa* de Rondelet, qui sont d'autres serrans, et le *sacchettus* et le *channadella* de Bélon, qui sont des crénilabres. Il a placé cette espèce complexe dans le genre des labres, et c'est ainsi que s'est formé l'être imaginaire auquel Linnæus a donné le nom de *labrus hepatus.* On comprend qu'il n'était pas facile d'y reconnaître notre poisson, d'autant que la tache noire de sa dorsale, qui est sa marque la plus distinctive, avait été négligée dans le caractère spécifique; aussi reparaît-il dans Brunnich [4] comme une espèce à part, dont Gmelin a fait son *labrus adriaticus.*

Enfin Bloch [5], l'ayant acheté dans une vente

---

1. Bél., *Aquat.*, p. 265. — 2. Willughby, *de Pisc.*, liv. IV, chap. 30, p. 326. — 3. *Synon.*, p. 53. — 4. *Icht. Mass.* p. 98, n.° 11. — 5. Bl., p. 235, fig. 1.

en Hollande, le reproduit encore, comme entièrement nouveau, sous le nom d'*holocentrus striatus*.

Il est arrivé de là que M. de Lacépède l'a porté trois fois dans son histoire : comme *labre hépate* [1], comme *lutjan adriatique* [2], et comme *holocentre triacanthe* [3], ce qui n'a pas empêché M. de Laroche de le donner une quatrième fois, toujours comme nouveau, sous le nom d'*holocentrus siagonotus* ou d'*holocentre à mâchoires ponctuées* [4]. Quiconque lira avec attention les descriptions que nous venons de citer, se convaincra, comme nous, qu'elles se rapportent au même poisson, qui est celui que nous allons décrire. C'est l'*holocentre hépate* de Risso. [5]

Le *sacchetto* ressemble beaucoup, par sa forme et par la disposition de ses couleurs, à notre premier serran (*S. scriba*, nob.). Il a le dos un peu plus bombé, et le museau plus court à proportion, et demeure toujours plus petit. C'est à peine s'il passe quatre pouces. Sa tête prend le tiers de la longueur totale, et elle est un tant soit peu plus courte que la hauteur mesurée au milieu des pectorales.

L'œil est assez grand; il fait près du tiers de la

1. T. III, p. 456. — 2. T. IV, p. 222. — 3. T. IV, p. 376. — 4. Ann. du Mus., t. XIII, p. 352, pl. 22, fig. 8. — 5. Icht. de Nice, p. 292.

longueur de la tête. Le sous-orbitaire est écailleux, avancé jusqu'au bout du museau, et il recouvre en grande partie le maxillaire. Celui-ci n'a point d'écailles : il est coupé carrément à son extrémité libre.

Le préopercule est entièrement écailleux; son pourtour est dentelé également et finement dans toute son étendue. Son angle est très-arrondi. L'opercule est écailleux et a trois épines, dont celle du milieu, qui est la plus forte, n'est point aplatie, comme dans beaucoup d'autres serrans.

La mâchoire inférieure dépasse à peine la supérieure. Ses branches sont nues en dessous; et sur leur surface on voit s'ouvrir un assez grand nombre de petits pores qui les rendent comme ponctuées.

Les dents aux deux mâchoires sont en cardes fortes; celles du bord extérieur le sont beaucoup plus que les autres; et il y en a deux mitoyennes plus grandes en dedans à la mâchoire supérieure. Les dents du chevron du vomer sont un peu plus faibles que celles des intermaxillaires; mais elles sont plus fortes que celles des palatins. Ces dents ne diffèrent du *serr. scriba* que parce que les crochets du rang externe sont d'égale longueur. La langue est lisse, pointue et très-libre.

L'ouverture des ouïes est grande; on compte sept rayons à leur membrane.

La dorsale commence au-dessus de la pectorale, et elle s'étend jusqu'au dernier tiers de la longueur totale. Elle est soutenue par dix rayons épineux, à peu près égaux entre eux, excepté le premier, qui est de moitié plus court. La partie molle est un peu plus élevée que les épines; elle compte onze rayons, tous branchus. La pectorale est un peu arrondie supérieurement; elle est aussi longue que les trois quarts de la tête : on y compte quinze rayons. Les ventrales sont triangulaires; leur épine est courte et forte : elles ont en outre cinq rayons branchus. L'anale naît tout près de l'anus, sous le second rayon mou de la dorsale; elle a trois rayons épineux, dont le second est le plus fort; on en compte sept ensuite, tous branchus. Elle se termine avant la fin de la dorsale. La caudale est coupée carrément. Elle a quinze rayons, dont le supérieur et l'inférieur sont simples. Il y en a deux ou trois petits dessus et dessous, qui n'atteignent pas l'extrémité de cette nageoire.

Les écailles sont médiocres, presque triangulaires : on en compte plus de quarante dans la longueur. Leur bord libre est dentelé; leur surface nue est finement grenée, et leur racine est striée par rayons qui partent du centre et se rendent au bord radical, qui est droit.

La ligne latérale est située au quart supérieur de la hauteur; elle demeure parallèle au dos dans toute sa longueur.

La couleur est grise, mêlée de rouge, avec cinq bandes transversales noires à reflets d'argent, et le ventre est orné de lignes dorées et bleu clair.

La nageoire du dos est grise, marquée de quelques points noirs entre les rayons épineux; et elle porte sur les premiers rayons mous, près de son bord supérieur, une tache noire arrondie.

Les ventrales, qui paraissent noires dans l'alcool,

sont, d'après M. Risso, d'un bleu verdâtre. Les pectorales sont jaunes, et la caudale est marquée de petits points rouges ou jaunes.

Brunnich a décrit une variété de couleur grise; mais elle avait de même les bandes transversales et les lignes de la gorge ainsi que nous venons de les décrire.

Le poisson que M. de Laroche a observé, doit en être encore une variété à corps gris argenté uniforme, sans aucune autre tache que celle de la dorsale.

Il est probable que ces différences de couleurs sont causées par l'âge ou plutôt par les saisons.

L'estomac est en forme de sac à parois très-minces, n'ayant de plis que vers l'œsophage. A peu près de son milieu et du côté droit naît le pylore, qui a cinq appendices cœcales. Ce que j'ai pu voir du foie, me fait croire qu'il est petit, situé au côté gauche.

L'intestin a les parois très-minces, et est un peu renflé vers le pylore; il fait un repli près de la pointe de l'estomac, remonte un peu au-dessus du pylore, d'où il se reporte directement à l'anus.

Les ovaires sont deux grands sacs pleins de petites houppes d'œufs très-petits. Ils s'ouvrent dans un oviducte commun.

La vessie aérienne est simple, de grandeur médiocre, à parois minces, argentées. Elle est attachée par sa face inférieure au péritoine, qui est entièrement argenté.

J'ai trouvé dans l'estomac un petit crabe et une petite crevette.

Malgré la différence du nombre des épines de la dorsale, il y a dans le squelette du sacchetto, comme dans ceux des premiers serrans, vingt-quatre vertèbres, et en général toutes les parties de ce squelette sont à peu près les mêmes.

Ce poisson paraît se trouver abondamment dans toute la Méditerranée. Nous l'avons de Martigues, de Toulon, de Nice, de Naples et de Malte. Bélon et Brunnich l'ont observé dans l'Adriatique. Il se prend à Nice en Mai et en Septembre. La femelle s'approche de ces rivages en Août, pour y déposer ses œufs sous les galets.

———

Des Serrans étrangers voisins de ces premières espèces de la Méditerranée.

Les serrans que nous venons de décrire, n'ont été jusqu'à présent observés en grande abondance que dans la Méditerranée, ou dans des parages peu éloignés de la mer Atlantique. Ils ne doivent pas s'avancer bien loin vers le Nord, car il n'en est fait mention dans aucune Faune des régions septentrionales; mais ils sont représentés, soit dans les mers de l'Inde, soit sur les côtes méridionales de l'Atlantique, par d'autres, de formes très-semblables, et qui ne leur cèdent point par l'éclat des couleurs. Ces espèces étrangères se rapprochent surtout de celles que nous venons de décrire, parce que leurs maxillaires et leurs mandibulaires ne sont pas recouverts d'écailles. Quelquefois la peau du mandibulaire est percée d'un grand nombre de petits pores, ou est plissée par la contraction produite dans l'alcool; et il faut alors observer avec attention, pour ne pas confondre ces différens états de la peau avec les petites écailles qui la recouvrent, dans les serrans dont nous parlerons dans notre troisième subdivision.

Le Serran a bandelette.

(*Serranus vitta,* Quoy et Gaym., Atl. zoolog. du Voy. de Freycinet, pl. 58, fig. 3.)

La première de ces espèces a été trouvée sur les côtes des îles Waigiou et Rawak, au nord-ouest de la Nouvelle-Guinée, par les naturalistes de l'expédition de M. le capitaine Freycinet.

Elle se reconnaît à la bande noire longitudinale, qui va depuis l'œil jusqu'à la caudale par le milieu des flancs. La hauteur de son corps n'est que le quart de sa longueur totale. Les dentelures de son préopercule sont fines et égales; les dents canines

de sa mâchoire supérieure sont très-fortes. Son dos
est gris, rayé de lignes brunes, fines et obliques.
Outre la bandelette noire, il y a encore le long des
flancs cinq petites lignes brunes; le ventre est argenté. Notre individu est long de quatre pouces.

Les nombres de ses rayons sont :

B. 7; D. 11/12; A. 3/8 ; C. 17; P. 15; V. 1/5.

Le SERRAN GALONNÉ.

(*Serranus lemniscatus,* nob.)

Nous avons reçu une espèce assez semblable
de l'île de Ceilan, par les soins de M. Leschenault.

Son corps est plus haut ; car la longueur n'est
que le triple de la hauteur. Elle a en outre un rayon
épineux de moins et trois rayons mous de plus à la
dorsale, en sorte que ses nombres sont :

D. 10/15; A. 3/8 , etc.

La même bande brune, un peu moins tranchée,
longe les flancs; et il y en a une seconde, plus effacée,
au-dessous d'elle.

Le seul individu que nous possédons est long de
quatre pouces.

D'après M. Leschenault, les Indiens de Ceilan nomment ce poisson *mundjün-kank.*

Le Serran argentin.

(*Serranus argentinus*, nob.; *Holocentrus argentinus*, Bl.) [1]

C'est entre ces deux espèces que l'on doit placer le poisson que Bloch a décrit et figuré sous le nom d'*holocentrus argentinus*, pl. 235, fig. 2.

Il a le corps alongé comme le serran à bandelettes; mais ses nombres sont ceux du serran galonné. Dans la planche de Bloch, la bandelette du corps est argentée, et elle est placée plus bas que la bandelette noire de nos deux espèces.

Nous ignorons la patrie de ce poisson, que Bloch avait acheté en Hollande.

Le Serran a deux rubans.

(*Serranus bivittatus*, nob.)

M. Plée nous a envoyé ce serran de la Martinique, et M. Poey nous l'a apporté de la Havane.

Il ressemble au *S. cabrilla* par ses formes générales, par son museau court, par la disposition des dents aux deux mâchoires, et même aussi par

---

1. *Hol. argentinus*, Bl., p. 235, fig. 2; *Hol. argenté*, Lacép., t. IV, p. 277.

2. 16

la distribution des couleurs. On voit deux bandes brunes longitudinales de chaque côté du corps : une au-dessus de la ligne latérale, une autre au-dessous. Un large trait violet part de la nuque, va entre les yeux, et se bifurque en passant sur chaque narine ; un autre, plus petit, sur le sous-orbitaire, se rend au bout du museau ; et un troisième, parallèle au second également sur le sous-orbitaire, se prolonge sous l'œil et le cerne ; enfin, il y en a un quatrième, plus court, sur le préopercule.

La partie épineuse de la dorsale paraît avoir été bordée de violet pâle. Sur la partie molle on voit deux séries parallèles de points violets carrés, encore très-apparens. Quelques traits irréguliers violets colorent la caudale, qui est faiblement échancrée.

Les dentelures de l'angle du préopercule sont fortes et prolongées en un petit faisceau ; le bord vertical descend très-obliquement d'avant en arrière. Les trois épines de l'angle de l'opercule sont plus rapprochées que dans le *S. cabrilla*. Le dessus du crâne est un peu moins bombé, et l'œil est plus grand. Les nombres sont :

D. 10/12 ; A. 3/7 ; C. 17 ; P. 16 ; V. 1/5.

La taille de cette espèce varie de quatre à cinq pouces.

Les trois espèces suivantes nous ont été rapportées du Brésil par M. Delalande. Elles sont assez semblables entre elles et au *serranus bivittatus* ; et leurs formes comme les siennes rappellent celles du *serranus cabrilla*.

Le Serran a préopercule rayonné.

(*Serranus radialis*, nob.) [1]

La première a l'angle de son préopercule élargi, arrondi et fortement dentelé par huit pointes acérées, qui en dépassent le bord et qui sont les prolongemens d'autant de crêtes arrondies qui sillonnent le limbe. Le bord montant est un peu incliné en arrière et finement dentelé. Les dents des mâchoires sont plus faibles que celles du *S. cabrilla*.

La couleur paraît avoir été verdâtre, avec trois séries longitudinales de grosses taches nuageuses irrégulières le long du dos et des flancs. Le ventre n'offre aucune tache. La partie épineuse de la dorsale s'abaisse auprès de la partie molle. Elle offre une bande longitudinale violette sur le milieu de sa hauteur, et la dorsale molle a des taches nuageuses de la même couleur. La caudale, très-peu échancrée, est peinte de points et de traits violets irréguliers. Les individus de cette espèce atteignent à près de huit pouces de longueur.

Ses nombres sont :

D. 10/12; A. 3/7; C. 17; P. 17; V. 1/5.

Les naturalistes de l'expédition de M. le capitaine Freycinet ont retrouvé cette espèce à Rio-Janéiro. Ils l'ont décrite dans la partie zoo-

---

1. *Serran boursin*, Quoy et Gaymard, Voyage de l'Uranie, p. 3i6.

logique du voyage, p. 316, sous le nom de *serran boursin*.

Suivant eux, le poisson frais a le dos brun, le ventre et les nageoires inférieures rosées; la dorsale et la caudale tachetées de brun.

Le SERRAN RAYONNANT.

(*Serranus irradians*, nob.) [1]

Notre seconde espèce

a non-seulement les mêmes fortes stries disposées en rayons à l'angle du préopercule, mais encore plus de la moitié inférieure du limbe est sillonnée par de profondes stries, dont les arêtes dépassent le bord montant, et y forment des dentelures, dont les pointes acérées sont dirigées vers le haut. Les dentelures de la moitié supérieure du bord montant sont fines et serrées. Des bandes transversales brunes, d'inégale largeur, descendent sur les flancs. La première traverse la nuque et l'opercule, et la dernière entoure la naissance de la caudale. Leur nombre varie dans les différens individus, depuis huit jusqu'à treize. Ces bandes sont croisées par quatre autres longitudinales, dont les deux inférieures sont plus étroites et plus pâles que les supérieures. La dorsale est d'égale hauteur dans toute son étendue; elle est rayée

---

1. Quoy et Gaimard, Voy. de l'Uranie, part. zool., p. 313, pl. 58, fig. 2.

longitudinalement de violet, et la caudale est chargée de gros points de cette même couleur.

Les nombres sont :

D. 10/12; A. 3/7, etc.

MM. Quoy et Gaimard, qui ont observé cette espèce, fraîche, à Rio-Janéiro, disent que le fond de la
couleur est jaunâtre, et que les joues sont traversées
par trois ou quatre raies bleuâtres.

Nous en avons des individus qui ont sept pouces
de long.

Cette espèce avance, vers le Sud, jusqu'à
Montévidéo, d'où M. d'Orbigny vient de nous
en envoyer des individus.

Le Serran a deux faisceaux.

(*Serranus fascicularis*, nob.)

Une troisième espèce

se distingue au premier coup d'œil par la disposition
des dentelures du préopercule, qui forment deux
faisceaux de pointes très-fortes, rayonnées, hérissant
la moitié inférieure du bord montant. Ces deux faisceaux sont séparés par un arc rentrant, dans lequel
on ne voit que trois dentelures écartées. Le haut
du bord est oblique et finement dentelé; le bord
horizontal est lisse. Des bandes brunes traversent le
corps. La dorsale est rayée de bandelettes jaunes,
lisérées de lilas, et sur la queue il y a des taches
jaunes.

D. 10/12; P. 15; V. 1/5; A. 3/7; C. 15.

Nous n'en possédons qu'un seul individu, long de six pouces.

Le SERRAN DE LA CONCEPTION.

(*Serranus Conceptionis,* nob.)

MM. Lesson et Garnot ont rapporté de la Conception du Chili un petit serran voisin du *S. radialis;* mais

qui n'a que quatre épines à l'angle du préopercule. Le bord vertical et le bord horizontal sont dentelés. Les épines de l'opercule sont fortes. Ses écailles sont petites. Sa couleur paraît avoir été uniforme, sans bandes ni taches, brune sur le dos, et argentée sous le ventre. La partie épineuse de la dorsale est marbrée de violet, et la portion molle est rayée obliquement de jaune et de violet. La caudale est sans taches, et les ventrales sont noirâtres.

Ses nombres sont :

D. 10/12; A. 3/6; C. 17; P. 17; V. 1/5.

La longueur de ce poisson est de quatre pouces et demi.

Le SERRAN A TACHE DANS L'AISSELLE.

(*Serranus humeralis,* nob.)

Les deux mêmes naturalistes ont rapporté de la côte du Chili une autre espèce,

dont les formes se rapprochent davantage du *serranus scriba.* Son front est cependant moins concave. Ses

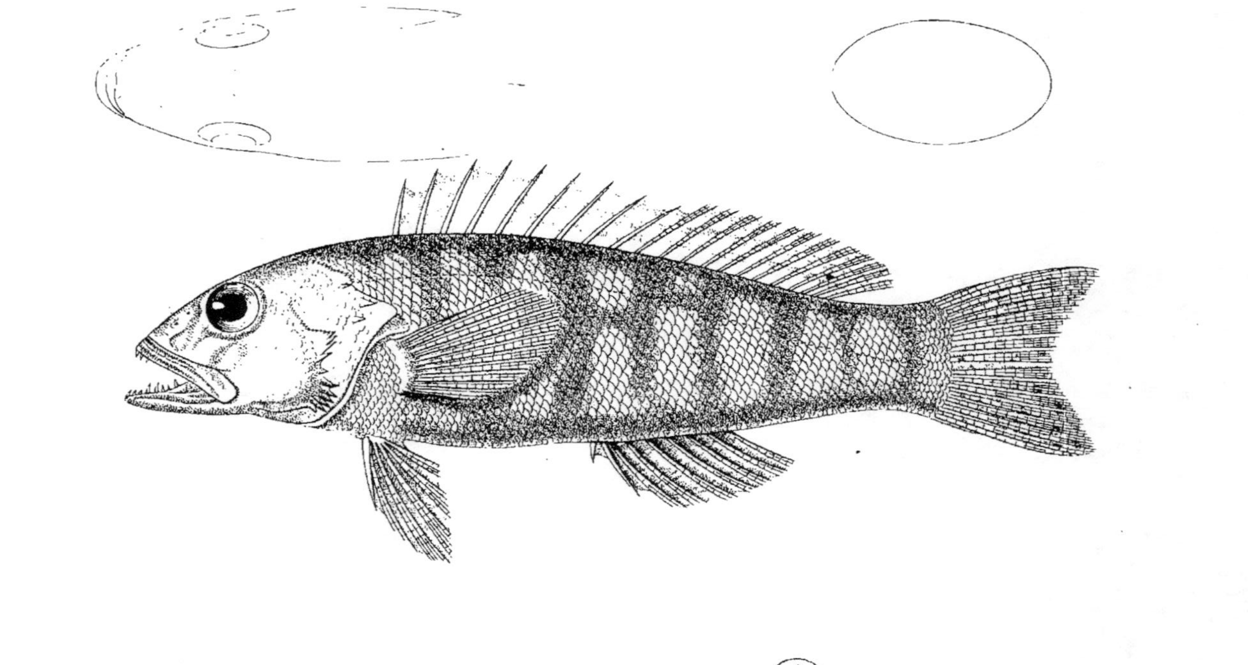

SERRAN à deux faisceaux. SERRANUS *fascicularis. n.*

Werner del. Imp.^e de Langlois. Plée f. a. sculp.

dents sont plus petites et plus égales. Le préopercule a le bord finement et également dentelé dans toute son étendue. Le bord membraneux de l'opercule se prolonge assez loin en arrière de l'épine, qui est forte. Le surscapulaire n'a que de très-fines dentelures. Le dos est brun, et cette couleur s'étend sur le fond blanc du ventre par six bandes verticales. L'opercule est brun; les joues et le dessous de la gorge sont tachetés de points bruns.

Une grande tache brune arrondie se voit au-devant et auprès de la pectorale, dont la base porte une bande brune. Le reste de cette nageoire est blanc. Les autres nageoires sont brunes.

Les nombres des rayons sont :

D. 10/14 ; A. 3/7, etc.

L'individu est long de quatre pouces.

Le SERRAN NOULENY.

(*Serranus nouleny,* nob.)

M. Leschenault nous a envoyé de la côte de Coromandel, sous le nom de *nouleny,*

une petite espèce de serran à museau obtus, comme le *Cabrilla.* Les dentelures du préopercule sont très-fines le long du bord vertical ; à l'angle elles sont un peu plus fortes. Les dentelures du scapulaire sont aussi très-prononcées. Les deux épines de l'angle de l'opercule sont très-aplaties et assez faibles. Les dents canines de la mâchoire supérieure, quelquefois au nombre de quatre, sont fortes, ainsi que les dents latérales de la mâchoire inférieure. M. Leschenault nous apprend que ce poisson, frais, a le dos jaune doré, le ventre rose, la tête et les nageoires paires rougeâtres; la caudale jaune doré.

La dorsale s'abaisse un peu vers ses derniers rayons épineux. Les nombres sont:

D. 11/12; A. 3/8; C. 17; P. 16; V. 1/5.

Nos individus n'ont pas cinq pouces de long.

Le SERRAN A JOUES NUES.

(*Serranus gymnopareius,* nob.)

Le cabinet du Roi possède, sans indication d'origine,

un petit serran dont les formes sont semblables à celles du serran écriture, et qui se distingue de tous les autres, parce que la peau qui revêt le préopercule est en grande partie nue et sans écailles. Un simple cercle d'écailles entoure l'œil et le bord inférieur du préopercule. L'opercule lui-même en a peu. Les dentelures du préopercule, qui est arrondi, sont fines, et il n'y en a que sur le bord montant. Sept à huit bandes brunes transversales se voient sur le corps; les trois dernières montent jusque sur la dorsale molle. Il y a quelque trace d'une bande longitudinale. La caudale est carrée.

Les nombres sont:

D. 9/17; A. 3/7; C. 17; P. 14; V. 1/5.

L'epinephelus striatus, représenté par Bloch

à la planche 33o, est une espèce très-voisine de celle-ci, si ce n'est la même.

Bloch a coloré sa figure par deux bandes brunes longitudinales, traversées par sept autres qui remontent sur la dorsale. Le fond est gris, un peu brunâtre sur le dos. La caudale, brune, est un peu échancrée. Les nombres sont indiqués :

D. 12/12; A. 3/7; C. 17, etc.

Bloch donne la Jamaïque pour la patrie de cette espèce.

Des Serrans à maxillaires fortement écailleux, ou des BARBIERS.

Cette subdivision dans le genre immense des serrans a fourni à Bloch le type de son genre *anthias;* mais il y a des passages tellement gradués de ces maxillaires à fortes écailles, à d'autres qui n'en ont que de très-petites, et à d'autres encore où l'on n'en aperçoit plus du tout, qu'il nous a paru plus convenable, à l'exemple de M. de Lacépède, de ne point faire de ces anthias un genre particulier, et néanmoins, pour faciliter l'étude des espèces, nous présentons ici, rassemblés en un petit groupe, celles où ce caractère d'écailles, très-apparentes sur le bout du museau et jus-

que sur les maxillaires, se marque le plus distinctement. Ce sont de jolis poissons, qui ont
les plus grands rapports de conformation et
d'habitudes avec les serrans communs que
nous avons placés en tête du genre.

Le BARBIER DE LA MÉDITERRANÉE.

(*Labrus anthias*, L.; *Serranus anthias*, nob.)[1]

Le barbier est un des plus beaux poissons
de la Méditerranée, et des plus faciles à caractériser. La longue épine flexible qui s'élève
sur son dos, les filets qui prolongent ses ventrales, et les deux lobes de sa caudale, surtout l'inférieur, suffiraient pour le distinguer
de tous les autres poissons; enfin, l'éclat de
l'or et du rubis dont brillent ses écailles, auraient dû attirer de tout temps l'attention des
naturalistes. Cependant il n'a été vu que d'un
petit nombre d'entre eux, et la plupart l'ont
mal classé. Ce n'est ni un labre, comme l'a cru
Linnæus, ni un lutjan, comme l'a supposé
M. de Lacépède. Sous tous les rapports généraux il appartient aux serrans.

Son préopercule est dentelé, et la partie osseuse
de son opercule se termine par trois piquans, dont

---

1. *Anthias primus*, Rondelet, p. 188; *Anthias sacer*, Bl.,
pl. 315; *Lutjan anthias*, Lacép., t. IV, p. 197.

les deux inférieurs sont très-aigus. Il a aussi les dents en velours des serrans, et leurs canines aiguës; et même en arrière de la canine inférieure il en a une seconde, plus forte et plus crochue. Toutes ces dents sont sur des bandes fort étroites; mais ce qu'il est bon de remarquer, c'est que les latérales de la mâchoire supérieure forment de petits crochets dirigés en avant et non en arrière, comme il arrive le plus souvent. La langue est mince, courte et lisse.

Le museau de ce poisson est court; son profil un peu bombé; sa mâchoire inférieure plus longue que l'autre, et leur commissure descend un peu en arrière quand elles sont fermées. Les dentelures de son préopercule sont fines, excepté les deux ou trois de l'angle, qui sont un peu plus fortes et très-aiguës. Il y a aussi quelques dentelures au bord inférieur de son subopercule. Des écailles un peu rudes et ciliées couvrent toute sa tête, son museau, son maxillaire et ses mandibulaires, aussi bien que sa joue et toutes ses pièces operculaires. La partie épineuse de sa dorsale a tantôt dix, tantôt onze rayons, de hauteur médiocre et assez égale, excepté le troisième, qui s'élève deux ou trois fois plus que les autres. Chacune de ces épines a derrière elle une lanière membraneuse, et la troisième porte la sienne très-près de sa pointe, ce qui lui donne l'air d'un fouet de cocher [1]. La partie molle de cette dorsale

---

1. On lui a supposé aussi quelque rapport avec un rasoir, et cherché à expliquer par là le nom de *barbier* donné à ce poisson. Il faut avouer que c'est au moins un rapport très-éloigné.

compte quinze rayons, et s'élève un peu en pointe en arrière.

La caudale est fourchue, et ses branches se prolongent en pointes, surtout l'inférieure, qui dépasse l'autre du double. Elle a, comme à l'ordinaire, dix-sept rayons. Les nageoires ventrales ont aussi le nombre ordinaire ; leur second, et surtout leur troisième rayon, sont très-prolongés, et forment un filet qui atteint jusqu'au milieu de l'anale. Les épines de l'anale, au nombre de trois, sont un peu plus fortes que celles de la dorsale, sans l'être beaucoup. Elles ne sont suivies que de sept rayons mous. Les pectorales sont médiocres et de dix-sept rayons.

La ligne latérale, plus convexe vers le haut qu'il ne faudrait pour être parallèle au dos, se recourbe sous la fin de la dorsale, pour suivre ensuite en ligne droite le milieu de la queue. Elle se marque par un tube simple, mais assez gros, sur chaque écaille. La queue derrière la dorsale et l'anale devient plus grêle que le corps. Il y a quelques petites écailles sur la base de la caudale ; mais les autres nageoires ont leur membrane nue.

La couleur du barbier est d'un beau rouge nacarat ou rose, ou même écarlate, avec un éclat métallique, qui, sur les flancs, prend une teinte dorée et devient un peu argenté sous le ventre. Les côtés de sa tête sont ornés de trois bandes d'un beau jaune d'or, dont l'une part de dessus l'œil ; l'autre de son bord postérieur ; la troisième, partant du museau, passe sous l'œil : toutes les trois se rendent parallèlement vers les ouïes, et la troisième en dépasse même l'ou-.

verture, pour gagner la base de la pectorale. Sur le chanfrein se voient des lignes transverses et irrégulières d'un vert bronzé, et il règne le long du dos, tout près de la base de la nageoire, une suite de dix ou douze petites taches de la même couleur, mais nuageuses et irrégulières. Ces couleurs, déjà si vives, deviennent encore plus agréables par les reflets irisés qu'elles prennent au moindre mouvement. Les nageoires sont nuancées de rouge et de jaune. L'iris de l'œil est doré. Quelques teintes bleuâtres ou de couleur d'acier se montrent quelquefois sur une bande latérale.

Le barbier a le foie petit : le lobe gauche est coupé carrément; son bord est menu, quelquefois échancré. Le lobe droit est pointu; la vésicule du fiel est très-petite. L'œsophage est court, et il donne dans un estomac dont le cul-de-sac est court, pointu, et a peu de capacité. La branche qui naît auprès du cardia descend vers le bas de l'abdomen; elle est presque aussi grosse que l'œsophage. Le pylore est à son extrémité. Il n'y a que quatre appendices cœcales : une du côté droit, une très-petite dans la région moyenne, et deux autres plus longues que la première du côté gauche. Le duodénum remonte sous le diaphragme, entre les lobes du foie; il se rétrécit, et l'intestin descend jusqu'auprès de l'anus, d'où il remonte un peu pour se replier bientôt, revenir auprès de l'anus, et remonter de nouveau jusque dans le premier repli du duodénum. Il se rend alors directement à l'anus. La rate est petite, noirâtre, placée à côté du cul-de-sac de l'estomac. La vessie natatoire est petite, quoiqu'elle occupe presque toute la longueur de la cavité abdominale. Ses parois sont excessivement minces. Le péritoine est d'une belle couleur d'argent mat.

Le squelette du barbier a deux vertèbres à la queue de plus que celui des serrans communs, auquel il ressemble d'ailleurs par ses détails, avec cette différence cependant, que les râtelures de ses branchies sont beaucoup plus grêles, plus longues et plus nombreuses, surtout celles du premier arceau.

Ce beau poisson ne devient pas très-grand. Il passe rarement sept ou huit pouces, et peut-être n'atteint-il jamais un pied. C'est dans les lieux rocailleux qu'il habite, et il s'y tient d'ordinaire dans la profondeur. Toute la Méditerranée paraît le produire : nous l'avons de Nice, comme de Naples et de Sicile.

Mais il faut bien se garder de croire que ce soit, comme le disent Linnæus et ses copistes, le poisson représenté pl. 25 de Catesby. Cet auteur lui-même ne rapportait sa figure qu'au quatrième anthias de Rondelet, c'est-à-dire à un labre.

On le nomme à Nice *sarpananso,* comme l'apogon; c'est à Montpellier que le nom de *barbier* est en usage, selon Rondelet, le premier des naturalistes qui l'ait fait connaître [1],

---

1. *Anthia prima species,* Rondelet, p. 188.

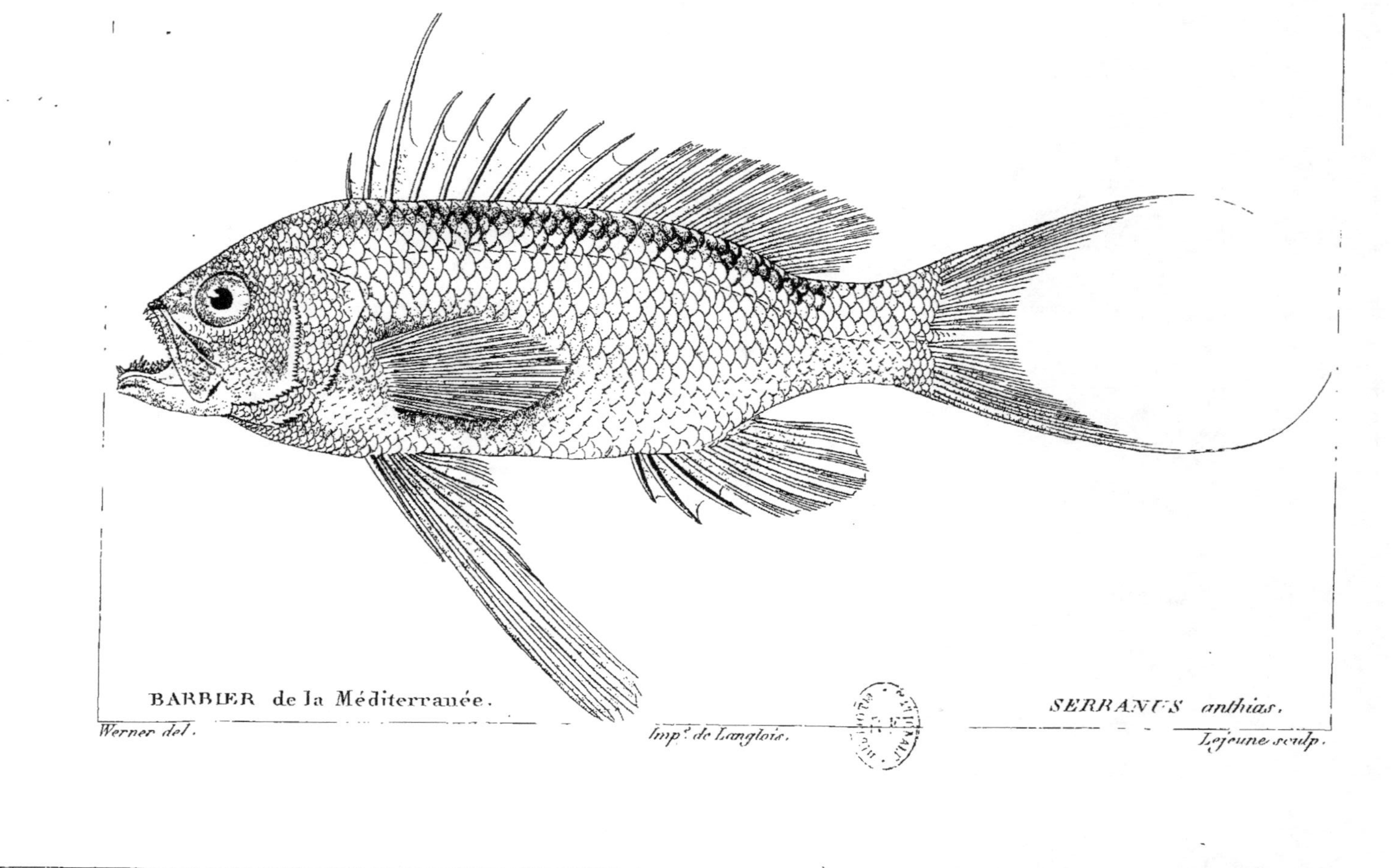

BARBIER de la Méditerranée.   SERRANUS anthias.

et même long-temps le seul; car c'est de lui que tous ceux qui en ont parlé, jusqu'à Bloch et à M. Risso, ont emprunté ce qu'ils en ont dit, et c'est sa figure qu'ils ont copiée[1]; ce qui prouve que ce poisson doit être assez rare dans les parages de France et d'Italie.

Bloch en a donné une figure médiocre[2] dans son IV.ᵉ volume, imprimé en 1797, pl. 315, et ce qui est bien singulier, il oublie entièrement que déjà il en avait donné une en 1792 sous un autre nom[3], d'après le dessin envoyé par Pennant d'un individu pris à Gibraltar, oubli d'autant plus extraordinaire, que cette figure est bien meilleure que celle du grand ouvrage.

Rondelet est aussi celui qui a imaginé que ce pouvait être l'un des poissons nommés *anthias* par les anciens; et qui s'en rapporterait à l'assurance avec laquelle Bloch et ceux qui l'ont suivi attribuent à ce barbier les habitudes que les anciens racontent de leurs anthias, croirait sans aucun doute que l'appli-

---

1. Gesner, p. 55; Aldrov., p. 86; Jonston, pl. 16, fig. 1; Willughby, pl. 10, 5, fig. 3, et p. 325.

2. Les ventrales et le lobe inférieur de la queue y sont trop courts; et on n'y voit pas les piquans de l'opercule ni les canines.

3. *Perca Pennanti,* Écrits de la soc. des naturalistes de Berlin, t. X, pl. 9, fig. 1.

cation de ce nom est incontestable, et que l'anthias est aussi certainement connu que la torpille ou la pastenague. Cependant rien n'a été hasardé plus légèrement, et même, si quelque chose en cette matière peut être susceptible de preuve, c'est qu'aucun des caractères attribués à des anthias ne convient au barbier.

Selon Aristote, l'anthias, autrement nommé *aulopias*[1], vit en troupe, et jette ses œufs l'été[2]. Les pêcheurs d'éponges le nomment *poisson sacré,* parce que là où il se tient, il n'y a pas de poissons voraces, et l'on peut plonger en sûreté.[3]

Mais pour les plongeurs du temps de Pline, c'étaient les poissons plats qui étaient *sacrés,* et dont la présence leur garantissait qu'ils ne seraient pas dévorés par les monstres marins.[4]

Quant à l'anthias, Pline[5] se borne à en rapporter deux traits singuliers. Les pêcheurs des îles Chélidonies usent de beaucoup de précaution pour le prendre, et l'apprivoisent en quelque sorte en se présentant plusieurs jours de suite vêtus de la même manière, et l'habituant à recevoir d'eux du pain, dans lequel ils finissent par cacher l'hameçon; mais sitôt qu'un

---

1. *Hist. anim.,* l. VI, c. 10. — 2. L. VI, c. 16. — 3. L. IX, c. 37. — 4. L. IX, c. 46. — 5. Pline, l. IX, c. 59.

anthias est pris, les autres, pour le délivrer, viennent avec les épines en forme de scie, dont leur dos est armé, couper la corde qui le retient.

C'est des Halieutiques d'Ovide que Pline avait emprunté ce dernier détail[1] qu'Élien rapporte un peu autrement.[2]

On croit aussi devoir rapporter à l'anthias un passage des fausses Halieutiques, où il est dit que l'*antheris* a le corps beau comme une fleur, et que dans son énorme ventre se trouve une pierre bleue marquée d'étoiles dorées, qui, arrosée de sang de chouettes, a la propriété de rendre invisible.[3]

Assurément on ne voit dans ces contes ridicules rien qui puisse caractériser un poisson plutôt qu'un autre; mais les auteurs qui entrent

---

1. *Anthias his tergo quæ non videt utitur armis.*
   Vim spinæ novitque suæ versoque supinus
   Corpore lina secat fixumque intercipit hamum.
               Hal., vers 46 — 48.
2. *Hist. anim.*, liv. 1, chap. 4.
3. *Antheris est tergo prorsus florente decorus*
   Hujus in immensa residet lapis abditus alvo
   Cæruleus, stellasque gerit velut aurea cœli
   Tecta micant, postquam Phœbus cava tartara adivit,
   Nec curru nocturna volat Phœbea nitente
   Hunc si cecropiæ suffusum cæde volucris
   Quis gerat hic poterit medios impune vagari
   Per populos: incedentem non ulla videbunt
   Lumina nigranti veluti res acre septas.
               Hal. alt., vers 92, *sq.*

2.   17

dans quelque description, ne nous permettent pas de douter qu'il ne faille chercher l'anthias bien loin du barbier.

Selon Élien [1], l'anthias est un poisson de haute mer. Lorsque l'on en prend dans les filets, ils cherchent à s'élancer au dehors; mais on les perce d'un glaive, et souvent, pour y échapper, ils se jettent à la terre [2]. En parlant, dans un autre endroit [3], de l'aulopia, que nous avons vu, d'après Aristote, être le même que l'anthias, il dit que c'est un grand poisson (κητώδης), qui se pêche près des îles de la mer de Toscane; qui n'égale pas les plus grands thons pour la taille, mais qui est plus fort qu'eux; qui se défend contre les pêcheurs et demeure souvent victorieux, et qui est surtout robuste des mâchoires et de la nuque; que l'on attire par le moyen de quelques individus que l'on a apprivoisés; dont l'œil est grand et bien ouvert, les mâchoires fortes, le dos bleu foncé, le ventre blanc; et qui a de la tête à la queue une ligne dorée qui se termine en cercle.

Oppien répète deux fois que l'anthias n'a pas de dents [4]. Il en fait quatre espèces, toutes

---

1. L. I, c. 4. — 2. L. XII, c. 47. — 3. L. XIII, c. 17. — 4. L. I, vers 250, et L. III, vers 328.

grandes ($\mu\varepsilon\gamma\alpha\varkappa\acute{\eta}\tau\varepsilon\alpha$[1]), une jaune, une blanche, une d'un rouge noir, enfin une que l'on nomme évope ou aulope, parce que son œil est entouré d'un cercle noir[2]. Il veut qu'on donne à l'anthias un labrax pour appât[3], ce qui prouve bien qu'il était d'une autre taille que le barbier. Long-temps de suite on en attire en leur offrant des perches ou des corbs[4], ce qui marque qu'ils méritaient, par leur grandeur et leur valeur, que l'on consumât à leur recherche tant de temps et d'autres poissons.

Le pêcheur même, après avoir pris et tiré l'anthias dans son bateau, a encore de grands combats à lui livrer pour s'en rendre maître : il faut que ses camarades lui prêtent leurs secours; souvent il est renversé par l'impétuosité du poisson. Les autres anthias cependant approchent dans l'intention de délivrer leur semblable, et au lieu de cela le blessent souvent de leurs aiguillons. Ils ne peuvent rompre la ligne, parce que leur gueule est sans armes.

Le callichte, ajoute-t-il, est de cette force, et les orcines et les autres cétacés, par où il entend seulement des poissons de grande taille.

---

1. Vers 254. — 2. Vers 255—258. — 3. L. III, vers 192 et 287. — 4. L. III, vers 211 et 354.

Après cela, rapportez-vous-en à des écrivains qui supposent que c'était pour un poisson long de huit pouces que l'on se donnait tant de peine et de fatigue. Admirez surtout le nouveau traducteur d'Oppien, qui, dans sa liste des synonymes, écrit sans autre réflexion à côté du nom ancien Ανθιάς, le nom méthodique de notre petit poisson : *lutjan anthias.*

Ce serait en vain qu'on voudrait s'éclaircir par *Athénée :* dans son indigeste compilation il mêle tout. L'anthias, selon les auteurs qu'il cite, est le même que le *callichtys.* Il assure qu'on l'appelle aussi *callionyme, ellops* et *tekos;* et quant au *poisson sacré,* cette épithète, selon lui, appartient également au dauphin et au pompile. [1]

On peut juger par ce passage que les nomenclatures populaires des poissons n'étaient pas moins confuses chez les anciens Grecs que parmi nous.

Celle des Grecs modernes ne nous est d'aucun secours en cette occasion. C'est le *gymnètre* qu'ils nomment aujourd'hui *anthias,* suivant Bélon [2], et le gymnètre ne peut pas être le poisson pour la pêche duquel on se don-

---

1. *Deipnos.,* l. VII, art. *Anthias.* — 2. *Aquatil.,* p. 136.

nait tant de peine et on s'exposait à tant de dangers.

Pour moi, si j'étais obligé de me prononcer sur le poisson qui a porté ce nom autrefois, je dirais au moins de l'anthias d'Élien que c'est le *germon* (*scomber alalonga*). Il est un peu moindre que le thon, qu'il accompagne souvent; il va en grandes troupes. Son dos est bleu; son ventre blanc. On voit sur ses flancs une ligne argentée. On ne peut pas dire qu'il manque de dents; mais il les a plus faibles même que le thon. On en prend en abondance près des côtes de Sardaigne, et l'on y en prendrait encore davantage, si l'on faisait les mailles des madragues un peu plus petites que pour le thon.

Certainement bien des poissons décrits par les anciens, et que l'on croit avoir reconnus, ne l'ont pas été sur autant de caractères.

A la vérité, il n'y a point de germons, ni d'espèces voisines, qui soient blancs, jaunes ou rouge-noir, comme Oppien le dit de ses anthias; mais nous sommes si accoutumés à voir le même nom appliqué chez les anciens aux êtres les plus différens, que nous ne devons pas nous étonner qu'Oppien ait entendu celui d'anthias autrement qu'Élien. Peut-être a-t-il voulu parler du mérou, du cernier ou de tel autre très-grand acanthoptérygien : toujours est-il certain qu'il n'a point désigné, par l'épithète de μεγακήλεα, le barbier, petit poisson qui passe à peine cinq ou six pouces.

Des Serrans étrangers les plus voisins du Barbier.

Parmi les poissons étrangers qui réunissent les caractères généraux des serrans avec un maxillaire fortement écailleux, il en est qui ont aussi une caudale fourchue, et même nous en connaissons deux espèces qui ont encore, comme la nôtre, un rayon dorsal prolongé.

Le Barbier du Brésil.

(*Serranus Tonsor*, nob.)

L'une d'elles vient des côtes de l'Amérique méridionale sur l'Atlantique. C'est M. Delalande qui l'a rapportée du Brésil. Elle ressemble tellement au barbier de notre Méditerranée, qu'il faut la plus grande attention pour l'en distinguer.

Ses caractères consistent à avoir des dentelures un peu plus fortes au préopercule, des ventrales plus longues, trois rayons mous de moins à la dorsale, et un de moins à l'anale, en sorte que les nombres y sont :

D. 10/12; A. 3/6, etc.

Ceux des autres nageoires sont les mêmes qu'au barbier de la Méditerranée.

Le Barbier de Bourbon.

(*Serranus Borbonius*, nob.)

M. Leschenault nous a envoyé la seconde espèce de l'île de Bourbon : ses caractères sont plus tranchés, du moins quant aux couleurs.

Elle a, comme la nôtre, le profil court et convexe, la nuque élevée, et une dentelure fine au préopercule. On voit trois fortes dents à l'angle de ce dernier os, et l'opercule osseux se termine par trois piquans. Le bord inférieur du sous-opercule et celui de l'interopercule sont fortement dentelés.

Les épines de sa dorsale ont en arrière un petit filament. C'est la troisième qui est la plus longue. Les lobes de sa queue se prolongent beaucoup. Ses canines sont peu marquées. Les nombres de ses rayons sont les mêmes qu'au barbier de la Méditerranée, excepté qu'il en a deux mous de plus à la dorsale.

Dans son état actuel, ce poisson paraît d'un gris doré, avec de grandes taches ovales et brunes sur tout le corps.

L'Amérique possède deux autres espèces

qui, par les longues fourches de leur queue et les écailles de leur maxillaire, se rapprochent aussi du barbier, bien qu'elles n'aient pas sa longue épine dorsale, et que la fourche supérieure de leur caudale soit la plus longue.

Le Barbier porte-fourche.

(*Serranus furcifer*, nob.)

L'une d'elles vient du Brésil; et, si l'on excepte l'égalité des rayons de sa dorsale, sa physionomie est absolument semblable à celle du barbier commun.

Elle a de même le museau court et bombé; des écailles sur toutes les parties de la tête et des mâchoires, trois épines à l'opercule, et le préopercule finement dentelé. Les deux dentelures inférieures sont courtes et un peu plus larges et plus écartées que les autres. Les dents palatines sont en velours ras, fin, et sur une bande courte et fort étroite. Ses pectorales sont un peu plus longues qu'au barbier ordinaire, et ses nageoires verticales ont de petites écailles sur une grande partie de leur surface. Les ventrales ne sont pas prolongées.

D. 9/18; A. 3/9; C. 17; P. 19; V. 1/5.

Dans son état actuel (dans la liqueur), sa couleur est roussâtre, et l'on voit de chaque côté de son dos trois petites taches rondes qui paraissent lilas. Il y en a une quatrième à la queue.

Le Barbier *appelé le* Créole *à la Martinique.*
(*Serranus creolus*, nob.)

L'autre de ces espèces nous a été envoyée par M. Plée de la Martinique, où elle est connue sous le nom de *créole;* et M. Ricord nous l'a apportée de Saint-Domingue, où on l'appelle *batard-rond-grif.*

Son crâne et sa nuque sont moins bombés, et sa dorsale moins haute et moins écailleuse, que dans la précédente.

D. 9/19; A. 3/9; C. 17; P. 19; V. 1/5.

Dans la liqueur sa couleur est un rouge incarnat plus ou moins doré, avec trois petites taches de chaque côté du dos, et une quatrième au côté de la queue, qui, dans la liqueur, paraissent violettes. Une bande longitudinale noirâtre règne sur le milieu de la hauteur de la dorsale.

Des individus, très-frais, rapportés par M. Ricord, ont le corps rouge, plus foncé sur le dos, plus rose sous le ventre. Seize ou dix-huit traits parallèles raient les flancs en montant obliquement vers le dos. Sa tête tire sur l'orangé. Une tache d'un orangé vif occupe l'aisselle de sa pectorale. Sa dorsale est tachetée de vert.

Ce poisson est rare dans la baie de Port-au-Prince. Il se mange.

Nous le croyons le même que le *rabirubbia de lo alto*, de Parra (pl. 20, fig. 2), qui, selon cet auteur, est incarnat, et a la dorsale tachetée

de vert, et deux taches vertes de chaque côté
de la queue : au moins doit-il en être fort voisin.

Bloch (Syst., p. 309) soupçonne, mais à tort,
que ce pourrait être une variété de l'autre
Rabirubbia (Parr., pl. 20, fig. 1) qui est notre
Mesoprion chrysurus.

Parra assure qu'à la Havane c'est une des
espèces les plus estimées.

Le foie du créole est très-petit, et ne forme qu'un
seul lobe, placé en entier dans l'hypocondre gauche.
La vésicule du fiel est petite. L'œsophage est court et
débouche dans le côté gauche de l'estomac, qui est
situé en travers dans l'abdomen, et dont la pointe est
aiguë et dirigée vers les parois inférieures du ventre.
Le pylore s'ouvre à la partie inférieure et antérieure
de l'estomac. Il y a à gauche sept appendices cœcales, courtes et très-minces. Au côté droit il y en
a quatre, dont trois sont très-longues. L'intestin est
long et grêle; il fait quatre replis. Il y a une vessie
natatoire assez grande, et dont les parois sont très-
minces.

Le squelette du créole a dix vertèbres abdominales et quatorze caudales, et ressemble en général
à celui des serrans.

Le Barbier, *dit le* Gros-Yeux *à la Martinique.*

(Serranus oculatus, nob.)

M. Plée nous a envoyé de la Martinique
une espèce de serran que l'on y nomme le

gros-yeux, et qui pourrait à elle seule former un groupe à part, par la réunion d'un maxillaire écailleux avec un museau et des mâchoires sans écailles; mais que, d'après son ensemble, nous croyons devoir ranger à la suite des barbiers.

Sa forme est belle et élancée. Sa caudale divisée en fourches longues et pointues. Sa dorsale assez fortement échancrée entre les épines et les rayons mous, et son œil beaucoup plus grand que dans les autres serrans ; enfin, sa couleur, d'un bel aurore doré, achève de le rendre remarquable, et nous le croyons digne d'être décrit en détail.

La longueur de sa tête est trois fois et demie dans sa longueur totale. La plus grande hauteur de son corps, au-dessus des pectorales et vers le tiers antérieur, fait le quart de sa longueur, et sa plus grande épaisseur au même endroit est moitié de cette hauteur. A partir de là, le corps diminue jusqu'à la racine de la queue, qui n'a plus en hauteur que le douzième ou le treizième de la longueur totale. Le profil va en descendant par une courbe légèrement convexe. Le diamètre de l'œil est le tiers de la longueur de la tête, et l'œil est à peu près à égale distance du museau et de l'ouïe. Son iris est large et doré. L'intervalle des yeux est égal à leur diamètre, plat et un peu concave; la gueule est fendue jusque sous le quart antérieur de l'œil seulement. Le crâne, le museau, le sous-orbitaire, sont sans écailles. On voit quelques traits saillans sur le crâne, rappelant un peu, mais très-faiblement, les palmures des holocentrums et des myripristis. Sur le sous-orbitaire et la mâchoire inférieure on voit des pores et de petites lignes enfoncées, rameuses comme des veines; mais le maxillaire a sa partie dilatée, et qui ne rentre pas sous le sous-orbitaire, couverte d'écailles très-prononcées. La joue, le limbe du préopercule et les trois operculaires, sont aussi écailleux. La dentelure du préopercule est presque imperceptible, et il n'y a à l'opercule que deux pointes plates et courtes, mais toutefois aiguës. Les dents sont, à la mâchoire supérieure, en velours, sur une bande étroite et un rang extérieur de petits crochets, parmi lesquels il y en a quatre ou six de plus grands, surtout deux en avant, qui toutefois ne le sont pas autant à proportion que dans beaucoup d'autres serrans. A la mâchoire inférieure les dents sont en fin velours en avant, et en crochets très-petits et serrés sur les côtés. Le chevron à l'avant du vomer, et les palatins, en ont des bandes étroites en velours. La langue est lisse, libre, obtuse.

La dorsale commence au-dessus du tiers antérieur des pectorales. Sa première épine est de moitié (et quelquefois des trois-quarts) plus courte que la seconde, qui, ainsi que la troisième, fait à peu près en hauteur les deux cinquièmes de celle du corps à cet endroit. Les autres vont en diminuant jusqu'à la dixième, qui est la dernière et la plus basse, et qui répond à peu près au dessus de l'anus. Il y a ensuite onze rayons mous, tous un peu plus longs que cette dixième épine. L'anale commence sous le second

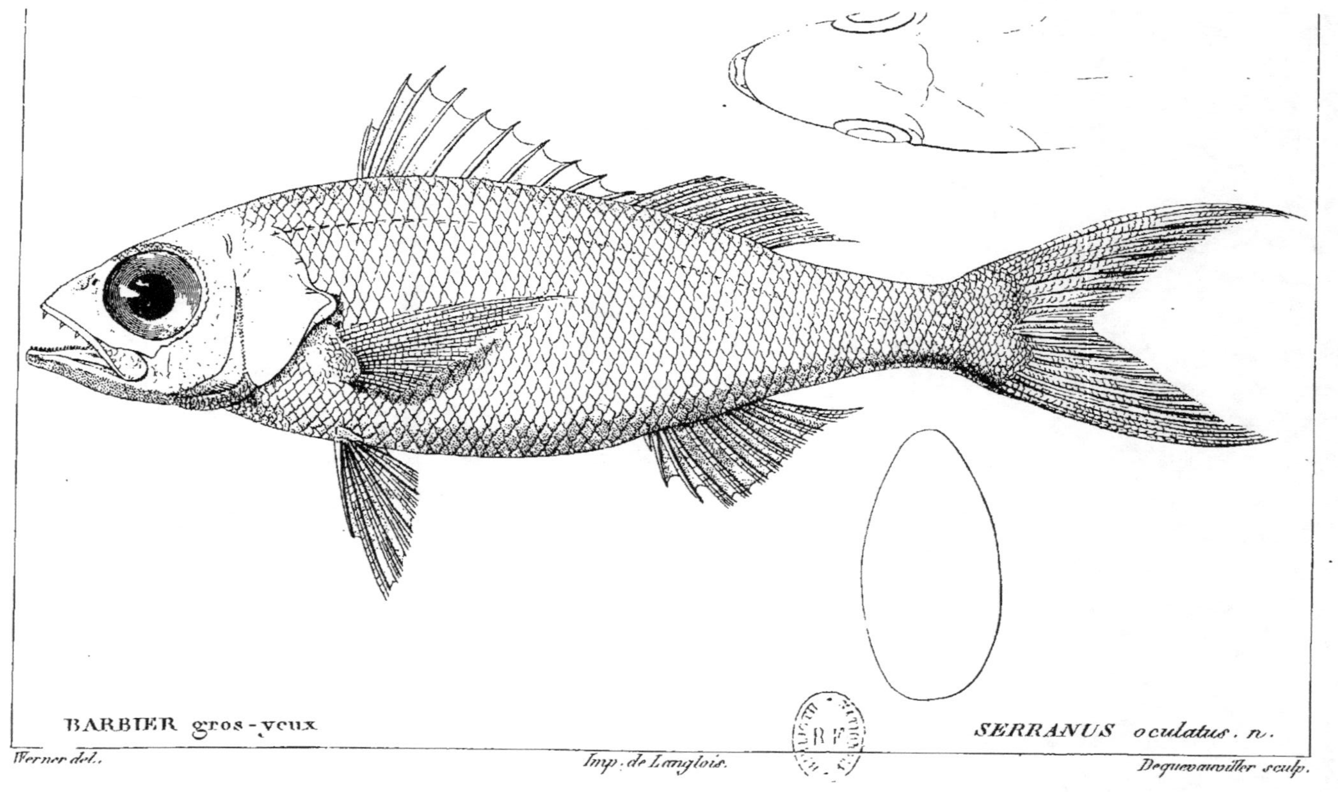

BARBIER gros-yeux

SERRANUS oculatus. n.

Werner del.

Imp. de Langlois.

Dequevauviller sculp.

rayon mou de la dorsale. Elle a trois épines, dont la première fort petite, les deux autres assez faibles, et huit rayons mous. Ces deux nageoires finissent un peu en pointe en arrière. Ni l'une ni l'autre n'a apparence d'écailles, et même les épines de la dorsale se peuvent cacher en partie entre les écailles du dos. L'espace nu entre ces nageoires et la caudale fait le cinquième de la longueur totale. Les branches de la caudale finissent en pointe aiguë, et ont chacune le quart de la longueur du poisson. Au-dessus et au-dessous de sa base on sent plutôt qu'on ne voit de petites pointes qui rappellent celles des holocentrums. Elle a dix-sept rayons entiers, en partie couverts d'écailles. Les pectorales sont pointues et un peu moindres du quart de la longueur; elles ont seize rayons; leur aisselle est nue. Les ventrales sortent à peu près sous leur base, et sont un peu moins longues; leurs rayons sont comme à l'ordinaire. Au-dessus de leur base est une écaille demi-elliptique, et entre elles une écaille triangulaire.

D. 10/11; A. 3/8; C. 17; P. 16; V. 1/5.

On compte environ cinquante-cinq écailles sur une ligne longitudinale entre l'ouïe et la caudale, et dix-huit ou vingt sur une ligne verticale, à l'endroit le plus haut. Leur bord visible n'est pas parfaitement circulaire; elles paraissent à l'œil nu seulement un peu striées sur leur disque. Leur limbe est plus argenté, et à la loupe on y voit les petits points qui en rendent la surface inégale, ainsi que les très-petits cils qui la bordent. La partie cachée a neuf stries en éventail et autant de dentelures à son bord radical.

La ligne latérale se courbe exactement comme le dos, et lui demeure parallèle. A l'endroit où le corps est le plus haut, sa distance du dos est du quart de la hauteur. Elle se marque par une élevure ovale vers la base de chaque écaille et par deux pores saillans vers son limbe.

L'individu que nous avons décrit, et qui est conservé dans la liqueur, est long de neuf pouces. Plus récemment il en est venu un, avec les collections laissées par M. Plée, long de près de deux pieds.

———

Des Serrans dont la mâchoire inférieure seulement est garnie de très-petites écailles, ou des Mérous.

Il nous reste maintenant une quantité innombrable de serrans de toutes tailles, reconnaissables au caractère que je viens d'indiquer, et que l'on ne peut presque plus distinguer que par leurs couleurs. Ils ont aussi leur type dans la Méditerranée ; c'est

Le grand Serran brun, *nommé plus particulièrement* Mérou.

(*Perca gigas,* Brunnich et Gmel.; *Serranus gigas,* nob.).

La Méditerranée possède deux grandes percoïdes à dorsale unique, mais de beaucoup supérieures aux serrans communs par la taille, dont les ichtyologistes du seizième siècle n'ont point parlé, et que ceux du dix-huitième eux-mêmes ont assez peu connues : ce sont le *mérou* et le *cernier*.

Le mérou, qui fait l'objet du présent article, se porte aussi dans l'Océan, et on en a pris quelquefois dans le golfe de Gascogne. Il n'a rien qui puisse le faire distinguer génériquement des petits serrans, *S. scriba* et *cabrilla,* si ce n'est de très-petites écailles, visibles à la mâchoire inférieure ; mais, comme espèce, sa taille et sa couleur brune le font aisément reconnaître, et c'est avec raison que Brunnich, le premier auteur qui en ait fait mention, le nomme *perche géant* (*perca gigas*), nom sous lequel il a reparu dans Gmelin, et dont l'épithète lui est restée quand il a passé dans le genre des serrans. [1]

Le nom de *mero* ou *merou* est espagnol, et les Dictionnaires de cette langue l'expliquent par *merula,* ce qui suppose qu'il désigne un labre ; mais peut-être cette explication n'est-elle pas assez précise. Selon *Cornide,* les Galliciens auraient un *mero* de haute mer, qui se-

---

1. *Holocentrus gigas,* Schn., p. 322 ; *Holocentre mérou,* Lacép., t. IV, p. 377.

rait notre serran écriture (*P. scriba*, L.) e
un *mero* de côte, petit labre d'un bleu noirâtre, qu'il croit le *labrus merula*, L. Ce qui
est certain, c'est que les pêcheurs de nos
côtes de Provence et de Gascogne appliquent
le nom de *mérou* au poisson que nous allons
décrire. *Brunnich* le témoigne pour les premiers, et *Borda* [1] pour les seconds. A Nice,
on l'appelle *anfoussou*, selon M. Risso [2], et à
Iviça, *nero anfos*, selon M. de Laroche. [3]

Dans l'une et l'autre mer il atteint deux et
même trois pieds de longueur, et pèse jusqu'à
soixante livres. [4]

On n'en a encore qu'une seule figure, et fort
médiocre, dans Duhamel. [5]

Nous ne savons autre chose de ses habitudes, si ce n'est qu'à Nice il s'approche des rivages aux mois de Mai et d'Avril. M. de Laroche en a vu à Iviça pendant les mois d'hiver; mais c'était dans la haute mer qu'on les
avait pris. Il dit que dans cette île sa chair est
estimée et a quelque chose d'aromatique, et
qu'il y pèse souvent de dix à vingt livres.

---

1. Dans Duhamel, Pêches, II.ᵉ part., sect. 4, chap. 3, p. 38.
2. Poissons de Nice, p. 289. — 3. Ann. du Mus., t. XIII,
p. 318.
4. Brunnich, Duhamel et Risso, *loc. cit.* — 5. Pêches, II.ᵉ part.,
sect. 4, pl. 9, fig. 1.

Ce poisson a le corps proportionnellement assez court. Sa plus grande hauteur est vers les pectorales, et fait un peu moins des sept huitièmes de la longueur totale. Sa plus grande épaisseur fait plus de la moitié de la hauteur. A partir de la dorsale, le profil descend obliquement jusqu'au bout du museau. La longueur de la tête est contenue deux fois et deux tiers dans la longueur totale. Elle est toute couverte d'écailles, à l'exception des lèvres et du maxillaire.

L'œil est de moyenne grandeur, un peu elliptique; il est éloigné du bout du museau de deux fois son diamètre longitudinal.

Dans le poisson frais, le sous-orbitaire est entièrement caché par la peau. Dans le poisson desséché ou dans le squelette on le voit composé de deux pièces, dont l'antérieure est la plus grande; elles sont toutes deux caverneuses; leur forme est à peu près celle d'un rectangle alongé.

Le préopercule a son bord montant un peu arqué, légèrement échancré au-dessus de son angle inférieur, qui est très-obtus. Il est dentelé dans toute son étendue par de petites dents qui augmentent de grandeur à mesure qu'elles se rapprochent de l'échancrure. A l'angle, les dents deviennent plus larges et sont elles-mêmes divisées en deux ou trois dentelures. Le bord inférieur est droit, caverneux et légèrement festonné.

Le bord membraneux de l'opercule est assez large, très-mince vers sa partie libre, qui montre la peau sans aucunes écailles.

L'opercule, à peu près triangulaire, est couvert

d'écailles aussi grandes que celles du tronc. Il se termine par trois pointes aplaties, dont la mitoyenne est la plus grande. Dans les grands individus, cette pointe du milieu devient une espèce de cuilleron par l'élargissement que prend son extrémité. Le sous-opercule et l'interopercule sont alongés, sans dentelures. Dans le poisson frais on aperçoit à peine leur séparation.

L'os surscapulaire est petit et très-peu visible. Il n'a rien de remarquable. L'os de l'épaule est étroit, de médiocre longueur, et recouvert par la peau nùe; mais il naît de son angle supérieur un repli de la peau qui va s'attacher à la pectorale, et qui est couvert de petites écailles semblables à celles du tronc. Le long de l'os de l'épaule est une rangée verticale d'écailles un peu plus grandes que les autres.

Les deux ouvertures de la narine sont situées au-dessus de l'angle antérieur de l'œil. Elles sont rapprochées l'une de l'autre. L'antérieure est tubuleuse et plus petite que la postérieure, qui se présente comme un trou arrondi.

Le maxillaire est alongé, coupé carrément à son extrémité postérieure, pointu à l'antérieure, et n'est pas recouvert quand la bouche est fermée.

Les lèvres sont charnues; les intermaxillaires sont plus courts que les maxillaires. Ils portent une rangée de dents crochues, assez fortes, dont les deux du milieu sont les plus grandes. Derrière celles-ci en sont d'autres en carde très-forte. Elles diminuent de force vers la commissure. Les dents de la mâchoire inférieure sont plus fortes et sur une bande plus étroite que celles de la mâchoire supérieure. Vers l'angle de la gueule il n'y a même plus que deux rangées de dents crochues, et celles de la deuxième rangée sont plus fortes que celles de la première. Il y a un groupe de dents en cardes au chevron du vomer, et une rangée étroite le long de chaque palatin. Quand la bouche est fermée, la mâchoire inférieure dépasse notablement la supérieure.

Les branches de la mâchoire inférieure sont larges et couvertes de très-petites écailles.

Les ouïes sont très-fendues; leur membrane est large, sans écailles. On y compte sept rayons.

Les écailles du corps sont petites; on peut en compter plus de cent sur une ligne longitudinale, à partir des ouïes jusqu'à la naissance de la queue, et plus de quarante dans une ligne verticale à la hauteur des pectorales. Elles sont encore beaucoup plus petites sous la gorge et la poitrine que sur les flancs. Une écaille détachée du corps a la forme d'un carré long, dont la longueur est double de sa hauteur. Le bord de la racine est dentelé, parce qu'il reçoit l'extrémité de huit côtes qui partent du centre de l'écaille, et se rendent en rayonnant à ce bord. Le reste de l'écaille est finement strié par des stries parallèles, qui sont un peu grenues sur la partie nue. Cette partie n'est que le cinquième de l'écaille entière, de sorte que les écailles sur le poisson paraissent encore beaucoup plus petites qu'elles ne le sont réellement.

La dorsale commence immédiatement vis-à-vis de la pointe du bord libre de l'opercule. La hauteur de sa partie épineuse est plus des trois quarts de sa longueur. On y compte onze rayons très-forts, dont le quatrième est le plus long; le premier est de moitié plus court. La partie molle est arrondie, un peu plus haute que la partie épineuse; on y compte quinze ou seize rayons, tous rameux. Elle est garnie de petites écailles jusqu'aux trois quarts de sa hauteur. La membrane qui réunit les épines de cette dorsale est aussi couverte de petites écailles qui s'étendent même sur le quart inférieur de chacune des épines.

L'anale commence sous le cinquième rayon mou de la dorsale, et finit avant celle-ci; on y compte trois épines fortes, dont la première est moitié de la troisième, qui est la plus longue. La partie molle est arrondie, et plus haute que la nageoire entière n'est longue. On y compte huit rayons mous, tous rameux. Elle est, comme la dorsale, couverte de petites écailles, dont les groupes se terminent en petites bandelettes étroites entre les parties branchues des rayons.

La portion de la queue entre la dorsale et la caudale, est comprimée. La distance de la fin de la dorsale à la caudale est égale à la hauteur de la queue, et ne fait que le tiers de la hauteur du tronc, mesurée en avant des pectorales. La distance entre la fin de l'anale et la caudale est d'un quart plus grande. Il y a une distance assez grande entre l'anus et la nageoire anale. Cet orifice s'ouvre au milieu de la longueur totale. La queue porte les rayons de la caudale, suivant une ligne presque droite. Cette nageoire est arrondie. Sa longueur, qui égale sa hauteur quand elle est étendue, fait le cinquième de la longueur totale.

On y compte quinze rayons, dont le supérieur et l'inférieur sont simples; tous les autres sont branchus. Il y en a en outre trois ou quatre en dessus et en dessous beaucoup plus petits. La membrane qui réunit ces rayons est couverte de petites écailles disposées comme celles que nous avons observées sur la partie molle de la dorsale et de l'anale.

Les pectorales sont grandes, alongées et arrondies dans les trois quarts de leur bord inférieur. On y compte dix-sept rayons, dont le premier est simple; le sixième est le plus long. Cette nageoire est couverte de très-petites écailles sur la moitié antérieure. L'aisselle n'a point d'écailles.

Les ventrales sont attachées, au-dessous des pectorales, très-près l'une de l'autre; elles sont plus petites que les pectorales. Leur épine est médiocre, moitié plus courte que les rayons mous, que l'on y compte au nombre de cinq, tous articulés et recouverts, sur les deux tiers antérieurs, de très-petites écailles. La membrane qui les réunit n'en a qu'à la base, et cette membrane attache le sixième rayon au ventre dans plus de la moitié de la longueur de ce rayon. On ne voit aucune écaille dans l'aisselle.

La ligne latérale est située au quart de la hauteur; elle est parallèle au dos dans toute l'étendue de la dorsale, et elle se porte ensuite droit à la queue. Elle est marquée par un petit trait relevé sur l'angle supérieur de chaque écaille.

La langue est médiocre, libre, pointue, lisse.

Les râtelures des branchies sont armées de dents en cardes assez fortes.

La couleur du mérou, suivant Brunnich, est jaune, avec des nébulosités d'un brun obscur. Sa tête est rousse en dessous, ainsi que le dehors des pectorales.

Duhamel dit que le dos jusqu'à la ligne latérale est de couleur brune qui s'éclaircit sur les flancs, et que le ventre est argenté.

Un individu de près de dix-huit pouces, que M. Savigny nous a rapporté de Naples, est brun, avec des taches assez grandes, et grisâtres. Le dessous du ventre est jaunâtre. Les nageoires sont noirâtres. Un individu, d'environ un pied, est plus foncé et d'un brun presque uniforme, avec des nageoires noirâtres. Un troisième, qui a plus de deux pieds, et qui nous a été envoyé de Sicile par M. Biberon, est, comme le premier, d'un brun marbré de grisâtre.

Les intestins du mérou sont plus amples que ceux des petits serrans, et le nombre de ses appendices cœcales va à dix-neuf ou vingt. Le cul-de-sac de son estomac est court, gros et obtus. Ses parois sont fort épaisses, et ses plis intérieurs très-gros. A la grandeur et à la force des os près, son squelette est le même que celui des serrans. Il a aussi dix vertèbres abdominales et quatorze caudales.

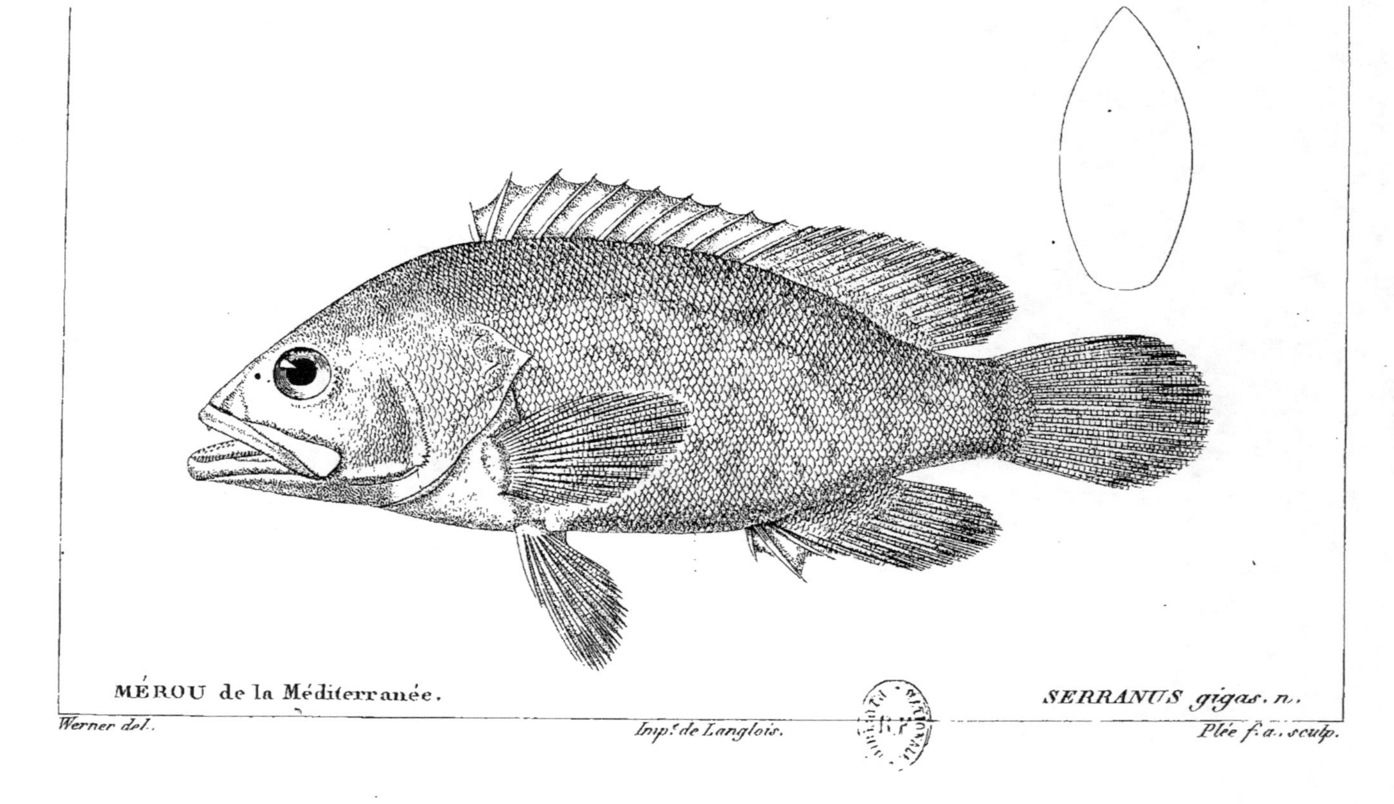

MÉROU de la Méditerranée.

SERRANUS gigas. n.

Werner del.

Imp.^e de Langlois.

Plée f. a. sculp.

Des Serrans étrangers qui se rapprochent du MÉROU.

Nous aurions bien voulu pouvoir subdiviser la longue série d'espèces dont nous allons parler, d'après quelques caractères pris de leurs formes; mais il n'y en a point d'assez fixes pour remplir ce but.

Bloch, à la vérité, divise les poissons que nous regardons comme des serrans, en six genres, et qui s'en rapporterait aux caractères qu'il leur assigne, croirait cette division fort régulière. Trois de ces genres ont le museau sans écailles, et trois autres l'ont écailleux. Parmi les premiers, les holocentres ont des dentelures au préopercule, des épines à l'opercule; les bodians ont le préopercule entier et l'opercule épineux; les lutjans, le préopercule dentelé et l'opercule sans épines. Les mêmes distributions ont lieu parmi les seconds : les épinéphélus auraient les pièces operculaires comme les holocentres; les anthias, comme les lutjans, et les céphalopholis, comme les bodians. Mais quand on en vient à l'examen des espèces, on trouve que ces caractères ont été appliqués faussement, et que même quelques-uns n'étaient pas susceptibles d'applications exactes. Ainsi, le principal des anthias, notre barbier, est bien loin d'avoir des opercules sans épines : au contraire, ses opercules se terminent par trois épines aiguës. Il s'en faut de beaucoup que tous les bodians aient le préopercule entier, et même il n'est peut-être tel dans aucune des espèces que Bloch range dans ce genre; mais les dentelures de cette pièce y deviennent seulement de plus en plus menues, et s'y cachent par degrés sous la peau. Il en est de même des écailles du bout du museau : elles passent par degrés insensibles de la force de celles du barbier à la petitesse de celles du mérou, sans que l'on puisse fixer une limite facile à saisir.

Ces motifs, joints à la ressemblance générale qu'offrent d'ailleurs tous ces poissons, nous ont obligé de faire abstraction de ces petites écailles du museau et des dentelures plus ou moins fortes du préopercule, comme caractères génériques, et de réunir toutes les espèces qui ont les caractères des mérous, c'est-à-dire des dents en crochets, un opercule épineux, et de très-petites écailles sur la mâchoire inférieure.

Nous en formerons cependant des groupes pour faciliter le travail de ceux qui voudront les reconnaître; mais en ayant plus d'égards à leurs rapports d'ensemble, et même à la distribution générale de leurs couleurs, qu'à des détails trop variables pour seconder en quoi que ce soit leur première étude.

Nous commencerons par celles qui ressemblent le plus au mérou de nos côtes, réunissant, comme lui, à des dentelures assez fortes à l'angle du préopercule des teintes plus ou moins uniformes sur le corps. La plupart deviennent, comme lui, assez grandes.

Les côtes méridionales de la Méditerranée en nourrissent deux espèces, et il y en a quelques autres sur les côtes américaines de la mer Atlantique.

Le Mérou d'Alexandrie.

(*Serranus Alexandrinus*, nob.)[1]

Notre première espèce a été rapportée de l'Égypte par M. Geoffroy. Elle est tellement semblable au mérou, que nous ne l'en avons distinguée qu'après un examen minutieux et détaillé ; mais cet examen, fait entre individus de même taille, nous a offert les différences suivantes :

---

1. Cette espèce n'est pas décrite dans le grand ouvrage sur l'Égypte.

L'œil du mérou d'Alexandrie est plus grand; son diamètre fait le cinquième de la longueur de la tête, tandis qu'il n'en est que le sixième dans notre mérou. Le bord du préopercule est plus arrondi, moins échancré vers l'angle; les dentelures du bord montant sont moins profondes; celles de l'angle forment seulement deux ou trois épines assez fortes, simples et non aplaties.

Le maxillaire est un peu plus large, et les écailles qui en recouvrent une partie sont beaucoup plus visibles.

Le bord membraneux de l'opercule forme un angle moins ouvert, parce qu'il est droit ou même un peu concave supérieurement, tandis que dans le mérou il est très-manifestement convexe.

La partie molle de la dorsale est plus basse; les épines de l'anale sont un peu plus longues.

D'ailleurs ses nombres de rayons sont les mêmes.

Sa couleur paraît avoir été brune, sans taches ni marbrures, sur tout le corps et sur les nageoires.

L'individu que nous avons observé est long de dix pouces.

Il est impossible de n'être pas frappé de la grande ressemblance qui existe entre notre poisson et celui que Bloch a représenté pl. 327, sous le nom d'*epinephelus afer*.

Nous ne balancerions même pas à les regarder comme identiques, si le poisson de Bloch n'avait pas la pectorale assez courte et de couleur jaune, tandis qu'elle est alongée et brune

dans le serran que M. Geoffroy nous a donné.
Bloch donne aussi un ou deux rayons mous
de plus à la dorsale.

D. 11/18; A. 3/9, etc.

Ce poisson de Bloch lui avait été envoyé
d'Acara, sur les côtes de la Guinée, par le
docteur Isert, selon lequel l'espèce devient
grande, a la chair blanche et agréable, et se
tient sur les bas-fond à peu de distance de
l'embouchure des fleuves.

Le Mérou bronzé, *ou* Dalouze de Damiette.

(*Serranus æneus,* Geoff.) [1]

La seconde espèce, qui atteint aussi une
taille à peu près égale à celle du mérou, a été
de même découverte sur les côtes d'Égypte
par M. Geoffroy Saint-Hilaire. Il l'a fait graver dans le grand ouvrage d'Égypte, et son fils
vient d'en publier la description [2]. Elle porte
à Damiette le nom de *dalouse,* et M. Geoffroy
l'a nommée *serranus æneus.*

Son corps est un peu plus alongé que celui du
mérou; sa tête, plus courte; ses épines de l'angle de

---

1. Égypte, pl. 21, fig. 2, et Isid. Geoff., Poissons d'Égypte,
p. 208, in-8.°
2. Dans l'édition in-8.° publiée par M. Panckoucke.

l'opercule sont plus fortes, non aplaties, ni divisées en dentelures. Elle a d'ailleurs, comme le mérou, le maxillaire dépourvu d'écailles, tandis que la mâchoire inférieure en est couverte. Les dents sont semblables. Les nageoires sont également écailleuses; mais la caudale est plus arrondie. Ses couleurs diffèrent beaucoup de celles du mérou. Le dos et les flancs sont variés de vert clair sur un fond vert foncé. Le ventre est blanc. Une belle couleur de vert-pré colore les lèvres. La dorsale est, comme le dos, verte, assez foncée, variée de vert plus clair. Les nageoires pectorales et la caudale sont verdâtres; l'anale est verte, bordée de bleu; les ventrales ont la base et le bord externe blancs, le milieu vert, et l'extrémité bleue. Le côté de la tête est traversé par trois lignes blanches, obliques de haut en bas et parallèles au bord supérieur de l'opercule. La première descend de l'angle du préopercule au milieu du sous-opercule. La seconde va de l'œil à l'angle postérieur de l'interopercule. La troisième, de l'angle du maxillaire traverse le milieu de l'interopercule. L'iris de l'œil est doré et la pupille bleue.

L'individu que M. Geoffroy a donné au Cabinet du Roi, et qu'il a rapporté de Damiette, est long d'un pied.

Ses nombres sont :

D. 11/16 ; A. 3/9 ; C. 17 ; P. 19, V. 1/5.

Le MÉROU NÈGRE D'AMÉRIQUE.

(*Serranus Morio*, nob.)

Les mers d'Amérique nourrissent un serran qui atteint une taille presque aussi considérable que notre mérou, et qui lui ressemble aussi par un grand nombre de points. Un individu de trente pouces de long, et que nous avons reçu de New-York par M. Milbert, comparé à un mérou de même taille, nous a fourni les caractères suivans :

Ses formes sont aussi trapues. Sa tête est plus grosse, sans être plus longue. La mâchoire inférieure n'avance pas autant au-devant de la supérieure. L'œil est plus petit et placé plus haut sur la joue. Les dentelures de l'angle du préopercule sont plus nombreuses et plus fortes. Le bord montant n'offre aucune sinuosité.

Les dents de la mâchoire inférieure sont plus fortes; les premiers rayons épineux de la dorsale sont plus longs, et les derniers, au contraire, sont plus courts; la caudale est coupée en un croissant peu profond.

Les nombres des nageoires sont :

D. 11/17; A. 3/9; C. 17, etc.

Bien qu'un poisson qui atteint une aussi grande taille doive être remarquable, nous ne trouvons pas dans M. Mitchill la description de cette espèce : au reste, elle se trouve aussi plus au Midi. M. Ricord nous l'a rapportée de Saint-Domingue, où elle porte le nom de *nègre*. Suivant ce naturaliste, le poisson frais présente

de grandes marbrures d'un brun vineux plus ou moins foncé sur un fond gris. La tête est plus rougeâtre. L'extrémité des maxillaires, les mâchoires inférieures, et la membrane branchiostège, sont rouges. La partie épineuse de la dorsale est plus foncée que la portion molle. La caudale est brune; l'anale est rouge-orangé, bordée de brun; les pectorales orangées, et les ventrales tachetées de gros points rouges.

Le MÉROU A MUSEAU AIGU.

(*Serranus acutirostris*, nob.)

Nous avons reçu cette espèce du Brésil par M. Delalande.

Elle a le museau plus pointu que la plupart des espèces voisines. La dentelure du préopercule est très-fine. L'épine moyenne de l'opercule est la plus forte et la plus aiguë; elle est aplatie. Les écailles sont petites; il en monte aussi sur la base de la dorsale et de l'anale. La caudale est coupée en croissant assez profond, et en partie recouverte d'écailles.

Les dents qui bordent la mâchoire supérieure sont fortes et coniques; les autres sont en cardes assez fines; en bas, toutes les dents sont en cardes, médiocrement grosses, et seulement sur deux rangs. Les canines sont peu fortes.

D. 12/16; P. 15; V. 1/5; A. 3/11; C. 18.

Ce poisson paraît tout brun sur l'empaillé. Les nageoires sont de la même couleur; les bords de la dorsale et l'anale paraissent plus foncés.

Les individus de cette espèce deviennent assez grands. Celui qui a servi à notre description a près de deux pieds. La tête fait le tiers de sa longueur totale.

Le Mérou écarlate.

(*Serranus apua*, nob.)[1]

Feu M. Delalande nous a aussi envoyé un mérou que nous croyons avoir reconnu pour le *piratiapia* de Margrave.

Il ressemble plus au nègre qu'à notre mérou de la Méditerranée. Les dents de sa mâchoire inférieure sont un peu plus fortes et sur une bande plus étroite. Les dentelures de l'angle du préopercule forment quatre pointes aiguës. La caudale n'est point échancrée; mais elle est coupée très-carrément.

Nos individus ont un pied environ.

Les nombres sont :

D. 11/17; A. 3/9; C. 15; P. 16; V. 1/5.

Les couleurs de nos individus sont aujourd'hui réduites à un brun roussâtre, avec des points noirs

---

1. *Piratiapia*, Margr., p. 158, *Lib. princ.*, t. I, p. 315; *Bodianus apua*, Bl. p. 229; *Bodian apua*, Lacép., t. IV, p. 296.

sur les joues. Les nageoires impaires sont bordées d'un trait noir qui est liséré de blanc. Mais dans le dessin colorié du prince Maurice (*lib. prim.*, *fol.* 315) ce poisson est peint d'un beau rouge, avec de gros points noirs sur le dos, et de plus petits sur le ventre et sur les joues. Les nageoires sont rouges, bordées de noir et lisérées de blanc.

Bloch a copié fidèlement le trait et les couleurs de ce dessin, mais il en a triplé la grandeur.

Pison ajoute à ce que Margrave dit du piratiapia, que pendant l'été ce poisson vit parmi les rochers, et que pendant l'hiver il remonte dans les fleuves.

Le MÉROU A CROUPE NOIRE, *ou* CHERNA *des Espagnols d'Amérique.*

(*Serranus striatus*, nob.) [1]

Nous devons à M. Plée plusieurs individus de cette belle espèce, qui est répandue dans tout le golfe du Mexique, et qui est très-voisine de la précédente par ses formes.

Des trois épines de l'opercule, c'est la supérieure qui est la plus petite. Les dentelures du préopercule sont très-fines. Le dessous de l'œil est semé de plu-

---

1. *Anthias striatus*, Bl.; *Lutjanus striatus*, Lac.; *Sparus chrysomelanurus*, Lac.; *Anthias Cherna*, Bl. Schn.

sieurs points noirs. On voit sur le chanfrein deux
bandes longitudinales, allant vers le bas des orbites.
Il y en a quatre ou cinq verticales larges et irrégulières sur le corps et deux sur la queue. Le dessus
de la queue derrière la dorsale est marqué d'une
grande tache noire carrée. La nageoire caudale est
assez grande et arrondie.

Les nombres des rayons sont :

D. 11/17; A. 3/8; P. 17; V. 1/5; C. 16.

Bloch a copié dans son ouvrage, à la planche 324, une figure de ce poisson, faite par
le père Plumier, et lui a donné le nom d'*anthias striatus*. Cette figure représente bien la
tache noire de la queue; mais les bandes verticales n'y sont pas très-exactes, et l'on n'y voit
point les deux raies longitudinales de la tête.

Au surplus, les bandes sont sujettes à quelque variété, et il y en a même dans les teintes
générales; car nous avons vu dans la collection de MM. de Sessé et Mocigno une figure
très-bien peinte de ce poisson, où le fond de
la couleur tire au vert du côté du dos et au
lilas du côté du ventre.

M. Plée nous dit que les bandes disparaissent peu après la mort, et que, dans le frais,
les bords des nageoires sont jaunes.

Cet *anthias striatus* de Bloch est devenu
le *lutjan strié* de M. de Lacépède (t. IV,

p. 234); mais une autre copie du dessin de Plumier, faite par Aubriet, avec cette indication : *Chrysomelanus piscis,* Plum., où le copiste a oublié les dentelures du préopercule et les épines de l'opercule, a donné lieu à M. de Lacépède de reproduire l'espèce parmi les spares sous le nom de *spare chrysomélane* (t. IV, p. 160).

Parra, dans son Histoire des poissons de la Havane, a donné, pl. 24, p. 50, une assez bonne figure de ce poisson. Il nous apprend que les pêcheurs appellent les grands individus *cherna de lo alto*, et les petits *cherna chica*.

Malgré la ressemblance frappante de sa figure et l'accord de sa description, Bloch, dans son Système posthume, ne s'est point aperçu de l'identité, et a reproduit de nouveau ce poisson sous le nom d'*anthias cherna*.

Il est heureux qu'il n'ait pas fait une troisième espèce de la figure gravée depuis longtemps dans Seba (t. III, pl. 27, fig. 9), qui est aussi fort exacte.

M. Plée, dans la note qui accompagnait le premier individu qu'il a adressé au Cabinet du Roi, dit qu'on nomme l'espèce *vieille* à la Martinique, et dans celles qu'il a laissées sur les individus de Porto-Rico, il ajoute qu'elle porte dans cette dernière île, lorsqu'elle n'est pas très-grande, le nom de *cabrilla*, qui est le nom espagnol du serran le plus commun de la Méditerranée; mais elle atteint, dit-il, le poids de soixante à quatre-vingts livres, et c'est alors qu'elle se nomme *tierno* (ou plutôt *cherno*). Sa chair est molle, mais agréable.

M. Poey nous apprend que c'est un des poissons les plus abondans à la Havane, et qu'il y passe pour un bon manger; mais il réduit son poids à trente ou quarante livres.

M. Ricord vient de nous le rapporter aussi de Saint-Domingue, où on le confond avec le *nègre* que nous avons décrit plus haut. On l'estime au Port-au-prince, et il y atteint jusqu'à trois pieds de longueur.

Le Mérou de Mentzel.

(*Serranus Mentzelii*, nob.)

Nous avons encore un très-grand mérou du Brésil

reconnaissable à la grosseur de sa tête, à son museau court et obtus, et dont le chanfrein se relève un peu au-dessus des yeux. Les rayons épineux de sa dorsale sont cachés dans une peau épaisse, ce qui fait paraître la nageoire un peu plus basse qu'elle n'est réellement. Le corps de ce poisson, conservé dans la liqueur, paraît brun, avec de grandes marbrures nuageuses sur le dos et quelques lignes sur le ventre, qui se prolongent jusque vers la queue, où elles s'anastomosent entre elles. Les pectorales, de grandeur moyenne, sont arrondies, blanchâtres à leur base et noirâtres à l'autre extrémité. La caudale est coupée carrément, et noirâtre. Les nageoires dorsale et anale sont bordées de noir.

Les nombres sont :

D. 11/16; A. 3/8; C. 17, etc.

A l'état frais, le fond de la couleur est noirâtre, avec de grandes marbrures d'une jaune d'or ferrugineux. L'intérieur de la bouche est rougeâtre.

M. Delalande nous a rapporté un individu qui est long de deux pieds huit pouces.

Margrave n'a pas parlé de cette espèce, quoique nous croyions pouvoir affirmer qu'il l'avait observée pendant son voyage. Nous avons trouvé dans le recueil de figures du prince Maurice mis en ordre par le docteur Mentzel, un grand dessin fait à la pierre noire et au pastel, qui nous paraît représenter l'espèce que nous décrivons; c'est pourquoi nous lui avons donné le nom de *Mentzel.*

Le Mérou a ailes bicolores.

(*Serranus dichropterus*, nob.) [1]

Bloch a figuré à sa planche 234, sous le nom d'*holocentrus ongus*, un serran qu'il dit être originaire du Japon et s'y appeler *ikan-ongoe*, et c'est de ce nom d'*ongoe* qu'il a tiré son épithète spécifique. Nous devons faire remarquer cependant que ce mot n'est pas japonais; c'est un adjectif de la langue malaise, que l'on trouve très-souvent cité dans Valentyn, et que ce voyageur traduit par *pourpre. Ikanongoe* veut donc dire poisson pourpre. En vingt occasions nous avons vu Bloch confondre le japonais et le javanais; mais en celle-ci il a commis une erreur bien plus grave : son poisson n'est ni du Japon, ni de Java, mais d'Amérique. M. Lichtenstein nous ayant permis d'examiner l'individu même de Bloch, nous l'avons reconnu identique avec une espèce que nous avons reçue en grand nombre du Brésil. Il est facile de voir que Bloch avait acheté son poisson empaillé chez quelque marchand de Hollande, et qu'il a été induit en erreur par le nom que cet homme y avait atta-

---

1. *Holocentrus ongus*, Bl., p. 234; Lac., t. IV, p. 380.

ché. Nous croyons donc devoir changer une
épithète qui annoncerait une tout autre mer
que celle qu'habite vraiment l'espèce. L'enluminure de Bloch est assez arbitraire, car le
poisson sec montre tout au plus les taches du
ventre, que nous observons plus facilement sur
nos individus plus frais : d'ailleurs, les pectorales et les ventrales paraissent avoir été noires,
et non pas jaunes, et on ne voit pas de traces
des points ou des lignes qu'il a fait peindre
sur les nageoires impaires.

La forme de ce poisson est celle de toutes les
espèces voisines, et n'offre rien de remarquable : les
dentelures de son préopercule sont assez fortes, et
vers l'angle il y en a trois ou quatre plus fortes. La
caudale est arrondie. Les épines de la dorsale sont
assez hautes et peu fortes. Les pectorales sont rondes.
Tout le corps paraît brun, avec des traits disposés
en ligne interrompue sous le ventre. Les nageoires
sont bordées de noir. Un trait noir le long de la joue
borde la portion sous laquelle se replie le maxillaire.
Ce trait fait aisément reconnaître le poisson.

Nos différens individus n'ont pas plus d'un pied.

Les nombres des nageoires sont :

D. 11/17; A. 3/8; C. 17, etc.

Le MÉROU ONDULÉ.

(*Serranus undulosus*, nob.)

Les côtes du Brésil nourrissent une espèce très-voisine de la précédente par les formes, mais qui s'en distingue facilement

par les quatre lignes brunes ou noirâtres qui parcourent un peu obliquement ses joues, et se continuent sur le corps en faisant des ondulations. Les trois supérieures vont de l'œil au bord de l'opercule; et la quatrième part de la pointe antérieure du maxillaire, et se termine à l'angle du préopercule. Le corps est couvert de lignes sinueuses, plus pâles, anastomosées entre elles sur le dos. Les nageoires sont lisérées de noirâtre.

Les nombres sont:

D. 11/17; A. 3/11; C. 17; P. 15; V. 1/5.

M. Delalande et MM. Quoy et Gaymard en ont rapporté un grand nombre d'individus qui ne dépassent pas huit pouces.

Le MÉROU A GROSSES ÉPINES.

(*Serranus pachycentron*, nob.)

Nous avons trouvé parmi les poissons desséchés du Cabinet du Roi une espèce remarquable par

la grosseur des trois épines aplaties de l'opercule. Le bord inférieur de cet os, ainsi que celui du subopercule, est finement dentelé. Le bord du préopercule est arrondi et très-finement dentelé. Les dents canines sont très-courtes ; les écailles petites, ciliées, et celles des côtés relevées par une petite carène dont la succession forme de petites stries fines le long des flancs, au nombre d'environ trente. La ligne latérale suit la courbe du dos jusqu'à la fin de la dorsale, de sorte qu'elle coupe obliquement la plupart de ces stries. Toutes les nageoires sont arrondies. On leur compte en rayons :

D. 9/16 ; A. 3/8 ; C. 16 ; P. 16 ; V. 1/5.

Sur le seul individu que nous ayons vu, la couleur est uniformément brune ; sa longueur est d'environ sept pouces.

La mer des Indes n'est pas moins féconde que celle d'Amérique en serrans analogues au mérou par l'uniformité de leurs teintes, et dont quelques-uns même ont encore des dentelures assez marquées à l'angle du préopercule ; mais dans la plupart ces dentelures sont faibles, et il y en a plusieurs où elles sont tellement effacées sur tout le bord de cette pièce, que Bloch avait cru devoir en faire son genre des bodians. Nous commencerons leur énumération par une des espèces les plus remarquables par la distribution singulière de ses couleurs.

Le Mérou jaune et bleu.

(*Serranus flavo-cœruleus*, nob.)

Commerson paraît l'avoir observé le premier, et en a laissé deux dessins et une description; mais, comme il ne dit pas que cette description se rapporte à aucun des deux dessins, ces trois documens, malgré la facilité qu'il y avait de s'assurer de l'identité de leur objet, ont produit dans l'ouvrage de M. de Lacépède trois espèces factices, qui doivent être réduites à une seule.

Pour faire mieux apprécier cette assertion, nous décrirons d'abord cette espèce d'après un individu rapporté de l'Isle-de-France par MM. Quoy et Gaymard, naturalistes de l'expédition du capitaine Freycinet.

Ce poisson rappelle tout-à-fait le mérou, par ses formes et par ses dentelures plates et fortes à l'angle du préopercule. Son corps est un peu plus court à proportion. Les trois épines de l'opercule sont aplaties; mais la supérieure et l'inférieure sont fort petites, à peine sensibles. La caudale est un peu échancrée en croissant peu profond; les autres nageoires sont arrondies.

La couleur de l'individu, conservé dans la liqueur, paraît d'un brun noirâtre sur le dos, sur la tête et sur les flancs. Auprès des pectorales on voit

quelques taches qui paraissent avoir été bleu-pâle.
La queue, en arrière des nageoires dorsale et anale,
est jaune, ainsi que toutes les nageoires. Il y a un
peu de noir à l'extrémité des ventrales.

Nous comptons pour les rayons des nageoires :

D. 11/17; P. 18; V. 1/5; A. 3/8; C. 15.

Tel est le poisson que MM. Quoy et Gaymard ont fait graver à la planche 57, figure 2,
de l'atlas zoologique du voyage de l'Uranie,
sous le nom de *serran bourignon*.

Leur figure, faite d'après le frais, nous apprend
que, pendant la vie, ce qui paraît brun était d'un
bleu foncé et pur, et que les taches de la tête et des
flancs étaient plus pâles que le fond.

Si l'on compare maintenant cette description à celle qui se trouve dans les manuscrits de Commerson, l'identité de l'espèce devient manifeste. Ce naturaliste plaçait ce poisson dans son genre *aspro,* qui correspond en
général à nos percoïdes à dorsale unique; et
voici la phrase par laquelle il le caractérise :
*Aspro cærulescens, pinnis omnibus et cauda
etiamnum basi luteis.* Tout le reste de la description, les nombres des rayons, ne conviennent pas moins exactement.

C'est d'après cette description que M. de
Lacépède a établi son *holocentre jaune et
bleu* (tome **IV**, p. 366, n.° 2).

Mais les dessins, qui appartenaient tout aussi clairement à cette espèce, ont donné lieu à en établir deux autres : le premier, fait au crayon et assez correct, mais où les écailles ne sont pas indiquées, est intitulé *aspro, vulgo platre faraud,* le *faret,* et est devenu l'*holocentre gymnose* (Lacép., t. IV, p. 367; et t. III, pl. 27, n.° 2); l'autre, qui est probablement fait d'après la peau séchée, est à la plume et enluminé de noir et de jaune. Les nombres des rayons n'y sont pas rendus exactement, et les dentelures du préopercule n'y sont pas marquées. Il a produit le *bodian grosse tête* (t. III, p. 474, et pl. 20, n.° 2).

C'est à l'Isle-de-France que Commerson a observé cette espèce en 1769; elle y portait le nom vulgaire de *dos jaune.* Il nous apprend qu'elle vit de crabes et de petits poissons, qu'elle avale en entier. Sa chair est estimée, et n'est point nuisible.

Le Mérou de Sonnerat.

(*Serranus Sonnerati,* nob.)[1]

Sonnerat nous a rapporté de Pondichéry ce serran, et quelque temps après M. Lesche-

---

1. *Perca rubra,* Sonnerat; *Sin panni,* Leschenault.

nault nous a mis à même de le mieux connaître par des individus en meilleur état, et
accompagnés de notes instructives.

Le préopercule est arrondi ; il n'y a que quelques
crénelures vers son bord. Les trois épines de l'opercule sont très-fortes. Dans le sec, ce poisson ne paraît être que d'une seule teinte rougeâtre ; mais selon
M. Leschenault, qui l'a vu frais, il est d'un rouge
très-vif, et a sur la tête des lignes bleues qui forment un réseau à mailles rondes. Ces lignes paraissent encore un peu sur les poissons que ce voyageur
nous a procurés. Les nageoires sont arrondies.

Voici les nombres de leurs rayons :

D. 9/15 ; A. 3/9 ; C. 15 ; P. 17 ; V. 1/5.

Nos individus n'ont pas plus d'un pied ; mais
M. Leschenault nous dit qu'il y en a de trois
pieds. On prend cette espèce pendant toute
l'année dans la rade de Pondichéry, où les pêcheurs la nomment *sin panni*. Elle est bonne
à manger.

M. Dussumier nous en a rapporté deux individus de Ceylan, dont le corps est également
d'un beau rouge ; mais où le réseau bleu ne s'é-
tend pas autant sur les joues. Leurs nageoires
verticales sont lisérées de noir.

Le MÉROU BORDÉ.

(*Serranus marginalis*, nob.)[1]

Une espèce très-voisine est celle que Bloch a représentée pl. 328, fig. 1, sous le nom d'*epinephelus marginalis*. Déjà Seba en avait figuré un très-jeune individu à la planche 27, n.° 3, du tome III. Commerson en a rapporté des individus desséchés pris à l'Isle-de-France, et en a laissé un dessin fait sur le frais que M. de Lacépède a fait graver, t. IV, pl. 7, fig. 2, sous le nom d'*holocentre rosmare*, voulant par cette épithète fixer l'attention sur les deux dents canines de la mâchoire supérieure. Mais dans notre méthode ce caractère est devenu générique pour nos serrans. Il n'a pas d'ailleurs reconnu l'identité de ce dessin de Commerson avec la figure de l'*epinephelus marginalis* de Bloch, d'où il résulte que dans le même genre cette espèce revient une seconde fois comme *holocentrus marginatus.*

Les épines de l'angle du préopercule sont plus fortes qu'au précédent ; l'épine moyenne de l'opercule est plus alongée, et en général le poisson est

---

1. *Holocentre rosmare*, Lacép., t. IV, pl. 7, fig. 2 ; *Holocentrus marginatus*, ejusd.

plus svelte. Les individus secs de Commerson paraissent pâles avec un bord noir à la membrane qui unit les rayons épineux de la dorsale; mais la figure nous apprend que dans l'état frais ils étaient d'un rouge clair.

M. Dussumier en a observé un à Ceylan, qui était d'un rouge pâle sur le dos et presque jaune-citron sous le ventre.

Les nombres des rayons sont:

D. 11/15; A. 3/10; C. 18; P. 17; V. 1/5.

La longueur est d'environ dix pouces.

Dans un voyage précédent, M. Dussumier l'avait trouvé aux îles Séchelles.

Bloch ne dit pas d'où il a eu son individu, et les couleurs dont il l'a peint sont imaginaires.

Le MÉROU OCÉANIQUE.

(*Serranus oceanicus*, nob.) [1]

Commerson a laissé un dessin fait au crayon rouge, représentant ce poisson pris à l'Isle-de-France,

d'une couleur rouge sur le dos, et s'affaiblissant jusqu'à devenir très-pâle sous le ventre. Cinq bandes nuageuses, d'un rouge plus foncé, descendent du

---

1. *Holocentre océanique*, Lacép., t. IV, pl. 7, fig. 3; *Perca fasciata*, Forskal, p. 40, n.° 39; *Holocentre Forskal*, Lacép., t. IV, p. 377.

dos sur les flancs; le bord de la partie épineuse est d'un rouge plus foncé.

Les nombres sont :

D. 11/16; A. 3/8; C. 16; P. 16; V. 1/5.

M. de Lacépède a fait graver ce dessin sous le nom d'*holocentre océanique*.

Les individus desséchés par Commerson, et que nous croyons devoir rapporter à cette espèce, sont tellement décolorés, que nous ne pouvons plus y apercevoir aucunes traces de bandes transverses. Ils sont d'un blanc jaunâtre uniforme.

Leur longueur est de plus d'un pied.

M. Ehrenberg nous a donné un individu de la même espèce pris à Massuah, sur la mer Rouge.

Les épines de l'angle du préopercule sont un peu plus fortes encore que celles du précédent. Il y a six bandes verticales et l'apparence d'une bande oblique sur la joue. La dorsale est bordée de noir, et les nombres sont les mêmes que dans les individus de Commerson.

Nous croyons bien que c'est ce poisson que Forskal a décrit dans son *perca fasciata*.

Il le dit rouge, avec quatre bandes transverses blanches. Sur le bord de la dorsale, derrière chaque rayon épineux, est un petit triangle noir. Les parties molles de la dorsale et de l'anale sont bordées de

jaune. Nous ne trouvons pas, à la vérité, ce caractère dans nos individus décolorés.

Forskal avait eu ce serran, pris à l'hameçou
au cap Mohammed.

Le Mérou petit zanana.

(*Serranus zananella*, nob.)

C'est ici que nous devons placer le poisso
dont Commerson a laissé une figure, qui port
le nom de *petit zanana*. Elle a été faite au fou
Dauphin de Madagascar, et M. de Lacépèd
l'a fait graver dans son ouvrage, t. III, pl. 27,
fig. 1, sous le nom de *labre, que l'on doit vraisemblablement rapporter au guaze*. Il est impossible de douter, à la seule inspection do
la figure, que ce ne soit un serran; ce qui es
rendu plus certain par le nom d'*aspro* quo
Commerson a écrit sur le dessin.

Ce poisson, dessiné au crayon, est représenté rouge
un peu plombé sur le dos, avec la partie molle de la
dorsale et de l'anale, la caudale et les pectorales noirâtres. Les ventrales sont rouges, bordées de noir.

Les nombres des rayons sont exprimés :

D. 9/17; A. 3/9; C. 13 (mais il est probable que le dessinateur
en a oublié); P. 16.

Nous croyons que M. de Lacépède s'est tout-
à-fait trompé quand il a rapproché ce dessin

du *labrus guaze* de Gmelin, qui est établi d'après Lœfling.

Les nombres indiqués pour ce labre,

D. 11/16; A. 3/10; C. 15; P. 16; V. 1/5,

sont bien ceux des serrans; mais la phrase caractéristique ne donne aucun caractère qui puisse en fixer le genre avec quelque certitude, et l'espèce était des côtes de l'Amérique.

Le MÉROU ORANGÉ.

(*Serranus aurantius*, nob.)

M. Dussumier nous a rapporté des Séchelles un serran semblable aux précédens,

mais que son préopercule arrondi et sans épines rapproche du mérou de Sonnerat. Il n'a que neuf épines à la dorsale. Son corps et ses nageoires sont d'un rouge-orangé vif et sans aucunes taches ni bandes. L'individu est long de sept pouces.

Ses nombres sont :

D. 9/17; A. 3/8; C. 17, etc.

L'*epinephelus ruber* de Bloch, pl. 331 (*serranus ruber*, nob.), ne diffère de cet orangé que

parce que Bloch lui compte deux rayons épineux de plus à la dorsale et un rayon mou de moins, de sorte que les nombres sont :

D. 11/10; A. 3/9, etc.

Bloch lui donne pour patrie le Japon.

Le Mérou urodèle.

(*Serranus urodelus,* nob.) [1]

Forster a laissé, sous le nom de *perca uro-dela,* la description d'un serran pourpre d'O-taïti, dont Bloch a fait une variété du *bodianus miniatus* ou *perca miniata* de Forskal; mais nous verrons que ce poisson de Forskal est une diacope. Ainsi le rapprochement de Bloch est tout-à-fait inexact. Nous avons retrouvé le dessin de l'espèce de Forster parmi ceux que ce voyageur a laissés dans la bibliothèque de Banks.

C'est un serran à préopercule arrondi, d'une belle couleur sanguine, un peu pourprée. Il y a sur la caudale deux traits obliques convergens à la pointe, et dont le bord est blanc.

Les nombres sont :

D. 9/15; A. 3/8; C. 17; P. 16; V. 1/5.

Le Mérou rose.

(*Serranus roseus,* nob.)

Nous avons trouvé parmi les dessins de Par-kinson, de la bibliothèque de Banks, la figure d'un serran également originaire d'Otaïti, qui doit être voisin de l'espèce précédente.

---

1. *Perca urodela,* Forster; *Var. Bodiani miniati,* Bl., Schn., p. 333, n.° 10.

Le préopercule est arrondi; le corps est rose, ainsi que les nageoires, qui sont bordées de jaune. On ne peut y distinguer les nombres des rayons.

Le Mérou a anale bordée.

(*Serranus analis*, nob.)

Une espèce très-voisine a été rapportée de la Nouvelle-Irlande par MM. Lesson et Garnot.

Le corps paraît avoir été blanc-jaunâtre ou rosé, sans aucune tache; les nageoires sont arrondies et jaunâtres; l'anale seule est bordée d'un petit liséré noir ou violet foncé. Les dentelures du préopercule sont presque effacées; les épines de l'opercule médiocres; les dents en cardes, longues; les nageoires arrondies. Les nombres sont:

D. 9/13; A. 3/8; C. 17; P. 15; V. 1/5.

Longueur, sept pouces.

Le Mérou a dorsale bordée.

(*Serranus limbatus*, nob.)

MM. Quoy et Gaymard ont pris à l'île Guam, pendant la relâche qu'y fit M. le capitaine Freycinet, un petit serran

long de deux pouces, dont le corps est un peu moins haut que celui du précédent, et qui a le préopercule dentelé tout le long du bord. L'angle fait une saillie, à cause d'une petite échancrure qui est au bas du bord montant, mais sans recevoir de tubé-

rosité de l'interopercule : ainsi ce ne peut être un
diacope. Les épines de l'opercule sont faibles; la cau
dale est coupée carrément. Le dos paraît avoir é:
rougeâtre; les flancs et le ventre argentés; les nageo
res jaunes, et la dorsale bordée de noir sur toute l.
longueur.

D. 10/11; A. 3/9; C. 17, etc.

Le Mérou boelang.

(*Serranus boelang*, nob.)

Ce serran, originaire des mers de l'Inde
se distingue aisément de tous les précédens
parce qu'il n'a qu'une seule rangée de dents
fines sur chaque palatin.

Le préopercule est arrondi, un peu festonné et
finement dentelé. Les trois épines de l'opercule sont
médiocres; celle d'en haut est écartée des deux au--
tres. Les écailles sont ciliées; les nageoires arrondies
et alongées.

Les nombres de leurs rayons sont assez particuliers::

D. 8/16; A. 3/8; C. 16; P. 14; V. 1/5.

La couleur de l'individu sec est d'un brun clair; :
les nageoires sont plus foncées. On ne voit aucune :
trace de taches.

Sa longueur est de sept pouces.

Une notice, écrite en hollandais derrière
ce poisson, nous apprend qu'on le nomme en
malais *ikan boelang boelang;* que sa chair
est insipide : presque personne n'en mange. Il

meurt au moment où on le tire de l'eau. Les écailles tiennent si peu à la peau, qu'elles tombent dès qu'on les touche. Quand il est mort depuis quelque temps, et qu'il commence à se pourrir, il prend une couleur vert-de-mer.

Je ne trouve pas dans Valentyn de figure qui puisse se rapporter à cette espèce. Un poisson se trouve indiqué dans cet auteur sous le nom d'*ikan boelan;* mais, à en juger par la figure, ce doit être parmi les nombreuses espèces de Girelles (Julis) que nous pourrons le retrouver.

Le Mérou paille en queue.

(*Serranus phaeton*, nob.)

Nous ne pouvons découvrir dans les auteurs aucun indice de cette espèce, sans contredit la plus remarquable du genre, et que nous avons trouvée au Cabinet du Roi sans note sur son origine. C'est ici que nous croyons devoir la placer, à cause de la faiblesse de ses dents palatines, qui nous paraît la rapprocher du boelang; mais sa queue la distingue de tous les poissons connus jusqu'à présent.

Les deux rayons du milieu de la caudale, qui est fourchue, se prolongent chacun en un filament presque aussi long que le corps, et sont retenus ensemble par une membrane qui leur sert de fourreau; les au-

tres rayons de la caudale sont forts et comprimés ; les
dentelures du préopercule sont extrêmement fines.
Les épines de l'opercule sont faibles ; l'inférieure est à
peine visible. Il y a deux canines fortes, mais courtes
à la mâchoire supérieure, et les dents palatines et
vomériennes sont fines, très-peu sensibles. Les pectorales sont arrondies ; elles paraissent noires. La
dorsale est un peu mutilée. Nous ne pouvons rien
dire sur la couleur de ce poisson, dont le Cabinet
du Roi ne possède qu'un seul individu, sec et tout
décoloré. On ignore sa patrie.

Voici ses nombres :

D. 9/11 ? A. 3/9 ; C. 14 ; P. 17 ; V. 1/5.

Longueur, six pouces, sans le filet de la queue.

Ici finissent les serrans analogues au mérou
dont le corps est d'une couleur uniforme, ou
marbrée et nuageuse.

La mer des Indes en possède d'autres dont
le corps est marqué de raies, ou de bandes,
ou de grandes marbrures, soit longitudinales,
soit transversales ; la plupart ont, comme le
mérou, d'assez fortes dentelures à l'angle du
préopercule.

L'une des plus belles de ces espèces, et celles
que nous placerons en tête de leur série, a été
publiée par Russel, et quelques autres sont
déjà dans l'ouvrage de Bloch ; mais il y en a
aussi plusieurs nouvelles.

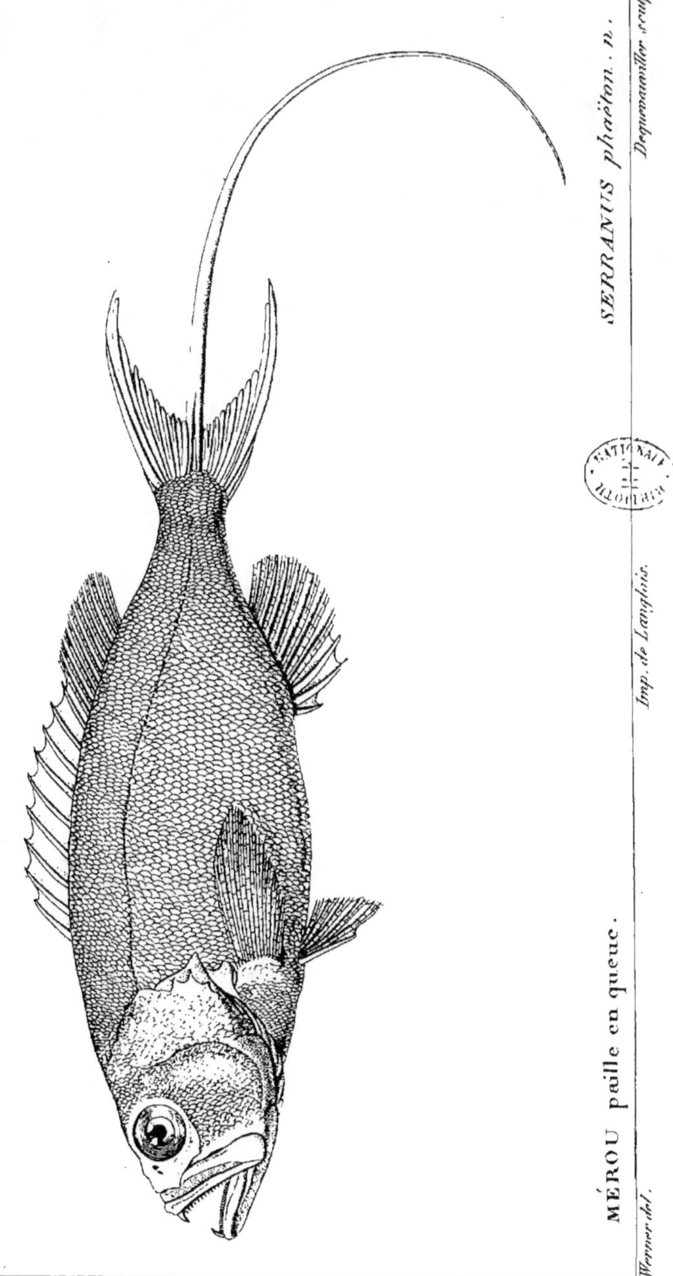

MÉROU paille en queue.
SERRANUS phaëton. n.
Werner del.
Imp. de Langlois.
Dupuzmaillier sculp.

Le Mérou élégant.

(*Serranus formosus*, nob.) [1]

M. Leschenault nous a envoyé de la côte de Coromandel ce beau serran, reconnaissable aux couleurs vives dont son corps est peint.

C'est un fond orangé ou roux, avec des bandes bleues, lisérées de brun, obliques sur la joue et l'opercule, où il y en a six, longitudinales et un peu irrégulières sur le corps, où l'on en compte quatorze ou quinze; la dorsale et l'anale en ont chacune quatre ou cinq. Les trois épines de l'opercule sont très-fortes; les dentelures du préopercule fines; les nageoires arrondies.

Les nombres de leurs rayons sont :

D. 9/18; P. 15; V. 1/5; A. 3/9; C. 17.

M. Leschenault nous dit qu'il s'appelle à Pondichéry *panne mine,* dénomination qui signifie *poisson-cochon,* et qui se donne à plusieurs espèces voisines.

Il atteint souvent quatre pieds de long, et sa chair est de bonne qualité.

Russel, à la planche 129, a représenté cette espèce, qui porte à Madras le nom de *Rahtee*

---

1. *Rahtee bontoo,* Russ., pl. 129; *Sciœna formosa,* Shaw, *Zool. Misc.,* p. 23, pl. 1007.

bontoo. Le poisson, selon lui, est très-brillant au moment où on le tire de l'eau ; mais ses couleurs se ternissent peu après la mort. D'après sa description,

les narines sont d'un bleu pâle ; les lèvres sont tachetées de bleu plus foncé. Des bandes bleu-d'azur alternent sur les côtés avec des bandes jaunes.

La partie épineuse de la dorsale est bleu-pâle, bordée de jaune ; toutes les autres nageoires sont bleu-d'azur, avec des bandes jaunes très-foncées.

Shaw, dans sa compilation du *Zoological Miscellany,* à la planche 1007, a donné une copie de la figure de Russel, et il l'a enluminée d'après la description que nous venons d'analyser. Il l'a appelée *sciœna formosa ;* mais il s'en faut beaucoup que ce soit une sciène.

Tout récemment nous venons d'en recevoir de beaux individus que M. Dussumier a pris dans la rade de Goa.

Il nous apprend que les couleurs du poisson frais sont le vert et l'orangé.

Le MÉROU RAYÉ.

(*Serranus lineatus,* nob.)

M. Leschenault nous a aussi envoyé ce serran de Pondichéry.

L'épine supérieure de l'opercule est à peine visible; les deux autres sont bien distinctes. La nageoire caudale est arrondie; la couleur du corps des deux individus que nous avons conservés en peau séchée, est brune. Il y a le long des côtés du dos quatre à cinq lignes noirâtres, qui sont bleues dans le frais. Elles disparaissent quelquefois, suivant M. Leschenault.

Les nombres des rayons sont :

D. 11/18; P. 16; V. 1/5; A. 3/9; C. 15.

Les individus de M. Leschenault ont un pied environ de long; mais, selon cet observateur, l'espèce atteint quatre pieds.

Les indigènes l'appellent *panne mine,* comme l'espèce précédente.

On trouve abondamment celle-ci pendant toute l'année dans les endroits rocailleux de la rade de Pondichéry.

Le Mérou nébuleux.

(*Serranus nebulosus*, nob.)

Nous indiquons sous ce nom un serran,

dont le corps et la tête sont alongés, et dont la couleur fauve est faiblement nuagée de brun. La joue est brune, avec quelques traces de traits bruns obliques; deux à trois taches brunes arrondies occupent le subopercule. Les dentelures du préopercule sont fortes à l'angle, qui est presque droit. Les trois épines de l'opercule sont grêles; celle du milieu est la plus longue. Le bord membraneux est très-large, et se prolonge en une pointe fort aiguë. La pectorale et la caudale sont arrondies.

Les nombres des rayons sont :

D. 11/15; A. 3/8; C. 16; P. 18; V. 1/5.

La longueur du seul individu que nous possédons, et qui est desséché, est de huit pouces.

Son origine ne nous est pas connue.

Le Mérou tigré.

(*Serranus tigrinus*, nob.; *Hol. tigrinus*, Bl.)[1]

Ce serran a été représenté par Seba, et le Cabinet du Roi possède l'individu même qui a servi de modèle à sa figure. M. Valenciennes en a acheté un autre à Amsterdam, de la même taille, et exactement semblable en tout point à celui du cabinet de Seba.

Ils ont trois pouces et demi de long. Le corps est alongé et couvert d'écailles âpres à leur bord. La dentelure du préopercule est fine et égale sur tout le bord de cet os, qui est arrondi. Les trois pointes de l'opercule sont très-grêles et peu visibles. Ce serran a, sur un fond brunâtre, sept bandes transverses noires,

---

1. Seb., t. III, pl. 27, fig. 5; Bl., 237.

et entre ces bandes des taches oblongues d'un noir un peu moins foncé. Les joues, les lèvres et le dessous de la mâchoire inférieure, sont tachetés de bleu. Le sommet de la tête est bleu-pâle, avec des points bleuâtres. Une bande de taches noires court devant et derrière l'œil. Sur la dorsale on voit une série de points noirs à l'extrémité de chaque rayon épineux, et sur la partie molle ces points s'alongent en bandes obliques. Une grande tache est sur le devant de la dorsale, du troisième au cinquième rayon épineux. L'anale est rousse et n'a que quelques petits points noirs sur les derniers rayons mous. La caudale est tachetée de gros points noirs, disposés sur quatre bandes transverses. Les pectorales et les ventrales sont rousses, sans aucunes taches.

On compte aux nageoires les nombres suivans pour les rayons :

D. 10/12; A. 3/8; C. 15; P. 14; V. 1/5.

Nous avons lieu de croire que ce poisson vient des mers de l'Inde.

Bloch en a donné, pl. 237, une figure assez exacte. La caudale est seulement plus échancrée que dans les individus que nous avons sous les yeux; et le sien étant décoloré, il a rendu le fond de la couleur du corps d'un blanc pur.

Bloch croit devoir rapporter à cette espèce le *mar-kekoe* de Valentyn, n.° 135, dont on trouve aussi une figure dans Renard, fol. 6,

fig. 45, sous le nom de *marquille*. Ce *mar-
kekoe* a, selon Valentyn, la tête bleu de ciel
et le corps, ainsi que les nageoires, d'un beau
jaune doré, avec des taches brunes nuageuses
sur le corps. Rien n'égale sa beauté, et sa chair
est délicate.

Bloch ajoute que Klein a laissé une figure
de cette espèce qu'il range parmi les perches.
Cette citation est inexacte : Klein l'a placée
dans un genre monstrueux qu'il nomme *cro-
chilus*, et qu'il caractérise par l'absence des
dents : *ore edentulo*, mais les six espèces qu'il
y rapporte sont toutes pourvues de dents,
et appartiennent à des genres et même à des
familles très-différentes. La première est notre
amphiprion selle; la seconde, un pomacentre;
la troisième, un blennie; la quatrième, probablement notre serran actuel, bien que sa
figure soit très-mauvaise; la cinquième est
une girelle, et la sixième un percoïde indé-
terminable.

Le MÉROU LANCÉOLÉ.

(*Serranus lanceolatus*, nob.; *Holocentrus lanceolatus*, Bl.)

On trouve aussi dans la rade de Pondichéry le serran que Bloch a décrit parmi ses

holocentres, et qu'il a fait graver à la pl. 242,
fig. 1, sous le nom d'*holocentrus lanceolatus.*

Il le fait venir du Japon, mais sans nous
dire d'après quelle autorité.

Cette espèce est reconnaissable au premier aspect
parmi ses congénères, à cause de la disposition bien
tranchée de ses couleurs. Elle a sur un fond blanc
cinq bandes verticales brunes, bordées de brun plus
foncé. La première traverse obliquement la partie
antérieure de la tête; la seconde, qui est sur l'opercule, se joint à la troisième au-devant de la dorsale.
Il y a des taches brunes, presque noires, sur la partie
molle de la dorsale et sur la caudale. Il y en a aussi
sur la pectorale, où elles sont disposées suivant deux
lignes courbes concentriques. Les nageoires, excepté
les ventrales, sont arrondies.

Les nombres des rayons des nageoires sont:

D. 11/14; P. 14; V. 1/5; A. 3/10; C. 17.

M. Leschenault nous dit que les bandes sont noires
pendant la vie, et que les nageoires sont agréablement marbrées de jaune et de noir.

Cette espèce porte, comme plusieurs autres, le nom de *panne mine,* et les pêcheurs
indiens croient que c'est le jeune d'une plus
grande espèce que nous décrirons bientôt
sous le nom de *serranus salmonopsis;* mais,
outre que M. Leschenault, qui a vu les deux
espèces pendant leur vie, doute de leur identité, nous croyons nous-mêmes qu'elles sont

différentes, attendu que nous comptons un rayon de plus à la dorsale et deux de moins à l'anale de celle-ci, et que nous n'y voyons aucun indice des taches noires que nous avons observées sur le salmonopsis, quoique les deux individus que nous avons comparés soient de même taille.

Russel a aussi observé ces deux espèces à Vizagapatam, et il les a figurées toutes deux dans son bel ouvrage. Celle qui fait l'objet du présent article est représentée à la planche 13o, sous le nom de *suggalahtoo bontoo.* Selon cet observateur, le fond du poisson est jaune, avec des bandes presque noires. Les lèvres sont tachetées de jaune et de noir.

Sa longueur est de onze pouces.

Les nombres des rayons sont très-semblables à ceux que nous avons comptés.

D. 11/14; A. 3/8; C. 18; P. 18; V. 1/5.

Le MÉROU ORIENTAL.

(*Serranus orientalis,* nob.; *Anthias orientalis,* Bl.)

Nous croyons devoir rapprocher de ce mérou lancéolé *l'anthias orientalis,* que Bloch a représenté à la planche 3a6, et dont M. de Lacépède a fait son *lutjanus aurantius* (t. IV, p. 239).

Ce poisson a le front plus bombé qu'aucune des espèces précédentes. Le fond de la couleur est orangé, avec de grandes marbrures noires.

Les nombres des rayons, d'après Bloch, sont :

D. 12/15; A. 3/7; C. 18.

Il dit de cette espèce, comme de tant d'autres, qu'elle habite les mers du Japon.

Le Mérou a deux épines.

(*Serranus diacanthus*, nob.)

M. Dussumier vient de nous rapporter de la côte de Malabar un serran reconnaissable aux deux fortes épines de l'angle du préopercule.

Le bord membraneux de l'opercule se prolonge en un angle fort aigu. Il y a deux fortes épines et une troisième supérieure, à peine sensible. Le bord montant du préopercule est fortement dentelé, et l'inférieur lisse, sans dentelures ni épines.

Les nombres des rayons sont :

D. 11/15; A. 3/8; C. 17; P. 16; V. 1/5.

Frais, ce poisson est blanchâtre, et son corps est traversé par cinq bandes verticales fauves. Le dessous de la tête et de la gorge est rosé; les pectorales sont roses, et les autres nageoires noirâtres. La caudale est carrée; les autres sont arrondies.

Nos plus grands individus ont sept à huit pouces.

Le Cabinet du Roi possède une peau desséchée d'un poisson semblable à ceux de M. Dussumier, mais dont la queue est tachetée de nombreux points noirâtres. Nous le regardons comme une variété.

Le Mérou a queue rouge.

(*Serranus erythrurus*, nob.)

Une autre espèce du Malabar, que nous devons aux soins éclairés du même naturaliste,

a le dos et le dessus de la tête verdâtres, variés de rouge; le dessous du corps blanc argenté; la dorsale verdâtre; les pectorales, les ventrales et l'anale jaunes; la nageoire de la queue rouge. Les joues sont assez renflées. Le bord du préopercule est arrondi, finement dentelé sur sa portion verticale et lisse sur sa portion horizontale. Les nageoires sont arrondies.
Les nombres des rayons sont :

D. 11/16; A. 3/9; C. 17; P. 17; V. 1/5.

Notre individu est long de huit pouces; mais les pêcheurs ont dit à M. Dussumier que l'espèce dépasse souvent trois pieds.

Le Mérou oxyrhinque.

(*Serranus oxyrhynchus*, nob.)

Nous avons un serran de l'ancienne collection du Cabinet du Roi, qui se distingue par son museau beaucoup plus pointu qu'à aucun des précédens.

La dentelure de son préopercule est fine et à peu près imperceptible.

Il paraît avoir eu sur le corps sept bandes transverses. Un trait longitudinal va de l'œil à l'angle de l'opercule, et un autre oblique descend de ce point le long du bord de l'opercule. Une tache oblongue est sur le milieu de l'opercule.

On ne voit pas de taches sur la queue.

La caudale est carrée, et les nombres des rayons sont :

D. 10/14; A. 3/8; C. 17; P. 13; V. 1/5.

Le Mérou hérissé.

(*Serranus horridus*, K. et Van H.)

Les infortunés Kuhl et Van Hasselt ont envoyé au Musée royal des Pays-Bas un très-grand mérou de Java,

dont le corps est d'un brun olivâtre, marbré de brun. La tête est couverte d'un grand nombre de petites taches brunes. La dorsale est aussi olivâtre, marbrée et tachetée de brun. Ses épines sont très-grosses et assez longues. L'anale est marquée de cinq à six raies brunes sur un fond olive. La caudale est arrondie et tachetée de gros points bruns. Les pectorales sont arrondies et portent sept raies brunes, transverses, sur un fond olive; leur base est tachetée de petits points bruns. Le chanfrein de cette espèce est assez relevé.

Ses nombres sont :

D. 11/15; A. 3/8; C. 17; P. 16; V. 1/5.

2.   21

Nous en avons vu des individus dans le Musée de Leyde, qui ont près de deux pieds et demi de long.

Le MÉROU GÉOGRAPHIQUE.

(*Serranus geographicus,* K. et V. H.)

Une autre espèce des mêmes mers, dont la connaissance est aussi due au zèle de ces naturalistes,

a le corps brun, marbré de grandes taches brunes plus foncées. La partie épineuse de la dorsale offre une grande tache triangulaire à la base de chaque rayon. La membrane est aussi bordée de brun. Le fond de la nageoire est jaune olivâtre; la partie molle est un peu plus orangée : elle a deux bandes brunes, longitudinales, à la base, et le haut tacheté de gros points bruns. L'anale est orangée, irrégulièrement rayée de brun. La pectorale et la caudale sont rayées de brun à leur base, et tachetées sur l'autre moitié; les ventrales sont olive, tachetées de brun.

Ce serran a le profil moins élevé; les dentelures du préopercule plus fortes. Toutes les nageoires sont arrondies, et leurs épines sont plus faibles que dans le précédent.

Les nombres sont :

D. 11/17; A. 3/10; C. 17, etc.

Nous avons vu les individus conservés à Leyde : ils ont de dix-neuf à vingt pouces.

Le Mérou réticulé.

(*Serranus reticulatus*, K. et V. H.)

Les mêmes voyageurs ont encore envoyé de
l'île de Java un serran beaucoup plus petit,

dont le corps est brun clair, chargé de petits crois-
sans dont la convexité est du côté du ventre, et qui
sont de couleur brune assez foncée. La tête est brune,
sans tache; les nageoires sont brunes, tachetées de
nombreux points bleus. L'iris est jaune, et la pupille bleu très-foncé.

Les nombres sont:

D. 11/17; A. 3/9, etc.

La tête est assez grosse. La dorsale et l'anale finissent en pointe peu aiguë; la caudale et les pectorales
sont arrondies. Les épines de la dorsale sont longues
et grêles. Ce poisson, conservé dans le Musée de
Leyde, a près de dix pouces de longueur.

Nous voici arrivés à parler d'un grand nombre de serrans de l'Océan indien, dont le corps
est semé de taches assez grandes et serrées, et
que la ressemblance de leurs couleurs a souvent porté à confondre les uns avec les autres;
dont plusieurs aussi ont été reproduits sous
des noms différens par les compilateurs, et c'est
ce qui nous a engagés, pour en faciliter la dis-

tinction, à les présenter ensemble, malgré quelques différences dans les dentelures de leur préopercule.

Nous placerons cependant en tête de leur liste une espèce qui se distingue éminemment par la hauteur de sa dorsale et de son anale, et qui, de plus, n'a aux palatins, comme le *boelang* et le *paille-en-queue,* qu'une rangée de très-petites dents. C'est

Le Mérou a hautes voiles.

(*Serranus altivelis,* nob.)

Il n'a qu'un groupe de dents en cardes sur le chevron du vomer; celles des palatins sont à peine sensibles. Aux mâchoires, les dents sont en carde, et on peut appeler canines deux dents courtes, mais un peu plus grosses que les autres, que l'on remarque sur le devant de la mâchoire inférieure.

Son museau est alongé et pointu. Son opercule a trois épines plates, dont l'inférieure est à peine sensible. Son préopercule est finement dentelé sur les bords, un peu échancré près de l'angle, et à l'angle même on observe deux ou trois dents écartées, un peu plus grosses que les autres. Le bord membraneux de l'opercule se prolonge en pointe assez aiguë.

Les pectorales sont longues et arrondies; la dorsale est plus élevée que dans aucune autre des espèces de serrans, et égale ou surpasse même le corps

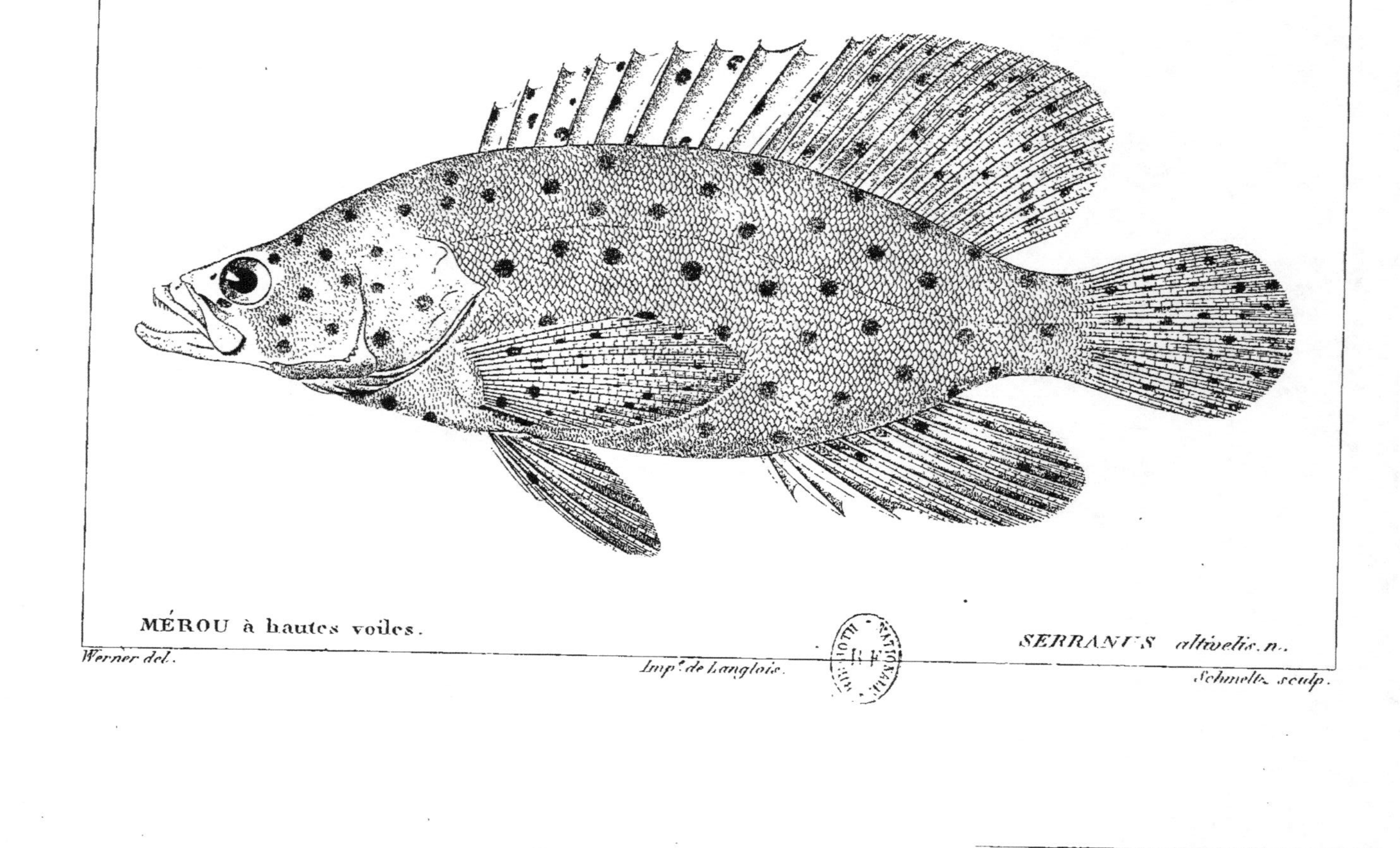

MÉROU à hautes voiles.

Werner del.

Imp.^e de Langlois.

SERRANUS altivelis. n.

Schmeltz sculp.

en hauteur ; l'anale est aussi plus haute qu'à l'ordinaire ; la caudale est ronde.

Je trouve pour les nombres des rayons :

D. 10/19 ; A. 3/10 ; C. 17 ; P. 16 ; V. 1/5.

La couleur du poisson est fauve sur tout le corps ; les nageoires ont une légère teinte noirâtre ; de grosses mouches rondes, d'un roux très-foncé ou presque brunes, couvrent la tête, le corps et les nageoires. Celles des pectorales et des ventrales sont un peu plus petites que les autres.

Cette espèce vient des mers de Java, d'où MM. Kuhl et Van Hasselt en ont envoyé des individus au Musée royal des Pays-Bas.

Le Cabinet du Roi en possède depuis longtemps un qui porte le nom hollandais de *Jacob Evertsen,* ainsi que les marins de cette nation ont coutume d'appeler dans l'Inde tous les poissons tachetés.

Je ne trouve dans aucun auteur l'indice que cette espèce ait déjà été décrite.

Le MÉROU MERRA.

(*Serranus merra,* nob.; *Epinephelus merra,* Bl.) [1]

L'espèce la plus connue et la plus commune de ces mérous tachetés est déjà figurée dans Seba d'une manière reconnaissable.

---

1. *Perca tauvina,* Forsk.; *Holocentre merra* et *Holocentre tauvin,* Lacép.; *Epinephelus merra,* Bl., pl. 329.

Forskal l'a décrite dans la mer Rouge, sous le nom de *perca tauvina*, d'après son nom arabe; et Bloch, tout en établissant, d'après Forskal, un *holocentrus tauvina*, a reproduit l'espèce sous le nom d'*epinephelus merra*.

Cette épithète de *merra*, qu'il lui affecte probablement d'après l'étiquette de son échantillon, n'est point, comme on pourrait le croire, un nom particulier d'espèce, mais un adjectif malais (*merah*), qui signifie rouge, et qui se donne comme épithète à beaucoup de poissons de cette couleur.

Il ne peut, par conséquent, appartenir à celle-ci, qui est brune ou violette, et en effet, dans le grand nombre de celles auxquelles Valentyn l'applique, il n'en est aucune qui ressemble au serran dont nous parlons ici. Nous le lui laisserons toutefois comme devenu insignifiant par l'emploi qui en a été fait, et parce qu'il est consacré par la figure de Bloch.

Ce merra ressemble assez à un jeune mérou. Ses mâchoires sont couvertes de petites écailles. Le préopercule est arrondi, et a quelques dentelures un peu plus fortes vers l'angle. Les épines de l'opercule sont très-pointues. Les écailles sont petites et ciliées. Toutes les nageoires sont arrondies.

Les nombres des rayons sont:

D. 11/16; A. 3/7; C. 17; P. 14; V. 1/5.

Tout le corps et les nageoires sont couverts de taches brunes : celles du corps sont plus larges, rondes et de même grosseur. M. Dussumier, qui a vu ce poisson aux Séchelles, dit que frais le fond de sa couleur est blanc jaunâtre; les taches sont de couleur marron, et les nageoires, verdâtres, sont aussi semées de points marron.

Klein [1] et Seba avaient ce poisson dans leurs collections; mais leurs figures ne montrent pas les dentelures du préopercule. Celle de Bloch est plus exacte : le préopercule est seulement trop arrondi, et il a mis des taches sur la partie épineuse de la dorsale, ce qui n'est pas dans la nature : il n'y en a que sur la partie molle. Il compte d'ailleurs un rayon épineux de moins à cette nageoire; mais dans son système posthume, il en marque le même nombre que nous. Le Japon est la patrie qu'il indique pour ce poisson, ainsi qu'il l'a fait trop souvent pour des poissons de l'Inde; mais il est certain que l'espèce habite toute la mer Orientale.

Outre le témoignage de Forskal, nous avons pour la mer Rouge celui de M. Geoffroy. MM. Quoy et Gaymard l'ont rapportée des îles de Waigiou et de Timor; MM. Lesche-

---

1. Klein, *Miss.*, t. V, p. 43, tabl. 8, 3; Seb., t. III, pl. 27, n.° 6.

nault et Mathieu, de l'Isle-de-France et de l'île de Bourbon; M. Dussumier, des Séchelles, etc. On la nomme *vieille* aux Séchelles et à Bourbon; mais M. Dussumier remarque que ce nom est donné par les colons français à tous les poissons tachetés qui ressemblent un peu à celui qui fait le sujet de cet article.

Un individu de l'île de Bourbon, rapporté par M. Leschenault, a ses taches de couleur violette, ce qui pourrait bien être quelquefois sa véritable teinte à l'état frais.

Une variété assez constante de cette espèce, dont nous avons reçu plusieurs échantillons, présente

des raies brunes interrompues, formées par la réunion de plusieurs taches des flancs. Ce sont d'ailleurs les mêmes points sur les nageoires : celles-ci sont arrondies, et le nombre de leurs rayons est le même.

Péron avait rapporté un individu de cette variété de Timor; et MM. Lesson et Garnot en ont trouvé à l'île Borabora, l'une de celles de la Société, et à celle d'Oualan, l'une des Carolines.

Le Mérou de Parkinson.

(*Serranus Parkinsonii,* nob.)

Nous avons vu parmi les dessins de Parkinson une espèce qui porte le nom de *perca maculata,* et qui doit être bien voisine de notre merra.

Ses formes sont les mêmes. Le corps est jaune, tacheté de points rouges rembrunis. Les nageoires sont arrondies. La pectorale est couverte de points ronds; mais la partie molle de la dorsale, au lieu d'être tachetée, est rayée obliquement.

Il y a douze épines à la dorsale et trois à l'anale. Le nombre des rayons mous n'est pas indiqué.

Le Mérou ruche.

(*Serranus faveatus,* nob.)

Nous avons à placer ici un mérou que nous avons cru devoir appeler *serranus faveatus.* Cette espèce, que nous ne trouvons pas indiquée dans les nomenclateurs, aura sans doute été confondue par eux avec le merra. Elle paraît aussi commune que le merra, et doit venir, comme lui, des mers de l'Inde. Commerson en a laissé plusieurs individus pris sur les côtes de l'Isle-de-France. M. Leschenault en a rapporté de Ceylan, où l'espèce se nomme *pouli kalava*.

Ses formes sont celles du merra, et la couleur de ses taches est la même ; mais elles sont autrement disposées. Leur nombre est beaucoup moindre ; leur largeur plus grande : il n'y en a guère plus de seize sur une ligne longitudinale, depuis l'ouïe jusqu'à la queue ; elles sont presque toutes hexagonales, et forment sur le corps du poisson un réseau semblable à un gâteau d'abeilles. Le long de la base de la dorsale on en voit quatre grosses plus foncées que les autres, et une impaire sur le dos de la queue.

D. 11/16 ; A. 3/8 ; C. 17 ; P. 16 ; V. 1/5.

Longueur, dix pouces.

Le MÉROU A TACHES HEXAGONES.

(*Serranus hexagonatus*, nob.)[1]

Commerson avait laissé parmi ses poissons desséchés la peau d'une espèce très-voisine des deux précédentes, que les naturalistes de l'expédition de M. Duperrey ont retrouvée à l'île Borabora et à l'île d'Oualan.

Le corps est couvert de taches nombreuses et serrées, le plus souvent hexagonales. Elles sont séparées par un réseau de points ou de lignes blanchâtres. Le long de la base de la dorsale on voit quatre

---

1. *Perca hexagonata*, Forster.; *Holocentrus hexagonatus*, Bl., Schn.

grosses taches noirâtres de chaque côté, une impaire au-devant de la nageoire, et une autre derrière, sur le dos de la queue.

Les nombres sont peu différens.

D. 11/16 ; A. 3/8 ; C. 17 ; P. 19 ; V. 1/5.

Le second rayon de l'anale est long et pointu.

Nous en avons des individus de neuf pouces.

Nous avons tout lieu de croire que c'est ce poisson que Forster a décrit à Otaïti sous le nom de *perca hexagonata*, et dont Bloch a fait un holocentre. Ce voyageur dit que le corps est semé de taches jaunâtres hexagonales, et qu'à chaque angle on voit un point blanc verdâtre. Les nombres s'accordent bien. Les insulaires d'Otaïti nomment l'espèce *terao*.

Le Mérou a trois taches.

(*Serranus trimaculatus*, nob.)

C'est à côté de cette espèce que nous devons parler du poisson que nous voyons figuré à la planche 64, fig. 2, dans l'atlas du Voyage autour du monde, commandé par l'amiral Krusenstern. Il s'y nomme *epinephelus* du Japon.

Le corps est brun-rose, sous un réseau brun noirâtre. Deux taches noires sont à la base de la partie molle de la dorsale, et une impaire sur le dos de la queue. La gorge, le limbe du préopercule et les nageoires dorsale, anale et pectorale sont jaunes.

Autant que l'on en peut juger par la figure, les nombres sont :

D. 9/15 ; A. 3/10.

Le MÉROU URA.

(*Serranus ura,* nob.)

M. Langsdorf a rapporté du Japon, et placé dans le Cabinet de Berlin, un mérou que M. le professeur Lichtenstein a bien voulu nous communiquer. Son nom japonais est *ura*.

Son préopercule est arrondi, et finement et également dentelé sur le bord. L'épine supérieure de l'opercule est presque nulle. Les nageoires sont arrondies : elles sont, comme tout le corps, couvertes de taches brunes un peu jaunâtres.

Les nombres sont :

D. 11/17 ; A. 3/8 ; C. 17 ; P. 16 ; V. 1/5.

L'individu est long de neuf pouces.

Le MÉROU MACULÉ.

(*Serranus maculosus,* nob.)

Nous rapprochons encore du merra l'espèce que nous nommons *serranus maculosus*.

Elle a la tête plus alongée. La partie épineuse de la dorsale est aussi haute que la partie molle. La pectorale nous paraît à proportion plus alongée que dans le merra. L'épine supérieure de l'opercule est à peu près nulle.

La couleur de l'individu, qui est conservé depuis très-longtemps dans l'alcool, est à peu près fauve clair, parsemé de gros points ronds, serrés, un peu plus fauves.

La dorsale est fauve, sans aucunes taches. Sa partie épineuse est bordée de noir. La caudale est arrondie, noirâtre à la pointe, et n'offre aucune trace de taches; les autres nageoires en sont également privées. Les ventrales et l'anale sont légèrement colorées de brun, et les pectorales sont pâles.

D. 11/15; A. 3/8; C. 15; P. 16; V. 1/5.

Nous ignorons la patrie de cette espèce que le Cabinet du Roi possède depuis très-longtemps.

Le Mérou pantherin.

(*Serranus pantherinus*, nob.; *Holocentrus pantherinus*, Lacép., t. III, pl. 27, fig. 3.)

On doit placer ici l'holocentre pantherin, que M. de Lacépède a décrit d'après un dessin de Commerson fait au fort Dauphin de Madagascar.

Dans ce dessin, seul document d'après lequel nous puissions en parler, la partie épineuse de la dorsale est représentée plus basse que la partie molle, comme cela a lieu dans la nageoire du dos du merra. La tête, le corps et la queue sont seules couvertes de taches rondes. Les nageoires n'en offrent aucune trace.

Cette différence entre les deux dorsales, et quelque dissemblance dans le nombre des rayons des nageoires du dos et de l'anus, nous empêchent de rapporter ce pantherin à aucune de nos espèces précédentes.

Commerson dit en note que le poisson était brun, tout couvert sur le corps de taches lenticulaires ferrugineuses, mais sans aucunes taches sur les nageoires.

Les nombres des rayons sont :

D. 10/14; A. 3/11; P. 16—18.

Le MÉROU BONTOO.

(*Serranus bontoo*, nob.)

Le poisson que Russel a représenté, pl. 128, sous le nom de *mandinawa bontoo*, est aussi très-voisin de notre *serranus maculosus*.

Ses nageoires arrondies n'ont pas de taches. Le corps est gris noirâtre, tacheté de gros points noirs ou bruns très-foncés, irrégulièrement disposés. L'iris de l'œil est d'un beau vert d'émeraude.

Ce poisson est rare à la côte de Vizagapatam. Les pêcheurs ont assuré à M. Russel qu'il ne dépassait jamais treize pouces.

D. 11/16; A. 3/9; C. 17; P. 18; V. 1/5.

Le Mérou cochon.

(*Serranus suillus*, nob.)[1]

M. Leschenault a envoyé de la côte de Coromandel deux individus d'une espèce que
les pêcheurs indigènes confondent avec beaucoup d'autres de ce genre sous le nom de
panne mine ou *poisson cochon*. Elle habite
sur les côtes rocailleuses, et on la prend facilement à la ligne.

Son corps est couvert de grosses taches orangées
sur un fond gris. Il y a quelques-unes de ces taches
sur l'anale, sur les ventrales et sur la pectorale; mais
il n'y en a point sur la dorsale, ni sur la caudale,
qui est arrondie. Une large bande brune règne sur le
milieu de la dorsale. Les épines de l'angle du préopercule sont très-fortes.

Les nombres sont :

D. 11/15; A. 3/8; C. 16; P. 18; V. 1/5.

M. Russel a aussi vu cette espèce à Vizagapatam, où les pêcheurs la nomment *bontoo*.
Il dit que le corps est cendré, tacheté de jaunâtre ou de brun. Ses individus avaient un
pied huit pouces de longueur.

---

1. *Bontoo*, Russ., CXXVII.

Le MÉROU DU CORAIL.

(*Serranus corallicola*, K. et V. H.)

MM. Kuhl et Van Hasselt ont envoyé au Musée royal des Pays-Bas un serran

dont le corps brun olivâtre et les nageoires verdâtres sont chargés de gros points bruns. L'iris de l'œil est jaune.

D. 10/18; A. 3/10, etc.

La caudale est arrondie; la dorsale et l'anale le sont moins. Longueur, sept pouces et demi.

Le MÉROU LÉOPARD.

(*Serranus leopardus*, nob.; *Labrus leopardus*, Lacép.)[1]

Commerson a seul recueilli cette espèce, et en a laissé des individus secs et un fort joli dessin.

La forme de son corps est en général celle de ses congénères. Ses canines supérieures et inférieures sont fortes; les dentelures du préopercule sont très-fines, et l'opercule a trois pointes plates, dont celle du milieu est la plus forte. Les nageoires sont arrondies.

D. 9/14; A. 3/9; C. 17; P. 16; V. 1/5.

---

1. *Labre léopard*, Lacép., t. III, pl. 3o, fig. 1.

A l'état sec, il paraît d'une couleur plus foncée sur le dos que sur le ventre. Il y a des traces presque insensibles de taches rondes plus pâles, semées sur tout le corps, principalement sur la tête, la poitrine et le ventre. Une bande brune traverse la tempe. A l'extrémité de cette bande, auprès de l'opercule, il y a une tache un peu plus foncée; une et quelquefois deux taches noires existent sur la queue, derrière la dorsale. Il y a une bande oblique sur le haut de la caudale, et une plus pâle sur le bas de cette même nageoire.

Dans le dessin de Commerson, les taches sont rouges, ainsi que la bande inférieure de la caudale.

La partie épineuse de la dorsale est bordée de rouge, et une tache rouge se trouve en avant de chaque aiguillon, au tiers inférieur de la hauteur. La partie molle de la dorsale et de l'anale est bordée d'une bandelette rouge, lisérée de brun; et il y a deux rangs de gros points rouges, semblables à ceux du corps.

M. de Lacépède, ayant examiné ce dessin, crut que le poisson représenté appartenait au genre des labres, et il le publia sous le nom de *labre léopard* (t. III, p. 517, pl. 30, fig. 1), quoique le dessin indique d'une manière évidente les épines de l'opercule, caractère qui aurait dû au moins le faire placer dans le genre des bodians, et nous nous sommes assurés de plus que le préopercule a de fines dentelures. Nous n'avons trouvé dans les manuscrits de Commerson aucune note relative à ce dessin, en sorte que nous ignorons entièrement la manière de vivre de ce mérou, et même sa patrie.

Le MÉROU A JOUES TACHETÉES.

(*Serranus spiloparæus*, nob.)

Nous avons également trouvé parmi les poissons secs que nous devons au zèle de Commerson, l'espèce qui fait le sujet de cet article. Ce savant voyageur ne l'avait probablement pas distinguée de la précédente ; car nous n'en trouvons aucun indice, ni parmi ses manuscrits, ni parmi ses beaux et nombreux dessins.

Ses formes sont entièrement semblables à celles du léopard ; mais nous croyons devoir l'en séparer, à cause de la différence du nombre des rayons, jointe à une différence plus grande dans les couleurs.

Le corps est d'un brun plus foncé ; les taches sont brunes, nombreuses et bien marquées sur les joues, mais à peine visibles sur le corps. La bande brune de la tempe du léopard, ainsi que les taches noires de la queue, manquent dans cette espèce. La caudale n'offre aucune trace des bandes brunes et rouges que nous avons observées sur celle du léopard.

Ces différences nous ont paru caractériser assez

bien cette espèce, dont les nombres des rayons des nageoires sont :

D. 9/12; A. 3/8; C. 15; P. 18; V. 1/5.

Nous ignorons la patrie de ce mérou.

Le MÉROU A NAGEOIRES NOIRES.

(*Serranus nigripinnis*, nob.)

C'est encore parmi les collections de Commerson que nous avons découvert cette nouvelle espèce de mérou, sur laquelle il n'a laissé aucune indication; en sorte que nous en ignorons la manière de vivre et la patrie.

Elle ressemble aux précédentes pour les formes; mais, sur un fond brun, son corps est semé de taches petites, nombreuses et serrées, qui, à l'état sec, paraissent blanches.

On en remarque un plus grand nombre vers la région antérieure.

Les nageoires sont arrondies, et leur couleur est brun très-foncé ou noirâtre.

Nous avons compté aux nageoires les nombres suivans de rayons :

D. 9/15; A. 3/9; C. 17; P. 17; V. 1/5.

Le MÉROU ZANANA.

(*Serranus zanana*, nob.)

Une quatrième espèce, plus grande que les précédentes, mais qui d'ailleurs se rapproche d'elles par ses formes et ses couleurs, a encore été rapportée par Commerson.

Son corps est large et court, sa tête grosse. Les dents sont en cardes très-fines, et les canines, au nombre de quatre de chaque côté et à chaque mâchoire, ont dû être très-fortes, à en juger par les alvéoles larges et profonds qu'elles ont laissés. Les mâchoires sont couvertes de petites écailles, caractère qui la rapprocherait du mérou, si le préopercule n'était pas arrondi, et à dentelures à peine visibles.

Les trois épines de l'opercule sont plates, peu longues, mais fortes et aiguës : la supérieure est un peu éloignée des deux autres. Les pectorales sont grandes et arrondies ; la dorsale peu élevée, et sa partie molle, presque coupée carrément, est plus petite que celle de l'anale. Cette nageoire est arrondie ; la caudale est également arrondie et très-haute quand elle est déployée.

Les nombres sont, pour les rayons :

D. 9/15 ; A. 3/9 ; C. 17 ; P. 15 ; V. 1/5.

Ce poisson, à l'état sec, paraît jaunâtre ; tout le dos est semé de petites taches brunes, qui sont effacées sur le ventre ; les joues, l'opercule et les nageoires verticales en sont également marquées ; mais les pectorales et les ventrales n'en offrent aucune trace. Le long du dos, à la base de la dorsale, on voit les restes de quatre grosses taches rondes. Les deux premières, placées sous la partie épineuse de la nageoire, sont presque effacées ; les deux autres sont très-marquées de chaque côté de la partie molle. Sur la queue, derrière la dorsale, il y a deux taches très-foncées, dont l'antérieure est la plus grande.

M. de Lacépède n'a point fait mention de cette belle espèce, quoique Commerson en eût laissé un fort beau dessin fait par Sonnerat.

Il est au crayon rouge, en sorte que la couleur du corps de ce serran doit être rouge de minium, semée partout de tâches noires, excepté sur la mâchoire inférieure, sur la membrane des branchies, sur les pectorales et les ventrales. Les grandes taches des côtés du dos et celles qui sont sur la queue sont noires aussi, mais plus pâles que les points qui sont sur le corps.

Commerson a marqué que ce poisson devait être classé parmi ses *aspro,* qui sont nos serrans, et, sans indiquer où il a observé cette espèce, il dit qu'on la nomme vulgairement le *zanana.*

Le Mérou semi-ponctué.

(*Serranus semi-punctatus,* nob.)

M. Leschenault nous a envoyé de Pondichéry un mérou que les pêcheurs de cette côte confondent avec les autres sous le nom de *panne mine.*

Cette espèce a la tête et les nageoires seules tachetées ; le corps est traversé par six à sept bandes brunes assez larges. Les dentelures du préopercule sont fines. Nous possédions depuis long-temps un autre individu de cette espèce, sans indication d'origine, et qui a près d'un pied de long.

Les nombres sont :

D. 11/15 ; A. 3/10 , etc.

Les nageoires sont arrondies.

Cette espèce a le plus grand rapport avec le poisson que Thunberg a figuré dans les nouveaux Mémoires (Stockholm, 1793, t. XIV, pl. 1, fig. 1), et qu'il nomme *perca septem-fasciata.*

Si la tête et les nageoires étaient tachetées, nous ne balancerions pas à le regarder comme de la même espèce.

Les nombres, suivant Thunberg, sont :

D. 10/15 ; A. 3/9 ; C. 19 ; P. 18 ; V. 1/5.

Nous trouvons aussi dans l'imprimé japonais que nous avons déjà cité, un poisson très-voisin de celui de Thunberg, si ce n'est le même. Sur un fond verdâtre le corps est traversé par cinq bandes brunes. L'espace entre les bandes est tacheté de points bruns. On voit ce même poisson figuré dans l'Encyclopédie japonaise ; et M. Abel Remusat a bien voulu nous dire qu'il y est désigné par un nom qui équivaut à celui de *perche.*

Le Mérou salmonoïde.

(*Serranus salmonoides*, nob.; *Holocentrus salmo-*
noides, Lacép.)

Le *mérou salmonoïde* a été rangé par M. de
Lacépède (t. III, pl. 34, fig. 3) dans son genre
holocentre, sous le nom *d'holocentre salmo-*
noïde. C'est d'après un dessin de Commerson
qu'il en a établi les caractères; mais Commerson en ayant laissé plusieurs individus secs,
nous avons pu nous assurer que si ce dessin
fait connaître exactement la disposition des
couleurs, le préopercule y est marqué incor-
rectement, en ce que le dessinateur en a trop
arrondi le contour, et qu'il a négligé de faire
sentir les trois ou quatre épines fortes qui
sont à l'angle de cette pièce operculaire.

La longueur de la tête du mérou salmonoïde est
un peu plus grande que le tiers de la longueur
totale du poisson. La forme du front, du bout de
la mâchoire inférieure, sont les mêmes que dans le
mérou. Les mandibulaires sont également couverts
de petites écailles. Le bord montant du préopercule est médiocrement dentelé, et à son angle il y
a trois dents plus fortes, à égale distance l'une de
l'autre.

Les épines supérieure et inférieure de l'opercule
sont très-peu sensibles. Il y a quelques rugosités assez

fortes à l'angle supérieur de l'interopercule. Les nageoires sont arrondies.

La couleur paraît avoir été un brun très-foncé ; le corps et les nageoires sont entièrement parsemés de points noirs. Six à sept bandes verticales noirâtres traversent le corps : la première passe sur la tête, à travers le préopercule ; la dernière est sur la queue, près de l'attache de la caudale.

D. 11/16 ; A. 3/8 ; C. 17 ; P. 18 ; V. 1/5.

Commerson avait obtenu cette espèce à l'Isle-de-France.

M. Dussumier vient de nous en rapporter des Séchelles un très-bel individu long de quinze pouces.

Elle vit aussi dans la mer Rouge. M. Geoffroy l'avait trouvée à Suez, et M. Ehrenberg en a donné au Cabinet du Roi un des beaux et nombreux individus qu'il a rapportés de cette mer.

Le MÉROU SUMMAN.

(*Serranus summana*, nob. ; *Perca summana*,
Forsk.) [1]

C'est encore au zèle éclairé et à la générosité de M. Ehrenberg que nous sommes redevables du *perca summana,* que Forskal avait

---

1. *Pomacentre symman*, Lacép., t. III, p. 511.

plutôt indiqué que décrit. Ses affinités avec le précédent sont très-grandes.

La différence la plus notable se trouve dans la forme du préopercule, dont l'angle est arrondi et dont le bord est finement et également dentelé. Les épines de l'opercule sont médiocres. Le bord de l'interopercule a quelques fines dentelures. Les nageoires sont arrondies.

D. 11/16; A. 3/8; C. 17; P. 16; V. 1/5.

Tout le corps est brun, marbré de grandes taches grises et tout parsemé de points blanchâtres, qui s'étendent aussi sur les nageoires : celles-ci ont une légère teinte verdâtre.

Il y a la tache noire sur la queue, dont parle Forskal. Un trait noir descend de la pointe supérieure du maxillaire, le long du bord antérieur du sous-orbitaire, jusque sur le préopercule. C'est là probablement ce qu'a entendu Forskal par cette tache oblongue, oblique et noirâtre, qu'il place sous l'œil.

Le Cabinet du Roi possède un individu long d'un pied, que M. Ehrenberg a pris à Massuah. Les Arabes nomment ce poisson *summan* ou *symman*.

Un autre individu, un peu plus petit, est d'une couleur brune et plus foncée, ce qui fait paraître les marbrures plus blanches. Les points blancs sont plus gros et moins nombreux. On y voit d'ailleurs le trait noir sous l'œil; la tache noire sur la queue est beaucoup plus marquée.

Il ne nous paraît pas impossible que ce ne soit la variété *B* du *perca summana* de Forskal qu'il désignait sous le nom de *varietas fusco-guttata.*

Le MÉROU A POINTS BLANCS.

(*Serranus leucostigma,* Ehr.)

M. Ehrenberg nous a communiqué le dessin d'une petite espèce très-voisine des précédentes,

dont le corps est tout vert, tacheté de blanc pur. Les dentelures du préopercule sont assez fortes. La partie molle de la dorsale et de l'anale sont élevées et pointues; la caudale est arrondie.

Les Arabes la nomment *gurumgie* à Massuah.

Le MÉROU A GROSSES LÈVRES.

(*Serranus tumilabris,* nob.)

M. Dussumier a rapporté des Séchelles une espèce encore extrêmement voisine.

Les dentelures du préopercule sont fines, un peu plus fortes vers l'angle. Les trois épines de l'opercule sont un peu plus fortes. Il n'y a pas de dentelure à l'interopercule. Les nageoires sont arrondies.

D. 11/16, A. 3/9, etc.

Les lèvres sont beaucoup plus étendues et plus grosses que dans les autres mérous. M. Dussumier nous dit que, frais, ce poisson est gris pointillé de vert-clair. Dans la liqueur il est devenu jaunâtre et les taches sont grises. Un trait noir borde le maxillaire au-dessous du sous-orbitaire.

Longueur, sept pouces.

Le Mérou a lignes blanches.

(*Serranus leucogrammicus*, Reinw.)

M. Reinwardt nous a permis de décrire dans le Musée royal des Pays-Bas un très-beau serran qu'il y a rapporté des îles Moluques.

Le corps est alongé et plus comprimé que dans les autres mérous. La tête est longue, et fait le tiers de la longueur totale. Les lèvres sont épaisses et charnues. Le préopercule est arrondi, et ses dentelures sont égales et fines. Les trois épines de l'opercule sont plates. Il y a quelques dentelures au bord inférieur de l'interopercule et du sous-opercule. Les parties molles de la dorsale et de l'anale sont hautes. Toutes les nageoires sont arrondies, et leur membrane est transparente. Les rayons sont peu serrés.

D. 11/15 ; A. 3/9 ; C. 16 ; P. 16 ; V. 1/5.

Le corps est gris, marqué de trois raies longitudinales argentées, dont la supérieure part de l'œil et suit la courbe du dos ; la seconde naît à l'angle de l'opercule, et la troisième commence sur le sous-orbitaire, passe sous l'œil et se porte, comme la précédente, jusqu'à la caudale. Quelquefois elles sont brisées, et forment une suite de traits blancs. Le corps, en outre, et toutes les nageoires sont couverts de taches orangées. La caudale et les ventrales sont verdâtres.

M. Dussumier nous a rapporté des Séchelles un bel individu de la même espèce, qui a près d'un pied de long.

Il nous paraît que Renard a représenté ce poisson, fol. 1, n.° 6, sous le nom d'*anniko-moore*. Il le dessine assez exactement, et il colore le dos en brun et le ventre en blanc. Il y a les lignes blanches sur le corps, et de nombreux points rouge-orangé semés partout, même sur les nageoires. Dans le Recueil de Corneille Vlaming, où les figures ont plus de vérité, le corps est gris, rayé de blanc et tacheté de rouge; la caudale est verdâtre; ce qui s'accorde tout-à-fait avec la description que M. Dussumier a faite sur le poisson frais. Nous trouvons aussi notre poisson dans Valentyn (p. 476, n.° 409) sous le nom malais de *ikan kipas-kœning*, ce qui veut dire *poisson éventail jaune*. Les couleurs sous lesquelles cet auteur le peint, correspondent assez bien à ce que nous voyons sur la nature.

Ce poisson est de bon goût, et se sert sur les tables.

Le Mérou rogaa.

(*Serranus rogaa,* nob.; *Perca rogaa,* Forsk.)[1]

M. Geoffroy a donné au Cabinet du Roi un poisson qui présente tous les caractères du *perca rogaa* de Forskal.

C'est un mérou à corps trapu, à mâchoires couvertes de petites écailles, dont le préopercule est arrondi, et n'a que quelques dentelures, même peu sensibles, vers l'angle. Une légère échancrure est au-dessus de cet angle, et le bord montant est lisse. Les trois épines de l'opercule sont très-fortes. L'interopercule est dentelé. Les nageoires sont arrondies.

D. 9/17; A. 3/9; C. 17; P. 16; V. 1/5.

Tout le corps paraît avoir été brun foncé, avec quelques taches bleues effacées.

La forme du préopercule, la force des épines de l'opercule, les nageoires arrondies, les nombres de leurs rayons et la couleur brune, forment un ensemble de caractères qui conviennent entièrement à la description que nous a laissée Forskal. Il ne parle pas cependant des taches bleuâtres que nous indiquons sur notre individu; mais elles y sont très-rares, et elles auront pu échapper à Forskal.

Il dit que ce poisson est commun sur les côtes rocheuses et madréporiques. Les Arabes le nomment *rogaa,* ce qui veut dire *échiquier.*

---

1. *Bodian rogaa,* Lac., t. IV, p. 296.

Le Mérou aréolé.

(*Serranus areolatus*, nob.; *Perca areolata*, Forsk.)[1]

M. Geoffroy a fait représenter à la planche 20 du grand ouvrage sur l'Égypte une très-belle espèce de mérou, que M. Ehrenberg a aussi trouvée dans la mer Rouge.

Elle a le museau plus pointu que le mérou; la mâchoire plus avancée; quatre ou cinq fortes épines à l'angle du préopercule. La partie molle de la dorsale et de l'anale est arrondie; mais la caudale est coupée carrément et même un peu échancrée quand elle n'est pas très-étendue.

D. 11/18; A. 3/8; C. 17; P. 18; V. 1/5.

Nous en avons un individu long de dix-huit pouces; mais il paraît qu'il y en a de beaucoup plus grands. Tout le corps est couvert de nombreuses taches noirâtres, ferrugineuses, sur leur bord. Ces taches sont peu espacées, et laissent entre elles de petits traits gris. Sur les nageoires elles sont peu rondes. Un trait noir descend obliquement le long du bord supérieur du maxillaire.

Il nous paraît impossible de ne pas reconnaître dans ce poisson le *perca areolata* de

---

1. *Perca tauvina*, Geoff. Saint-Hilaire, Égypt., pl. 20, fig. 1; Is. Geoff., p. 201.

Forskal. Outre que les nombres s'accordent, le caractère de la caudale et les dispositions des taches conviennent parfaitement à la description du naturaliste danois. M. Geoffroy l'avait regardé comme le *perca tauvina* de Forskal, bien que ce dernier dise que la caudale est arrondie, et qu'il y ait encore d'autres différences dans le nombre des rayons et dans la disposition des taches. Depuis, M. Isidore Geoffroy, en publiant la description des poissons rapportés par son père, a reconnu l'erreur; mais il n'en a pas moins conservé le nom de *serran tauvin*.

Forskal dit que les Arabes de Djidda nomment cette espèce *daba*, ce qui veut dire *bras* ou *hyène*.

Le Mérou mélanure.

(*Serranus melanurus*, nob.; *Bodianus melanurus*, Geoffr.) [1]

Une seconde espèce de mérou à caudale coupée carrément, est due également aux soins du savant professeur qui nous a rapporté la précédente.

Elle se distingue de celles dont nous venons de

---

1. Is. Geoff., p. 205 ; *Bodian mélanure*, Geoff., Égypte, pl. 21, fig. 1.

parler, parce qu'elle a, de plus, le bord inférieur du
subopercule et de l'interopercule assez fortement dentelé. Le bord montant du préopercule est dentelé,
et il y a trois dents fortes à l'angle; souvent l'une
d'elles est bifide. L'opercule a trois fortes épines;
mais il n'a aucunes dentelures à son bord inférieur.
Ce poisson a le corps trapu.

D. 11/17; A. 3/9; C. 17; P. 16; V. 1/5.

Il paraît être d'une couleur uniforme. Sur la partie
molle de la dorsale et de l'anale, et sur la caudale, se
voient des taches rondes ferrugineuses.

M. Geoffroy avait fait graver cette belle espèce comme un bodian, bien que les dentelures et les fortes épines de son préopercule
l'éloignassent de ce genre. M. Isidore Geoffroy l'a replacée avec raison parmi les serrans;
mais n'ayant trouvé dans les papiers de son
père aucune note qui s'y rapportât, il n'a pu
en donner qu'une simple description. Ce poisson vient de Suez.

Le MÉROU A TACHES OLIVES.

(*Serranus chlorostigma*, nob.)

La mer des Séchelles nourrit un mérou dont
nous sommes encore redevables à M. Dussumier.

Tout son corps est blanchâtre, et semé, ainsi que
les nageoires, de taches olives. Le dessous de la mâ-

choire est aurore, et le bord de la caudale est blanc. Les taches sur les nageoires sont petites : elles sont presque effacées sur les pectorales. La membrane de la dorsale épineuse est lisérée de noir. Le préopercule est finement dentelé, et a vers l'angle cinq à six grandes dents plus fortes. L'angle ne fait pas d'ailleurs une grande saillie au-delà du bord. L'interopercule et le subopercule ont quelques dentelures. L'anale est un peu carrée, et la dorsale faiblement pointue; la caudale est coupée carrément.

Les nombres sont :

D. 11/17; A. 3/9; C. 17; P. 18; V. 1/5.

Longueur, neuf pouces.

Le Mérou angulaire.

(*Serranus angularis*, nob.)

M. Dussumier a rapporté de Ceylan cette espèce, qui ressemble beaucoup à la précédente.

Son préopercule, finement dentelé, donne un angle saillant au-delà du bord, qui porte quatre à cinq dents très-fortes. Le bord inférieur de l'interopercule et du préopercule est finement dentelé. Les épines de la dorsale sont fortes. La caudale est coupée carrément.

Les nombres sont :

D. 11/15; A. 3/8; C. 17; P. 16; V. 1/5.

Frais, ce poisson est blanchâtre, tacheté de nombreux points olivâtres. La dorsale, l'anale et la caudale sont verdâtres, et les taches qui les couvrent

2.

sont très-foncées. Les pectorales sont blanchâtres et leurs taches jaunâtres. Le bord blanc de la caudale est plus large que dans le précédent.

Ce poisson est très-bon à manger. Nos individus ont un pied de longueur.

Le Mérou variolé.

(*Serranus variolosus*, nob.)

Nous avons tout lieu de croire qu'il faut placer ici le *perca variolosa*, dont Forster a laissé un dessin, que nous avons retrouvé dans la bibliothèque de sir Joseph Banks.

Le corps y est représenté de couleur écarlate, et tacheté. Le bord de la dorsale épineuse est noir; la caudale est coupée carrément; les dentelures de l'angle du préopercule sont fortes.

Schneider, dans l'édition de Bloch, p. 333, cite la description d'un *perca maculata* de Forster, qui est probablement le même poisson.

Les nombres y sont ainsi comptés :

D. 11/16; A. 3/8; C. 19, etc.

Il avait été pris à Otaïti.

Bloch en fait une variété de son *bodianus miniatus,* ou, ce qui est la même chose, du *perca miniata* de Forskal; mais ce *perca miniata* est une diacope.

Nous terminerons cette série des mérous à corps tacheté par ceux dont les taches sont si petites que l'on pourrait plutôt les appeler des points ; ce sera, si l'on veut, les mérous piquetés. Il y en a aussi dans les deux océans un grand nombre d'espèces très-semblables entre elles, et dont la synonymie est par conséquent très-difficile à fixer, d'après les descriptions incomplètes et des figures trop peu finies des auteurs. La plupart ont le préopercule arrondi, et si finement dentelé qu'il a été regardé comme entier, et qu'on les a rangés parmi les bodians.

Les espèces de la mer des Indes sont connues en général des Hollandais sous le nom bizarre de *Jacob Evertsen.*

On en trouve plusieurs figures dans les auteurs qui ont publié des poissons de cette mer.

Bontius est le premier qui en ait parlé (*Ind.,* p. 77), et c'est par lui que l'on sait l'origine du nom de *Jacob Evertsen :* c'était celui d'un amiral qui commandait une des premières expéditions des Hollandais aux Indes orientales, et qui avait le teint brun et tout couvert de taches. Un poisson de cette tribu ayant été pêché près de l'île Maurice, les matelots trouvèrent plaisant de lui donner le nom de leur chef, et ce nom est resté à l'espèce et aux espèces voisines.

Il paraît que dans la langue des indigènes d'Amboine ou de Java ces poissons se nomment *okara*. On en voit un dans les dessins de Vlaming, n.º 57, avec ce nom d'*okara*, et intitulé autrement *Jacob Evertsen gris*, qui est coloré en gris foncé et piqueté de bleu clair; et n.º 68 il y en a un rouge, aussi piqueté de bleu, appelé *okara mera*, c'est-à-dire *okara rouge*; n.º 164 en est un petit gris-roussâtre, à nageoires jaunâtres; à piquetures noires, nommé *goujon de l'Isle-de-France*.

L'*okara* rouge est copié dans Renard, pl. 28, fig. 153, et s'y nomme *luccesje mera*. Le gris y est, pl. 20, fig. 3, sous le nom de *Jacob Evertsen*, sans autre épithète; et il y en a un brun, à nageoires roses, mais aussi piqueté de bleu, sous le simple nom de *luccesje*, pl. 30, fig. 162; enfin, le n.º 164 de Vlaming y est, pl. 3, n.º 17, sous le nom de *Jacob Evertsen bigarré*; mais sa teinte brune y est changée en gris bleuâtre.

Valentyn copie aussi deux de ces figures, n.º 37, sous le nom de *Jacob Evertsen brun*, et n.º 41, sous celui d'*ikan-okara*.

Il s'en trouve encore une figure dans la seconde partie de Renard, pl. 8, fig. 36 : celle-là est enluminée de gris-brun clair; ses nageoires sont vertes et ses points bleus. Il y est dit qu'elle doit être gardée trois jours avant d'être cuite : autrement sa chair est coriace.

Selon Valentyn, le *Jacob Evertsen gris* est de la taille d'une grosse perche, et sa chair est ferme et agréable.

Bloch rapporte un peu légèrement presque toutes ces figures à son espèce du *bodianus guttatus*, et, selon sa coutume, il imagine que ces mots malais *ikan-okara* sont des mots japonais.

Le MÉROU A GOUTTELETTES.

(*Serranus guttatus*, nob.; *Bodianus guttatus*, Bl., 224.)

Nous décrirons d'abord un de ces mérous piquetés qui se trouve à l'état sec dans le Cabinet du Roi, et qui nous paraît le vrai *bodianus guttatus* de Bloch.

Les trois épines de l'opercule sont très-fortes. Le bord du préopercule est finement dentelé. Le second rayon épineux de l'anale est très-fort et presque aussi long que les rayons mous. La pectorale et la caudale sont arrondies.

D. 9/16; A. 3/8; P. 13; V. 1/5; C. 15.

La couleur est d'un brun uniforme sur tout le

corps. Le bord de chaque écaille est plus foncé que le milieu, en sorte que le poisson a l'air d'être couvert d'un réseau à mailles très-serrées. Toute la tête est semée de points, qui ont dû être bleus pendant la vie. On voit aussi sur la caudale et sur l'anale des restes de points bleuâtres entourés d'un cercle brun, et la pectorale est tachetée de brun. Il n'y a plus sur le corps que quelques traces très-effacées de taches. J'en vois aussi sur les ventrales.

Bloch avait reçu son individu par son ami John, qui lui dit qu'à Tranquebar on nomme l'espèce *ganimin*. Elle atteint quatre pieds de long, et est plus commune à Manar. Elle devient très-grasse, et sa chair est estimée des Européens. Elle remonte dans les fleuves pour frayer et déposer ses œufs dans les endroits pierreux.

MM. Lesson et Garnot ont pris à Waigiou des individus que nous rapportons à cette espèce, et qui correspondent encore plus exactement à la figure de Bloch.

Les taches sont bleues sur un fond blanchâtre; un cercle brunâtre les entoure. Sur les joues et les mâchoires ce sont des points bruns, et sur les nageoires les cercles bruns ont disparu. Les nombres sont les mêmes. La longueur est de onze pouces.

Le Mérou a points bleus.

(*Serranus cyanostigma,* K. et V. H.)

MM. Kuhl et Van Hasselt avaient dessiné à Java un assez grand mérou,

dont le corps et les nageoires sont d'un bel orangé, plus foncé sur le dos, plus pâle vers le ventre. Le poisson est tout couvert de points bleu de ciel. La partie épineuse de la dorsale est bordée d'orangé clair; les pectorales, la dorsale, l'anale et la caudale sont bordées de bleu.

Le préopercule est arrondi et très-finement dentelé; les trois épines de l'opercule sont fortes. Les nageoires sont arrondies.

Les nombres sont :

D. 9/16; A. 3/8, etc.

C'est sans contredit le *Jacob Evertsen rouge* que nous trouvons dans le recueil de Vlaming peint d'un beau rouge et piqueté de bleu. Il y est nommé *okara mera.* Je crois cette figure copiée dans Renard, fol. 28, n.° 153, sous le nom de *leucesje mera.* On y voit un point blanc dans le centre des taches bleues.

La description de Valentyn (t. III, p. 392), se rapporte parfaitement au dessin original que nous venons de citer; mais il paraît que sa figure, n.° 146, a été gravée d'après un autre dessin.

Le Mérou piqueté a six bandes.

(*Serranus sexfasciatus*, K. et V. H.)

MM. Kuhl et Van Hasselt ont envoyé de Java au Musée royal des Pays-Bas un mérou

dont le corps, de couleur rouge-brique, est traversé par six bandes noirâtres, et tout couvert de points blanchâtres. La tête n'a pas de points; les épines de l'angle du préopercule sont très-fortes, disposées en étoile, et les deux inférieures ont la pointe dirigée vers le bas; les trois épines de l'opercule sont aussi très-aiguës. Les nageoires sont toutes arrondies; la pectorale est grise, sans aucunes taches; les ventrales sont noirâtres. Les nageoires impaires sont jaunâtres, couvertes de points noirs.

Les nombres des rayons sont :

D. 11/15; A. 3/8; C. 17; P. 17; V. 1/5.

Nous avons vu à Leyde des individus longs d'environ dix pouces.

Le Mérou argus.

(*Serranus argus*, nob.; *Cephalopholis argus*, Bl.)

Nous croyons devoir rapprocher de cette espèce le *cephalopholis argus* (Bl., Syst. posth., p. 311, pl. 61). Le caractère d'un museau écailleux, sur lequel Bloch a nommé ce genre cephalopholis, convient à tous les mérous que nous venons de décrire, et particulièrement au précédent;

mais le préopercule lisse et non dentelé du cephalopholis le distingue facilement. Il a, en outre, deux rayons de plus à la dorsale. Ses couleurs sont disposées de même par bandes; mais les taches de la caudale et de la dorsale sont blanchâtres, entourées de noir.

C'est à l'une de ces deux espèces, et plutôt au cephalopholis, que nous rapporterons le *canjounou* de Renard, fol. 2, n.° 70. Dans les dessins originaux de Corneille de Vlaming, ce mérou est nommé *cajounou of caban*. La moitié antérieure du corps est brune, assez foncée; l'autre est peinte de six bandes blanches alternant avec six brunes. Les lèvres et les nageoires paires sont bleues. La partie épineuse de la dorsale est brun-pâle, bordée de rouge. La partie molle de la dorsale et de l'anale est orangée, bordée d'une large bande bleue; la caudale est brune, aussi bordée de bleu. Tout le poisson est couvert de taches bleues, excepté sur la partie épineuse de la dorsale. Renard a changé toutes ces couleurs: le fond du poisson est devenu brun-clair; les bandes blanches sont roses, ainsi que les lèvres; les nageoires sont verdâtres, bordées de brun : les taches ont leur centre blanc.

Valentyn donne le même poisson, t. III,

p. 459, n.° 159, et le nomme *kajounou* (*ikan-kajoenoe*). Il dit que sa taille est à peu près d'un empan, et que sa chair est agréable au goût : d'ailleurs sa description ressemble en tout au dessin de Vlaming.

Le MÉROU BŒNACK.

(*Serranus Bœnack*, nob.; *Holocentrus Bœnack*, Bl., pl. 326.)

L'holocentre bœnack de Bloch se rapproche assez de son *cephalopholis* pour que nous ayons cru devoir le placer ici, quoique les taches paraissent lui manquer.

Il en diffère encore par les quatre bandes longitudinales brunes qui sont sur les joues. Bloch lui donne une couleur brune dorée, sur laquelle se détachent sept bandes brunes transverses. La troisième se divise en trois branches sur le ventre. Une huitième bande est à la base de la caudale, qui est verdâtre, terminée par du brun. Les bandes du corps se prolongent sur la dorsale, dont la partie épineuse est jaunâtre, et la partie molle vert-noirâtre. L'anale est de la même couleur, sans aucune tache. Le second rayon épineux est très-long. Les pectorales sont à moitié jaunâtres et à moitié vert très-foncé; les ventrales sont brunes.

Les trois pointes de l'opercule sont très-fortes, et les dentelures du préopercule doivent être très-fines; car Bloch ne les fait nullement voir sur son dessin.

Il dit avoir reçu ce poisson des mers du Japon, sous le nom d'*ikan-bœnack,* qui évidemment est malais : aussi M. Valenciennes a-t-il vu l'espèce dans le Musée royal des Pays-Bas, où elle a été apportée des Moluques par M. le professeur Reinwardt.

Le Mérou louti.

(*Serranus luti,* nob.) [1]

Une espèce que M. Ehrenberg a rapportée de la mer Rouge, et qu'il regarde comme le *perca luti* de Forskal, est aussi très-voisine du *cephalopholis argus.*

Tout le corps est vineux pâle, à moitié traversé par cinq à sept bandes jaunes, dont trois remontent sur la portion épineuse de la dorsale. Il est couvert, ainsi que les nageoires, de points blancs, entourés d'un petit cercle noir. La dorsale est bordée de rouge; la partie molle, ainsi que l'anale, sont brunes, et le bord rose est liséré de blanc. La queue est brun très-foncé et bordée de blanc. Les pectorales sont bordées de jaune, et les ventrales, roses, sont bordées de bleu.

M. Ehrenberg assure avoir observé que les nageoires impaires de ce poisson, quand il est jeune,

---

1. *Perca luti,* Forsk., p. 40; *Bodian louti,* Lacép., t. IV, p. 286.

sont arrondies, mais qu'elles s'alongent avec l'âge, de manière que la dorsale et l'anale se terminent en une longue pointe, et que la caudale a la forme d'un croissant à cornes très-longues et très-aiguës.

Forskal a fait la description de son *perca luti* sur des animaux morts. C'est pourquoi elle diffère de celle que nous a donnée M. Ehrenberg, faite sur l'animal encore vivant.

Ce poisson devient grand : on en a à Berlin des individus de plus d'un pied.

Forskal dit que les Arabes de Djidda nomment cette espèce *louti,* ce qui veut dire tourner, courber. A Lohaja elle se nomme *schan,* et elle est plus noire qu'à Djidda. Elle vit à de grandes profondeurs, parmi les coraux. On la prend à l'hameçon ou au filet.

Le Mérou doré.

(*Serranus auratus,* nob.; *Holocentrus auratus,* Bl., pl. 236.)

L'holocentrus auratus de Bloch me paraît très-voisin du précédent. Ce naturaliste l'avait acheté à un marchand hollandais, qui le lui donna comme venant des Indes orientales.

Les formes sont semblables : c'est assez arbitrairement que l'on a coloré le corps en rouge doré, les parties molles des nageoires impaires en rouge; la tête, le corps et la partie épineuse de la dorsale ont été couverts de petits points que le peintre a faits d'un beau rouge foncé. Les ventrales sont brunes.

D. 9/15; A. 3/9; C. 20; P. 16; V. 1/5.

Le Mérou mille étoiles.

(*Serranus myriaster,* nob.)

Une espèce encore très-voisine a été rapportée des îles Sandwich par les naturalistes de l'expédition du capitaine Freycinet, et de Borabora, par ceux de l'expédition du capitaine Duperrey.

Elle a toutes les formes des précédentes : je lui trouve l'angle du préopercule un peu plus arrondi, et la seconde anale un peu plus courte et plus faible à proportion. Sa couleur est noirâtre, toute parsemée de points bleus très-rapprochés. La caudale, la pectorale et la partie molle de la dorsale et de l'anale sont bordées d'un trait blanc très-fin. Les nageoires sont d'ailleurs plus noires que le corps.

Les nombres des rayons des nageoires sont :

D. 9/16; A. 3/8; P. 16; V. 1/5; C. 15.

C'est à cette espèce que les *Jacob Evertsen* brun et gris nous paraissent appartenir.

Le Mérou a gouttelettes blanches.

(*Serranus alboguttatus,* nob.)

Cette espèce a été rapportée de la mer des Indes par Péron.

Elle a le préopercule plus arrondi et à dentelures un peu plus fortes. Sa couleur, dans la liqueur, est uniformément brune, semée partout de nombreux points blancs, de grandeur inégale. Les bords de la dorsale et de l'anale sont un peu plus foncés que le reste du corps. La pectorale et la caudale sont bordées de blanc.

Les nombres des rayons sont :

D. 11/15; A. 3/7; C. 15; P. 16; V. 1/5.

Le Mérou a gouttelettes bleues.

(*Serranus cœruleopunctatus,* nob.; *Holocentrus cœruleopunctatus,* Bl.)

Cette espèce est représentée par Bloch, sur la planche 242 de son ouvrage, d'après un petit individu qu'il avait acheté en Hollande sans en connaître la patrie. Le Cabinet du Roi en possède depuis long-temps un autre, long au plus de quatre pouces, et dont on ne connaît pas non plus l'origine.

Elle a le corps marbré et couvert de taches bleues. La tête est brune, sans taches; les nageoires sont noirâtres, tachetées comme le tronc. Les nombres de leurs rayons sont exactement les mêmes que ceux de l'espèce précédente; mais, outre la différence des couleurs, nous trouvons que les dentelures du préopercule sont beaucoup plus grosses.

Le Mérou moucheté.

(*Serranus punctulatus*, nob.; *Labrus punctulatus*, Lacép.)[1]

Enfin, pour terminer cette liste des serrans piquetés de la mer des Indes, nous parlerons du *labre moucheté* de Lacépède, qui est un vrai mérou à trois épines, à préopercule presque sans dentelure. N'ayant connu l'espèce que par un dessin de Commerson, M. de Lacépède a été trompé sur le genre, parce que le dessinateur avait oublié d'y marquer les épines de l'opercule.

Le profil en est bombé. Les canines sont très-fortes; la caudale est en croissant, à pointes très-longues; la dorsale, l'anale et les ventrales se prolongent de même en pointe; les pectorales sont petites.

D. 9/14; A. 3/8; C. 17; P. 16; V. 1/5.

A l'état sec on voit, sur un fond brun, de petites taches blanches un peu alongées, et clairsemées.

La moitié externe des pectorales, le bord du

---

1. *Labre moucheté,* Lacép, t. III, p. 377, pl. 17, fig. 2.

croissant de la caudale et le bord postérieur de la dorsale et de l'anale, sont blancs.

Mais M. Dussumier nous apprend qu'à l'état frais ce poisson est rouge, avec des zigzags jaunes sur la tête et sur le corps. Le dessous est d'un rouge plus clair, sur lequel se trouvent des points écarlates. Toutes les nageoires sont rouges, à l'exception des pectorales, qui sont jaunes. Une ligne blanche borde l'intérieur des deux lobes de la caudale.

Sur le dessin de Commerson, les taches sont plus nombreuses et plus petites que sur nos échantillons secs; mais il y en a de toutes pareilles sur un individu que M. Reinwardt a rapporté de la mer des Moluques, et que ce savant a déposé dans le Musée royal des Pays-Bas.

Les naturalistes de l'expédition du capitaine Freycinet ont pris cette espèce auprès des îles Waigiou. M. Dussumier l'a trouvée à Ceylan en échantillons de quinze pouces de longueur.

C'est probablement cette même espèce que représente Renard sous le nom de *sousalath*. Dans le dessin original de Vlaming ce poisson est peint des couleurs les plus brillantes. Le fond est du rouge le plus éclatant, semé d'un grand nombre de taches irrégulières d'un jaune très-vif, et de beaucoup de gros points blancs.

Le croissant de la queue est jaune, ainsi que la moitié externe de la pectorale.

Renard a reproduit deux fois cette figure, mais en falsifiant les couleurs, comme à son ordinaire. La première est à la pl. 41, n.° 207, de la première partie. Le corps y est peint en rouge mat; les points sont bleus, et il n'y a aucune tache jaune. Dans la deuxième partie, fol. 21, n.° 3oo, le corps est rouge, les lèvres sont jaunes; les points blancs sont entourés de bleu. Il appelle aussi ce poisson *Jacob Evertsen*, et dit qu'il porte encore d'autres noms, *les uns l'appellent luccesje, d'autres sousalath*.

Valentyn donne, sous le n.° 2o5, une copie du dessin original de Vlaming. Sa description est p. 412, n.° 2o5. Il nomme le poisson *ikan soelalath*.

L'océan Atlantique nourrit aussi plusieurs espèces de serrans piquetés qui ne sont pas plus faciles à distinguer entre eux que ceux des mers de l'Inde. Ils ont en général la tête plus alongée, mais d'ailleurs ils ne diffèrent des autres serrans par aucun caractère essentiel.

Le Mérou a bande oculaire.

(*Serranus tœniops*, nob.) [1]

Le premier que nous décrirons a été très-bien figuré dans Seba, t. III, pl. 27, n.º 6; mais cette figure a été négligée par les nomenclateurs. Nous en avons d'abord reçu un individu pris à l'île de May du cap Vert, par M. Taunay, fils de notre célèbre peintre de paysages. Il y a joint un dessin colorié d'après le vivant; ce qui nous a mis en état de donner une description complète de l'espèce.

Depuis lors, M. Delalande en a envoyé d'autres individus pris à Santiago du cap Vert, et MM. Quoy et Gaymard en ont pris à Porto-Praya, lors de la relâche qu'y a faite le capitaine Durville, au commencement de son expédition actuelle.

Ce serran a trois fortes pointes à l'opercule. Le préopercule est finement dentelé, arrondi à son angle, et un peu échancré au-dessus.

D. 9/15; A. 3/9; C. 17; P. 17; V. 1/5.

Sa couleur est rouge-vermillon sur tout le corps; le dos et la caudale un peu bleu-noirâtre. Des points bleus, entourés d'un cercle noir, sont semés sur la tête,

---

1. Seb., t. III, pl. 27, fig. 6.

le corps et toutes les nageoires du poisson. Les nageoires impaires sont bordées de bleu. Les pectorales et les ventrales sont rouges à leur base, tachetées de bleu et bordées d'une large bande bleu-noirâtre, qui se fond avec le rouge de la base. Au-dessus et au-dessous de l'œil il y a un trait bleu-noirâtre assez foncé.

Dans l'alcool, ce poisson a perdu toutes ces belles couleurs : le fond est devenu jaunâtre et les points bleus sont d'un brun très-foncé. On ne voit plus de trace de la bordure bleue de la dorsale, de l'anale et de la caudale.

Nous avons des individus de cette espèce qui ont seize pouces de long.

Le Mérou couronné.

(*Serranus coronatus,* nob.; *Perca guttata,* Bl.) [1]

M. Plée nous a envoyé de la Martinique, sous le nom de *couronné,* un serran un peu plus court que le précédent, mais couvert, comme lui, de taches petites et nombreuses.

Elles sont grandes sur le corps, plus petites et plus nombreuses sur les nageoires impaires ; les pectorales en sont toutes couvertes ; les ventrales sont semées de gros points.

M. Plée nous apprend que sur le frais ses taches sont roses et violettes ; mais il ne nous parle pas du

---

1. *Spare sanguinolent,* Lacép., t. IV, p. 157, pl. 4, fig. 1.

fond de la couleur. Elle paraît, dans l'alcool, être uniformément brune, et ces taches sont devenues brunes plus foncées.

Nous en avons un autre individu, mieux conservé par les soins de M. Achard, médecin à la Martinique. Le fond de la couleur paraît être jaune-olivâtre. Les taches du corps ont encore conservé une belle couleur rose très-vive. Les nageoires impaires sont olivâtres, presque sans taches, et leurs parties molles sont bordées de violet-noirâtre. M. Achard le nomme aussi le *couronné.*

Les trois pointes de l'opercule sont médiocres, et son bord membraneux est assez large. C'est par l'élargissement de ce bord que la tête paraît un peu plus longue que dans les espèces de la mer des Indes. Cependant nous devons dire que sa longueur a été exagérée dans les figures que l'on a publiées de cette espèce.

Les dentelures du préopercule sont si fines qu'on les sent avec le doigt plutôt qu'on ne les voit. Cette pièce est arrondie, ainsi que toutes les nageoires.

Les nombres des rayons sont :

D. 9/15; A. 3/8; C. 17; P. 16; V. 1/5.

Plumier avait rapporté des Antilles un dessin de ce poisson, dont Bloch a donné copie à la planche 312, sous le nom de *perca guttata.* A en juger par une copie du même dessin, fait par Aubriet, Bloch l'aurait enluminé beaucoup trop rouge. Le dessin d'Aubriet est rouge pourpré; les taches rouges un peu plus foncées. C'est cette copie que M. de Lacépède a fait graver dans son Histoire des poissons, t. IV, pl. 4, fig. 1, sous le nom de *spare ensanglanté*, parce que le peintre avait oublié les épines de l'opercule.

Plumier le caractérisait ainsi :

Turdus totus purpureus, maculis saturatioribus respersus, vulgò POISSON COURONNÉ, à la Martinique.

Voilà ce que nous pouvons donner avec quelque certitude sur la synonymie de cette espèce.

On trouve dans Catesby, tab. 14, une figure que Linné rapporte au *perca guttata.* Il y a lieu de croire que ce peut être notre serran couronné; mais les taches de la caudale auraient été oubliées : d'ailleurs la teinte verte dont parle Catesby, peut aussi faire douter de l'exactitude de ce rapprochement.

Le MÉROU CHAT.

(*Serranus catus,* nob.; *Perca maculata,* Bl.)[1]

Le *chat* de la Martinique, que nous devons à M. Plée, a beaucoup de rapports avec le précédent.

---

1. *Spare atlantique,* Lacép., t. IV, p. 158, pl. 5, fig. 1.

Ses dentelures sont les mêmes, ses écailles sont petites et âpres à leur bord. Il en diffère par ses taches, qui sont plus grosses et moins nombreuses. Dans l'alcool ce poisson paraît brun, couvert de taches faiblement pourprées.

On voit des taches blanches sur la base des nageoires verticales, dont le bord est noirâtre. Les pectorales sont jaunâtres à leur base et noirâtres à leur extrémité.

On compte pour le nombre des rayons :

D. 11/17; A. 3/9; C. 17; P. 16; V. 1/5.

M. Plée nous apprend que, pendant la vie, ce poisson ressemble beaucoup au couronné, mais qu'il est plus sombre et que ses taches sont rosées. Nous pensons, d'après ces renseignemens, que ce doit être le *perca maculata* que Bloch a représenté à la planche 213. Il a copié un dessin de Plumier, dont nous avons nous-mêmes une copie faite par Aubriet. La couleur est rougeâtre, avec de nombreux points rouges, noirs dans leur centre. Bloch a enluminé en jaune le fond de la couleur de sa copie. Cependant Plumier avait écrit cette note sur son dessin : *Turdus alius niger, maculis purpureis oculatus.*

C'est de la copie d'Aubriet que M. de Lacépède a fait son *spare atlantique*. Il l'a fait graver t. IV, pl. 5, fig. 1. Plumier ayant oublié de représenter les piquans et les dentelures des opercules, M. de Lacépède a dû, dans sa méthode, placer cette espèce parmi ses spares; mais nous sommes aujourd'hui à portée de rectifier cette erreur.

Le poisson qu'Osbeck a pris près de l'Ascension, et qu'il a nommé très-improprement *trachinus Ascensionis,* est une espèce de mérou tacheté, dont les nombres de rayons se rapprochent de ceux de la précédente.

D. 11/17; A. 3/8; C. 16; P. 18.

On ne peut concevoir pourquoi Osbeck, élève de Linnæus, n'a pas placé le poisson qu'il venait de trouver dans le genre *perca.* Bonnaterre a laissé cette espèce dans son genre *trachine,* et l'a appelée *trachine ponctuée;* et il a été suivi en cela par M. de Lacépède.

Le MÉROU PETIT NÈGRE.

(*Serranus nigriculus,* nob.)

M. Plée nous a encore envoyé de la Martinique, sous les noms de *petit nègre,* de *grande gueule* et de *vieille,* cette nouvelle espèce, reconnaissable

à ses yeux saillans, à la finesse des dentelures de son préopercule arrondi et à la faiblesse des épines de l'opercule. Sur un fond qui paraît avoir été violet pendant la vie, on voit de nombreuses taches pâles, qui probablement étaient rouges, très-rondes, serrées, même sur les sourcils, sur les lèvres et sur les nageoires verticales. Sur la partie postérieure du corps, les taches deviennent plus nuageuses et sont marquées d'un point brun dans leur centre. Les pectorales et les ventrales sont couvertes de points bruns. Les nageoires sont arrondies, et les nombres de leurs rayons sont les mêmes que dans le *chat*.

L'espèce devient grande.

Ce poisson, comme beaucoup d'autres des Antilles, est dangereux à manger dans certaines saisons. M. Ricord en a rapporté de Saint-Domingue de nombreux individus. Il est commun pendant toute l'année dans la baie du Port-au-Prince; les colons l'y nomment *grande gueule*. La chair en est bonne et saine.

Le MÉROU ITAIARA.

(*Serranus itaiara*, Lichtenst.) [1]

Nous avons reçu du Brésil, par feu M. Delalande, un serran dont

le corps est couvert de taches plus grandes que la plupart de ceux que nous venons de décrire. Elles sont semblables par leur disposition à celles que nous

---

1. *Act. Ber.*, 1820—1821, p. 278.

avons vues sur le *mérou salmonoïde;* mais il a un rayon de moins à la dorsale et à l'anale.

D. 11/15; A. 3/9; C. 16; P. 18; V. 1/5.

Dans la liqueur le corps paraît brun-noirâtre, avec des taches noires assez foncées.

Ce poisson se rapproche beaucoup de l'*itaiara* de Margrave, dont le corps est, suivant lui, d'un beau rouge, couvert, ainsi que les nageoires, de taches noires. Cette espèce vit parmi les rochers. Sa chair est bonne, et devient meilleure après avoir été salée.

Margrave a vu le corps d'un de ces poissons, pendu à un clou pendant la nuit, devenir tout phosphorescent.

Le Mérou arara.

(*Serranus arara,* nob.) [1]

M. Desmarest nous a communiqué un serran très-voisin de celui que nous venons de décrire par les formes et par les dispositions des couleurs.

Mais les taches du corps y sont moins nombreuses, et ses nageoires sont sans aucunes taches. La couleur paraît, dans l'eau-de-vie, brun-noirâtre, avec des taches d'un brun doré; les nageoires d'un noir

---

1. *Bonaci arara,* Parra, Lam., pl. 16, fig. 2; *Johnius guttatus, varietas,* Schn., p. 77; Desm., Dict. class.

bleuâtre; le bord de la dorsale molle, de l'anale et de
la caudale noir.

Nous rapportons à cette espèce la courte
description que Parra nous a laissée de son
bonaci arara, dont il donne la figure à la
planche 16 de son Histoire des poissons de
la Havane.

Il dit que la couleur de ce poisson est obscure,
avec des taches plus claires sur le corps; que la pupille de l'œil est noire, et que le reste de l'œil est
obscur.

Il ajoute que ce poisson se mange, mais avec
quelque danger, parce qu'il est du nombre de
ceux qui donnent cette indisposition appelée
la *siguatera*.

Le MÉROU CARDINAL.

(*Serranus cardinalis*, nob.) [1]

Parra a décrit sous le nom de *bonaci cardinal* une espèce de serran encore très-voisine
des précédentes.

Il dit la couleur générale rouge, avec des taches
noires sur le corps. Les côtés et le dessous de la
tête sont jaunes, avec des taches rouges; le ventre

---

1. *Bonaci cardinal*, Parra, Lam., pl. 16, fig. 1; *Johnius guttatus*, Schn., p. 77.

est blanc, tacheté de rouge. La partie molle de la dorsale, l'anale et la caudale sont tachetées de rouge et de noir; les ventrales sont à moitié rouges et à moitié jaunes, et les pectorales rouges, bordées de noirâtre.

Bloch, dans son Système posthume, p. 77, a rangé ces deux espèces de Parra à la suite de ses *johnius,* et comme des variétés d'une seule, malgré la différence de leurs couleurs. Nous ne pouvons comprendre comment il a été conduit à une pareille classification. A la seule inspection de la figure il aurait dû voir les affinités de ces poissons avec le *cherna (serranus striatus),* dont Parra donne la description un peu plus loin, et que Bloch a rangé parmi ses *anthias.*

Le Mérou a croissant.

(*Serranus lunulatus,* nob.; *lutjanus lunulatus,* Bl, Schn., p. 329.)

L'espèce que Parra représente pl. 36, fig. 1, sous le nom de *cabrilla,* ne diffère que très-peu de la précédente.

Les formes sont semblables, et la couleur du corps est d'un blanc obscur, avec des taches lunulées rouges. Les nageoires sont noirâtres; les ventrales sont tachetées comme le corps.

Sur la figure chacune des taches est marquée d'un point noir, dont il n'est pas fait mention dans le texte.

On voit que la différence entre les deux espèces consiste dans la couleur des nageoires impaires et des pectorales.

Bloch, dans son Système posthume, a fait de ce *cabrilla* de la Havane un *Lutjan*, mais on ne peut douter qu'il ne soit un véritable serran à dentelure très-fine au préopercule.

On le mange à la Havane.

Le Mérou neigé.

(*Serranus niveatus*, nob.)

C'est dans les mers du Brésil que l'on pêche cette nouvelle espèce de serran; M. Delalande nous l'a rapportée, et nous n'en trouvons aucune description dans les auteurs que nous avons consultés.

Ses formes sont semblables à celles des autres mérous que nous avons déjà décrits. Le corps est court; les dentelures du préopercule sont profondément marquées, et l'épine inférieure de l'opercule est très-petite. Les nageoires impaires sont en grande partie écailleuses : elles sont arrondies. Sur un fond brun tout le poisson est couvert de taches d'un blanc pur clairsemées. C'est de ce caractère que nous avons pris le nom qui désignera dorénavant cette espèce.

D. 11/14; A. 3/9; C. 17; P. 14; V. 1/5.

Le Mérou ouatalibi.

(*Serranus ouatalibi*, nob.) [1]

Nous trouvons dans l'Histoire naturelle des poissons de la Havane de *Parra*, la description de deux serrans, auxquels il donne le nom *guativere*, et que Bloch, dans son Système posthume, p. 366, a réunis et nommés *bodianus guativere*.

Celui que Parra représente pl. 5, fig. 2, et que M. Desmarest a aussi fait graver dans le Dictionnaire classique d'histoire naturelle, nous a été envoyé plusieurs fois par M. Plée : de la Martinique, sous le nom de *ouatalibi ;* de Porto-Rico, sous ceux de *pejerey (poisson royal)* et de *colli rubio ;* et de Saint-Thomas, sous celui de *Butterfish (poisson de beurre).*

M. Achard nous en a aussi envoyé un individu presque aussi frais que si l'on venait de le tirer de l'eau. Il le nomme *ouatalibé.*

C'est un beau poisson d'un rouge vif, un peu rembruni sur le dos. Il est couvert d'un grand nombre de petits points violets, entourés d'un cercle noir. La dorsale est bordée, surtout sur la partie molle, d'une bande olivâtre ; l'anale est violette ; le haut de la cau-

---

1. *Guativere,* Parra ; Lam., pl. 5, fig. 2 ; Desm., Dict. class.

dale est rouge, et le bas violet; la pectorale est olivâtre, bordée d'orangé vif. Il n'y a pas de points sous
la gorge, sous la poitrine, ni sous l'abdomen. De
petites taches d'un noir violet se trouvent sur le dos
de la queue, au pied de la dorsale. Il y en a deux dans
presque tous les individus envoyés par M. Plée. La
couleur rouge se passe avec le temps dans nos individus secs ou conservés dans la liqueur; mais ces
taches violettes conservent leur couleur, ce qui les
fait paraître alors plus foncées. Les dentelures du
préopercule sont aussi fines que dans le *couronné*, et
les nageoires sont arrondies.

Les nombres des rayons sont :

D. 9/15; A. 3/8; C. 17; P. 17; V. 1/5.

Nos individus sont longs de dix à onze
pouces. Selon M. Plée, l'espèce ne passe jamais
deux livres.

Ce voyageur dit qu'on nomme ce poisson
ouatalibi, à cause de ses taches; mais il ne
donne pas l'étymologie de ce nom créole.

Sa chair est molle et se putréfie très-rapide-
ment, et néanmoins, cuit au court bouillon,
c'est un mets agréable.

C'est le second guativère de Parra qui répond à l'espèce que nous venons de décrire.
Selon lui, le corps en est entièrement rouge,
partout tacheté de points noirs, et l'extrémité
des nageoires jugulaires est jaune.

Le Mérou guativère.

(*Serranus guativere*, nob.)

Le premier guativère de Parra, pl. 5, fig. 1,

est rouge sur le dos et jaune sur tout le reste du corps ; la queue est jaune aussi et tachetée en dessus de deux taches noires. La tête seule est semée de points noirs, et il y en a un assez gros au-devant de l'œil.

Quoique nous ne l'ayons pas vu, cette différence de couleur nous paraît assez grande pour ne pas le réunir au précédent, comme l'a fait Bloch dans son Système posthume.

Le Mérou pyra-pixanga.

(*Serranus pixanga*, nob.) [1]

Nous rapprocherons de ce groupe le *pyra pixanga* de Margrave, p. 152.

Il le dit d'une couleur jaune blanchâtre, et couvert partout de taches sanguines, de la grosseur de la graine de chenevis : elles sont un peu plus grandes sur le ventre. Toutes les nageoires sont tachetées de même et bordées de rougeâtre.

---

1. *Pyra pixanga*, Margr., p. 152 ; *Holocentrus punctatus*, Bl., pl. 241.

Suivant lui, les Hollandais le nomment *poisson-chat*, nom qui a été donné à d'autres espèces du même genre dans nos propres colonies. Ce poisson vit parmi les rochers, et sa chair est agréable au goût. L'individu que Margrave a décrit a pu vivre trois heures hors de l'eau.

Bloch a trouvé la figure de Margrave dans le livre du prince Maurice de Nassau, de la Bibliothèque de Berlin, mais il y a beaucoup ajouté en augmentant la vivacité des couleurs et en mêlant aux taches rougeâtres du corps de gros points noirs. Il nomme l'espèce *holocentrus punctatus*.

Le Mérou caraune.

(*Serranus carauna*, nob.) [1]

C'est à M. le prince de Neuwied que nous sommes redevables de cette belle espèce, et nous avons pu, à l'aide du dessin que le prince en a fait, retrouver le *carauna* de Margrave.

Notre poisson est long d'un pied. Il a le bord du préopercule arrondi et finement dentelé. Dans le dessin la couleur est d'un beau rouge vif; la tête et le dos sont pointillés de bleu foncé. L'anale et la cau-

---

1. *Carauna*, Margr., p. 147; *Gymnocephalus ruber*, Bl., édit. de Schn., tabl. 67.

dale ont des teintes purpurines. Quand le poisson est sec, le corps devient blanc et les points sont noirs.

Nous avons pris, pendant notre séjour à Berlin, une copie du dessin du *carauna,* qui est dans le livre du prince, à la page 333. C'est une petite figure, à peine longue de deux pouces, faite avec soin, et dans laquelle on voit bien exprimées les épines de l'opercule. Elle est enluminée de rouge vif et tachetée de noir sur la tête et sur le corps. On sait bien que les couleurs noircissent aussitôt après la mort : ainsi cette différence dans les taches n'empêche pas que le dessin du prince Maximilien et celui de Margrave ne soient identiques. Bloch a composé son *gymnocephalus ruber* sur ce dessin, mais en l'altérant considérablement et en le triplant de grandeur, il en a tellement changé le trait, qu'on peut à peine le reconnaître ; il a oublié les épines de l'opercule ; il y a fait de grandes écailles et y a disposé régulièrement des points. M. Lichtenstein [1], dans son intéressant travail sur les poissons de Margrave, avait déjà reconnu le genre de ce poisson ; mais aujourd'hui nous pouvons fixer les caractères de l'espèce.

---

1. Mém. de l'acad. de Berlin, 1820—1821, p. 278.

2.   25

Nous avons tout lieu de croire que le *perca marina punctulata* de Catesby, pl. 7, en est fort voisin, si ce n'est pas le même.

Le *perca punctata,* que Bloch a copié, à la planche 314, d'un dessin du père Plumier, est encore voisin de toutes ces espèces piquetées.

On lui donne une teinte rouge-rosé sur le dos, bleuâtre sur le ventre. La tête et le corps couverts de points bleus. La dorsale et la caudale sont rougeâtres, un peu jaunâtres à leur base; l'anale et les ventrales rouges à leur insertion et grises sur leur bord; les pectorales sont jaunes. Ce poisson vient de la Martinique.

Enfin, à quoi faut-il rapporter le *perca venenosa* que nous trouvons à la planche 5 de Catesby? Sa couleur plombée et ses taches rouges, entourées d'un cercle noir, rappellent notre *serranus catus;* mais la queue de ce dernier n'est pas fourchue, ni sa dorsale non divisée, comme nous les voyons sur la figure de Catesby.

CHAPITRE XII.

Des Plectropomes.

Plectropome, de πλῆκτρον (*éperon*), et de πῶμα (*couvercle*), est un nom que nous avons composé pour une petite tribu de poissons qui ne diffèrent des serrans que par un caractère fort léger : savoir, que le bord de leur préopercule, autour et au-dessous de l'angle, est divisé en dents plus ou moins grosses, dirigées obliquement en avant et plus ou moins semblables à celles qui entourent la petite roue dont on arme aujourd'hui les éperons. C'est à peu près la conformation que nous avons observée dans le bar, parmi les percoïdes à deux dorsales. Du reste ces plectropomes ressemblent aux serrans par la forme, les nageoires, les dents et les épines de l'opercule. Nous ne les en séparons que pour donner plus de facilité à la nomenclature. Leurs écailles sont petites, ciliées, et s'étendent assez loin sur les nageoires verticales.

Les plectropomes sont tous étrangers et appartiennent aux mers des pays chauds. Sans être fort nombreux, ils offrent encore des moyens de les subdiviser, selon qu'ils ont plus ou moins de dentelures et que le bord montant du préopercule paraît entier, ou est lui-même finement, mais sensiblement, dentelé.

Le PLECTROPOME MÉLANOLEUQUE.

(*Plectropoma melanoleucum*, nob.) [1]

Parmi les espèces à bord montant entier, il en est une très-remarquable par les larges bandes noires qui se dessinent sur le fond argenté de son corps.

Elle a été découverte par Commerson, qui en a laissé dans ses papiers une description détaillée, sur laquelle M. de Lacépède a établi son *bodian melanoleuque*. [2]

Mais Commerson en avait aussi préparé un individu en herbier, qui s'est retrouvé assez récemment, et qui nous a fait reconnaître l'identité de son espèce avec deux autres, qui ne reposaient que sur des dessins inexacts; savoir, le *bodian cyclostome* [3] et le *labre lisse*. [4]

Le premier de ces dessins paraît de la main

---

1. *Bodian mélanoleuque*, Lacép.; *Bodian cyclostome, id.; Labre lisse, id.*

2. T. IV, p. 283 et 297. — 3. T. III, pl. 20, fig. 1, et t. IV, p. 282 et 295. — 4. T. III, pl. 23, fig. 2, et p. 431 et 479.

de Sonnerat. Il est à la plume et colorié; on y voit bien les taches et les pointes récurrentes du préopercule; mais il ne montre à la dorsale que neuf rayons mous, au lieu de douze. Le second est de Jossigny, à la pierre noire. On n'y voit aucunes pointes, et il y a onze épines marquées confusément à la dorsale. Ni l'un ni l'autre n'est étiqueté par Commerson, et il ne paraît pas les avoir revus; ce qui explique les inexactitudes de détail qu'ils présentent : inexactitudes auxquelles d'ailleurs Jossigny était fort sujet, comme on peut s'en assurer par plusieurs de ses autres dessins, qui sont plus d'un artiste que d'un naturaliste. La ressemblance des figures, et surtout la distribution des bandes, est d'ailleurs telle, qu'il nous est presque impossible de conserver aucun doute que les sujets qui ont servi de modèle ne fussent identiques d'espèce, soit entre eux, soit avec l'individu sec conservé au Cabinet du Roi.

Sa forme rappelle celle de la perche, mais est plus alongée. Ses écailles sont petites et enfoncées dans l'épiderme; elles s'étendent en partie sur les nageoires. Il y en a quelque peu sur le bout du maxillaire et sur le mandibulaire; mais les lèvres et le museau n'en ont point. La dorsale est peu élevée, presque égale sur sa longueur; la caudale coupée à peu près carrément; l'anale n'a que deux épines faibles et peu apparentes; les pectorales sont arrondies; les ventrales peu alongées; la ligne latérale est parallèle au dos; les mâchoires ont des dents en velours et même un peu en cardes, sur des bandes étroites, parmi lesquelles sont mêlées les canines, fortes et pointues, surtout en avant des deux mâchoires et sur les côtés de l'inférieure; l'opercule, osseux, se termine par trois pointes, dont la supérieure est moins aiguë, et il y a quatre ou cinq dents dirigées en avant, au bord inférieur du préopercule; l'œil est petit.

Voici les nombres des rayons, tels que nous les comptons sur l'individu desséché :

B. 7; D. 8/11; A. 2/8; C. 15; P. 17; V. 1/5.

Le fond de la couleur est d'un gris argenté, sur lequel le noir se distribue comme il suit : une première bande occupe le crâne entre les yeux et un peu en arrière de leur orbite; une seconde, plus large, descend de la nuque jusque sur l'opercule, qu'elle traverse sans le dépasser; une troisième, très-large dans le haut, prend des cinq ou six premières épines de la dorsale, descend, en se rétrécissant, jusqu'aux pectorales, et s'élargit ensuite de nouveau pour descendre aux ventrales et sur le ventre même, derrière elles. La base de la pectorale et celle de la ventrale sont plus ou moins comprises dans cette troisième bande. La quatrième part des derniers rayons épineux et des premiers rayons mous de la dorsale, et descend jusqu'au ventre, qu'elle embrasse quelquefois; mais elle n'occupe pas toujours toute la hauteur du poisson, et il arrive qu'elle laisse du blanc au-dessus et au-dessous d'elle; la cinquième part des derniers rayons mous de la dorsale, et descend, en se rétrécissant, vers le milieu de l'anale; quelquefois elle se termine avant d'y atteindre, et l'anale n'a alors que quelques petites taches noires; d'autres fois elle s'étale sur toute la base de cette nageoire. Les trois dernières bandes montent plus ou moins sur la base de la dorsale, et quelquefois même elles s'y unissent de manière à en teindre en noir toute la base. Le reste de cette nageoire, ainsi que toutes les autres, est d'un jaune-citron. On voit quelques points noirs sur la base de la caudale.

Commerson assure que ce poisson atteint quinze ou dix-huit pouces de longueur, et que son poids va à deux livres. Il l'a observé à l'Isle-de-France; mais il ne donne aucun renseignement sur ses habitudes.

On peut suppléer, à quelques égards, à son silence, au moyen des auteurs hollandais. Cette espèce est représentée d'une manière reconnaissable et avec ses vraies couleurs dans Vlaming, n.° 22, sous le nom de *dowaso*.

Renard en donne une copie (part. I, pl. 22, fig. 120), dont le fond est enluminé de bleuâtre. Il l'intitule : *orange aay*.

Valentyn en donne une autre, n.° 497, et l'appelle *noorder princes*; mais il l'enlumine à l'inverse de Renard : le fond noir et les bandes vertes.

Selon lui, ce poisson atteindrait une longueur de quatre pieds, aurait la chair grasse et ferme, et serait du goût le plus délicat.

Le PLECTROPOME LÉOPARD.

(*Plectropoma leopardinus*, nob.; *Holocentrus leopardus*, Lacép.)

Un autre *plectropome*, de la mer des Indes, a été décrit par M. de Lacépède (t. IV, p. 332 et 337), d'après un individu desséché du Cabinet, sous le nom d'*holocentre léopard*.

Il ressemble au précédent par la taille, par l'absence de dentelures au préopercule, par la petitesse des écailles, par la nudité des lèvres et du museau, par les nombres des rayons et par toutes ses formes. Ses ventrales se prolongent un peu en pointe. La pointe mitoyenne de son opercule est plus forte à proportion des deux autres, qui sont presque effacées, et il y a quatre dents aiguës au bord inférieur de son préopercule. Dans son état actuel de desséchement, il paraît jaune ou fauve, et a tout le corps, la tête et même la dorsale et la caudale semés de points bruns.

D. 8/11; A. 2/8; C. 15; P. 14; V. 1/5.

Le dernier rayon de ses ventrales est plus épais et plus profondément divisé que les autres, ce qui l'a fait compter pour deux à M. de Lacépède.

La figure de *l'holocentrus auratus* (Bloch,

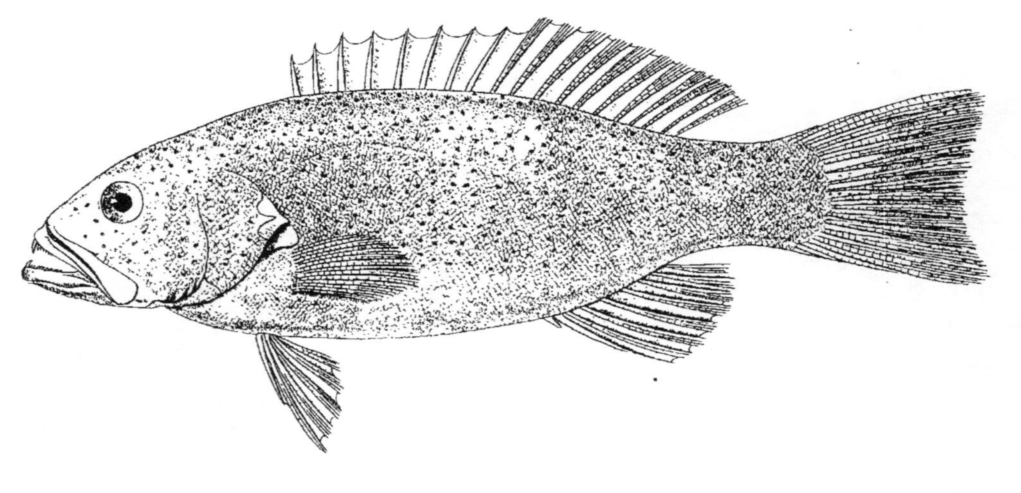

PLECTROPOME léopard.   PLECTROPOMA leopardinus. n.

Werner del.   Imp.º de Langlois.   Smith sculp.

pl. 236), représenterait exactement ce poisson pour la forme et pour les couleurs, et même on y a aussi dessiné les ventrales comme si elles avaient six rayons mous; mais la dorsale y a neuf épines et quinze rayons mous, et le préopercule ne montre que des dentelures fines, sans grosses pointes. Or, quelque habitués que nous soyons aux inexactitudes de Bloch et de ses dessinateurs, c'est à peine si nous pouvons croire qu'ils les aient portées si loin.

Le Plectropome ponctué.

(*Plectropoma maculatum*, nob.) [1]

Un troisième *plectropome*, rapporté de l'Isle-de-France par les compagnons de M. Freycinet, et représenté par eux pl. 45, fig. 1, sous le nom de *plectropome ponctué*, l'avait déjà été par Bloch, pl. 228, sous celui de *bodianus maculatus,* épithète que nous lui conserverons.

Cet auteur dit l'avoir reçu du Japon, comme il le dit de tant d'autres poissons achetés à Amsterdam.

Ses formes et ses écailles sont les mêmes que dans

---

1. *Holocentrus maculatus,* Bl.; *Plectropome ponctué,* Quoy et Gaymard.

les deux précédens ; mais il n'a que trois pointes au bord inférieur du préopercule et deux seulement à l'opercule. Souvent aussi sa dorsale n'a que sept épines. Tout son corps est brun, semé de petites taches oblongues bleu-clair. Des points de la même couleur sont sur la base de la partie molle de la dorsale, de la caudale et de l'anale ; on en voit même quelquefois sur les ventrales. Il y a une tache noire à la base de la pectorale.

D. 7/11 ; C. 15 ; A. 2/8 ; P. 15 ; V. 1/5.

Le PLECTROPOME A GROSSES DENTS.

(*Plectropoma dentex,* nob.)

On trouve sur les côtes de la Nouvelle-Hollande un grand *plectropome* à bord montant du préopercule à peine un peu dentelé, et qui n'a que trois ou quatre petites dentelures sous le bord horizontal. Il en a été envoyé tout nouvellement un bel individu par MM. Quoy et Gaymard, qui accompagnent M. le capitaine Durville dans son expédition actuelle.

Le corps est alongé ; sa hauteur n'est que le quart de la longueur. La tête est plus longue que le corps n'est haut. Le préopercule est arrondi ; l'opercule a trois épines faibles ; son bord membraneux se prolonge en une languette arrondie, assez grande. La mâchoire inférieure dépasse un peu la supérieure. Les dents canines sont très-fortes ; on en compte quatre très-grosses à la mâchoire supérieure, deux de chaque côté, rapprochées l'une de l'autre, et qui sont reçues dans une échancrure de la mâchoire inférieure. Celle-ci a sept dents en crochets de chaque côté : la mitoyenne aussi grosse que celles de la mâchoire supérieure; après l'échancrure qui doit recevoir les canines supérieures, il y a trois crochets médiocres; puis un cinquième, qui est aussi fort que la première dent : il est suivi de deux autres plus petits que lui, mais plus forts que celui qui le précède immédiatement. Les dents des palatins sont petites et sur une bande très-étroite. Le maxillaire et la mâchoire inférieure sont recouverts d'assez grosses écailles. Celles du corps sont très-minces, de grandeur médiocre. La ligne latérale remonte très-près du dos. Les pectorales, arrondies, sont longues; la caudale est coupée carrément.

Les nombres sont :

D. 10/18; A. 3/8; C. 17; P. 15; V. 1/5.

La membrane des nageoires est recouverte en partie d'écailles.

Le fond de la couleur est olivâtre, à grandes marbrures noirâtres sur tout le corps. Sur les côtés de la tête et sur les mâchoires il y a de gros points bleus.

Les pectorales sont d'un olive plus clair que les autres nageoires. Elles sont marbrées de noirâtre.

L'individu que MM. Quoy et Gaymard ont envoyé au Cabinet du Roi, du port du roi George, a près de dix-sept pouces de long.

Le foie est divisé en deux lobes, qui se terminent chacun en pointe triangulaire. Le gauche s'étend jusqu'au-delà de l'estomac. Le lobe droit est plus court et donne attache à une longue vésicule du fiel très-étroite. Sous l'œsophage le foie est assez épais.

L'œsophage est large, plissé intérieurement, et se termine par un estomac en sac obtus assez large. La tunique musculaire de l'estomac n'est pas très-épaisse. On compte sept appendices cœcales au pylore; elles sont grosses et longues, à l'exception de deux placées à droite de l'estomac. Le duodénum remonte vers le haut de l'abdomen, en restant dans l'hypocondre droit. Nous n'avons pas pu voir combien de fois l'intestin se replie.

La vessie natatoire est très-grande; ses parois sont minces et argentées. Les reins sont très-gros et s'étendent depuis la vessie aérienne jusqu'auprès de l'anus. Il y a une petite vessie urinaire.

Parmi les *plectropomes* où le bord montant du préopercule est sensiblement dentelé, on peut encore distinguer ceux qui n'ont au bord inférieur qu'un petit nombre de dentelures fortes, et ceux qui les ont nombreuses et fines.

Le PLECTROPOME PAVILLON D'ESPAGNE.

(*Plectropoma hispanum,* nob.)

Nous mettrons en tête des premiers une belle espèce, que l'on nomme à la Martinique, selon M. Plée, le *ouatalibé espagnol.*

Elle n'a que huit épines dorsales, comme les précédentes ; mais elle s'en distingue (indépendamment des dentelures de son bord montant) parce qu'elle n'a qu'une dent sous le préopercule. Ses canines sont très-fortes, et la pointe mitoyenne de son opercule est plus longue et plus grosse que dans la plupart des *plectropomes* et des *serrans*. Le sous-opercule est denté. La deuxième épine anale est aussi très-forte. Ce poisson est remarquable par sa belle couleur aurore. Dans le frais, il est même rayé de rouge et de jaune ;

et c'est ce qui lui a fait donner l'épithète d'*espagnol,* parce qu'il ressemble au pavillon de cette nation. On l'a comparé apparemment avec le serran nommé *ouatalibé,* qui est rouge et sans raies jaunes.

Sa forme est assez courte et trapue.

D. 8/12 ; A. 3/7 ; C. 17 ; P. 16 ; V. 1/5.

Le Plectropome du Brésil.

(*Plectropoma Brasilianum,* nob.)

Une autre espèce, qui a été rapportée du Brésil par Delalande,

a, au bas du préopercule, trois dents fortes et crochues et une un peu moindre à l'angle. Son opercule a trois pointes. On compte treize rayons épineux à sa dorsale, au-dessus de laquelle la partie molle s'élève un peu. Il y en a trois à l'anale, dont le second est très-fort. Ses pectorales, arrondies, ont les bouts des rayons un peu saillans hors de la membrane, ce qui les rend comme festonnées. Elles paraissent avoir été jaunes, lisérées de noirâtre. La couleur du reste de son corps est un gris brun, sur lequel il paraît y avoir eu quelques bandes irrégulières roussâtres.

D. 13/16; A. 3/7; C. 15; P. 16; V. 1/5.

Le lobe gauche du foie du *plectropome* du Brésil est triangulaire, assez épais et peu alongé; le lobe droit est plus court. L'estomac est de grandeur médiocre. Ses parois sont minces, peu plissées. La branche montante est si courte, qu'elle est presque nulle. Il y a neuf appendices cœcales au pylore. L'intestin fait plusieurs ondulations et deux replis assez éloignés l'un de l'autre. Ses tuniques sont aussi très-minces. Il y a une petite vessie natatoire, dont les parois sont d'une minceur extrême.

Nous avons trouvé des débris d'arachnoïdes dans l'estomac.

Tout son intérieur ressemble, comme on voit, à celui des serrans; mais, malgré sa forme assez courte, je trouve deux vertèbres de plus à sa caudale.

Le PLECTROPOME A PECTORALES VERTES.

(*Plectropoma chloropterum*, nob.)

La mer des Antilles nourrit un plectropome

dont les épines de l'opercule sont très-petites et peu faciles à voir. Le bord du préopercule est finement et également dentelé; l'angle est arrondi, et au-dessous de l'angle on voit deux dents dirigées en avant, dont l'antérieure est la plus forte. Les nageoires sont arrondies.

Les nombres sont :

D. 11/17 ; A. 3/8 ; C. 17 ; P. 16 ; V. 1/5.

Ce poisson a tout le corps olivâtre, marbré de noirâtre. Les marbrures sont formées par la réunion de points noirs. Le long des flancs on compte neuf à dix lignes de points jaunâtres. Le dessous de la gorge est olive-clair, tacheté de blanc.

La dorsale est olivâtre; sa partie molle est plus claire. L'anale est rayée de brun. La caudale est plus foncée; les pectorales sont verdâtres.

Ce poisson est long de dix pouces.

M. Ricord nous apprend qu'on le nomme *farlate* à Saint-Domingue. Il y est commun pendant toute l'année, et sa chair est délicate et estimée. A la Martinique, suivant M. Plée, il porte le nom de *petite vieille,* épithète que les colons français donnent en général à toutes ces espèces tachetées, voisines des serrans.

Le PLECTROPOME A SCIE.

(*Plectropoma serratum,* nob.)

Une quatrième espèce de *plectropome,* à préopercule dentelé, vient d'être découverte au port du roi George par MM. Quoy et Gaymard.

Son corps est gros et court. Sa hauteur ne fait que le tiers de la longueur, et l'épaisseur est la moitié de la hauteur. Le profil de la tête descend obliquement et en droite ligne depuis la dorsale jusqu'au bout du museau. Les joues sont un peu renflées; les yeux sont gros et saillans; les deux mâchoires sont d'égale longueur. Les dents de la rangée externe sont fortes, courtes, coniques, un peu crochues et d'égale longueur. Les dents en cardes sont assez fortes. Les lèvres, et surtout l'inférieure, sont charnues et très-épaisses. De petites écailles recouvrent la peau du maxillaire et de la mâchoire inférieure. Le préopercule est arrondi, très-fortement dentelé, et a près de l'angle deux grosses dents dirigées en avant, dont l'antérieure est la plus forte. Les trois épines de l'opercule sont très-acérées.

La portion épineuse de la dorsale est beaucoup plus longue et moins haute que la partie molle. Tous les rayons sont enveloppés dans une peau assez épaisse et écailleuse. L'anale est de même recouverte de petites écailles; son second rayon épineux est très-gros. La base entière de la pectorale est aussi recouverte d'une peau épaisse et écailleuse. La caudale est coupée carrément.

Les nombres sont :

D. 13/16; A. 3/9; C. 17; P. 15; V. 1/5.

Les écailles sont petites et tellement enfoncées dans la peau, qu'on les sent à peine au toucher.

La couleur est brune, assez également répandue sur le corps et sur la tête. Les nageoires vers le bord deviennent presque noires. Une large bande noirâtre traverse obliquement la joue, en descendant de l'œil vers l'angle du préopercule. On voit épars sur les flancs de gros points noirs.

Nous ne possédons qu'un seul individu de cette belle espèce; il est long de quatorze pouces.

Le foie enveloppe plus des deux tiers de l'œsophage, sous lequel il est situé. Il forme dans l'hypocondre gauche un large lobe quadrilatère, qui n'a pas une très-grande épaisseur.

Dans le côté droit le foie donne une pointe étroite de peu d'épaisseur, et à laquelle est suspendue, par un long canal, la vésicule du fiel, qui est grosse et globuleuse.

L'œsophage est large, à parois épaisses et charnues, ridé en dedans par de nombreux plis longitudinaux. Il se termine en un sac pointu, qui est aussi très-musculeux. La branche montante naît peu en avant de l'estomac; elle est grosse et peu longue. Le pylore est muni de huit appendices très-longues et d'un assez grand diamètre : cinq sont placées à la gauche de l'estomac et trois au-dessous; il n'y en a pas à la droite de l'estomac. Le duodénum est assez large; il remonte sous le foie, passe à la droite de l'estomac et se rétrécit un peu. L'intestin se replie cinq fois : il est long, offre plusieurs rétrécissemens, et, après s'être replié derrière le duodénum, il se dilate et se rend droit à l'anus. La rate n'est pas très-grosse, et se cache entre les replis de l'intestin.

La vessie natatoire est grande, quoiqu'elle ne se porte pas en arrière au-delà de la moitié de la longueur de l'abdomen. Son diamètre vertical est plus que la moitié du diamètre longitudinal. Elle est un peu plus grosse sous le diaphragme qu'en arrière, et fortement attachée aux côtes et aux vertèbres par un épais repli fibreux du diaphragme, qui donne aussi une bride attachée sur l'œsophage. La tunique propre est aussi fibreuse et très-solide. Les corps rouges sont très-petits.

Les ovaires s'étendent depuis l'arrière de la vessie natatoire jusqu'à l'anus. Leur tunique est épaisse, grande, et c'est à la face inférieure du sac que l'on voit flotter les nombreuses houppes sur lesquelles les œufs sont attachés.

Les reins sont gros et se composent chacun d'un lobe triangulaire situé derrière le diaphragme, qui donne un filet très-mince jusque sur l'arrière de la vessie natatoire. Ils se réunissent alors en un seul lobe, qui est d'abord très-renflé et qui diminue un peu d'épaisseur et se continue jusqu'auprès de l'anus. Je n'ai pas pu voir de vessie urinaire.

Le péritoine est mince et argenté.

Ce poisson se nourrit de crustacés.

Le PLECTROPOME ROUGE ET NOIR.

(*Plectropoma nigro-rubrum*, nob.)

Ces naturalistes ont trouvé au même port un cinquième *plectropome* de cette subdivision, qui rappelle le *mélanoleuque* par la distribution de ses couleurs.

Son corps, plus alongé que dans le précédent,

l'est moins que dans le *mélanoleuque*. La longueur de sa tête est du tiers de celle du corps. La mâchoire inférieure dépasse davantage la supérieure. Il a quelques dents en crochet, mais qui dépassent peu les autres. Les yeux sont placés à la ligne du profil, et l'espace qui les sépare est étroit et un peu concave. L'épine moyenne de l'opercule est moins forte que dans le précédent. Les dentelures du bord montant du préopercule sont plus fines. Il n'y a au bord inférieur que deux pointes dirigées en avant, dont une à l'angle; mais elles sont l'une et l'autre fortes et aiguës.

Les écailles sont grandes et finement ciliées. Les rayons épineux de la dorsale et de l'anale sont forts et assez élevés; la caudale est coupée carrément.

Les nombres sont :

D. 10/17; A. 3/8; C. 17; P. 13; V. 1/5.

Le corps est coloré de rouge-orangé très-vif et traversé par cinq bandes noires : la première est faible, et naît sous les premiers rayons de la dorsale; les quatre autres sont très-foncées : la dernière entoure la base de la queue.

Le plus grand de nos individus est long de neuf pouces.

Le foie de ce *plectropome* est petit. Ses lobes se terminent en pointe aiguë. L'œsophage est assez large; il se continue en un sac étroit et pointu. Cet estomac a des parois épaisses et très-charnues. A l'intérieur on voit cinq à six gros plis longitudinaux. La branche montante naît sous l'estomac, dans la fourche des lobes du foie : elle est courte et étroite. Il y a huit appendices cœcales, grêles et assez longues. L'intestin est très-étroit et se replie au moins sept fois sur lui-même avant de se rendre à l'anus, de manière qu'il a beaucoup de longueur. La vessie natatoire n'occupe que les deux tiers antérieurs de la longueur de la cavité abdominale. Elle est très-grosse, arrondie en avant, pointue en arrière. Ses parois sont minces et transparentes. Les reins sont rejetés à l'arrière de l'abdomen, et bientôt réunis en un seul lobe très-gros, qui verse l'urine presque immédiatement, tant les uretères doivent être courts.

Le PLECTROPOME DU JAPON.

(*Plectropoma susuki.*)

Parmi les poissons rapportés du Japon par M. Langsdorf, nous avons trouvé un *plectropome* qui n'a qu'une seule épine au bord horizontal du préopercule.

Le bord montant est finement dentelé. L'angle fait une légère saillie et a quatre dentelures plus fortes que les autres.

Les dents sont en fortes cardes et presque égales. Les écailles sont petites; les nageoires arrondies.

Les nombres sont :

D. 11/14; A. 3/9; C. 17; P. 18; V. 1/5.

La couleur est grise, tirant un peu sur le brun verdâtre. Huit à neuf bandes brunes traversent le corps. Les nageoires caudale, anale et ventrale sont brunes; les pectorales et la dorsale sont plus claires. Ce poisson est long d'un pied.

Suivant M. Langsdorf, les Japonais le nomment *susuki*.

Les espèces suivantes, outre les dentelures fines du bord montant du préopercule, en ont au bord inférieur de nombreuses, presque aussi fines, mais dirigées en avant, comme dans tout ce genre. Leurs canines sont plus courtes et en général toutes leurs dents plus fines que dans les précédens, ce qui les rapproche un peu des *centropristes*.

Leur corps est court et comprimé, et leurs épines dorsales sont au nombre de dix.

Le PLECTROPOME DEMOISELLE.

(*Plectropoma puella*, nob.)

Nous en devons à M. Achard une jolie espèce, connue à la Martinique sous le nom de *demoiselle blanche*.

La hauteur de son corps n'est que deux fois et demie dans sa longueur, et son épaisseur est à peine du tiers de sa hauteur. Les dentelures du bord montant sont excessivement fines; celles de l'inférieur le sont un peu moins.

D. 10/16; A. 3/7; C. 17; P. 13; V. 1/5.

Ce joli poisson est d'une belle couleur olive, traversée par six bandes d'un noir violet. La première est large et descend de l'orbite au bord inférieur du préopercule; la seconde, plus effacée, passe sur l'épaule; la troisième, très-large, très-foncée, est sur le milieu du corps; la cinquième descend de la fin de la dorsale à la fin de l'anale; la sixième borde la caudale; ces dernières sont pâles.

Un trait bleu entoure l'orbite et descend ensuite le long du bord antérieur de la première bande brune. Trois autres traits, un peu sinueux, traversent l'opercule et descendent sur la poitrine, au-dessous de la pectorale; un dernier petit trait bleu longitudinal est sur le front, entre les yeux; le sous-orbitaire est ponctué de bleu. Les nageoires impaires sont d'une olive plus jaune que le corps. La partie épineuse de la dorsale est rembrunie par le prolongement de la troisième bande brune du corps; sa partie molle est couverte de nombreux traits obliques et bleus; l'anale et la caudale n'ont aucunes taches. Les pectorales sont d'un rose tellement tendre, leur membrane est si fine, qu'ouvertes elles paraissent incolores. Les ventrales sont d'un beau vert-olive très-foncé, bordées de bleuâtre. Sa longueur est de quatre pouces.

Le PLECTROPOME A CAUDALE JAUNE.

(*Plectropoma chlorurum*, nob.)

La Martinique produit une espèce très-voisine, que les colons de cette île appellent *petit nègre*, nom qu'ils donnent aussi à un mérou, comme nous l'avons vu page 375; mais cette espèce-ci le mérite mieux.

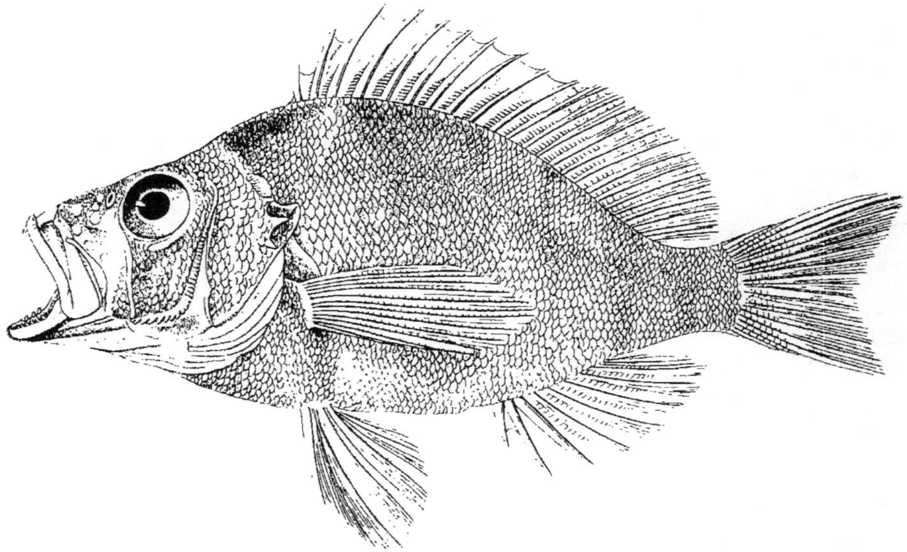

PLECTROPOME demoiselle.   PLECTROPOMA puella. n.

Werner del.   Imp.ᵉ de Langlois.   Smith sculp.

Elle est entièrement d'un brun noirâtre, avec la caudale et les pectorales jaunes; ses autres nageoires sont noires. Elle a trois pointes à l'opercule; six dents au bord inférieur du préopercule. Le bord montant est finement dentelé et a trois dentelures un peu plus fortes vers l'angle.

D. 10/15; A. 3/7; C. 15; P. 12; V. 1/5.

Le dernier rayon de ses ventrales est conformé comme dans le plectropome léopard.

Le foie de ce *petit nègre* est assez gros eu égard au volume des autres viscères. Le lobe gauche est trièdre et se prolonge assez en arrière dans l'abdomen; il se termine par une pointe fort aiguë. Le lobe droit est beaucoup plus court. Le tube intestinal est extrêmement grêle. Il commence par faire, sous la bifurcation du foie, des sinuosités serrées et rapprochées, et après s'être replié pour remonter en suivant les sinuosités du duodénum jusque dans l'angle des lobes du foie, il se replie de nouveau et se porte à l'anus, en formant un tube droit très-étroit et également cylindrique dans toute sa longueur. Je n'ai pu voir l'estomac, et je n'ai compté que quatre cœcum au pylore : ils sont longs et grêles. Je ne crois pas qu'il y en eût un cinquième, bien qu'une partie des viscères fût altérée.

Les ovaires forment deux sacs alongés, étroits, occupant en longueur la moitié postérieure de l'abdomen. Ils sont remplis d'œufs très-petits.

La vessie natatoire est petite. Sa longueur égale à peine le tiers de celle de l'abdomen. Ses parois sont excessivement minces.

Le Plectropome a selle noire.

(*Plectropoma ephippium*.) [1]

Une espèce très-voisine de ce *petit nègre* est déjà figurée dans l'ouvrage de Seba; et Bloch, dans son Système posthume, lui a donné le nom très-impropre *d'holocentrus unicolor*.

Nous la croyons de Java, attendu que M. Valenciennes l'a achetée à Amsterdam, avec beaucoup d'autres poissons qui venaient de cette île.

Ce poisson a le corps assez élevé; le museau pointu. L'angle du préopercule est très-ouvert, arrondi; le bord montant est finement dentelé, et le bord horizontal dentelé par des épines fines, serrées et dirigées en avant. Des trois épines de l'opercule les deux inférieures sont les plus fortes. Les mâchoires sont sans écailles. Tout le corps est couvert d'écailles petites, rudes au toucher.

La ligne latérale suit la courbure du dos, dont elle est plus près que du ventre. Elle se courbe un peu vers la queue et passe par son milieu. La caudale est coupée carrément. Les autres nageoires sont arrondies.

La couleur est brune sur le dos et rousse sous le

---

1. Seb., t. III, p. 76, n.° 10, tabl. 27, fig. 10; *Holocentrus unicolor*, Bl., Schn.

ventre. Une grande tache noire sur le dos de la queue descend de chaque côté et se termine en pointe vers le dessous. Une autre tache noire, petite, est en avant de l'œil, de chaque côté du museau. Un trait fin, violet, ondulé, descend de l'angle antérieur de l'œil vers l'angle du préopercule. Les écailles qui couvrent la région pectorale sont chacune marquées, dans leur centre, d'un petit point blanchâtre. Toutes les nageoires sont rousses. La moitié inférieure de la partie molle de la dorsale est écailleuse, et près du bord on voit les traces de nombreuses taches linéaires violacées.

Voici les nombres des rayons :

D. 10/15; A. 3/7; C. 17; P. 11; V. 1/5.

La longueur de l'individu est d'un peu plus de trois pouces.

CHAPITRE XIII.

Des Diacopes.

Nous avons pris ce nom du grec διακοπή (*incisura*), et nous l'avons employé pour désigner un genre très-voisin des serrans, qui a, comme eux, des dents canines, mêlées parmi ses dents en velours, et le bord du préopercule dentelé, dont l'opercule est même le plus souvent terminé par deux ou trois pointes plates, mais qui se distingue facilement de tous les poissons analogues par une échancrure du bord du préopercule, dans laquelle s'agence une tubérosité saillante de l'interopercule.

Ce caractère, très-frappant, a été remarqué par Forskal, mais ne l'a pas empêché de ranger ces poissons dans son genre *sciena*, qui comprenait, avec les *sciènes* proprement dites, des *holocentrum*, des *myripristis* et d'autres poissons assez disparates, mais rapprochés par cette circonstance que les rayons épineux de leur dos se peuvent cacher entre les écailles.

Cette particularité s'observe en effet aussi dans les diacopes.

Toutes les espèces connues de ce genre

viennent de la mer des Indes. Plusieurs d'entre elles sont remarquables par leur beauté, par leur grandeur et par leur bon goût.

La Diacope de Seba.

(*Diacope Sebæ*, nob.)

L'espèce représentée le plus anciennement avec quelque exactitude, et que nous avons nommée *diacope de Seba*, d'après celui qui l'a fait connaître [1], n'a point été mentionnée par les auteurs méthodiques; mais Russel l'a reproduite dans son Histoire des poissons de Vizagapatam, n.° 99, sous le nom de *botlavoochampah*, qu'elle porte, dit-il, sur la côte d'Orixa. M. Leschenault nous l'a envoyée de Pondichéry, et assure que les pêcheurs de ce lieu la nomment *pinnel*. Elle est commune à Java, d'où MM. Kuhl et Van Hasselt en ont fait parvenir beaucoup d'individus au Cabinet de Leyde, et nous en avons reçu récemment un de l'île de Waigiou par MM. Lesson et Garnot, naturalistes de l'expédition de M. Duperrey.

Sa forme est peu alongée et assez haute à la nuque. Son profil, assez long et à peu près rectiligne, des-

---

1. Seb. t. III, pl. 27, fig. 2.

cend obliquement. La longueur de sa tête et la hauteur de son corps au droit des pectorales, sont à peu près égales et comprises chacune seulement trois fois dans la longueur totale.

Le crâne, le museau et les mâchoires sont sans écailles, mais il y en a sur la joue et sur les pièces operculaires. Elles sont assez grandes sur le corps, et il y en a de petites qui s'étendent sur les nageoires verticales, entre les rayons. On observe que les deux premières rangées de la nuque sont plus grandes que les suivantes et d'une forme rectangulaire particulière, ce qui se retrouve plus ou moins dans la plupart des diacopes et des mésoprions. Les dentelures du préopercule sont très-petites et peu saillantes. Il y a deux pointes plates et mousses à l'opercule. L'os surscapulaire est dentelé, mais non l'huméral. La dorsale est inégale : elle a onze rayons épineux et quinze mous. C'est entre la septième et la neuvième épine qu'elle est le plus abaissée, et elle se relève tout-à-fait au sixième et au septième rayon mou, qui lui font faire un angle saillant. L'anale forme aussi un angle saillant, et les pectorales sont longues et pointues, comme aux spares. La caudale est un peu échancrée en croissant.

D. 11/16 ; A. 3/9 ; C. 16 ; P. 17 ; V. 1/5.

L'apparence générale de ce poisson est à peu près celle d'un spare ; mais ses dents sont les mêmes que dans les serrans. Il y a, sur un fond pâle, trois larges bandes obscures, dont la première prend de la nuque et avance obliquement jusqu'au museau, en entourant l'œil ; la deuxième descend verticalement depuis le milieu de la dorsale jusqu'aux ventrales ; la troisième se dirige obliquement en arrière depuis la fin de la dorsale jusqu'à la base de la caudale. Le bord de la dorsale et de l'anale, les pointes de la caudale et les ventrales entières, sont aussi d'une teinte obscure.

Dans le frais, selon M. Russel, les bandes sont d'un rouge de sang, et le fond jaune. M. Leschenault les dit noirâtres, sur un fond rouge; mais ce sont des nuances qui peuvent varier selon la saison ou suivant que le poisson est décrit plus ou moins promptement après sa mort.

La diacope de Seba a le lobe gauche du foie triangulaire et prolongé en une pointe très-aiguë; il est d'ailleurs très-mince. Le lobe droit est de moitié plus court. La vésicule du fiel est longue et grêle, et se porte en arrière, bien au-delà de l'estomac, le long de l'intestin.

L'œsophage est large, et il se prolonge en se rétrécissant en un sac conique, qui est l'estomac, dont les parois sont assez épaisses et chargées en dedans de rides irrégulières.

La branche montante est de moitié plus courte que l'estomac lui-même. Elle est très-rétrécie près du pylore, qui est muni de cinq appendices cœcales, longues et assez grosses. Le duodénum est presque aussi large que l'estomac; mais l'intestin se rétrécit beaucoup au premier repli en arrière de l'estomac, et, après en avoir fait un second à la hauteur du pylore, il se rend à l'anus.

La vessie natatoire est grande, simple et assez mince. Elle est argentée.

Les reins sont médiocres, et versent l'urine dans

une vessie triangulaire assez grande par deux longs urelères.

L'individu décrit par Russel était long de onze pouces; mais M. Leschenault nous assure que l'espèce atteint à la taille de trois pieds. Il ajoute qu'elle est bonne à manger, mais qu'on n'en prend pas beaucoup dans la rade de Pondichéry.

Il est singulier qu'un si beau et si grand poisson ait été négligé, avant nous, par tant de naturalistes, qui en trouvaient une belle figure dans Seba, tandis qu'ils faisaient des espèces sur des figures erronnées de Catesby, de Rondelet ou de Sloane; mais il faut une grande habitude d'observer pour savoir distinguer une bonne et une mauvaise figure.

La DIACOPE A LIGNES FLEXUEUSES.

(*Diacope rivulata*, nob.)

La côte de Coromandel produit une espèce de la même forme que la précedente, et encore plus grande et plus belle, que nous devons également à M. Leschenault, et qu'il nous assure s'appeler *orati* parmi les naturels. On la trouve aussi à Java, d'où MM. Kuhl et Van Hasselt l'ont envoyée à Leyde; M. Ehrenberg l'a rapportée

DIACOPE à lignes flexueuses.

DIACOPE rivulata. n.

Werner del.

Imp.e de Langlois.

Smith sculp.

de la mer Rouge au Musée de Berlin; et tout récemment M. Dussumier nous l'a apportée de Malabar.

Ses formes sont à peu près celles de la première espèce, excepté que la partie antérieure de sa dorsale s'élève un peu moins. Elle est violette et a sur la tête des points blancs, et sur les opercules des lignes blanches obliques, irrégulièrement flexueuses, qui y forment des îles et des anneaux. Chacune des écailles du corps est marquée d'un point blanc; mais ce qui paraît blanc dans le sec est bleu-clair dans le frais. Le ventre est rosé; les parties molles des nageoires sont noirâtres. L'anale et les ventrales ont surtout leurs pointes presque noires.

D. 10/15 ou 16; A. 3/8 ou 9; C. 16; P. 16; V. 1/5.

On en pêche de trois pieds et demi de longueur.

C'est un mets estimé à Pondichéry.

La Diacope macolor.

(*Diacope macolor*, nob.)

Les compagnons du capitaine Duperrey viennent de rapporter de la Nouvelle-Guinée une diacope bien caractérisée et très-remarquable par la distribution singulière du noir et du blanc qui la peignent. Aucun auteur méthodique n'en a encore parlé, quoiqu'elle soit représentée d'une manière très-reconnaissable par Renard, t. I, pl. 9, fig. 60, sous le nom de *macolor*.

Valentyn donne aussi la figure de cette espèce dans son Histoire d'Amboine, t. III, p. 348 et pl. 1, n.° 1. Il la place à la tête des poissons singuliers, la nomme *ikan-roellat*, et assure que sa chair est ferme et blanche, et qu'elle est très-bonne à manger. Ces attributs appartiennent sans doute aussi aux espèces voisines.

Dans sa seconde partie (pl. 7, n.° 30), Renard donne un autre *macolor*, qui n'a avec le premier qu'une ressemblance grossière, et dont il dit qu'il pèse quelquefois trente livres, mais qu'il est très-rare.

Son museau est un peu plus court, et son front un peu plus convexe que dans la plupart des autres espèces. Sa dorsale et son anale sont fort pointues en arrière. Les épines en sont médiocres et assez égales. Ses pectorales sont aussi longues et pointues et se portent jusque sur la base de l'anale. Sa caudale est coupée carrément. La dentelure de son préopercule est à peine sensible; mais son échancrure et le tubercule qu'elle reçoit sont très-marqués, quoique petits. L'opercule osseux se termine par deux pointes mousses. Le dos de ce poisson est noir, avec cinq taches rondes et blanches de chaque côté : trois près de la dorsale et deux un peu plus bas, alternant avec les trois supérieures. La première de celles-ci est sous les quatre épines antérieures; la seconde répond aux quatre postérieures et s'étend sur la dorsale, dont elle coupe en deux le fond noir; la troisième se prolonge en une bordure sur les derniers rayons mous. Une large bande blanche s'étend en ligne droite depuis les ouïes jusqu'au bout de la caudale, qui d'ailleurs est noire, mais a ses angles blancs. Cette bande est séparée du blanc du ventre et de la poitrine par une bande noire, qui commence derrière l'aisselle de la pectorale et s'étend jusqu'au bord inférieur de la caudale. Les pectorales, les ventrales et l'anale sont noires, excepté le bord postérieur de celle-ci, qui est blanc. La tête a le bout du museau noir, embrassé par une large ceinture blanche, que suit une ceinture noire encore plus large, dans laquelle est l'œil. Enfin, une dernière ceinture blanche règne sur le crâne et sur l'opercule, et se joint au blanc de la poitrine. Notre individu est long de sept pouces.

B. 7; D. 10/14; A. 3/11; C. 17; P. 17; V. 1/5.

Le foie du macolor est très-petit, placé en travers sous l'œsophage et en forme de croissant, dont les deux pointes sont de chaque côté de cette portion du canal alimentaire.

Les parois de tout le tube sont remarquables par leur minceur; elles ne paraissent, d'un bout à l'autre, que comme une simple membrane déliée et transparente.

L'œsophage est assez long et assez large. L'estomac est court, large et en cul-de-sac arrondi; le pylore est auprès du cardia, il est muni de quatre cœcum larges et assez longs.

2.

L'intestin est long, à cause des nombreux replis qu'il fait. Il se porte d'abord vers le diaphragme en longeant l'œsophage. Il se dilate beaucoup vers le rectum, qui est court, mais très-large.

La rate est brune, située entre l'intestin et l'œsophage, au-devant de l'estomac.

La vessie aérienne est grande, à parois très-minces. La glande qui sécrète l'air est rouge et assez grosse, sous la forme d'une petite boule un peu alongée.

Les reins sont petits et ne descendent pas jusqu'auprès de l'anus.

La DIACOPE A HUIT RAIES.

(*Diacope octolineata,* nob.)[1]

L'une des diacopes où l'on voit le mieux les caractères du genre, offre en même temps la parure la plus brillante et la plus régulière.

Son dos, ses flancs et toutes ses nageoires sont d'un beau jaune, tirant au rouge ou au rose sur le museau et sur les joues, et blanchissant vers le ventre, qui est seulement rayé de jaune. Quatre rubans bleu-clair, lisérés de points noirs, règnent parallèlement sur le jaune : le premier, depuis le milieu de la dorsale jusqu'au crâne; le second, depuis le quart postérieur de la dorsale jusqu'à l'œil; le troisième, depuis la fin de cette dorsale jusqu'au haut du préo-

---

1. *Holocentrus Bengalensis,* et *Holocentrus quinquelineatus,* Bl.; *Labre à huit raies,* Lacép.; *Sciæna kasmira,* Forsk. (*Labre kasmira,* Lacép.).

percule; le quatrième, depuis la base de la queue
et passant sous l'œil, jusque vers le bout du museau. Il y a quelquefois un vestige de cinquième ruban sur les confins du jaune des flancs et du blanc
de l'abdomen; et dans certains individus le bord supérieur de la dorsale est d'une couleur plus foncée
que le reste. On voit aussi dans quelques individus
une tache noirâtre, peu marquée sur la ligne latérale, vis-à-vis le milieu de la dorsale.

Aucune diacope ne montre plus distinctement
que celle-ci la tubérosité de son interopercule et
l'échancrure de son préopercule. La première est
saillante et même pointue; la seconde est profonde.
Il y a de fines dentelures au bord montant du préopercule et de fortes à la partie arrondie, au-dessous
de l'échancrure. L'opercule n'a qu'une pointe plate.
Les canines sont bien marquées. Le corps est oblong. La plus grande hauteur au milieu est à peu
près trois fois dans sa longueur; la longueur de la
tête égale cette hauteur; la dorsale est médiocrement
élevée et partout à peu près égale; les pectorales sont
grandes et pointues; les ventrales moitié plus courtes; la caudale est coupée en croissant; les écailles, de
grandeur médiocre, sont un peu âpres et ciliées; la
ligne latérale demeure parallèle au dos.

D. 10/15; A. 3/8; C. 15; P. 15; V. 1/5.

La diacope à huit raies a, comme celle de Seba, le
foie profondément divisé; le lobe gauche du double
plus long que le droit, auquel est suspendue une vésicule du fiel beaucoup plus longue que celle de la
diacope de Seba.

Il y a cinq cœcum plus courts au pylore. L'intestin ne fait de même que deux replis.

La vessie aérienne est plus petite, et ses parois sont plus minces.

Nous avons fait son squelette, qui ne diffère presque en rien de ceux des serrans les plus communs.

Commerson avait apporté deux dessins et plusieurs individus desséchés de ce beau poisson. Un de ces dessins, imparfaitement copié par le graveur de M. de Lacépède [1], est devenu le *labre à huit raies* de ce naturaliste [2]; mais l'espèce avait déjà été très-bien représentée par Bloch, sous le nom moins impropre d'*holocentrus bengalensis*. [3]

Il y a tout lieu de croire que l'*holocentrus quinquelineatus* de Bloch (pl. 239), ou le *grammistes quinquelineatus* de son Système (édition de Schneider), n'en est aussi qu'une variété, où le cinquième ruban était plus marqué qu'à l'ordinaire. C'est l'avis de M. Schneider, qui a vu les originaux de ces deux figures. [4]

Mais ce que l'on n'a point remarqué, c'est l'extrême ressemblance (pour ne pas dire l'identité absolue) de notre poisson avec le

---

1. T. III, pl. 22, fig. 1. — 2. *Ib.*, p. 478. — 3. Pl. 246, fig. 2. Cette figure, faite d'après un jeune individu dans la liqueur, a seulement le fond de la couleur brun, et non pas jaune.

4. *Syst. Bl.*, *index*, p. xliv.

sciæna kasmira de Forskal, dont M. de Lacépède a fait un labre [1], et Bloch un grammiste. Tout en est pareil, excepté quelques lignes bleues sur le vertex, dont parle Forskal, et que je n'aperçois pas sur nos individus. Cette circonstance n'est d'ailleurs d'aucun poids, depuis que M. Ehrenberg a recueilli notre poisson dans la mer Rouge et lui a entendu appliquer ce même nom de *kasmira.*

Voilà donc une espèce qui est déjà quatre fois dans les auteurs systématiques, et peu s'en est fallu qu'on ne l'y plaçât une cinquième; car Forster le père, qui l'avait vue près d'Otaïti, en avait laissé une description détaillée sous le nom de *perca polyzonia;* mais la sagacité de M. Schneider en a senti l'identité [2], et nous pouvons garantir la justesse de sa décision, d'après le dessin fait de la main de Forster, qui est dans la bibliothèque de Banks. Ce poisson est aussi sous le même nom dans la collection de Broussonnet. Parkinson en a laissé un autre dessin, sous le nom de *perca vittata.*

Cette diacope a été observée, comme on voit, à l'Isle-de-France, dans la mer Rouge et dans le grand océan Pacifique. Forster dit

---

1. *Labre kasmira*, t. III, p. 483. — 2. *Syst. Bl.*, p. 316.

que les Otaïtiens la nomment *ta-ape*, et les naturalistes de l'expédition de M. Duperrey viennent de la rapporter en effet d'Otaïti sous le nom peu différent d'*étaapé* : les Arabes de Djidda l'appellent *kasmiri* et *tyrki*, selon Forskal. Ajoutons que c'est fort probablement le *marack* d'Amboine de Renard[1]. C'est tout ce que nous pouvons dire de son histoire.

La DIACOPE DONDIAVAH.

(*Diacope notata*, nob.)

Le poisson que Russel représente dans ses Poissons de Vizagapatam, n.° 98, sous le nom d'*antica dondiawah*, est une diacope qui a aussi une tache noire sur la ligne latérale et plus prononcée que celle qui s'aperçoit quelquefois dans l'*octolineata*.

Ses formes sont les mêmes. Son échancrure et son tubercule sont pour le moins aussi marqués; mais ses dents sont moins fortes. On ne lui voit qu'une pointe plate à l'opercule. Sa couleur est un brun-jaune, avec des lignes longitudinales un peu plus dorées, et une tache noire sur la ligne latérale, vis-à-vis le milieu de la partie molle de la dorsale. Dans nos individus secs on voit, de chaque côté, six ou sept lignes obliques, noirâtres, très-étroites et peu apparentes.

D. 11/13; A. 3/8; C. 17; P. 16; V. 1/5.

---

1. Renard, t. I.er, pl. 20, fig. 110.

M. Russel donne à son *antica dondiawah* des teintes plus ou moins rouges sur le dos et aux nageoires; mais il annonce que ces couleurs varient selon l'âge et la saison. L'individu qu'il représente était long de onze pouces. Les nôtres sont plus petits. Nous les avons de Commerson et du voyage de Péron.

La DIACOPE HOBER.

(*Diacope fulviflamma*, nob.)

Ce poisson de la mer Rouge, que Forskal (p. 45, n.° 45) a nommé *sciœna fulviflamma*, est fort voisin du précédent.

Aux caractères des diacopes il joint une teinte jaunâtre, des lignes dorées, quelquefois peu marquées, sur les flancs, et une tache noire au même endroit que les deux que nous venons de décrire.

Ses nombres sont dans Forskal:

D. 9/14; A. 3/9; C. 15; P. 15; V. 1/5.

Mais un individu, dessiné par M. Ehrenberg, a

D. 10/13 ou 14.

Son dos est olivâtre; ses lignes jaunes, au nombre de six ou sept sur chaque flanc; sa tache noire et ronde est sur la ligne latérale, à l'endroit où le premier trait jaune la rencontre. Ses pectorales sont orangées, ainsi que le bord de l'interopercule.

On nomme l'espèce en arabe, selon Forskal, *abou-nocta* (le père à la tache), et *habar* ou *hober*. M. Ehrenberg l'a entendu appeler *haalbiri* à Lohaia. Ce nom d'*abou-nocta* est commun à plusieurs poissons de la famille des perches.

C'est le *centropome hober* de M. de Lacépède (t. IV, p. 255).

La DIACOPE A POINTS BLEUS.

(*Diacope cæruleo-punctata,* nob.)

Russel représente encore une diacope bien caractérisée et marquée d'une tache noire sur le côté : c'est son *kalee-maee* (*kalí-maí*), pl. 96.

Son corps est plus ovale ; son crâne plus plat ; ses épines anales plus fortes qu'aux espèces voisines.

Elle a, dit-il, les écailles cendrées, bordées d'azur. Plusieurs lignes transverses de points bleus sur le front, et des lignes et des points de même couleur sur la joue et sur l'opercule : le tout sur un fond changeant en couleur d'or. Sa dorsale et la partie supérieure de sa caudale sont d'un brun jaunâtre ; ses pectorales grises, et le reste de ses nageoires bleu.

Les individus ainsi colorés étaient longs de six pouces. Il y en a de deux pieds ; mais leurs couleurs sont plus ternes.

D. 10/16; A. 3/9; C. 17; P. 16; V. 1/5.

Nous n'avons pas vu cette espèce ; mais nous

croyons devoir la placer ici, à la suite de celles dont elle paraît se rapprocher davantage.

La Diacope bordée.

(*Diacope marginata*, nob.)

Une autre diacope, rapportée par Commerson, et non moins caractérisée, relativement au sous-genre, que l'*octolineata* et que le *notata*,

paraît, dans son état sec, toute blanchâtre, excepté un bord noir, liséré de blanc, à la dorsale et à la caudale.
D. 10/14 ; A. 3/8 ; C. 17 ; P. 15 ; V. 1/5.
L'individu est long de plus d'un pied.

M. Leschenault en a envoyé une de Pondichéry, qui nous paraît de la même espèce,

et qui a de même un bord noirâtre, liséré de blanc, à la dorsale et à la caudale. On lui aperçoit sur le côté un vestige de tache brune. Le fond de sa couleur est d'un brun-clair assez doré ; et sa dorsale et sa caudale paraissent marbrées de gris ou de noirâtre ; les autres nageoires sont jaunâtres.
D. 10/14 ; A. 3/8 ; C. 17 ; P. 16 ; V. 1/5.

Dans l'état frais, selon la description de M. Leschenault, son ventre et ses nageoires paires sont jaunes ; la dorsale et la caudale brunes ; l'anale blanche, le dos roussâtre, l'iris jaune rougeâtre, la ligne latérale brune.

Ce poisson est appelé par les naturels *na-kadisé*, et parvient à environ dix pouces de longueur. Il habite parmi les rochers, et on ne le prend qu'à la ligne pendant la mousson du nord-est. Il est bon à manger.

L'individu envoyé par M. Leschenault a le tubercule un peu moins prononcé que celui de Commerson; mais nous pensons que c'est là une marque distinctive du sexe.

Les compagnons du capitaine Freycinet ont rapporté deux individus qui nous paraissent encore de la même espèce, et dont l'un a le tubercule plus faible que l'autre.

Ils tirent un peu sur le verdâtre, et leur dorsale sur le rougeâtre; mais le bord noir et le liséré blanc y existent comme aux échantillons que nous venons de décrire. Les ventrales et l'anale sont jaunes, et on voit un peu de noirâtre au bord de l'anale. Je n'y aperçois point de tache latérale.

D. 10/14; A. 3/8; C. 17; P. 16; V. 1/5.

Les naturalistes de l'expédition Duperrey viennent encore de rapporter de l'île d'*Oualan* une diacope qui nous paraît de cette espèce.

Leur individu, conservé dans la liqueur, est généralement pâle. On voit sur sa dorsale une ligne grise, qui règne tout du long sous le bord noir.

D. 10/14; A. 3/8, etc.

Sa longueur est de cinq pouces.

La Diacope a quatre gouttes.

(*Diacope quadriguttata*, nob.) [1]

On doit à Commerson une diacope qui n'a point de taches noires, mais deux blanches de chaque côté. Il ne l'a pas seulement rapportée en nature, mais il en a laissé un dessin qui a passé dans l'ouvrage de M. de Lacépède, t. III, pl. 15, fig. 2, où il a pris le nom de *spare lépisure,* et une description détaillée dont il ne paraît pas que M. de Lacépède ait profité. L'examen que nous avons fait du poisson, nous a prouvé que c'est, sous tous les rapports, une diacope.

Sa tubérosité est cependant un peu moins marquée qu'à quelques-unes des précédentes. Son opercule n'a qu'une pointe plate. Les dentelures du bord montant de son préopercule s'aperçoivent à peine; mais ses dents sont fortes, surtout les quatre canines, qui sont en avant de la mâchoire supérieure, et les latérales d'en bas. Sa couleur, selon la description de Commerson, est d'un brun rougeâtre, plus noire vers le dos, plus rouge aux côtés de la tête et au ventre. Il y a de chaque côté du dos deux taches d'un blanc de lait : l'une vis-à-vis la huitième épine de la dorsale; l'autre vis-à-vis l'extrémité de sa partie

---

1. *Spare lépisure*, Lacép.

molle. Une teinte noirâtre se montre à la membrane de la partie épineuse de la dorsale, à l'avant de l'anale, et au bord supérieur et inférieur de la caudale, vers les angles. Le reste de ces nageoires est plus ou moins rouge. L'iris de l'œil est argenté.

D. 10/14 ; A. 3/8 ; C. 17 ; P. 16 ; V. 1/5.

Commerson avait pris ce poisson entre les roches de la côte-nord de l'Isle-de-France, où il n'est pas très-commun. Sa taille ordinaire est celle de notre perche d'eau douce. On regarde sa chair comme légère et salubre.

M. Ehrenberg l'a retrouvé à Massuah, sur la côte occidentale de la mer Rouge.

Le fond de sa couleur était un pourpre brun ; les taches d'une couleur d'argent très-brillante.

Un individu, qu'il a bien voulu céder au Cabinet du Roi, est long de sept pouces.

M. Dussumier vient de rapporter des Séchelles une diacope qui ressemble, sous tous les rapports, à la précédente et en a même les quatre taches blanches ; mais cet excellent observateur en décrit autrement les couleurs.

Son dos est plombé ; ses flancs et son ventre ont des lignes longitudinales jaunâtres. On voit en effet ces lignes, au nombre de douze ou quinze, au-dessous de la ligne latérale ; au-dessus elles sont obliques et nombreuses. Les bords supérieur et inférieur de la caudale et l'inférieur de l'anale sont d'un brun noirâtre. La tache blanche antérieure est du double plus longue que l'autre.

Ce poisson est très-estimé.

Il restera à examiner si les teintes plus ou moins rouges, indiquées par Commerson et par M. Ehrenberg, ne sont pas des marques du sexe ou des effets de la saison.

Nous devons à l'expédition commandée par le capitaine Freycinet, trois espèces de diacopes, toutes de l'archipel des Indes.[1]

La Diacope calvet.

(*Diacope Calveti*, Q. et G.)

La première, celle que les naturalistes de cette expédition ont nommée *diacope calvet,* ressemble beaucoup à celle à quatre taches, mais elle est plus haute à proportion. Ses dentelures sont plus fines, et elle est vers le dos d'un brun doré, qui se change en argenté sur les flancs et prend une teinte rose sur le ventre. On ne lui voit aucune tache.

D. 10/14 ; A. 3/8 ; C. 17 ; P. 15 ; V. 1/5.

Elle a été prise à Timor.

----

1. Elles sont décrites dans la Zoologie du voyage de Freycinet, p. 306 et suiv. La *Diacope calvet* y est représentée pl. 57, fig. 1.

La Diacope striée.

(*Diacope striata*, Q. et G.)

La deuxième, qu'ils nomment *diacope rayée*, est grise, avec des lignes brunes, étroites, parallèles, qui descendent obliquement sur tout le corps. Sa dorsale et sa caudale sont noirâtres : la première est lisérée de noir. Il y a une tache brune dans l'aisselle de la pectorale.

D. 10/14; A. 3/8; C. 17; P. 15; V. 1/5.

La diacope striée a les lobes du foie beaucoup plus pointus et plus prolongés en arrière que les précédentes. L'estomac est aussi beaucoup plus grand. Nous l'avons trouvé rempli de crustacés. La vessie natatoire est grande et très-mince.

La longueur de nos individus est de cinq ou de six pouces.

Elle se trouve à Waigiou, et les naturalistes de l'expédition Duperrey viennent de la rapporter de l'île *Bourou*, l'une des Moluques.

La Diacope sans taches.

(*Diacope immaculata*, Q. et G.)

La troisième, leur *diacope sans taches*, est verdâtre, plus brune vers le dos, plus jaunâtre au ventre, plus blanchâtre à la gorge; des lignes brunâtres, formées par des reflets, règnent longitudinalement sur les flancs, obliquement sur le dos, comme on en voit au reste plus ou moins distinctement sur la plupart des diacopes et des mésoprions. Celle-ci ressemble assez à la diacope calvet; mais elle est moins haute et moins tirant au roux. Elle vient encore de Waigiou.

D. 10/13; A. 3/9; C. 17; P. 14; V. 1/5.

Les individus ont de quatre à cinq pouces.

Après ces diacopes que nous avons observées par nous-mêmes, nous sommes obligés d'en placer plusieurs que nous ne connaissons que par des descriptions ou des figures, mais sur le genre desquelles il ne reste aucune incertitude. Forskal en a quatre, dont il range trois parmi les sciènes et la quatrième parmi les perches. Ce sont les *sciæna bohar, nigra* et *argentimaculata,* dont M. de Lacépède a fait des labres, et son *perca miniata,* qui, dans M. de Lacépède, est rapporté aux pomacentres.

La Diacope noire.

(*Diacope nigra*, nob.) [1]

La *diacope noire,* en arabe *gatié,*

est partout noirâtre, excepté au ventre, qui est brun, tirant sur le blanc.

D. 10/15 [2]; A. 3/9, etc.

---

1. *Sciæna nigra,* Forsk.; *Labre noir,* Lacép.
2. Il faut remarquer, au sujet de cette diacope noire, une faute

Il y en a, dit Forskal, une variété dont les joues et le bord de l'anale sont rougeâtres, et où l'on voit la tache noire sur la ligne latérale; mais cette variété, dite en arabe *kasjmiri* (comme l'*octolineata*), pourrait bien être une espèce distincte, voisine du *fulviflamma* ou du *notata*.

La Diacope tachetée d'argent.

(*Diacope argentimaculata,* nob.) [1]

Cette espèce se nomme en arabe *schaafen*.

Elle a les écailles du dos noirâtres et argentées au bord et au bout; celles de l'abdomen rougeâtres, à bord plus pâle, ce qui, au total, en fait un poisson brun, tacheté d'argent. Une ligne bleue passe sous l'œil et se rend vers la bouche. Les nageoires sont roussâtres; celle du dos est bleuâtre, avec un bord roux. La mâchoire inférieure devance l'autre; ses dents latérales d'en bas deviennent plus grandes vers l'angle, et chaque mâchoire en a plus intérieurement une bande en velours. Elle doit d'ailleurs ressembler au *bohar*.

B. 7; D. 10/14; A. 3/9; C. 17; P. 17; V. 1/6.

---

d'impression (10/10, au lieu de 10/25 annoncé par le texte, qui renvoie au n.° 46, au *kasmira*, ou 10/15 selon notre notation), et cette faute a fait croire à M. de Lacépède qu'elle manque de rayons mous à la dorsale, et lui a fait assigner ce caractère à son labre noir. Ce serait une conformation sans exemple en ichtyologie.

1. *Sciœna argentimaculata*, Forsk. et Gm.; *Labre argenté*, Lac.

La DIACOPE BOHAR.

(*Diacope bohar*, nob.) [1]

La *diacope bohar*, en arabe *bohar* ou *bhár*,

est décrite comme rougeâtre, avec des lignes et des nébulosités blanchâtres, et a vers le dos deux grandes taches noires qui s'effacent après la mort.

B. 7; D. 10/15; A. 3/9; C. 17; P. 16; V. 1/6.

On a donné à M. Ehrenberg, sous ce nom de *bohar*, une diacope qui, pendant la vie,

est d'un brun-olivâtre clair, avec une tache dans l'angle de chaque écaille, et qui devient rouge après la mort. Ses formes sont celles de nos premières espèces.

D. 10/14; A. 3/9, etc.

La taille de son individu est de sept à huit pouces.

La DIACOPE CARMIN.

(*Diacope miniata*, nob.) [2]

Ce qui a déterminé M. de Lacépède à placer le *perca miniata* de Forskal dans la famille des chétodons, c'est l'expression de dents sé-

---

1. *Sciœna bohar*, Forsk. et Gm.; *Labre bohar*, Lacép.
2. *Perca miniata*, Forsk., p. 41; *Pomacentre Burdi*, Lacép., t. IV, p. 511. *Burdi* est le nom d'une espèce estimée de dattes.

tacées et flexibles que Forskal emploie pour désigner des dents en velours; mais, comme il dit qu'il se trouve dans le nombre des canines aiguës, il nous ramène à la famille actuelle.

Le *perca miniata*, nommé à Djidda *zarbun* et à Lohaia *ataia* ou *burdi*, ressemble pour les détails [1] au bohar, si ce n'est que sa dorsale et son anale s'arrondissent en arrière, et que sa caudale aussi est ronde.

Sa couleur est rouge, avec des points bleus. Ses ventrales ont le bord externe bleu.

Sur le vertex sont deux lignes qui forment un V.

B. 7; D. 9/15; A. 3/9; C. 15; P. 17; V. 1/6.

Ce poisson est long d'un pied, et habite parmi les madrépores, si nombreux dans la mer Rouge.

La Diacope de Boutton.

(*Diacope bottonensis*, nob.)

L'aspro capite ventreque rubicundis, etc., ou la *perche du détroit de Boutton*, très-bien décrite par Commerson, et dont M. de Lacépède (t. IV, p. 331 et 367) a fait son *holo-*

---

1. Il y a dans Forskal une faute d'impression : *opercula ante-riora integerrima, pone modice SERRATA*, pour *SINUATA*, qui a fait supposer à M. de Lacépède que le préopercule est dentelé, ce qui, joint à l'expression des dents flexibles, l'a déterminé à en faire un pomacentre.

centre boutton, est encore une diacope très-
semblable à celles qui précèdent, ou peut-
être identique avec quelqu'une d'elles.

Ses formes et les nombres de ses rayons sont les
mêmes. Commerson décrit expressément l'échancrure
de son préopercule et la tubérosité que cette échancrure reçoit. Elle a le dos brun-clair, les flancs dorés, et la tête, la poitrine et le ventre rougeâtres; sa
dorsale est transparente et bordée de jaunâtre ou rougeâtre, et il y a une petite tache noirâtre dans l'aisselle de la pectorale.

La Diacope fauve.

(*Diacope fulva,* nob.)

Ce ne peut pas non plus être une espèce
très-différente de toutes celles-là que la diacope d'*Otaïti*, dont Forster a laissé un dessin
et une description sous le nom de *perca fulva,*
et dont Schneider (p. 3₁8) a fait son *holocentrus fulvus;* mais il lui donne les nombres de
rayons de notre première espèce, *D. Sebæ.*

D. 11/16; A. 3/9; C. 22 (en comptant les petits de la base);
P. 16; V. 1/5.

L'échancrure de son préopercule est très-mar-
quée; mais sa dorsale est assez égale; sa caudale en
croissant, avec des angles pointus. Sa couleur est
fauve sur le dos et rougeâtre sous le ventre. Sa dorsale est rougeâtre; sa caudale, de même couleur, a le

bord blanc. L'anale est d'un jaune rougeâtre. Les nageoires paires sont jaunes. On ne parle point de tache sur le côté.

La Diacope de Borabora.

(*Diacope Borensis*, nob.)

Nous trouvons encore une de ces diacopes rouges, sans lignes longitudinales et sans tache latérale, parmi les dessins de M. Lesson, l'un des naturalistes qui ont accompagné le capitaine Duperrey, et elle nous paraît différer de celles que nous venons de décrire, soit d'après nous-mêmes, soit d'après les autres. Elle est abondante à *Borabora*, l'une des îles de la Société.

Sa nuque est très-haute. L'échancrure de son préopercule et le tubercule qui lui répond sont très-prononcés. Toute sa couleur est rougeâtre, un peu teinte de violâtre vers le dos. Les bords de ses écailles, son museau, ses pectorales, ses ventrales et son anale sont d'un beau rouge-clair de minium. Sa dorsale et sa caudale sont teintes de violet, et l'on voit sur la partie épineuse de la dorsale une ou deux lignes irrégulières roses. La caudale est fourchue.

Les nombres sont ceux des espèces ordinaires.

D. 10/14; A. 3/9; C. 17; P. 17; V. 1/5.

L'individu était long d'un pied.

La DIACOPE SANGUINE.

(*Diacope sanguinea*, Ehrenb.)

Enfin, nous avons vu parmi les poissons rapportés du golfe Arabique par M. Ehrenberg, deux autres diacopes rouges : la première, que le savant voyageur nomme *diacope sanguinea,*

est plus oblongue et entièrement rouge, sans mélange de blanc ni de jaune.

D. 11/15; A. 3/10, etc.

L'individu est long de cinq pouces.

M. Ehrenberg l'a pris à Massuah. Nous n'en connaissons pas le nom arabe.

La DIACOPE ÉCARLATE.

(*Diacope coccinea*, Ehrenb.)

La seconde, que M. Ehrenberg nomme *diacope coccinea,*

a tout le corps et l'iris d'un rouge de vermillon, le bord de la partie molle de la dorsale et celui de la caudale blancs, et un peu de jaune dans l'aisselle.

Sa nuque est élevée comme dans la précédente, mais son corps est plus alongé.

D. 10/14, etc.

Les Arabes la nomment *bedjial.*

La Diacope bossue.

(*Diacope gibba.*) [1]

La *sciæna gibba* de Forskal semble tenir de cette *diacope écarlate.*

Avec les caractères communs au genre, elle a un dos élevé (*valde gibbum*), et des écailles rouges et blanches à la pointe.

Forskal ne lui attribue que six rayons aux ouïes; mais dit que ses autres nombres sont les mêmes qu'au *kasmira*, c'est-à-dire:

D. 10/15; A. 3/9; C. 17; P. 16; V. 1/5.

On nomme cette espèce en arabe *nagil* et *asmudi.*

---

1. *Sciæna gibba*, Forsk.

CHAPITRE XIV.

Des Mésoprions.

Bloch, sous le nom barbare de *lutjan*, qu'il croyait japonais et qui est malais [1], avait réuni une foule d'acanthoptérygiens, d'après le double caractère d'un préopercule dentelé et d'un opercule sans épines, et il y entassait pêle-mêle des poissons de la famille des labres, de celle des sciènes et de celle des perches.

J'en ai déjà, depuis long-temps, séparé les premiers sous le nom de *crénilabres* et les seconds sous celui de *pristipomes* [2]. Aujourd'hui je présenterai, sous le nom de *mésoprions*, ceux qui, appartenant par leurs dents vomériennes et palatines à la famille des perches, se rapprochent plus particulièrement des serrans, par les canines qui se mêlent à leurs dents en velours et qui arment le devant ou les côtés de leurs mâchoires.

Le nom que je leur impose indique qu'ils

---

1. Il l'avait pris de l'étiquette *ikan-lutjang*, attachée à un poisson sec dont il fit la première espèce de ses *lutjanus*. Voyez Bl., Grande Ichtyol., part. VII, p. 85. Ce qui est curieux, c'est que ce poisson (nous avons examiné le propre individu de Bloch) a deux épines très-marquées, quoique plates, à son opercule.

2. Règne animal, t. II, p. 262 et 299.

ont une dentelure en forme de scie sur le milieu de chaque côté de leur tête; de μέσον (*milieu*) et de πριών (*scie*).

Ces mésoprions tiennent de très-près aux diacopes dont nous venons de parler. Ils ont même encore quelquefois un léger renflement à l'interopercule et plus souvent encore au préopercule une sinuosité ou un petit arc rentrant, qui est une sorte de vestige ou d'indice de l'échancrure caractéristique des diacopes; mais dans ces dernières cette échancrure est toujours beaucoup plus prononcée. La plupart ressemblent aussi aux *dentex* par l'ensemble de leur forme et surtout par leur tête et leur museau un peu alongé; mais on les en distingue aisément par les dents du vomer et des palatins, qui manquent aux *dentex,* aussi bien que la dentelure du préopercule. Ces mésoprions ont en général les pectorales longues et pointues des spares. J'ai trouvé aux espèces que j'ai disséquées, des intestins à peu près semblables à ceux des serrans.

Tous ces poissons viennent des mers des pays chauds; mais il y en a, et en assez grand nombre, dans les deux océans. On les connaît dans nos colonies françaises des Indes occidentales sous le nom générique de *vivaneau* ou *vivanet* et sous celui de *sarde.*

Le Mésoprion dondiava.

(*Mesoprion unimaculatus,* nob.) [1]

Plusieurs de leurs espèces ressemblent même par les couleurs, et surtout par la tache noire de leurs flancs, à certaines diacopes, au point que l'on pourrait douter s'ils n'en seraient pas des variétés de sexe. Telle est particulièrement un mésoprion de la mer des Indes, dont nous avons plusieurs individus, rapportés par Commerson, par Sonnerat et par les compagnons de M. Freycinet.

Quoique bien caractérisé pour un vrai mésoprion, il est tellement semblable à notre *diacope notata,* qu'il faut de l'attention pour l'en distinguer. Kuhl l'avait même envoyé au Cabinet de Leyde sous le nom de *diacope xanthozona.*

Le bord montant du préopercule a une fine dentelure, l'angle en a une plus forte et est arrondi; au-dessus de lui est une légère sinuosité rentrante. L'opercule se termine en deux pointes arrondies et plates. L'os surscapulaire est dentelé, mais non celui de l'épaule. Le museau, les sous-orbitaires et les os des mâchoires manquent d'écailles. Les canines su-

---

1. *Mesoprion unimaculatus,* Quoy et Gaym., Zool. de Freyc., p. 304.

périeures de devant et les latérales d'en bas sont fortes et pointues.

La couleur de ce poisson, comme celle de la diacope que nous lui comparons, paraît d'un jaune plus ou moins bronzé, changeant en argenté vers le ventre, et il y a de même une tache noire sur la ligne latérale et vis-à-vis le milieu de la partie molle de la dorsale; des lignes plus obscures règnent le long de chaque rang d'écailles.

Les nombres des rayons sont les mêmes que dans la plupart des diacopes.

D. 10/14; A. 3/8; C. 17; P. 16; V. 1/5,

C'est incontestablement le *doondiawah* de Russel (t. I, n.° 97). Cet auteur ajoute à ce que nos individus nous montrent

que le fond de la couleur est teint de reflets pourpres vers la tête et verdâtres vers le dos, et que les nageoires sont d'un jaune roussâtre.

C'est exactement l'enluminure que Renard (t. I, pl. 31, fig. 172) donne à son *camboto* d'Amboine, qui d'ailleurs offre tous les caractères de l'espèce actuelle et que nous croyons en conséquence devoir y rapporter.

Le Mésoprion de John.

(*Mesoprion Johnii,* nob.; *Anthias Johnii,* Bl.) [1]

Un mésoprion des Indes, qui ressemble beaucoup au précédent, si ce n'est le même, c'est l'*anthias Johnii* de Bloch (pl. 3₁8), et, à ce que nous croyons, le *coïus catus* de Buchanan (Poissons du Gange, pl. 38, fig. 3o).

Ses formes, ses détails, les nombres de ses rayons, sont exactement pareils.

D. 10/14; A. 3/8; C. 17; P. 17; V. 1/5.

Les seules différences tiennent à ce que, dans les individus représentés par ces deux auteurs sur un fond argenté et rayé d'autant de séries de petites taches grises ou noirâtres qu'il y a de séries d'écailles, on voit du côté du dos quelques bandes verticales noirâtres et lavées, trois, quatre ou cinq, selon les individus, dont une seule, celle qui est au-dessous des dernières épines dorsales et des premiers rayons mous, se change en une tache noire bien prononcée;

mais ces bandes nuageuses et fort lavées peuvent très-bien ne s'être pas montrées dans les individus dessinés par Russel et par Commerson, et avoir disparu dans ceux que nous avons sous les yeux.

----

1. *Coïus catus,* Buchan.

M. Buchanan hésite encore sur l'identité de l'*anthias Johnii* avec son *coïus catus,* parce que, dans celui-ci, la ventrale se termine en pointe ou en filet, et que cette circonstance n'est pas marquée dans la figure de Bloch; mais rien de plus naturel que de croire que ce filet avait été tronqué dans l'individu envoyé à Bloch. Quant à l'autre différence, que le poisson de Bloch a des écailles sur le devant du museau, comme nous savons que cet ichtyologiste en a donné tout aussi gratuitement à plusieurs espèces qui n'en ont pas davantage, elle nous touche peu. Les deux auteurs disent les nageoires rougeâtres.

Bloch avait reçu son poisson de Tranquebar. Il se borne à dire que sa chair est aussi bonne que celle de la perche. M. Buchanan ajoute sur son *coïus catus* qu'il devient aussi grand que le *vacti* ou notre *pèche-naire,* lequel, comme nous l'avons dit, atteint une fort grande taille, trois ou quatre pieds et plus, mais qu'il ne l'égale point en saveur. On le pêche dans les embouchures du Gange.

Le MÉSOPRION A CINQ LIGNES.

(*Mesoprion quinquelineatus,* nob.)

Russel représente (pl. 110), sous le nom de
mungi mapudee, un autre mésoprion à tache
latérale, qui paraît avoir

la partie épineuse et la partie molle de sa dorsale
séparées par un enfoncement plus marqué que le
précédent. Il le dit gris-clair, à front rougeâtre, à
ventre d'un blanc jaunâtre, à nageoires jaune-pâle,
bordées d'orangé, à cinq lignes longitudinales étroites et bleues, et à tache latérale de la même couleur.
   L'individu était long de dix pouces.
D. 10/14; A. 3/8; C. 17; P. 16; V. 1/5.

Il en a été envoyé deux individus de Java
au Musée royal des Pays-Bas.

On pourrait croire, d'après la configuration
de sa dorsale, que c'est lui que représente le
dessin laissé par Commerson sans autre indication que le nom générique *d'aspro,* gravé
dans M. de Lacépède (t. III, pl. 22, fig. 3),
et rapporté par lui au *labre fuligineux.*

Cependant ce dessin n'a point de raies et
ne montre que douze rayons mous à la dorsale : peut-être est-ce encore celui d'une espèce distincte.

Quant au *labre fuligineux* dont Commerson a laissé seulement une description, c'est un vrai labre, qui n'a avec le dessin en question que des rapports légers, et qui en diffère, comme nous le verrons ailleurs, par des points importans.

Le Mésoprion a stigmate.

(*Mesoprion monostigma*, nob.)

Parmi les poissons nouvellement rapportés des Séchelles par M. Dussumier, nous trouvons un mésoprion à tache latérale, qui a

tout le corps d'un jaunâtre doré, teint de gris vers le dos et de rosé vers la bouche, sans aucunes lignes longitudinales. Toutes ses nageoires sont d'un beau jaune; il est un peu plus oblong que le précédent. Sa dorsale est peu échancrée.

D. 10/14; A. 3/9; C. 17; P. 15; V. 1/5.

L'individu est long d'un pied.

Je rapporte à cette espèce un dessin laissé sans description par Commerson, que M. de Lacépède a fait graver (t. III, pl. 17, fig. 1) comme appartenant au *labre unimaculé;* mais, par son *labre unimaculé,* M. de Lacépède entend le *sciæna unimaculata* de Linnæus, dont le nombre de rayons (D. 10/11) s'accorde trop peu avec celui que marque le dessin de Commerson, pour croire qu'il s'agisse d'une même espèce. Et de plus, nous verrons dans un autre endroit que ce prétendu *sciæna,* donné comme un poisson de la Méditerranée, est un *picarel* (*smaris*). Shaw n'en a pas moins copié, pour le représenter, le dessin de Commerson, tout en copiant Linnæus seul dans son texte.

Les mers d'Amérique nous fournissent au moins six de ces mésoprions à tache latérale, parmi lesquels il en est plusieurs remarquables par la beauté et l'éclat de leurs couleurs.

Le MÉSOPRION ACAJOU.

(*Mesoprion mahogoni,* nob.)

Une de ces espèces est venue de la Martinique, où elle porte le nom de *sarde acajou.*

Elle a le corps et la tête un peu plus alongés que les espèces des Indes; l'œil plus grand, et douze rayons mous seulement à la dorsale, qui ne se prolonge pas en pointe. Pour la bien distinguer des espèces suivantes, il faut encore remarquer que son sous-orbitaire est de moitié moins haut que long; que ses dents sont très-fines, même ses canines supérieures; que sa tête prend le tiers de sa longueur; que le diamètre longitudinal de son œil est trois fois et demi dans la longueur de sa tête, et que la ligne de sa gorge monte presque autant que celle de son profil descend.

Sa tache est au même endroit que dans les espèces précédentes; mais sa couleur paraît avoir été un brun-roussâtre cuivré, qui se change en doré sur les flancs et en argenté sous le ventre.

D. 10/12; A. 3/8; C. 17; P. 15; V. 1/5.

Nos individus sont longs de cinq pouces.

C'est apparemment cette teinte rousse qui lui a valu son nom français, que nous nous bornons à traduire. Nous l'avons reçue de M. Plée.

Ce poisson est rare et peu estimé. Il pèse au plus de deux à trois livres. Sa chair molle lui a fait donner vulgairement le nom de *paillasse coton*.

Le MÉSOPRION DE RICHARD.

(*Mesoprion Ricardi.*)

Nous en avons trouvé dans le cabinet de M. Richard une espèce très-voisine,

mais qui a la ligne du profil plus descendante et celle de la gorge presque horizontale. Elle paraît d'un doré roussâtre, teint en brun sur le dos, et en argent vers la gorge et les côtés de la tête. Ses nageoires paraissent fauves; mais il est possible que ses couleurs aient été altérées par la liqueur où elle est conservée.

D. 10/12; A. 3/8, etc.

Les individus n'ont que quatre pouces.

Le MÉSOPRION DORÉ.

(*Mesoprion uninotatus*, nob.)

Une troisième de ces espèces d'Amérique à tache latérale, remarquable. par ses belles couleurs, diffère encore des deux précédentes

par sa nuque plus élevée, par son sous-orbitaire, qui est d'un tiers plus haut à proportion. Comme les deux précédentes, elle n'a aucune apparence de tubérosité à son interopercule, et son préopercule offre à peine un léger arc rentrant; sa dorsale et son anale finissent en pointe arrondie. Excepté les canines, ses dents sont fines; il y en a plus de vingt-cinq de chaque côté.

D. 10/12; A. 3/8; C. 17; P. 16; V. 1/5.

C'est un des plus beaux poissons. Il a le dos, le dessus de la tête et le haut des joues d'un bleu d'acier bruni; le bas des joues et les flancs de couleur de rose vif, avec reflets métalliques; le ventre couleur d'argent : sur le tout règnent sept ou huit bandes longitudinales d'une belle couleur d'or, dont celles du dos sont un peu irrégulières et obliques. La dorsale a trois bandes jaunes sur un fond rosé; l'anale et les ventrales sont d'un beau jaune jonquille; la caudale d'un bel aurore, avec un mince liséré noirâtre; la pectorale d'un aurore pâle; les lèvres rose; l'iris est rosé, glacé d'argent.

Nous avons fait le squelette de ce mésoprion. Si l'on excepte les différences de la tête, déjà apparentes

2.

au dehors, il ressemble à celui des serrans. C'est le même nombre de vertèbres, et la crête mitoyenne s'avance seulement un peu plus sur le crâne.

Leurs viscères sont aussi très-semblables.

Nos plus grands échantillons ont quatorze pouces. La plupart n'en ont que six à sept.

Cette belle espèce subit quelques variations dans ses couleurs.

A Saint-Domingue elle porte, quand elle est dans toute sa beauté, le nom de *sarde dorée,* et lorsqu'elle est plus petite, celui de *sarde rouleuse;* quand le rouge des côtés est plus ou moins effacé, elle prend celui de *sarde argentée.*

Dans la liqueur presque tout son éclat disparaît, et il ne reste que des teintes grises et brunes. C'est ainsi que M. Desmarest l'a décrite dans sa première Décade ichtyologique et dans le Dictionnaire classique d'histoire naturelle, sous le nom de *lutjanus Aubrieti.*

Nous l'avons reçue de Saint-Domingue par M. Ricord, du Brésil par M. Delalande, et de la Martinique par M. Achard.

M. Plée nous a envoyé de la Martinique, sous le nom d'*Oualivacou,* un poisson qui ne nous paraît différer de cette *sarde dorée* que parce que l'on n'y voit presque point la tache latérale.

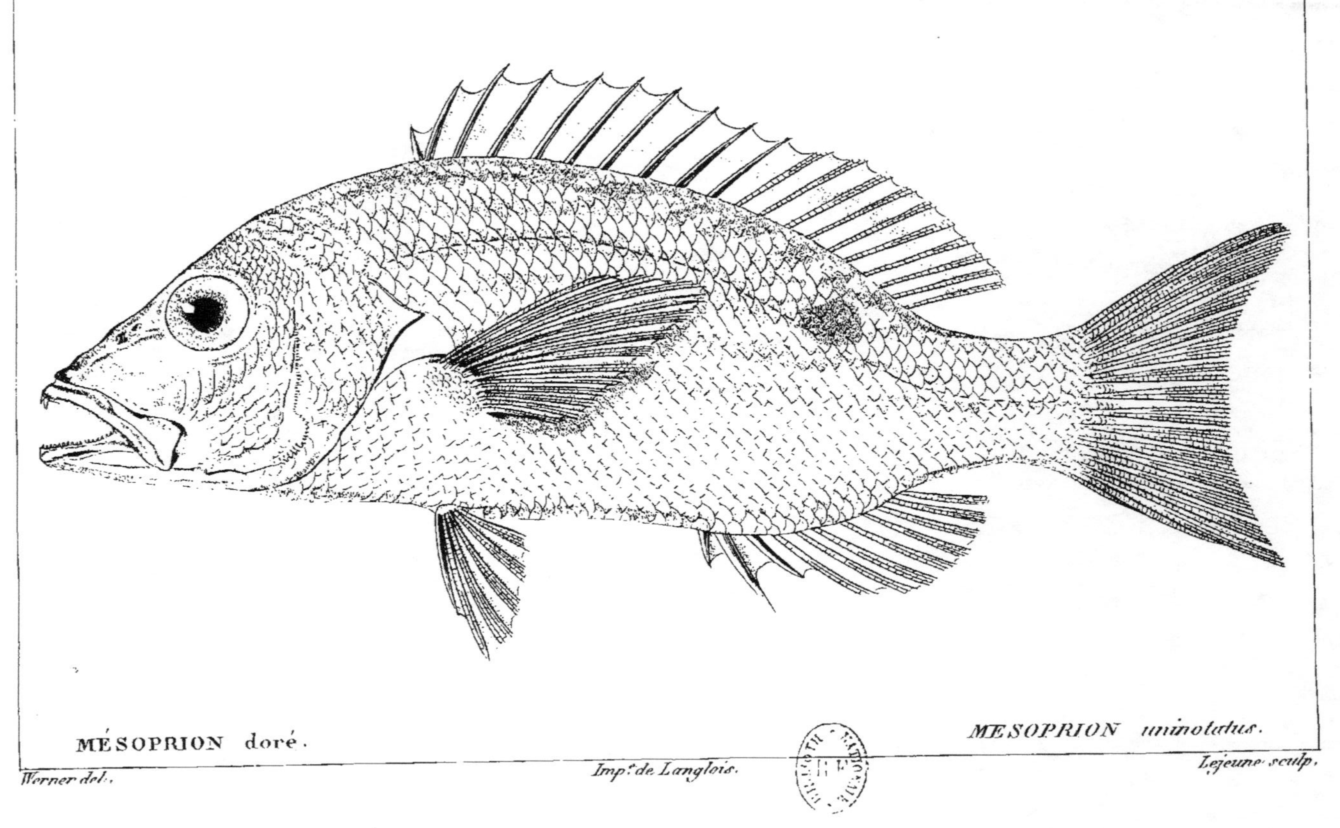

MÉSOPRION doré.　　　　MESOPRION uninotatus.

Ce voyageur dit que *l'oualivacou* se tient dans les grands fonds de mer, et que, dans sa plus grande taille, il ne pèse guère que deux livres.

Je trouve parmi les dessins de Plumier une figure qui lui ressemble beaucoup, et qui est intitulée *sargus ex auro virgatus.*

C'est sur cette figure que M. de Lacépède (t. IV, p. 167) a établi son *dipterodon Plumieri;* mais il faut remarquer que la division que l'on voit à sa dorsale est manifestement accidentelle.

Bloch (*Syst. posth.*, p. 275) fait sur cette même figure son *sparus vermicularis.* La manière dont elle est dessinée lui a fait croire que l'anale a six épines. Il est probable que sa copie n'avait pas la division de la dorsale, puisqu'il n'en fait aucune mention.

Il me semble aussi que ce poisson doit être au moins fort voisin de celui que décrit Duhamel (Pêches, part. II, sect. 4, ch. 5, p. 61, et pl. 3, fig. 2), et qu'il dit s'appeler *ouariac* à la Guadeloupe.

J'ai tout lieu de croire, enfin, que c'est encore le *salpa purpurascens variegata* de Catesby (pl. 17, fig. 1), c'est-à-dire le *sparus synagris* de Linnæus.

Le MÉSOPRION A ANALE ROUGE.

(*Mesoprion analis*, nob.)

Nous placerons ici une jolie espèce, apportée de Saint-Domingue par M. Ricord, et qui paraît se rapprocher encore beaucoup des précédentes.

Toute sa partie supérieure et ses côtés ont des lignes dorées et argentées ou couleur d'acier plus ou moins longitudinales, mais un peu irrégulières. La partie inférieure de ses flancs a les intervalles des lignes dorées d'un rouge rose. Un trait argenté entoure son orbite en dessous. Ses ventrales, la plus grande partie de son anale et les bords de sa caudale sont rose vif; la dorsale est bleuâtre, avec un liséré rose et une large bande jaune sur sa base et sur toute sa partie molle. Un trait noirâtre traverse la base de sa pectorale. Son interopercule n'a point de tubérosité. On voit sur son corps des intervalles verticaux, alternativement glacés de plus foncé et de plus clair : les plus foncés sont au nombre de dix à douze et rapprochés par paires.

D. 10/14, etc.

Les Haïtiens l'appellent *sarde haut-dos.*

Nos individus ont cinq pouces de long, et les bandes verticales nous font penser qu'ils sont encore jeunes.

M. Desmarest avait un de ces poissons, mais

entièrement bruni par la liqueur, parmi ceux qu'il nommait *lutjanus Aubrieti.*

Le Mésoprion sobre.

(*Mesoprion sobra,* nob.)

On nomme *sobre* à la Martinique, un mésoprion très-semblable à *l'uninotatus,* et qui a de même une tache noire sur le côté, mais où l'on compte quatorze rayons mous à la dorsale.

Le tubercule de son interopercule est assez saillant; mais on ne lui voit pas d'échancrure à son préopercule. Ses dents latérales sont coniques, courtes et bien plus grosses à proportion qu'à *l'uninotatus.* On n'en compte guère que quinze ou seize de chaque côté.

Il nous en est venu des individus secs de quinze et de seize pouces dans les collections de feu M. Plée; et M. Achard nous en a envoyé un dans la liqueur, qui est arrivé assez frais pour croire que notre description des couleurs est conforme à ce qu'offrirait le poisson vivant.

Il a le corps d'un jaune-olive doré ou très-brillant, rayé longitudinalement de treize à quatorze traits bleus, dont quelques-uns se divisent en deux sur le dos. Le bout du museau en dessus est violet;

sur les joues il y a trois raies bleues, et une raie argentée ou plombée règne sous l'orbite et descend sur le sous-orbitaire. Le bas des côtés est d'un beau rouge orangé, et le milieu du ventre est blanc. La dorsale est olive, tachetée de bleuâtre; la caudale olive, lavée de rouge; l'anale est d'un beau rouge, un peu nuagée d'olive sur les derniers rayons mous; les ventrales sont rouges; les pectorales rose.

La tache des flancs est d'un violet très-foncé.

D. 10/14; A. 3/8; C. 17; P. 16; V. 1/6.

Le MÉSOPRION VIVANEAU.

(*Mesoprion vivanus*, nob.)

Une espèce, qui porte plus particulièrement aujourd'hui à la Martinique, selon M. Plée, le nom de *vivaneau*, ressemble encore beaucoup à toutes les précédentes, surtout à l'*uninotatus;*

mais son profil descend moins rapidement, et ses dents latérales d'en bas sont un peu plus longues.

Sa couleur est un aurore doré, sur lequel on aperçoit des lignes brunes peu marquées, obliques sur le dos, longitudinales sur les flancs, et une tache peu foncée à l'endroit où l'ont les précédens. Le bord extrême de la caudale a un liséré noir très-marqué.

D. 10/13; A. 3/8; C. 17; P. 16; V. 1/5.

C'est, selon M. Plée, un poisson que l'on ne pêche que par quatre-vingt-dix à cent brasses de profondeur, et qui parvient au poids de quarante livres. Il est fort estimé.

Nous avons déjà dit que ces noms de *vivaneau* et de *vivanet* sont ou ont été appliqués par nos colons à plusieurs espèces de ce genre. *Duhamel*[1] en compte cinq à la Guadeloupe: le *franc,* qui est rouge sur le dos, plus clair vers le ventre, presque blanc aux côtés de la tête, avec des lignes brillantes suivant la courbe du dos, et qui prend des lignes jaunes sur les côtés en se desséchant; le *monbin,* qui est d'un rouge plus foncé et a la tête plus arrondie; le *variolé,* dont les écailles sont variées de diverses couleurs; le *gris,* dont les lignes latérales sont jaunes; et le *vivaneau à oreilles noires.*

Le MÉSOPRION OREILLE NOIRE.

(*Mesoprion buccanella,* nob.)

Cette dernière espèce, nommée encore aujourd'hui à la Martinique *oreille noire,* et qui y porte aussi le nom de *boucanelle,* nous a été envoyée par M. Plée avec la précédente.

C'est aussi un très-beau poisson, de couleur rouge, avec éclat métallique, et chaque écaille bordée d'ar-

---

1. Pêches, II.ᵉ part, sect. 4, c. 5, p. 62.

gent. Sa caudale et son anale paraissent avoir été jaunes et les autres nageoires plus ou moins rouges.

Il n'y a point de tache sur le côté; mais on en voit une très-noire, en forme de croissant, sur la base de sa pectorale : et c'est ce qui a valu à cette espèce son nom d'*oreille noire.* Ses dents latérales d'en bas sont fortes et écartées.

D. 10/14; A. 3/8; C. 17; P. 15; V. 1/5.

C'est, dans le sous-genre actuel, l'espèce qui approche peut-être le plus des diacopes par la tubérosité de son interopercule; mais son préopercule n'ayant pas d'échancrure, on a dû la placer parmi les mésoprions. Son squelette et ses viscères ne ressemblent pas moins que ceux de l'uninotatus à ceux des serrans.

Ce poisson pèse jusqu'à quinze et vingt livres, et est assez commun; mais on ne le trouve, comme le *vivaneau,* que par quatre-vingt-dix à cent brasses d'eau.

Nous avons aussi trouvé cette espèce de *l'oreille noire* dans les collections faites par M. Plée à Saint-Thomas. Les Anglais de cette île la nomment *noper.*

On voit dans les peintures d'Aubriet, faites sur les dessins de Plumier, un poisson rouge, avec une tache noire à la pectorale; mais dont la tête est plus grande et où le nombre des épines dorsales ne s'accorde pas. Il y est nommé *erythrinus primus seu major, vulgo boucanègre apud Americanos.* C'est probablement un dessin imparfait de notre espèce; mais ce qui serait incroyable, si Bloch luimême ne le disait pas, c'est que c'est de ce dessin qu'il a fait la base de sa planche du *pagel* ou *sparus erythrinus,* L., n.° 274, en l'altérant pour le faire cadrer avec les caractères donnés au *pagel* par ceux qui l'avaient observé, et en y ajoutant à côté une figure des mâchoires, probablement prise de notre *dorade à petites dents,* en sorte que cette planche ne pourrait qu'induire en erreur ceux qui la consulteraient : elle y induirait encore en faisant croire que le vrai *pagel* existe en Amérique; ce qui est faux.

Le Mésoprion rouge.

(*Mesoprion aya,* nob.) [1]

M. Ricord a rapporté de Saint-Domingue un mésoprion que l'on y appelle *sarde rouge de haut fond,* et qui ressemble beaucoup au *buccanella*

par sa couleur entièrement d'un beau rouge carmin, avec des bords argentés aux écailles; mais ses dents,

---

1. *Bodianus aya,* Bl., pl. 227; *Bodian aya,* Lacép.

surtout les latérales, sont beaucoup plus petites, et il n'y a point de tache noire sur la pectorale. Sa tubérosité et l'arc rentrant de son préopercule sont assez marqués; pas assez toutefois pour qu'on le range parmi les diacopes. Notre individu a bien certainement quatre épines à l'anale.

D. 10/14 ; A. 4/9.

Ce poisson devient grand. Nous en avons un de vingt-huit pouces, et l'on en prend de plus considérables. C'est le plus estimé de tous ceux que l'on mange au Port-au-Prince.

Tout nous fait croire que c'est ce poisson qui a été décrit par Margrave (*Bras.*, p. 167 et 168) sous le nom d'*acara aya,* et qui est devenu le *bodianus aya* de Bloch (pl. 227). La figure du prince Maurice, qui est assez reconnaissable, a été altérée dans la copie grossie que Bloch en donne. On y a surtout transformé en épine ce qui dans l'original pouvait n'être que le lobe alongé de l'opercule. La gravure de Margrave n'a point ce défaut, et représente fort bien notre sarde rouge.

Margrave dit que ce poisson se nomme aussi *garanha;* qu'il atteint trois pieds de longueur; que sa chair est bonne à manger et qu'on la conserve au moyen du sel.

Le MÉSOPRION A QUEUE D'OR.

(*Mesoprion chrysurus*, nob.) [1]

Une autre espèce, venue de la Martinique avec les précédentes, et qui est peut-être ce *vivaneau monbin* [2] dont parle Duhamel,

a les fourches de sa queue plus longues et plus pointues; ses crochets, au nombre de quatre à la mâchoire supérieure, excèdent peu ses autres dents.

D. 10/13; A. 3/9; C. 17; P. 14; V. 1/5.

Dans son état sec on y aperçoit à peine quelques restes de lignes et de taches. Une bande longitudinale verdâtre est ce qui s'y voit le mieux. Mais un individu envoyé presque frais par M. Achard, a présenté des couleurs très-belles et très-vives. Au-dessus de la ligne latérale son dos est grisâtre, rayé obliquement de jaune doré; au-dessous il est d'une belle couleur purpurine très-vive, avec trois raies longitudinales dorées. La raie supérieure passe par le milieu du corps et est plus large que les autres; elle se prolonge sur la tête jusqu'au bout du museau, en passant au-dessous de l'œil; le reste de la joue est gris d'argent, marbré de rose et de jaune d'or. La dorsale et l'anale

---

1. *Sparus chrysurus*, Bl.; *Spare demi-lune*, et *Spare queue d'or*, Lacép.; *Anthias rabirrubia*, Schn.; *Grammistes chrysurus*, Bl., Schn.

2. Nous ferons remarquer cependant que le nom de *Monbin*, qui vient de la couleur semblable à celle du fruit de ce nom, se donne aussi à un holacanthe.

sont jaune-olive; la caudale est jaune brillant, bordée en dessus et en dessous de deux traits rose; les pectorales sont rose et les ventrales orangées.

Il paraît que ces couleurs varient quelquefois.

M. Plée le décrit rose; la caudale et la dorsale jaunes; deux bandes longitudinales de même couleur sur les flancs; un peu de jaune aux mâchoires; quatre ou cinq petites bandes jaunes de chaque côté du ventre.

C'est principalement à Saint-Thomas que ce voyageur l'a observé, et il nous apprend qu'on l'y nomme *sarde;* qu'il y devient quelquefois fort gros, et qu'on l'y estime beaucoup.

Il nous en est venu en effet avec ses collections de cette île un individu de dix-huit pouces; mais il en a aussi envoyé de Porto-Rico, où on lui donne le nom de *cabrilla.* L'ayant vu à une autre époque, il dit qu'il était d'un beau rouge, et ses bandes et ses nageoires d'un beau jaune.

Tout nouvellement nous en avons reçu plusieurs de Saint-Domingue, par M. Ricord, dans un état parfaitement frais.

Tous sont rouge cramoisi; mais dans quelques-uns cette couleur passe sur le dos au violet et au gris d'ardoise. Une large bande, d'un jaune plus ou moins vif, règne depuis le museau jusqu'à la queue, et s'élar-

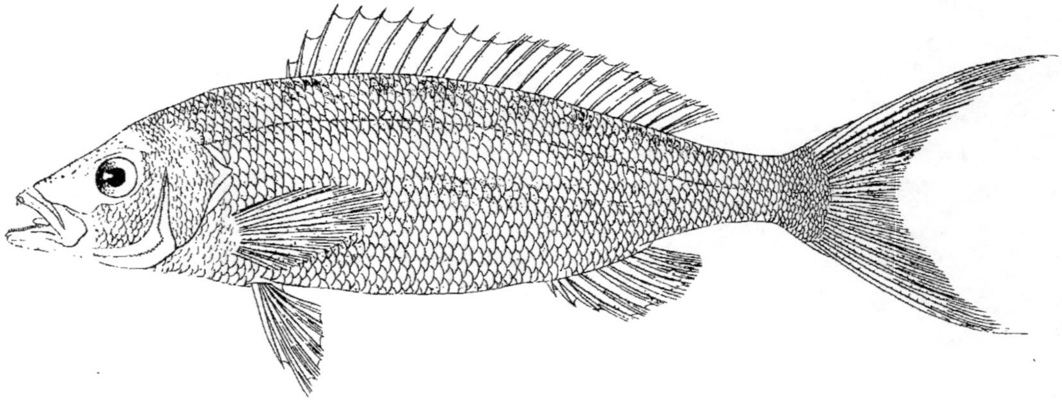

MÉSOPRION à queue d'or.

MESOPRION chrysurus. n.

Werner del.

Imp.^e de Langlois.

Smith sculp.

git pour s'unir à la caudale, qui est toute jaune, excepté un liséré rouge à ses bords supérieur et inférieur. Ce jaune est quelquefois un peu verdâtre,
surtout à la caudale. Le dos, au-dessus de cette
bande, est semé de taches jaunes irrégulières. Les
flancs ont des lignes jaunes plus ou moins nombreuses, qui font le passage du rouge du corps au
blanc du ventre. Des points verts couvrent le crâne,
le front et le museau. La dorsale et l'anale sont jaunes, avec du rouge ou du rose à leur base, et les
autres nageoires blanchâtres ou roses.

On nomme dans cette île les individus à dos
bleu, *sarde colas*, et ceux à dos rouge, *sarde
colas à queue*. Les plus grands que nous ayons
reçus sont longs de vingt pouces.

Il est aisé de reconnaître ce même poisson
à la forme dans le *rabirrubia* de Parra (pl. 22,
fig. 1), quoique cet auteur lui donne des teintes
un peu moins brillantes et se borne à le faire
rose-clair, avec une ligne verdâtre tout du long
de chaque côté du corps et une teinte verte
sur la dorsale. C'est, ajoute-t-il, un poisson des
plus estimés[1] et qui atteint à deux tiers d'aune
de longueur (environ vingt pouces de France).

M. Poey nous en a donné un dessin fait à la

----

1. Schneider, dans son édition du Système de Bloch, p. 309,
demande si un autre de la même planche, fig. 2, n'en serait pas
une variété; mais ce deuxième est un vrai serran. Voyez notre
article du *Serranus furcifer*.

Havane, comme celui de Parra, et sous ce même nom de *rabirrubia*. Il en décrit les couleurs dans les termes suivans :

Le dos est violet un peu clair, avec des taches d'un jaune très-vif, qui tirent un peu au vert. Une bande longitudinale offre la même couleur jaune. La dorsale et la caudale de même ; mais cette dernière est plus verte. Les autres nageoires sont blanches, légèrement teintes de rose. Le ventre est de cette dernière couleur, tirant un peu au violet. J'ai vu l'iris blanc dans quelques-uns et rouge dans d'autres.

D'après ces données, il est impossible de ne pas rapporter aussi à cette espèce le vélin intitulé *sarda cauda aurea et lunata,* copié de Plumier par Aubriet, mais chargé de couleurs trop vives, selon l'usage de cet artiste, et qui est devenu le *spare demi-lune* de M. de Lacépède (t. IV, pl. 3, fig. 1 et p. 141). La bande longitudinale dorée, verdâtre ou bronzée, me paraît manifestement les rapprocher.

La figure d'Aubriet le représente rouge incarnat ; une teinte bleue sur le dos ; la bande latérale jaune ; des taches de même couleur sur le rouge ; la caudale et la dorsale jaunes, et une bande longitudinale rouge sur cette dernière ; les autres nageoires grises.

Le *colas* de la Guadeloupe de Duhamel (Pêches, sect. 4, ch. 5, p. 64 et pl. 12, fig. 1) ressemble encore entièrement à nos poissons par la forme; et, autant qu'on peut entendre la description vague et obscure donnée par cet auteur, il a aussi une bande large de couleur citrine et des taches jaunes à peu près rondes; ce qui répond tout-à-fait à plusieurs de ceux que nous avons sous les yeux. Il arrive à deux pieds de longueur.

Enfin, c'est encore bien certainement l'*acara pitamba* de Margrave (p. 155), dont Bloch (pl. 262) a fait son *sparus chrysurus*, et qui est devenu le *spare queue d'or* de M. de Lacépède (t. IV, p. 115). Margrave en décrit très-bien la bande latérale et les taches jaunes, ainsi que la teinte générale pourpre et bleue. Il lui donne deux pieds de longueur, et sa figure répond à celles du *rabirrubia* et du *spare demi-lune*, autant que la manière de dessiner du prince Maurice ou de son peintre le permettait.

La figure originale du prince, assez bien copiée par Bloch, quoiqu'il l'ait agrandie, comme à son ordinaire,

> est peinte d'un beau rouge nué de pourpre et d'or, avec deux bandes dorées; les nageoires verticales jaunes, et les nageoires paires grises. Elle est intitulée *acara pitangiuba*.
>
> La taille du poisson y est marquée de dix-huit pouces.

Il est au reste singulier que Bloch, après

avoir très-bien reconnu dans sa grande Histoire l'identité de cet *acara pitamba* de Margrave avec le *rabirrubia* de Parra, les ait séparés dans son *Systema*, y nommant le premier, p. 187, *grammistes chrysurus*, et le second, p. 309, *anthias rabirrubia*.

Duhamel assure que son *colas* vit en troupes et se nourrit d'œufs de poissons, et que sa chair est assez bonne.

Selon Parra, le *rabirrubia* est le plus estimé des poissons de la Havane; et Margrave dit aussi de son *acara pitamba* qu'il est excellent grillé.

Selon M. Poey, on en voit de deux pieds et du poids de dix livres. Bien qu'il soit très-commun, sa chair est si estimée qu'il se vend toujours très-cher. Il n'est jamais empoisonné. M. Ricord rapporte exactement les mêmes choses de la *sarde-colas* de Saint-Domingue, et M. Pley de la *sarde* de Saint-Thomas.

Margrave a trouvé dans la gorge de son *acara pitamba* un crustacé parasite de la famille des cloportes, dont il donne une figure trop grossière pour qu'on puisse en déterminer l'espèce.

Le Mésoprion a dents de chien.

(*Mesoprion cynodon*, nob.) [1]

Une espèce, que l'on nomme à la Martinique *sarde à dents de chien*, est le *caballerote* de Parra (pl. 25, fig. 1), dont Schneider (p. 310, n.° 21) a fait son *anthias caballerote;* mais elle porte tous les caractères de nos *mésoprions* et non ceux des anthias.

Son opercule se termine en angle mousse; son préopercule, dentelé dans sa jeunesse, perd en grande partie ses dentelures avec l'âge, comme dans tous les poissons de cette famille, qui deviennent très-grands. Une légère sinuosité se montre à l'endroit où est l'échancrure des diacopes, et répond à une assez forte tubérosité de l'interopercule. Sa tête, son museau, son sous-orbitaire, ses mâchoires, sont recouverts comme d'une espèce de cuir. Ses épines dorsales sont très-fortes, ainsi que ses deux canines supérieures; presque toutes ses dents latérales d'en bas ressemblent aussi à des canines. Sa caudale, comme celle des premières espèces de ce genre, est taillée un peu en croissant. Dans la liqueur sa couleur paraît brune; toutes ses écailles ont un éclat doré, et leur bord est argenté. Selon Parra, elles offrent dans l'état frais des teintes brunes et jaunes, agréables à la vue,

---

1. *Anthias caballerote*, Schn.

2.   30

et la dorsale a des reflets cramoisis sur un fond brun.

Un individu, venu presque frais de Saint-Domingue, avait le dos tirant sur l'orangé, le ventre blanc, et du jaune verdâtre sur toutes les nageoires et sur toutes les parties latérales. Ces teintes jaunes l'ont fait appeler dans cette île *sarde mulatresse*.

D. 10/14; A. 3/9; C. 17; P. 16; V. 1/5.

Parra en parle comme d'un poisson très-savoureux et que l'on peut manger sans crainte de la *siguatera*.

Le MÉSOPRION JOCU.

(*Mesoprion jocu,* nob.; *Anthias jocu,* Bl., Schn.)

Les Antilles ont une espèce très-voisine et qui paraît devenir aussi grande, mais qui s'en distingue

par une suite de points argentés, lisérés de brun, régnant sur la joue et sous l'œil.

M. Plée, qui nous l'a envoyée de la Martinique, lui donne le nom de *sarde à dents de chien,* comme à la précédente. Il dit dans ses notes,

que sa couleur générale est rose, mais que, les pectorales exceptées, ses nageoires sont jaunâtres; que les taches de sa joue sont d'un gris blanchâtre, et qu'on en pêche de douze à quinze livres.

Parra, dans ses Poissons de la Havane (pl. 25, fig. 2), la représente très-bien sous le nom de *jocu*, et c'est l'*anthias jocu* de Schneider (p. 310, n.° 22). Selon le premier de ces auteurs, dans l'état frais,

> la couleur de la tête et d'une partie du corps est d'un rouge d'ocre vif et le reste d'un jaune d'or.

Il y en a de très-grands; mais c'est un des poissons qui occasionnent le plus facilement ce que les colons espagnols nomment la *siguatera*.

> D. 10/15; A. 3/9; C. 19; P. 17; V. 1/5.

Le MÉSOPRION A RAIE.

(*Mesoprion litura*, nob.)

M. Poiteau nous a envoyé de Cayenne un poisson très-semblable au *jocu;*

> mais dans lequel, au lieu de points, il n'y a sur la joue qu'une ligne continue. Peut-être n'en est-ce qu'une variété.
> D. 10/15; A. 3/8; C. 17; P. 16; V. 1/5.

Nous le croyons d'autant plus, qu'il s'en est trouvé dans les collections de M. Plée un troisième, pêché à Saint-Thomas, où une ligne, en partie continue, en partie divisée, règne depuis le milieu du sous-orbitaire et en passant sous l'œil jusqu'à l'angle du préopercule.

D'après les notes qui l'accompagnaient, ce poisson, frais, est d'une belle couleur rouge; la ligne et les taches sont bleues.

L'espèce devient très-grande et pèse de vingt à trente livres.

D. 10/15; A. 3/9; C. 17; P. 16; V. 1/5.

Le MÉSOPRION A LIGNE.

(*Mesoprion linea*, nob.)

Parmi les poissons que M. Poey nous a rapportés de Cuba, se trouve un petit mésoprion encore très-semblable au *jocu*,

et qui a sous l'œil une ligne étroite couleur d'argent, lisérée de brun, allant depuis le milieu du maxillaire au préopercule et se divisant sur l'opercule en points séparés. Il est d'un brun olivâtre, plus pâle sous le ventre, et a sept ou huit bandes verticales d'un jaune plus clair. Ses nageoires sont olivâtres. Le bord de la partie épineuse de la dorsale est jaunâtre. Les ventrales sont jaunes.

D. 10/15; A. 3/8; C. 17; P. 15; V. 1/5.

Nos individus sont longs de trois à quatre pouces.

Nous en avons d'un peu plus grands et à ligne plus interrompue, apportés de Saint-Domingue par M. Ricord.

Il s'agira de savoir si ce ne sont pas encore des jeunes individus de l'espèce du *jocu*.

Le *bodianus fasciatus* (Bl., Schn., pl. 65),

appelé *striatus* dans le texte (p. 335), et l'*al-phestes sambra* (*ib.,* pl. 51 et p. 236, où il est nommé *gembra*), sont sans aucun doute des mésoprions, et même le premier nous paraît rentrer absolument dans notre *mésoprion li-nea,* dont il a les formes, les nombres, les bandes et jusqu'à la ligne de la joue. Je doute donc beaucoup qu'il vienne, comme le veut Bloch, des Indes orientales.

Le MÉSOPRION GRIS.

(*Mesoprion griseus,* nob.)[1]

Nous devons à M. Ricord un mésoprion que l'on nomme à Saint-Domingue *sarde grise,* et qui nous paraît différent de tous les précédens.

Sa tête est un peu plus aiguë. Il a à la mâchoire supérieure deux fortes canines, quelquefois doubles, et plusieurs dents coniques très-aiguës; à l'inférieure les canines de devant sont plus faibles que celles d'en haut; mais les dents latérales, au nombre de dix ou douze, sont bien plus fortes que celles qui leur répondent en haut : elles sont semblables à des canines, comme dans la *sarde à dents de chien;* mais moins fortes et beaucoup plus nombreuses. Il n'y a aucune saillie à son interopercule, et presque pas

---

1. *Bodianus vivanet,* Lacép.; *Sparus tetracanthus,* Bl.; *Cichla tetracantha,* Schn., p. 338?

d'arc rentrant à son préopercule. Ses teintes sont grises, tirant au lilas vers le dos, et sur les bords de la dorsale et de la caudale; et en aurore vers le bas des flancs et aux ventrales; l'anale est aussi plus ou moins rose ou lilas.

La gorge, la poitrine et le ventre sont blancs; les écailles ont chacune une tache jaunâtre, qui forment des lignes longitudinales un peu obliques, plus marquées sur les flancs, plus fondues avec le gris sur le dos.

La caudale est taillée en croissant.

D. 10/14 ; A. 3/8 , etc.

Notre individu de Saint-Domingue est long de dix pouces. Nous en avons un de la Martinique, long de dix-huit.

Le *lutjanus acutirostris,* publié par M. Desmarest (Déc. ichtyol., pl. 2, fig. 1), et dans le Dictionnaire classique d'histoire naturelle, n'est qu'un individu décoloré et jeune de cette *sarde grise.* Le peintre a même négligé les vestiges de taches et de lignes qui restaient à son modèle.

En examinant bien le vélin d'Aubriet, copié de Plumier, qui porte pour étiquette : *pagrus leucophæus minor, vulgo* VIVANET GRIS, *apud Martinicam,* et qui a été peu exactement gravé dans M. de Lacépède (t. IV, pl. 4, fig. 3) sous le nom de *bodian vivanet,* je me suis convaincu que c'est un de nos mésoprions, et même c'est à l'espèce actuelle qu'il m'a paru ressembler le plus. Ce qui est encore plus sûr, c'est que le même dessin de Plumier, reproduit dans un autre manuscrit de cet observateur, sous le nom d'*anthias major,* a servi d'original à la planche 279 de Bloch ou à son *sparus tetracanthus,* qui, dans l'édition de Schneider, p. 338, est devenu le *cichla tetracantha ;* mais Bloch l'a enluminé trop brun et a donné à l'écaille surscapulaire un éclat d'argent dont il n'y a nulle trace dans la peinture d'Aubriet, tout enclin qu'était ce dernier à exagérer les couleurs tranchantes. On voit dans ces figures l'apparence de quatre épines anales, nombre que je n'ai trouvé parmi les mésoprions que dans le seul *mésoprion purpureus ;* mais je sais par expérience que Plumier était fort peu exact à distinguer les nombres et les diverses sortes des rayons.

On ne comprend pas d'après quelle confusion de notes ou d'idées Shaw [1] a fait de ce *spare tétracanthe* de Bloch un synonyme du *sparus falcatus* de Bloch, ou *harpé bleu doré* de Lacépède, qui est une *chéiline.*

---

1. Shaw, *Gen. zool.*, t. IV, 2.ᵉ part., p. 409.

Le Mésoprion jaunatre.

(*Mesoprion flavescens*, nob.)

M. Plée nous a envoyé de la Martinique un petit mésoprion de même forme que la sarde grise,

avec des bandes verticales, plus pâles sur le dos et les nageoires, jaunâtres, sans lignes ni points sur la joue.

D. 10/15; A. 3/8; C. 17; P. 17; V. 1/5.

Si, dans ce genre, les jeunes individus se distinguaient, comme dans celui des scombres, par des bandes verticales, ce poisson pourrait bien n'être que le jeune de la sarde grise.

Le Mésoprion a nageoires bleues.

(*Mesoprion cyanopterus*, nob.)

Nous avons reçu du Brésil, par M. Delalande, une espèce que l'on pourrait être tenté de confondre avec l'*oreille noire,* à cause de la tache noire qu'elle a à la naissance de la pectorale; mais cette tache est au-dessus de la base de la nageoire.

Ce poisson a d'ailleurs des proportions moins sveltes, plus rapprochées de celles de la *sarde à dents de chien.* Il paraît avoir été assez doré, teint de brun vers le dos, de rougeâtre sous le corps, et de blanc ou de rose aux mâchoires et à la gorge. La dentelure de son préopercule est extrêmement fine; à peine y a-t-il une apparence d'arc rentrant; l'opercule finit en angle mousse et plat. Ses canines sont très-pointues. Il en a deux fortes à la mâchoire supérieure, outre plusieurs petites, et quatre de chaque côté à l'inférieure. Sa dorsale et son anale s'arrondissent en arrière, et sa caudale est presque carrée. La membrane de sa caudale et de la partie molle de sa dorsale et de son anale est d'un noir bleuâtre, mais le bord antérieur et postérieur de l'anale est blanc; les pectorales et les ventrales paraissent avoir été jaunes. Je ne vois aucune tache latérale.

D. 10/14; A. 3/8; C. 19; P. 17; V. 1/5.

Le MÉSOPRION PARGO.

(*Mesoprion pargus*, nob.)

M. Plée nous a envoyé de Porto-Rico un grand mésoprion que l'on y appelle *el pargo*, et qui a, comme le précédent, une tache noire au-dessus de la base de la pectorale; mais ses grosses dents latérales d'en bas sont au nombre de six ou sept, inégales et très-fortes; ses quatre canines supérieures sont aussi très-fortes : la tubérosité de son interopercule est assez prononcée, et sa caudale est coupée en croissant.

D. 10/14; A. 3/8, etc.

L'individu est long de vingt-sept pouces. A l'état sec il paraît d'un brun-jaunâtre uniforme. Selon M. Plée, à l'état frais, ses écailles sont tachées de rouge.

On a pu remarquer que nous avons fait commencer cette histoire des mésoprions par quelques espèces de la mer des Indes, à cause de la ressemblance que leur tache latérale leur donne avec certaines diacopes, et que la même circonstance nous en a fait décrire immédiatement après quelques espèces d'Amérique, desquelles nous avons passé aux autres de la même mer. Nous revenons maintenant à la mer des Indes et aux espèces sans tache latérale qu'elle possède, et qui n'y sont pas moins nombreuses que les diacopes.

Le Mésoprion sans tache.

(*Mesoprion immaculatus.*)

On y voit se reproduire dans les deux genres des combinaisons semblables de couleurs; et comme elle a une diacope sans taches, elle a aussi un mésoprion de couleur uniforme. M. Duvaucel nous l'a envoyé de Sumatra.

Ses formes sont les mêmes que celles de l'*unimaculatus;* mais il paraît entièrement d'un brun ou d'un olivâtre plus ou moins foncé, qui pâlit en dessous et y devient jaunâtre et un peu doré. On aperçoit sur son dos des lignes noirâtres qui descendent obliquement vers la ligne latérale, et sur ses flancs des lignes longitudinales. L'angle de son préopercule est un arc très-peu saillant et crénelé ; au-dessus est un arc un peu rentrant, et le bord montant n'a point de dentelures. L'opercule osseux finit par deux angles obtus et plats. Ses canines sont fortes, mais simples.

D. 10/13 ; A. 3/8 ; C. 17 ; P. 14 ; V. 1/5.

Notre individu n'a que sept à huit pouces.

Le MÉSOPRION A NAGEOIRES JAUNES.

(*Mesoprion flavipinnis*, nob.)

M. Leschenault en a envoyé un très-grand, quelquefois long de cinq pieds, qui se nomme à Pondichéry *sankin-karva*.

Ses formes sont les mêmes que celles de l'*unimaculatus*, si ce n'est que son interopercule est plus large et plus horizontal à son bord supérieur. Ses dents latérales d'en haut sont aussi plus petites et plus nombreuses. Ses pectorales sont pointues. Il est grisâtre vers le dos, blanchâtre sous le ventre, et a partout une teinte argentée. Toutes ses nageoires sont jaunâtres, ainsi que son iris.

D. 10/14 ; A. 3/9 ; C. 17 ; P. 17 ; V. 1/5.

C'est un bon manger.

Le MÉSOPRION ROUGEATRE.

(*Mesoprion rubellus*, nob.)

Une autre espèce de la même mer, nommée simplement *karva,* atteint quatre pieds.

Ses écailles sont plus petites, plus nombreuses; ses pectorales plus faibles, plus courtes à proportion que dans le précédent; ses dents plus petites. Dans l'état frais, selon M. Leschenault, il est marbré de rouge et de blanc; chaque écaille ayant la base rouge et le bout blanc. Le ventre est blanchâtre et l'iris rougeâtre.

D. 11/13; A. 3/9; C. 17; P. 17; V. 1/5.

Notre individu est long de treize pouces.

M. Ehrenberg en a rapporté un tout semblable de la mer Rouge, et qui a seulement un rayon épineux de moins et un mou de plus à la dorsale. Du reste, il l'a vu d'une belle couleur de vermillon, et le bord de chaque écaille blanc. Il l'avait nommé *diacope macrolepis*.

Ce nom de *karva* ou *kanvah* paraît s'appliquer à plusieurs poissons. Russel en donne un, pl. 89; mais qui, n'ayant point de dentelure ni d'arc rentrant au préopercule, est probablement un *lethrinus*.

Le MÉSOPRION SILLAO.

(*Mesoprion sillaoo*, nob.)

Le *sillaoo* de Russel, pl. 100, ressemblerait davantage à notre espèce précédente; mais cet auteur lui attribue des couleurs un peu différentes.

Les flancs, le corps et la poitrine rougeâtres; le

dos cendré; des taches jaunes sur un fond clair aux joues; du rouge aux nageoires caudale et anale et aux ventrales. Cependant la forme est la même et les nombres de ses rayons ne diffèrent point de l'individu de M. Ehrenberg. C'est au moins une espèce très-voisine.

D. 10/14; A. 3/9; C. 18; P. 16; V. 1/5.

Russel dit que la caudale est quelquefois d'un rouge foncé, et a chaque lobe tacheté de jaune; mais peut-être a-t-il pris encore cette circonstance sur une autre espèce.

Le MÉSOPRION CROISSANT.

(*Mesoprion lunulatus,* nob.)

Le *perca lunulata* de Sumatra, décrit par Mungo-Park (Trans. de la Soc. Linn., t. III, p. 35, pl. 6), ou le *lutjan croissant* de M. de Lacépède (t. IV, p. 213), est aussi un mésoprion, et très-voisin de ceux dont nous venons de rapporter les descriptions.

Ce poisson est représenté d'une couleur rougeâtre, avec une bande noirâtre, un peu arquée sur la base de la caudale. Ses formes et les nombres de ses rayons sont encore les mêmes.

D. 10/14; A. 3/9, etc. [1]

---

1. La figure donne D. 10/15, A. 2/9; mais le texte porte les nombres ci-dessus.

Le Mésoprion olivatre.

(*Mesoprion olivaceus*, nob.)

MM. Quoy et Gaymard ont rapporté de Waigiou un mésoprion assez semblable aux deux précédens,

mais dont le museau est plus court et qui a une très-fine dentelure à tout le bord montant et même dans l'arc rentrant de son préopercule. La partie inférieure de l'angle est crénelée. Son opercule se termine par deux angles arrondis. Il paraît olivâtre et tirant au jaunâtre vers le ventre. S'il a des lignes, elles sont presque imperceptibles. Ses canines, et en général toutes ses dents, sont plus fortes que dans l'*immaculatus;* mais les épines de sa dorsale sont plus grêles; ses écailles sont aussi plus grandes.

D. 10/13; A. 3/8, etc.

Le Mésoprion érytroptère.

(*Mesoprion erythropterus; Lutjanus erythropterus,* Bl., pl. 249.)

Le *lutjanus erythropterus* de Bloch, pl. 249, ressemble beaucoup à cet *olivaceus,* si ce n'est que la figure lui donne une épine de plus à la dorsale et les représente toutes plus fortes.

Il y paraît enluminé d'une couleur d'argent, avec les nageoires rouges et des teintes rouges sur l'opercule et le préopercule; mais on sait que les planches de Bloch, enluminées d'après des individus desséchés, sont en général très-éloignées de rendre les vraies couleurs des poissons.

Les nombres indiqués sont :

D. 11/13 ; A. 3/9 , etc.

Le Mésoprion lutjan.

(*Mesoprion lutjanus*, nob.; *Lutjanus lutjanus*, Bl.)

C'est ici que doit se placer le *lutjanus lutjanus* de Bloch, pl. 245,

qui a des lignes obliques sur le dos et des lignes longitudinales sur les flancs, comme l'*immaculatus*. Qui ne le connaîtrait que d'après le texte de Bloch, lui croirait neuf épines et quatorze rayons mous à la dorsale : la figure en montre neuf des premières et treize seulement des autres; mais ni l'un ni l'autre de ces nombres n'est exact.

Nous avons examiné l'individu même qui a servi de sujet à Bloch, et ses nombres sont :

D. 10/13 ; A. 3/8 ; C. 17 ; P. 16 ; V. 1/5.

Son museau est de la forme de l'*olivaceus*, et ses canines aussi. La partie montante de son préopercule n'a pas de dentelures; mais on y voit, vers le bas, un très-petit arc rentrant, sous lequel est l'angle, arrondi et crénelé, ainsi que le bord inférieur. Ses canines antérieures sont fortes; son sous-orbitaire n'a point du tout les dentelures que Bloch y marque; et, au contraire, son opercule osseux se termine par deux pointes plates qu'il ne marque pas. La figure est aussi plus grande que l'original, qui n'a que sept pouces.

On peut de nouveau juger par cet exemple du peu d'exactitude de ce magnifique ouvrage.

L'étiquette d'*ikan-lutjang*, encore attachée à cet individu, est ce qui a donné naissance au nom de *lutjanus,* appliqué à tout le genre dans lequel Bloch le plaçait. Étant en langue malaise, elle prouve que le poisson venait des Moluques ou de Java, et non pas du Japon, comme l'a dit Bloch et comme on l'a répété après lui. Cependant nous ne trouvons pas ce nom dans Vlaming, ni dans ses copistes, Renard et Valentyn.

Le MÉSOPRION DU MALABAR.

(*Mesoprion malabaricus,* nob.; *Sparus malabaricus,* Bl., Schn.)

Le *sparus malabaricus* de Bloch (édit. de Schn., p. 278, n.° 34), que nous avons examiné nous-mêmes, est un vrai mésoprion, et doit se ranger avec les précédens.

Les deux rangées de grandes écailles à la nuque et celle qui entoure le dessous de l'orbite, plus ou moins distinctes dans tous les mésoprions, sont mieux prononcées dans celui-ci que dans aucun autre

et autant que dans la *diacope Sebæ*. Sa dorsale s'é-
lève un peu en arrière, et sa caudale est coupée carrément. Il a le museau assez court, les canines de
force médiocre; les dentelures du bord montant de
son préopercule sont si fines qu'on les voit à peine;
mais, au-dessous de l'arc rentrant, l'angle arrondi a
des crénelures qui vont jusqu'à moitié du bord inférieur.

B. 7 [1]; D. 11/14; A. 3/9; C. 17; P. 16; V. 1/5.

Il paraît avoir eu des lignes obliques sur le dos,
comme tant d'autres espèces du genre, et qui descendent même au-dessous de la ligne latérale; mais,
dans son état de desséchement, il n'offre plus guère
qu'une teinte générale grisâtre.

L'individu est long de huit pouces.

Bloch l'a reçu de la côte de Coromandel, et
on ne voit pas trop pourquoi il lui a donné
l'épithète de *malabarique*.

Le MÉSOPRION RANGOO.

(*Mesoprion rangus*, nob.)

La côte de Coromandel produit une autre
espèce sans taches, qui devient plus grande que
les individus que l'on possède des précédentes.
Elle a été décrite et représentée fort exactement par Russel parmi ses Poissons de Vizaga-

---

1. Bloch, *loc. cit.*, dit B. 8 ; mais c'est une erreur qui vient de
ce que le rayon supérieur a un sillon sur sa longueur.

patam (fig. 94), sous le nom de *rangoo;* et MM. Kuhl et Van Hasselt en ont envoyé deux individus de Java au Musée royal des Pays-Bas.

Sa taille et toutes ses formes rappellent notre *mésoprion cynodon* d'Amérique. Seulement le *rangoo* a la dorsale un peu plus avancée ou plutôt le crâne et la nuque un peu plus courts à proportion. La longueur de sa tête égale sa hauteur et est comprise trois fois et demie dans sa longueur. Ses dents sont en velours très-fin au vomer, aux palatins et aux mâchoires; mais celles-ci en ont tout autour un rang de plus fortes, crochues, inégales, et en outre sa mâchoire supérieure a deux fortes canines, entre lesquelles en sont deux autres petites. Le sous-orbitaire est assez grand, nu; le préopercule finement dentelé au bord montant, échancré par un arc très-peu profond et fortement dentelé à l'angle; le subopercule et l'opercule sont écailleux; l'opercule se termine par un angle obtus; les pectorales sont longues et pointues, la caudale coupée carrément; la ligne latérale droite; les écailles lisses et de grandeur moyenne.

Dans la liqueur et dans l'état sec sa couleur paraît jaunâtre sur le corps et noirâtre sur le dos et à la dorsale.

Russel, qui l'a vu frais, dit qu'il a la face et le dos d'un pourpre foncé, que les côtés et le dessous deviennent rougeâtres; que la pectorale est orangée et les autres nageoires d'un pourpre plus clair que le dos; enfin, que le bord de la caudale est d'un rouge brun.

Les individus de Leyde n'ont qu'un pied de long; mais il y en a, selon Russel, de vingt-six pouces. Les Européens l'estiment peu.

D. 10/13 ou 14; A. 3/8; C. 17; P. 16; V. 1/5.

Le MÉSOPRION YAPILLI.

(*Mesoprion yapilli,* nob.)

Le *yapilli* de Russel, pl. 95, est aussi un mésoprion. Nous l'avons reçu depuis peu par M. Dussumier.

Il devient grand; ses canines antérieures d'en haut et les latérales d'en bas sont assez fortes; son préopercule est finement dentelé, à dentelures nombreuses et petites, mais fortes, et rentre légèrement vis-à-vis d'un renflement très-peu marqué de l'interopercule. Ses écailles ont plus de cinquante stries à leur éventail, mais elles sont lisses et ont les bords entiers à leur partie visible.

D. 10/14; A. 3/8 [1]; C. 17; P. 16; V. 1/5.

C'est un beau poisson argenté, tirant au doré, légèrement teint de verdâtre vers le dos et de rosé ou de cuivré à la tête et au ventre. Le long du dos et des flancs courent des lignes formées par une tache brune sur le milieu de chaque écaille; les nageoires sont jaunâtres.

Notre individu est long d'un pied et il y en a de dix-huit pouces.

---

1. Les derniers rayons de ces nageoires sont fourchus; ce qui en fait compter un de plus à Russel.

Le MÉSOPRION PORTE-ANNEAU.

(*Mesoprion annularis*, nob.)

Le Cabinet du Roi possède une jolie espèce, qui nous a paru pouvoir être appelée *annulaire*, parce qu'elle porte comme marque distinctive sur le dos de la queue, derrière la dorsale,

une tache noire ou brune, entourée plus ou moins complétement d'un cercle blanchâtre. Lorsque ce cercle est incomplet, il forme au moins un croissant au bord antérieur. Le corps paraît avoir été plus ou moins argenté.

MM. Kuhl et Van Hasselt ont envoyé de Java un individu de cette espèce où les couleurs paraissent mieux conservées.

Le dos y est d'un rouge brun; des lignes brunes, obliques, nombreuses, un peu ondulées, y règnent sur le corps; le ventre est argenté. On voit deux taches brunes, en forme de bande, au-dessus des yeux.

D. 11/13; A. 3/8; C. 17; P. 16; V. 1/5.

Les individus n'ont que quatre ou cinq pouces.

Le MÉSOPRION A DEMI-CEINTURE.

(*Mesoprion semicinctus,* nob.)[1]

Un autre mésoprion, rapporté des îles de Waigiou et de Rauwack par les naturalistes de l'expédition de M. Freycinet,

est gris, un peu argenté sous le ventre, et a sept bandes verticales brunes, qui finissent un peu au-dessous de la ligne latérale. La queue est presque entièrement occupée par une large bande noire. Ses canines supérieures sont doubles et fortes.

D. 10/13; A. 3/9; C. 17; P. 14; V. 1/5.

Peut-être cette espèce ne diffère-t-elle pas essentiellement de la précédente et n'en est-elle que le jeune âge.

Le MÉSOPRION GEMBRA.

(*Mesoprion gembra,* nob.)

Nous avons reçu par feu Péron un petit mésoprion un peu moins alongé que le précédent,

et qui, dans la liqueur, montre sur un fond brun des bandes verticales encore plus brunes. Sa dorsale a des taches brunes entre ses rayons épineux et des points

---

1. *Lutjanus semicinctus*, Quoy et Gaymard, Zool. de Freycin., p. 3o3.

bruns entre les autres. Le bord inférieur de son anale est noir.

D. 10/13; A. 3/8; C. 17; P. 16; V. 1/5.

Tout nous fait croire que c'est un poisson pareil que Bloch a représenté (*Syst. posth.,* pl. 51 et p. 236) sous le nom d'*alphestes sambra* ou *gembra.* On en retrouve absolument tous les caractères dans notre individu; mais nous n'en croyons pas moins que cet individu est un jeune et peut-être d'une des espèces que nous avons décrites précédemment.

Suivant Bloch, le *gembra* venait de Tranquebar. Il remonte les rivières, atteint une longueur d'un pied, et passe pour un manger savoureux.

L'autre *alphestes* de Bloch (*Syst. posth.,* p. 236), qu'il avait d'abord nommé *epinephelus afer* (pl. 327 de son grand ouvrage), étant un véritable serran, le genre *alphestes* doit tomber. Le caractère, sur lequel il reposait, d'écailles operculaires plus grandes que celles de la joue, est très-léger, et y ferait rapporter une infinité de poissons fort étrangers les uns aux autres.

Le MÉSOPRION TREILLISSÉ.

(*Mesoprion decussatus*, K. et V. H.)

Enfin, MM. Kuhl et Van Hasselt ont envoyé de Java un mésoprion

dont le préopercule, finement dentelé, a une échancrure large en forme de sinus très-peu profond.

Ses dents canines sont fortes en haut; celles de la mâchoire inférieure le sont aussi un peu. Il a les dents palatines et vomériennes en velours très-fin et à peine visibles.

Ses pectorales sont longues et pointues; son anale est un peu plus haute que sa dorsale; sa caudale est taillée en croissant peu profond.

D. 10/13; A. 3/7; C. 17; P. 16; V. 1/5.

Le fond de sa couleur est olivâtre vers le dos, jaunâtre aux flancs, rosé sous le ventre. Cinq bandes longitudinales rousses sont croisées par sept bandes brunes verticales, qui ne descendent pas au-delà des flancs, et forment ainsi, le long du dos, deux séries de carrés olives ou jaunes. Il y a une tache noire de chaque côté de la queue. La base de la dorsale et de la caudale est noirâtre.

L'individu est long de dix pouces.

Voilà les mésoprions que nous avons observés par nous-mêmes. Il convient maintenant que nous parlions des poissons décrits et représentés par d'autres auteurs, qui nous paraissent devoir appartenir à ce genre.

Il en est deux que nous ne pouvons décrire que d'après Russel, qui en a fait des *sparus;* mais comme il dit que leur palais est rude, et comme ses figures montrent aux opercules les caractères de nos mésoprions, nous croyons pouvoir les placer sans erreur à la suite du *rangoo.*

Le MÉSOPRION CHIRTAH.

(*Mesoprion chirtah,* nob.)

Le premier est le *chirtah* de Russel (t. I, pl. 93).

Les écailles sont plus petites à proportion, et ses rayons plus nombreux que dans la plupart des autres espèces. Ses épines dorsales et anales sont plus grêles. Il a la tête d'un rouge-cuivré brillant; le dos de la même couleur, mais avec un mélange de blanchâtre; le ventre et la gorge blancs, teints de jaune roussâtre; ses nageoires verticales sont d'un rouge obscur; les pectorales et les ventrales d'un rouge pâle; les dernières tachetées de noir.

D. 11/15, A. 3/9; C. 17; P. 16; V. 1/5.

L'individu décrit était long de treize pouces.

Le Mésoprion caroui.

(*Mesoprion caroui*, nob.)

Le *karooi* (*carouï*) de Russel (t. II, pl. 125)
est un peu moins haut à proportion que les autres;
a la tête presque entière couverte de petites écailles;
le crâne rouge foncé; les opercules et les lèvres jaunes; le dos brun jaunâtre, avec des filets obliques
jaune foncé; sur les flancs et le ventre des filets longitudinaux, au nombre de six ou sept, d'un jaune encore plus prononcé; le ventre blanc; les nageoires
verticales jaunes; les nageoires paires jaunes, mêlées
de blanc.

D. 11/12; A. 3/9; C. 19; P. 16; V. 1/5.

Le Mésoprion blanc-or.

(*Mesoprion albo-aureus*, nob.; *Lutjanus albo-aureus*, Lac.)

A ces mésoprions décrits par Russel, j'en
joins un dont Commerson a laissé un dessin,
et, à ce qu'il paraît, un fragment de description [1]; mais que nous n'avons pas retrouvé
parmi les espèces qu'il a rapportées en nature:

---

1. Cette description est précédée de cette phrase : *Aspro lineis aureis circiter decem utrinque virgatus, pinnæ dorsalis posterioris fastigio et cauda nigris.*

c'est le *lutjan blanc-or* de M. de Lacépède
(t. IV, pl. 7, fig. 1).

Ses formes sont celles des mésoprions les plus ordinaires, et sa taille à peu près celle de la perche. Il
est caractérisé dans le dessin par sept lignes longitudinales qu'il a de chaque côté, depuis les ouïes
jusqu'à la queue, et par huit ou dix qui occupent
ses opercules et sa joue. Elles paraissent rougeâtres
sur un fond d'argent. Le bord de la partie épineuse
de la dorsale paraît roux; la partie molle est teinte
de noirâtre, avec un bord plus noir; la caudale est
noirâtre et l'anale roussâtre; les nageoires paires paraissent grises.

D. 10/14 ; A. 3/8 ; C. 17 ; P. 16 ; V. 1/5.

En supposant que la description s'y rapporte, les
lignes latérales iraient à dix, et seraient dorées sur un
fond blanchâtre, plus brun vers le dos. Les pectorales, les ventrales et l'anale seraient jaunâtres, et il
aurait une écaille longue sur chaque ventrale, comme
les spares. Ses dents seraient en velours, avec un rang
de plus fortes au bord, et les deux antérieures de la
mâchoire d'en haut seraient plus grandes.

FIN DU TOME SECOND.